U0930009

中 国 国 家 标 准 汇 编

2008 年修订-109

中国标准出版社　编

中 国 标 准 出 版 社

北　京

图书在版编目（CIP）数据

中国国家标准汇编：2008年修订．109/中国标准出版社编．—北京：中国标准出版社，2009

ISBN 978-7-5066-5618-4

Ⅰ．中…　Ⅱ．中…　Ⅲ．国家标准-汇编-中国-2008
Ⅳ．T-652.1

中国版本图书馆CIP数据核字（2009）第204744号

中国标准出版社出版发行
北京复兴门外三里河北街16号
邮政编码：100045
网址 www.spc.net.cn
电话：68523946　68517548
中国标准出版社秦皇岛印刷厂印刷
各地新华书店经销

*

开本 880×1230　1/16　印张 37　字数 1 123 千字
2009年12月第一版　2009年12月第一次印刷

*

定价 200.00 元

出 版 说 明

1.《中国国家标准汇编》是一部大型综合性国家标准全集。自1983年起，按国家标准顺序号以精装本、平装本两种装帧形式陆续分册汇编出版。它在一定程度上反映了我国建国以来标准化事业发展的基本情况和主要成就，是各级标准化管理机构，工矿企事业单位，农林牧副渔系统，科研、设计、教学等部门必不可少的工具书。

2.《中国国家标准汇编》收入我国每年正式发布的全部国家标准，分为“制定”卷和“修订”卷两种编辑版本。

“制定”卷收入上年度我国发布的、新制定的国家标准，顺延前年度标准编号分成若干分册，封面和书脊上注明“20××年制定”字样及分册号，分册号一直连续。各分册中的标准是按照标准编号顺序连续排列的，如有标准顺序号缺号的，除特殊情况注明外，暂为空号。

“修订”卷收入上年度我国发布的、被修订的国家标准，视篇幅分设若干分册，但与“制定”卷分册号无关联，仅在封面和书脊上注明“20××年修订-1,-2,-3,……”字样。“修订”卷各分册中的标准，仍按标准编号顺序排列(但不连续)；如有遗漏的，均在当年最后一分册中补齐。需提请读者注意的是，个别非顺延前年度标准编号的新制定的国家标准没有收入在“制定”卷中，而是收入在“修订”卷中。

读者配套购买《中国国家标准汇编》“制定”卷和“修订”卷则可收齐上一年度我国制定和修订的全部国家标准。

3.由于读者需求的变化，自1996年起，《中国国家标准汇编》仅出版精装本。

4.2008年制修订国家标准共5946项。本分册为“2008年修订-109”，收入新制修订的国家标准24项。

中国标准出版社

2009年10月

出 版 说 明

目　　录

GB/T 19559—2008　煤层气含量测定方法 …… 1
GB/T 19560—2008　煤的高压等温吸附试验方法 …… 15
GB/T 19582.1—2008　基于 Modbus 协议的工业自动化网络规范　第 1 部分：Modbus 应用协议 …… 23
GB/T 19582.2—2008　基于 Modbus 协议的工业自动化网络规范　第 2 部分：Modbus 协议在串行链路上的实现指南 …… 76
GB/T 19582.3—2008　基于 Modbus 协议的工业自动化网络规范　第 3 部分：Modbus 协议在 TCP/IP 上的实现指南 …… 112
GB/T 19585—2008　地理标志产品　吐鲁番葡萄 …… 147
GB/T 19586—2008　地理标志产品　吐鲁番葡萄干 …… 161
GB 19651.1—2008　杂类灯座　第 1 部分：一般要求和试验 …… 169
GB 19651.2—2008　杂类灯座　第 2-1 部分：S14 灯座的特殊要求 …… 191
GB 19651.3—2008　杂类灯座　第 2-2 部分：LED 模块用连接器的特殊要求 …… 197
GB/T 19690—2008　地理标志产品　余姚杨梅 …… 203
GB/T 19691—2008　地理标志产品　狗牯脑茶 …… 211
GB/T 19692—2008　地理标志产品　滁菊 …… 219
GB/T 19693—2008　地理标志产品　新昌花生(小京生) …… 227
GB/T 19694—2008　地理标志产品　平遥牛肉 …… 235
GB/T 19695—2008　地理标志产品　秀油 …… 243
GB/T 19696—2008　地理标志产品　平阴玫瑰 …… 251
GB/T 19697—2008　地理标志产品　黄岩蜜桔 …… 259
GB/T 19698—2008　地理标志产品　太平猴魁茶 …… 269
GB 19726.1—2008　林业机械　便携式油锯　安全要求和试验　第 1 部分：林用油锯 …… 278
GB/T 19742—2008　地理标志产品　宁夏枸杞 …… 295
GB/T 19760.1—2008　CC-Link 控制与通信网络规范　第 1 部分：CC-Link 协议规范 …… 301
GB/T 19760.2—2008　CC-Link 控制与通信网络规范　第 2 部分：CC-Link 实现 …… 425
GB/T 19760.3—2008　CC-Link 控制与通信网络规范　第 3 部分：CC-Link 行规 …… 439

ICS 73.040
D 20

中华人民共和国国家标准

GB/T 19559—2008
代替 GB/T 19559—2004

煤层气含量测定方法

Method of determining coalbed gas content

2008-07-29 发布　　　　2009-05-01 实施

中华人民共和国国家质量监督检验检疫总局
中国国家标准化管理委员会　发布

前 言

本标准参照美国矿业局直接法(USBM)、美国天然气研究所的煤层气含量测试指南(A Guide for Determining Coalbed Gas Content)修订。

本标准代替 GB/T 19559—2004《煤层气含量测定方法》。

本标准修订内容如下:

——标准状态下气体体积校正的温度修定为 0 ℃,压力 101.325 kPa;

——气样采集时间,修订在解吸的第 1、3、5 天进行;

——增加快速气含量测定方法。

本标准的附录 A、附录 B、附录 C、附录 D、附录 E 为规范性附录。

本标准由中国煤炭工业协会提出。

本标准由全国煤炭标准化技术委员会归口。

本标准起草单位:煤炭科学研究总院西安研究院、中联煤层气有限责任公司。

本标准主要起草人:李小彦、张遂安、宋孝忠、王强、杨杰。

本标准所代替标准的历次版本发布情况为:

——GB/T 19559—2004。

煤层气含量测定方法

1 范围

本标准规定了煤芯样品的煤层气含量测定方法。

本标准适用于煤炭和煤层气勘探中获取的烟煤和无烟煤煤芯样品的煤层气含量测定，褐煤煤芯样品的煤层气含量测定参考执行。

2 规范性引用文件

下列文件中的条款通过本标准的引用而成为本标准的条款。凡是注日期的引用文件，其随后所有的修改单（不包括勘误的内容）或修订版均不适用于本标准。然而，鼓励根据本标准达成协议的各方研究是否可使用这些文件的最新版本。凡是不注日期的引用文件，其最新版本适用于本标准。

GB/T 212 煤的工业分析方法（GB/T 212—2008，ISO 11722：1999，ISO 1171：1997，ISO 562：1998，NEQ）

GB 474 煤样的制备方法（GB 474—1996，eqv ISO 1988：1975）

GB/T 13610 天然气的组成分析 气相色谱法

3 仪器设备

3.1 解吸罐：容积 1 000 cm^3 以上，0.3 MPa 压力下保持气密性；

3.2 计量器：最小刻度不大于 10 cm^3；

3.3 恒温装置：温控±1 ℃；

3.4 温度计：−30 ℃～80 ℃；

3.5 气压计：60 kPa～106 kPa，分度值 0.1 kPa；

3.6 电子秤：10 kg，感量 0.005 kg；

3.7 标准筛：0.25 mm（60 目）；

3.8 球磨罐：容积不小于 500 cm^3；

3.9 球磨机；

3.10 软管：长度约 1 m；

3.11 气样瓶：250 cm^3；

3.12 气相色谱仪：符合 GB/T 13610 天然气的组成分析方法要求；

3.13 填料：对煤层气不产生吸附和反应的圆柱体、玻璃球、空心管等。

4 样品采集

4.1 采样前准备

4.1.1 解吸罐

所有用于煤层气含量测定的解吸罐（3.1），使用前应进行气密性检测。气密性检测可通过向罐内注空气至表压 0.3 MPa 以上，关闭后搁置 12 h，压力不降方可使用。

4.1.2 计量器

使用前，给计量器（3.2）的量筒装满水，调节计量器至初始状态，检测计量器密闭性能。

4.1.3 恒温装置

在煤样装罐前，应将恒温装置（3.3）温度调至储层温度，并使其达到设定温度。

4.2 采样原则

4.2.1 样品质量

每次装罐的煤样不应少于 800 g。

如煤芯采取率不足又需要采样测定时，最低样量不应少于 300 g，且只做解吸气测定，并在备注中说明。

4.2.2 采样时间

采样时间，是指用于煤层气含量测定的煤样从钻遇煤层或起钻开始到煤样被装入解吸罐密封实际所用的时间。

从起钻到煤样提升至井口所用的时间规定为：井深每 100 m 提芯时间不得超过 2 min。

样品到达地面后，应在 10 min 内装入解吸罐密封。

4.3 采样步骤

钻遇煤层前，采样人员必须到达现场，并将仪器设备安装调试进入工作状态。

4.3.1 煤芯采样

待煤芯提出井口，尽快打开岩芯管，采样人员协助钻井地质人员快速拍照并简要描述，剔除夹矸及杂物（如煤芯受到泥浆污染，应用清水冲洗煤芯），迅速按煤层剖面顺序装入解吸罐并密封，不应按压。

4.3.2 装样要求

煤层气含量测定的样品应装至距解吸罐口 1 cm 处。如采取的样量不足以装满罐，应据样品量在罐底加适量填料（3.13）。解吸罐中空体积最大不应超过罐内体积的 1/4。

4.3.3 参数记录

采样时，应同时收集以下有关参数：

a) 地质参数：井号、井位、煤层名称、地层时代、埋深、储层温度；
b) 时间参数：钻遇煤层时间、提芯时间、煤芯提至井口时间、煤样封罐时间、采样日期；
c) 样品参数：罐号、样品编号、空罐质量、样品质量、样品形态；
d) 记录表格：见附录 A 煤芯样品自然解吸原始记录表。

5 测定方法及流程

5.1 自然解吸

5.1.1 解吸步骤

将装有样品并密封好的解吸罐迅速置于已达储层温度的恒温装置中，用软管（3.10）将解吸罐与计量器连接，调整计量器液面，使罐中的解吸气进入量筒，持锥形瓶使之水面与量筒水面对齐读数，记录观测的气体体积，同时记录当时的环境温度、大气压力，并分别填写在附录 A 的表格中。

下次测定，记下该点量筒读数，减去上次量筒读数得到解吸气体积。以后重复测定，并按照上述内容记录测定数据。

如量筒不能再容纳下次测定的气体时，排出量管内的气体（需要采集气样时应先取气样再排出），调节计量器至初始状态，然后关闭阀门重复以上步骤继续测定。

5.1.2 测定时间间隔

自然解吸时，每间隔一定时间测定一次，其时间间隔视罐内压力而定。

样品装罐第一次 5 min 内测定，然后以 10 min 间隔测满 1 h，以 15min 间隔测满 1 h，以 30 min 间隔测满 1 h，以 60 min 间隔测满 1 h，以间隔 120 min 测定 2 次，累计测满 8 h。

连续解吸 8 h 后，可视解吸罐的压力表确定适当的解吸时间间隔，最长不超过 24 h。

5.1.3 解吸终止限

自然解吸持续到连续 7 天平均每天解吸量不大于 10 cm^3，结束解吸测定。

5.1.4　称量、缩分、工业分析

自然解吸结束后开罐，进行煤岩观测描述，描述内容包括宏观煤岩类型、裂隙发育情况、夹矸等。然后将样品风干，称量空气干燥基样品质量。

将样品捣碎至 2 cm～3 cm 大小，取 300 g～500 g，装入球磨罐(3.8)密封进行残余气测定。同时获取工业分析及其他分析项目样品。

5.2　残余气测定

5.2.1　测定方法

将用于残余气测定的球磨罐固定在球磨机(3.9)上，破碎 2 h～4 h，放入恒温装置，待恢复储层温度后观测气体量，读出的气体体积数，连同环境温度、大气压力、解吸时间等一并记录在附录 B 残余气测定原始记录表中。之后按每 24 h 间隔进行解吸测定。

5.2.2　残余气测定终止限

按 5.1.3 执行。

5.2.3　称量计算

残余气测定结束后，开罐，用 0.25 mm(60 目)标准筛(3.7)筛分样品，称量筛下煤样质量，进行残余气含量计算。

5.3　气样采集及气成分测定

5.3.1　气样采集

解吸气测定过程中，需要采集气样进行气成分分析。准备软管(3.10)和气样瓶(3.11)(250 cm^3 玻璃瓶或气袋)若干及采集气样所需的水槽。

气样采集采用排水集气法。在量筒内气体体积大于 400 cm^3 时，把软管接在解吸罐的气阀上，玻璃瓶置入水槽充满水，打开量筒的气阀并提升锥形瓶，将软管内空气排除后插入玻璃瓶，让气体通过软管流向瓶中。待气体收集到约 150 cm^3 后，在水槽中拔下软管并盖上瓶塞。然后在瓶子外贴上标签，倒置箱中，送实验室进行气体组分分析。

5.3.2　采集气样的数目和频率

气体样品采集的原则，是在大量气体解吸出时采集。

自然解吸阶段采集气样 3 个，分别在解吸的第 1、3、5 天采集。

煤层气含量低的样品，也可适当提前采集气样。

5.3.3　气组分分析

采集的气样，及时送实验室，按 GB/T 13610 进行气体组分分析。

5.4　快速气含量测定

在现场采集具一定块度的煤芯样品 400 g～500 g 装入球磨罐，先自然解吸 8 h(方法同 5.1.1～5.1.2)，然后球磨破碎 15 min～30 min(灰分较高或高煤级的煤破碎 60 min)，放入恒温装置自然解吸；以后重复破碎、解吸，直到连续两次破碎、解吸的气量均小于 10 cm^3 时，快速气含量测定结束。

每次测定，在记录表中记下球磨时间、解吸时间、解吸气体积及环境温度、大气压力。

现场筛分称量，求得原样的煤层气含量结果。然后将样品送实验室进行工业分析，精确计算气含量结果。

6　数据处理

6.1　解吸气体积校正

自然解吸和残余气测定所测得的气体体积应进行标准状态校正，换算到温度 0 ℃、压力 101.325 kPa 下。气体体积校正公式见式(1)：

$$V_{STP}=\frac{273.15\times P_m\times V_m}{101.325\times(273.15+T_m)} \qquad \cdots\cdots(1)$$

式中：

V_{STP}——标准状态下的气体体积，单位为立方厘米(cm^3)；

P_m——大气压力，单位为千帕(kPa)；

T_m——大气温度，单位为摄氏度(℃)；

V_m——气体体积，单位为立方厘米(cm^3)。

6.2 损失气量计算

6.2.1 损失气时间计算

在钻井循环介质为清水和泥浆时，取芯筒提至井筒一半时的时间作为零时间；钻井循环介质为泡沫或空气时，钻遇煤层时间为零时间。

损失气时间为从零时间到封罐的时间。

其计算公式如下：

钻井循环介质为清水和泥浆条件下损失气时间计算公式见式(2)：

$$t_L = \frac{t_3 - t_2}{2} + (t_4 - t_3) \quad \cdots\cdots(2)$$

钻井循环介质为泡沫或空气条件下损失气时间计算公式见式(3)：

$$t_L = t_4 - t_1 \quad \cdots\cdots(3)$$

式中：

t_L——损失气时间；

t_1——钻遇煤层时间；

t_2——提芯时间；

t_3——煤芯到达井口时间；

t_4——煤芯封罐时间。

6.2.2 损失气量计算方法

损失气量计算采用直接法。解吸初期，解吸量与时间平方根成正比。以标准状态下累计解吸量为纵坐标，损失气时间与解吸时间和的平方根为横坐标作图，将最初解吸的各点连线，延长直线与纵坐标轴相交，则直线在纵坐标轴的截距为损失气量，参见附录C损失气计算图(直接法)。

6.3 气含量计算的基准

煤层气含量测定结果应用两种方式来表达：

空气干燥基、干燥无灰基。

6.4 气体组分计算

各种气体组分的浓度，按GB/T 13610的规定计算。

6.5 煤层气含量计算

根据测定过程，煤层气含量包括损失气、解吸气和残余气含量三部分。

6.5.1 损失气含量计算[见式(4)]

$$G_{CL} = V_{LOST}/m_T \quad \cdots\cdots(4)$$

式中：

G_{CL}——为损失气含量，单位为立方厘米每克(cm^3/g)；

V_{Lost}——损失气体积，单位为立方厘米(cm^3)；

m_T——样品总质量，单位为克(g)。

6.5.2 自然解吸气含量计算[见式(5)]

$$G_{CD} = V_D/m_T \quad \cdots\cdots(5)$$

式中：

G_{CD}——实测的自然解吸气含量，单位为立方厘米每克(cm^3/g)；

V_D——实测的自然解吸气体积,单位为立方厘米(cm^3);

m_T——样品总质量,单位为克(g)。

6.5.3 **残余气含量计算**[见式(6)]

$$G_{CR} = V_R / m_R. \qquad (6)$$

式中:

G_{CR}——残余气含量,单位为立方厘米每克(cm^3/g);

V_R——残余气体积,单位为立方厘米(cm^3);

m_R——残余气样品质量,单位为克(g)。

6.5.4 **气含量计算**

煤层气含量 G_C 等于损失气含量 G_{CL}、实测的自然解吸气含量 G_{CD} 和残余气含量 G_{CR} 之和,即式(7):

$$G_C = G_{CL} + G_{CD} + G_{CR} \qquad (7)$$

6.6 **吸附时间计算**

吸附时间(τ)是指样品所含气体被解吸出 63.2%时所用的时间,一般以天为单位。吸附时间可采用图解法或计算方法求取。计算方法如下:

首先,按式(8)计算出占总气量 63.2%所对应的气体体积:

$$V_{63.2\%} = V_T \times 63.2\% \qquad (8)$$

式中:

$V_{63.2\%}$——占总气含量 63.2%所对应的气体体积,单位为立方厘米(cm^3);

V_T——为损失气、自然解吸气和残余气体积总和,单位为立方厘米(cm^3)。

其次,计算各实测数据点的时间和各点的累计气体体积(标准状态)。

然后,在累计体积数据中找出 $V_{63.2\%}$ 所在的区间。

最后,利用直线内插方法求出 $V_{63.2\%}$ 所对应的时间,即为 τ 值。

样品运送途中,如环境温度低于储层温度时,应从累计时间中扣除路途时间,吸附时间不包括运送时间。否则视解吸曲线而定。

6.7 **计算数值精度要求**

煤层气含量数据修约到两位有效数字。

7 成果报告

煤层气含量测定成果报告主要包括:

自然解吸原始记录表(附录 A)、残余气测定原始记录表(附录 B)、损失气计算图(附录 C)、累计解吸曲线图(附录 D)、气含量测定结果表(附录 E)、气组分分析结果和工业分析结果等。

文字说明和有关分析,如采样情况说明、实验过程说明等。

8 质量评述

详细记录实施过程中采样、测定及仪器故障等实际情况,作为测定结果质量评估的依据,质量评述包括以下内容:

8.1 **样品采集质量评述**

8.1.1 样品未能按时提芯或样品到达井口后,未能在 10 min 内装罐密封,应在记录中注明。

8.1.2 如煤芯采取率太低,样量较少时,应记录实际样量,在质量评述中说明相应分析不能进行的原因。

8.2 **测定操作质量评述**

8.2.1 如样品太碎,测定过程出现堵塞,未能及时处理时,应在报告中说明,并将该样作为参考样。

8.2.2 测定过程错记、漏记或仪器设备漏气故障致使测值不准确,应说明。

8.3 质量评述结论

8.3.1 合格样品

如未发现8.1和8.2中的问题，按规范测定的样品，视为合格样品，煤层气含量测试结果可直接应用。

8.3.2 参考样品

采样及测定过程中发生问题，致使测定未能按规范执行，其测值仅作为参考。

8.3.3 报废

如有严重失误，则样品报废，测值无效。

附　录　A
（规范性附录）
自然解吸原始记录表

自然解吸原始记录表

采样地点________	样品编号________	钻遇煤层时间________	提钻暴露时间/min________
井　　号________	解吸罐号________	提芯时间________	装样暴露时间/min________
采样深度/m________	空罐质量/g________	到达井口时间________	储层温度/℃________
煤层名称________	样罐质量/g________	封罐时间________	采样日期________

测定日期（年.月.日）	测定时间（时:分）	间隔时间/min	量管读数/cm³		气体体积/cm³	环境温度/℃	大气压力/kPa	备　注
			起始	终止				

采样人：　　　　　实验人：　　　　　审核人：　　　　　第　　页/共　　页

附　录　B
（规范性附录）
残余气测定原始记录表

残余气测定原始记录表

样品编号__________　　井　　号__________　　煤层名称__________

储层温度/℃__________　　样品质量/g__________　　测试日期__________

测定日期（年.月.日）	测定时间（时:分）	间隔时间/min	量管读数/cm^3		气体体积/cm^3	环境温度/℃	大气压力/kPa	备　注
			起始	终止				

实验人：　　　　　　　　审核人：　　　　　　　　第　　页/共　　页

附 录 C
（规范性附录）
损失气计算图（直接法）

损失气计算图（直接法）见图 C.1。

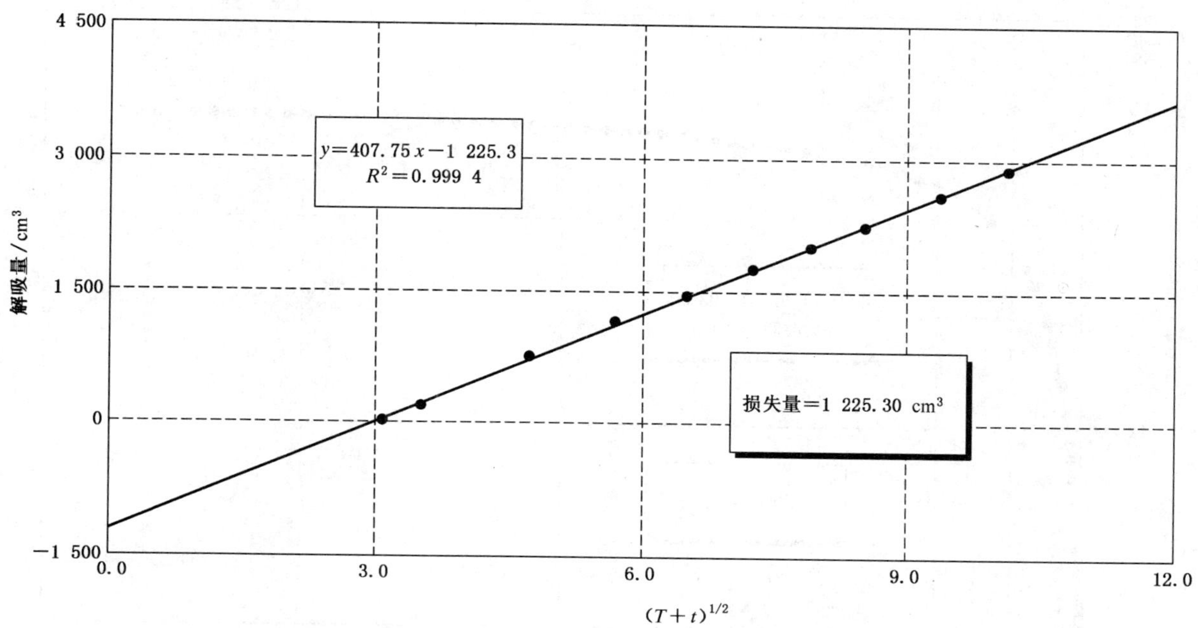

图 C.1 ××井××煤层××样品损失气计算图

附　录　D
（规范性附录）
煤层气累计解吸曲线图

煤层气累计解吸曲线图见图 D.1。

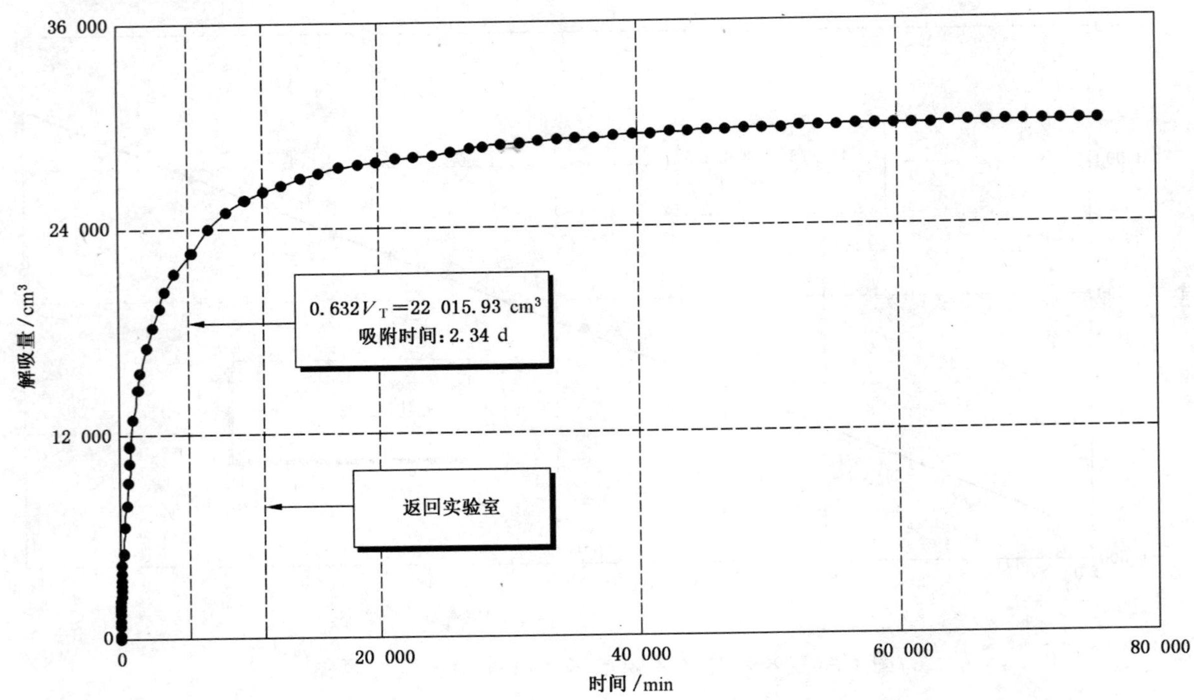

图 D.1　××井××煤层××样品累计解吸曲线图

附 录 E
（规范性附录）
煤层气含量测试结果表

煤层气含量测试结果表

样号	解吸样质量/g		解吸气量/cm^3	损失气量/cm^3	残余样质量/g		残余气量/cm^3	总气含量/($cm^3 \cdot g^{-1}$)		甲烷含量/($cm^3 \cdot g^{-1}$)		吸附时间/d
	空气干燥基	干燥无灰基			空气干燥基	干燥无灰基		空气干燥基	干燥无灰基	空气干燥基	干燥无灰基	

ICS 73.040
D 21

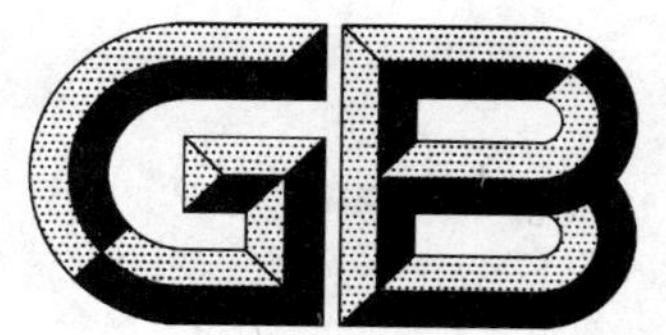

中华人民共和国国家标准

GB/T 19560—2008
代替 GB/T 19560—2004

煤的高压等温吸附试验方法

Experimental method of high-pressure isothermal adsorption to coal

2008-07-29 发布　　2009-05-01 实施

中华人民共和国国家质量监督检验检疫总局
中国国家标准化管理委员会　发布

前　言

本标准代替 GB/T 19560—2004《煤的高压等温吸附试验方法　容量法》。

本标准与 GB/T 19560—2004 相比，主要修订内容有：

——标准名称改为《煤的高压等温吸附试验方法》；

——适用范围增加了褐煤；

——附录 A 中去掉了“空气干燥基”和“干燥无灰基”中“计算”一列，增加了“平衡水分基”的吸附量。

本标准的附录 A 为规范性附录。

本标准由中国煤炭工业协会提出。

本标准由全国煤炭标准化技术委员会归口。

本标准起草单位：煤炭科学研究总院西安研究院、中联煤层气有限责任公司。

本标准主要起草人：张庆玲、张遂安。

本标准所代替标准的历次版本发布情况为：

——GB/T 19560—2004。

煤的高压等温吸附试验方法

1 范围

本标准规定了煤的容量法高压等温吸附试验方法。

本标准适用于烟煤和无烟煤对甲烷等气体吸附能力的测定。褐煤对甲烷等气体吸附能力的测定参考执行。

2 规范性引用文件

下列文件中的条款通过本标准的引用而成为本标准的条款。凡是注日期的引用文件，其随后所有的修改单(不包括勘误的内容)或修订版均不适用于本标准，然而，鼓励根据本标准达成协议的各方研究是否可使用这些文件的最新版本。凡是不注日期的引用文件，其最新版本适用于本标准。

GB/T 212　煤的工业分析方法(GB/T 212—2008，ISO 11722：1999，ISO 1171：1997，ISO 562：1998，NEQ)

GB 474　煤样的制备方法(GB 474—1996，eqv ISO 1988：1975)

3 方法提要

首先，将达到平衡水分的一定粒度的煤样样品置于密封容器中，测定其在相同温度、不同压力条件下达到吸附平衡时所吸附的甲烷等试验气体的体积；然后，根据 Langmuir 单分子层吸附理论，通过理论计算求出表征煤对甲烷等试验气体吸附特性的吸附常数—Langmuir 体积(V_L)、Langmuir 压力(p_L)以及等温吸附曲线。

4 仪器设备

4.1 平衡水分测定装置

——干燥器；

——天平：感量 0.1 mg；

——恒温系统。

4.2 等温吸附装置

——样品缸；

——参考缸；

——恒温控制系统：灵敏度 0.3 ℃；

——温度监测系统：温度传感器灵敏度：0.3 ℃；

——压力监测系统：压力传感器灵敏度：0.001 MPa；

——数据处理系统：微机及数据处理软件。

5 试剂

5.1 硫酸钾过饱和溶液；

5.2 甲烷气体：纯度 99.99％；

5.3 氦气：纯度 99.99％；

5.4 蒸馏水。

6 样品的制备

6.1 样品质量和制样

按照 GB/T 474 制取粒度为 0.25 mm～0.18 mm(60 目～80 目)的煤样 200 g。

6.2 工业分析

按照 GB/T 212 执行。

6.3 煤样的平衡水分测定

6.3.1 称取空气干燥基煤样，样量不少于 35 g。

6.3.2 将称量后的煤样置于器皿中，均匀加入适量蒸馏水。

6.3.3 将装有样品的器皿放入湿度平衡的干燥器中，干燥器底部装有足量的硫酸钾过饱和溶液，每隔 24 h 称量一次，直到相邻两次称量变化不超过试样质量的 2%。

平衡水分计算公式见式(1)：

$$M_e = \left(1 - \frac{G_2 - G_1}{G_2}\right) \times M_{ad} + \frac{G_2 - G_1}{G_2} \times 100 \quad \cdots\cdots (1)$$

式中：

M_e——样品的平衡水分含量，%；

G_1——平衡前空气干燥基样品质量，单位为克(g)；

G_2——平衡后样品质量，单位为克(g)；

M_{ad}——样品的空气干燥基水分含量，%。

7 试验步骤

7.1 试样装缸

将达到平衡水分的煤样准确称量，迅速装入样品缸内。

7.2 气密性检查

7.2.1 调节温度

设置并调节系统温度，使样品缸和参考缸的温度稳定在储层温度。

7.2.2 充气

向系统充入氦气，压力高于等温吸附试验最高压力 1 MPa。

7.2.3 采集数据

系统采集参考缸和样品缸的压力数据，压力在 6 h 内保持不变，则视为系统气密性良好。

7.3 自由空间体积测定

7.3.1 调节温度

设置并调节系统温度，使样品缸和参考缸的温度稳定在储层温度。

7.3.2 充气

打开氦气瓶，向系统充入氦气，调节参考缸压力值达到 2 MPa～3 MPa，然后关闭参考缸阀门。

7.3.3 采集数据

打开参考缸阀门与样品缸阀门，待压力平衡后采集一组数据。

7.3.4 重复 7.3.2 到 7.3.3 两次。自由空间体积重复测定 3 次，其中两两之间值差不大于 0.1 cm^3。

7.3.5 求得煤样的体积，计算出样品缸内自由空间体积。

7.4 等温吸附试验

7.4.1 最高试验压力的确定

最高试验压力通常设置为储层压力的 1.1 倍，且最高试验平衡压力不得低于 8 MPa。

7.4.2 试验压力点分布

当最高试验平衡压力为 8 MPa 时，试验压力点不少于 6 个；

当最高试验平衡压力在 8 MPa～12 MPa 之间，试验压力点不少于 7 个；

当最高试验平衡压力大于 12 MPa，试验压力点不少于 8 个。

7.4.3 充气

打开调节阀门和参考缸阀门，向系统充入甲烷气体或其他试验用气体，调节参考缸压力至目标压力。

7.4.4 数据采集

达到目标压力，且温度稳定后，启动等温吸附试验程序自动采集样品缸和参考缸内的时间、压力、温度等相关数据，并将数据记录为数据文件。

7.4.5 吸附平衡时间确定

根据煤样的变质程度、样品质量等实际情况确定，但不得少于 12 h。

7.4.6 重复 7.4.3 到 7.4.5 步骤，自低而高逐个压力点进行试验，直至最后一个压力点试验结束。

8 数据处理

8.1 煤样体积和自由空间体积计算

煤样的体积计算公式见式(2)：

$$V_S = \frac{(p_2 \times V_2)/(Z_2 \times T_2) + (p_3 \times V_3)/(Z_3 \times T_3) - (p_1 \times V_1)/(Z_1 \times T_1)}{p_2/(Z_2 \times T_2) - p_1/(Z_1 \times T_1)} \quad \cdots\cdots(2)$$

式中：

V_S——煤样的体积，单位为立方厘米(cm^3)；

p_1——平衡后压力，单位为兆帕(MPa)；

p_2——参考缸初始压力，单位为兆帕(MPa)；

p_3——样品缸初始压力，单位为兆帕(MPa)；

T_1——平衡后温度，单位为开(K)；

T_2——参考缸初始温度，单位为开(K)；

T_3——样品缸初始温度，单位为开(K)；

V_1——系统总体积，单位为立方厘米(cm^3)；

V_2——参考缸体积，单位为立方厘米(cm^3)；

V_3——样品缸体积，单位为立方厘米(cm^3)；

Z_1——平衡条件下气体的压缩因子；

Z_2——参考缸初始气体的压缩因子；

Z_3——样品缸初始气体的压缩因子。

求得煤样的体积，计算出样品缸内自由空间体积。

计算公式如式(3)所示：

$$V_f = V_0 - V_S \quad \cdots\cdots(3)$$

式中：

V_f——自由空间体积，单位为立方厘米(cm^3)；

V_0——样品缸总体积，单位为立方厘米(cm^3)；

V_S——煤样的体积，单位为立方厘米(cm^3)。

8.2 计算各压力点吸附量

根据参考缸、样品缸的平衡压力及温度，计算不同平衡压力点的吸附量。

利用公式(4)：

$$pV = nZRT \quad \cdots\cdots(4)$$

式中：

p——气体压力，单位为兆帕(MPa)；

V——气体体积，单位为立方厘米(cm^3)；

n——气体的摩尔数，单位为摩(mol)；

Z——气体的压缩因子；

R——摩尔气体常数，单位为焦每摩开($J \cdot mol^{-1} \cdot K^{-1}$)；

T——平衡温度，单位为开(K)。

分别求出各压力点平衡前样品缸内气体的摩尔数(n_1)和平衡后样品缸内气体的摩尔数(n_2)，则煤样吸附气体的摩尔数(n_i)为：

$$n_i = n_1 - n_2 \quad \cdots\cdots(5)$$

式中：

n_i——气体的摩尔数，单位为摩(mol)；

n_1——平衡前样品缸内气体的摩尔数，单位为摩(mol)；

n_2——平衡后样品缸内气体的摩尔数，单位为摩(mol)。

各压力点的吸附气体的总体积(V_i)见式(6)：

$$V_i = n_i \times 22.4 \times 1\,000 \quad \cdots\cdots(6)$$

各压力点的吸附量($V_{吸附量}$)见式(7)：

$$V_{吸附量} = V_i / G_C \quad \cdots\cdots(7)$$

式中：

$V_{吸附量}$——吸附量，单位为立方厘米每克($cm^3 \cdot g^{-1}$)；

V_i——吸附气体的总体积，单位为立方厘米(cm^3)；

G_C——煤样质量，单位为克(g)。

8.3 计算 V_L 和 P_L

根据 Langmuir 方程：

$$p/V = p/V_L + p_L/V_L \quad \cdots\cdots(8)$$

式中：

p——气体压力，单位为兆帕(MPa)；

V——在压力 p 条件下吸附量，单位为立方厘米每克($cm^3 \cdot g^{-1}$)；

V_L——最大吸附容量，又称 Langmuir 体积，单位为立方厘米每克($cm^3 \cdot g^{-1}$)；

p_L——Langmuir 压力，单位为兆帕(MPa)。

若令 $A=1/V_L$ 和 $B=p_L/V_L$，可以将方程(8)推导为 p/V 与 p 的函数：

$$p/V = p/V_L + p_L/V_L \text{ 或 } p/V = Ap + B \quad \cdots\cdots(9)$$

依据方程(9)，可将实测的各压力平衡点的压力与吸附量数据绘制为以 p 为横坐标、以 p/V 比值为纵坐标的散点图，利用最小二乘法求出这些散点图的回归直线方程及相关系数(R)，进而求出直线的斜率(A)和截距(B)，根据斜率和截距求出 Langmuir 体积(V_L)和 Langmuir 压力(p_L)，即：

$$V_L = 1/A$$

$$p_L = B/A \text{ 或 } p_L = V_L B \quad \cdots\cdots(10)$$

8.4 等温吸附曲线

根据各平衡压力点吸附量 V 和压力 p 绘制等温吸附曲线。

9 精密度

9.1 重复性限

平衡水分、V_L、p_L 的重复性限均为 10%。

9.2 **再现性限**

平衡水分、V_L、p_L 的再现性限均为 15%。

10 试验报告

10.1 报告内容应符合附录 A(规范性附录)的规定。

10.2 试验结果

V_L、p_L 修约到小数点后两位有效数字。

附 录 A
（规范性附录）
等温吸附试验报告格式

等温吸附试验报告

试验编号＿＿＿＿＿＿＿＿　　　　采样地点＿＿＿＿＿＿＿＿

送样号＿＿＿＿＿＿＿＿　　　　煤　　层＿＿＿＿＿＿＿＿

样品质量/g＿＿＿＿＿＿＿＿　　　　灰分 A_{ad}/%＿＿＿＿＿＿＿＿

平衡水分 M_e/%＿＿＿＿＿＿＿＿　　　　水分 M_{ad}/%＿＿＿＿＿＿＿＿

试验温度/℃＿＿＿＿＿＿＿＿　　　　甲烷浓度/%＿＿＿＿＿＿＿＿

氦气浓度/%＿＿＿＿＿＿＿＿　　　　测定日期＿＿＿＿＿＿＿＿

记录号	压力/MPa	平衡水分基	空气干燥基		干燥无灰基	
		吸附量 $V/(cm^3 \cdot g^{-1})$	吸附量 $V/(cm^3 \cdot g^{-1})$	p/V	吸附量 $V/(cm^3 \cdot g^{-1})$	p/V
	0	0	0		0	
1						
2						
3						
4						
5						
6						

Langmuir 方程：$V=V_L \cdot p/(p_L+p)$

试 验 参 数	Langmuir 体积 $V_L/(cm^3 \cdot g^{-1})$	Langmuir 压力 p_L/MPa	R
空气干燥基			
干燥无灰基			

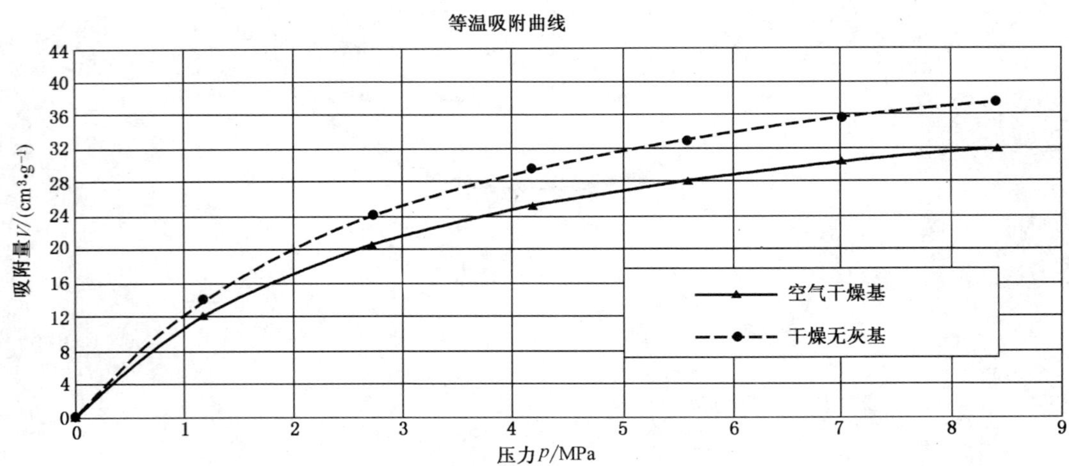

试验人：＿＿＿＿＿＿　　　　审核人：＿＿＿＿＿＿　　　　依据标准 GB/T 19560—2008

ICS 25.040
N 10

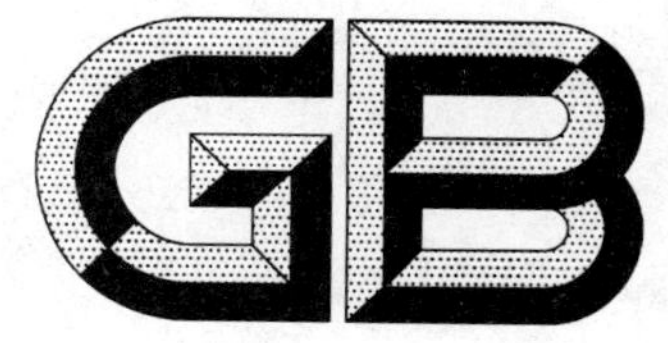

中华人民共和国国家标准

GB/T 19582.1—2008
代替 GB/Z 19582.1—2004

基于 Modbus 协议的工业自动化网络规范 第1部分：Modbus 应用协议

Modbus industrial automation network specification—Part 1: Modbus application protocol

2008-02-27 发布 2008-09-01 实施

中华人民共和国国家质量监督检验检疫总局
中国国家标准化管理委员会 发布

前　言

GB/T 19582—2008《基于 Modbus 协议的工业自动化网络规范》分为三部分：

——第 1 部分：Modbus 应用协议；

——第 2 部分：Modbus 协议在串行链路上的实现指南；

——第 3 部分：Modbus 协议在 TCP/IP 上的实现指南。

第 1 部分描述了 Modbus 事务处理；第 2 部分提供了有助于开发者在串行链路上实现 Modbus 应用层的参考信息；第 3 部分提供了有助于开发者在 TCP/IP 上实现 Modbus 应用层的参考信息。

GB/T 19582—2008 包括两个通信规程中使用的 Modbus 应用层协议和服务规范：

——串行链路上的 Modbus

Modbus 串行链路基于 TIA/EIA 标准：232-E 和 485-A。

——TCP/IP 上的 Modbus

Modbus TCP/IP 基于 IETF 标准：RFC793 和 RFC791。

串行链路和 TCP/IP 上的 Modbus 是根据相应 ISO 分层模型说明的两个通信规程。下图强调指出了 GB/T 19582—2008 的主要部分。深色方框表示规范，浅色方框表示已有的国际标准（TIA/EIA 和 IETF 标准）。

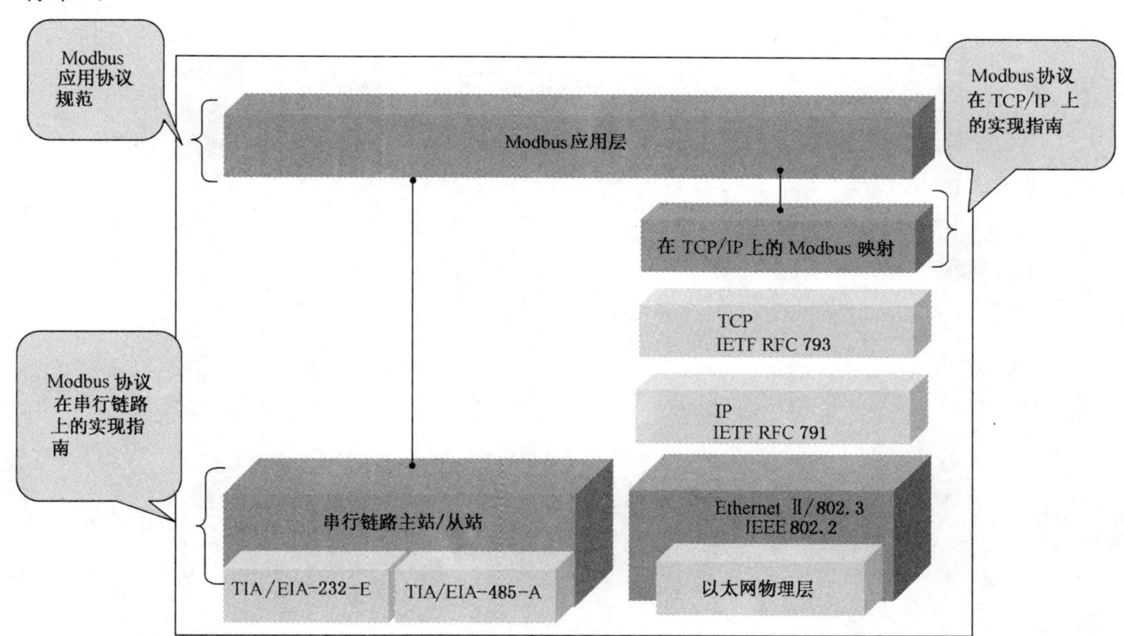

本部分从实施之日起代替 GB/Z 19582.1—2004；GB/Z 19582.1—2004 并于该日起予以废止。

本部分的附录 A、附录 B 为资料性附录。

本部分由中国机械工业联合会提出。

本部分由全国工业过程测量和控制标准化技术委员会第四分技术委员会归口。

本部分起草单位：机械工业仪器仪表综合技术经济研究所、西南大学、上海自动化仪表股份有限公司、北京交通大学现代通信研究所、北京机械工业自动化研究所、国家继电器质量监督检验中心、中国四联仪器仪表集团有限公司、中海石油研究中心、西北工业大学、施耐德电气（中国）投资有限公司。

本部分主要起草人：王玉敏、柳晓菁、刘枫、包伟华、孙昕、刘云男、唐济扬、贺春、刘渝新、徐伟华、欧阳劲松、何军红、华镕、王勇。

GB/Z 19582.1 首次发布时间为 2004 年 9 月 21 日，本部分第一次修订。

引　言

GB/T 19582—2008 是对 GB/Z 19582—2004《基于 Modbus 协议的工业自动化网络规范》的修订，修订的依据是 IEC 61158 CPF15(FDIS):2006 实时以太网 Modbus-RTPS。本部分的结构与GB/Z 19582.1—2004 基本一致，但在技术内容上对 GB/Z 19582.1—2004 进行了补充和完善。

基于 Modbus 协议的工业自动化网络规范
第 1 部分:Modbus 应用协议

1 范围

Modbus 是 OSI 模型第 7 层上的应用层报文传输协议,它在连接至不同类型总线或网络的设备之间提供客户机/服务器通信,见图 1。

从 1979 年开始,Modbus 作为工业串行链路的事实标准,Modbus 使成千上万的自动化设备能够通信。目前,对简单而精致的 Modbus 结构的支持仍在增长。互联网用户能够使用 TCP/IP 栈上的保留系统端口 502 访问 Modbus。

Modbus 是一个请求/应答协议,并且提供功能码规定的服务。Modbus 功能码是 Modbus 请求/应答 PDU 的元素。本部分描述了 Modbus 事务处理框架内使用的功能码。

Modbus 应用层报文传输协议用于在通过不同类型的总线或网络连接的设备之间的客户机/服务器通信。

目前,通过下列方式实现 Modbus 通信:

——以太网上的 TCP/IP,见 GB/T 19582.3。

——各种介质(有线:EIA/TIA-232-E、EIA-422、EIA/TIA-485-A;光纤、无线等等)上的异步串行传输。

——Modbus+,一种高速令牌传递网络。

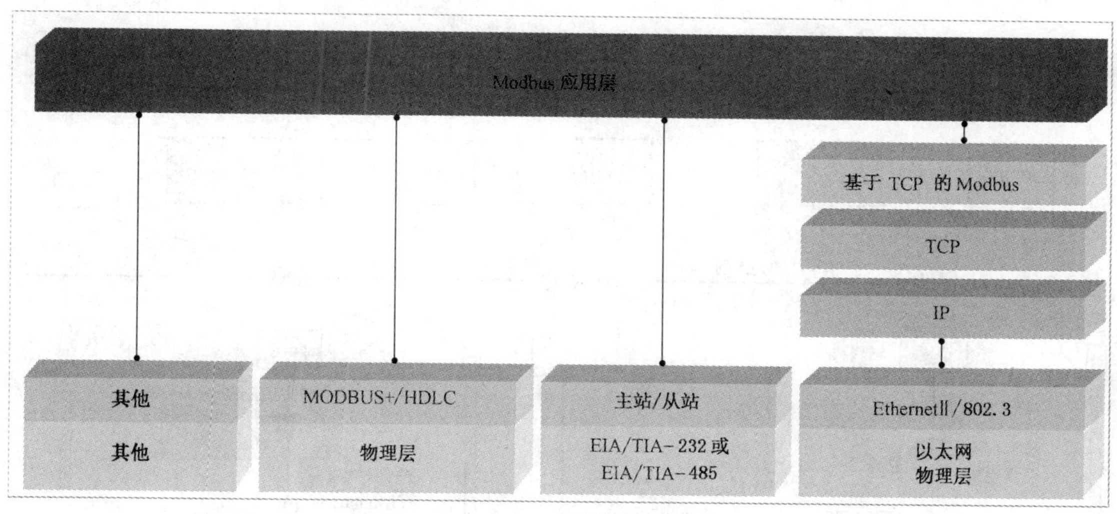

图 1 **Modbus 通信栈**

2 规范性引用文件

下列文件中的条款通过 GB/T 19582 的本部分的引用而成为本部分的条款。凡是注日期的引用文件,其随后所有的修改单(不包括勘误的内容)或修订版均不适用于本部分,然而,鼓励根据本部分达成协议的各方研究是否可使用这些文件的最新版本。凡是不注日期的引用文件,其最新版本适用于本部分。

GB/T 15969 可编程序控制器

RFC 791 Internet Protocol,Sep81 DARPA

3 缩略语

ADU(Application Data Unit)	应用数据单元
HDLC(High Level Data Link Control)	高级数据链路控制
HMI(Human Machine Interface)	人机界面
IETF(Internet Engineering Task Force)	互联网工程工作组
I/O(Input/Output)	输入/输出
IP(Internet Protocol)	因特网协议
LSB(Least Significant Bit)	最低有效位
MAC(Medium Access Control)	介质访问控制
MB(Modbus Protocol)	Modbus 协议
MBAP(Modbus Application Protocol)	Modbus 应用协议
MEI(Modbus Encapsulated Interface)	Modbus 封装接口
MSB(Most Significant Bit)	最高有效位
NAK(Negative Acknowlegment)	否定确认
PDU(Protocol Data Unit)	协议数据单元
PLC(Programmable Logic Controller)	可编程序逻辑控制器
RFC(Request For Comment)	互联网"请求注解"文档
TCP(Transport Control Protocol)	传输控制协议

4 背景概要

Modbus 协议可以方便地在各种网络体系结构内进行通信,见图 2。

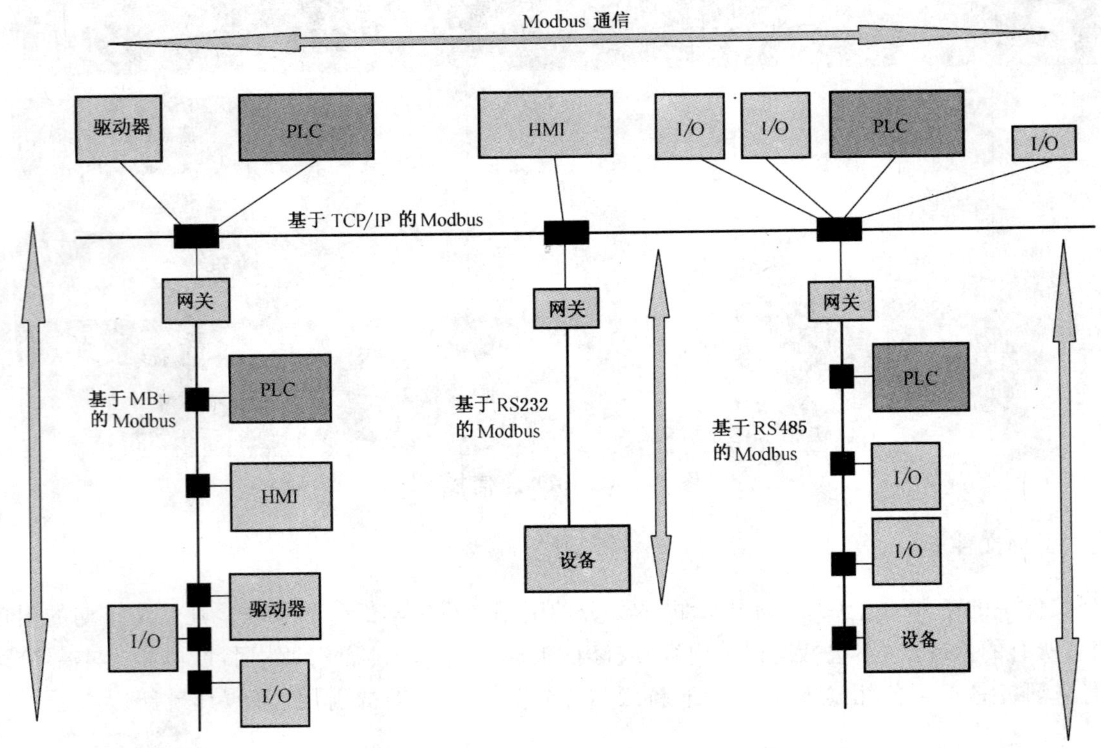

图 2 Modbus 网络体系结构的示例

每种设备(PLC、HMI、控制面板、驱动器、运动控制、I/O 设备……)都能使用 Modbus 协议来启动远程操作。

在基于串行链路和 TCP/IP 以太网上能够进行同样的通信。网关能够实现在各种使用 Modbus 协议的总线或网络之间的通信。

5 总体描述

5.1 协议描述

Modbus 协议定义了一个与基础通信层无关的简单协议数据单元(PDU)。特定总线或网络上的 Modbus 协议映射能够在应用数据单元(ADU)上引入一些附加字段,见图 3。

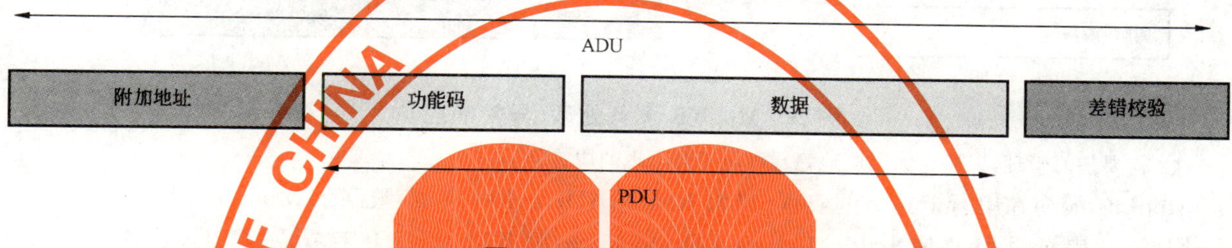

图 3 通用 Modbus 帧

Modbus 应用数据单元由启动 Modbus 事务处理的客户机创建。功能码向服务器指示将执行哪种操作。Modbus 应用协议建立了客户机启动的请求格式。

用一个字节编码 Modbus 数据单元的功能码字段。有效的码范围是十进制 1～255(128～255 保留用于异常响应)。当从客户机向服务器设备发送报文时,功能码字段通知服务器执行哪种操作。功能码“0”无效。

向一些功能码加入子功能码来定义多项操作。

从客户机向服务器设备发送的报文数据字段包括附加信息,服务器使用这个信息执行功能码定义的操作。这个字段还包括离散量和寄存器地址、处理的项目数量以及字段中的实际数据字节数。

在某种请求中,数据字段可以是不存在的(0 长度),在此情况下服务器不需要任何附加信息。功能码仅说明操作。

如果在一个正确接收的 Modbus ADU 中,不出现与所请求的 Modbus 功能有关的差错,那么服务器至客户机的响应数据字段包括所请求的数据。如果出现与所请求的 Modbus 功能有关的差错,那么该字段包括一个异常码,服务器应用能够使用这个字段确定下一个执行的操作。

例如,客户机能够读一组离散量输出或输入的开/关状态,或者客户机能够读/写一组寄存器的数据内容。

当服务器对客户机响应时,它使用功能码字段来指示正常(无差错)响应(见图 4)或者出现某种差错(称为异常响应),见图 5。对于正常响应,服务器仅复制原始功能码。

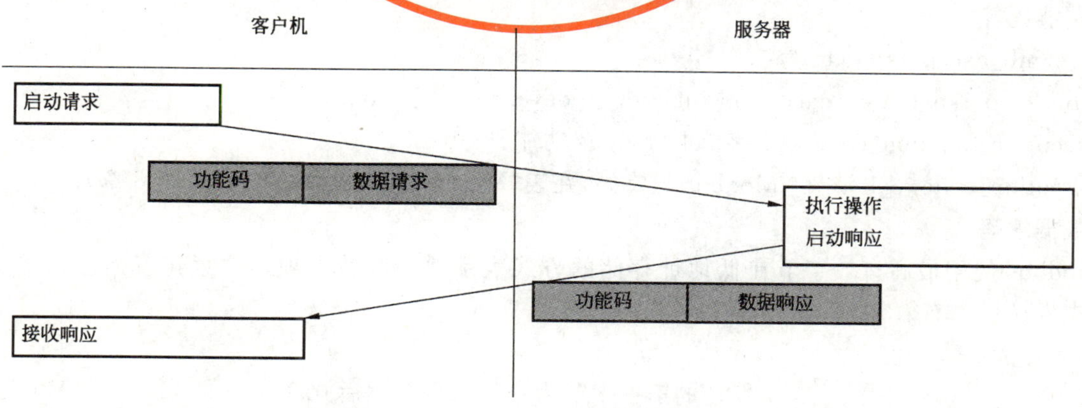

图 4 Modbus 事务处理(无差错)

对于异常响应，服务器将请求 PDU 中的原始功能码的最高有效位设置逻辑 1 后返回。

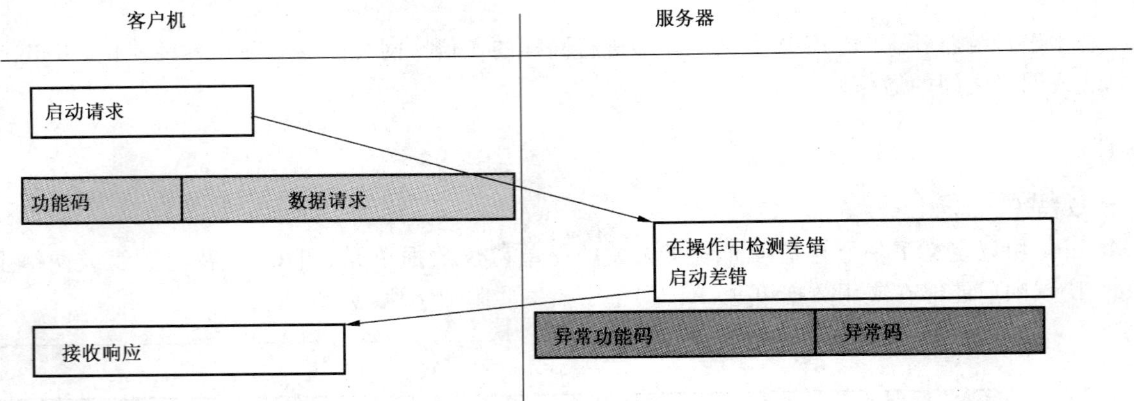

图 5　Modbus 事务处理（异常响应）

注：需要超时管理，以避免无限期地等待可能不会出现的应答。

Modbus 最初在串行链路上的实现（最大 RS485 ADU＝256 字节）限制了 Modbus PDU 的长度。

因此，对串行链路通信来说，Modbus PDU＝256－服务器地址（1 字节）－CRC（2 字节）＝253 字节。

从而：

RS232/RS485 ADU＝253 字节＋服务器地址（1 字节）＋CRC（2 字节）＝256 字节。

TCP Modbus ADU＝253 字节＋MBAP（7 字节）＝260 字节。

Modbus 协议定义了三种 PDU。它们是：

——Modbus 请求 PDU，mb_req_pdu；

——Modbus 响应 PDU，mb_rsp_pdu；

——Modbus 异常响应 PDU，mb_excep_rsp_pdu。

定义 mb_req_pdu 为：

mb_req_pdu＝{function_code，request_data}，其中：

function_code＝[1 字节] Modbus 功能码。

request_data＝[n 字节]，这个字段与功能码有关，通常包括诸如变量引用、变量计数、数据偏移量、子功能码等信息。

定义 mb_rsp_pdu 为：

mb_rsp_pdu＝{function_code，response_ data}，其中：

function_code＝[1 字节]Modbus 功能码。

response_data＝[n 字节]，这个字段与功能码有关，通常包括诸如变量引用、变量计数、数据偏移量、子功能码等信息。

定义 mb_excep_rsp_pdu 为：

mb_excep_rsp_pdu＝{exception-function_code，exception_code}，其中：

exception-function_code＝[1 字节] Modbus 功能码＋0x80。

exception_code＝[1 字节] Modbus 异常码，在表“Modbus 异常码”中定义（见第 8 章）。

5.2　数据编码

Modbus 使用最高有效字节在低地址存储的方式表示地址和数据项。这意味着当发送多个字节时，首先发送最高有效字节。例如：

寄存器大小	值		
16 位	0x1234	发送的第一字节为 0x12	然后 0x34

注：更详细的信息参见参考文献[1]。

5.3 Modbus 数据模型

Modbus 的数据模型是以一组具有不同特征的表为基础建立的。4 个基本表见表 1。

表 1 Modbus 数据模型基本表

基本表	对象类型	访问类型	注　释
离散量输入	单个位	只读	I/O 系统可提供这种类型的数据
线圈	单个位	读写	通过应用程序可改变这种类型的数据
输入寄存器	16 位字	只读	I/O 系统可提供这种类型的数据
保持寄存器	16 位字	读写	通过应用程序可改变这种类型的数据

输入与输出之间以及位寻址的和字寻址的数据项之间的区别并不意味着应用特性的差别。如果所有 4 个表相互覆盖是对该目标机器最自然的解释，也是完全可接受的，而且很普遍。

对于每个基本表，协议都允许单个地选择 65 536 个数据项，而且其读写操作被设计为可以越过多个连续数据项直到数据大小规格限制，该限制与事务处理功能码有关。

很显然，必须将 Modbus 处理的所有数据(位，寄存器)放置在设备应用存储器中。但是，存储器的物理地址不应该与数据引用混淆。仅要求将数据引用与物理地址链接。

Modbus 功能码中使用的 Modbus 逻辑编号是以 0 开始的无符号整数。

——Modbus 模型实现的示例

下列示例表示了在设备中组织数据的两种方法。组织数据的方法有多种，在本部分中没有对所有方法进行描述。每个设备根据其应用都有它自己的组织数据的方法。

示例 1：含有 4 个独立块的设备

图 6 表示了含有数字量和模拟量、输入量和输出量的设备中的数据组织。由于不同块中的数据不相关，因此每个块是相互独立的。这样可通过不同 Modbus 功能码访问每个块。

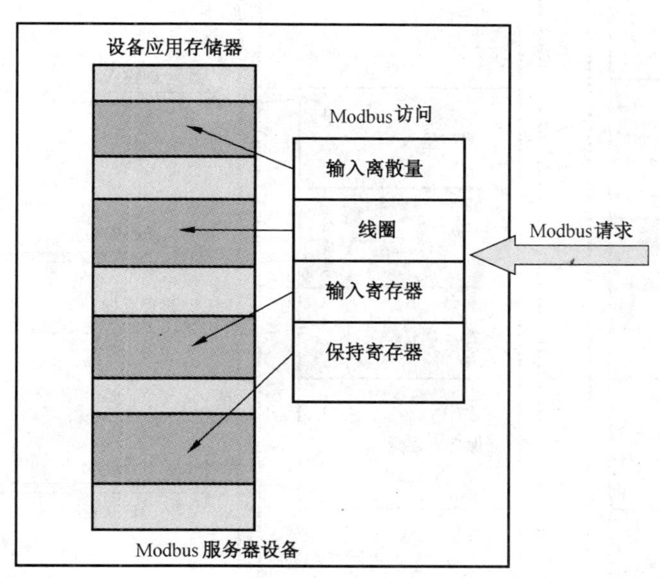

图 6 含有独立块的 Modbus 数据模型

示例 2：仅含有 1 个块的设备

在图 7 中，设备仅含有 1 个数据块。通过几个 Modbus 功能码能够得到相同数据，既可通过 16 位访问也可通过 1 位访问。

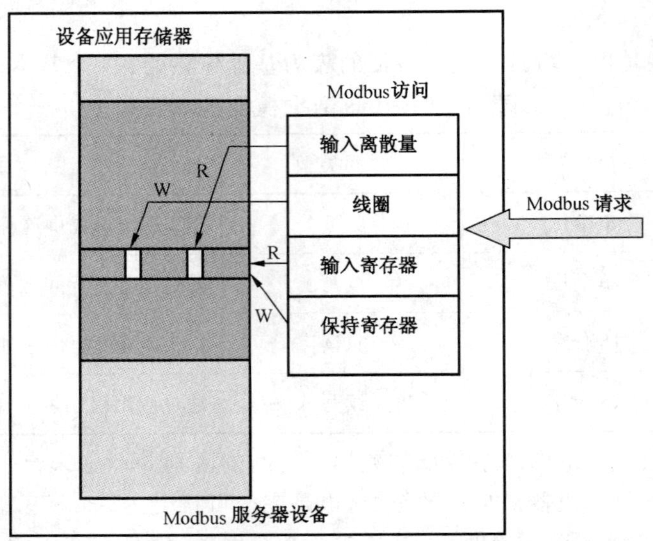

图 7　仅含有 1 个块的 Modbus 数据模型

5.4　Modbus 寻址模型

Modbus 应用协议精确地定义了 PDU 寻址规则。

在 Modbus PDU 中，从 0～65535 寻址每个数据。

Modbus 应用协议还明确地定义了由 4 个块构成的 Modbus 数据模型，每个块由几个编号为 1～n 的元素构成。

在 Modbus 数据模型中，从 1～n 来编号数据块中的每个元素。

然后，必须将 Modbus 数据模型与设备应用结合(GB/T 15969 对象，其他应用模型)。

Modbus 数据模型和设备应用之间的映射完全与特定设备相关。

图 8 表示了用 Modbus PDU 的 X－1 来寻址编号为 X 的 Modbus 数据。

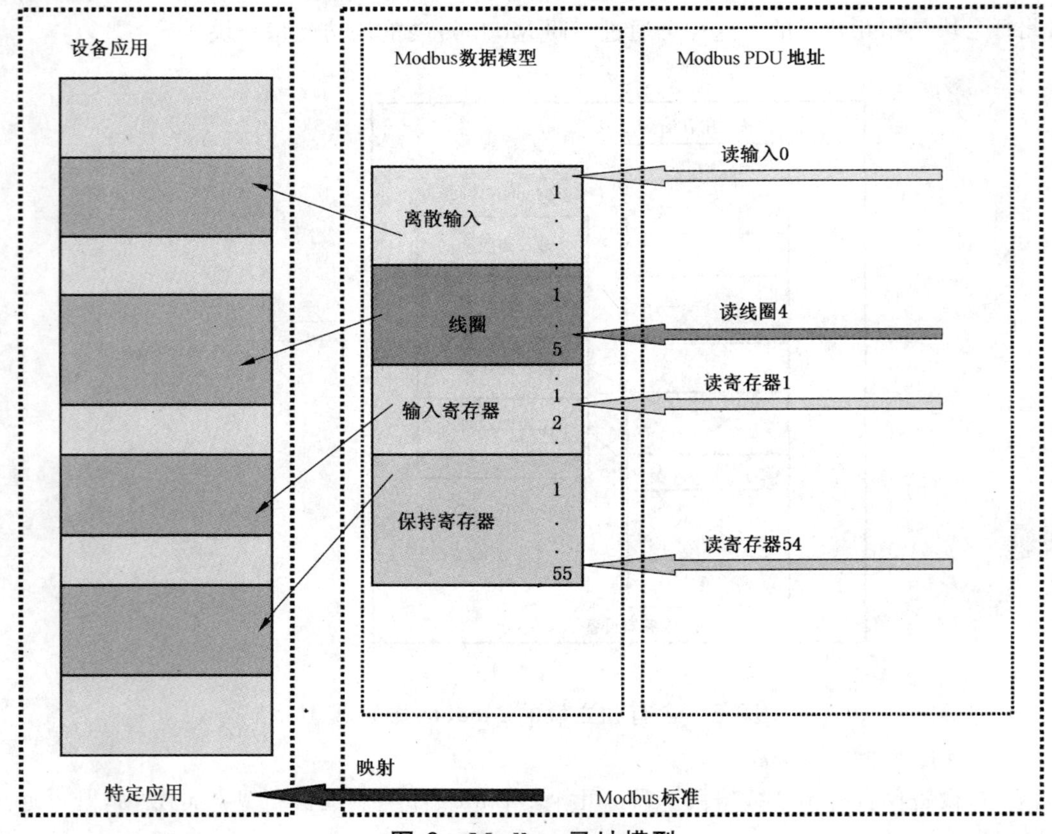

图 8　Modbus 寻址模型

5.5 Modbus 事务处理的定义

图 9 是 Modbus 事务处理状态图，描述了在服务器侧 Modbus 事务处理的一般处理过程。

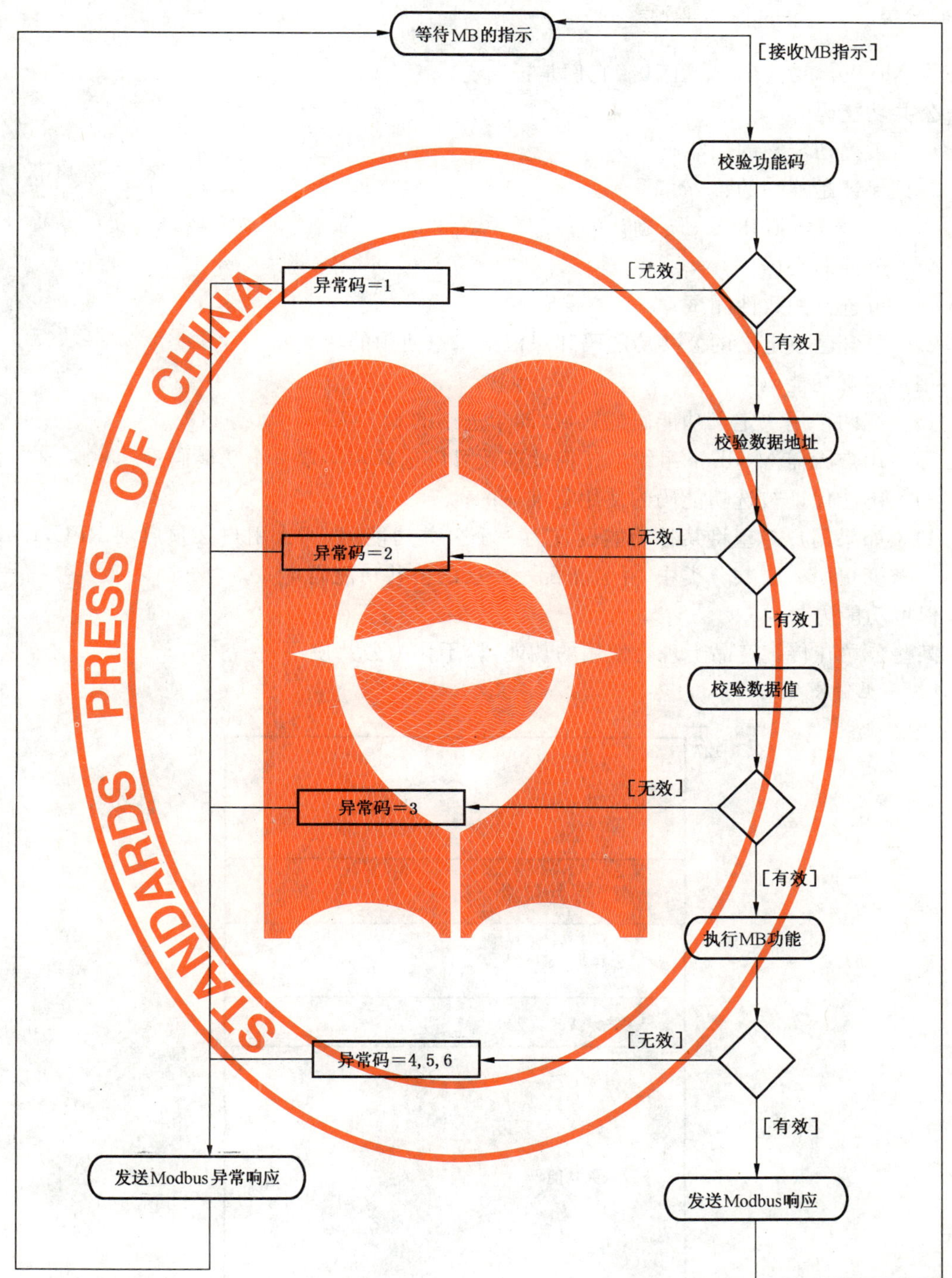

图 9　Modbus 事务处理的状态图

一旦服务器处理请求，就使用相应的 Modbus 服务器事务处理生成 Modbus 响应。

根据处理结果，可以建立两种类型响应：

——一个正常的 Modbus 响应：响应功能码=请求功能码。

——一个异常的 Modbus 响应(见第 8 章)：

1)　用来为客户机提供处理过程中与所发现的差错相关的信息；

2） 异常功能码＝请求功能码＋0x80；

3） 提供一个异常码来指示差错原因。

6 功能码分类

有三类 Modbus 功能码，见图 10。它们是：

a） 公共功能码

1） 被确切定义的功能码；

2） 保证是唯一的；

3） 由 Modbus-IDA.org 确认的；

4） 公开的文档；

5） 可进行一致性测试；

6） 包含已被定义的公共功能码和保留给未来使用的功能码。

b） 用户定义功能码

1） 有两个用户定义功能码的区域，即十进制的 65～72 和 100～110；

2） 用户无需 Modbus 组织的任何批准就可以选择和实现一个功能码；

3） 不能保证被选功能码的使用是唯一的；

4） 如果用户希望将某种功能设置为一个公共功能码，那么用户必须启动 RFC，以便将这种变更引入公共分类中，并且指配一个新的公共功能码。

c） 保留功能码

某些公司在传统产品上现行使用的功能码，不作为公共使用。

注：参见附录 A。

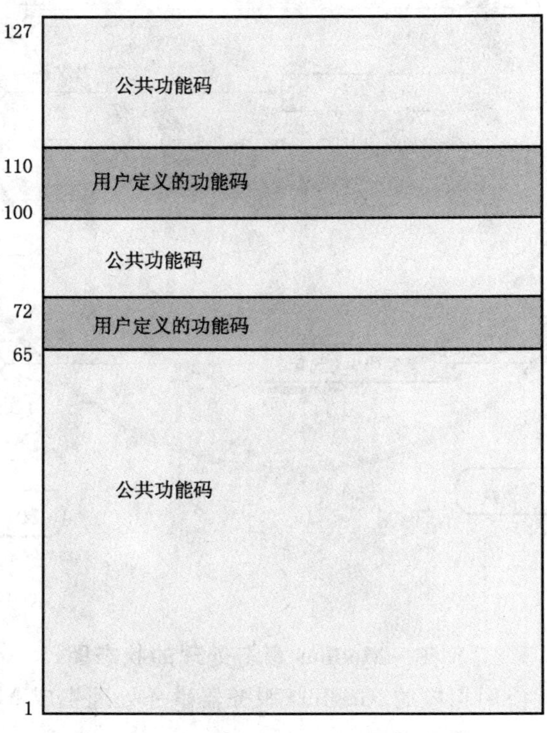

图 10 Modbus 功能码分类

6.1 公共功能码定义

见表 2。

表 2　公共功能码

<table>
<tr><th colspan="4" rowspan="2"></th><th colspan="2">功能码</th><th rowspan="2">十六进制</th><th rowspan="2">章节</th></tr>
<tr><th>码</th><th>子码</th></tr>
<tr><td rowspan="16">数据访问</td><td rowspan="5">比特访问</td><td>物理离散量输入</td><td>读离散量输入</td><td>02</td><td></td><td>02</td><td>7.2</td></tr>
<tr><td rowspan="4">内部比特或物理线圈</td><td>读线圈</td><td>01</td><td></td><td>01</td><td>7.1</td></tr>
<tr><td>写单个线圈</td><td>05</td><td></td><td>05</td><td>7.5</td></tr>
<tr><td>写多个线圈</td><td>15</td><td></td><td>0F</td><td>7.11</td></tr>
<tr><td></td><td></td><td></td><td></td><td></td></tr>
<tr><td rowspan="7">16 比特访问</td><td>物理输入寄存器</td><td>读输入寄存器</td><td>04</td><td></td><td>04</td><td>7.4</td></tr>
<tr><td rowspan="6">内部寄存器或物理输出器寄存器</td><td>读保持寄存器</td><td>03</td><td></td><td>03</td><td>7.3</td></tr>
<tr><td>写单个寄存器</td><td>06</td><td></td><td>06</td><td>7.6</td></tr>
<tr><td>写多个寄存器</td><td>16</td><td></td><td>10</td><td>7.12</td></tr>
<tr><td>读/写多个寄存器</td><td>23</td><td></td><td>17</td><td>7.17</td></tr>
<tr><td>屏蔽写寄存器</td><td>22</td><td></td><td>16</td><td>7.16</td></tr>
<tr><td>读 FIFO 队列</td><td>24</td><td></td><td>18</td><td>7.18</td></tr>
<tr><td colspan="2" rowspan="2">文件记录访问</td><td>读文件记录</td><td>20</td><td>6</td><td>14</td><td>7.14</td></tr>
<tr><td>写文件记录</td><td>21</td><td>6</td><td>15</td><td>7.15</td></tr>
<tr><td colspan="3" rowspan="6">诊断</td><td>读异常状态</td><td>07</td><td></td><td>07</td><td>7.7</td></tr>
<tr><td>诊断</td><td>08</td><td>00-18,20</td><td>08</td><td>7.8</td></tr>
<tr><td>获得事件计数器</td><td>11</td><td></td><td>0B</td><td>7.9</td></tr>
<tr><td>获得事件记录</td><td>12</td><td></td><td>0C</td><td>7.10</td></tr>
<tr><td>报告从站 ID</td><td>17</td><td></td><td>11</td><td>7.13</td></tr>
<tr><td>读设备标识码</td><td>43</td><td>14</td><td>2B</td><td>7.21</td></tr>
<tr><td colspan="3" rowspan="2">其他</td><td>封装接口传输</td><td>43</td><td>13,14</td><td>2B</td><td>7.19</td></tr>
<tr><td>CANopen 通用引用</td><td>43</td><td>13</td><td>2B</td><td>7.20</td></tr>
</table>

7　功能码描述

7.1　01(0x01)读线圈

见图 11 和表 3～表 5。

使用该功能码从一个远程设备中读 1～2 000 个连续的线圈状态。请求 PDU 指定了起始地址，即指定了第一个线圈地址和线圈数目。在 PDU 中，从零开始寻址线圈。因此编号 1～16 的线圈寻址为 0～15。

响应报文中的线圈按数据字段的每位一个线圈进行打包。状态被表示成 1＝ON 和 0＝OFF。第一个数据字节的 LSB(最低有效位)包含询问中所寻址的输出。其他线圈依次类推，一直到这个字节的高位端为止，并在后续字节中按照从低位到高位的顺序排列。

如果返回的输出数量不是 8 的倍数，将用零填充最后数据字节中的剩余位(一直到字节的高位端)。字节计数字段指定了数据的全部字节数。

表 3 读线圈请求

功能码	1 字节	0x01
起始地址	2 字节	0x0000～0xFFFF
线圈数量	2 字节	1～2 000(0x7D0)

表 4 读线圈响应

功能码	1 字节	0x01
字节计数	1 字节	N[a]
线圈状态	n 字节	n＝N 或 N＋1
[a] N＝输出数量/8,如果余数不等于 0,那么 N＝N＋1。		

表 5 读线圈错误响应

异常功能码	1 字节	功能码＋0x80
异常码	1 字节	01 或 02 或 03 或 04

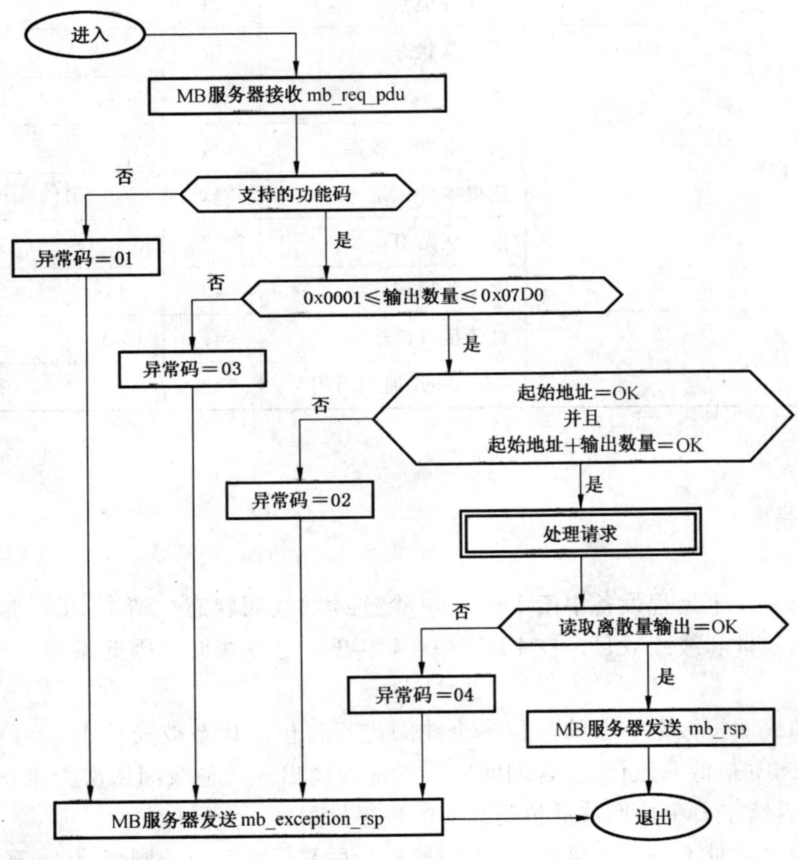

图 11 读线圈状态图

表 6 是一个请求读离散量输出 20～38 的示例。

表 6 读离散量输出

请求		响应	
字段名	十六进制	字段名	十六进制
功能	01	功能	01
起始地址 Hi	00	字节计数	03
起始地址 Lo	13	输出状态 27～20	CD
输出数量 Hi	00	输出状态 35～28	6B
输出数量 Lo	13	输出状态 38～36	05

将输出 27～20 的状态表示为十六进制字节值 CD,或二进制 1100 1101。输出 27 是这个字节的 MSB,输出 20 是 LSB。

通常,一个字节的 MSB 位于左侧,LSB 位于右侧。第一个字节的输出从左至右为 27～20。下一个字节的输出从左到右为 35～28。当串行发送这些位时,从 LSB 向 MSB 传输:20～27、28～35 等等。

在最后的数据字节中,将输出 38～36 的状态表示为十六进制字节值 05,或二进制 0000 0101。输出 38 是左侧第六个位位置,输出 36 是这个字节的 LSB。用零填充 5 个剩余高位位。

注:用零填充 5 个剩余位(一直到高位端)。

7.2 02(0x02)读离散量输入

见图 12 和表 7～表 9。

使用该功能码从一个远程设备中读 1～2 000 个连续的离散量输入状态。请求 PDU 指定了起始地址,即指定了第一个离散量输入地址和离散量输入数目。在 PDU 中,从零开始寻址离散量输入。因此编号 1～16 的离散量输入被寻址为 0～15。

响应报文中的离散量输入按数据字段的每位一个离散量输入进行打包。状态被表示成 1=ON 和 0=OFF。第一个数据字节的 LSB(最低有效位)包含询问中所寻址的输入。其他离散量输入依次类推,一直到这个字节的高位端为止,并在后续字节中按照从低位到高位的顺序排列。

如果返回的输入数量不是 8 的倍数,将用零填充最后数据字节中的剩余位(一直到字节的高位端)。字节计数字段指定了数据的全部字节数。

表 7 读离散量输入请求

功能码	1 字节	0x02
起始地址	2 字节	0x0000～0xFFFF
输入数量	2 字节	1～2 000(0x07D0)

表 8 读离散量输入响应

功能码	1 字节	0x02
字节计数	1 字节	N[a]
输入状态	N[a]×1 个字节	…
[a] N=输入数量/8,如果余数不等于 0,那么 N=N+1。		

表 9 读离散量输入错误响应

异常功能码	1 字节	0x82
异常码	1 字节	01 或 02 或 03 或 04

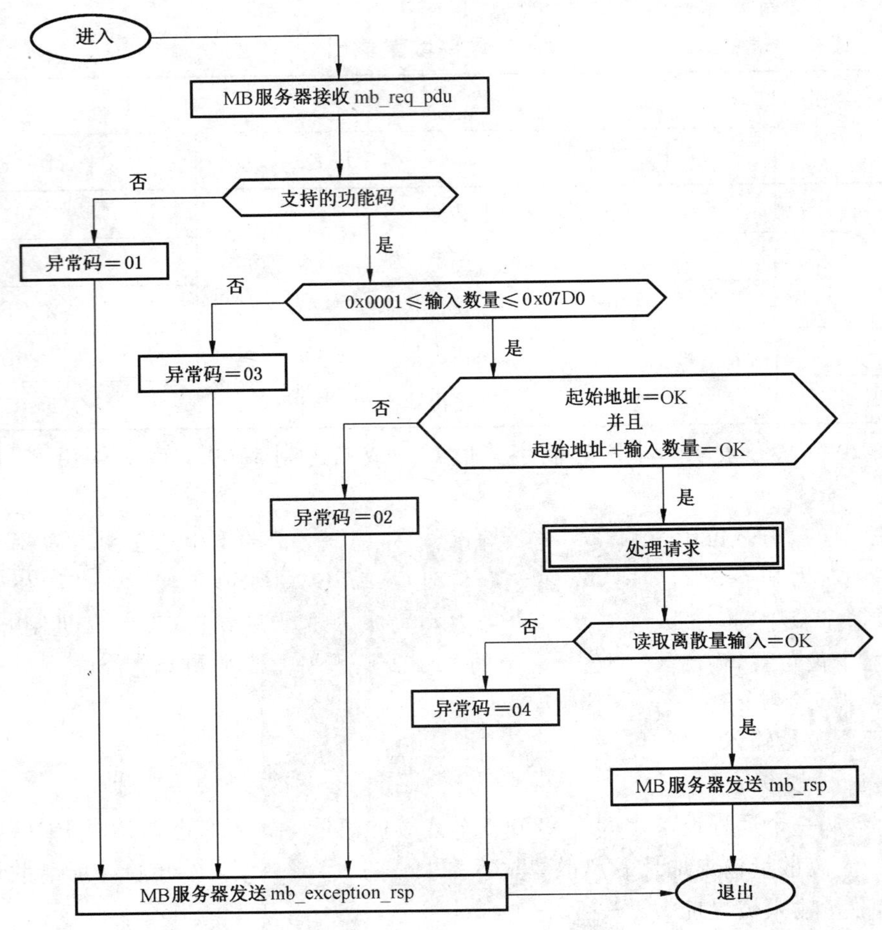

图 12　读离散量输入的状态图

表 10 是一个请求读离散量输入 197～218 的示例。

表 10　读离散量输入

请　求		响　应	
字段名	十六进制	字段名	十六进制
功能	02	功能	02
起始地址 Hi	00	字节计数	03
起始地址 Lo	C4	输入状态 204～197	AC
输入数量 Hi	00	输入状态 212～205	DB
输入数量 Lo	16	输入状态 218～213	35

将离散量输入 204～197 的状态表示为十六进制字节值 AC，或二进制 1010 1100。输入 204 是这个字节的 MSB，输入 197 是这个字节的 LSB。

将离散量输入 218～213 的状态表示为十六进制字节值 35，或二进制 0011 0101。输入 218 位于左侧第 3 位，输入 213 是 LSB。

注：用零填充 2 个剩余位（一直到高位端）。

7.3　03(0x03)读保持寄存器

见图 13 和表 11～表 13。

使用该功能码从远程设备中读保持寄存器连续块的内容。请求 PDU 指定了起始寄存器地址和寄存器数量。在 PDU 中，从零开始寻址寄存器。因此编号 1～16 的寄存器被寻址为 0～15。

将响应报文中的寄存器数据按每个寄存器两字节进行打包，这个二进制内容正好填满每个字节。对于每个寄存器，第一个字节包括高位位，第二个字节包括低位位。

表 11 读保持寄存器请求

功能码	1 字节	0x03
起始地址	2 字节	0x0000～0xFFFF
寄存器数量	2 字节	1～125(0x007D)

表 12 读保持寄存器响应

功能码	1 字节	0x03
字节数	1 字节	2×N[a]
寄存器值	N[a]×2 字节	…
a N＝寄存器的数量。		

表 13 读保持寄存器错误响应

异常功能码	1 字节	0x83
异常码	1 字节	01 或 02 或 03 或 04

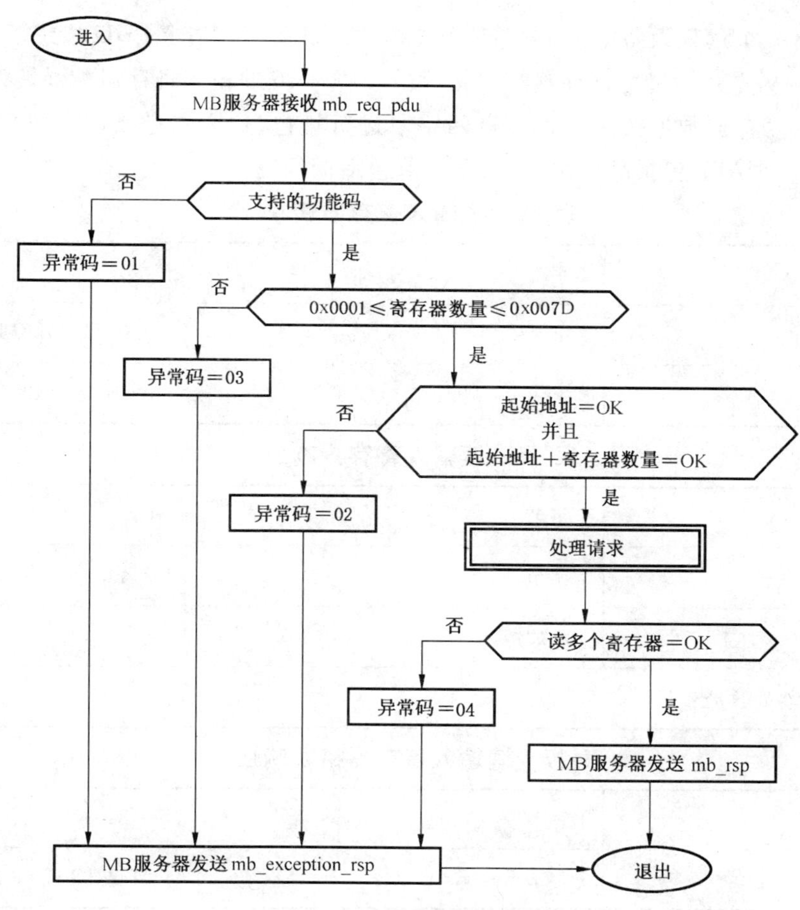

图 13 读保持寄存器的状态图

表 14 是一个请求读保持寄存器 108～110 的示例。

表 14 读保持寄存器

请求		响应	
字段名	十六进制	字段名	十六进制
功能	03	功能	03
起始地址 Hi	00	字节计数	06
起始地址 Lo	6B	寄存器值 Hi(108)	02
寄存器数量 Hi	00	寄存器值 Lo(108)	2B
寄存器数量 Lo	03	寄存器值 Hi(109)	00
		寄存器值 Lo(109)	00
		寄存器值 Hi(110)	00
		寄存器值 Lo(110)	64

将寄存器 108 的内容表示为两个十六进制字节值 02 2B，或十进制 555。将寄存器 109～110 的内容分别表示为十六进制 00 00 和 00 64，或十进制 0 和 100。

7.4 04(0x04)读输入寄存器

见图 14 和表 15～表 17。

使用该功能码从一个远程设备中读 1～125 个连续输入寄存器。请求 PDU 指定了起始地址和寄存器数量。在 PDU 中，从零开始寻址寄存器。因此，编号为 1～16 的输入寄存器被寻址为 0～15。

将响应报文中的寄存器数据按每个寄存器两字节进行打包，这个二进制内容正好填满每个字节。对于每个寄存器，第一个字节包括高位位，第二个字节包括低位位。

表 15 读输入寄存器请求

功能码	1 字节	0x04
起始地址	2 字节	0x0000～0xFFFF
输入寄存器数量	2 字节	0x0001～0x007D

表 16 读输入寄存器响应

功能码	1 字节	0x04
字节计数	1 字节	2×N[a]
输入寄存器	N[a]×2 字节	…
a N＝输入寄存器的数量。		

表 17 读输入寄存器错误响应

异常功能码	1 字节	0x84
异常码	1 字节	01 或 02 或 03 或 04

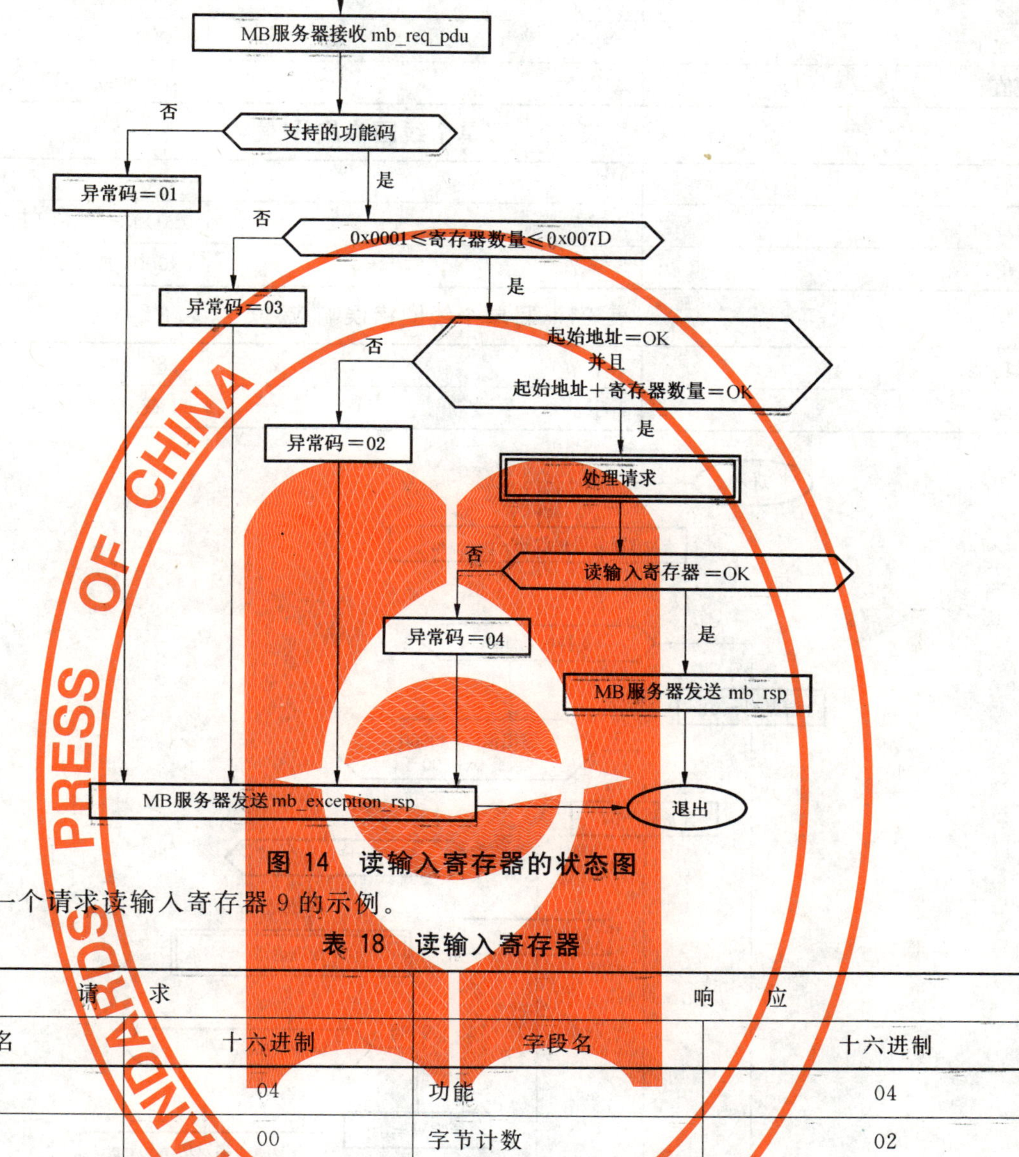

图 14 读输入寄存器的状态图

表 18 是一个请求读输入寄存器 9 的示例。

表 18 读输入寄存器

请求		响应	
字段名	十六进制	字段名	十六进制
功能	04	功能	04
起始地址 Hi	00	字节计数	02
起始地址 Lo	08	输入寄存器 9 Hi	00
输入寄存器数量 Hi	00	输入寄存器 9 Lo	0A
输入寄存器数量 Lo	01		

将输入寄存器 9 的内容表示为两个十六进制字节值 00 0A,或十进制 10。

7.5 05(0x05)写单个线圈

见图 15 和表 19～表 21。

使用该功能码将一个远程设备中的单个输出写为 ON 或 OFF。

所请求的 ON/OFF 状态由请求数据字段中的常数指定。十六进制值 FF 00 请求输出为 ON。十六进制值 00 00 请求输出为 OFF。其他所有值均是非法的,并且对输出不起作用。

请求 PDU 指定了被强制的线圈地址。从零开始寻址线圈。因此,编号为 1 的线圈被寻址为 0。所请求的 ON/OFF 状态由线圈值字段的常数指定。十六进制值 0xFF00 请求线圈为 ON。十六进制值 0x0000 请求线圈为 OFF。其他所有值均为非法的,并且对线圈不起作用。

正常的响应是请求的复制,在写入线圈状态之后被返回。

表 19　写单个线圈请求

功能码	1 字节	0x05
输出地址	2 字节	0x0000～0xFFFF
输出值	2 字节	0x0000 或 0xFF00

表 20　写单个线圈响应

功能码	1 字节	0x05
输出地址	2 字节	0x0000～0xFFFF
输出值	2 字节	0x0000 或 0xFF00

表 21　写单个线圈错误响应

异常功能码	1 字节	0x85
异常码	1 字节	01 或 02 或 03 或 04

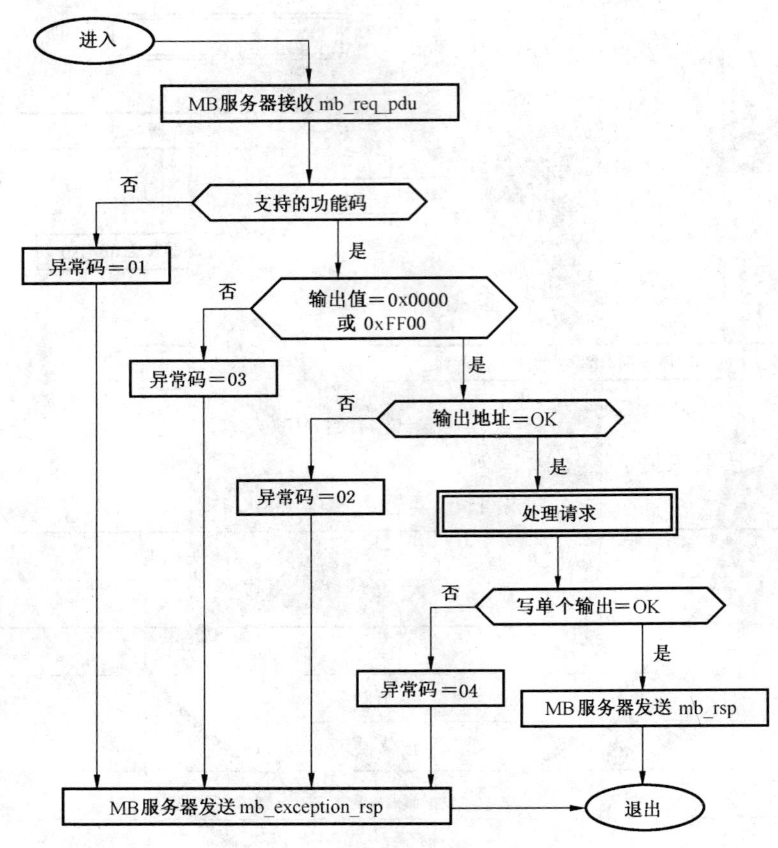

图 15　写单个线圈状态图

表 22 是一个请求写线圈 173 为 ON 的示例。

表 22　写单个线圈

请　求		响　应	
字段名	十六进制	字段名	十六进制
功能	05	功能	05
输出地址 Hi	00	输出地址 Hi	00
输出地址 Lo	AC	输出地址 Lo	AC
输出值 Hi	FF	输出值 Hi	FF
输出值 Lo	00	输出值 Lo	00

7.6 06(0x06)写单个寄存器

见图 16 和表 23～表 25。

使用该功能码在一个远程设备中写单个保持寄存器。

请求 PDU 指定了被写入寄存器的地址。从零开始寻址寄存器。因此，编号为 1 的寄存器被寻址为 0。

正常的响应是请求的复制，在写入寄存器内容之后被返回。

表 23 写单个寄存器请求

功能码	1 字节	0x06
寄存器地址	2 字节	0x0000～0xFFFF
寄存器值	2 字节	0x0000～0xFFFF

表 24 写单个寄存器响应

功能码	1 字节	0x06
寄存器地址	2 字节	0x0000～0xFFFF
寄存器值	2 字节	0x0000～0xFFFF

表 25 写单个寄存器错误响应

异常功能码	1 字节	0x86
异常码	1 字节	01 或 02 或 03 或 04

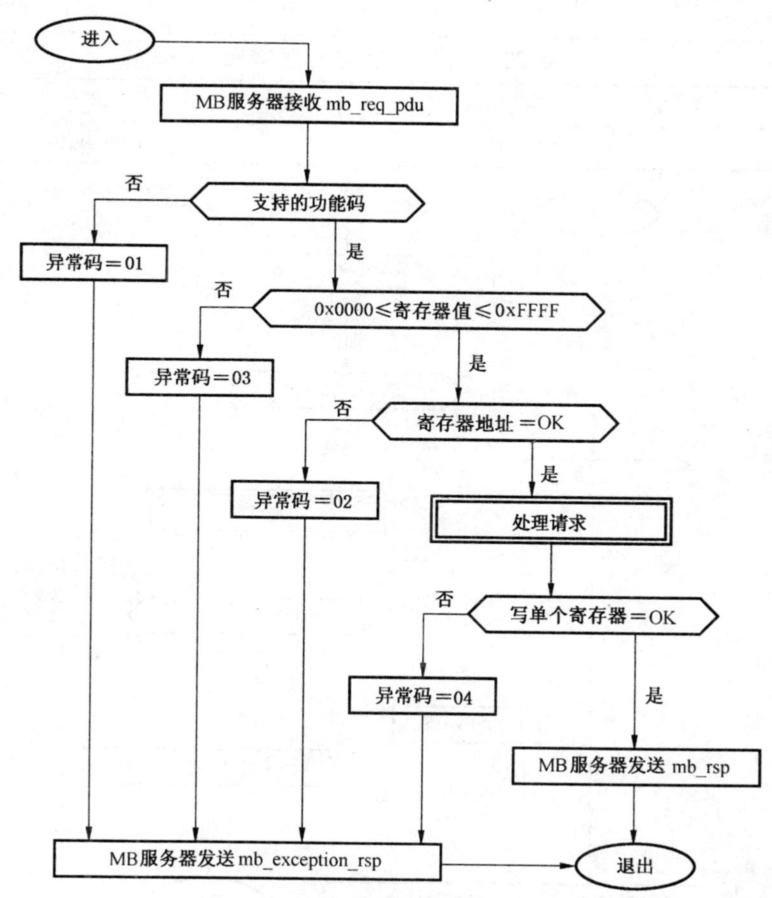

图 16 写单个寄存器状态图

表 26 是一个请求将十六进制 00 03 写入寄存器 2 的示例。

表 26 写入单个寄存器

请求		响应	
字段名	十六进制	字段名	十六进制
功能	06	功能	06
寄存器地址 Hi	00	输出地址 Hi	00
寄存器地址 Lo	01	输出地址 Lo	01
寄存器值 Hi	00	输出值 Hi	00
寄存器值 Lo	03	输出值 Lo	03

7.7 07(0x07)读异常状态(仅用于串行链路)

见图 17 和表 27～表 29。

使用这个功能码从一个远程设备中读 8 个异常状态输出的内容。

因为异常码输出引用是已知的(在这个功能中不需要输出引用),该功能提供访问这种信息的一种简单方法。

正常的响应包括 8 个异常状态输出的状态。将这些输出按每个输出一个位打包成一个数据字节。在该字节的最低有效位中包含最低位输出引用的状态。

8 个异常状态输出的内容是与设备相关的。

表 27 读异常状态请求

功能码	1 字节	0x07

表 28 读异常状态响应

功能码	1 字节	0x07
输出数据	1 字节	0x00～0xFF

表 29 读异常状态错误响应

异常功能码	1 字节	0x87
异常码	1 字节	01 或 04

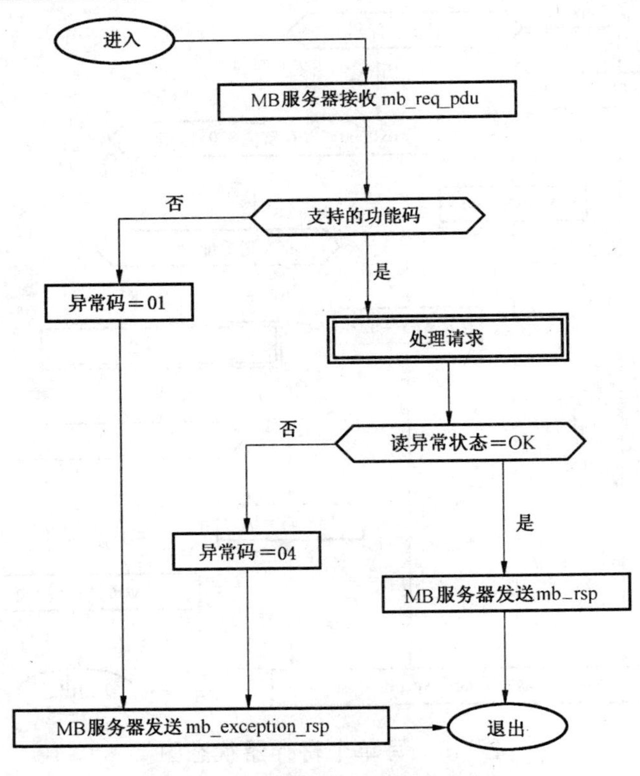

图 17 读异常状态的状态图

表 30 是一个请求读异常状态的示例。

表 30 读异常状态

请求		响应	
字段名	十六进制	字段名	十六进制
功能	07	功能	07
		输出数据	6D

在这个示例中，输出数据是十六进制 6D(二进制 0110 1101)。从左至右，输出为 OFF-ON-ON-OFF-ON-ON-OFF-ON。按从最高到最低寻址输出的方式显示状态。

7.8 08(0x08)诊断(仅用于串行链路)

见表 31～表 33。

Modbus 功能码 08 提供了一系列测试，用于检查客户机(主站)设备与服务器(从站)之间的通信系统，或检查服务器中的各种内部差错状态。

这个功能使用询问中的 2 个字节的子功能码字段来定义所要执行的测试类型。服务器在正常的响应中复制功能码和子功能码。某些诊断会导致远程设备通过正常响应的数据字段返回相应数据。

通常，向远程设备发送诊断功能并不影响远程设备中用户程序的运行。诊断不能访问用户逻辑，例如：离散量和寄存器。某些功能可以随意地复位远程设备中的差错计数器。

但是，可以强制服务器设备进入"只听模式"，在这种模式中服务器设备监视通信系统中的报文而不对报文进行响应。如果应用程序与远程设备更多的数据交换有关，就可能影响应用程序的结果。一般情况下，这种模式被强制用来从通信系统中去除有故障的远程设备。

下列诊断功能专门用于串行链路设备。

对返回询问数据请求的正常响应是回送相同的数据。同时还复制功能码和子功能码。

表 31 诊断请求

功能码	1 字节	0x08
子功能	2 字节	…
数据	N×2 字节	…

表 32 诊断响应

功能码	1 字节	0x08
子功能	2 字节	…
数据	N×2 字节	…

表 33 诊断错误响应

异常功能码	1 字节	0x88
异常码	1 字节	01 或 03 或 04

7.8.1 串行链路设备支持的子功能码

表 34 是由串行链路设备所支持的子功能码列表。所列出的每个子功能码均附带用于诊断的数据字段内容的示例。

表 34 串行链路设备支持的子功能码

子功能码		名称
十六进制	十进制	
00	00	返回询问数据
01	01	重新启动通信选项
02	02	返回诊断寄存器

表 34(续)

子功能码		名称
十六进制	十进制	
03	03	改变 ASCII 输入分隔符
04	04	强制只听模式
	05…09	保留
0A	10	清除计数器和诊断寄存器
0B	11	返回总线报文计数
0C	12	返回总线通信差错计数
0D	13	返回总线异常差错计数
0E	14	返回从站报文计数
0F	15	返回从站无响应计数
10	16	返回从站 NAK 计数
11	17	返回从站忙计数
12	18	返回总线字符超限计数
13	19	保留
14	20	清除超限计数器和标志
N. A.	21…65535	保留

a) 00 返回询问数据

在响应中返回(回送)请求数据字段中传递的数据。全部响应报文应该与请求报文一致。

子功能	数据字段(请求)	数据字段(响应)
00 00	任意	复制请求数据

b) 01 重新启动通信选项

必须初始化和重新启动远程设备串行链路端口,并且清除所有通信事件计数器。如果端口正在只听模式下,不返回响应。它是唯一的能将端口退出只听模式的功能。如果端口不是处于只听模式,在进行重新启动之前返回正常的响应。

当远程设备接收到请求时,它设法进行重新启动,并进行加电确认测试。成功地完成测试后,端口进入联机状态。

请求数据字段内容是十六进制 FF 00 时,能够清除端口通信事件记录。内容是 00 00 时,使记录保持在与重新启动之前相同。

子功能	数据字段(请求)	数据字段(响应)
00 01	00 00	复制请求数据
00 01	FF 00	复制请求数据

c) 02 返回诊断寄存器

在响应中返回远程设备的 16 位诊断寄存器内容。

子功能	数据字段(请求)	数据字段(响应)
00 02	00 00	诊断寄存器内容

d) 03 改变 ASCII 输入分隔符

请求数据字段中传递的字符“CHAR”作为报文结束分隔符(替代默认的 LF 字符),供以后报文使用。在 ASCII 报文结束不要求换行的情况下,使用这种功能。

子功能	数据字段(请求)	数据字段(响应)
00 03	CHAR 00	复制请求数据

e) 04 强制只听模式

强制被寻址的远程设备进入 Modbus 通信的只听模式。这就使远程设备与网络中的其他设备断开，允许网络中的其他设备继续通信，而没有来自被寻址远程设备的中断。不返回响应。

当远程设备进入只听模式时，关闭所有激活的通信控制。允许就绪看门狗定时器超时，锁定控制关断。当设备在这种模式下，监视对设备寻址的 Modbus 报文或广播，但不进行任何操作，也不发送任何响应。

进入这种模式后唯一可处理的功能是重新启动通信选项功能(功能码 8，子功能 1)。

子功能	数据字段(请求)	数据字段(响应)
00 04	00 00	没有返回的响应

f) 10(十六进制 0A)清除计数器和诊断寄存器

目的是清除所有计数器和诊断寄存器。加电时也会清除计数器。

子功能	数据字段(请求)	数据字段(响应)
00 0A	00 00	复制响应数据

g) 11(十六进制 0B)返回总线报文计数

响应数据字段返回上一次重启动、清除计数器操作或加电之后远程设备在通信系统中检测到的报文数量。

子功能	数据字段(请求)	数据字段(响应)
00 0B	00 00	全部报文计数

h) 12(十六进制 0C)返回总线通信差错计数

响应数据字段返回上一次重启动、清除计数器操作或加电之后远程设备遇到的 CRC 出错数量。

子功能	数据字段(请求)	数据字段(响应)
00 0C	00 00	CRC 差错计数

i) 13(十六进制 0D)返回总线异常差错计数

响应数据字段返回上一次重启动、清除计数器操作或加电之后远程设备返回的 Modbus 异常响应数量。

在第 8 章中详细说明和列出了异常响应。

子功能	数据字段(请求)	数据字段(响应)
00 0D	00 00	异常差错计数

j) 14(十六进制 0E)返回从站报文计数

响应数据字段返回上一次重启动、清除计数器操作或加电之后对远程设备寻址的报文数量或远程设备处理的广播报文数量。

子功能	数据字段(请求)	数据字段(响应)
00 0E	00 00	从站报文计数

k) 15(十六进制 0F)返回从站无响应计数

响应数据字段返回上一次重启动、清除计数器操作或加电之后对没有返回响应(既没有正常响应也没有异常响应)的远程设备寻址的报文数量。

子功能	数据字段(请求)	数据字段(响应)
00 0F	00 00	从站无响应计数

l) 16(十六进制 10)返回从站 NAK 计数

响应数据字段返回上一次重启动、清除计数器操作或加电之后对返回 NAK 异常响应的远程设备寻址的报文数量。在第 8 章中详细说明并列出了异常响应。

子功能	数据字段(请求)	数据字段(响应)
00 10	00 00	从站 NAK 计数

m) 17(十六进制 11)返回从站忙计数

响应数据字段返回上一次重启动、清除计数器操作或加电之后对返回从站设备忙异常响应的远程设备寻址的报文数量。

子功能	数据字段(请求)	数据字段(响应)
00 11	00 00	从站设备忙计数

n) 18(十六进制 12)返回总线字符超限计数

响应数据字段返回上一次重启动、清除计数器操作或加电之后,对由于字符超限状况而无法处理的远程设备寻址的报文数量。字符抵达端口的速度高于存储字符的速度或由于硬件故障而丢失字符,均产生字符超限。

子功能	数据字段(请求)	数据字段(响应)
00 12	00 00	从站字符超限计数

o) 20(十六进制 14)清除超限计数器和标志

清除超限差错计数器,并复位出错标志。

子功能	数据字段(请求)	数据字段(响应)
00 14	00 00	返回请求数据

7.8.2 示例和状态图

见图 18 和表 35。

这是一个请求远程设备返回询问数据的示例。它使用子功能码 0(两个字节字段的十六进制 00 00)。用两个字节数据字段(十六进制 A5 37)发送需要返回的数据。

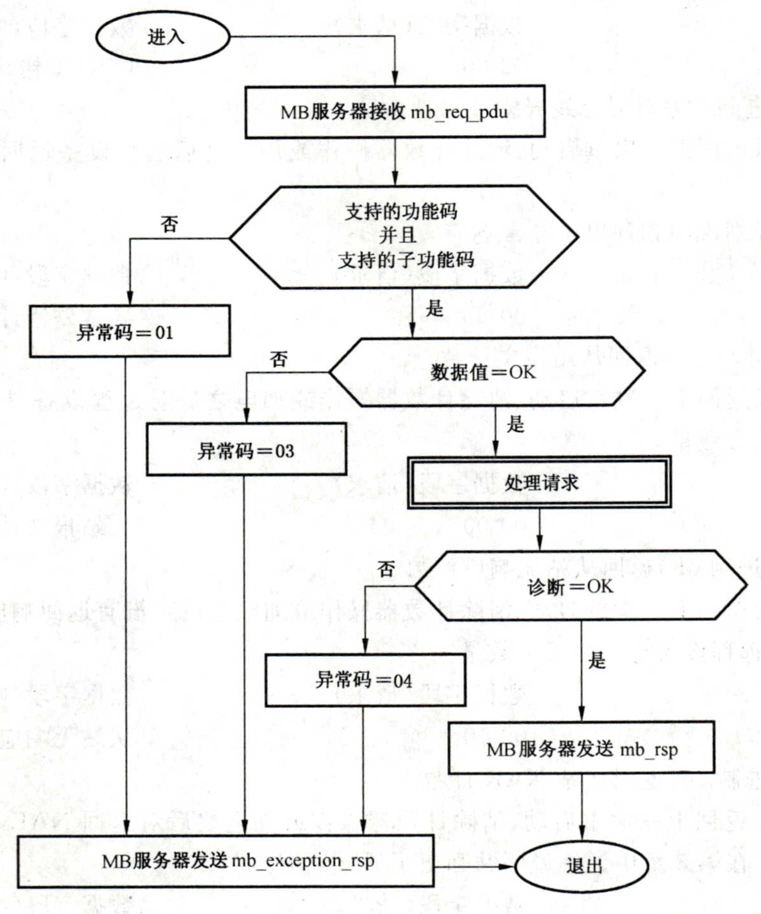

图 18 诊断状态图

表 35　请求远程设备返回询问数据

请　　求		响　　应	
字段名	十六进制	字段名	十六进制
功能	08	功能	08
子功能 Hi	00	子功能 Hi	00
子功能 Lo	00	子功能 Lo	00
数据 Hi	A5	数据 Hi	A5
数据 Lo	37	数据 Lo	37

对其他类型询问响应的数据字段可能包含差错计数或子功能码所请求的其他数据。

7.9　11(0x0B)获得通信事件计数器(仅用于串行链路)

见图 19 和表 36～表 38。

使用这个功能码从远程设备通信事件计数器中获取状态字和事件计数的值。

通过在一系列报文之前和之后获取的当前计数,客户机可以确定远程设备是否正常地处理报文。

对于每次成功地完成报文传输,就将远程事件计数器增加 1。对于异常响应、轮询命令或读事件计数器命令,不改变计数器。

通过附带子功能重新启动通信选项(码 00 01)或清除计数器和诊断寄存器(码 00 0A)的诊断功能(码 08),可以复位事件计数器。

正常响应包括两字节状态字和两字节事件计数。如果远程设备一直在处理前面发出的程序命令(处在忙状态),那么状态字将全为 1(十六进制 FF FF)。否则,状态字全为 0。

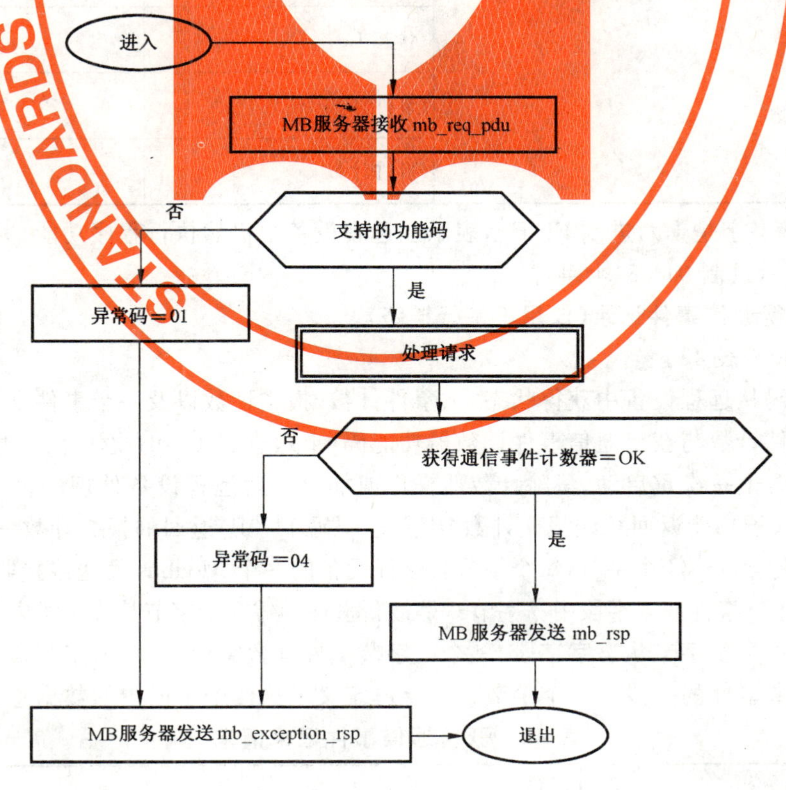

图 19　获得通信事件计数器状态图

表 36 获得通信事件计数器请求

功能码	1 字节	0x0B

表 37 获得通信事件计数器响应

功能码	1 字节	0x0B
状态	2 字节	0x0000～0xFFFF
事件计数	2 字节	0x0000～0xFFFF

表 38 获得通信事件计数器错误响应

异常功能码	1 字节	0x8B
异常码	1 字节	01 或 04

表 39 是一个请求获得远程设备中通信事件计数器的示例。

表 39 获得远程设备中通信事件计数器

请　求		响　应	
字段名	十六进制	字段名	十六进制
功能	0B	功能	0B
		状态 Hi	FF
		状态 Lo	FF
		事件计数 Hi	01
		事件计数 Lo	08

在该示例中，状态字是十六进制 FF FF，表示在远程设备中仍然执行程序功能。事件计数表示设备已经记录了 264(十六进制 01 08)个事件。

7.10 12(0x0C)获得通信事件记录(仅用于串行链路)

见图 20 和表 40～表 42。

使用这个功能码从远程设备中获得状态字、事件计数、报文计数以及一个事件字节字段。

该状态字和事件计数与获得通信事件计数器功能码(十六进制 11 0B)返回的信息一致。

报文计数器包含上一次重启动、清除计数器操作或加电之后远程设备处理的报文数量。报文计数与诊断功能(码 08)、子功能返回总线报文计数(十六进制码 11 0B)返回的报文计数一致。

事件字节字段包含 0～64 个字节，每个字节与远程设备的一个 Modbus 发送或接收操作的状态对应。远程设备按时间顺序将事件放入字段中。字节 0 是最新事件。每个新字节替代字段中的最旧字节。

正常响应包含一个 2 字节状态字字段、一个 2 字节事件计数字段、一个 2 字节报文计数字段以及一个含有 0～64 个字节事件的字段。一个字节计数字段定义了这四个字段中的数据总长度。

表 40 获得通信事件记录请求

功能码	1 字节	0x0C

表 41 获得通信事件记录响应

功能码	1 字节	0x0C
字节计数	1 字节	N[a]
状态	2 字节	0x0000～0xFFFF
事件计数	2 字节	0x0000～0xFFFF
报文计数	2 字节	0x0000～0xFFFF
事件	(N－6)×1 字节	…

a N＝事件数量＋3×2 个字节(状态、事件计数和报文计数的长度)。

表 42 获得通信事件记录错误响应

异常功能码	1 字节	0x8C
异常码	1 字节	01 或 04

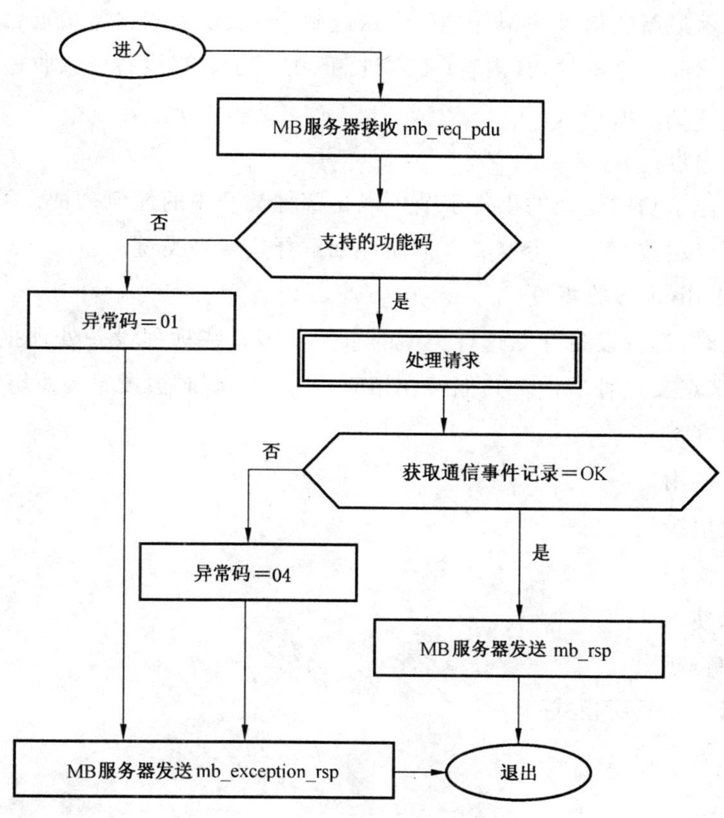

图 20 获取通信事件记录状态图

表 43 是一个请求获得远程设备中通信事件记录的示例。

表 43 获得远程设备中通信事件记录

请求		响应	
字段名	十六进制	字段名	十六进制
功能	0C	功能	0C
		字节计数	08
		状态 Hi	00
		状态 Lo	00
		事件计数 Hi	01
		事件计数 Lo	08
		报文计数 Hi	01
		报文计数 Lo	21
		事件 0	20
		事件 1	00

在这个示例中，状态字是十六进制 00 00，表示远程设备没有正在处理程序功能。事件计数表示远程设备已经计数 264(十六进制 01 08)个事件。报文计数表示已经处理了 289(十六进制 01 21)个报文。

用事件 0 字节表示最新通信事件，其内容(十六进制 20)表示远程设备最近已进入只听模式。

用事件 1 字节表示前一个事件，其内容(十六进制 00)表示远程设备曾接收一个通信重启动。

下面说明响应事件字节的格式。

事件字节包含的内容

由获得通信事件记录功能返回的事件字节可以是四种类型中的任何一种。类型由每个字节中的位 7(高位位)定义，还可以由位 6 进一步定义。下面详细解释这四种类型。

a) 远程设备 Modbus 接收事件

当接收询问报文时，远程设备存储这种类型的事件字节。在远程设备处理报文之前存储。通过将位 7 设置为逻辑“1”来定义这种事件。其他位在相应状态为“真”时被设置为逻辑“1”。字节的格式为：

位	内容
0	未使用
1	通信错误
2	未使用
3	未使用
4	字符超限
5	当前在只听模式下
6	收到广播
7	1

b) 远程设备 Modbus 发送事件

当处理完请求报文时，远程设备存储这种类型的事件字节。在远程设备返回正常响应/异常响应或没有响应后存储。通过将位 7 设置为逻辑“0”、将位 6 设置为逻辑“1”来定义这种事件。其他位在相应状态为“真”时被设置为逻辑“1”。字节的格式为：

位	内容
0	读异常发送(异常码 1～3)
1	从站中断异常发送(异常码 4)
2	从站忙异常发送(异常码 5～6)
3	从站程序 NAK 异常发送(异常码 7)
4	出现的写超时错误
5	当前在只听模式下
6	1
7	0

c) 远程设备进入只听模式

当进入只听模式时,远程设备存储这种类型的事件字节。该事件被定义为十六进制 04。

d) 远程设备开始重启通信

当重新启动通信端口时,远程设备存储这种类型的事件字节。通过附带子功能重新启动通信选项(码 00 01)的诊断功能(码 08)可以重新启动远程设备。

该功能还能将远程设备置于“错误状态下继续”或“错误状态下停止”模式。如果将远程设备置于“错误状态下继续”模式,则将事件字节加入现存事件记录中。如果将远程设备置于“错误状态下停止”模式,则将事件字节加入事件记录中,并且将其余记录清 0。

位 0 的内容定义了该事件。

7.11 15(0x0F)写多个线圈

见图 21 和表 44～表 46。

使用该功能码将一个远程设备中的一个线圈序列的每个线圈强制为 ON 或 OFF。请求 PDU 指定了被强制的线圈引用。从零开始寻址线圈。因此,编号为 1 的线圈 1 被寻址为 0。

请求数据字段的内容指定了被请求的 ON/OFF 状态。数据字段中为逻辑“1”的位请求相应输出为 ON;为逻辑“0”的位请求相应输出为 OFF。

正常的响应返回功能码、起始地址以及被强制的线圈数量。

表 44 写多个线圈请求 PDU

功能码	1 字节	0x0F
起始地址	2 字节	0x0000～0xFFFF
输出数量	2 字节	0x0001～0x07B0
字节计数	1 字节	N[a]
输出值	N[a]×1 字节	

[a] N=输出数量/8,如果余数不等于 0,那么 N=N+1。

表 45 写多个线圈响应 PDU

功能码	1 字节	0x0F
起始地址	2 字节	0x0000～0xFFFF
输出数量	2 字节	0x0001～0x07B0

表 46 写多个线圈错误响应

异常功能码	1 字节	0x8F
异常码	1 字节	01 或 02 或 03 或 04

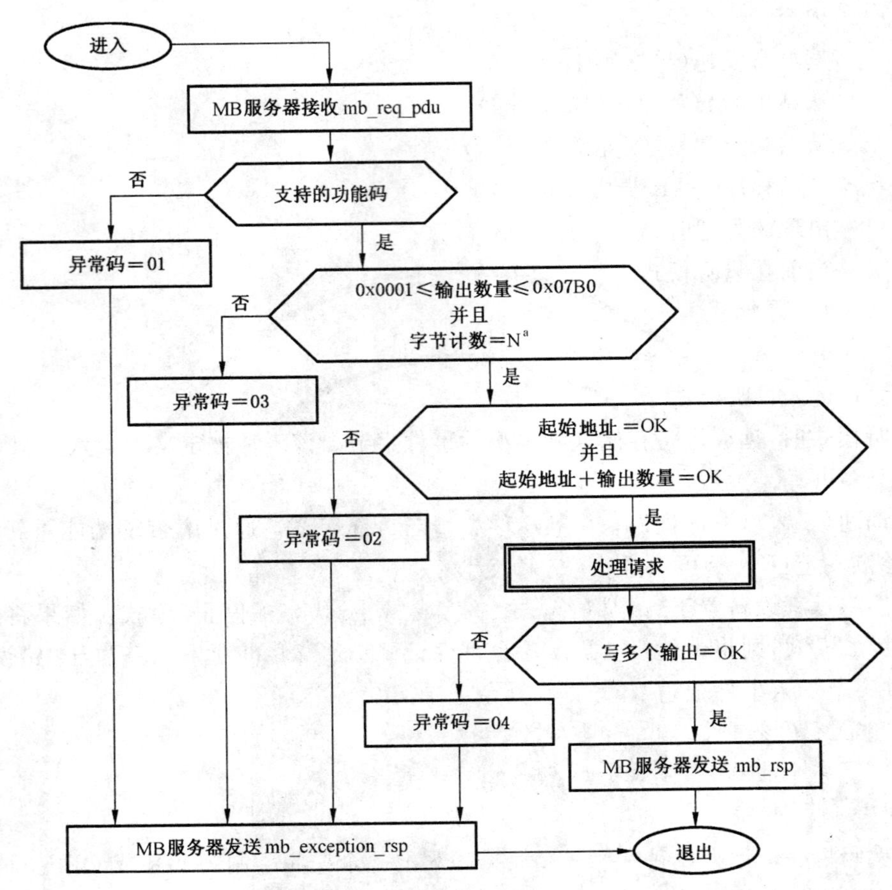

a　N=输出数量/8,如果余数不等于0,那么N=N+1。

图21　写多个输出的状态图

这是一个请求从线圈20开始写入10个线圈的示例。

请求的数据内容为两个字节:十六进制CD 01(二进制1100 1101 0000 0001)。二进制位按如下方式对应于输出。

位:	1	1	0	0	1	1	0	1	0	0	0	0	0	0	0	1
输出:	27	26	25	24	23	22	21	20	—	—	—	—	—	—	29	28

传输的第一字节(十六进制CD)对应于输出27～20,最低有效位对应于最低输出(20)。

传输的下一字节(十六进制01)对应于输出29～28,最低有效位对应于最低输出(28)。应该用零填充最后数据字节中的未使用位,见表47。

表47　用零填充最后数据字节中的未使用位

请求		响应	
字段名	十六进制	字段名	十六进制
功能	0F	功能	0F
起始地址 Hi	00	起始地址 Hi	00
起始地址 Lo	13	起始地址 Lo	13
输出数量 Hi	00	输出数量 Hi	00
输出数量 Lo	0A	输出数量 Lo	0A
字节计数	02		
输出值 Hi	CD		
输出值 Lo	01		

7.12 16(0x10) 写多个寄存器

见图 22 和表 48～表 50。

使用该功能码在一个远程设备中写连续寄存器块(1～123 个寄存器)。

在请求数据字段中指定了请求写入的值。将数据按每个寄存器两字节打包。

正常的响应返回功能码、起始地址以及被写入寄存器的数量。

表 48 写多个寄存器请求

功能码	1 字节	0x10
起始地址	2 字节	0x0000～0xFFFF
寄存器数量	2 字节	0x0001～0x007B
字节计数	1 字节	2×N[a]
寄存器值	N[a]×2 字节	值
[a] N=寄存器数量。		

表 49 写多个寄存器响应

功能码	1 字节	0x10
起始地址	2 字节	0x0000～0xFFFF
寄存器数量	2 字节	1～123(0x7B)

表 50 写多个寄存器错误响应

异常功能码	1 字节	0x90
异常码	1 字节	01 或 02 或 03 或 04

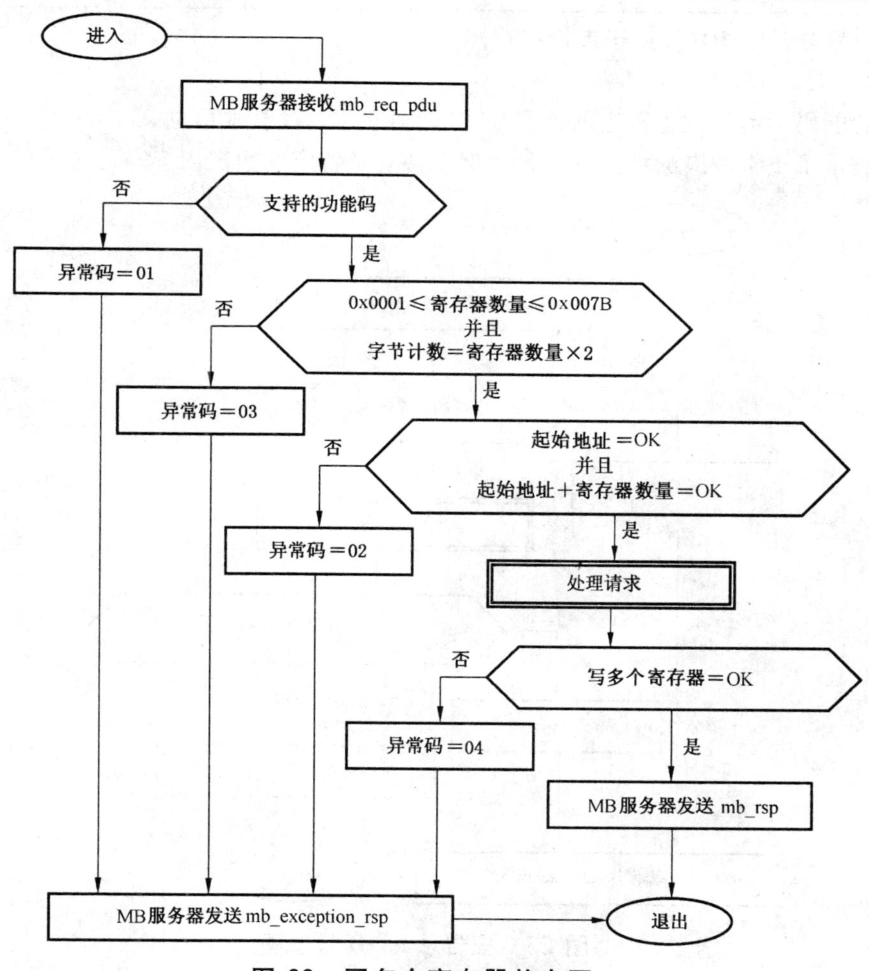

图 22 写多个寄存器状态图

表 51 是一个请求将十六进制 00 0A 和 01 02 写入以第 2 个寄存器开始的两个寄存器的示例。

表 51 写入连续两个寄存器

请求		响应	
字段名	十六进制	字段名	十六进制
功能	10	功能	10
起始地址 Hi	00	起始地址 Hi	00
起始地址 Lo	01	起始地址 Lo	01
寄存器数量 Hi	00	寄存器数量 Hi	00
寄存器数量 Lo	02	寄存器数量 Lo	02
字节计数	04		
寄存器值 Hi	00		
寄存器值 Lo	0A		
寄存器值 Hi	01		
寄存器值 Lo	02		

7.13 17(0x11)报告从站 ID(仅用于串行链路)

见图 23 和表 52～表 54。

使用这个功能码读远程设备特定的类型描述、当前状态以及其他信息。

下列示例表示了正常响应的格式。每种类型设备有其特定的数据内容。

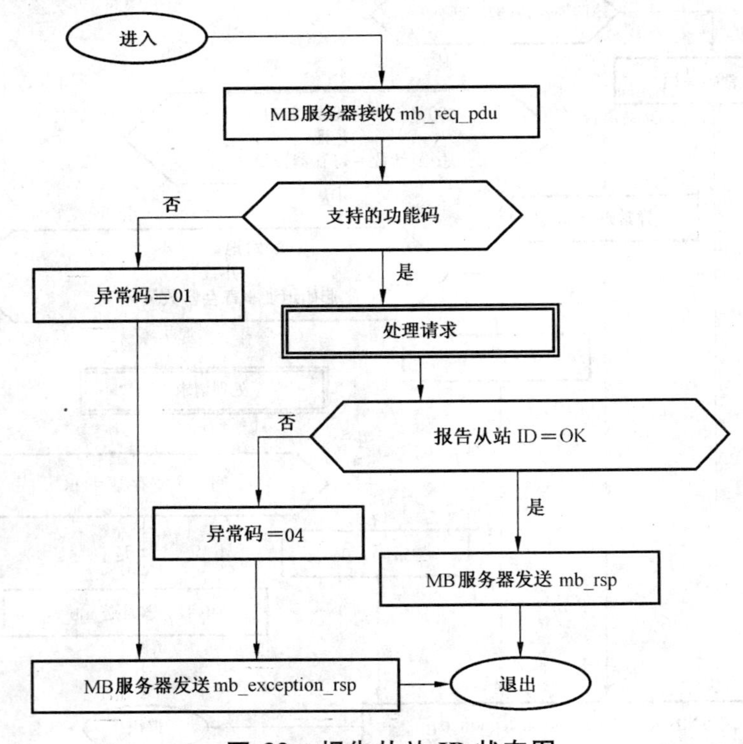

图 23 报告从站 ID 状态图

表 52 报告从站 ID 请求

功能码	1 字节	0x11

表 53 报告从站 ID 响应

功能码	1 字节	0x11
字节计数	1 字节	…
从站 ID	与特定设备相关	…
运行指示状态	1 字节	0x00=OFF,0xFF=ON
附加数据	…	…

表 54 报告从站 ID 错误响应

异常功能码	1 字节	0x91
异常码	1 字节	01 或 04

表 55 是一个请求报告 ID 和状态的示例。

表 55 请求报告 ID 和状态

请求		响应	
字段名	十六进制	字段名	十六进制
功能	11	功能	11
		字节计数	与特定设备相关
		从站 ID	与特定设备相关
		运行指示器状态	0x00 或 0xFF
		附加数据	与特定设备相关

7.14 20(0x14) 读文件记录

见图 24 和表 56~表 58。

使用该功能码读文件记录。根据字节数量提供所有请求数据长度,并且根据寄存器提供所有记录长度。

文件采取记录的结构。每个文件包括 10 000 个记录,寻址这些记录为十进制 0000~9999 或十六进制 0x0000~0x270F,例如:记录 12 被寻址为 12。

该功能可以读多个引用组。这些组可以是分散的(不连续的),但每组中的引用必须是连续的。

用含有 7 个字节的单独的"子请求"字段定义每个组:

——引用类型:1 个字节(必须指定为 6);

——文件号:2 个字节;

——文件中的起始记录号:2 个字节;

——所读记录的长度:2 个字节。

被读取的寄存器数量加上预期响应中的所有其他字段不能超过 Modbus 报文 PDU 允许的长度:253 个字节。

正常的响应是一系列"子响应",它们与"子请求"一一对应。字节计数字段是所有"子响应"中全部字节数。另外,每个"子响应"都包括一个表示其自身字节计数的字段。

表 56 读文件记录请求

功能码	1 字节	0x14
字节计数	1 字节	0x07～0xF5 字节
子请求 x,引用类型	1 字节	06
子请求 x,文件号	2 字节	0x0001～0xFFFF
子请求 x,记录号	2 字节	0x0000～0x270F
子请求 x,记录长度	2 字节	N
子请求 x+1…	…	…

表 57 读文件记录响应

功能码	1 字节	0x14
响应数据长度	1 字节	0x07～0xF5
子请求 x,文件响应长度	1 字节	0x05～0xF5(RUDY)
子请求 x,引用类型	1 字节	06
子请求 x,记录数据	N×2 字节	…
子请求 x+1…	…	…

表 58 读文件记录错误响应

异常功能码	1 字节	0x94
异常码	1 字节	01 或 02 或 03 或 04 或 08

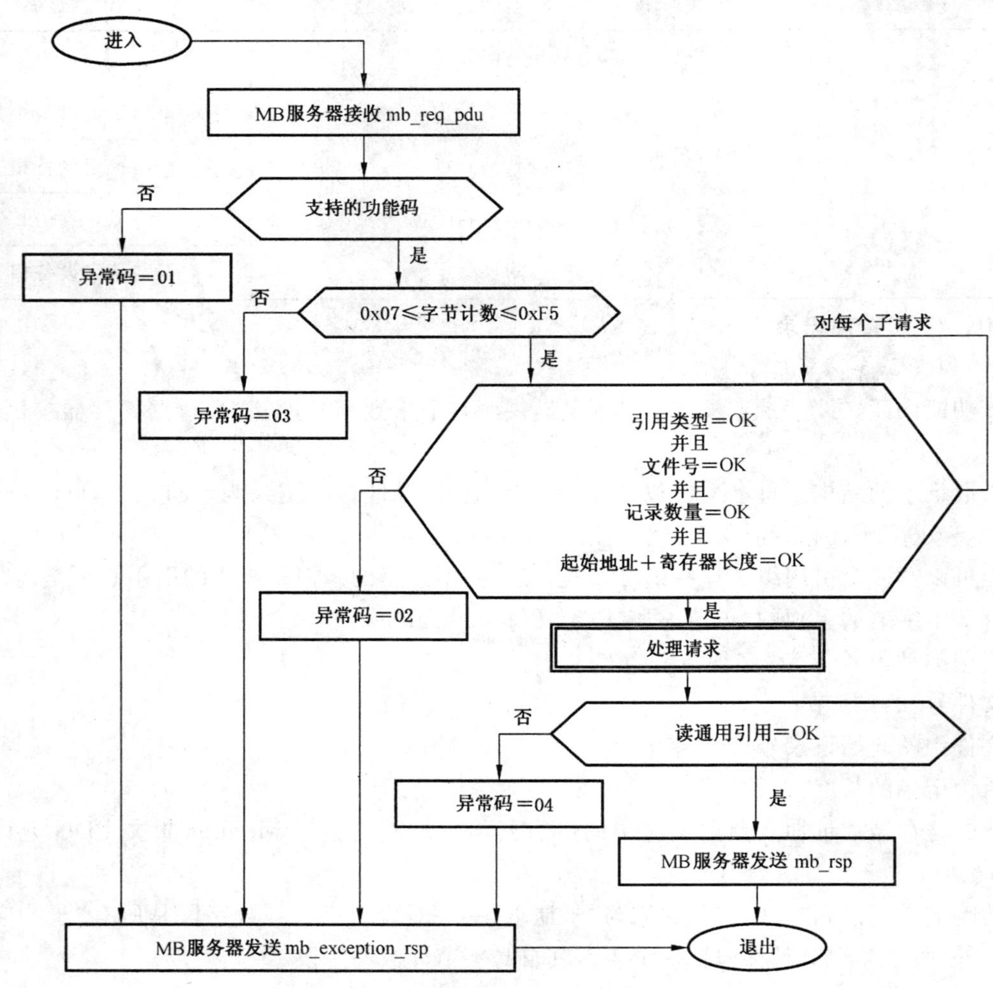

图 24 读文件记录状态图

表 59 是一个请求从远程设备读两个引用组的示例：

组 1 包括文件 4 中的 2 个寄存器，以寄存器 1 开始（地址 0001）。

组 2 包括文件 3 中的 2 个寄存器，以寄存器 9 开始（地址 0009）。

表 59　请求从远程设备读两个引用组

请　　求		响　　应	
字段名	十六进制	字段名	十六进制
功能	14	功能	14
字节计数	0E	响应数据长度	0C
子请求 1，引用类型	06	子请求 1，文件响应长度	05
子请求 1，文件号 Hi	00	子请求 1，引用类型	06
子请求 1，文件号 Lo	04	子请求 1，寄存器数据 Hi	0D
子请求 1，记录号 Hi	00	子请求 1，寄存器数据 Lo	FE
子请求 1，记录号 Lo	01	子请求 1，寄存器数据 Hi	00
子请求 1，记录长度 Hi	00	子请求 1，寄存器数据 Lo	20
子请求 1，记录长度 Lo	02	子请求 2，文件响应长度	05
子请求 2，引用类型	06	子请求 2，引用类型	06
子请求 2，文件号 Hi	00	子请求 2，寄存器数据 Hi	33
子请求 2，文件号 Lo	03	子请求 2，寄存器数据 Lo	CD
子请求 2，记录号 Hi	00	子请求 2，寄存器数据 Hi	00
子请求 2，记录号 Lo	09	子请求 2，寄存器数据 Lo	40
子请求 2，记录长度 Hi	00		
子请求 2，记录长度 Lo	02		

7.15　21(0x15) 写文件记录

见图 25 和表 60～表 62。

使用该功能码进行文件记录写入。根据字节数量提供所有请求数据长度，并且根据 16 位字的数量提供所有记录长度。

文件采取记录的结构。每个文件包括 10 000 个记录，寻址这些记录为十进制 0000～9999 或十六进制 0x0000～0x270F，例如：记录 12 被寻址为 12。

该功能可以写多个引用组。这些组可以是分散的，即不连续的，但每组内的引用必须是连续的。

用含有 7 个字节和数据的单独“子请求”字段定义每个组：

引用类型：1 个字节（必须指定为 6）。

文件号：2 个字节。

文件中的起始记录号：2 个字节。

所写入记录的长度：2 个字节。

被写入的数据：每个寄存器为 2 字节。

被写入的寄存器数量加上请求中的所有其他字段不能超过 Modbus 报文 PDU 允许的长度：253 个字节。

正常的响应是请求的复制。

表 60 写文件记录请求

功能码	1 字节	0x15
请求数据长度	1 字节	0x09～0xFB
子请求 x,引用类型	1 字节	06
子请求 x,文件号	2 字节	0x0001～0xFFFF
子请求 x,记录号	2 字节	0x0000～0x270F
子请求 x,记录长度	2 字节	N
子请求 x,记录数据	N×2 字节	…
子请求 x+1…	…	…

表 61 写文件记录响应

功能码	1 字节	0x15
响应数据长度	1 字节	0x09～0xFB
子请求 x,引用类型	1 字节	06
子请求 x,文件号	2 字节	0x0001～0xFFFF
子请求 x,记录号	2 字节	0x0000～0x270F
子请求 x,记录长度	2 字节	N
子请求 x,记录数据	N×2 字节	…
子请求 x+1…	…	…

表 62 写文件记录错误响应

异常功能码	1 字节	0x95
异常码	1 字节	01 或 02 或 03 或 04 或 08

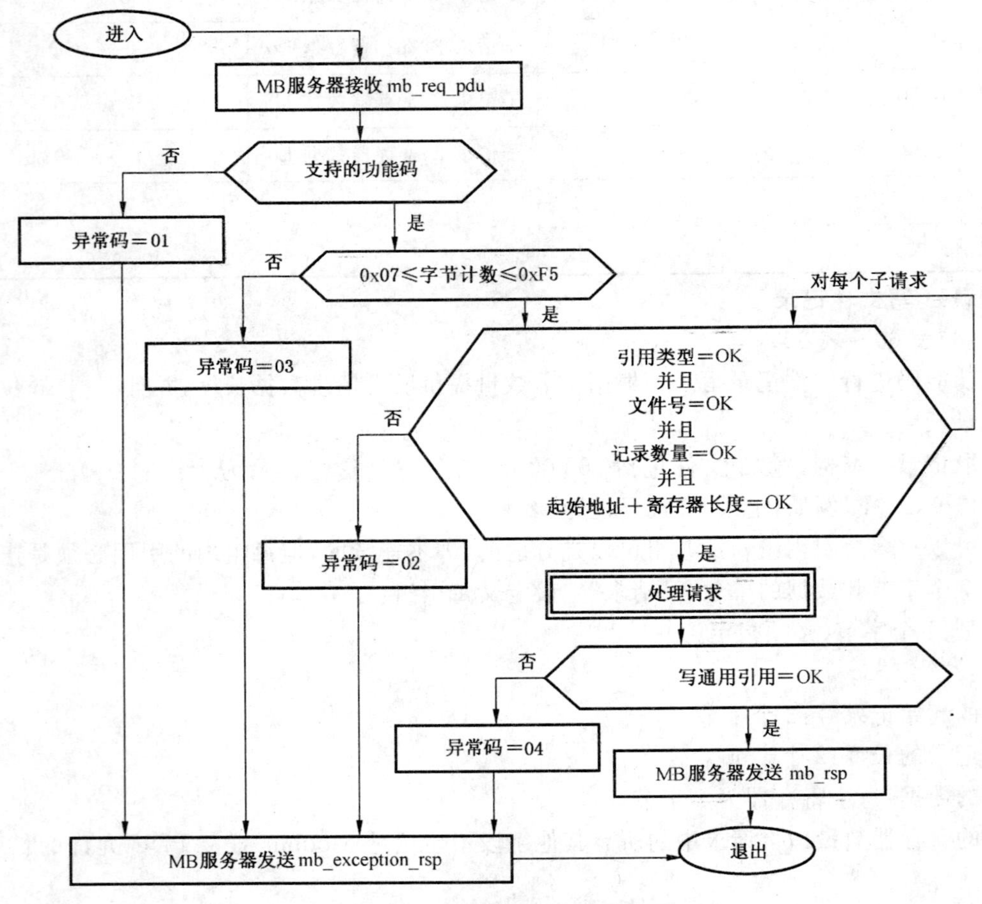

图 25 写文件记录状态图

表63是一个请求将一个引用组写入远程设备的示例。

组包括文件4中的3个寄存器，以寄存器7开始(地址0007)。

表63 一个引用组写入远程设备

请　求		响　应	
字段名	十六进制	字段名	十六进制
功能	15	功能	15
请求数据长度	0D	请求数据长度	0D
子请求1，引用类型	06	子请求1，引用类型	06
子请求1，文件号Hi	00	子请求1，文件号Hi	00
子请求1，文件号Lo	04	子请求1，文件号Lo	04
子请求1，记录号Hi	00	子请求1，记录号Hi	00
子请求1，记录号Lo	07	子请求1，记录号Lo	07
子请求1，寄存器长度Hi	00	子请求1，寄存器长度Hi	00
子请求1，寄存器长度Lo	03	子请求1，寄存器长度Lo	03
子请求1，寄存器数据Hi	06	子请求1，寄存器数据Hi	06
子请求1，寄存器数据Lo	AF	子请求1，寄存器数据Lo	AF
子请求1，寄存器数据Hi	04	子请求1，寄存器数据Hi	04
子请求1，寄存器数据Lo	BE	子请求1，寄存器数据Lo	BE
子请求1，寄存器数据Hi	10	子请求1，寄存器数据Hi	10
子请求1，寄存器数据Lo	0D	子请求1，寄存器数据Lo	0D

7.16 22(0x16)屏蔽写寄存器

见图26和表64～表66。

该功能码用于通过利用"AND_Mask"、"OR_Mask"以及当前寄存器内容的组合来修改指定的保持寄存器的内容。这个功能可用来设置或清除寄存器中的不同位。

请求指定了被写入的保持寄存器、被用于"AND_Mask"的数据以及被用于"OR_Mask"的数据。从0开始寻址寄存器。因此，寄存器1～16被寻址为0～15。

功能的算法为：

结果＝(当前内容 AND And_Mask) OR(Or_Mask AND(NOT And_Mask))

例如：

	十六进制	二进制
当前内容＝	12	0001 0010
And_Mask＝	F2	1111 0010
Or_Mask＝	25	0010 0101
NOT And_Mask＝	0D	0000 1101
结果＝	17	0001 0111

注1：如果Or_Mask值为零，那么结果是当前内容和And_Mask的简单逻辑AND(与)。如果And_Mask值为零，则结果等于Or_Mask值。

注2：使用读保持寄存器功能(功能码03)可读出寄存器的内容。但是，当控制器扫描它的用户逻辑程序时，随之可以改变寄存器的内容。

正常的响应是请求的复制。在寄存器被写入之后，返回响应。

表 64　屏蔽写寄存器请求

功能码	1 字节	0x16
引用地址	2 字节	0x0000～0xFFFF
And_Mask	2 字节	0x0000～0xFFFF
Or_Mask	2 字节	0x0000～0xFFFF

表 65　屏蔽写寄存器响应

功能码	1 字节	0x16
引用地址	2 字节	0x0000～0xFFFF
And_Mask	2 字节	0x0000～0xFFFF
Or_Mask	2 字节	0x0000～0xFFFF

表 66　屏蔽写寄存器错误响应

异常功能码	1 字节	0x96
异常码	1 字节	01 或 02 或 03 或 04

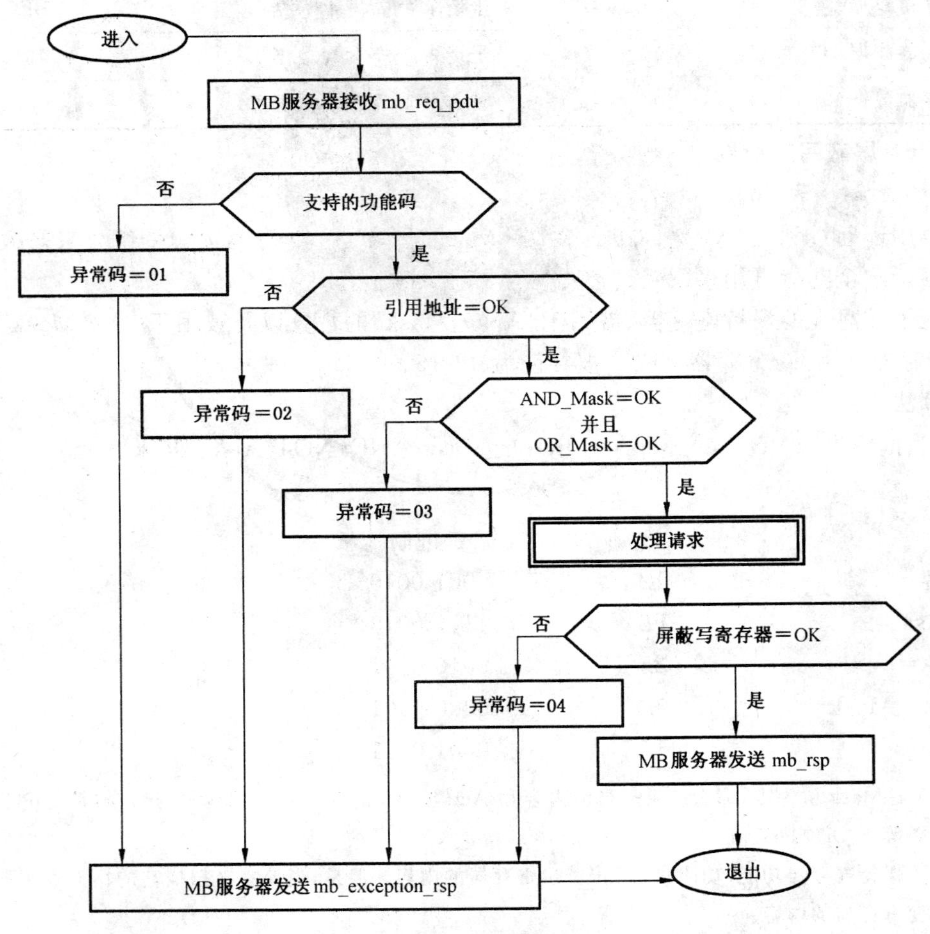

图 26　屏蔽写保持寄存器状态图

表 67 是一个利用上述屏蔽值在远程设备中对第 5 个寄存器的屏蔽写入的示例。

表 67 远程设备中对第 5 个寄存器的屏蔽写入

请求		响应	
字段名	十六进制	字段名	十六进制
功能	16	功能	16
引用地址 Hi	00	引用地址 Hi	00
引用地址 Lo	04	引用地址 Lo	04
And_Mask Hi	00	And_Mask Hi	00
And_Mask Lo	F2	And_Mask Lo	F2
Or_Mask Hi	00	Or_Mask Hi	00
Or_Mask Lo	25	Or_Mask Lo	25

7.17 23(0x17) 读/写多个寄存器

见图 27 和表 68～表 70。

这个功能码实现了在一个单独 Modbus 事务处理中一个读操作和一个写操作的组合。在读之前进行写操作。

从零开始寻址保持寄存器。因此,在 PDU 中保持寄存器 1～16 被寻址为 0～15。

请求指定了被读取的保持寄存器的起始地址和数目、被写入的保持寄存器的起始地址和数目以及数据。在写数据字段中,字节计数指定随后的字节数目。

正常的响应包含所读寄存器组中的数据。在读数据字段中,字节计数字段指定随后的字节数目。

表 68 读/写多个寄存器请求

功能码	1 字节	0x17
读起始地址	2 字节	0x0000～0xFFFF
读的数量	2 字节	0x0001～0x007D
写起始地址	2 字节	0x0000～0xFFFF
写的数量	2 字节	0x0001～0x0079
写字节计数	1 字节	2×N[a]
写寄存器值	N[a]×2 字节	
[a] N=写的数量。		

表 69 读/写多个寄存器响应

功能码	1 字节	0x17
字节计数	1 字节	2×N[a]
读寄存器值	N[a]×2 字节	…
[a] N=读的数量。		

表 70 读/写多个寄存器错误响应

异常功能码	1 字节	0x97
异常码	1 字节	01 或 02 或 03 或 04

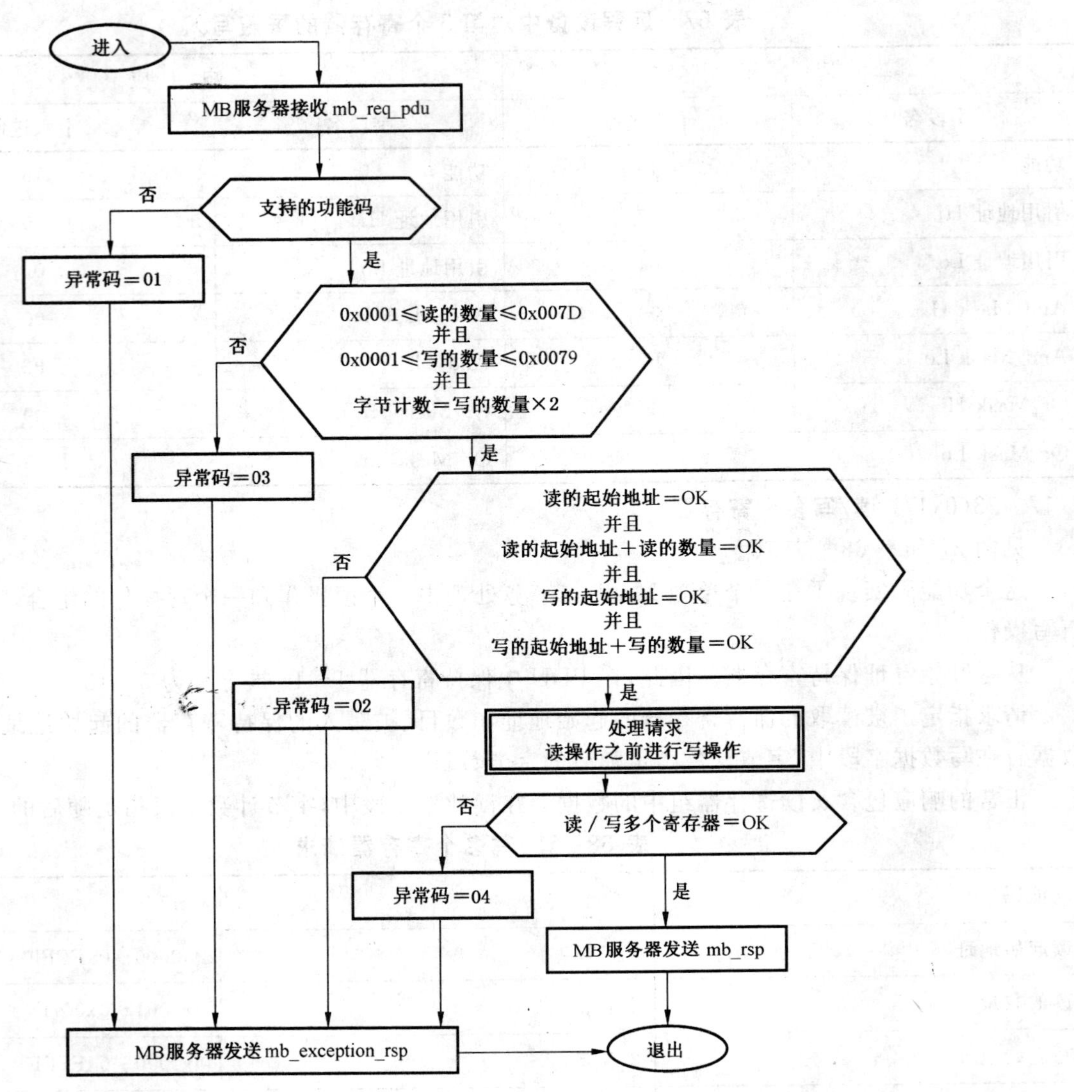

图 27　读/写多个寄存器状态图

表 71 是请求从第 4 个寄存器开始读 6 个寄存器并且从第 15 个寄存器开始写 3 个寄存器的示例。

表 71　从寄存器读和从寄存器写

请　求		响　应	
字段名	十六进制	字段名	十六进制
功能	17	功能	17
读起始地址 Hi	00	字节计数	0C
读起始地址 Lo	03	读寄存器值 Hi	00
读的数量 Hi	00	读寄存器值 Lo	FE
读的数量 Lo	06	读寄存器值 Hi	0A
写起始地址 Hi	00	读寄存器值 Lo	CD

表 71(续)

请求		响应	
字段名	十六进制	字段名	十六进制
写起始地址 Lo	0E	读寄存器值 Hi	00
写的数量 Hi	00	读寄存器值 Lo	01
写的数量 Lo	03	读寄存器值 Hi	00
写字节计数	06	读寄存器值 Lo	03
写寄存器值 Hi	00	读寄存器值 Hi	00
写寄存器值 Lo	FF	读寄存器值 Lo	0D
写寄存器值 Hi	00	读寄存器值 Hi	00
写寄存器值 Lo	FF	读寄存器值 Lo	FF
写寄存器值 Hi	00		
写寄存器值 Lo	FF		

7.18 24(0x18)读 FIFO 队列

见图 28 和表 72～表 74。

这个功能码允许读远程设备中的先入先出(FIFO)寄存器队列内容。这个功能码返回队列中寄存器的计数，随后为队列的数据。最多可以读 32 个寄存器：计数加上最多 31 个队列数据寄存器。首先返回队列计数寄存器，随后为队列数据寄存器。

这个功能码读队列内容，但不能清除队列内容。

在正常的响应中，字节计数表示随后的字节数量，包括队列计数字节和数值寄存器字节(不包括差错校验字段)。

队列计数是队列中数据寄存器的数量(不包括计数寄存器)。

如果队列计数大于 31，则返回一个含有异常码 03(非法数据值)的异常响应。

表 72 读 FIFO 队列请求

功能码	1 字节	0x18
FIFO 指针地址	2 字节	0x0000～0xFFFF

表 73 读 FIFO 队列响应

功能码	1 字节	0x18
字节计数	2 字节	…
FIFO 计数	2 字节	≤31
FIFO 数值计数	N[a]×2 字节	…
[a] N=FIFO 计数。		

表 74 读 FIFO 队列错误响应

异常功能码	1 字节	0x98
异常码	1 字节	01 或 02 或 03 或 04

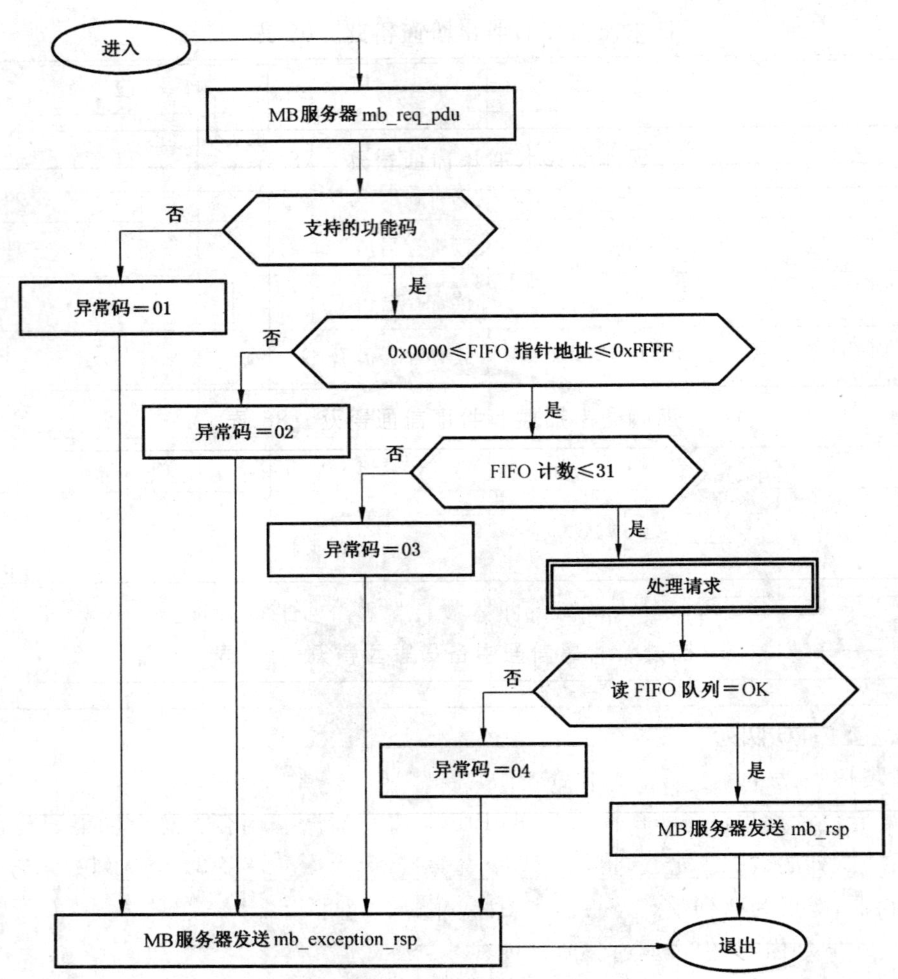

图 28　读 FIFO 队列状态图

表 75 是对远程设备读 FIFO 队列请求的示例。请求是读取以指针寄存器 1246(0x04DE)开始的队列。

表 75　对远程设备读 FIFO 队列请求

请　求		响　应	
字段名	十六进制	字段名	十六进制
功能	18	功能	18
FIFO 指针地址 Hi	04	字节计数 Hi	00
FIFO 指针地址 Lo	DE	字节计数 Lo	06
		FIFO 计数 Hi	00
		FIFO 计数 Lo	02
		FIFO 数值寄存器 Hi	01
		FIFO 数值寄存器 Lo	B8
		FIFO 数值寄存器 Hi	12
		FIFO 数值寄存器 Lo	84

在这个示例中，FIFO 指针寄存器(请求中的 1246)返回的内容为队列计数值 2。队列计数后面是两个数据寄存器。它们是 1247(十进制内容 440—0x01B8)和 1248(十进制内容 4740—0x1284)。

7.19　43(0x2B) 封装接口传输

见图 29 和表 76～表 78。

注：见附录 A。

功能码 43 及其用于设备标识的 MEI 类型 14 是本部分中当前可提供的两个封装接口传输方法之一。下面的功能码和 MEI 类型不属本部分的内容，这些功能码和 MEI 类型是专门保留的：43/0-12 和 43/15-255。

Modbus 封装接口(MEI)传输是一个在 Modbus PDU 内部将服务请求、方法调用和相关返回隧道化的机制。

MEI 传输的主要特征是封装属于已定义的接口组成部分的方法调用或服务请求，以及方法调用返回或服务响应。

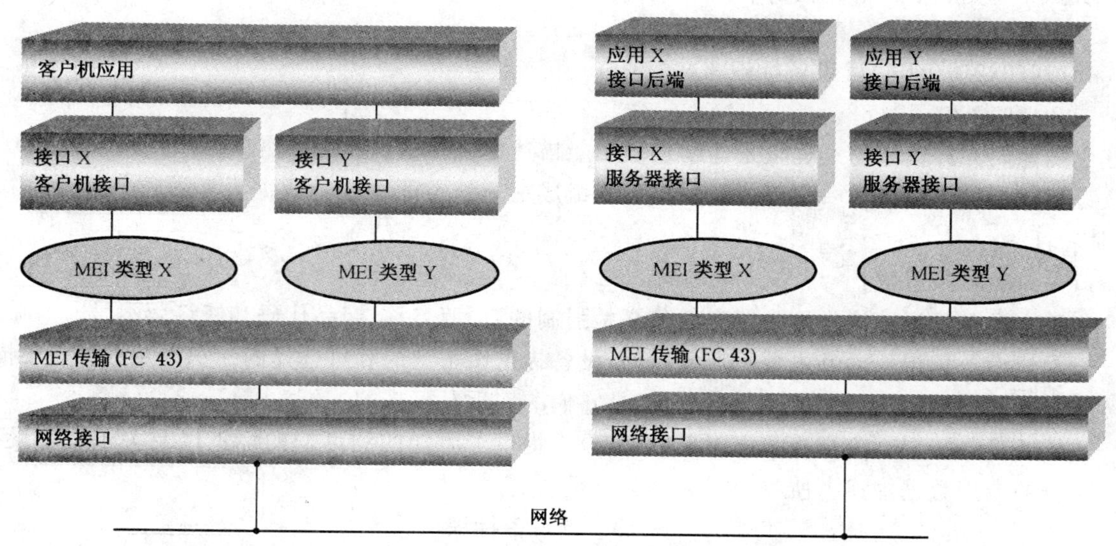

图 29　**Modbus 封装接口传输**

网络接口可以是用于发送 Modbus PDU 的任何通信栈，如 TCP/IP 或串行链路。

MEI 类型是 Modbus 指配的编号，因此，它是唯一的。根据附录 A，值 0～255 保留，MEI 类型 13 和 MEI 类型 14 除外。

MEI 传输实现使用 MEI 类型来分配对所指定接口的方法调用。

由于 MEI 传输服务是接口未知的，因此接口所需的任何特性或策略必须由该接口提供，例如：MEI 事务处理和 MEI 接口差错处理等。

表 76　封装接口传输请求

功能码	1 字节	0x2B
MEI 类型	1 字节	0x0D 或 0x0E
MEI 类型规定的数据	N 字节	…

表 77　封装接口传输响应

功能码	1 字节	0x2B
MEI 类型	1 字节	请求中的 MEI 类型的复制
MEI 类型规定的数据	N 字节	…

表 78　封装接口传输错误响应

异常功能码	1 字节	0xAB Fc 0x2B+0x80
异常码	1 字节	01 或 02 或 03 或 04

示例见读设备标识请求。

7.20 43/13(0x2B/0x0D) CANopen 通用引用请求和响应 PDU

CANopen 通用引用命令是服务的一种封装,这些服务被用来访问(读或写)CAN-Open 设备对象字典(CAN-Open Device Object Dictionary)的条目以及控制和监视 CANopen 系统和设备。

MEI 类型 13(0x0D)是 Modbus 分配给 CiA(CAN in Automation),许可 CiA 用于 CANopen 通用引用的指定号码。

系统将工作于现有 Modbus 网络的限制内。因此,询问或者修改系统内对象字典的所需信息被映射到 Modbus 报文的格式中。在请求报文和响应报文中,PDU 被限制为 253 个字节。

注:关于 MEI 类型 13 的信息见附录 B。

7.21 43/14(0x2B/0x0E)读设备标识

见图 30 和表 79～表 82。

这个功能码允许读取与远程设备的物理和功能描述相关的标识和附加信息。

读设备标识接口由包含一组可寻址数据元素组成的地址空间构成。数据元素被称作对象,由对象 ID 识别它们。

接口由 3 类对象组成:

——基本设备标识。该类别的所有对象都是强制的:厂商名称、产品代码和修订版本号。

——常规设备标识。除基本数据对象以外,设备提供了附加的和可选择的标识以及数据对象描述。本部分定义了该类别的所有对象,但是它们的实现是可选的。

——扩展设备标识。除常规数据对象以外,设备提供了附加的和可选的标识以及关于物理设备本身的专用数据描述。所有这些数据都与设备有关。

表 79 读设备标识

对象 ID	对象名称/描述	类 型	强制的/可选的	类 别
0x00	厂商名称	ASCII 字符串	强制的	基本的
0x01	产品代码	ASCII 字符串	强制的	
0x02	主次版本号	ASCII 字符串	强制的	
0x03	厂商网址	ASCII 字符串	可选的	常规的
0x04	产品名称	ASCII 字符串	可选的	
0x05	型号名称	ASCII 字符串	可选的	
0x06	用户应用名称	ASCII 字符串	可选的	
0x07 … 0x7F	保留		可选的	
0x80 … 0xFF	可选择地定义专用对象范围(0x80～0xFF)与产品有关	与设备相关	可选的	扩展的

表 80 读设备标识请求

功能码	1 字节	0x2B
MEI 类型	1 字节	0x0E
读设备 ID 码	1 字节	01/02/03/04
对象 ID	1 字节	0x00～0xFF

表 81 读设备标识响应

功能码	1 字节	0x2B
MEI 类型	1 字节	0x0E
读设备 ID 码	1 字节	01/02/03/04
一致性等级	1 字节	0x01 或 0x02 或 0x03 或 0x81 或 0x82 或 0x83
接续标识	1 字节	00/FF
下一个对象 ID	1 字节	对象 ID 号
对象数量	1 字节	…
列表		
对象 ID	1 字节	…
对象长度	1 字节	…
对象值	对象长度	与对象 ID 有关

表 82 读设备标识错误响应

功能码	1 字节	0xAB: Fc0x2B+0x80
异常码	1 字节	01 或 02 或 03 或 04

请求参数描述:

Modbus 封装接口指配的编号 14 表示读标识请求。

参数"读设备 ID 码"允许定义四种访问类型:

01:请求获得基本设备标识(流访问)

02:请求获得常规设备标识(流访问)

03:请求获得扩展设备标识(流访问)

04:请求获得特定标识对象(单个访问)

如果读设备 ID 码是无效的,则在响应中返回异常码 03。

在设备标识不适用单独响应的情况下,需要进行多个事务处理(请求/响应)。对象 ID 字节给出了所要获得的第一个对象的标识。对于第一个事务处理来说,客户机必须设置对象 ID 为 0,以便获得设备标识数据的起始信息。对于随后事务处理来说,客户机必须将对象 ID 设置为服务器在此前响应中返回的值。

注:对象是不可分割的,因此任何对象的大小与事务处理响应大小一致。

如果对象 ID 不匹配任何已知对象,那么服务器的响应如同指向对象 0(从头开始)。

在单个访问的情况下:读设备 ID 码 04,请求中的对象 ID 给出了所要获得的对象标识。

如果在单个访问中对象 ID 不匹配任何已知对象,那么服务器返回一个异常码=02(非法数据地址)的异常响应。

如果要求服务器设备高于其一致性等级的描述,则服务器设备必须根据其对应的实际等级响应。

响应参数描述:

功能码: 功能码 43(十进制)0x2B(十六进制)

MEI 类型: 为设备标识接口指配的编号 MEI 类型 14(0x0E)

读设备 ID 码: 与请求读设备 ID 码相同:01、02、03 或 04

一致性等级: 设备的标识一致性等级和支持的访问类型

0X01:基本标识(仅流访问)

0X02:常规标识(仅流访问)

0X03:扩展标识(仅流访问)

0X81:基本标识(流访问和单个访问)

	0X82：常规标识（流访问和单个访问）
	0X83：扩展标识（流访问和单个访问）
接续标识：	在读设备 ID 码 01、02 或 03（流访问）的情况下， 在标识数据不适用单独响应的情况下，需要进行多个事务处理（请求/响应）。 00：没有后续对象 FF：有后续标识对象，并且需要进一步的 Modbus 事务处理 在读设备 ID 码 04（单个访问）的情况下， 必须设置这个字段为 00。
下一个对象 ID：	如果“接续标识＝FF”，那么请求下一个对象 ID 如果“接续标识＝00”，那么必须设置为 00（无用的）
对象数目	在响应中返回的标识对象的数目（对于单个访问，对象数目＝1）
对象 0. ID	PDU 中返回的第一个对象的标识（流访问）或请求的对象的标识（单个访问）
对象 0. 长度	第一个对象的字节长度
对象 0. 值	第一个对象的值（对象 0. 长度字节）
…	
对象 N. ID	最后对象的标识（在响应中）
对象 N. 长度	最后对象的字节长度
对象 N. 值	最后对象的值（对象 N. 长度字节）

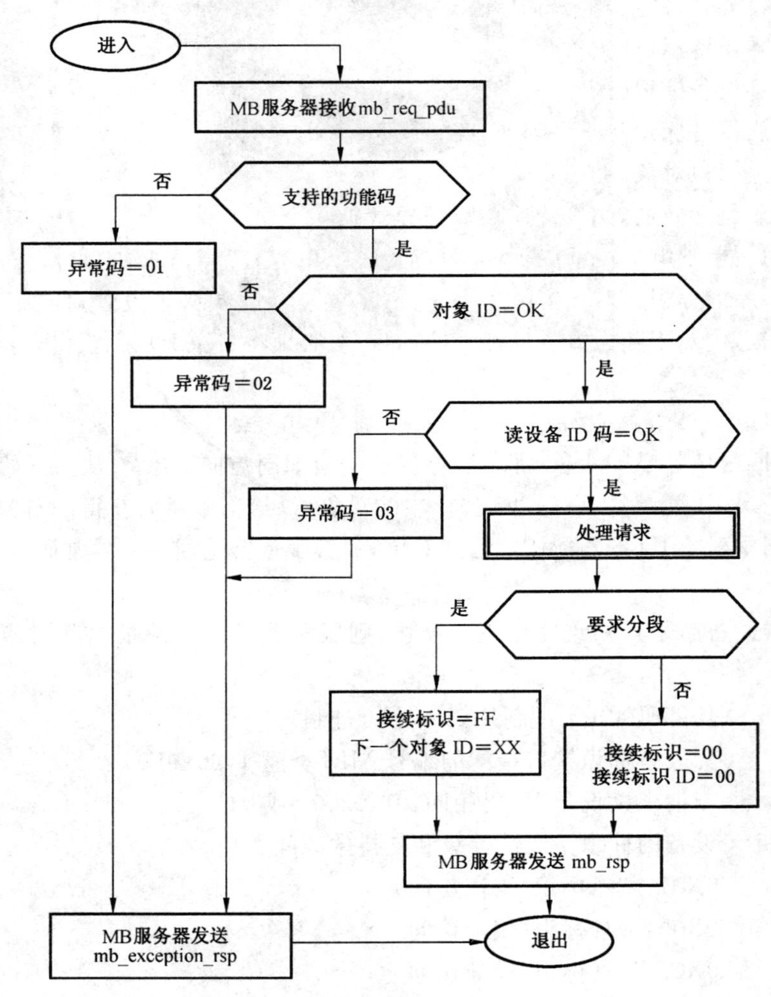

图 30　读设备标识状态图

“基本设备标识”的读设备标识请求的示例见表 83。在这个示例中，所有信息在一个响应 PDU 中发送。

表 83 读“基本设备标识”请求

请求		响应	
字段名	值	字段名	值
功能	2B	功能	2B
MEI 类型	0E	MEI 类型	0E
读设备 ID 码	01	读设备 ID 码	01
对象 ID	00	一致性等级	01
		接续标识	00
		下一个对象 ID	00
		对象数量	03
		对象 ID	00
		对象长度	16
		对象值	“Company identification”
		对象 ID	01
		对象长度	0D
		对象值	“product code XX”
		对象 ID	02
		对象长度	05
		对象值	“V2.11”

如果一个设备需要多个事务处理发送响应，那么启动随后事务处理。

第一个事务处理见表 84。

表 84 事务处理 1

请求		响应	
字段名	值	字段名	值
功能	2B	功能	2B
MEI 类型	0E	MEI 类型	0E
读设备 ID 码	01	读设备 ID 码	01
对象 ID	00	一致性等级	01
		接续标识	FF
		下一个对象 ID	02
		对象数量	03
		对象 ID	00
		对象长度	16
		对象值	“Company identification”
		对象 ID	01
		对象长度	1C
		对象值	“Product code ××××××××” (0x1C 个字符)

第二个事务处理见表 85。

表 85 事务处理 2

请求		响应	
字段名	值	字段名	值
功能	2B	功能	2B
MEI 类型	0E	MEI 类型	0E
读设备 ID 码	01	读设备 ID 码	01
对象 ID	02	一致性等级	01
		接续标识	00
		下一个对象 ID	00
		对象数量	03
		对象 ID	02
		对象长度	05
		对象值	"V2.11"

8 Modbus 异常响应

当客户机设备向服务器设备发送请求时，客户机希望得到一个正常的响应。主站的询问可能导致下列四种事件之一：

——如果服务器设备接收到无通信错误的请求，并且可以正常地处理询问，那么服务器设备将返回一个正常响应。

——如果由于通信错误服务器没有接收到请求，那么不能返回响应。客户机程序将按超时处理。

——如果服务器接收到请求，但是检测到一个通信错误（奇偶校验、LRC、CRC...），那么不能返回响应。客户机程序将按超时处理。

——如果服务器接收到无通信错误的请求，但不能处理这个请求（例如，如果请求读一个不存在的输出或寄存器），那么服务器将返回一个异常响应，通知客户机出错误的原因。

异常响应报文有两个与正常响应不同的字段：

功能码字段：在正常响应中，服务器在响应的功能码字段复制原始请求的功能码。所有功能码的 MSB 都为 0（它们的值都低于十六进制 80）。在异常响应中，服务器设置功能码的 MSB 为 1。这使得异常响应中的功能码值比正常响应中的功能码值高十六进制 80。

通过设置功能码的 MSB，客户机的应用程序能够识别异常响应，并且能够检测异常码的数据字段。

数据字段：在正常的响应中，服务器可以在数据字段中返回数据或统计值（请求中要求的任何信息）。在异常响应中，服务器在数据字段中返回异常码。这说明了服务器产生异常的原因。

表 86 为客户机请求和服务器异常响应的示例。

表 86 客户机请求和服务器异常响应

请求		响应	
字段名	十六进制	字段名	十六进制
功能	01	功能	81
起始地址 Hi	04	异常码	02
起始地址 Lo	A1		
输出数量 Hi	00		
输出数量 Lo	01		

在这个示例中，客户机向服务器设备发出一个请求。功能码(01)用于读输出状态操作。它请求地

址为1185(十六进制04A1)的输出状态。根据输出字段(0001)所指定的数量,只读出一个输出。

如果在服务器设备中不存在该输出地址,那么服务器将返回带有异常码(02)的异常响应。这就说明客户机指定的是非法的从站数据地址。

表87列出了异常码。

表87 异常码

Modbus 异常码		
代码	名称	含义
01	非法功能	对于服务器(或从站)来说,询问中接收到的功能码是不允许的操作。这也许是因为功能码仅适用于新设备而在被选单元中没有实现;还可能表示服务器(或从站)在错误状态中处理这种请求,例如:因为它是未配置的,并且正被要求返回寄存器值
02	非法数据地址	对于服务器(或从站)来说,询问中接收到的数据地址是不允许的地址。特别是,寄存器编号和传输长度的组合是无效的。对于带有100个寄存器的控制器来说,PDU赋值第一个寄存器为0,最后一个为99。如果起始寄存器编号96和寄存器数量为4的请求被处理,那么这个请求会成功操作于寄存器96、97、98和99;而如果起始寄存器编号96和寄存器数量为5的请求被处理,那么将产生异常码02"非法数据地址",因为它试图作用于寄存器96、97、98、99和100,而寄存器100是不存在的
03	非法数据值	对于服务器(或从站)来说,询问数据字段中包含的是不允许的值。它表示组合请求中剩余部分结构方面的错误,例如:隐含长度不正确。它决不表示寄存器中被提交存储的数据项有一个应用程序期望之外的值,因为Modbus协议并不知道任何特殊寄存器的任何特殊值的具体含义
04	从站设备故障	当服务器(或从站)正在试图执行所请求的操作时,产生不可恢复的差错
05	确认	与编程命令一起使用。 服务器(或从站)已经接受请求,并且正在进行处理,但是需要较长的处理时间。返回这个响应以防止在客户机(或主站)中发生超时错误。客户机(或主站)可以继续发送轮询程序完成报文来确定是否完成处理
06	从站设备忙	与编程命令一起使用。 服务器(或从站)正在处理较长时间的程序命令。当服务器(或从站)空闲时,客户机(或主站)应该稍后重新传送报文
08	存储奇偶性差错	与功能码20、21和引用类型6一起使用,以指示扩展文件区不能通过一致性校验: 服务器(或从站)试图读记录文件,但是在存储器中发现一个奇偶校验错误。客户机(或主站)可以重新发送请求,但可能需要在服务器(或从站)设备上提供这种服务
0A	网关路径不可用	与网关一起使用。它表示网关不能为处理请求分配输入端口至输出端口的内部通信路径。通常表示网关配置错误或过载
0B	网关目标设备响应失败	与网关一起使用。它表示没有从目标设备中获得响应。通常表示设备未在网络中

附　录　A
（资料性附录）
Modbus 保留的功能码、子码及 MEI 类型

下列功能码和子码不属本部分的内容，这些功能码和子码是特殊保留的。格式是功能码/子码，或仅有功能码，其所有子码（0～255）均被保留：8/19、8/21～65 535、9、10、13、14、41、42、90、91、125、126 和 127。

功能码 43 中用于设备标识的 MEI 类型 14，以及用于 CANopen 通用引用请求和响应 PDU 的 MEI 类型 13 都是本部分中目前可用的封装接口传输。

下列功能码和 MEI 类型不属本部分的内容，这些功能码和 MEI 类型是特殊保留的：43/0～12 和 43/15～255。在本部分中，不支持具有与封装接口传输相同或类似结果的用户定义的功能码。

附　录　B
（资料性附录）
CANopen 通用引用命令

关于功能码 43 和 MEI 类型 13 的用法，请访问 MODBUS-IDA 网站或 CiA（CAN in Automation）网站。

参 考 文 献

[1] ANSI/EIA/TIA-232-E:1997 interface between data terminal equipment and data circuit-terminating equipment employing serial binary data interchang.

[2] ANSI/EIA/TIA-485-A:1998 electrical characteristics of generators and recievers for use in balanced digital multipoint systems.

[3] MODBUS-IDA. org Modbus application protocol specification.

ICS 25.040
N 10

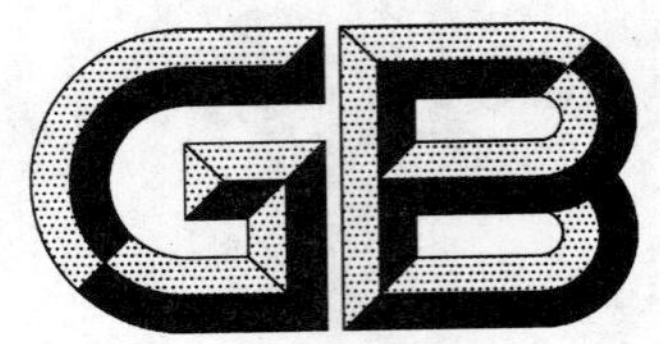

中华人民共和国国家标准

GB/T 19582.2—2008
代替 GB/Z 19582.2—2004

基于 Modbus 协议的工业自动化网络规范 第 2 部分:Modbus 协议在串行链路上的实现指南

Modbus industrial automation network specification—Part 2:Modbus protocol implementation guide over serial link

2008-02-27 发布 2008-09-01 实施

中华人民共和国国家质量监督检验检疫总局
中国国家标准化管理委员会 发布

前　言

《基于 Modbus 协议的工业自动化网络规范》分为三部分。

——第 1 部分：Modbus 应用协议；

——第 2 部分：Modbus 协议在串行链路上的实现指南；

——第 3 部分：Modbus 协议在 TCP/IP 上的实现指南。

第 1 部分描述了 Modbus 事务处理；第 2 部分提供了有助于开发者在串行链路上实现 Modbus 应用层的参考信息；第 3 部分提供了有助于开发者在 TCP/IP 上实现 Modbus 应用层的参考信息。

GB/T 19582—2008 包括两个通信规程中使用的 Modbus 应用层协议和服务规范：

——串行链路上的 Modbus

Modbus 串行链路基于 TIA/EIA 标准：232-E 和 485-A。

——TCP/IP 上的 Modbus

Modbus TCP/IP 基于 IETF 标准：RFC793 和 RFC791。

串行链路和 TCP/IP 上的 Modbus 是根据相应 ISO 分层模型说明的两个通信规程。下图强调指出了 GB/T 19582—2008 的主要部分。深色方框表示规范，浅色方框表示已有的国际标准（TIA/EIA 和 IETF 标准）。

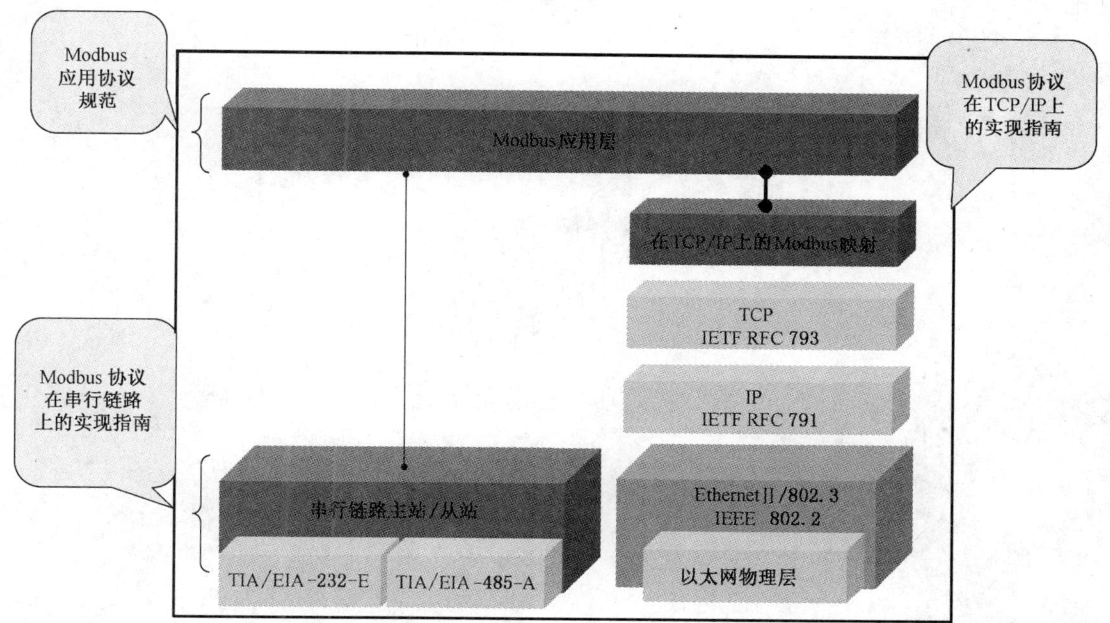

本部分从实施之日起代替 GB/Z 19582.2—2004；GB/Z 19582.2—2004 并于该日起予以废止。

本部分的附录 A、附录 B 是资料性附录。

本部分由中国机械工业联合会提出。

本部分由全国工业过程测量和控制标准化技术委员会第四分技术委员会归口。

本部分起草单位：机械工业仪器仪表综合技术经济研究所、西南大学、上海自动化仪表股份有限公司、北京交通大学现代通信研究所、北京机械工业自动化研究所、国家继电器质量监督检验中心、中国四联仪器仪表集团有限公司、中海石油研究中心、西北工业大学、施耐德电气（中国）投资有限公司。

本部分主要起草人：王玉敏、柳晓菁、刘枫、包伟华、孙昕、刘云男、唐济扬、贺春、刘渝新、徐伟华、欧阳劲松、何军红、华镕、王勇。

GB/Z 19582.2 首次发布时间为 2004 年 9 月 21 日，本部分第一次修订。

引　言

GB/T 19582—2008 是对 GB/Z 19582—2004《基于 Modbus 协议的工业自动化网络规范》的修订，修订的依据是 IEC 61158 CPF15（FDIS)-2006 实时以太网 Modbus-RTPS。本部分的结构与 GB/Z 19582.2—2004基本一致，但在技术内容上对 GB/Z 19582.2—2004 进行了补充和完善。

基于Modbus协议的工业自动化网络规范 第2部分:Modbus协议在串行链路上的实现指南

1 范围

Modbus是OSI模型第7层上的应用层报文传输协议,它在连接至不同类型总线或网络的设备之间提供客户机/服务器通信。它还将串行链路上的协议标准化,以便在一个主站和一个或多个从站之间交换Modbus请求。

本部分的目标是提出串行链路上的Modbus协议,以便系统设计者在实现基于串行链路的Modbus协议时使用。

本部分将促进使用Modbus协议的设备之间的互操作性。

本部分还是对GB/T 19582.1—2008的补充,具体见图1。

在第9章中定义了"Modbus串行链路"的不同实现等级。等级的规定是设备能够属于某个等级而必须遵守的全部要求。

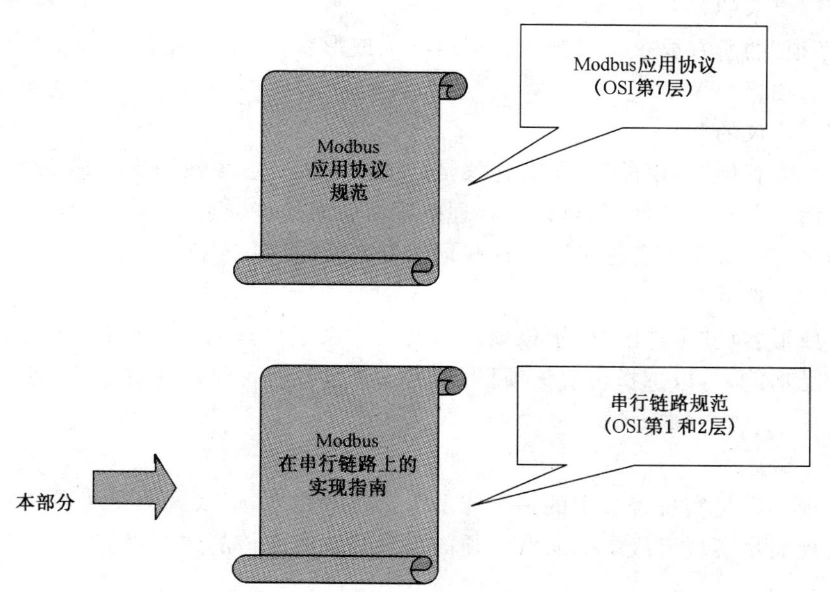

图1 Modbus协议文本的概述

2 协议概述

本部分描述串行链路上的Modbus协议。Modbus串行链路协议是一个主—从协议。该协议位于OSI模型的第2层。

主—从类型的系统有一个主节点(主站),它向某个从节点(从站)发出显式命令并处理响应。从站在没有收到主站的请求时并不主动地传输数据,也不与其他从站通信。

在物理层,串行链路上的Modbus系统可以使用不同的物理接口(RS485、RS232)。最常用的物理接口是TIA/EIA-485(RS485)二线制接口。作为附加选项,该物理接口也可以使用RS485四线制接口。当只需要近距离的点对点通信时,也可以使用TIA/EIA-232-E(RS232)串行接口作为Modbus系统的物理接口(见第7章)。

图 2 给出了与 7 层 OSI 模型对应的 Modbus 串行通信栈的一般表示。

层	ISO/OSI 模型	
7	应用层	Modbus 应用协议
6	表示层	空
5	会话层	空
4	传输层	空
3	网络层	空
2	数据链路层	Modbus 串行链路协议
1	物理层	EIA/TIA -485（或 EIA/TIA -232）

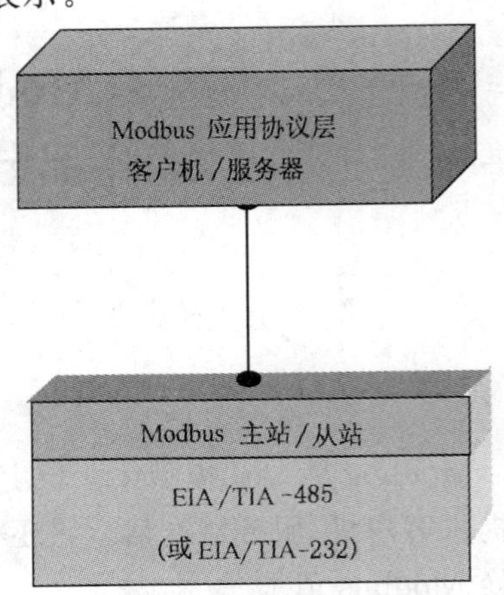

图 2 Modbus 协议和 ISO/OSI 模型

位于 OSI 模型第 7 层的 Modbus 应用层报文传输协议提供了总线或网络上连接的设备之间的客户机/服务器通信。在 Modbus 串行链路上，串行总线的主站作为客户机，从站作为服务器。

3 约定

在本部分中，使用下列词语定义每个特定要求的重要程度。

——“必须”/“要求的”

含有词语“必须”的所有要求是强制的。词语必须或形容词“要求的”表示该项为执行的绝对要求。这些词语带有下划线。

——“应该”/“建议的”

包含“应该”或形容词“建议的”的所有建议是期望的功能。应该使用这些建议作为选择不同的实现功能选项时的指南。在特定条件下，可以有合理的理由忽略这些项目，但是，应该理解其全部含义，并且在选择不同过程之前仔细考虑各种情况。这些词语带有下划线。

——“可以”/“可选的”

词语“可以”或形容词“可选的”表示该项目为真正意义上可选的。例如：一个设计者由于特定的市场需求或增强产品功能，可以选择包含该项目，而另一个设计者可以选择忽略该项目。

4 一致性

如果某个实现不满足实现等级中的一个或多个必须的要求，那么这个实现不符合一致性。

如果某个实现满足实现等级中的所有必须的要求和所有应该的建议，那么称这个实现为“无条件符合一致性”。

如果某个实现满足实现等级中的所有必须的要求但不满足所有应该的建议，那么称这个实现为“有条件符合一致性”。

5 术语和缩略语

本部分中使用下列特定词语、符号和缩略语的定义。

2W(2-Wire)　在“电气接口”一章中定义的两线制配置，或其中的一个接口

4W(4-Wire)　在“电气接口”一章中定义的四线制配置，或其中的一个接口

AUI(Attachment Unit Interface)　附属单元接口

AWG (Americsn Wire Gauge)　美国线规，表示线径的标准方法（参见参考文献[3]）

公共端(Common)	EIA/TIA 标准中的信号公共端。在 2 线制或 4 线制 RS485 Modbus 网络中,信号和可选电源的公共端
DCE(Data Communication Equipment)	数据通信设备。一个实现了 RS232 数据电路终端设备的 Modbus 设备,例如:可编程序控制器适配器
设备(Device)	同 Modbus 设备定义
驱动器(Driver)	发生器或发送器
DTE(Data Terminal Equipment)	数据终端设备。一个实现了 RS232 数据终端设备的 Modbus 设备。例如:可编程终端或 PC
ITr(Interface on trunk)	干线侧的物理总线接口
IDv(Interface on Derivation)	设备侧(或分支器或设备分支)的物理总线接口
LT(Line Termination)	线路终端
Modbus 设备(Modbus Device)	在串行链路上实现 Modbus 并遵循其技术规范的设备
RS232	EIA/TIA-232 标准
RS485	EIA/TIA-485 标准
RS485-Modbus	遵循其技术规范的 2 线制或 4 线制网络
收发器(Transceriver)	发送器和接收器(或驱动器和接收器)

6 Modbus 数据链路层

6.1 Modbus 主/从协议原理

Modbus 串行链路协议是一个主-从协议。在同一时间,总线上只能有一个主站,和一个或多个(最多 247 个)从站。Modbus 通信总是由主站发起。当从站没有收到来自主站的请求时,不会发送数据。从站之间不能相互通信。主站同时只能启动一个 Modbus 事务处理。

主站用两种模式向从站发出 Modbus 请求:

——单播模式(见图 3),主站寻址单个从站。从站接收并处理完请求之后,向主站返回一个报文(一个"应答")。

在这种模式下,一个 Modbus 事务处理包含 2 个报文:一个是主站的请求,另一个是从站的应答。

每个从站必须有唯一的地址(1~247),这样才能区别于其他站独立地被寻址。

——广播模式(见图 4),主站可以向所有的从站发送请求。

对于主站发送的广播请求没有应答返回。广播请求必须是写命令。所有设备必须接受广播方式的写命令。地址 0 被保留用来识别广播通信。

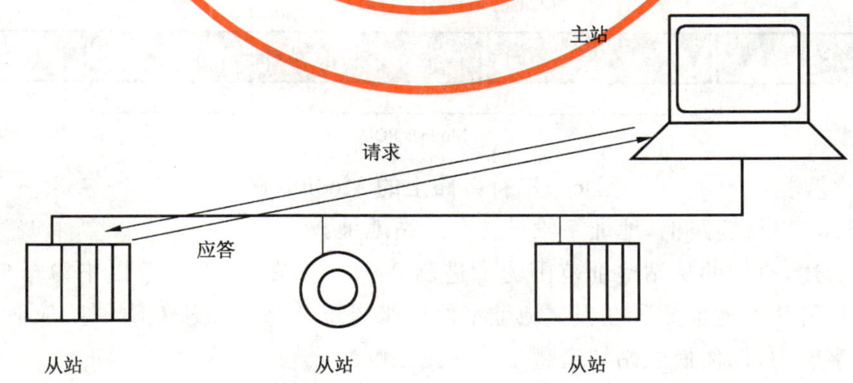

图 3 单播模式

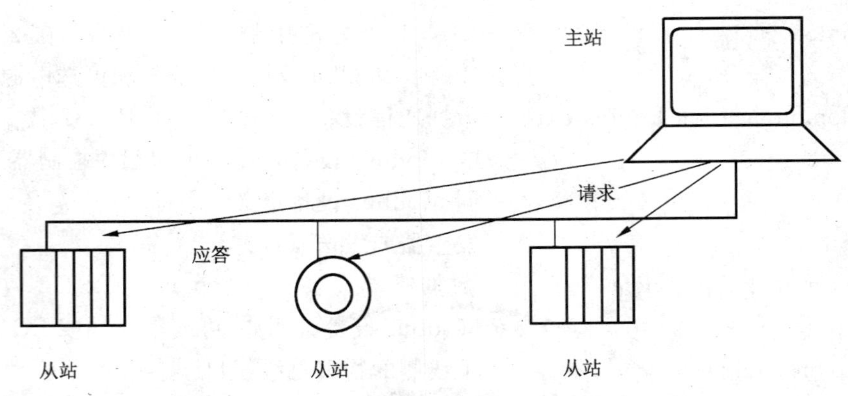

图 4　广播模式

6.2　Modbus 寻址规则

见表 1。

Modbus 寻址空间由 256 个不同地址组成。

地址 0 为广播地址。所有从站必须识别广播地址。

表 1　Modbus 寻址范围

0	1～247	248～255
广播地址	从站地址	保留

Modbus 主站没有特定地址，只有从站有一个地址。在 Modbus 串行总线上，这个地址必须是唯一的。

6.3　Modbus 帧描述

见图 5 和图 6。

Modbus 应用协议定义了一个与下层通信无关的简单协议数据单元(PDU)。

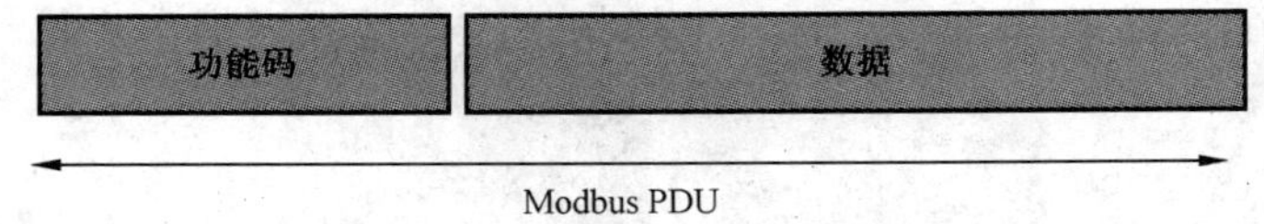

图 5　Modbus 协议数据单元

通过在协议数据单元(PDU)上增加一些附加字段完成 Modbus 协议到具体总线或网络的映射，启动 Modbus 事务处理的客户机构造 Modbus PDU，然后添加附加字段，以便构造相应的通信 PDU。

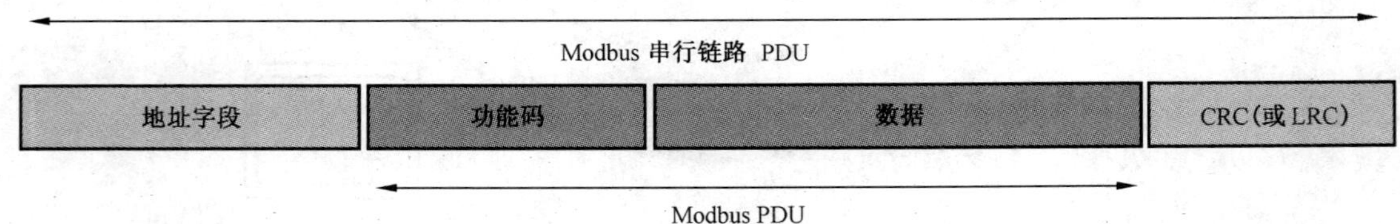

图 6　串行链路上的 Modbus 帧

——在 Modbus 串行链路上，地址字段只含有从站地址。

如前面各节所述，有效的从站地址范围为十进制 0～247。在 1～247 范围中为每个从站指配单独的地址。主站通过将从站地址放置在报文地址字段中来寻址从站。当从站返回响应时，它将自己的地址放到响应地址字段中，以便使主站知道哪个从站正在响应。

——功能码指示服务器要执行何种操作。功能码的后面是含有请求或响应参数的数据字段。

——差错检验字段是根据报文内容执行“冗余校验”计算的结果。根据使用的传输模式(RTU 或 ASCII)，有两种校验计算方法(见 6.5，两种串行传输模式)。

6.4 主站/从站状态图

Modbus 数据链路层由两个独立子层组成：

——主/从协议；

——传输模式(RTU 和 ASCII 模式)。

下列各节描述了与所使用传输模式无关的主站和从站状态图。

在 6.5 中使用两个状态图详细说明了 RTU 和 ASCII 传输模式。描述了帧的接收和发送。

状态图语法 ：

使用 UML(统一建模语言)标准表示法绘制下列状态图(见图 7)。表示法要点如下：

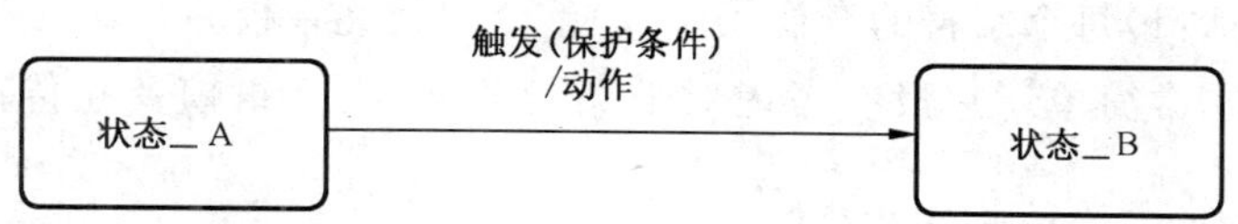

图 7 UML 表示

当处于“状态_A”的系统发生“触发”事件时，只有当“保护条件”为真时，系统才会进入“状态_B”。然后，执行一个“动作”。

6.4.1 主站状态图

图 8 说明了主站的行为。

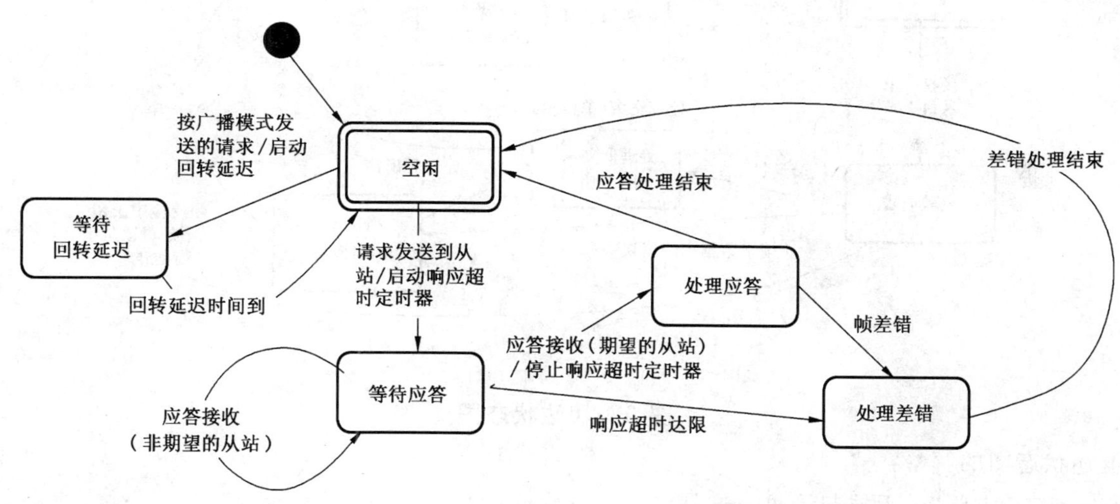

图 8 主站状态图

上述状态图的一些解释：

——状态“空闲”＝无挂起请求。这是电源加电后的初始状态。只有在“空闲”状态下才能发送请求。发送一个请求之后，主站离开“空闲”状态，并且不能同时发送第二个请求。

——当向从站发送单播请求时，主站将进入“等待应答”状态，并且启动一个“响应超时”定时器。它防止主站无限期地停留在“等待应答”状态下。响应超时的时间与具体应用有关。

——当收到一个应答时，主站在处理数据之前检验应答。在某些情况下，检验的结果发现错误，例如：收到来自非期望从站的应答或在接收到的帧中有错误。当收到来自非期望从站的应答时，响应超时继续计时。如果在帧上检测到差错，可以进行重试。

——如果没有接收到应答,响应超时时间到,产生一个错误。然后,主站进入"空闲"状态,并发出一个重试请求。重试的最大次数与主站设置有关。

——当在串行总线上发送广播请求时,从站不返回响应。然而,主站需要考虑延迟,以便在发送新的请求之前允许从站处理当前请求。这个延迟被称作"回转延迟"。因此,在返回"空闲"状态并且能够发送另一个请求之前,主站进入"等待回转延迟"状态。

——在单播模式下,必须设置足够长的响应超时时间,以便从站处理请求并返回响应;在广播模式下,必须有足够长的回转延迟,以便从站处理请求并能够接收新请求。因此,回转延迟应该比响应超时短。通信速率在 9600 bit/s 时,典型的响应超时值为 1 s 到几秒,而回转延迟为 100 ms～200 ms。

——帧错误校验包括:1)每个字符的奇偶校验;2)整个帧的冗余校验。详细解释见 6.6。

状态图本身设计的非常简单。它没有考虑对链路的访问、报文组帧及在传输错误之后的重试等。有关帧传输的细节见 6.5。

6.4.2 从站状态图

图 9 说明了从站的行为。

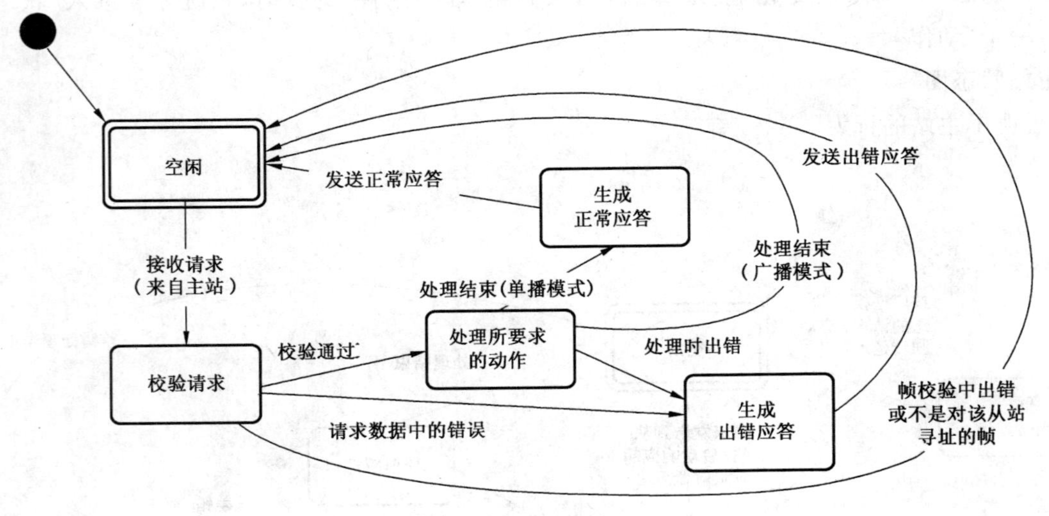

图 9 从站状态图

上述状态图的解释:

——状态"空闲"=无挂起请求。这是设备上电后的初始状态。

——当收到一个请求时,在处理报文包中所请求的动作之前,从站校验报文包。可能出现不同错误:如请求的格式错误、无效动作等。当检测到错误时,必须向主站发送应答。

——一旦完成请求的动作,单播报文要求必须生成应答并将其发送给主站。

——如果从站检测到接收帧中的错误,那么不向主站返回响应。

任何从站应该定义并管理 Modbus 诊断计数器,以便提供诊断信息。通过使用 Modbus 诊断功能码可以得到这些计数值(见附录 A 和 GB/T 19582.1—2008)。

6.4.3 主站/从站通信时序图

图 10 表示了 3 种典型的主站/从站通信的时序图。

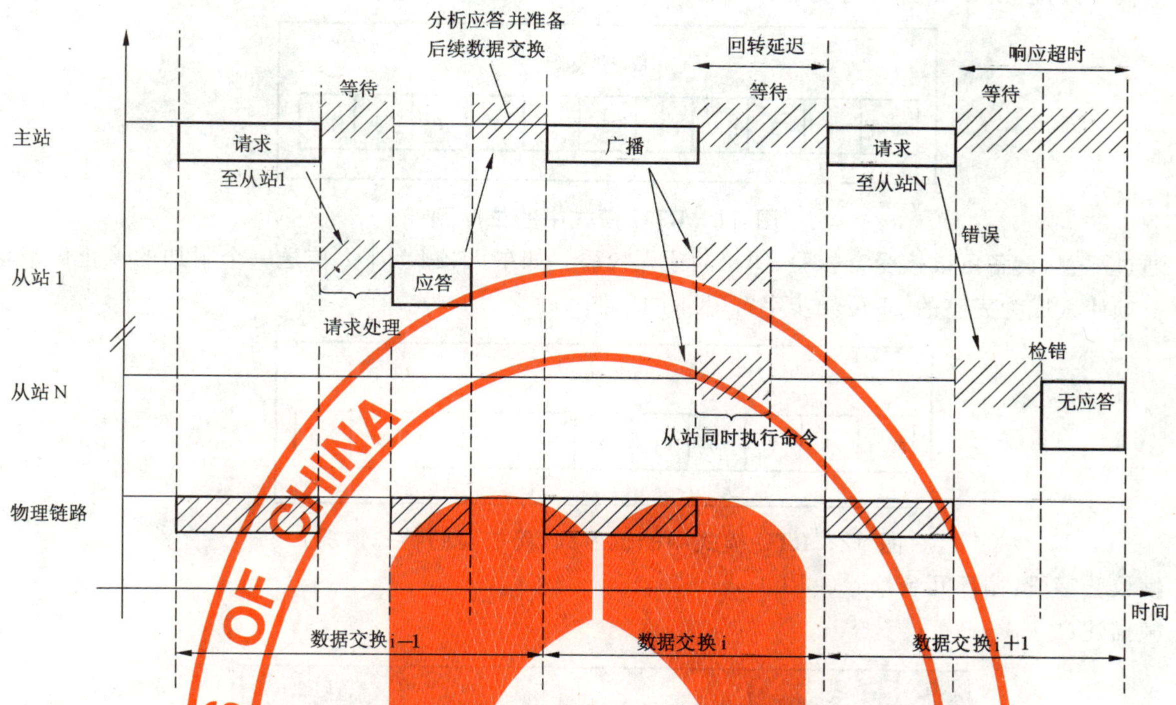

注1：请求、应答、广播阶段的持续时间与通信特征(帧长度和吞吐量)有关。

注2：等待和处理阶段的持续时间与从站应用所需的请求处理时间有关。

图10　主站/从站通信时序图

6.5　两种串行传输模式

定义了两种串行传输模式：RTU模式和ASCII模式。

定义了链路上串行传送报文的位内容。它确定了信息如何打包为报文和如何解码。

在Modbus串行链路上，所有设备的传输模式(及串行口参数)必须相同。

尽管在某些特定应用中要求ASCII模式，但只有每个设备都有相同的模式才能进行Modbus设备之间的互操作：所有设备必须实现RTU模式。ASCII传输模式是一个可选项。

用户应该将设备设置成所期望的模式：RTU或ASCII模式。默认设置必须为RTU模式。

6.5.1　RTU传输模式

当设备在Modbus串行链路上使用RTU(远程终端单元)模式通信时，报文中每个8位字节含有两个4位十六进制字符。这种模式的主要优点是有较高的字符密度，在相同的波特率下，比ASCII模式有更高的数据吞吐量。每个报文必须以连续的字符流传输。

RTU模式中每个字节(11位)的格式为：

编码系统：　　8位二进制

每个字节的位：　1个起始位

8个数据位，首先发送最低有效位

1个奇偶校验位

1个停止位

要求使用偶校验。也可以使用其他模式(奇校验、无校验)。为了保证与其他产品的最大兼容性，建议还支持无校验模式。默认校验模式必须是偶校验。

注：使用无校验时要求2个停止位。

串行地传送字符的方法为：

发送每个字符或字节的顺序是从左到右(见图11)：

最低有效位(LSB)…最高有效位(MSB)

带奇偶校验										
起始	1	2	3	4	5	6	7	8	校验	停止

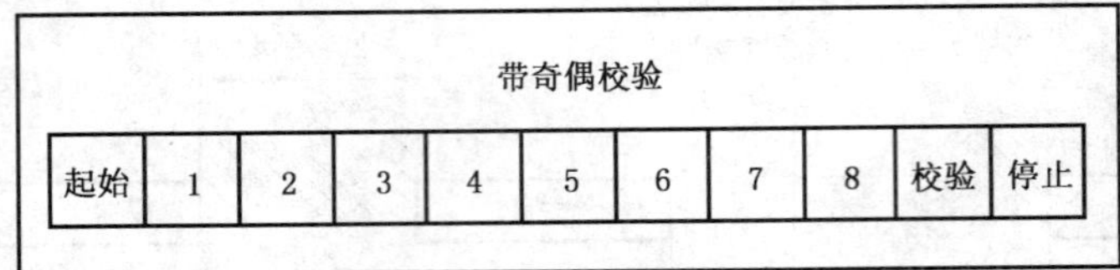

图 11 RTU 模式中的位序列

通过配置,设备可以接受奇校验、偶校验或无校验。如果无校验,那么传送一个附加的停止位来填充字符帧使其成为完整的 11 位异步字符(见图 12、图 13)。

无奇偶校验										
起始	1	2	3	4	5	6	7	8	停止	停止

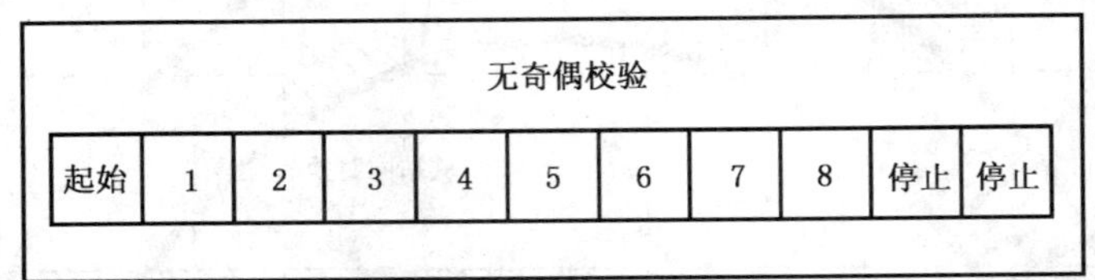

图 12 RTU 模式中的位序列(无校验的特殊情况)

帧校验字段:循环冗余校验(CRC)

帧描述:

从站地址	功能码	数据	CRC
1字节	1字节	0～252字节	2字节 低字节 高字节

图 13 RTU 报文帧

Modbus RTU 帧最大长度是 256 个字节。

6.5.1.1 Modbus 报文 RTU 帧

传送设备将 Modbus 报文放置在带有已知起始和结束点的帧中。这就允许接收新帧的设备在报文的起始处开始接收,并且知道报文传输何时结束。必须能够检测到不完整的报文,并且必须设置错误标志。

在 RTU 模式中,时长至少为 3.5 个字符时间的空闲间隔将报文帧区分开。在后续部分中,这个时间间隔称为 $t_{3.5}$,见图 14。

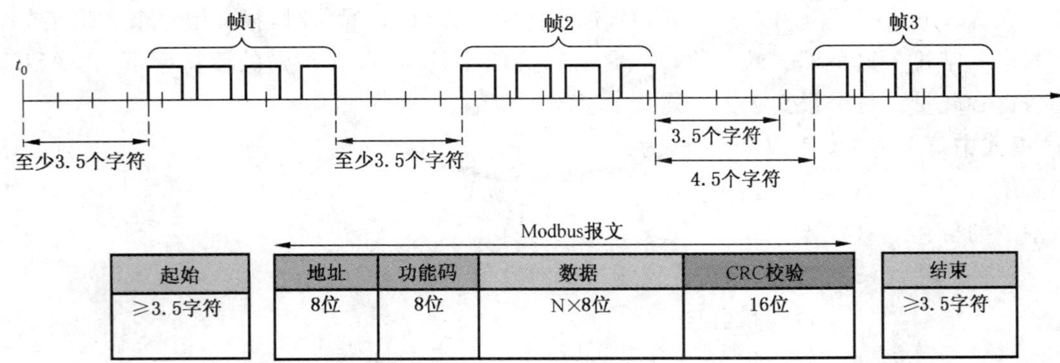

图 14 RTU 报文帧

必须以连续的字符流发送整个报文帧。

如果两个字符之间的空闲间隔大于 1.5 个字符时间,那么认为报文帧不完整,并且接收站应该丢弃这个报文帧,见图 15。

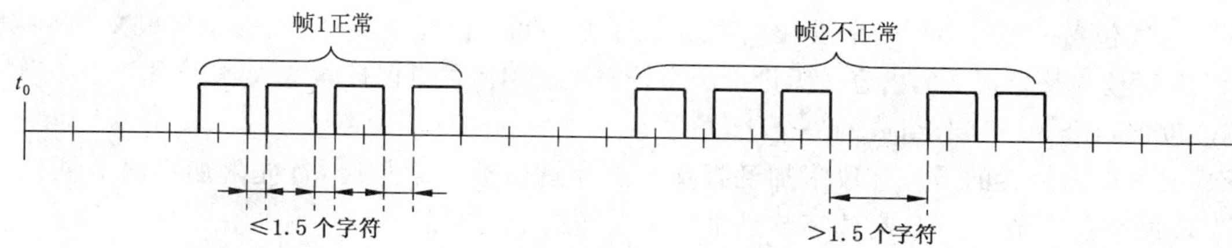

图 15 Modbus 帧内间隔

注：实现了 RTU 接收的驱动程序会隐含着对由 $t_{1.5}$ 和 $t_{3.5}$ 定时器引起的大量中断的管理。在较高的通信波特率下，这将导致 CPU 负担加重。因此，当波特率等于或低于 19 200 bit/s 时，必须严格地遵守这两个定时；波特率大于 19 200 bit/s 的情况下，两个定时器宜使用固定值：建议字符间超时时间（$t_{1.5}$）为 750 μs，帧间的延迟时间（$t_{3.5}$）为 1.750 ms。

图 16 描述了 RTU 传输模式的状态图。“主站”和“从站”均在这个图中表示：

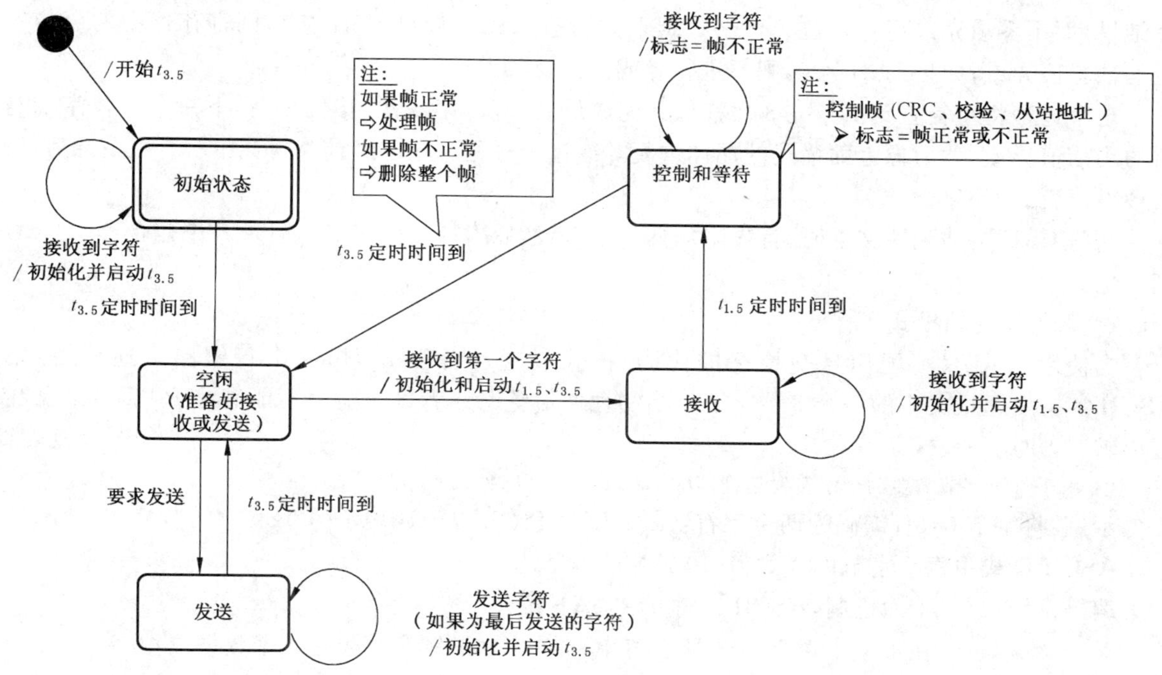

注：$t_{1.5}$，$t_{3.5}$：定时器；

$t_{3.5}$：3.5 个字符时间；

$t_{1.5}$：1.5 个字符时间。

图 16 RTU 传输模式的状态图

上述状态图的解释：

——从“初始”状态到“空闲”状态转换需要 $t_{3.5}$ 定时器超时：这保证帧间延迟。

——当没有发送和接收活动时，“空闲状态”是一个正常状态。

——在 RTU 模式中，当至少 3.5 个字符的时间间隔之后没有传输活动时，称通信链路为“空闲”状态。

——当链路在空闲状态时，在链路上检测到的任何传输的字符被视为帧起始。链路进入“激活”状态。然后，当在时间间隔 $t_{3.5}$ 之后链路上还没有传输字符时，视为帧结束。

——检测到帧结束之后，执行 CRC 计算和校验。然后分析地址字段来确定帧是否发往这个设备。如果不是发往这个设备，那么丢弃这个帧。为了减少接收处理时间，在接收到地址字段时，就可以分析地址字段，而不需要等到整个帧结束。这样，CRC 计算和校验只需要在帧寻址到该从站（包括广播帧）时进行。

6.5.1.2 CRC 校验

RTU 模式包含一个差错校验字段,该字段是基于循环冗余校验(CRC)方法对全部报文内容执行的。

CRC 字段校验整个报文的内容。无论单个字符报文使用何种奇偶校验方式,均应用这种 CRC 校验。

CRC 包含两个 8 位字节组成的一个 16 位值。

CRC 字段作为报文的最后字段附加到报文上。当进行这种附加时,首先附加字段的低位字节,然后附加字段的高位字节。CRC 高位字节是报文中发送的最后字节。

将 CRC 附加到报文上的发送设备计算 CRC 值。在接收报文过程中,接收设备重新计算 CRC 值,并将计算值与 CRC 字段中接收到的实际 CRC 值相比较。如果两个值不相等,则产生错误结果。

通过对一个 16 位寄存器预装载全 1 来启动 CRC 计算。然后,开始将后续报文中的 8 位字节与当前寄存器中的内容进行计算。只有每个字符中的 8 个数据位参与生成 CRC 的计算。起始位、停止位和校验位不参与 CRC 计算。

在生成 CRC 过程中,每个 8 位字符与寄存器中的值异或。然后,向最低有效位(LSB)方向移动这个结果,而用零填充最高有效位(MSB)。提取并检查 LSB。如果 LSB 为 1,则寄存器中的值与一个固定的预置值异或;如果 LSB 为 0,则不进行异或操作。

这个过程将重复直到执行完 8 次移位。完成最后一次(第 8 次)移位之后,下一个 8 位字节与寄存器的当前值异或,然后像上面描述的那样重复 8 次这个过程。在已经计算报文中所有字节之后,寄存器的最终值就是 CRC。

当将 CRC 附加到报文上时,首先附加低位字节,然后附加高位字节。附录 B 中包含产生 CRC 的详细实例。

6.5.2 ASCII 传输模式

当使用 ASCII(美国信息交换标准代码)模式设置设备在 Modbus 串行链路上通信时,用两个 ASCII 字符发送报文中的一个 8 位字节。当物理通信链路或者设备能力不能满足 RTU 模式的定时管理要求时,使用该模式。

注:由于每个字节需要两个字符发送,所以这种模式比 RTU 模式效率低。

示例:将字节 0x5B 编码为两个字符:0x35 和 0x42(用 ASCII 表示的 0x35="5",0x42="B")。

ASCII 模式中每个字节的格式为(10 位):

编码系统:　十六进制,ASCII 字符 0～9、A～F

　　在报文中每个 ASCII 字符中,1 个十六进制字符包含 4 个数据位

每个字节的位:　1 个起始位

　　7 个数据位,首先发送最低有效位

　　1 个奇偶校验位

　　1 个停止位

要求使用偶校验。也可以使用其他模式(奇校验、无校验)。为了保证与其他产品的最大兼容性,建议还支持无校验模式。默认校验模式必须是偶校验。

注:使用无校验时要求 2 个停止位。

串行地传送字符的方法为:

发送每个字符或字节的顺序是从左到右(见图 17)。

最低有效位(LSB)…最高有效位(MSB)

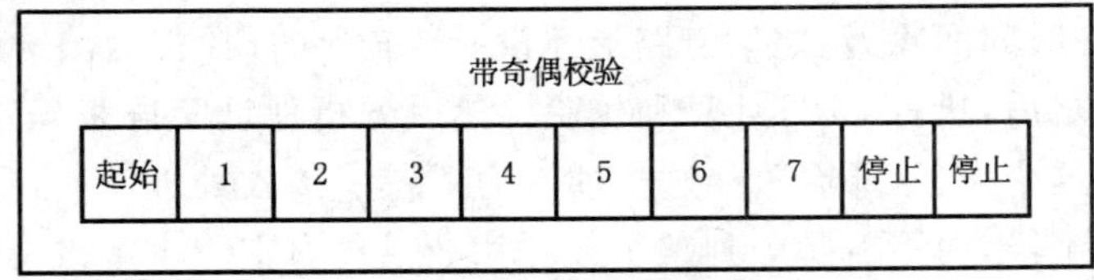

图 17　ASCII 模式中的位序列

通过配置，设备可以接受奇校验、偶校验或无校验。如果无校验，那么传送一个附加的停止位来填充字符帧(见图 18)。

无奇偶校验									
起始	1	2	3	4	5	6	7	停止	停止

图 18　ASCII 模式中的位序列(无校验的特殊情况)

帧校验字段：纵向冗余校验(LRC)

6.5.2.1　Modbus 报文 ASCII 帧

传送设备将 Modbus 报文放置在带有已知起始和结束点的帧中。这就允许接收新帧的设备在报文的起始处开始接收，并且知道报文传输何时结束。必须能够检测到不完整的报文，并且必须作为结果设置错误标志。

报文帧的地址字段包含两个字符。

在 ASCII 模式中，用特定的帧起始和帧结束字符区分一个报文。一个报文必须以一个"冒号"(:)字符(十六进制 ASCII 码为 3A)起始，以"回车-换行"(CRLF)(十六进制 ASCII 码为 0D 和 0A)结束。

注：可以通过特定的 Modbus 应用命令改变 LF 字符(见 GB/T 19582.1—2008)。

对于其他的字段来说，允许传输的字符为十六进制 0～9，A～F(ASCII 编码)。设备不断地监视通信总线上的":"字符。当收到这个字符之后，每个设备译码后续字符直到检测出帧结束为止。

报文中字符间的时间间隔可以达 1 s。大于 1 s 的时间间隔表示已经出现错误，除非用户已配置了较长时间的超时间值。某些广域网应用可以要求 4 s～5 s 的超时时间。

图 19 表示了一个典型的报文帧。

起始符	地址	功能码	数据	LRC	结束符
1个字符 :	2个字符	2个字符	0～2x252 个字符	2个字符	2个字符 CR、LF

图 19　ASCII 报文帧

注：每个数据字节需要用两个字符编码。因此，为了在 Modbus 应用级上确保 ASCII 模式和 RTU 模式兼容，ASCII 数据字段最大数据长度(2x252)为 RTU 数据字段最大数据长度(252)的两倍。因此，Modbus ASCII 帧的最大长度为 513 个字符。

在图 20(状态图)中综述了 ASCII 报文组帧的要求。"主站"和"从站"均在同一个图中表示。

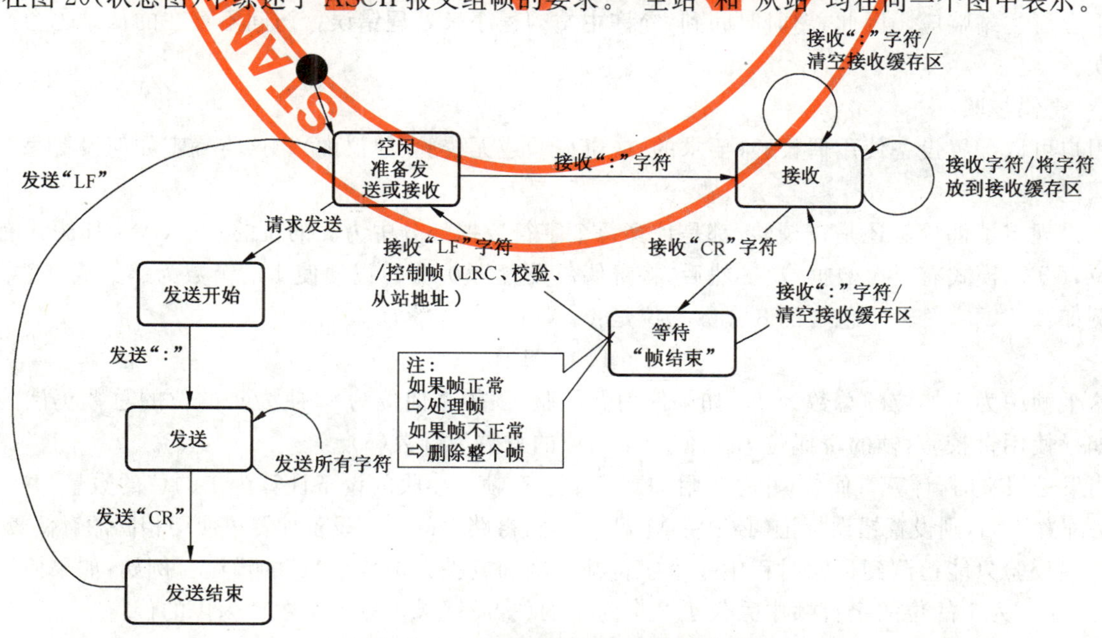

图 20　ASCII 传输模式的状态图

上述状态图的解释：

——“空闲”状态是在没有发送和接收报文活动情况下的正常状态。

——每次接收到“:”字符表示新报文的开始。如果在一个报文的接收过程中收到这个字符，则当前报文被认为不完整并被丢弃。然后，分配一个新接收缓存区。

——检测到帧结束之后，执行 LRC 计算和校验。然后，分析地址字段来确定帧是否发往这个设备。如果不是发往这个设备，那么丢弃这个帧。为了减少接收处理时间，在接收到地址字段，就可以分析地址字段，而不需要等到整个帧结束。

6.5.2.2 LRC 校验

在 ASCII 模式中，报文包含一个差错校验字段，该字段是基于对全部报文内容执行的纵向冗余校验(LRC)计算结果，不包括起始“冒号”和结束 CRLF 对。无论报文中的单个字符使用何种奇偶校验，均应用这种 LRC 校验。

LRC 字段为一个字节，包含一个 8 位二进制值。发送报文的设备计算 LRC 值，将 LRC 值附加到报文中。在接收报文过程中，接收报文的设备重新计算 LRC 值，并将计算值与 LRC 字段中接收到的实际值相比较。如果两个值不相等，则产生错误。

对报文中的所有连续 8 位字节相加，丢弃任何进位，然后求出其二进制补码作为计算得到的 LRC 码。对报文中的每个字节进行这种操作。在对原报文中每个字节进行 ASCII 码编码之前，对每个字节进行这种操作。这种计算不包括报文起始“冒号”和报文结束 CRLF 对字段。

LRC 的结果被编码为两个字节的 ASCII 码，并将其放置在 ASCII 模式报文帧的 CRLF 之前。

附录 B 含有 LRC 生成的详细示例。

6.6 差错校验方法

标准 Modbus 串行链路的安全性是基于两种差错校验：

——<u>应该</u>将<u>奇偶校验</u>(偶或奇)应用于每个字符。

——<u>必须</u>将<u>帧校验</u>(LRC 或 CRC)应用于整个报文。

在发送设备(主站或从站)中生成字符校验和帧校验，并且在发送前将其附加于报文内容中。在接收时，设备(从站或主站)校验每个字符和整个报文帧。

主站由用户配置成在放弃事务处理前等待一个预定的超时间隔(响应超时)。这个间隔被设置成足够的时间长度，以便任何从站正常地响应(单播请求)。如果从站检测到传输错误，则报文将不起作用。从站不会对主站响应。因此，超时时间到，允许主站的程序来处理错误。访问不存在的从站也会产生超时错误。

6.6.1 奇偶校验

用户可以配置设备使用偶校验(要求的)或奇校验或无校验(建议的)。这将确定如何设置每个字符的奇偶位。

无论规定了偶校验还是奇校验，都是计算每个字符数据部分中为 1 的位的总数(ASCII 模式有 7 个数据位，RTU 模式有 8 个数据位)。然后，将奇偶位设置为 0 或 1，以便使 1 的个数为偶数或奇数。

例如：RTU 字符帧中包含的 8 个数据位是：

1100 0101

这个帧中为 1 的位的总数为 4。如果使用偶校验，帧的奇偶位为 0，使为 1 的位的总数仍然为偶数(4)；如果使用奇校验，帧的奇偶位为 1，使为 1 的位的总数为奇数(5)。

当发送报文时，计算奇偶位，并将其附加到每个字符帧。接收的设备计算为 1 的位的数量，并且如果与设备配置不同，则设置错误标记(必须将 Modbus 串行链路上的所有设备配置成使用相同的奇偶校验)。

奇偶校验只能检测到传输过程中一个字符帧中增加或丢失奇数个“1”的错误。例如：如果使用奇校验，含有 3 个为 1 的位的字符帧中丢失了 2 个为 1 的位，而结果仍然为奇数个为 1 的位。

如果没有规定奇偶校验，不会传送奇偶位，也不用进行奇偶校验。传送一个附加的停止位来填充字符帧。

6.6.2 帧校验

根据传输模式(RTU 模式或 ASCII 模式)使用两种帧校验方法。

——在 RTU 模式中,报文包含一个基于循环冗余校验(CRC)方法的差错校验字段。CRC 字段校验整个报文的内容。无论报文中单个字符使用何种奇偶校验,均应用这种 CRC 校验。

——在 ASCII 模式中,报文包含一个基于纵向冗余校验(LRC)方法的差错校验字段。LRC 字段校验报文的内容,不包括报文中的起始"冒号"和结束 CRLF 对。无论报文中单个字符使用何种奇偶校验,均应用这种 LRC 校验。

有关差错检验方法的详细内容见前面的章节。

7 物理层

7.1 引言

新的串行链路上的 Modbus 解决方案应该按照 EIA/TIA-485 标准(也称 RS485 标准)实现电气接口。该标准允许"两线配置"的点对点和多点系统。此外,一些设备可以实现"四线"RS485 接口。

设备还可以实现 RS232 接口。

在这种 Modbus 系统中,一个主站设备和一个或几个从站设备在一个无源串行链路上进行通信。

在标准 Modbus 系统中,在一条由 3 根导线组成的干线电缆上连接所有设备(并联)。其中两条导线("两线"配置)形成一对平衡双绞线,在这个双绞线上双向传送数据,典型的速率为 9 600 bit/s。

每台设备可按如下方法连接(见图 21):

——或直接连接到干线电缆上,形成菊花链;

——或经分支电缆连接到一个无源分支器;

——或经专用电缆连接到一个有源分支器。

在设备上,可以使用接线端子、RJ45 或 9 芯 D-型连接器与电缆连接(见 7.5)。

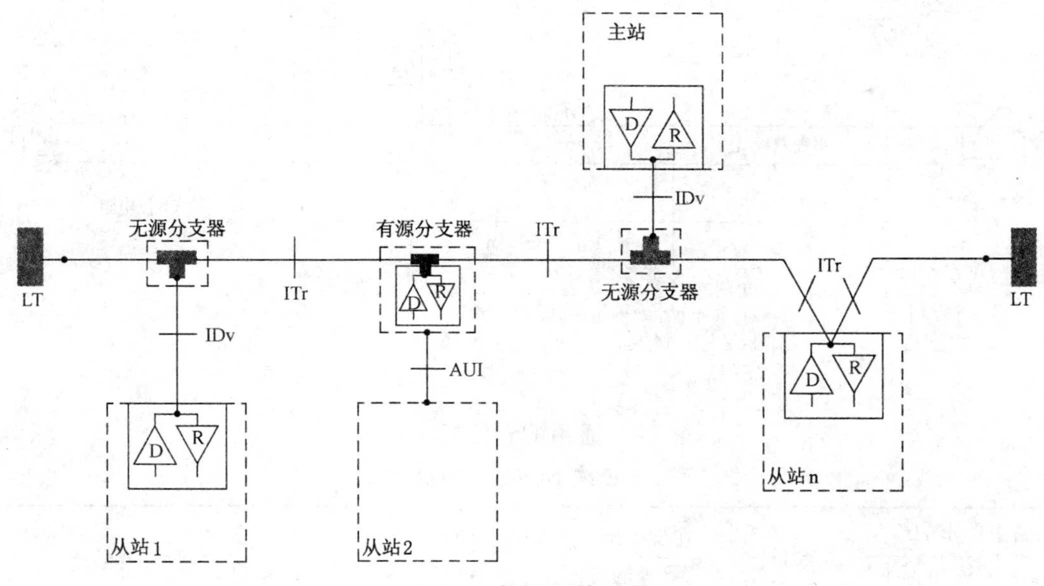

图 21 串行总线结构

7.2 数据信号传输速率

要求实现 9 600 bit/s 和 19.2 kbit/s 传输速率。默认值为 19.2 kbit/s。

也可使用其他波特率:1 200 bit/s、2 400 bit/s、4 800 bit/s……38 400 bit/s、56 kbit/s、115 kbit/s 等。

在发送的情况下,每种实现的波特率精度必须高于 1%;在接收的情况下,必须允许 2%误差。

7.3 电气接口

7.3.1 多点串行总线结构

图 21 表示了 Modbus 多点串行链路系统中串行总线的总体结构。

Modbus 多点串行链路总线是由主电缆(干线)和一些分支电缆组成。

在干线电缆的两端需要使用线路终端电阻以使阻抗匹配(详细情况分别见 7.3.2 和 7.3.3)。

如图 21 所示,在同一个 Modbus 串行链路总线中可以有不同的实现方式:

——将集成通信收发器的设备通过无源分支器和分支电缆连接到干线上(例如:从站 1 和主站);

——将没有集成通信收发器的设备通过有源分支器和分支电缆连接到干线上(有源分支器集成了收发器)(例如:从站 2);

——将设备以菊花链形式直接连接到干线电缆上(例如:从站 n)。

采用下列约定:

——干线间的接口称为 ITr(干线接口);

——设备和无源分支器间的接口称为 IDv(分支接口);

——设备和有源分支器间的接口称为 AUI(附属单元接口)。

注 1:在某些情况下,可以直接将分支器连接到设备的 IDv-插槽或 AUI-插槽上,而不使用分支电缆。

注 2:一个分支器可以有多个 IDv 插槽来连接多台设备。当它是无源分支器时,称这个分支器为分配器。

注 3:当使用有源分支器时,可以通过 AUI 或 ITr 接口提供分支器电源。

在后续章节中,将介绍 ITr 和 IDv 接口(详细情况分别见 7.3.2 和 7.3.3)。

7.3.2 2 线 Modbus 定义

见图 22 和表 2。

Modbus 在串行链路上的解决方案应该依照 EIA/TIA-485 标准实现“2 线”电气接口。

在这个 2 线总线上,在任何时候只有一个驱动器有权发送信号。

实际上,还必须使用第三条导线将总线上所有设备相互连接:公共端。

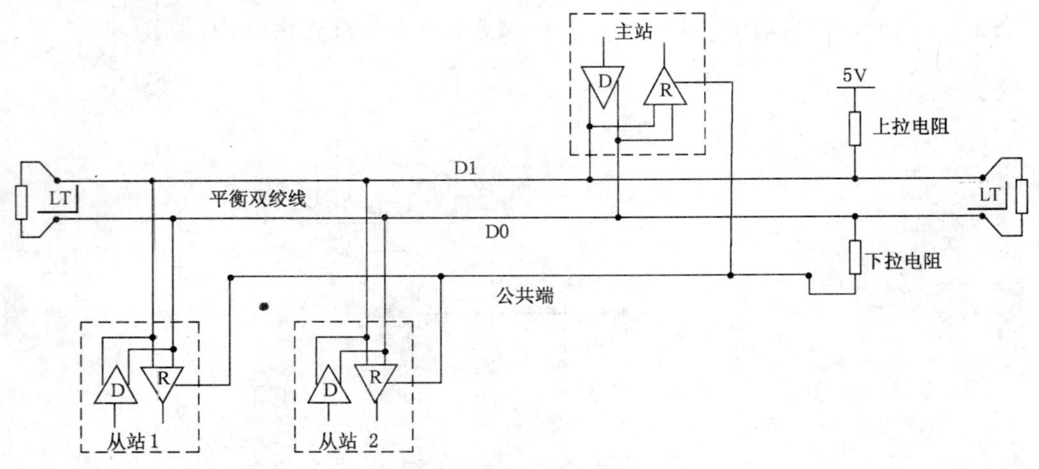

图 22 通用的 2 线拓扑结构

表 2 2 线 Modbus 电路定义

在电路上要求的		设备	在设备上要求的	EIA/TIA-485 的名称	描述
在 ITr 上	在 IDv 上				
D1	D1	I/O	X	B/B′	收发器端子 1,U_1 电压 ($U_1 > U_0$,对于二进制 1[OFF]状态)
D0	D0	I/O	X	A/A′	收发器端子 0,U_0 电压 ($U_0 > U_1$,对于二进制 0[ON]状态)
公共端	公共端	—	X	C/C′	信号和可选电源的公共端

注 1:对于线路终端(LT)电阻、上拉和下拉电阻,见 7.4。

注 2:在编写与设备和分支器有关的文件(用户指南,接线指南,……)时,必须使用 D0、D1 和公共端的电路名称,以便易于互操作。

注 3：可以增加可选的电气接口，例如：

a) 电源：5 V～24 V D.C.。

b) 端口模式控制：PMC 电路(TTL 兼容)。需要时，可由这个外电路和/或其他方式(例如：设备上的开关)来控制端口模式。在第一种情况下，一个开路 PMC 将要求 2 线 Modbus 模式，但实现过程中，根据实现的不同，PMC 也可以将接口设置成 4 线 Modbus 或 RS232 Modbus 模式。

7.3.3 可选的 4 线 Modbus 定义

见图 23 和表 3。

一个 Modbus 设备同样可选择实现 2 对总线(4 线)单向数据传输。从站只能接收主对总线(RXD1-RXD0)上的数据，而主站只能接收从对总线(TXD1-TXD0)上的数据。

实际上，必须使用第 5 条导线作为公共端将 4 线总线上的所有设备相互连接。

像 2 线 Modbus 那样，在任何时刻只有一个驱动器有权发送数据。

这种设备必须依照 EIA/TIA-485 在每个平衡线对上实现驱动器和接收器。(有时候这种解决方式被称为"RS422"，这是错误的：RS422 标准不支持一个平衡线对上的多个驱动器。)

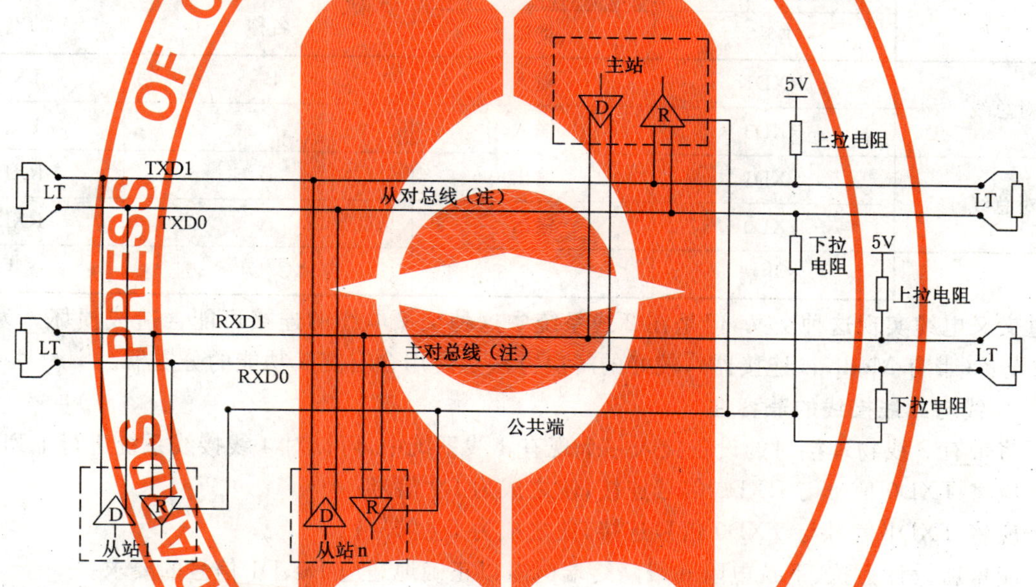

注：从对总线是用于从站发送信号的总线；主对总线是用于主站发送信号的总线。

图 23 通用的 4 线拓扑结构

表 3 可选的 4 线 Modbus 电路定义

在电路上要求的		设备	在设备上要求的	EIA/TIA-485 的名称	IDv 的描述
在 ITr 上	在 IDv 上				
TXD1	TXD1	输出	X	B	发生器端子 1，U_b 电压 ($U_b>U_a$，对于二进制 1[OFF]状态)
TXD0	TXD0	输出	X	A	发生器端子 0，U_a 电压 ($U_a>U_b$，对于二进制 0[ON]状态)
RXD1	RXD1	输入	(1)	B′	接收器端子 1，U'_b 电压 ($U'_b>U'_a$，对于二进制 1[OFF]状态)
RXD0	RXD0	输入	(1)	A′	接收器端子 0，U'_a 电压 ($U'_a>U'_b$，对于二进制 0[ON]状态)
公共端	公共端	—	X	C/C′	信号和可选电源的公共端

注 1：对于线路终端(LT)电阻、上拉和下拉电阻，见 7.4。

注 2：只有在实现 4 线 Modbus 选项时，表 3 中(1)所示的那些电路才是要求的。

注 3：当使用 5 根线时，在编写与设备和分支器有关的文件（用户指南，接线指南，……）时，必须使用上述电路的名称，以便易于互操作。

注 4：可以增加可选的电气接口，例如：

a) 电源：5 V～24 V D.C.。

b) PMC 电路：见 7.3.2 中关于此可选电路的注（在 2 线 Modbus 电路定义中）。

7.3.3.1 4 线接线系统中的要点

见表 4。

在这种 4 线 Modbus 中，主站设备和从站设备均有上述 5 个 IDv 接口。

作为主站必须：

——接收在从对总线（TXD1-TXD0）上从站发送的数据；

——在主对总线（从站接收的 RXD1-RXD0）上发送数据。

4 线接线系统必须交叉主站的 ITr 和 IDv 之间的两对总线。

表 4 主站的 ITr 和 IDv 之间的两对总线

	主站 IDv 上的信号		EIA/TIA-485 名称	ITr 上的电路
	名称	类型		
从对总线	RXD1	输入	B′	TXD1
	RXD0	输入	A′	TXD0
主对总线	TXD1	输出	B	RXD1
	TXD0	输出	A	RXD0
	公共端	—	C/C′	公共端

通过交叉电缆实现这种交叉，但是在 2 线系统中这种交叉电缆的连接可能会造成损坏。为了连接 4 线主站设备（带有 Modbus 连接器），较好的解决方法是使用含有交叉功能的分支器。

7.3.3.2 4 线与 2 线接线的兼容性

为了将带有 2 线物理接口的设备接入一个现有 4 线系统中，可以对 4 线接线系统进行下列改动：

——应将 TXD0 信号与 RXD0 信号连接，使之成为 D0 信号；

——应将 TXD1 信号与 TXD0 信号连接，使之成为 D1 信号；

——应重新设计上拉、下拉电阻和线路终端电阻以正确地适应 D0、D1 信号的要求。

图 24 给出一个使用 2 线接口的从站 2 和 3 能与使用 4 线接口的主站和从站 1 一起工作的示例。

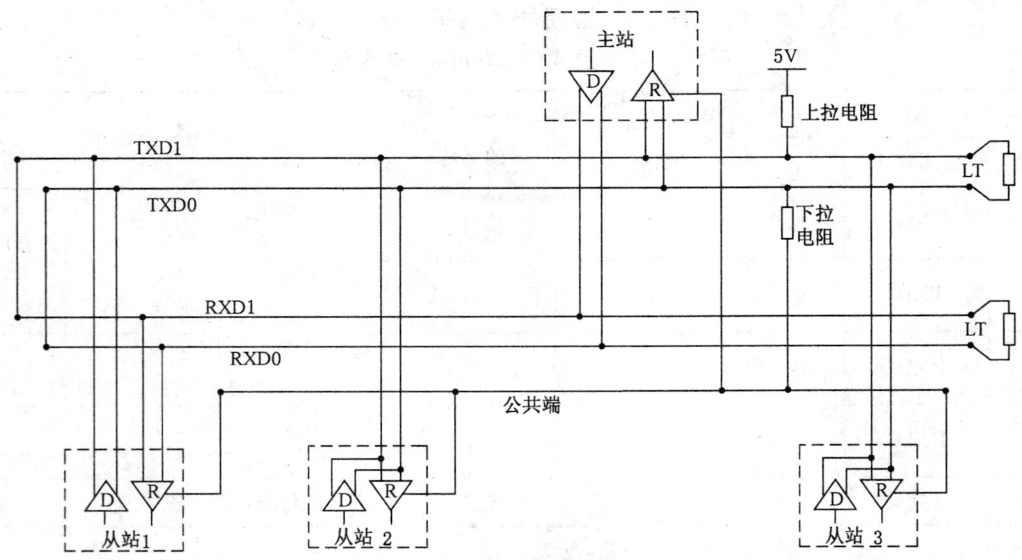

图 24 将 4 线接线系统转换为 2 线接线系统

为了将带有4线物理接口的设备接入一个现有2线系统中，可以按下述要求安排该新接入设备的4线接口，在每个4线设备接口上：

——应将TXD0信号与RXD0信号连接，然后将其连接到干线的D0信号上；

——应将TXD1信号与RXD1信号连接，然后将其连接到干线的D1信号上。

图25给出一个使用4线接口的从站2和3与使用2线接口的主站和从站1一起工作的示例。

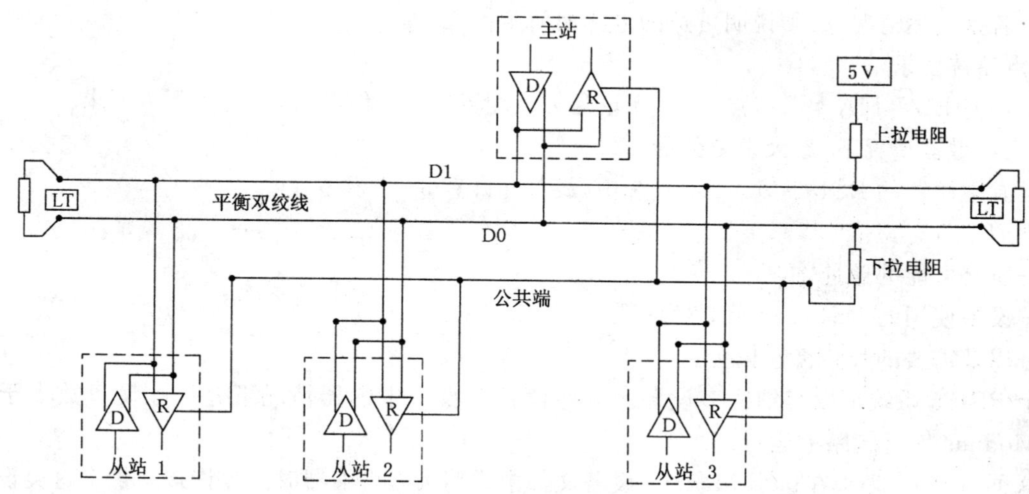

图25 将带4线接口的设备连接到2线接线系统

7.3.4 RS232-Modbus定义

某些设备可以在DCE和DTE之间实现RS232接口(见表5)。

表5 可选的RS232-Modbus电路定义

信号	DCE	在DCE端要求的	在DTE端要求的	描述
公共端	—	X	X	信号公共端
CTS	输入			清除发送
DCD	—			检测到数据载波(从DCE到DTE)
DSR	输入			数据设置就绪
DTR	输出			数据终端就绪
RTS	输出			请求发送
RXD	输入	X	X	接收的数据
TXD	输出	X	X	发送的数据

注1：只在实现RS232-Modbus选项时必须使用标有“X”的信号。

注2：信号符合EIA/TIA-232标准。

注3：每个TXD必须与其他设备的RXD连接。

注4：RTS可以与其他设备的CTS连接。

注5：DTR可以与其他设备的DSR连接。

注6：可以增加可选的电气接口，例如：

a) 电源：5～24 V DC。

b) PMC电路：见7.3.2中关于此可选电路的注(在2线Modbus电路定义中)。

7.3.5 RS232-Modbus要求

这种可选串行链路上的Modbus应该只应用于短距离(一般小于20 m)的点对点的互连。同时，必须符合 EIA/TIA-232 标准：

——电路定义；

——最大线路对地电容(2 500 pF,对于 100 pF/m 的电缆,长度为 25 m)。

关于屏蔽"电缆"和使用 5 类电缆的可能性,见 7.6。

设备提供的文件必须指出：

——该设备是否必须作为 DCE 或 DTE；

——若是上述情况,必须说明可选的电路如何工作。

7.4 多点系统要求

对于任何 EIA/TIA-485 多点系统,无论是 2 线配置还是 4 线配置,均适用下列要求。

7.4.1 无中继器情况下,最大设备数量

在没有中继器的 RS485-Modbus 系统中,最多允许有 32 个设备。

与下列项目有关：

——所有可能的地址；

——设备使用的 RS485 单元负载总量；

——以及需要的线路极性偏置。

一个 RS485 系统可以容纳许多设备。有些设备在没有中继器情况下允许在设备数大于 32 个的 RS485-Modbus 串行链路上运行。

在这种情况下,必须在这个 Modbus 设备文件中说明没有中继器时能允许接多少个这类设备。

也可以在两个重负载的 RS485-Modbus 之间使用中继器。

7.4.2 拓扑结构

没有配置中继器的 RS-485-Modbus 有一个与所有设备直接连接(菊花链)或通过短分支电缆连接的干线电缆。

干线电缆,又称总线,可能很长。它的两端必须接线路终端。

也可以在多个 RS-485 Modbus 之间使用中继器。

7.4.3 长度

必须限制干线电缆的端到端长度。最大长度与波特率、电缆(规格、电容或特性阻抗)、菊花链上的负载数量以及网络配置(2 线或 4 线制)有关。

对于最高波特率为 9 600 bit/s、AWG26(或更粗)规格的电缆来说,其最大长度为 1 000 m。在图 24(4 线制接线用作 2 线制接线的系统中)中所示的情况下,必须将最大长度除以 2。

分支必须短,不能超过 20 m。如果使用 n 个分支的多端口分支器,每个分支最大长度必须限制为 40 m 除以 n。

7.4.4 接地形式

必须将"公共端"电路(信号与可选电源的公共端)直接连接到保护地上,最好是整条总线单点接地。通常,该点可选在主站上或其分支器上。

7.4.5 线路终端

沿线路传播的信号遇到阻抗不连续,会在传输线路中产生反射。为了使从 RS-485 电缆端的反射最小,要求在总线接近两端处放置线路终端。

由于传播是双向的,故在线路两端配置终端是非常重要的,但是,在一个无源 D0-D1 平衡线对上放置的线路终端不允许超过 2 个。也不允许在分支电缆上放置任何线路终端。

每个线路终端必须连接在平衡线 D0 和 D1 的两条导线之间。

线路终端可以是 150 Ω(0.5 W)的电阻。

当双绞线必须进行极性偏置时,较好的选择是使用电容(1 nF,最低 10 V)与 120 Ω(0.25 W)电阻串联。

在 4 线系统中，在总线的两端，每对线都必须有终端。

在 RS232 系统中，不应该连接线路终端。

7.4.6 线路极性偏置

当在 RS485 平衡线对上没有数据传输时，这个线路没有任何驱动，因此容易受到外部噪声或干扰的影响。为确保其接收器处于一个稳定状态，在没有数据信号出现时，一些设备需要使总线偏置。

每个 Modbus 设备都必须用文件说明：

——该设备是否需要线路极性偏置；

——该设备是否已经实现或可以实现这样的线路极性偏置。

如果一个或多个设备需要线路极性偏置，则必须在该 RS485 平衡线对上连接一对电阻：

——D1 线上的上拉电阻连接至 5V 电压；

——D0 线上的下拉电阻连接至公共端。

这些电阻的阻值必须在 450～650 Ω 之间。在串行链路总线上，650 Ω 的电阻值可以允许接入较多设备。

在这种情况下，必须在整个串行总线的一个地方实现双绞线的极性偏置。通常，将该点选在主站或其分支器上。其他设备不能实现任何极性偏置。

在这类 Modbus 串行链路上允许的最多设备数比无极性偏置的 Modbus 系统少 4 个。

7.5 机械接口

在 IDv 与 ITr 两种连接中可以使用接线端子。必须向用户提供有关每个信号确切接线位置及相关信息，这些信号名称要与 7.3“电气接口”所述一致。

如果一台设备上使用一个 RJ45(或小型 DIN 或 D 型)连接器作为 Modbus 机械接口，则必须选用屏蔽的孔连接器。因而，电缆终端必须带有屏蔽的针连接器。

7.5.1 2 线 Modbus 连接器的引脚

见图 26 和图 27。

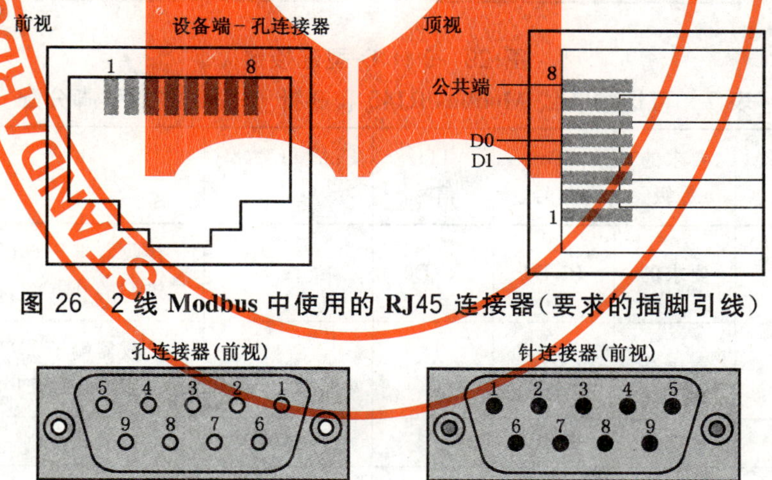

图 26　2 线 Modbus 中使用的 RJ45 连接器(要求的插脚引线)

图 27　9 针 D-型连接器

还可以使用螺钉型的连接器。

如果一台标准 Modbus 设备使用 RJ45 或 9 针 D-型连接器，对每种实现电路必须按照表 6 分配引脚。

7.5.2 可选的 4 线 Modbus 连接器引脚

见图 28 和图 29。

还可以使用螺钉型的连接器。

如果一台 4 线 Modbus 设备使用 RJ45 或 9 针 D-型连接器，对每种实现电路必须按照表 7 分配引脚。

表 6　2 线 Modbus RJ45 和 9 针 D-型连接器引脚分配

RJ45 引脚	D9-型连接器引脚	要求的等级	IDv 电路	ITr 电路	EIA/TIA-485 名称	IDv 的描述
3	3	可选的	PMC	—	—	端口模式控制
4	5	要求的	D1	D1	B/B′	收发器端子 1,U_1 电压($U_1>U_0$,对于二进制的 1 [OFF]状态)
5	9	要求的	D0	D0	A/A′	收发器端子 0,U_0 电压($U_0>U_1$,对于二进制的 0 [ON]状态)
7	2	建议的	VP	—	—	正的 5…24V DC 电源
8	1	要求的	公共端	公共端	C/C′	信号和电源的公共端

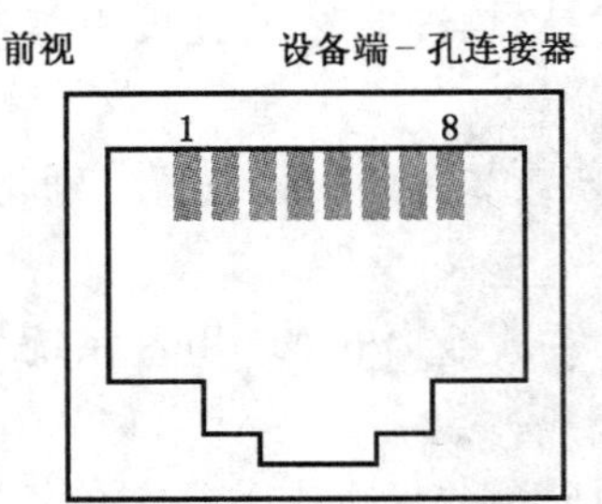

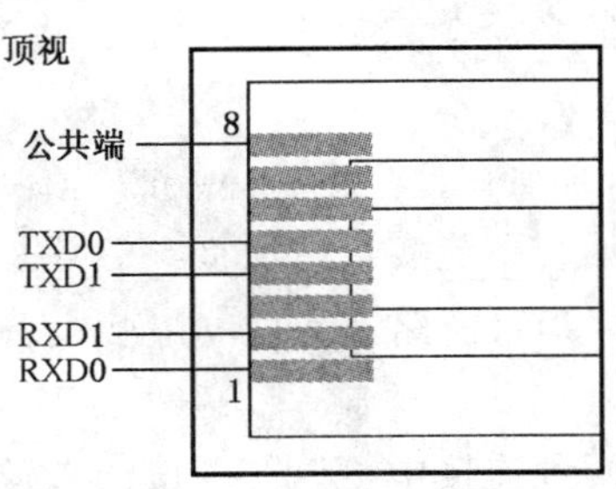

图 28　4 线 Modbus 上的 RJ45 连接器(要求的插脚引线)

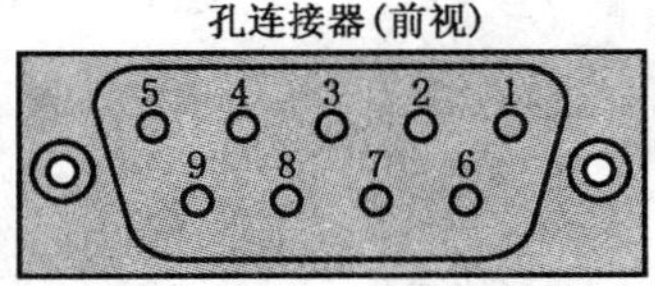

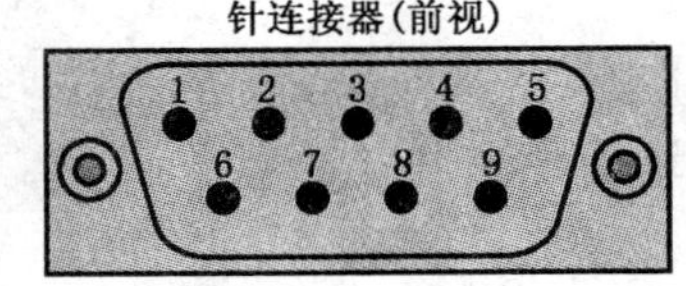

图 29　9 针 D-型连接器

表 7　可选的 4 线 Modbus RJ45 和 9 针 D-型连接器引脚分配

RJ45 引脚	D9-型连接器引脚	要求的等级	IDv 信号	ITr 信号	EIA/TIA-485 名称	IDv 的描述
1	8	要求的	RXD0	RXD0	A′	接收器端子 0,U'_a电压($U'_a>U'_b$,对于二进制的 0 [ON]状态)
2	4	要求的	RXD1	RXD1	B′	接收器端子 1,U'_b电压($U'_b>U'_a$,对于二进制的 1 [OFF]状态)
3	3	可选的	PMC	—	—	端口模式控制
4	5	要求的	TXD1	TXD1	B	发送器端子 1,U_b 电压($U_b>U_a$,对于二进制的 1 [OFF]状态)
5	9	要求的	TXD0	TXD0	A	发送器端子 0,U_a 电压($U_a>U_b$,对于二进制的 0 [ON]状态)
7	2	建议的	VP	—	—	正的 5…24 V DC 电源
8	1	要求的	公共端	公共端	C/C′	信号和电源的公共端

注：当在同一个接口上既有 2 线又有 4 线的配置时,必须使用 4 线接线标记。

7.5.3 可选 RS232-Modbus 的 RJ45 和 9 针 D-型连接器引脚

如果一个 RS232-Modbus 设备使用 RJ45 或 9 针 D-型连接器，对每种实现电路必须按照表 8 分配引脚。

表 8 可选 RS232-Modbus 的 RJ45 和 9 针 D-型连接器引脚分配

DCE 带下划线的引脚为输出			电路			DTE 带下划线的引脚为输出		
RJ45 引脚	D9-型连接器引脚	要求的等级	名称	描述	RS232 源	要求的等级	RJ45 引脚	D9-型连接器引脚
1	2	要求的	TXD	发送的数据	DTE	要求的	2	3
2	3	要求的	RXD	接收的数据	DCE	要求的	1	2
3	7	可选的	CTS	清除发送	DCE	可选的	6	8
6	8	可选的	RTS	请求发送	DTE	可选的	3	7
8	5	要求的	公共端	信号公共端	—	要求的	8	5

注：某些 DCE 已经与 DTE 的同名端接线作了交叉处理，此时的连接电缆就不允许使用交叉电缆，而必须使用直通电缆（有些情况下同名端是直连的，不用交叉，具体连接应见产品说明书）。

7.6 电缆

串行链路上的 Modbus 电缆必须是屏蔽的。在每条电缆一端，其屏蔽必须连接到保护地上。若在这端使用了连接器，则将连接器外壳连接到电缆屏蔽层上。

RS485-Modbus 必须使用一对平衡线对（用于 D0-D1）和第三根线（用于公共端）。此外，在 4 线 Modbus 系统中必须使用第二对平衡线对（用于 RXD0-RXD1）。

若使用 4 对线的 5 类电缆来连接，应在编写用户指南时提醒用户：

“在 2 线 Modbus 系统中，交叉电缆的连接可能造成破坏”。

为减少电缆连接中的错误，在 RS485-Modbus 电缆中，建议接线采用色彩标记，见图 30

	信号名称	建议的颜色
	D1-TXD1	黄
	D0-TXD0	褐
	公共端	灰
4 线（可选的）	RXD0	白
4 线（可选的）	RXD1	蓝

图 30 RS485-Modbus 连线的色彩标记

注：5 类电缆使用其他颜色。

对 RS485-Modbus 来说，必须选择足够宽的线缆直径以便允许使用最大长度（1 000 m）。AWG24 能够满足 Modbus 数据传输的需要。

RS485-Modbus 使用 5 类电缆，最大长度可达 600 m。

对 RS485-系统中使用的平衡线对，特别是对 19 200 bit/s 和更高波特率，可以首选高于 100 Ω 的特性阻抗。

7.7 可视诊断

对于可视诊断来说，必须用 LED（发光二极管）指示通信状态和设备状态，见表 9。

表 9 LED 通信状态和设备状态

LED	要求的等级	描 述	建议的颜色
通信	要求的	在帧接收或发送期间置于 ON (两个 LED 分别表示帧接收和帧发送,或全部用一个 LED 表示)	黄
故障	建议的	置 ON:内部故障 闪烁:其他故障(通信故障或配置故障)	红
设备状态	可选的	置 ON:设备通电	绿

8 安装和文档

8.1 安装

产品供应商应该注意向用户提供 Modbus 系统或 Modbus 设备的全部有用信息,以便他们避免电缆连接错误或错误使用电缆连接附件:

——一些其他的现场总线(例如:CANOpen)使用相同的连接器类型(D-型,RJ45…)。

——正在研究的带有电源的以太网平衡线对。

——其他产品使用相同连接器类型(D-型,RJ45…)用于 I/O 电路。

对于绝大部分的连接器,没有简单的验证方法(偏置程度或其他实现)。

8.2 用户指南

任何 Modbus 设备或电缆连接系统组件的用户指南必须含有但不限于下列一种或两种类型信息:

8.2.1 所有 Modbus 产品

在文档中应该具有下列信息:

——所有的实现要求。

——操作模式。

——可视诊断。

——可访问的寄存器和支持的功能码。

——安装规则。

——在文档中应该具有下列章节中要求的信息:

1)"2 线 Modbus 定义"(涉及要求的电路);

2)"可选的 4 线 Modbus 定义"(涉及要求的电路);

3)"线路极性偏置"(涉及可能的需求或实现);

4)"电缆"(特别注意交叉电缆)。

——用重要警告的方式书写有关设备地址的说明:

"在设定设备地址的过程中,保证两个设备不用相同地址是非常重要的。在两个设备地址相同的情况下,整个串行总线工作将不正常,主站将不能与当前总线上所有从站正常通信。"

——特别建议编写"简易入门"一章,作为简易入门,同时给出一个典型的应用示例。

8.2.2 带有可实现选项的 Modbus 产品

必须清晰详尽地描述不同的可选参数:

——可选的串行传输模式;

——可选的奇偶校验;

——可选的波特率;

——可选的电路:电源,端口配置;

——可选的接口;

——如果支持大于 32 个节点,要说明最大允许的设备数量(无中继器)。

9 实现等级

见表 10。

Modbus 串行链路上的每个设备必须遵守相同实现等级的所有强制要求。

使用下列参数对 Modbus 串行链路设备进行分类：

——寻址；

——广播；

——传输模式；

——波特率；

——字符格式；

——电气接口参数。

推荐的两种实现等级：基本和常规等级。

常规等级必须提供可配置的功能。

表 10 实现等级

	基本等级		常规等级	默认值
寻址	从站： 1～247 的可配置地址	主站： 能够从地址 1～247 寻址从站	与基本等级相同	—
广播	是		是	—
波特率	9 600 bit/s(也推荐 19 200 bit/s)		9 600 bit/s、19 200 bit/s ＋附加的可配置波特率	19 200 bit/s(如果是可实现的，否则 9 600 bit/s)
奇偶校验	偶校验		偶校验＋可配置为无校验和奇校验	偶校验
模式	RTU		RTU＋ASCII	RTU
电气接口	RS485 2W-电缆接线或 RS232		RS485 2W-电缆接线(4W-电缆接线作为附加选项)或 RS232	RS485 2W-电缆接线
连接器类型	RJ 45(推荐)			—

附 录 A
（资料性附录）
串行链路诊断计数器的管理

A.1 一般描述

Modbus 串行链路定义了一个诊断计数器列表，进行性能和出错管理。

这些计数值可以通过 Modbus 应用协议及其诊断功能访问（功能码 08）。

可以通过一个带有计数器编号的子功能码得到每个计数值。可以利用子功能码 0x0A 清除所有计数器。

在 Modbus 应用协议规范中描述诊断功能的格式。

表 A.1 是串行链路设备支持的诊断和相应子功能码的列表。

表 A.1 串行链路设备支持的诊断和相应子功能码

子功能码	计数器编号	计数器名称	注释（配合后续图表）
十六进制	十进制		
0x0B	1	返回总线报文计数	在上一次重启动、清除计数器操作或加电之后，远程设备在通信系统中检测到的报文数量。不考虑带有出错 CRC 的报文
0x0C	2	返回总线通信出错计数	在上一次重启动、清除计数器操作或加电之后，远程设备遇到的 CRC 出错数量。在检测到字符出错（超限差错、奇偶校验差错）的情况下，或在报文长度<3 个字节的情况下，接收设备不能计算 CRC。在这种情形下，依然增加计数值
0x0D	3	返回从站异常出错计数	在上一次重启动、清除计数器操作或加电之后，远程设备检测到的 Modbus 异常出错数量。它也包含广播报文中检测到的出错，即使这种情况下不返回异常报文 在 GB/T 19582.1—2008 中描述并列出异常差错
0x0E	4	返回从站报文计数	在上一次重启动、清除计数器操作或加电之后，对远程设备寻址的报文数量，包括远程设备处理的广播报文
0x0F	5	返回从站无响应计数	在上一次重启动、清除计数器操作或加电之后，没有返回响应（既没有正常响应也没有异常响应）的远程设备接收的报文数量。也就是说，这个计数器计算已接收到的广播报文数量
0x10	6	返回从站 NAK 计数	在上一次重启动、清除计数器操作或加电之后，远程设备对接收到的报文返回否定确认（NAK）异常响应报文的数量 在 GB/T 19582.1—2008 中描述并列出异常响应
0x11	7	返回从站忙计数	在上一次重启动、清除计数器操作或加电之后，远程设备对接收到的报文返回从站忙异常响应报文的数量 在 GB/T 19582.1—2008 中描述并列出异常响应
0x12	8	返回总线字符超限计数	在上一次重启动、清除计数器操作或加电之后，由于字符超限状况而无法处理的寻址远程设备的报文数量。由于字符抵达端口的速度高于存储字符的速度，或者由于硬件故障而丢失字符，均产生字符超限

A.2 计数器管理流程图

图 A.1～图 A.3 描述了必须将前面每个计数器计数值增加的条件。

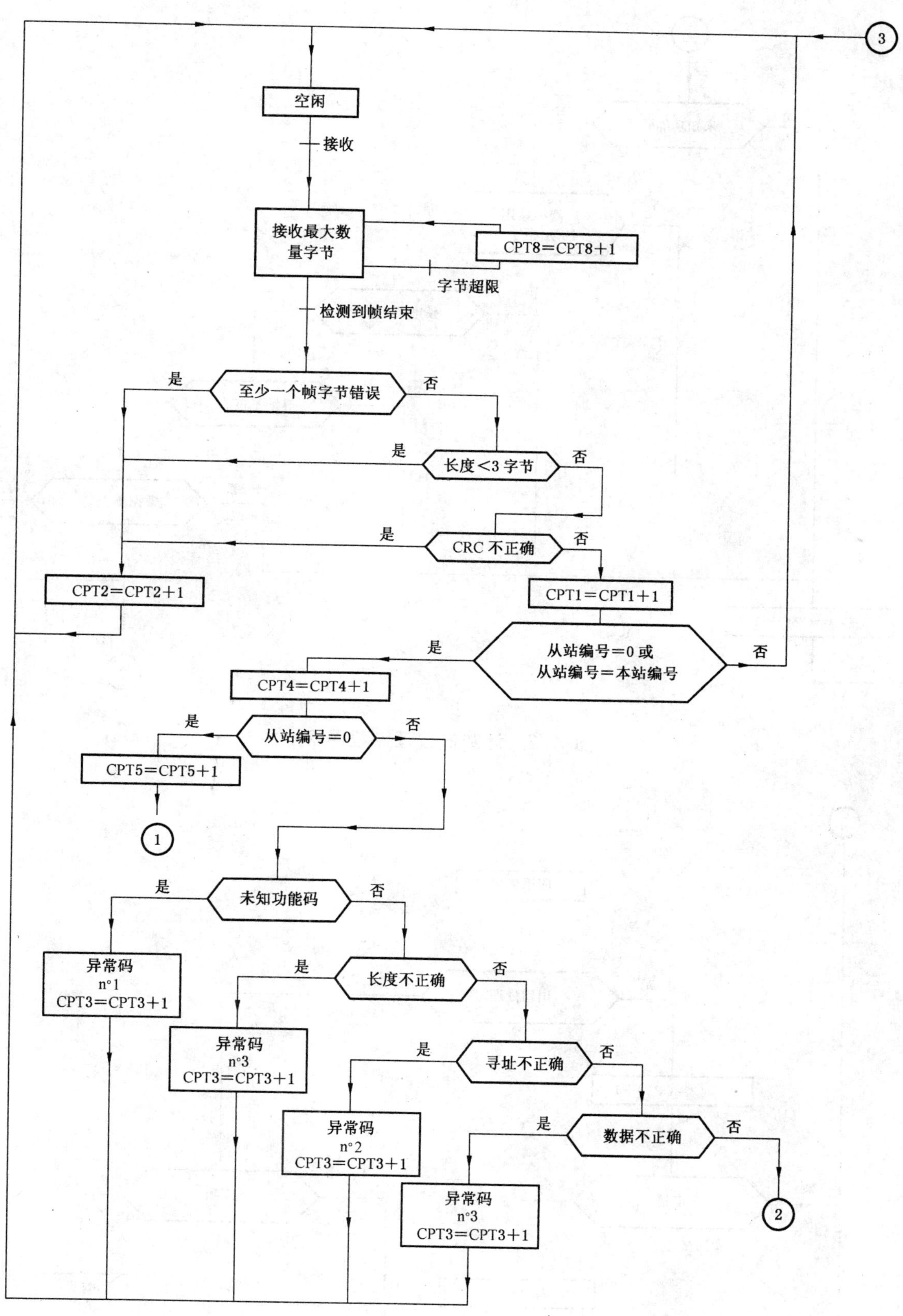

图 A.1 计数器管理流程图-1

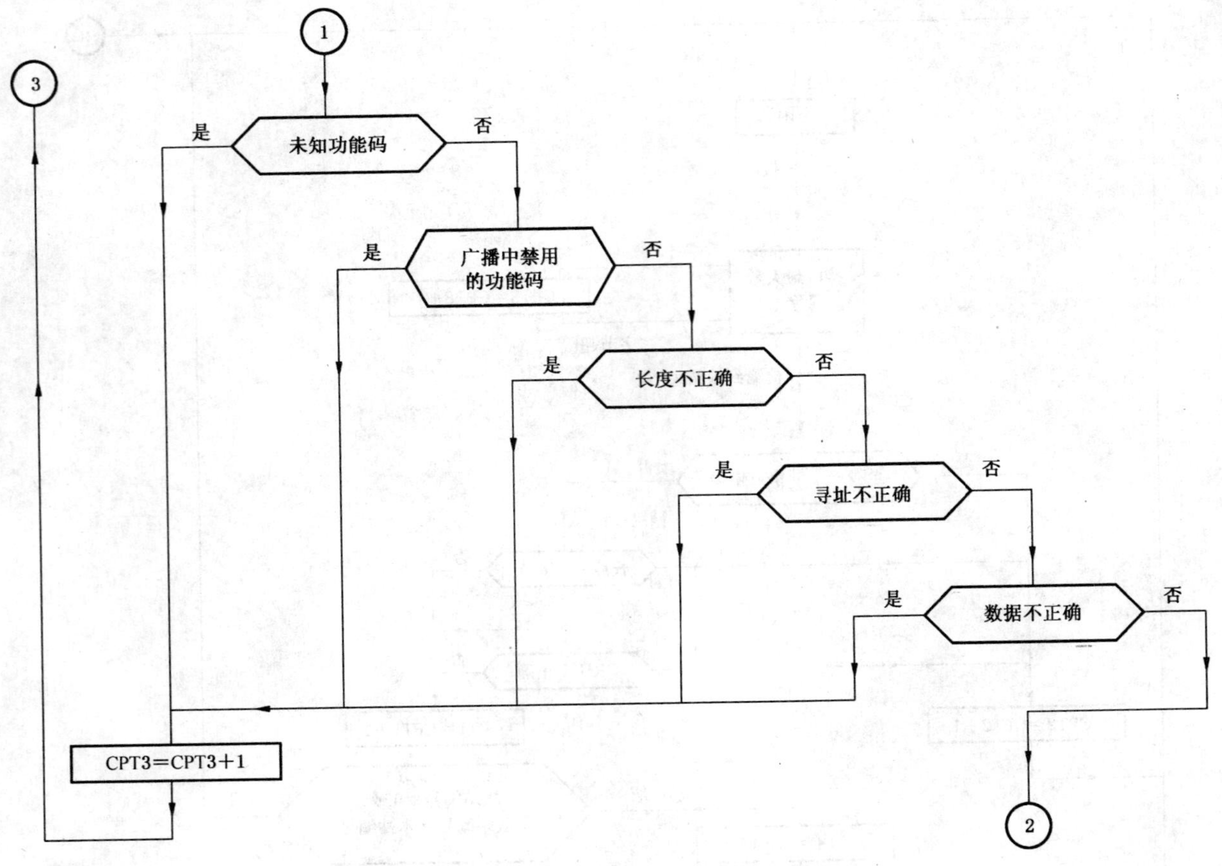

图 A.2 计数器管理流程图-2

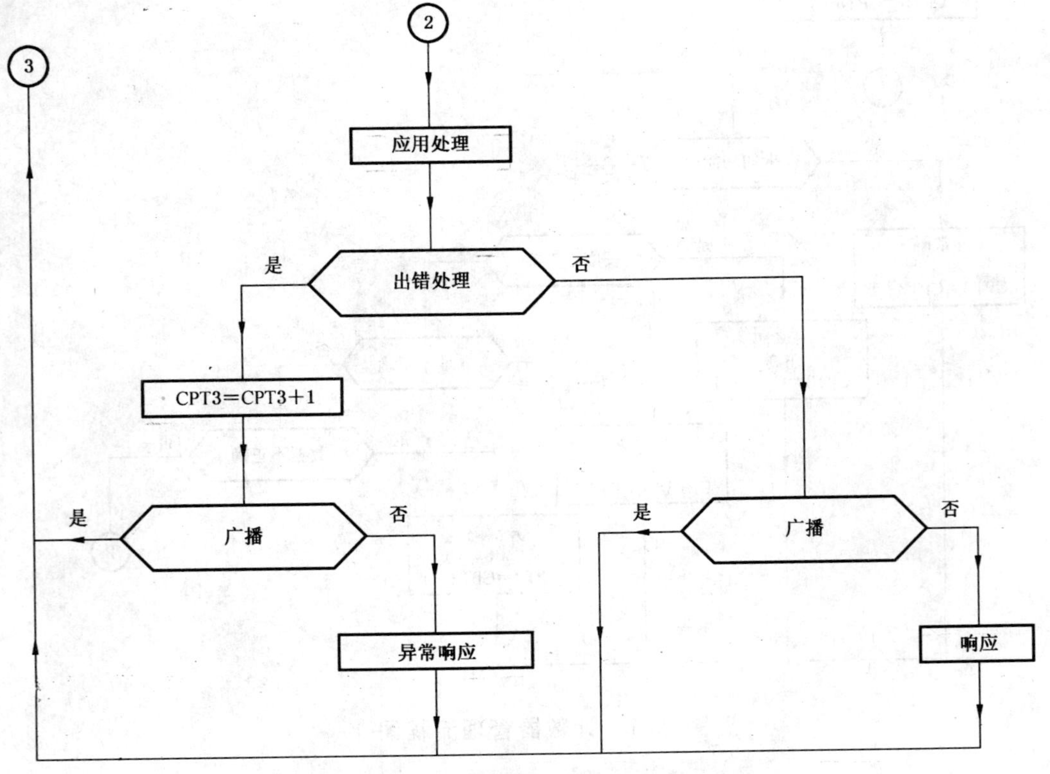

图 A.3 计数器管理流程图-3

附　录　B
（资料性附录）
LRC/CRC 生成

B.1　LRC 生成

纵向冗余校验（LRC）字段是一个字节，包含一个 8 位二进制值。发送设备计算 LRC 值，将 LRC 值附加到报文中。在接收报文过程中，接收设备重新计算 LRC 值，并将计算值与接收到的 LRC 字段中实际值相比较。如果两个值不相等，则说明报文有错误。

计算 LRC，对报文中的所有连续 8 位字节相加，忽略任何进位，然后求出其二进制补码。LRC 是一个 8 位字段，因此导致结果大于 255 的每个新的相加运算，只是简单地将字段值回零“循环”。因为没有第 9 位，自动放弃进位。

生成一个 LRC 的过程是：

a)　将报文中的所有字节相加，不包括起始“:”和结束 CRLF。将相加结果放到 8 位字段中，以便丢弃进位。

b)　从 FF（全 1）十六进制中减去最终的字段值，产生 1 的补码（二进制反码）。

c)　加 1 产生二进制补码。

B.1.1　将 LRC 放置报文中

当在报文中发送 8 位 LRC（2 个 ASCII 字符）时，首先发送高位字符，然后发送低位字符。例如：如果 LRC 值为十六进制 61（0110 0001），见图 B.1。

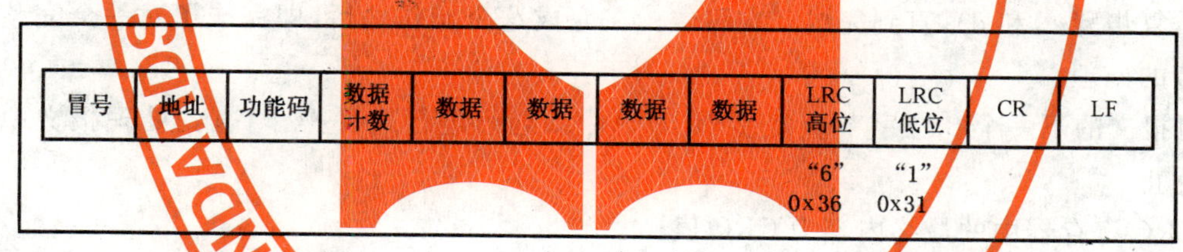

图 B.1　LRC 字符序列

例：下面表示了 C 语言函数进行 LRC 生成的示例。

函数带有两个参数：

unsigned char * auchMsg；含有生成 LRC 所使用的二进制数据的报文缓存区指针，

unsigned short usDataLen；报文缓存区中的字节数。

B.1.2　LRC 生成函数

```
static unsigned char LRC(auchMsg,usDataLen)     /* 函数返回 unsigned char 类型的 LRC */
unsigned char *auchMsg;                          /* 用于计算 LRC 的报文 */
unsigned short usDataLen;                        /* 报文的字节数量 */
{
    unsigned char uchLRC=0;                      /* LRC 字节初始化 */
    while (usDataLen--)                          /* 遍历报文缓存区 */
    uchLRC += *auchMsg++;                        /* 缓存区字节相加，无进位 */
```

```
    return ((unsigned char)(-((char)uchLRC))); /* 返回二进制补码 */
}
```

B.2 CRC 生成

循环冗余校验(CRC)字段为两个字节,包含一个二进制16位值。发送设备计算CRC值,将CRC值附加到报文中。在接收报文过程中,接收设备重新计算CRC值,并将计算值与接收到的CRC字段中实际值相比较,如果两个值不相等,则说明报文有错误。

通过对一个16位寄存器预装载全"1"来启动CRC计算,然后开始将报文中的后续8位字节与当前寄存器中的内容进行计算,只有每个字符中的8个数据位参与生成CRC的计算,起始位、停止位和校验位不参与CRC计算。

在生成CRC过程中,每个8位字符与寄存器中的值异或,然后,向最低有效位(LSB)方向移动这个结果,而用零填充最高有效位(MSB),提取并检查LSB,如果LSB为1,则寄存器中的值与一个固定的预置值异或;如果LSB为0,则不进行异或操作。

这个过程将重复直到执行完8次移位,完成最后一次(第8次)移位之后,下一个8位字节与寄存器的当前值异或,然后像上述描述的那样重复8次这个过程。在已经计算报文中所有字节之后,寄存器的最终值就是CRC。

生成一个CRC的过程是:

a) 将十六进制FFFF(全1)装入一个16位寄存器。将这个寄存器称作CRC寄存器。
b) 将报文的第一个8位字节与16位CRC寄存器的低字节异或,将结果放置在CRC寄存器中。
c) 将CRC寄存器右移1位(向LSB方向),MSB填充零。提取并检测LSB。
d) (如果LSB为0):重复步骤c)(进行另一次移位)。
   (如果LSB为1):将CRC寄存器与多项式值0xA001(1010 0000 0000 0001)异或。
e) 重复步骤c)和d),直到完成8次移位。在完成这个操作之后,即完成了对一个完整的8位字节的处理。
f) 对报文的下一个8位字节重复步骤b)~e)。继续进行这种操作,直到处理报文中所有字节为止。
g) CRC寄存器中的最终内容为CRC值。
h) 当将CRC值放置到报文中时,必须按如下所述交换高位和低位字节。

B.2.1 将CRC放置报文中

当在报文中发送16位CRC(2个8位字节)时,首先发送低位字节,然后发送高位字节。

例如:如果CRC值为十六进制1241(0001 0010 0100 0001),见图B.2。

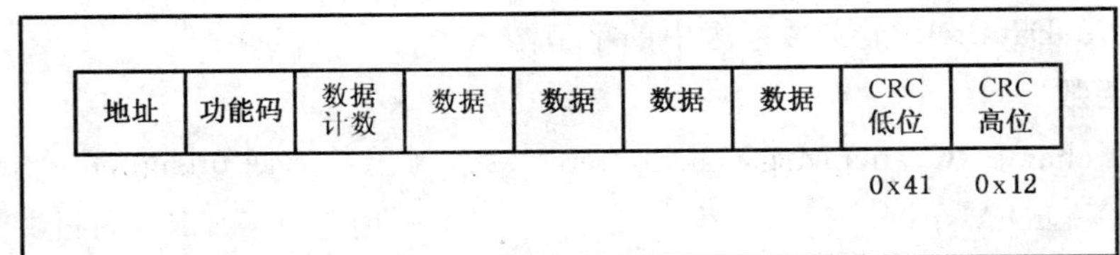

图 B.2 CRC 字节序列

计算CRC16的算法见图B.3。

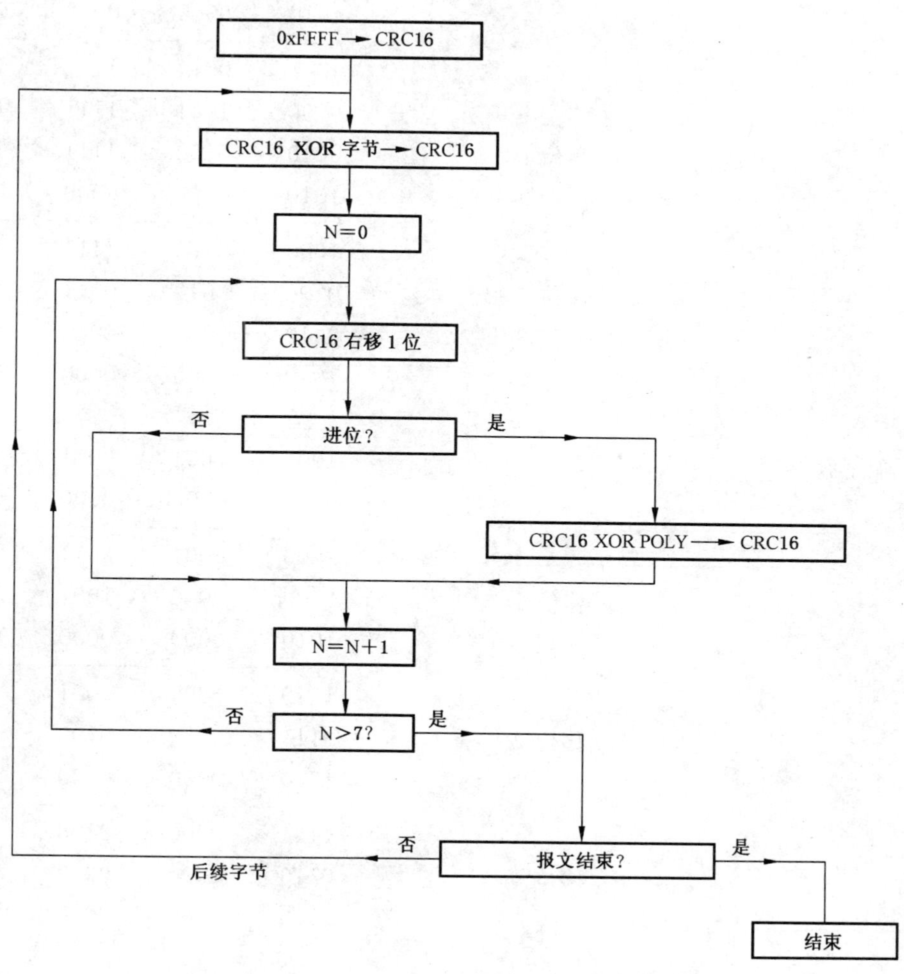

图 B.3　计算 CRC16 的方法

XOR＝异或

N＝信息位的数量

POLY＝计算 CRC16 的多项式＝1010 0000 0000 0001

(生成多项式$=1+x^2+x^{15}+x^{16}$)

在 CRC16 中，发送的第一个字节为最低有效字节。

CRC 计算示例(帧 02 07)

CRC 寄存器初始化		1111	1111	1111	1111
XOR 第一个字符		0000	0000	0000	0010
		1111	1111	1111	1101
	移位 1	0111	1111	1111	1110|1
标志 1，XOR 多项式		1010	0000	0000	0001
		1101	1111	1111	1111
	移位 2	0110	1111	1111	1111|1
标志 1，XOR 多项式		1010	0000	0000	0001
		1100	1111	1111	1110
	移位 3	0110	0111	1111	1111|0
	移位 4	0011	0011	1111	1111|1

```
                      1010   0000   0000   0001
                      --------------------------
                      1001   0011   1111   1110
移位 5                0100   1001   1111   1111|0
移位 6                0010   0100   1111   1111|1
                      1010   0000   0000   0001
                      --------------------------
                      1000   0100   1111   1110
移位 7                0100   0010   0111   1111|0
移位 8                0010   0001   0011   1111|1
                      1010   0000   0000   0001

XOR 第二个字符        1000   0001   0011   1110
                      0000   0000   0000   0111
                      --------------------------
                      1000   0001   0011   1001
移位 1                0100   0000   1001   1100|1
                      1010   0000   0000   0001
                      --------------------------
                      1110   0000   1001   1101
移位 2                0111   0000   0100   1110|1
                      1010   0000   0000   0001
                      --------------------------
                      1101   0000   0100   1111
移位 3                0110   1000   0010   0111|1
                      1010   0000   0000   0001
                      --------------------------
                      1100   1000   0010   0110
移位 4                0110   0100   0001   0011|0
移位 5                0011   0010   0000   1001|1
                      1010   0000   0000   0001
                      --------------------------
                      1001   0010   0000   1000
移位 6                0100   1001   0000   0100|0
移位 7                0010   0100   1000   0010|0
移位 8                0001   0010   0100   0001|0
                      └─────────┘   └─────────┘
                       最高有效位    最低有效位
```

则帧的 CRC16 为:4112

示例:

下面是一个用 C 语言函数进行 CRC 生成的示例。将所有的可能 CRC 值都预先装入两个数组中,伴随着函数对报文缓存区的处理来简单地索引这些数组。一个数组含有 16 位 CRC 字段高位字节的所有可能的 256 个 CRC 值,另一个数组含有低位字节的所有可能的 CRC 值。

这种索引 CRC 的方式比对报文缓存区的每个新字符都计算新的 CRC 值的方法更快捷。

注:此函数内部执行高/低 CRC 字节的交换。此函数返回的 CRC 值是已经交换了的 CRC 值。

因此,从该函数返回的 CRC 值可以直接地放置于报文中,用于发送。

函数带有两个参数:

unsigned char * puchMsg;含有生成 CRC 所使用的二进制数据的报文缓存区指针,

unsigned short usDataLen;报文缓存区中的字节数。

B.2.2 CRC 生成函数

```
unsigned short CRC16 (puchMsg,usDataLen)    /* 函数以 unsigned short 类型返回 CRC    */
unsigned char * puchMsg;                    /* 用于计算 CRC 的报文                  */
unsigned short usDataLen;                   /* 报文中的字节数量                     */
{

    unsigned char uchCRCHi=0xFF;            /* CRC 的高字节初始化                   */
    unsigned char uchCRCLo=0xFF;            /* CRC 的低字节初始化                   */
    unsigned uIndex;                        /* CRC 查询表索引                       */
    while (usDataLen--)                     /* 遍历报文缓存区                       */
{
    uIndex=uchCRCLo ^ *puchMsg++;           /* 计算 CRC                             */
    uchCRCLo=uchCRCHi ^ auchCRCHi[uIndex];
    uchCRCHi=auchCRCLo[uIndex];
}
    return (uchCRCHi << 8 | uchCRCLo);
}
```

B.2.3 高位字节表

```
/* 高位字节的 CRC 值表 */
static unsigned char auchCRCHi[]={
    0x00,0xC1,0x81,0x40,0x01,0xC0,0x80,0x41,0x01,0xC0,0x80,0x41,0x00,0xC1,0x81,
    0x40,0x01,0xC0,0x80,0x41,0x00,0xC1,0x81,0x40,0x00,0xC1,0x81,0x40,0x01,0xC0,
    0x80,0x41,0x01,0xC0,0x80,0x41,0x00,0xC1,0x81,0x40,0x00,0xC1,0x81,0x40,0x01,
    0xC0,0x80,0x41,0x00,0xC1,0x81,0x40,0x01,0xC0,0x80,0x41,0x01,0xC0,0x80,0x41,
    0x00,0xC1,0x81,0x40,0x01,0xC0,0x80,0x41,0x00,0xC1,0x81,0x40,0x00,0xC1,0x81,
    0x40,0x01,0xC0,0x80,0x41,0x00,0xC1,0x81,0x40,0x01,0xC0,0x80,0x41,0x01,0xC0,
    0x80,0x41,0x00,0xC1,0x81,0x40,0x00,0xC1,0x81,0x40,0x01,0xC0,0x80,0x41,0x01,
    0xC0,0x80,0x41,0x00,0xC1,0x81,0x40,0x01,0xC0,0x80,0x41,0x00,0xC1,0x81,0x40,
    0x00,0xC1,0x81,0x40,0x01,0xC0,0x80,0x41,0x01,0xC0,0x80,0x41,0x00,0xC1,0x81,
    0x40,0x00,0xC1,0x81,0x40,0x01,0xC0,0x80,0x41,0x00,0xC1,0x81,0x40,0x01,0xC0,
    0x80,0x41,0x01,0xC0,0x80,0x41,0x00,0xC1,0x81,0x40,0x00,0xC1,0x81,0x40,0x01,
    0xC0,0x80,0x41,0x01,0xC0,0x80,0x41,0x00,0xC1,0x81,0x40,0x01,0xC0,0x80,0x41,
    0x00,0xC1,0x81,0x40,0x00,0xC1,0x81,0x40,0x01,0xC0,0x80,0x41,0x00,0xC1,0x81,
    0x40,0x01,0xC0,0x80,0x41,0x01,0xC0,0x80,0x41,0x00,0xC1,0x81,0x40,0x01,0xC0,
    0x80,0x41,0x00,0xC1,0x81,0x40,0x00,0xC1,0x81,0x40,0x01,0xC0,0x80,0x41,0x01,
    0xC0,0x80,0x41,0x00,0xC1,0x81,0x40,0x00,0xC1,0x81,0x40,0x01,0xC0,0x80,0x41,
    0x00,0xC1,0x81,0x40,0x01,0xC0,0x80,0x41,0x01,0xC0,0x80,0x41,0x00,0xC1,0x81,
    0x40
};
```

B.2.4 低位字节表

```
/* 低位字节的 CRC 值表 */
static unsigned char auchCRCLo[]={
```

```
    0x00,0xC0,0xC1,0x01,0xC3,0x03,0x02,0xC2,0xC6,0x06,0x07,0xC7,0x05,0xC5,0xC4,
    0x04,0xCC,0x0C,0x0D,0xCD,0x0F,0xCF,0xCE,0x0E,0x0A,0xCA,0xCB,0x0B,0xC9,0x09,
    0x08,0xC8,0xD8,0x18,0x19,0xD9,0x1B,0xDB,0xDA,0x1A,0x1E,0xDE,0xDF,0x1F,0xDD,
    0x1D,0x1C,0xDC,0x14,0xD4,0xD5,0x15,0xD7,0x17,0x16,0xD6,0xD2,0x12,0x13,0xD3,
    0x11,0xD1,0xD0,0x10,0xF0,0x30,0x31,0xF1,0x33,0xF3,0xF2,0x32,0x36,0xF6,0xF7,
    0x37,0xF5,0x35,0x34,0xF4,0x3C,0xFC,0xFD,0x3D,0xFF,0x3F,0x3E,0xFE,0xFA,0x3A,
    0x3B,0xFB,0x39,0xF9,0xF8,0x38,0x28,0xE8,0xE9,0x29,0xEB,0x2B,0x2A,0xEA,0xEE,
    0x2E,0x2F,0xEF,0x2D,0xED,0xEC,0x2C,0xE4,0x24,0x25,0xE5,0x27,0xE7,0xE6,0x26,
    0x22,0xE2,0xE3,0x23,0xE1,0x21,0x20,0xE0,0xA0,0x60,0x61,0xA1,0x63,0xA3,0xA2,
    0x62,0x66,0xA6,0xA7,0x67,0xA5,0x65,0x64,0xA4,0x6C,0xAC,0xAD,0x6D,0xAF,0x6F,
    0x6E,0xAE,0xAA,0x6A,0x6B,0xAB,0x69,0xA9,0xA8,0x68,0x78,0xB8,0xB9,0x79,0xBB,
    0x7B,0x7A,0xBA,0xBE,0x7E,0x7F,0xBF,0x7D,0xBD,0xBC,0x7C,0xB4,0x74,0x75,0xB5,
    0x77,0xB7,0xB6,0x76,0x72,0xB2,0xB3,0x73,0xB1,0x71,0x70,0xB0,0x50,0x90,0x91,
    0x51,0x93,0x53,0x52,0x92,0x96,0x56,0x57,0x97,0x55,0x95,0x94,0x54,0x9C,0x5C,
    0x5D,0x9D,0x5F,0x9F,0x9E,0x5E,0x5A,0x9A,0x9B,0x5B,0x99,0x59,0x58,0x98,0x88,
    0x48,0x49,0x89,0x4B,0x8B,0x8A,0x4A,0x4E,0x8E,0x8F,0x4F,0x8D,0x4D,0x4C,0x8C,
    0x44,0x84,0x85,0x45,0x87,0x47,0x46,0x86,0x82,0x42,0x43,0x83,0x41,0x81,0x80,
    0x40
};
```

参 考 文 献

[1] ANSI/ TIA/ EIA-232-E-1997 Interface Between Data Terminal Equipment and Data Circuit-Terminating Equipment Employing Serial Binary Data Interchange.

[2] ANSI/ TIA/ EIA-485-A-1998 Electrical Characteristics of Generators and Receivers for Use in Balanced Digital Multipoint Systems.

[3] AWG(American Wire Gauge)("AWG"(美国线规)是在美国及其他国家中使用的表示线径的标准方法,参见 1993 年 McGraw-Hill 出版的第 13 期电气工程师标准手册 D. G. Fink and H. W. Beaty).

[4] Modbus. org Modbus application protocol specification.

ICS 25.040
N 10

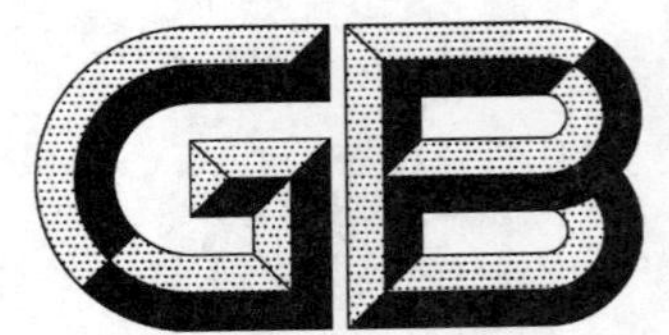

中华人民共和国国家标准

GB/T 19582.3—2008
代替 GB/Z 19582.3—2004

基于 Modbus 协议的工业自动化网络规范 第3部分:Modbus 协议在 TCP/IP 上的实现指南

Modbus industrial automation network specification—Part 3:Modbus protocol implementation guide over TCP/IP

2008-02-27 发布　　2008-09-01 实施

中华人民共和国国家质量监督检验检疫总局
中国国家标准化管理委员会　发布

前　　言

GB/T 19582—2008《基于 Modbus 协议的工业自动化网络规范》分为 3 部分。

——第 1 部分：Modbus 应用协议；

——第 2 部分：Modbus 协议在串行链路上的实现指南；

——第 3 部分：Modbus 协议在 TCP/IP 上的实现指南。

第 1 部分描述了 Modbus 事务处理；第 2 部分提供了有助于开发者在串行链路上实现 Modbus 应用层的参考信息；第 3 部分提供了有助于开发者在 TCP/IP 上实现 Modbus 应用层的参考信息。

GB/T 19582—2008 包括两个通信规程中使用的 Modbus 应用层协议和服务规范：

——串行链路上的 Modbus

Modbus 串行链路基于 TIA/EIA 标准：232-E 和 485-A。

——TCP/IP 上的 Modbus

Modbus TCP/IP 基于 IETF 标准：RFC793 和 RFC791。

串行链路和 TCP/IP 上的 Modbus 是根据相应 ISO 分层模型说明的两个通信规程。下图强调指出了 GB/T 19582—2008 的主要部分。深色方框表示规范，浅色方框表示已有的国际标准(TIA/EIA 和 IETF 标准)。

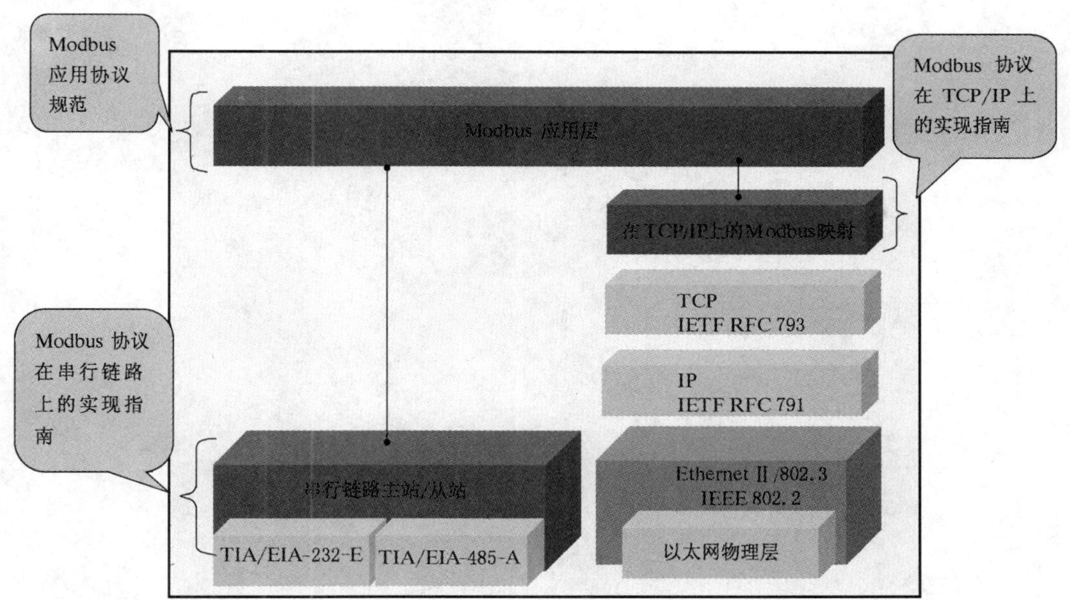

本部分从实施之日起代替 GB/Z 19582.3—2004；GB/Z 19582.3—2004 并于该日起予以废止。

本部分由中国机械工业联合会提出。

本部分由全国工业过程测量和控制标准化技术委员会第四分技术委员会归口。

本部分起草单位：机械工业仪器仪表综合技术经济研究所、西南大学、上海自动化仪表股份有限公司、北京交通大学现代通信研究所、北京机械工业自动化研究所、国家继电器质量监督检验中心、中国四联仪器仪表集团有限公司、中海石油研究中心、西北工业大学、施耐德电气(中国)投资有限公司。

本部分主要起草人：王玉敏、柳晓菁、刘枫、包伟华、孙昕、刘云男、唐济扬、贺春、刘渝新、徐伟华、欧阳劲松、何军红、华镕、王勇。

GB/Z 19582.3 首次发布时间为 2004 年 9 月 21 日，本部分第一次修订。

引　言

GB/T 19582—2008 是对 GB/Z 19582—2004《基于 Modbus 协议的工业自动化网络规范》的修订，修订的依据是 IEC 61158 CPF15（FDIS）：2006 实时以太网 Modbus-RTPS。本部分的结构与 GB/Z 19582.3—2004基本一致，但在技术内容上对 GB/Z 19582.3—2004 进行了补充和完善。

基于 Modbus 协议的工业自动化网络规范 第 3 部分：Modbus 协议在 TCP/IP 上的实现指南

1 范围

本部分叙述了 TCP/IP 上的 Modbus 报文传输服务，提供参考信息以帮助软件开发者实现这种服务。本部分不包括 Modbus 功能码的编码内容，有关这些内容见 GB/T 19582.1—2008。

本部分全面准确地描述了 Modbus 报文传输服务的实现。其目的是促进使用 Modbus 报文传输服务的设备之间的互操作。

本部分主要由三部分组成：

——在 TCP/IP 上的 Modbus 协议概述；

——Modbus 客户机、服务器以及网关实现的功能描述；

——针对一个 Modbus 实现示例的对象模型建议的实现准则。

2 客户机/服务器模型

Modbus 报文传输服务提供了连接到 TCP/IP 以太网上的设备之间的客户机/服务器通信(见图 1)。

这个客户机/服务器模型基于 4 种报文类型：

——Modbus 请求；

——Modbus 证实；

——Modbus 指示；

——Modbus 响应。

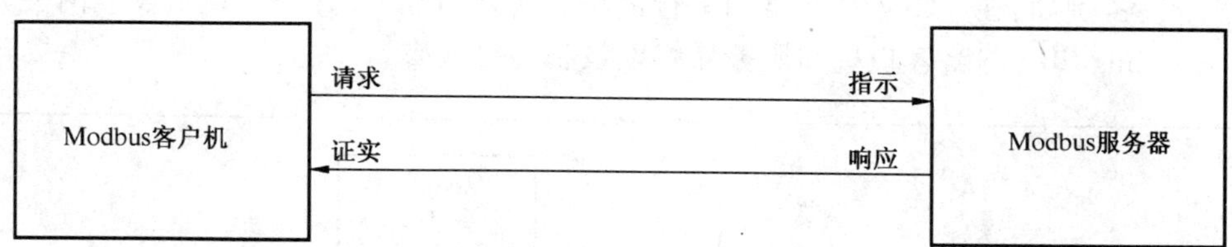

图 1 Modbus 客户机/服务器模型

Modbus 请求是客户机在网络上发送的用来启动事务处理的报文；

Modbus 指示是服务器侧接收的请求报文；

Modbus 响应是服务器发送的响应报文；

Modbus 证实是在客户机侧接收的响应报文。

Modbus 报文传输服务(客户机/服务器模型)用于实时信息交换：

——在两个设备应用程序之间；

——在设备应用和其他设备之间；

——在 HMI/SCADA 应用程序和设备之间；

——在一个 PC 和一个提供在线服务的设备程序之间。

3 规范性引用文件

下列文件中的条款通过 GB/T 19582 的本部分的引用而成为本部分的条款。凡是注日期的引用文件，其随后所有的修改单（不包括勘误的内容）或修订版均不适用于本部分，然而，鼓励根据本部分达成协议的各方研究是否使用这些文件的最新版本。凡是不注日期的引用文件，其最新版本适用于本部分。

GB/T 19582.1—2008 基于 Modbus 协议的工业自动化网络规范 第 1 部分：Modbus 应用协议

RFC 1122 Requirements for Internet Hosts-Communication Layers

4 缩略语

ADU(Application Data Unit)	应用数据单元
IETF(Internet Engineering Task Force)	互联网工程工作组
IP(Internet Protocol)	因特网协议
MAC(Medium Access Control)	介质访问控制
MB(Modbus)	Modbus
MBAP(Modbus Application Protocol)	Modbus 应用协议
PDU(Protocol Data Unit)	协议数据单元
PLC(Programmable Logic Controller)	可编程序逻辑控制器
TCP(Transport Control Protocol)	传输控制协议
BSD(Berkeley Sofeware Distribution)	伯克利软件发布
MSL(Maximum Segment Lifetime)	最大段寿命
SCADA(Supervisory Control and Data Acquisition)	数据采集和监控

5 背景概要

5.1 协议描述

5.1.1 总体通信结构

见图 2～图 3。

Modbus TCP/IP 的通信系统可以包括不同类型的设备：

——连接至 TCP/IP 网络的 Modbus TCP/IP 客户机和服务器设备；

——互连设备，例如：在 TCP/IP 网络和串行链路子网之间互连的网桥、路由器或网关，该子网允许将 Modbus 串行链路客户机和服务器终端设备连接起来。

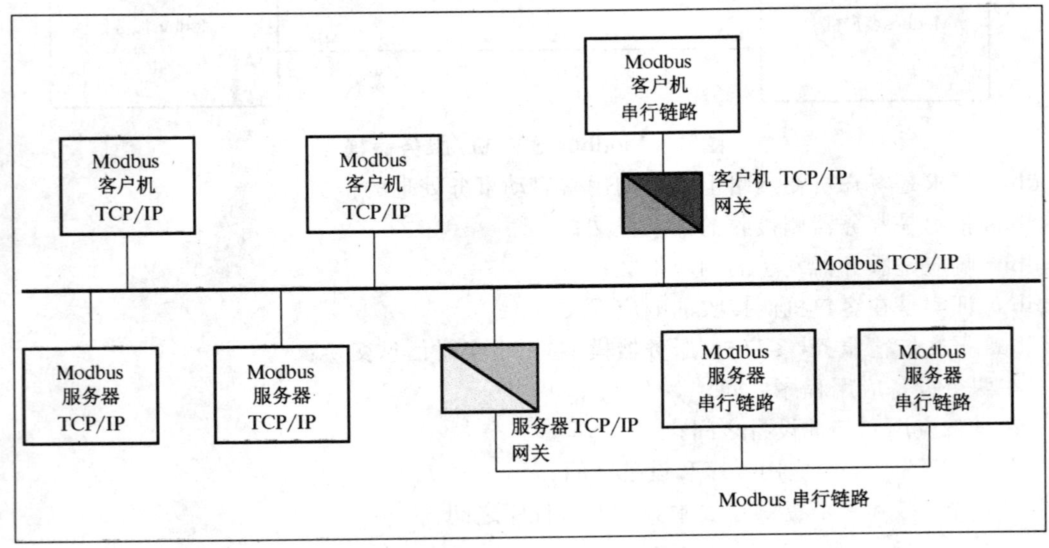

图 2 Modbus TCP/IP 通信结构

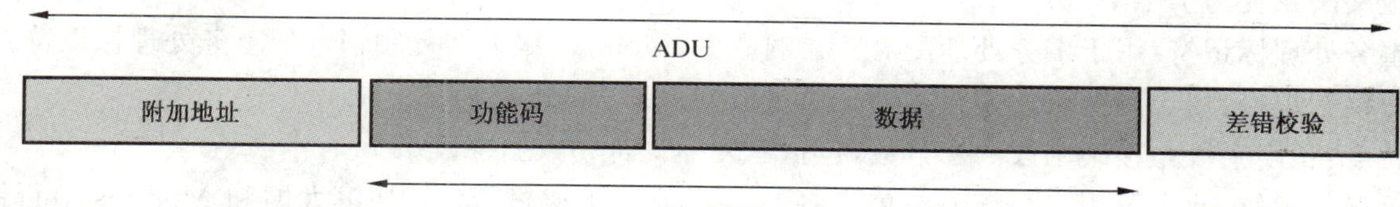

图 3 通用 Modbus 帧

Modbus 协议定义了一个与基础通信层无关的简单协议数据单元(PDU)。特定总线或网络上的 Modbus 协议映射能够在应用数据单元(ADU)上引入一些附加字段。

启动 Modbus 事务处理的客户机建立 Modbus 应用数据单元。这个功能码向服务器指示执行何种操作。

5.1.2 TCP/IP 上的 Modbus 应用数据单元

见图 4。

本条描述了 Modbus TCP/IP 网络上进行的 Modbus 请求或响应的封装。

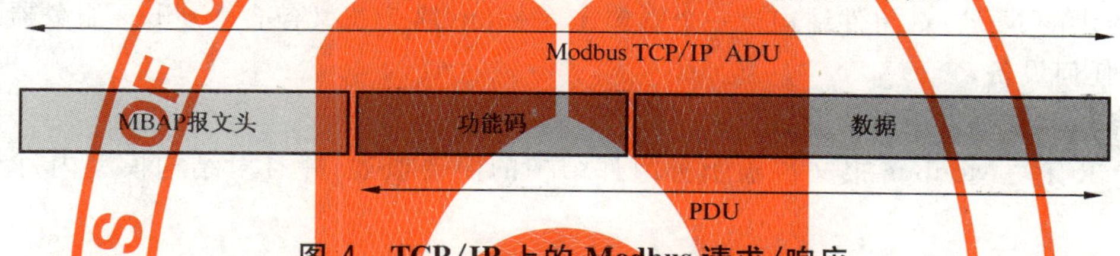

图 4 TCP/IP 上的 Modbus 请求/响应

在 TCP/IP 上使用一种专用报文头来识别 Modbus 应用数据单元。将这种报文头称为 MBAP 报文头(Modbus 应用协议报文头)。

与串行链路上使用的 Modbus RTU 应用数据单元相比,这种报文头有一些区别:

——用 MBAP 报文头中的单字节"单元标识符"取代 Modbus 串行链路上通常使用的 Modbus"从站地址"字段。这个"单元标识符"用于经由如网桥、路由器和网关等设备的通信,这些设备使用单个 IP 地址支持多个独立 Modbus 终端单元。

——用接收方可以验证报文结束的方式设计所有的 Modbus 请求和响应。对于 Modbus PDU 有固定长度的功能码来说,仅功能码就足够了。对于在请求或响应中传输一个可变数据量的功能码来说,数据字段包括字节数。

——当通过 TCP 传输 Modbus 协议时,即使已将报文分成多个信息包来传输,也需在 MBAP 报文头上传输附加长度信息,以便接收者能识别报文边界。显式和隐式长度规则的存在以及 CRC-32 差错校验码的使用(在以太网上),使未检出的请求或响应报文的差错降至极低。

5.1.3 MBAP 报文头描述

MBAP 报文头包括下列字段,见表 1。

表 1 MBAP 报文头的字段

字段	长度	描述	客户机	服务器
事务处理标识符	2 字节	Modbus 请求/响应事务处理的识别	由客户机设置	服务器从接收的请求中重新复制
协议标识符	2 字节	0=Modbus 协议	由客户机设置	服务器从接收的请求中重新复制
长度	2 字节	随后字节的数量	由客户机设置(请求)	由服务器设置(响应)
单元标识符	1 字节	串行链路或其他总线上连接的远程从站的识别	由客户机设置	服务器从接收的请求中重新复制

报文头长度为 7 个字节：

事务处理标识符：用于事务处理配对。在响应中，Modbus 服务器复制请求的事务处理标识符。

协议标识符：用于系统内的多路复用。通过值 0 识别 Modbus 协议。

长度：长度字段是接续字段的字节数，包括单元标识符和数据字段。

单元标识符：此字段用于系统内路由选择。典型地用于通过 TCP-IP 以太网和 Modbus 串行链路之间的网关对 Modbus+或对 Modbus 串行链路从站的通信。Modbus 客户机在请求中设置这个字段，服务器必须在响应中用相同的值返回这个字段。

通过 TCP 将所有 Modbus/TCP ADU 发送至注册的 502 端口。

注：用最高有效字节在低地址存储的方式编码不同字段。

5.2 Modbus 功能码描述

在 GB/T 19582.1—2008 中详细说明了 Modbus 应用层协议上使用的标准功能码。

6 功能描述

本部分提供的 Modbus 组件结构是一个既包含 Modbus 客户机又包含 Modbus 服务器组件的通用模型，适用于任何设备。

有些设备可能仅提供服务器或客户机组件。

6.1 中给出有关 Modbus 报文传输服务组件结构的简要概述，并且对结构模型内每个组件进行描述。

6.1 Modbus 组件结构模型

见图 5～图 7 和表 2。

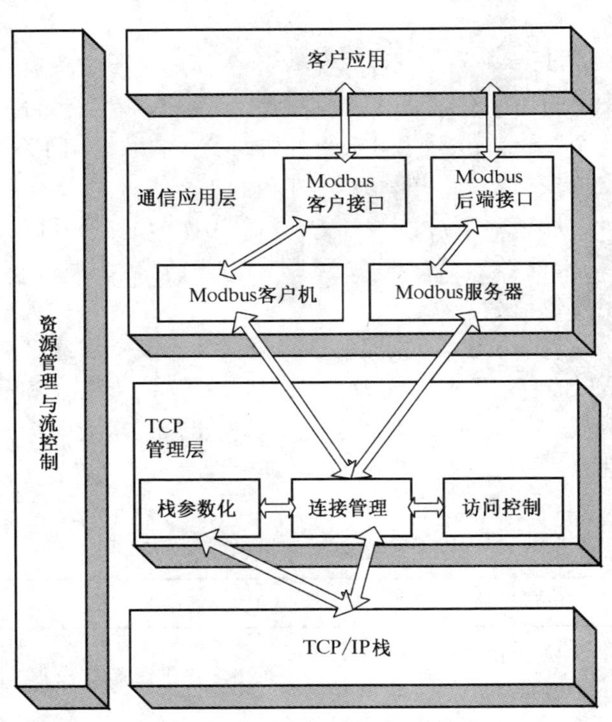

图 5 Modbus 报文传输服务概念结构

6.1.1 通信应用层

一个 Modbus 设备可以提供一个客户机和/或服务器 Modbus 接口。

可提供一个 Modbus 后端接口，间接地允许对用户应用对象的访问。

此接口由四个区域组成：离散量输入、离散量输出(线圈)、输入寄存器和保持寄存器。必须进行这个接口与用户应用数据之间的预映射(本地实现)。

表 2 Modbus 数据访问类型

基本表	对象类型	访问类型	注 释
离散量输入	单个位	只读	I/O 系统可提供这种类型的数据
线圈	单个位	读写	通过应用程序可改变这种类型的数据
输入寄存器	16 位字	只读	I/O 系统可提供这种类型的数据
保持寄存器	16 位字	读写	通过应用程序可改变这种类型的数据

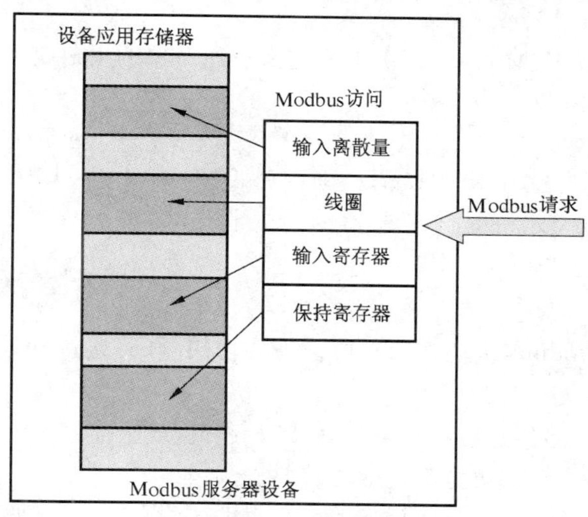

图 6 独立数据块的 Modbus 数据模型

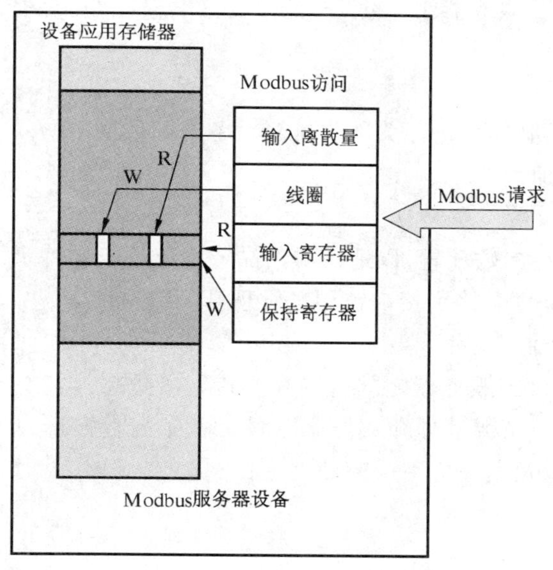

图 7 单个数据块的 Modbus 数据模型

——Modbus 客户机

Modbus 客户机允许用户应用显性地控制与远程设备的信息交换。Modbus 客户机根据用户应用向 Modbus 客户机接口发送的要求中所包含的参数来建立一个 Modbus 请求。

Modbus 客户机使用一个 Modbus 的事务处理，该事务处理管理包括对 Modbus 证实的等待和处理。

——Modbus 客户机接口

Modbus 客户机接口提供一个接口,使得用户应用能够生成各类 Modbus 服务的请求,该服务包括对 Modbus 应用对象的访问。在本规范中没有详细地描述 Modbus 客户机接口(API),仅在实现模型中给出示例。

——Modbus 服务器

在收到一个 Modbus 请求以后,模块激活一个本地操作进行读、写或完成其他操作。这些操作的处理对应用程序开发人员来说都是完全透明的。Modbus 服务器的主要功能是等待来自 TCP 502 端口的 Modbus 请求,并处理这一请求,然后根据设备中的数据内容生成一个 Modbus 响应。

——Modbus 后端接口

Modbus 后端接口是一个从 Modbus 服务器到定义应用对象的用户应用之间的接口。

注:在本部分中未定义后端接口。

6.1.2 TCP 管理层

注:本部分讨论的 TCP/IP 部分基于 RFC1122,以帮助用户在 TCP/IP 上实现 GB/T 19582.1—2008。

报文传输服务的主要功能之一是管理通信的建立和结束,及管理在所建立的 TCP 连接上的数据流。

——连接管理

在客户机和服务器的 Modbus 模块之间的通信需要使用 TCP 连接管理模块。它负责全面管理报文传输 TCP 连接。

连接管理中存在两种可能:用户应用自身管理 TCP 连接,或全部由这个模块进行连接管理,因此对用户应用是完全透明的。后一种解决方案灵活性较差。

TCP 502 端口的监听是为 Modbus 通信保留的。在默认状态下,强制监听这个端口。然而,某些产品或应用可能需要其他端口作为 TCP 上 Modbus 的通信之用。为此,特别建议:客户机和服务器均应向用户提供对 TCP 端口号进行 Modbus 参数配置的可能性。重要的是:即使在某些特定的应用中为 Modbus 服务配置了其他 TCP 服务器端口,除一些特定应用端口外,TCP 服务器 502 端口仍然必须是可用的。

——访问控制模块

在某些至关重要的场合,必须禁止无关的主机对设备内部数据的访问。这既是需要的安全模式,也是在需要时实现安全处理的原因。

6.1.3 TCP/IP 栈层

可以对 TCP/IP 的栈进行参数配置,以适用对产品或系统的不同特定约束进行数据流控制、地址管理和连接管理。一般说来,BSD 套接字接口被用来管理 TCP 连接。

6.1.4 资源管理和数据流控制

为了平衡 Modbus 客户机与服务器之间进出报文传输的数据流,在 Modbus 报文传输栈的所有各层均提供了数据流控制机制。资源管理和数据流控制模块首先是基于 TCP 内部数据流控制,加上数据链路层的某些数据流控制,以及用户应用层的数据流控制。

6.2 TCP 连接管理

6.2.1 连接管理模块

6.2.1.1 总体描述

Modbus 通信需要建立客户机与服务器之间的 TCP 连接,TCP 连接管理操作见图 8。

连接的建立可以由用户应用模块显式激活,也可以由 TCP 连接管理模块自动激活。

在第一种情况下,用户应用模块必须提供应用程序接口,以便完全管理连接。这种方式为应用开发人员提供了灵活性,但需要 TCP/IP 机制方面的专长。

在第二种情况下,对仅发送和接收 Modbus 报文的用户应用来说,TCP 连接管理是完全隐含的。TCP 连接管理模块负责在需要时建立新的 TCP 连接。

TCP 客户机和服务器连接数量的定义不属于本部分的范围(在本部分中采用值 n)。根据设备能力,TCP 连接的数量可能不同。

实现规则:

a) 如果没有显式用户需求,建议采用自动的 TCP 连接管理。

b) 建议:保持与远程设备的连接,而不要在每次 Modbus/TCP 事务处理时打开和关闭连接。

注:Modbus 客户必须能够接收来自服务器的关闭请求,并关闭连接。当需要时,连接可以被重新打开。

c) 建议:一个 Modbus 客户机要打开与远程 Modbus 服务器的最低限度的 TCP 连接(同一 IP 地址)。最好的选择是一个应用建立一个连接。

d) 几个 Modbus 事务处理可以在同一个 TCP 连接上被同时激活。

注:如果以此方式,Modbus 事务处理标识符必须被用作唯一地识别请求与响应的匹配。

e) 在两个远程 Modbus 实体(一个客户机和一个服务器)之间双向通信的情况下,有必要为客户机数据流和服务器数据流分别建立连接。

f) 一个 TCP 帧只能传送一个 Modbus ADU。建议:不要在同一个 TCP PDU 中发送多个 Modbus 请求或响应。

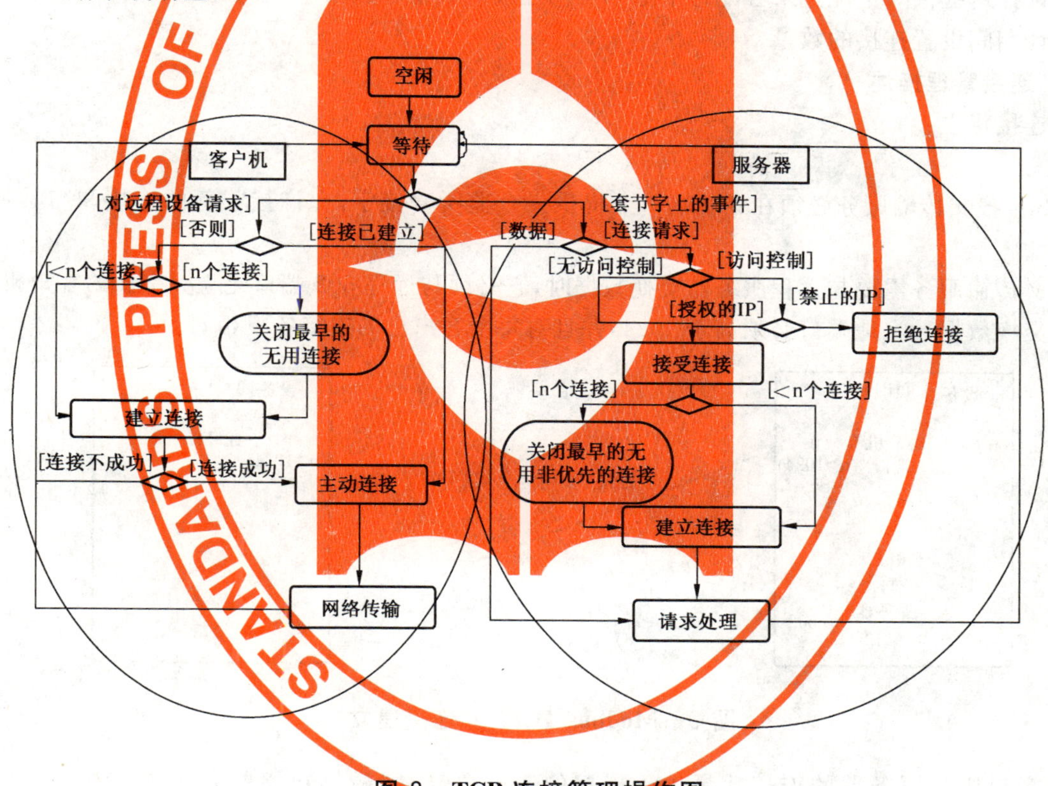

图 8 **TCP 连接管理操作图**

——显式 TCP 连接管理

用户应用模块负责管理所有的 TCP 连接:主动的和被动的建立及结束连接等。对客户机与服务器间所有的连接进行这种管理。在用户应用模块中使用 BSD 套接字接口来管理 TCP 连接。这种方案提供了完全的灵活性,但也意味着应用开发人员要具备充分的有关 TCP 知识。

考虑到设备的能力和需求,必须有限制地配置客户机与服务器间连接的数量。

——自动 TCP 连接管理

TCP 连接管理对用户应用模块是完全透明的。连接管理模块可以接受足够数量的客户机/服务器连接。

然而,在超过所授权数量的连接时,必须有一种实现机制。在这种情况下,建议:关闭最早建立的不使用的连接。

当收到第一个来自远程客户机或本地用户应用的数据包时，就建立了与远程对象的连接。如果网络提出终止或本地设备决定终止，此连接将被关闭。在接收连接请求时，访问控制选项可用来禁止未授权的客户访问设备。

TCP 连接管理模块采用栈接口(通常用 BSD 套接字接口)来与 TCP/IP 栈进行通信。

为了保持系统需求与服务器资源之间的兼容，TCP 管理将保持两个连接池。

——第一个池(优先连接池)由那些从不被本地主动关闭的连接组成。必须提供一个配置来建立这个池。实现的原理是将这个池的每一个可能的连接与一个特定的 IP 地址联系起来。具有这个 IP 地址的设备被称为"标记的"。任何一个被"标记的"设备的新的连接请求必须被接收，并从优先连接池中取出。还有必要设置允许每个远程设备最多建立连接的数量，以避免同一设备使用优先连接池中所有的连接。

——第二个池(非优先连接池)包括了非标记设备的连接。这里采用的规则是：当有来自非标记设备的新的连接请求，以及池中没有连接可用时，关闭早些时候建立的连接。

可有选择地提供一个配置来分配每个池中可用连接的数量。然而(非强制性的)，如果需要，设计人员可在设计期间设置连接的数量。

6.2.1.2 连接管理描述

——连接建立

见图 9。

Modbus 报文传输服务必须在 502 端口上提供一个监听套接字，允许接收新的连接和与其他设备交换数据。

当报文传输服务需要与远程服务器交换数据时，它必须与远程 502 端口建立一个新的客户机连接，以便远程交换数据。本地端口必须高于 1024，并且对每个客户机的连接各不相同。

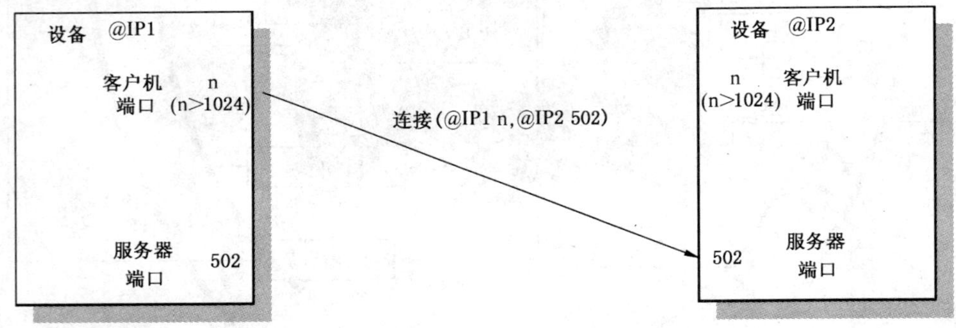

图 9 Modbus TCP/IP 连接建立

如果客户机与服务器的连接数量大于授权的连接数量，则最早建立的未用连接被关闭。访问控制机制可以被激活，用于检查远程客户机的 IP 地址是否被授权。如果未经授权，将拒绝该新的连接。

——Modbus 数据传送

一个 Modbus 请求必须在已经被打开的正确的 TCP 连接上发送。远程设备的 IP 地址用于寻找所建立的 TCP 连接。在与同一个远程设备建立多个连接时，必须选择其中一个连接来发送 Modbus 报文，可以采取不同的选择策略，例如：最早的连接和第一个连接。在 Modbus 通信的全过程中，连接必须始终保持打开。一个客户机可以向一个服务器启动多个 Modbus 事务处理，而不必等待先前的事物处理结束。

——连接关闭

当客户机与服务器间的 Modbus 通信结束时，客户机必须关闭用于通信的连接。

6.2.2 操作模式对 TCP 连接的影响

某些操作模式(两操作端点之间通信断开、一个端点的故障和重新启动)会对 TCP 连接产生影响。连接在一侧被视为关闭或异常终止而另一侧未确认,这种连接被称为半打开的连接。

本章描述各种主要操作模式的特性。这种描述基于在连接的两端采用了保持连接 TCP 机制的假设(见 6.3.2)。

6.2.2.1 两操作端之间通信断开

通信断开的原因可以是服务器侧以太网连接电缆断开。预期的特性是:

——如果在连接上没有正在发送数据包:

如果通信断开持续的时间小于"保持连接"计时器的值,将察觉不到通信断开。如果通信断开时间大于"保持连接"计时器的值,将一个错误返回到 TCP 管理层,由其复位连接。

——如果在连接断开的前后发送一些数据包:

TCP 重新传输算法(Jacobson 算法、Karn 算法以及指数补偿算法,参见第 6.3.2)被激活。这可以导致在"保持连接"计时器终止之前由栈的 TCP 层复位连接。

6.2.2.2 服务器端的故障和重新启动

在服务器故障和重新启动以后,客户机端处于"半打开"连接状态。预期的特性是:

——如果在半打开的连接上没有发送数据包:

只要"保持连接"计时器还在计时中,从客户机端看,这种 TCP 半打开的连接被视为打开的。然后,将返回一个错误到 TCP 管理层,由其复位连接。

——如果在半打开的连接上发送一些数据包:

服务器在不再存在的连接上接收数据。栈的 TCP 层发送一个复位指令来关闭客户机端的半打开的连接。

6.2.2.3 客户机端的故障和重新启动

在客户机故障和重新启动之后,服务器侧处于"半打开"连接状态。预期的特性是:

——如果在半打开的连接上没有发送数据包:

只要"保持连接"计时器还在计时中,从服务器端看,这种 TCP 半打开连接被视为打开的。然后,将返回一个错误到 TCP 管理层,由其复位连接。

——如果在"保持连接"计时器完成计时前,客户机打开一个新的连接:

必须分析两种情况:

1) 所打开的连接与服务器侧半打开的连接具有相同的特性(相同的源和目的端口、相同的源和目的 IP 地址),所以,在连接建立超时后(伯克利实现的多数情况下为 75 s),TCP 栈层将不能打开连接。为了避免在较长超时时间内不能进行通信,建议:在客户机端重新启动后,确保使用与原有连接不同的源端口号建立连接。

2) 所打开的连接与服务器侧半打开的连接具有不同的特性(不同的源端口和相同的目的端口、相同的源和目的 IP 地址),所以,在 TCP 栈层上打开连接,并向服务器侧的 TCP 管理层发送信号。

如果服务器侧 TCP 管理层仅支持一个远程客户机 IP 地址的连接,那么可以关闭原来的半打开的连接,使用新的连接。

如果服务器侧 TCP 管理层支持多个远程客户机 IP 地址的连接,那么新的连接保持打开状态,原来的连接也保持半打开状态,直到"保持连接"计时器计时结束,此时,将返回一个错误到 TCP 管理层。然后,TCP 管理层将能够复位原有的连接。

6.2.3 访问控制模块

这个模块的目的是检查每一个新的连接,使用一个合法授权的远程 IP 地址表,它可以授权或禁止一个远程客户机的 TCP 连接。

在至关重要的场合，应用开发人员需要选择访问控制模式来保证网络的访问。在这种情况下，需要对每个远程 IP 授权/禁止访问。用户需提供一个 IP 地址表，并特别注明每个 IP 地址是否合法授权。在默认情况下，在安全模式中，用户未配置的 IP 地址均被禁止。因此，借助于访问控制模式，关闭来自未知的 IP 地址的访问连接。

6.3 TCP/IP 栈的使用

见图 10。

TCP/IP 栈提供了一个接口，用来管理连接、发送和接收数据，还可以进行某些参数配置，以使得栈的特性适应于设备或系统的限制。

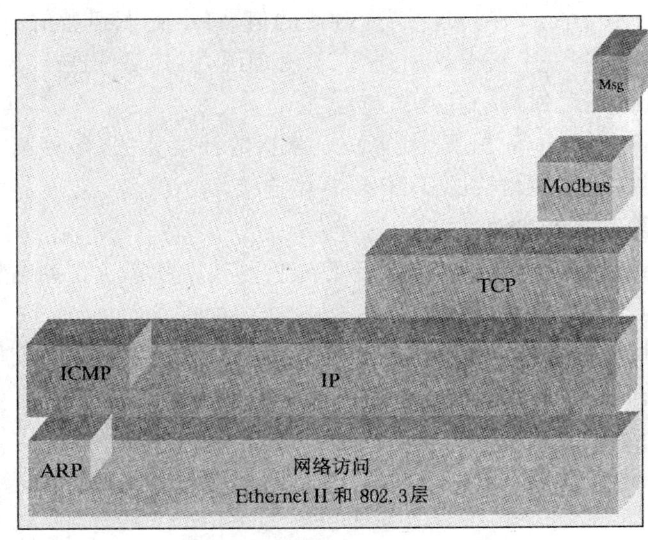

图 10 Modbus TCP/IP 通信栈

本章的目的是给出有关栈接口的综述，以及一些与栈的参数配置有关的信息。综述的主要内容是 Modbus 报文传输所使用的一些特性。

有关更多的信息，建议阅读 RFC 1122，它为厂商和开发商提供了互联网通信软件的指南。RFC 1122 详述了一个连接到互联网的主机必须采用的标准协议，以及一组明确的要求和选项。

栈接口一般是基于本部分中描述的 BSD 接口。

6.3.1 BSD 套接字接口的使用

注：有些 TCP/IP 栈从性能考虑提出其他类型的接口。Modbus 客户机或服务器可以使用这些特定的接口，但是在本部分中对这种使用不做描述。

一个套接字是一个通信端点，它是通信中的基本构成块。通过套接字发送和接收数据来执行一个 Modbus 通信。TCP/IP 库仅提供了使用 TCP 和提供基于连接的通信服务的流套接字。

socket()函数用来创建套接字。返回的一个套接字号被创建者用来访问该套接字。套接字创建时没有地址(IP 地址和端口号)。直到一个端口被绑定到该套接字时，才可用于接收数据。

bind()函数用来绑定一个端口号到套接字。bind()函数在套接字与所指定的端口号之间建立一种联系。

为了初始化一个连接，客户机必须发送 connect()函数来指定套接字号、远程 IP 地址和远程监听端口号(主动连接建立)。

为了完成连接，服务器必须发送 accept()函数来指定在先前 listen()调用中所指定的套接字号(被动连接建立)。一个新的套接字被创建，并具有与初始套接字相同的特性。这个新的套接字连接到客户机的套接字，而将其套接字号返回到服务器。于是，释放初始套接字，以便为其他欲与该服务器连接的客户机使用。

在 TCP 连接建立以后，数据即可被传送。将 Send()和 recv()函数专门地设计成与已连接的套接字一起使用。

setsockopt()函数允许套接字的创建者将套接字与选项关联。这些选项修改了套接字的操作特征。在6.3.2给出这些选项的描述。

select()函数允许编程人员测试所有套接字上的事件。

shutdown()函数允许套接字的使用者利用套接字来终止 send()和/或 recv()。

一旦不再需要套接字,通过使用 close()函数来放弃套接字的描述符。

图11给出了客户机与服务器间的完整的 Modbus 通信过程。客户机建立一个连接,向服务器发送3个 Modbus 请求,而不等待第一个请求的响应。在收到所有的响应后,客户机正常地关闭连接。

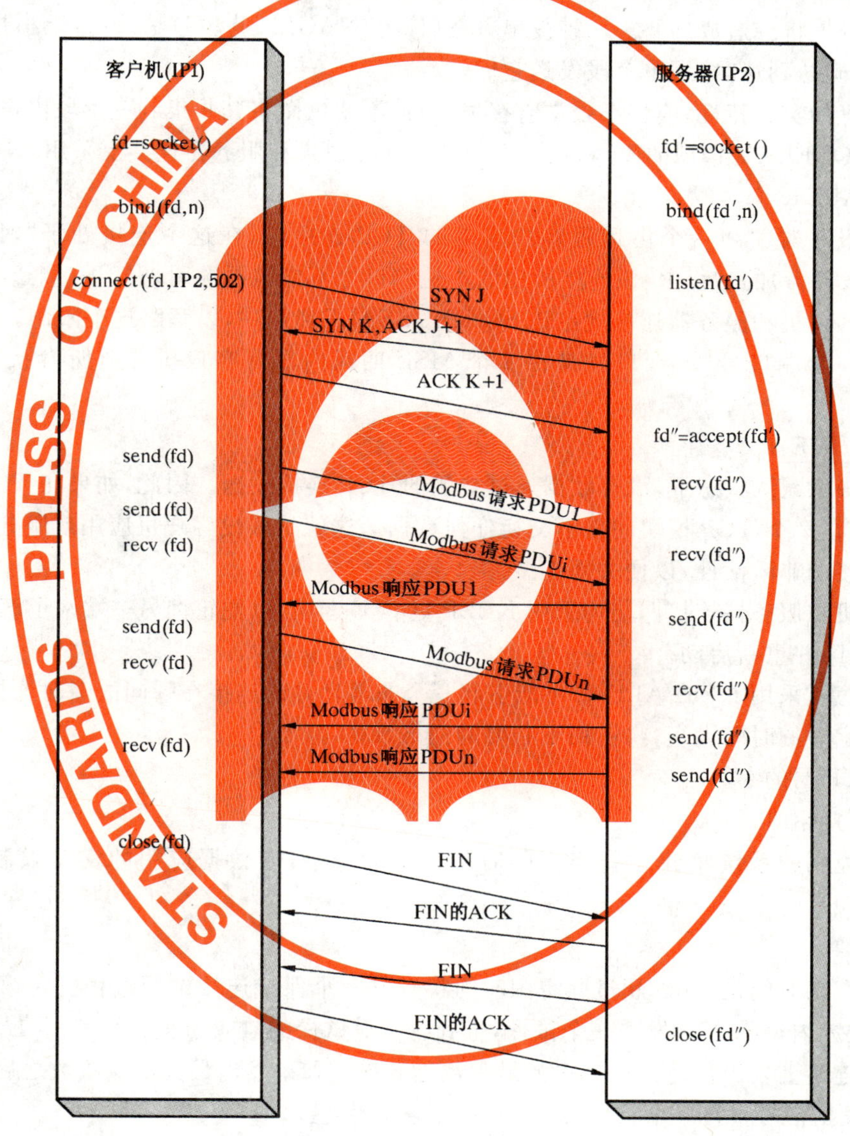

图11 Modbus 信息交换

6.3.2 TCP层参数配置

可以调整 TCP/IP 栈的一些参数以使其特性适应产品或系统的限制。TCP层的下列参数可以进行调整:

——每个连接的参数

SO-RCVBUF,SO-SNDBUF:

这些参数允许设置发送和接收缓存区的大小。可以通过调整这些参数来实现流控制管理。接收缓存区的大小是该连接的通告窗口的最大尺寸。为了提高性能，必须增加套接字缓存区的大小。然而，这些值必须小于内部驱动器的资源，以便在内部驱动器的资源耗尽之前关闭 TCP 窗口。

接收缓存区大小取决于 TCP 窗口大小、TCP 最大段的大小和接收输入帧所需的时间。由于最大段的大小为 300 个字节(一个 Modbus 请求需要最大 256 个字节+MBAP 报文头)，如果需要 3 个帧进行缓存，可将套接字缓存区大小调整为 900 个字节。为了满足最大需求和最好的预定时间，可以增加 TCP 窗口的大小。

TCP-NODELAY：

通常，小报文包在局域网(LAN)上的传输不会产生问题，因为多数局域网是不拥塞的，但是，这些小报文包在广域网上将会造成拥塞。一种简单方案(称为"NAGLE 算法")是：将若干小报文集中后，当前面报文的 TCP 确认到达时，用单个段发送它们。

为了获得更好的实时特性，应将小报文直接发送，而不要试图将其收集到一个段内再发送。这就是建议强制 TCP-NODELAY 选项的原因，这个选项禁止在客户机和服务器连接上采用"NAGLE 算法"。

SO-REUSEADDR：

当 Modbus 服务器关闭一个由远程客户启动的 TCP 连接时，在这个连接处于"时间等待"状态(2 个MSL：最大段寿命)的过程中，该连接所用的本地端口号不能被再次用来打开一个新的连接。

建议为每个客户机和服务器连接规定该 SO-REUSEADDR 选项，以旁路这个限制。此选项允许该进程为自身分配一个端口号，该端口号是在 2 个 MSL 期间内等待客户机并监听套接字的连接的一部分。

SO-KEEPALIVE：

在 TCP/IP 协议默认状态下，没有数据通过空闲的 TCP 连接发送。因此，如果在 TCP 连接端上没有进程发送数据，在 2 个 TCP 模块间就不交换任何数据。这就是假设客户机应用或服务器应用均采用定时器来检测连接的非激活性，以便关闭连接。

建议在客户机与服务器连接两端均采用 KEEPALIVE 选项，以便轮询另一端来了解是发生故障并死机，还是发生故障并重新启动。

然而，必须注意，采用 KEEPALIVE 可能引起一个非常良好的连接在瞬间故障时连接中断，如果保持连接的定时器定时的时间太短，将占用不必要的网络带宽。

——整个 TCP 层的参数

建立 TCP 连接超时：

多数基于伯克利的系统将建立新连接的时限设定为 75 s，应根据应用的实时限制，调整这个默认值。

保持连接参数：

连接的默认空闲时间是 2 h。超过此空闲时间将触发一个保持连接试探过程。在第一个保持连接试探后，在最大次数内每隔 75 s 发送一个试探，直到收到对试探的响应为止。

在一个空闲连接上发出保持连接试探的最大数是 8 次。如果发出最大试探次数之后而没有收到响应，TCP 向应用发出信号报告一个错误，由应用来决定关闭连接。

超时与重发参数：

如果检测到一个 TCP 报文包丢失，将重发此报文包。检测丢包的一种方法是管理重发超时(RTO)，如果在 RTO 终止之前没有收到来自远程端的确认，就认为 TCP 报文包丢失。

TCP 进行 RTO 的动态评估。为此，在发送每个非重发的报文包后测量往返时间(RTT)。往返时间(RTT)是指报文包到达远程设备并把从远程设备获得的一个确认返回给发送设备所用的时间。一个连接的往返时间是动态计算的，然而，如果 TCP 不能在 3 s 内获得 RTT 的估算，那么，就设定 RTT 的默认值为 3 s。

如果已经估算出 RTO，它将被用于下一个报文包的发送。如果在估算的 RTO 终止之前没有收到该报文包的确认，启用指数补偿算法。在一个特定的时间段内，在对相同报文进行最大重发次数的重试后，如果还收不到确认，连接终止。

可以对某些栈的最大重发次数和连接终止之前重发的最长时间(tcp_ip_abort_interval)进行设置。

在 TCP 标准中定义了一些重发算法：

——Jacobson RTO 估算算法用来估算重发超时(RTO)；

——Karn 算法指出，在重发段，不应进行 RTO 估算；

——指数补偿算法定义：对于时间上限为 64 s 的每一次重发，加倍重发超时；

——快速重发算法允许在收到 3 个重复确认之后进行重发。考虑这个算法是因为：在 LAN 上可能会导致报文丢失的检测快于等待 RTO 终止的检测。

在 Modbus 实现中，推荐使用这些算法。

6.3.3 IP 层的参数配置

6.3.3.1 IP 参数

下列参数必须在 Modbus 实现的 IP 层进行配置：

——本地 IP 地址：IP 地址可以是 A、B 或 C 类中的一种。

——子网掩码：可基于各种原因，将 IP 网络划分成子网：使用不同的物理介质(例如：以太网、广域网等)、更有效地使用网络地址以及控制网络流量的能力。子网掩码必须与本地 IP 地址的 IP 地址类相一致。

——默认网关：默认网关的 IP 地址必须与本地 IP 地址在同一子网内。禁止使用值 0.0.0.0。如果没有定义网关，那么此值可设为 127.0.0.1 或本地 IP 地址。

注：Modbus 报文传输服务在 IP 层上不要求分段功能。

应该利用本地 IP 地址、子网掩码和默认网关(不同于 0.0.0.0)配置本地 IP 端点。

6.4 通信应用层

6.4.1 Modbus 客户机

Modbus 客户机单元见图 12。

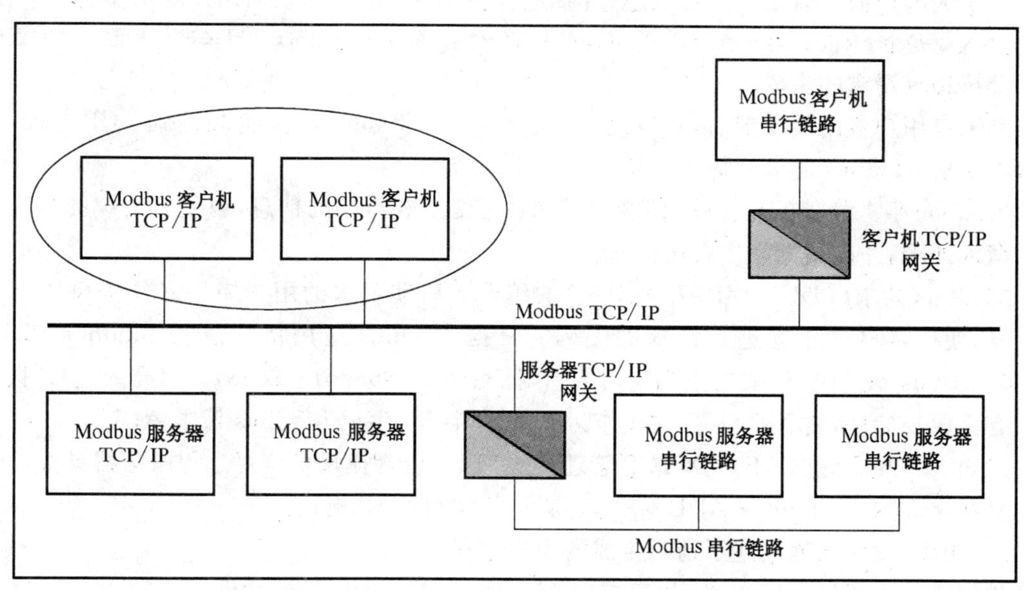

图 12 Modbus 客户机单元

6.4.1.1 Modbus 客户机设计

Modbus/TCP 协议的定义能够对一个客户机进行简单的设计。图 13 描述了客户机发送 Modbus 请求和处理 Modbus 响应的主要处理过程。

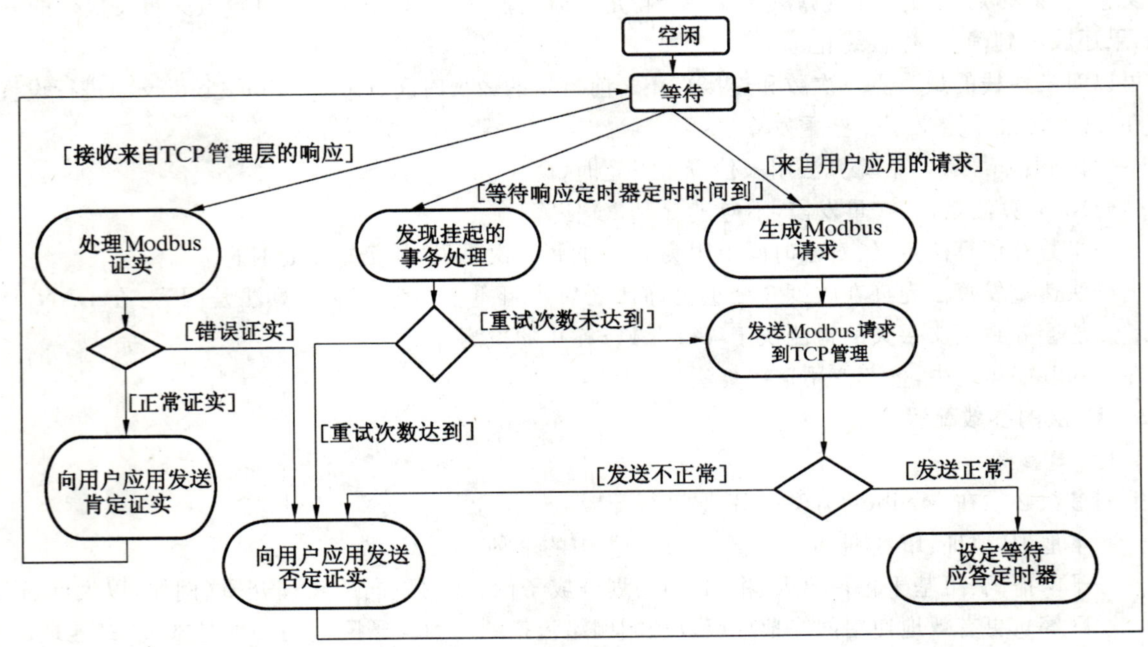

图 13　**Modbus 客户机操作图**

一个 Modbus 客户机可以接收 3 类事件：

——一个来自用户应用的发送请求的新要求，在这种情况下，必须对 Modbus 请求进行编码，并使用 TCP 管理组件服务通过网络进行发送 Modbus 请求。下层(TCP 管理模块)会返回一个由于 TCP 连接错误或其他错误信息而导致的错误信息。

——来自 TCP 管理的一个响应，在这种情况下，客户机必须分析响应的内容，并向用户应用发送一个证实。

——由于无响应而超时结束。可以通过网络发送一个重试信息，或向用户应用发送一个否定证实。

注：这些重试是由 Modbus 客户机启动的，可以在无 TCP 确认的情况下由 TCP 层来进行其他类型的重试。

6.4.1.2　Modbus 请求的生成

在收到来自用户应用的要求后，客户机必须生成一个 Modbus 请求，并发送到 TCP 管理。

可以将生成 Modbus 请求分解成为几个子任务：

——Modbus 事务处理的实例化，使客户机能够记忆所有需要的信息，以便将后续的响应与相应的请求匹配，并向用户应用发送证实。

——Modbus 请求(PDU＋MPAB 报文头)的编码。启动要求的用户应用必须提供所有需要的信息，使得客户机能够进行请求的编码。根据 Modbus 应用协议进行 Modbus PDU 的编码(Modbus 功能码、相关参数和应用数据，见 GB/T 19582.1—2008)。填充 MBAP 报文头的所有字段。然后，将 MBAP 报文头作为 PDU 的前缀，生成 Modbus 请求 ADU。

——发送 Modbus 请求 ADU 到 TCP 管理模块，TCP 管理模块负责对远程服务器寻找正确的 TCP 套接字。除了 Modbus ADU 以外，还必须传递目的 IP 地址。

图 14 比图 13 更深入地描述了请求生成的操作过程。

表 3 描述了读远程服务器中＃5 寄存器的 Modbus 请求 ADU 编码示例。

——事务处理标识符

事务处理标识符用于将请求与未来响应之间建立联系。因此，对 TCP 连接来说，在同一时刻，这个标识符必须是唯一的。有几种使用此标识符的方式：

1)　例如：可以作为一个带有计数器的简单“TCP 顺序号”，对每一个请求将计数器增加 1；

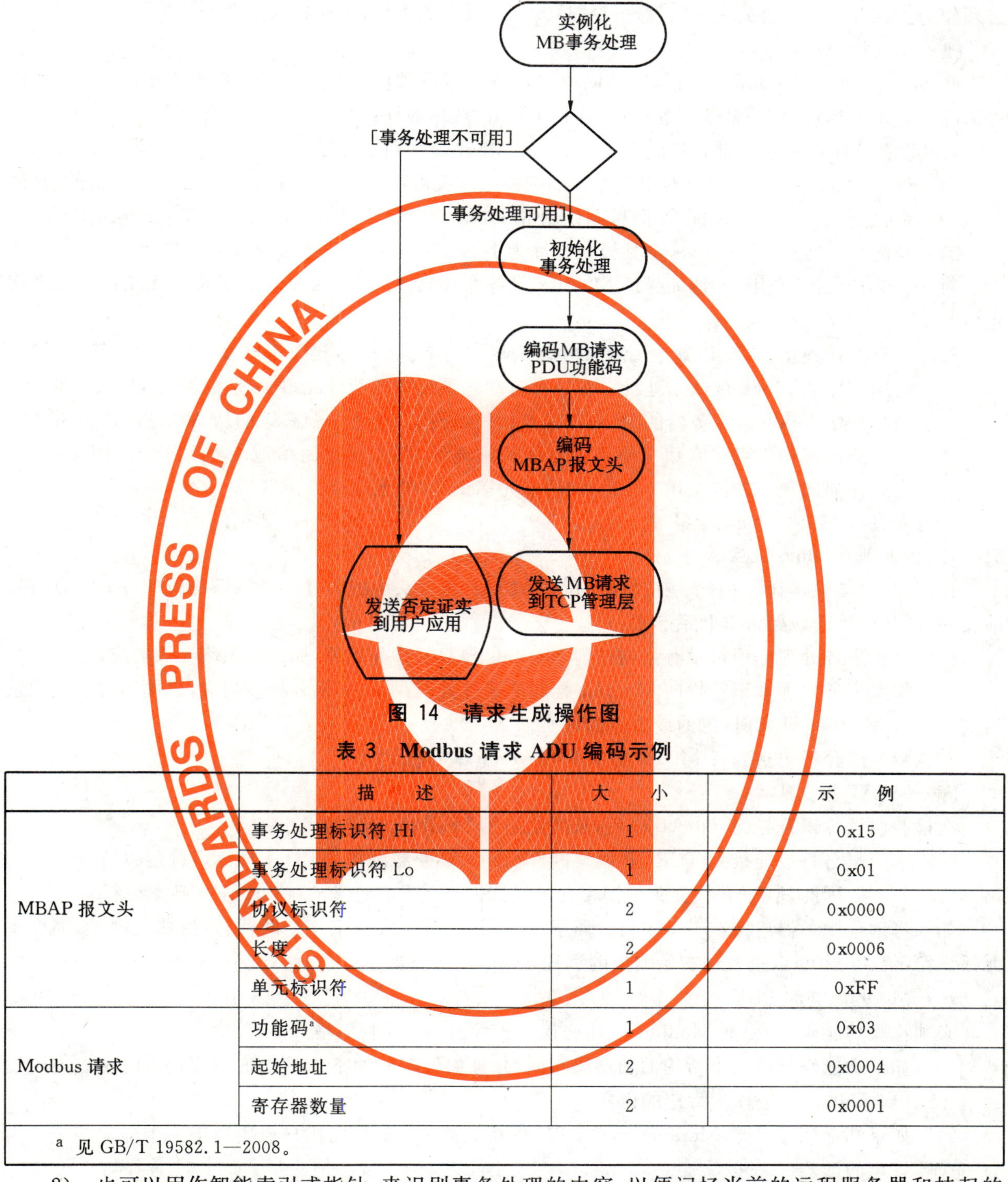

图 14 请求生成操作图

表 3 Modbus 请求 ADU 编码示例

	描述	大小	示例
MBAP 报文头	事务处理标识符 Hi	1	0x15
	事务处理标识符 Lo	1	0x01
	协议标识符	2	0x0000
	长度	2	0x0006
	单元标识符	1	0xFF
Modbus 请求	功能码[a]	1	0x03
	起始地址	2	0x0004
	寄存器数量	2	0x0001

[a] 见 GB/T 19582.1—2008。

2) 也可以用作智能索引或指针，来识别事务处理的内容，以便记忆当前的远程服务器和挂起的请求。

通常，在 Modbus 串行链路上，客户机必须一次发送一个请求。这意味着这个客户机在发送第二个请求之前必须等待对第一个请求的回答。在 Modbus/TCP 上，可以向同一个服务器发送多个请求而无需等待服务器的证实。Modbus/TCP 到 Modbus 串行链路之间的网关负责保证这两种操作之间的兼容性。

服务器接受的请求数量取决于其容量，即：服务器资源量和 TCP 窗口大小。同样，客户机同时启动事务处理的数量也取决于客户机的资源容量。这个实现参数称为“NumberMaxofClientTransaction”，必须作为 Modbus 客户机的一个特性进行描述。根据设备的类型，此参数取值为 1～16。

——单元标识符

在 Modbus＋或 Modbus 串行链路子网中对设备进行寻址时，这个字段是用于路由的目的。在这种情况下，“单元标识符”携带一个远程设备的 Modbus 从站地址：

1） 如果 Modbus 服务器连接到 Modbus＋或 Modbus 串行链路子网，并通过一个网桥或网关来寻址，Modbus 单元标识符对识别连接到网桥或网关后的子网的从站设备是必需的。目的 IP 地址识别网桥本身的地址，而网桥则使用 Modbus 单元标识符将请求转交给正确的从站设备。

2） 分配串行链路上 Modbus 从站设备地址为 1～247（十进制）。地址 0 作为广播地址。

对 TCP/IP 来说，利用 IP 地址寻址 Modbus 服务器；因此，Modbus 单元标识符是无用的。必需使用值 0xFF。

3） 当对直接连接到 TCP/IP 网络上的 Modbus 服务器寻址时，建议不要在“单元标识符”字段中使用有效的 Modbus 从站地址。在一个自动化系统中重新分配 IP 地址的情况下，并且如果以前分配给 Modbus 服务器的 IP 地址又被指配给网关，使用一个有效的从站地址可能会由于网关的路由不畅而引起麻烦。使用无效的从站地址，网关仅是简单地废弃 Modbus PDU，而不会有任何问题。建议采用 0xFF 作为“单元标识符”的无效值。

注：0x00 也可以用作“单元标识符”的无效值。

6.4.1.3 处理 Modbus 证实

在 TCP 连接中，当收到一个响应帧时，位于 MBAP 报文头中的事务处理标识符用来将该响应与先前发往 TCP 连接的原始请求联系起来：

——如果事务处理标识符没有指向任何 Modbus 挂起的事务处理，那么必须废弃该响应；

——如果事务处理标识符指向 Modbus 挂起的事务处理，那么必须分析该响应，以便向用户应用发送 Modbus 证实（肯定的或否定的证实）。

对该响应的分析包括验证 MBAP 报文头和 Modbus 响应 PDU：

——MBAP 报文头

在检验协议标识符必为 0x0000 以后，长度给出了 Modbus 响应的大小。

如果响应来自直接连接到 TCP/IP 网络的 Modbus 服务器设备，TCP 连接标识符足以清晰地识别出远程服务器。因此，MBAP 报文头中携带的单元标识符是没有意义的（值 0xFF），必须被忽略。

如果将远程服务器连接在一个串行链路子网上，并且响应来自于一个网桥、路由器或网关，那么单元标识符（值≠0xFF）识别发送初始响应的远程 Modbus 服务器。

——Modbus 响应 PDU

必须检验功能码，并根据 Modbus 应用协议分析 Modbus 的响应格式：

1） 如果功能码与请求中所用的功能码相同，并且如果响应的格式是正确的，那么，向用户应用发出 Modbus 响应作为肯定的证实。

2） 如果功能码是一个 Modbus 异常功能码（功能码＋80H），向用户应用发出一个异常响应作为肯定的证实。

3） 如果功能码与请求中所用的功能码不同（非预期的功能码），或如果响应的格式是错误的，那么，向用户应用发出一个出错信号作为否定的证实。

注：肯定证实是指服务器收到请求命令并做出响应的证实。并不意味着服务器能够成功地完成请求命令中要求的操作（Modbus 异常响应指明了执行操作失败）。

图 15 比图 13 更深入地描述了证实处理的操作过程。

6.4.1.4 超时管理

对 Modbus/TCP 上事务处理所需响应时间不刻意作出规定。

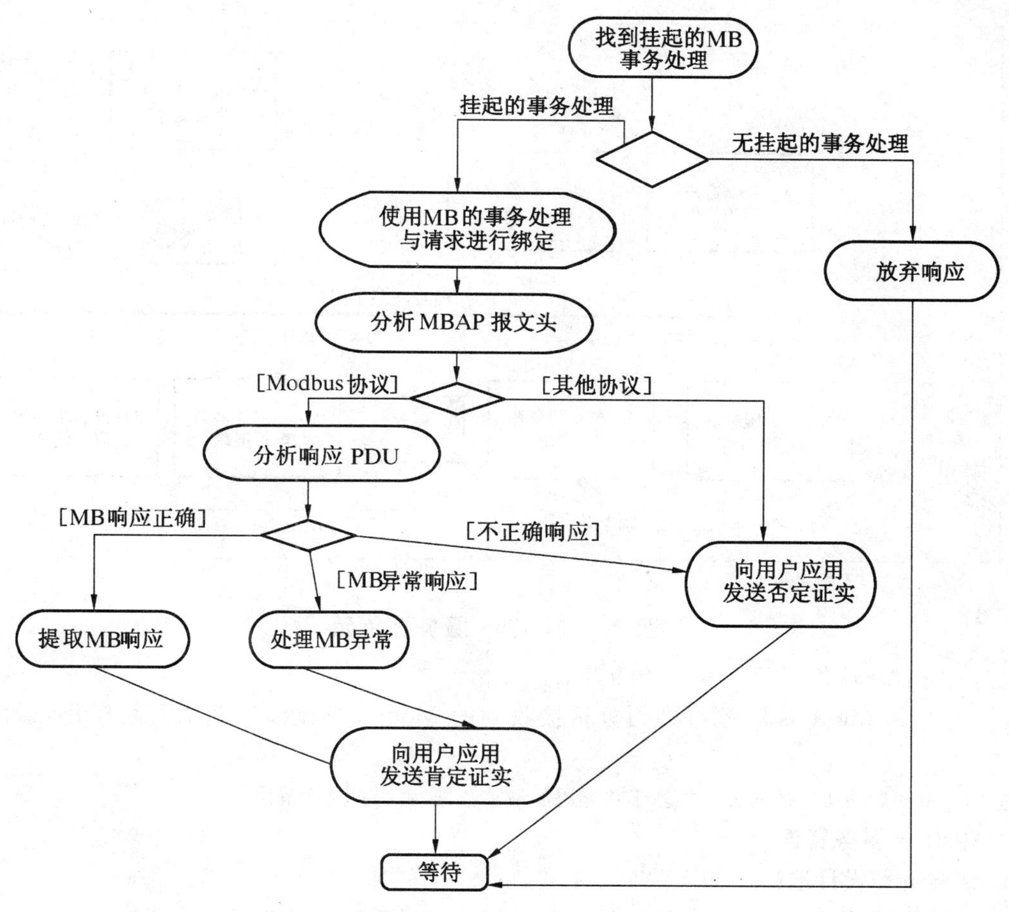

图 15 Modbus 证实处理操作图

这是因为，希望 Modbus/TCP 可用于尽可能宽泛的通信场合，从毫秒级定时的 I/O 扫描到延时几秒钟的远距离无线链接。

从客户机的角度，超时必须考虑网络上预期的传输延迟，以便确定一个合理的响应时间。这种传输延迟可能是交换式以太网中的几个毫秒，或广域网连接中的几百毫秒。

反过来讲，客户机启动应用重试所使用的任何超时时间应该大于预期的最大的"合理"响应时间。如果不遵循这一点，目标设备或网络就存在过度拥塞的潜在危险，而反过来会导致更多的错误。这是一个应该始终避免的特性。

因此，在实际中，在高性能应用中所使用的客户机超时似乎总是与网络拓扑和期望的客户机性能有关。

时间因素不很重要的系统经常采用标准 TCP 默认值作为超时值，在多数平台上，几秒钟之后将报告通信故障。

6.4.2 Modbus 服务器

见图 16。

Modbus 服务器的作用是为应用对象提供访问以及为远程客户机提供服务。

根据用户应用，可以提供不同类型的访问：

——简单访问：获得或设定应用对象的属性；

——高级访问：启动一个特定的应用服务。

Modbus 服务器必须：

——将一个应用对象映射成可读和可写的 Modbus 对象，以便获得或设定应用对象的属性；

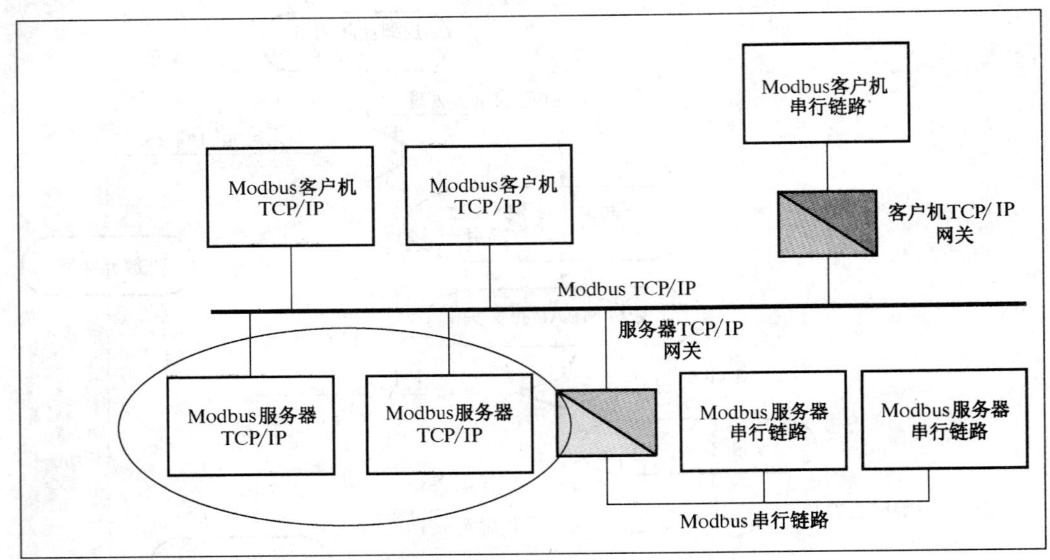

图 16 Modbus 服务器单元

——提供一种对应用对象启动服务的方法。

在运行过程中，Modbus 服务器必须分析接收到的 Modbus 请求，处理所需的操作，返回 Modbus 响应。

注：应用对象和后端接口的服务获得基于功能码的请求数据，由用户负责解决。

6.4.2.1 Modbus 服务器设计

Modbus 服务器设计取决于如下两个方面：

——对应用对象的访问类型（对属性的简单访问或对服务的高级访问）；

——Modbus 服务器与用户应用之间交互作用的类型（同步或异步）。

图 17 描述了服务器进行的主要处理过程，以便获得来自 TCP 管理的 Modbus 请求，然后，分析请求，处理所需的操作，返回 Modbus 响应。

如图 17 所示：

——Modbus 服务器本身可以立即处理一些服务，而无需直接与用户应用交互作用；

——有些服务还可能需要与被处理的用户应用进行显式交互操作；

——有些高级服务需要调用称为 Modbus 后端服务的特定接口。例如：可能根据用户应用层协议，使用若干个 Modbus 请求/响应事务处理来启动用户应用服务。后端服务负责所有单个 Modbus 事务处理的正确进行，以便执行全局用户应用服务。

在下列各章节中给出更完整的描述。

Modbus 服务器可以同时接受、处理多个 Modbus 请求。服务器可以同时接受 Modbus 请求的最大数量是 Modbus 服务器的主要特性之一。这个数量取决于服务器的设计以及它的处理和存储能力。这个实现参数被称为“NumberMaxOfServerTransaction”，对它必须作为 Modbus 服务器的一个特性来描述。根据设备的能力，它的取值范围可为：1～16。

“NumberMaxOfServerTransaction”参数对 Modbus 服务器的操作和性能有非常显著的影响。更为重要的是，所管理的并发 Modbus 事务处理的数量可能影响服务器对 Modbus 请求的响应时间。

6.4.2.2 Modbus PDU 校验

图 18 描述了 Modbus PDU 校验操作。

Modbus PDU 校验功能首先是分析 MBAP 报文头。必须校验协议标识符字段：

——如果与 Modbus 协议类型不同，那么就简单地废除这个指示。

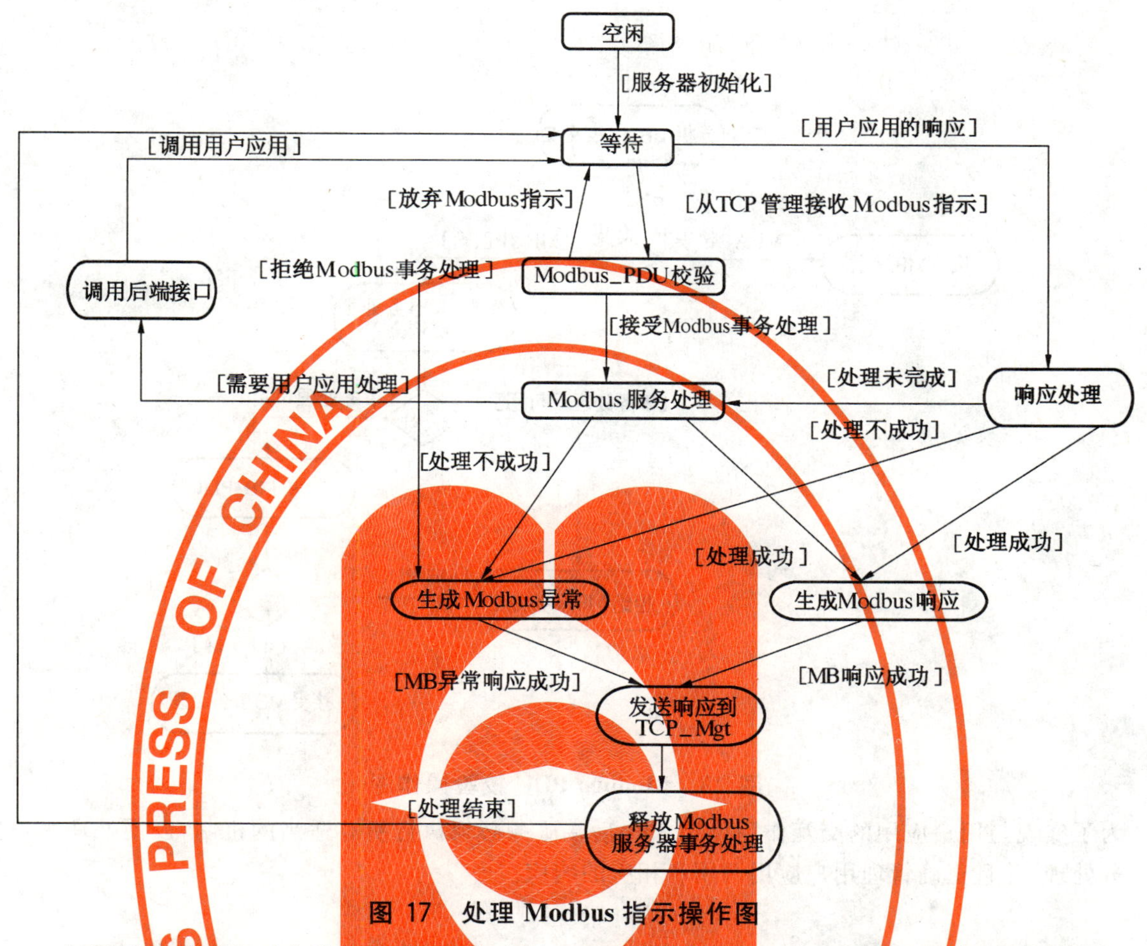

图 17 处理 Modbus 指示操作图

——如果是正确的(=Modbus 协议类型;值为 0x00),则建立了一个 Modbus 事务处理实例。

服务器可以实例化的 Modbus 事务处理的最大数量由参数"NumberMaxOfTransaction"(系统或配置参数)来定义。

在不可用的事务处理情况下,服务器生成一个 Modbus 异常响应(异常码 6:服务器忙)。

如果事务处理是可用的,它将被启动,以便存储下列信息:

——用于发送指示的 TCP 连接标识符(由 TCP 管理给出);

——Modbus 事务处理 ID(在 MBAP 报文头中给出);

——单元标识符(在 MBAP 报文头中给出)。

然后,分析 Modbus PDU。首先分析功能码:

——当无效时,生成 Modbus 异常响应(异常码 1:无效功能);

——如果接受功能码,服务器启动一个"Modbus 服务处理"操作。

6.4.2.3 Modbus 服务处理

见图 19。

根据后面示例中描述的设备软件和硬件结构,可以用不同的方式进行所要求的 Modbus 服务处理:

——在一个紧凑型设备或单线程体系结构内,Modbus 服务器可以直接访问用户应用数据,服务器自身可以"本地"处理所要求的服务,而无需调用后端服务。

根据 GB/T 19582.1—2008 进行这种处理。在出现错误的情况下,生成 Modbus 异常响应。

——在一个模块化的多处理器的设备或多线程体系结构中,"通信层"和"用户应用层"是两个独立的实体,通信实体可以完整地处理一些不重要的服务,而其他的服务需要应用后端服务与用户应用实体协调完成。

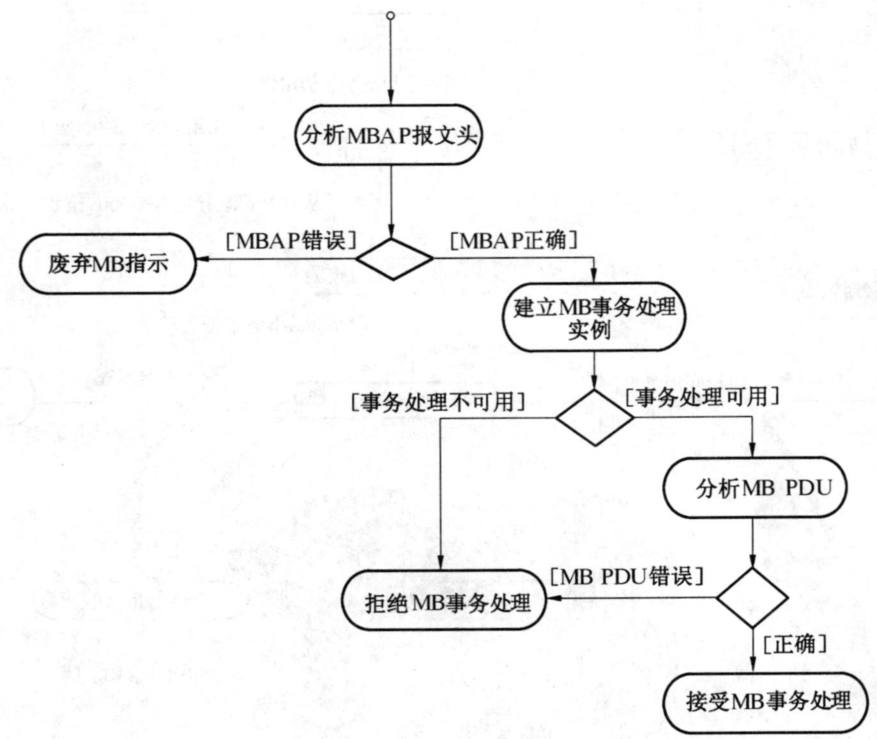

图 18 Modbus PDU 校验操作图

为了实现与用户应用的交互作用，Modbus 后端服务必须执行所有适当的机制，以便处理用户应用的事务处理，并且正确管理用户应用调用和相应的响应。

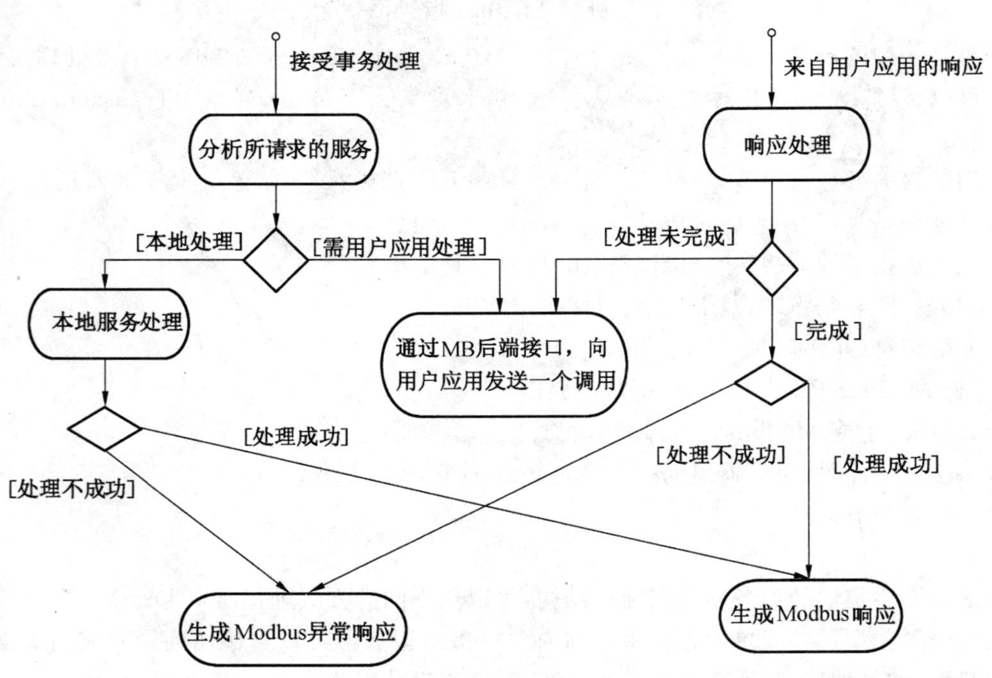

图 19 Modbus 服务处理操作图

6.4.2.4 用户应用接口(后端接口)

在 Modbus 后端服务中，可以使用几种策略来完成工作，尽管从用户网络吞吐量、接口带宽使用、响应时间、设计工作量的角度，这几种策略是不尽相同的。

Modbus 后端服务将对用户应用使用适当接口：

——或基于串行链路的物理接口，或双口 RAM 方案，或一条简单的 I/O 连线，或由操作系统提供的基于报文传输服务的逻辑接口。

——到用户应用的接口可以是同步的或异步的。

Modbus 后端服务还将使用适当的设计模式来获取/设定对象属性或触发服务。在某些情况下，一个简单的“网关模式”就足够了。在某些其他情况下，从简单的历史交换表到更复杂的重复机制中，设计者将必须实现带有高速缓存器的“代理服务器模式”。

Modbus 后端服务负责实现协议的转换，以便与用户应用进行交互作用。因此，它必须具有相应机制来实现报文的分拆/重组、数据一致性保证以及所有需要的同步等功能。

6.4.2.5 Modbus 响应的生成

一旦处理请求，Modbus 服务器就必须使用适当的 Modbus 服务器事务处理生成一个响应，并且必须将响应发送到 TCP 管理组件。

根据处理结果，可以生成两类响应：

——肯定的 Modbus 响应：响应功能码＝请求功能码；

——Modbus 异常响应：目的是为客户机提供与处理过程检测到的错误有关的信息；响应功能码＝请求功能码＋0x80；提供异常码来说明出错的原因，见表 4。

表 4 Modbus 异常响应

异常码	Modbus 名称	注　释
01	非法的功能码	服务器未知的功能码
02	非法的数据地址	与请求有关
03	非法的数据值	与请求有关
04	服务器故障	在执行过程中，服务器故障
05	确认	服务器接受服务调用，但是需要相对长的时间完成服务。因此，服务器仅返回一个服务调用接收的确认
06	服务器忙	服务器不能接受 Modbus 请求 PDU。客户机应用负责决定是否和何时重发请求
0A	网关故障	网关路径是无效的
0B	网关故障	目标设备没有响应。网关生成这个异常信息

Modbus 响应 PDU 必须以 MBAP 报文头作前缀，使用事务处理文本中的数据生成 MBAP 报文头。

——单元标识符

当在所收到的 Modbus 请求中给出单元标识符时，拷贝这个单元标识符，并将其存储在事务处理的文本中。

——长度

服务器计算 Modbus PDU 和单元标识符字节的大小。在“长度”字段中设置这个值。

——协议标识符

设置协议标识符字段为 0x0000(Modbus 协议)，在所收到的 Modbus 请求中给出协议标识符。

——事务处理标识符

设置这个字段为“事务处理标识符”值，它与初始请求有关，并由相关的事务处理存储。

利用事务处理存储的 TCP 连接必须对相应的 Modbus 客户机返回 Modbus 响应。在发送响应后，必须释放相应的事务处理。

7 实现指南

本章的目的是提出一个实现报文传输服务的示例。

下面所描述的模型可用作客户机或服务器实现 Modbus 报文传输服务过程的指南。

注：报文传输服务的实现由用户负责。

7.1 对象模型图

见图 20。

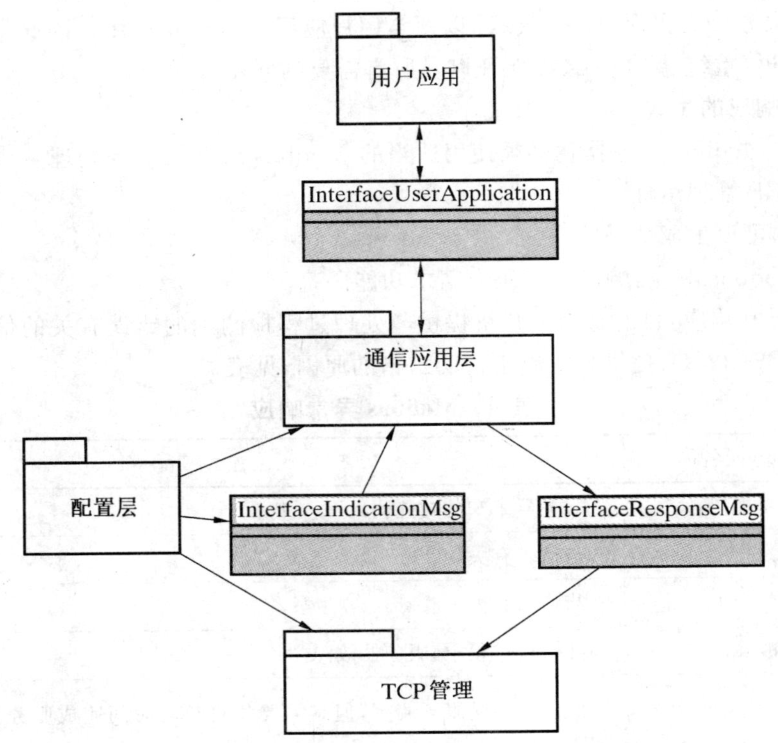

图 20 **Modbus 报文传输服务对象模型图**

四种主要程序包构成对象模型图：

——配置层，它配置和管理其他程序包组件的操作模式。

——TCP 管理，它提供 TCP/IP 栈和管理 TCP 连接的通信应用层连接的接口。这指的是套接字接口的管理。

——通信应用层，它由在一侧的 Modbus 客户机和在另一侧的 Modbus 服务器组成。该程序包和用户应用链接。

——用户应用，它和设备应用相对应，它完全与设备有关，因此在本部分中不予讨论。

本模型与实现的选择无关，例如：OS(操作系统)类型和存储管理等。为保证这种不相关性，在 TCP 管理层和通信层之间以及在通信层和用户应用层之间使用通用接口层。

用户用不同的实现方法实现该接口：两项任务之间的管道、共享存储器、串行链路接口以及程序调用等。

为定义下面的实现模型，进行下列假设：

——静态存储器管理；

——服务器的同步处理；

——处理有关所有套接字接收的任务。

7.1.1 TCP 管理程序包

见图 21。

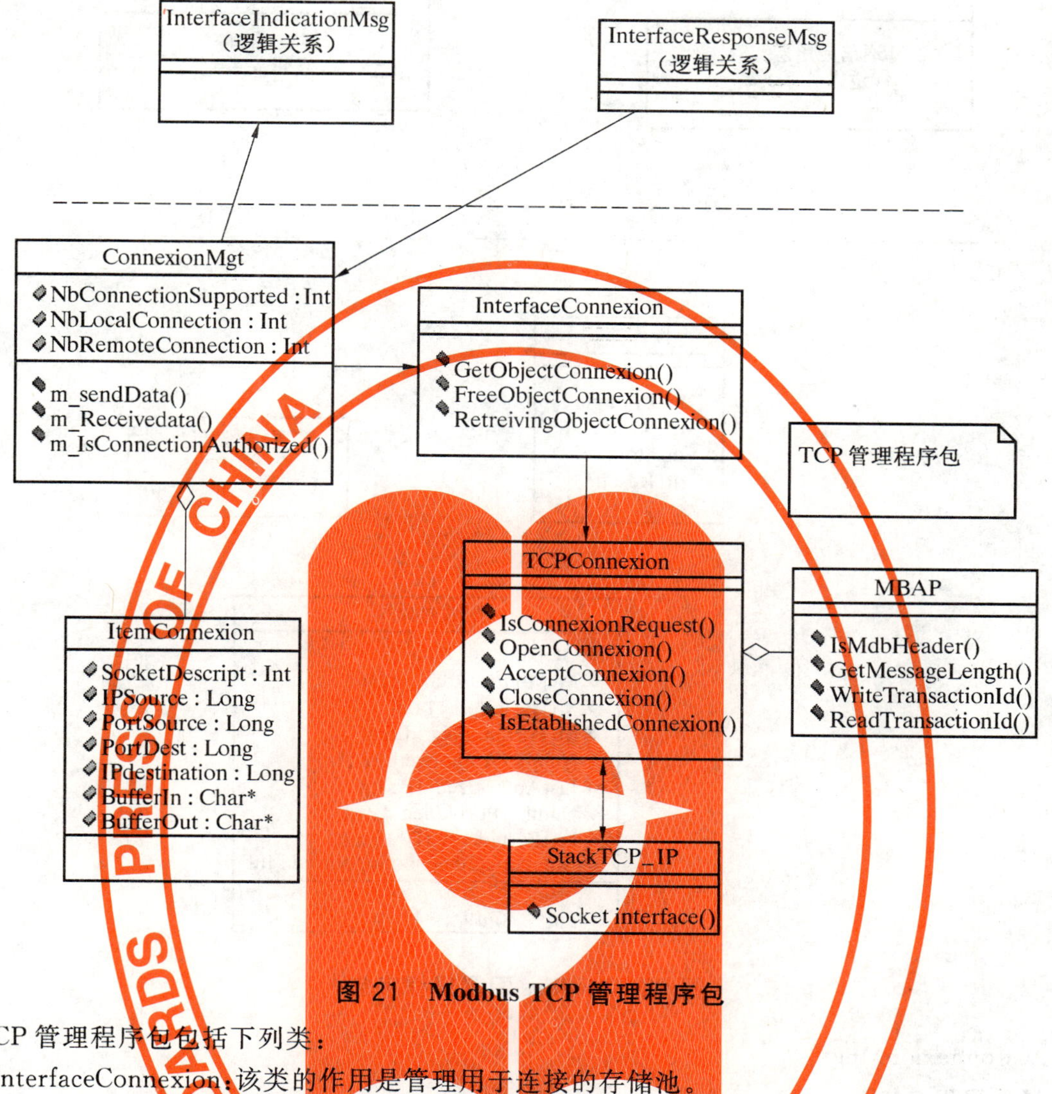

图 21 **Modbus TCP 管理程序包**

TCP 管理程序包包括下列类：

CInterfaceConnexion：该类的作用是管理用于连接的存储池。

CItemConnexion：该类含有描述连接所需要的所有信息。

CTCPConnexion：该类提供自动管理 TCP 连接的方法(CStackTCP_IP 提供接口套接字)。

CconnexionMngt：该类管理所有连接，并通过 CInterfaceindicationMsg 和 CInterfaceRoseponseMsg 向 Modbus 服务器/Modbus 客户机发送请求/响应。该类还处理连接打开的访问控制。

CMBAP：该类提供读/写/分析 Modbus MBAP 的方法。

CStackTCP_IP：该类执行套接字服务并提供栈的参数配置。

7.1.2 配置层程序包

见图 22。

配置层程序包包括下列类：

TConfigureObject：该类将对每一个其他组件配置所需的全部数据进行分组。通过 COperatingMode 类中的 m_Configure 方法填充这个结构。每个需要配置的类从这个对象中获取自己的配置数据。配置数据与实现有关。因此，提供该类的属性表作为一个示例。

COperatingMode：该类的作用是填充 TConfigureObject(根据用户的配置)和管理下述所描述的类的操作模式。

——CModbusServer

——CModbusClient

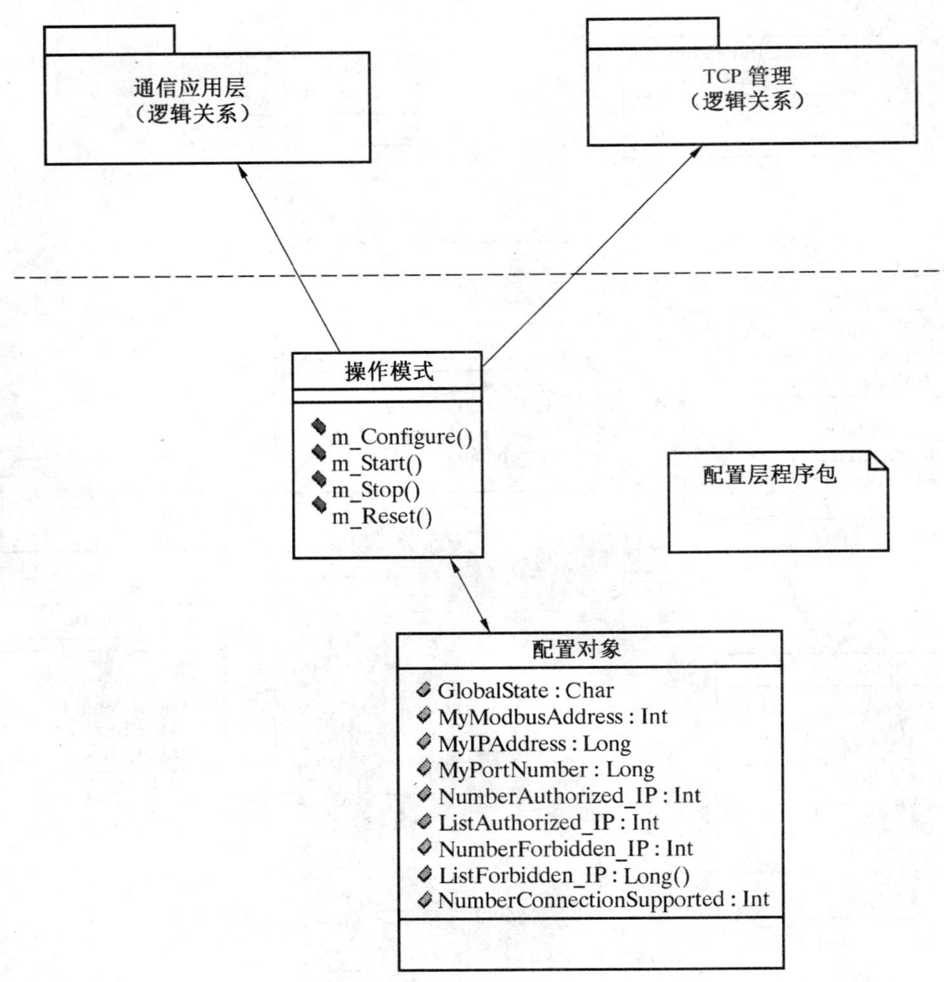

图 22　**Modbus 配置层程序包**

——CConnexionMngt

7.1.3　通信层程序包

见图 23。

通信应用层程序包包括下列类：

CModbusServer：从类 CInterfaceIndicationMsg 中接收 Modbus 询问（通过 m_ServerRecieving-Message 方法）。该类的作用是根据询问（从网络进入）生成 Modbus 响应或 Modbus 异常。该类实现 Modbus 服务器的状态图。仅当类 COperatingMode 发送了用户配置和正确的操作模式后，才能生成响应。

CModbusClient：从类 CInterfaceUserApplication 中读 Modbus 询问，客户机的任务是通过 m_ClientReceivingMessage 方法接收询问。该类实现 Modbus 客户机的状态图，并且管理链接响应和询问的事务处理（来自网络的）。仅当类 COperatingMode 发送了用户配置和正确的操作模式后，才能通过网络发送询问。

CTransaction：该类实现管理事务的方法和结构。

7.1.4　接口类

CInterfaceUserApplication：该类表示与用户应用的接口，它提供两种访问用户数据的方法。在实际的实现中，根据硬件和软件设备的能力，用不同的方式实现这种方法（相当于一个终端驱动器、访问 PCMCIA 的示例、共享存储器等）。

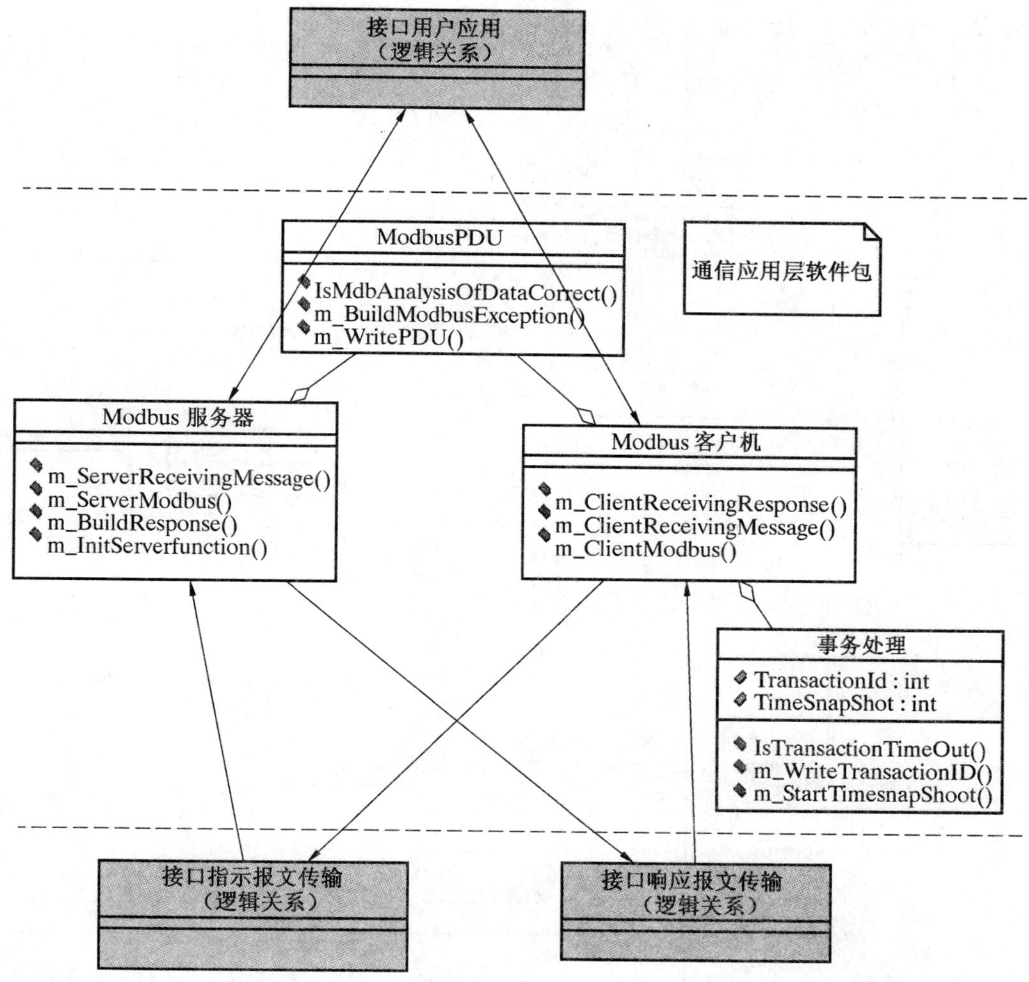

图 23　**Modbus 通信应用层程序包**

CInterfaceIndicationMsg:该接口类用来从网络向 Modbus 服务器发送询问,以及从网络向客户机发送响应。该类为 TCPManagement 和"通信应用层"程序包(来自网络的)提供接口。该类的实现与设备有关。

CInterfaceResponseMsg:该接口类用于从服务器接收响应,以及从客户机向网络发送询问。该类为"通信应用层"程序包和 TCPManagement(向网络)提供接口。该类的实现和设备有关。

7.2　实现类的图

图 24 是一个完整的实现方案。

7.3　序列图

图 25 和图 26 描述了两个序列图,以便说明客户机 Modbus 事务处理和服务器 Modbus 事务处理。

为更好地理解客户机序列图,通用说明如下:

第一步:来自用户应用的读询问(通过 m_Read 方法)。

第二步:"客户机"任务接收 Modbus 询问(通过 m_ClientReceivingMessage 方法)。这是客户机的进入点。为了使询问和相应的响应相互协调,当获得询问时,客户机使用事务处理资源(类名:CTransaction)。通过调用类接口 CInterfaceResponseMsg 向 TCP_Management 发送 Modbus 询问(通过 m_ModbusRequest 方法)。

第三步:如果已建立连接,则不需要对连接做进一步操作,那么报文可以通过网络发送。否则,在可以通过网络发送报文之前,必须打开连接。

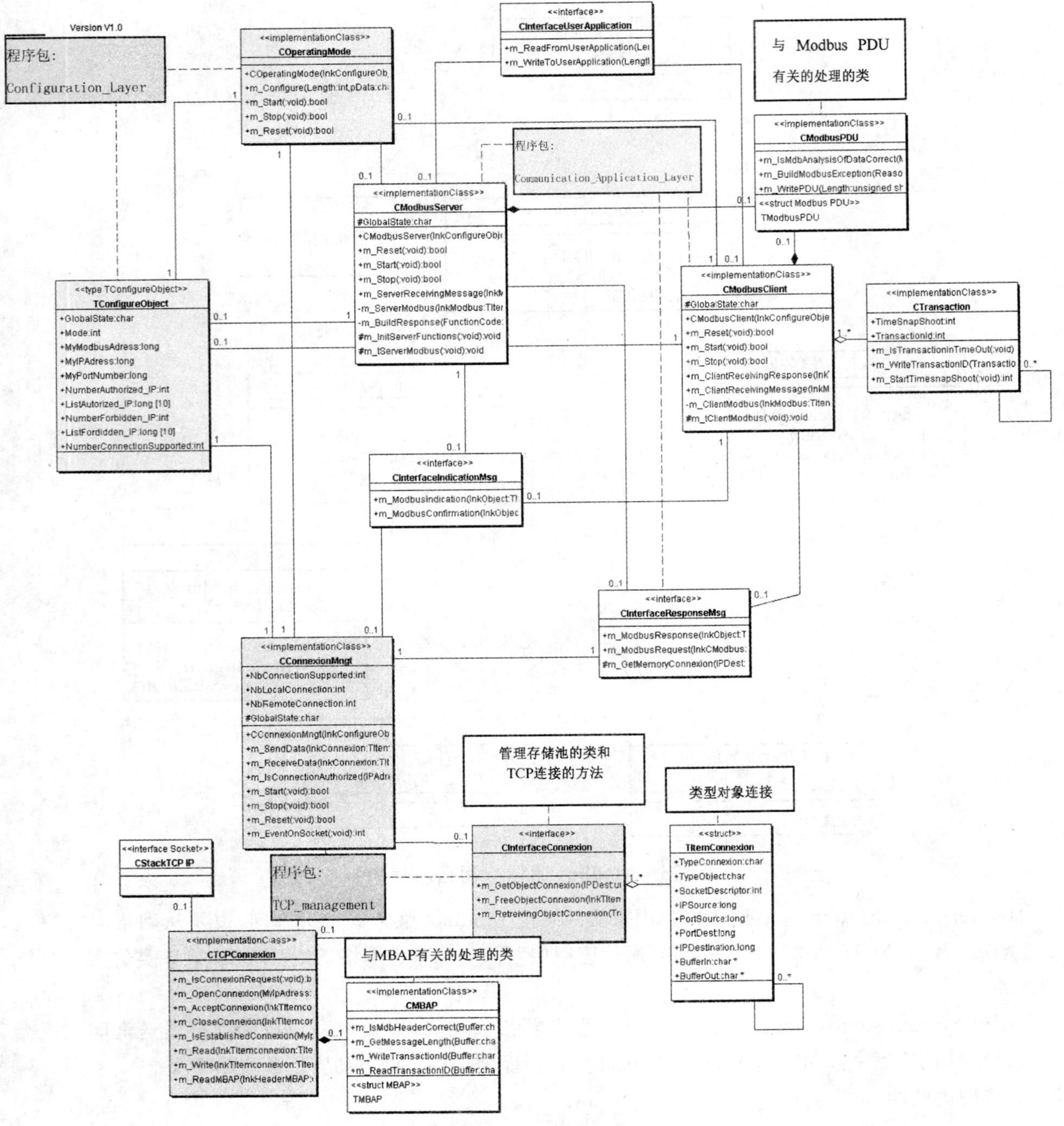

图 24　类的图

此时，客户机等待响应(来自远程服务器)。

第四步：一旦已经从网络得到响应，那么 TCP/IP 栈接收数据(通过隐性地调用 m_EventOnStack 方法)。

如果已建立连接，那么读 MBAP 以恢复连接对象(连接对象提供存储资源和其他信息)。

读来自网络的数据，通过类接口 CInterfaceIndicationMsg 向客户机任务发送证实(通过 m_ModbusConfirmation 方法)。客户机任务接收 Modbus 证实(通过 m_ClientReceivingResponse 方法)。

最后，向用户应用写入响应(通过 m_Writedata 方法)，并且事务处理资源被释放。

图 26 是 Modbus 服务器交换的示例。

为更好地理解服务器序列图，通用说明如下：

第一步：客户机已通过网络发送了询问(Modbus 询问)。TCP/IP 栈接收数据(通过隐性地调用 m_

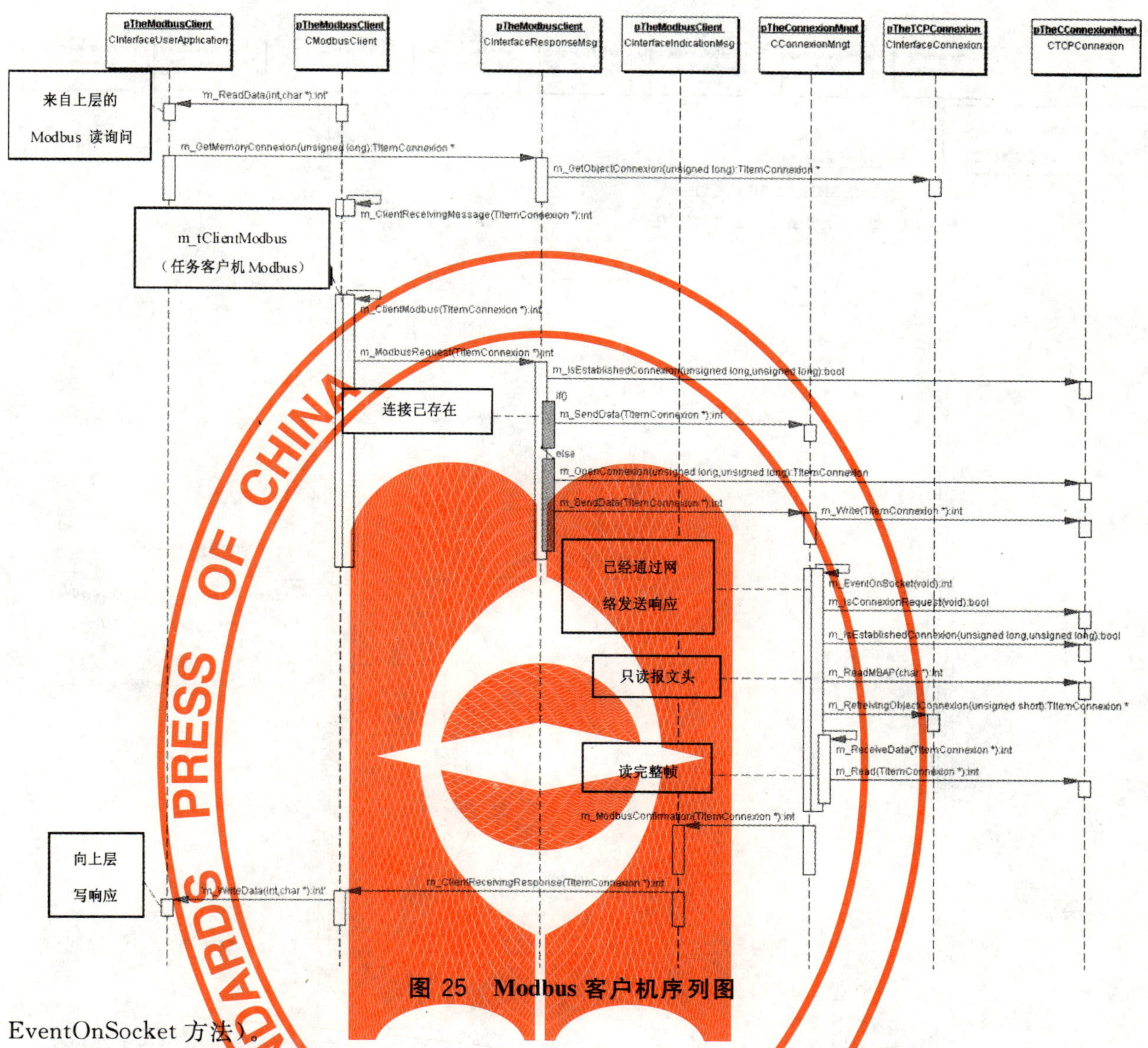

图 25 Modbus 客户机序列图

EventOnSocket 方法）。

第二步：询问可能是连接请求，也可能不是（通过 m_IsConnexionRequest 方法）。

如果询问是连接请求，那么分配连接对象及用于接收和发送 Modbus 帧的缓存区（通过 m_GetObjectConnexion 方法）。然后，必须检查和接受连接访问控制（通过 m_AcceptConnexion 方法）。

第三步：如果询问是 Modbus 请求，那么可以读出完整的 Modbus 询问（通过 m_ReceiveData 方法）。此时，必须分析 MBAP（通过 m_IsMdbHeadercorrect 方法）。通过 CInterfaceIndicationMessaging 类向服务器任务发送完整的帧（通过 m_ModbusIndication 方法）。服务器任务接收 Modbus 询问（通过 m_ServerReceivingMessage 方法）并加以分析。

在出错的情况下（不支持的功能码等），生成 Modbus 异常帧（通过 m_BuildModbusException 方法），否则生成响应。

第四步：通过 CInterfaceResponseMessaging 在网络上发送响应（通过 m_ModbusResponse 方法）。通过 m_SendData 方法处理连接对象（恢复连接描述符等）并在网络上发送数据。

7.4 类和方法的描述

7.4.1 Modbus 服务器的类

类名：CModbusServer，见表 5～表 7。

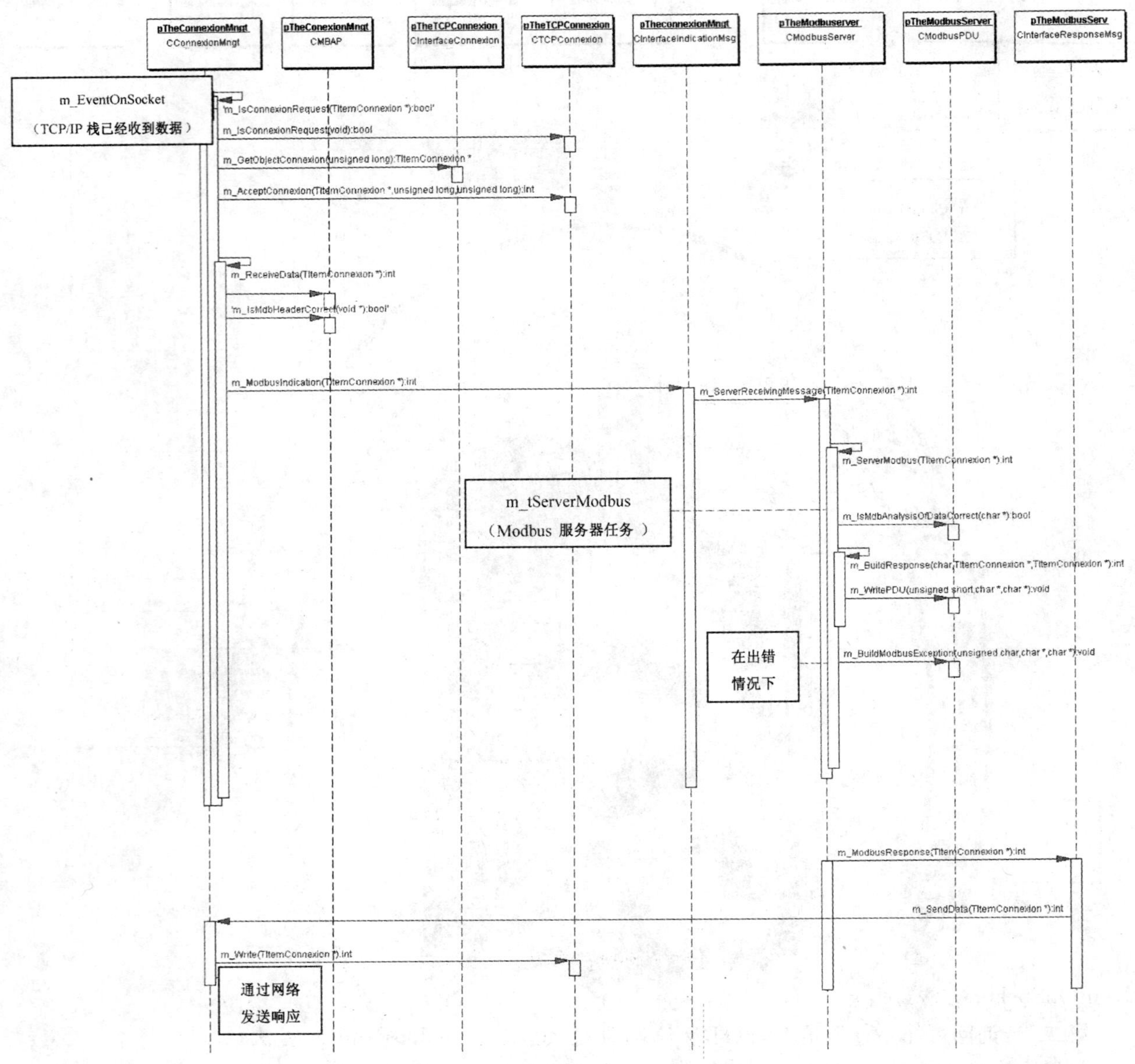

图 26 **Modbus 服务器序列图**

---

class CModbusServer

Stereotype 实现类

提供用服务器模式管理 Modbus 报文传输的方法

表 5 字段综述

字段综述	
protected char	GlobalState Modbus 服务器的状态

表 6 构造函数综述

构造函数综述	
CModbusServer(TConfigureObject * lnkConfigureObject) 构造函数:生成内部对象	

表 7 方法综述

方法综述	
protected void	m_InitServerFunctions(void) 为填充功能阵列“m_ServerFunction”由构造函数调用的功能
bool	m_Reset(void) 复位服务器的方法,如果被复位,那么返回“真”
int	m_ServerReceivingMessage(TItemConnexion * lnkModbus) 与 CindicationMsg::m_ModbusIndication 的接口,用于从网络接收询问,如有问题,返回负值
bool	m_Start(void) 启动服务器的方法,如果被启动,返回“真”
bool	m_Stop(void) 停止服务器的方法,如果停止,返回“真”
protected void	m_tServerModbus(void) 服务器 Modbus 任务……

7.4.2 **Modbus 客户机类**

类名:CModbusClient,见表 8～表 10。

---

class CModbusClient

提供用客户机模式管理 Modbus 报文传输的方法

Stereotype 实现类

表 8 字段综述

字段综述	
protected char	GlobalState Modbus 客户机的状态

表 9 构造函数综述

构造函数综述	
CModbusClient(TConfigureObject * lnkConfigureObject) 构造函数:生成内部对象,将变量初始化为 0	

表 10 方法综述

方法综述	
int	m_ClientReceivingMessage(TItemConnexion * lnkModbus) 典型地为接收来自应用层的报文提供接口: 调用 CInterfaceUserApplication::m_Read 用于读数据; 调用 CInterfaceConnexion::m_GetObjectConnexion 用于获取事务处理的存储器, 如果有问题,那么返回负值

表 10(续)

方法综述	
int	m_ClientReceivingResponse(TItemConnexion * lnkTItemConnexion) 与 CindicationMsg::m_Confirmation 的接口,用于从网络接收响应, 如果有问题,那么返回负值
bool	m_Reset(void) 复位组件的方法,如果复位,返回"真"
bool	m_Start(void) 启动组件的方法,如果被启动,返回"真"
bool	m_Stop(void) 停止组件的方法,如果被停止,返回"真"
protected void	m_tClientModbus(void) 客户机 Modbus 任务……

7.4.3 接口类

7.4.3.1 接口指示类

类名:CInterfaceIndicationMsg,见表 11。

直接已知的子类

CConnexionMngt

---

class CInterfaceIndicationMsg

从 TCP_Management 向 Modbus 服务器或客户机发送报文的类

Stereotype 接口

表 11 **CInterfaceIndicationMsg 方法综述**

方法综述	
int	m_ModbusConfirmation(TItemConnexion * lnkObject) 接收进入响应和调用客户机的方法:可通过参量值、报文队列、远程过程调用等方法
int	m_ModbusIndication(TItemConnexion * lnkObject) 读进入 Modbus 询问和调用服务器的方法:可通过参量值、报文队列、远程过程调用等方法

7.4.3.2 接口响应类

类名:CInterfaceResponseMsg,见表 12。

直接已知的子类:

CModbusClient、CModbusServer

---

class CInterfaceResponseMsg

从客户机或服务器向 TCP_Management 发送响应或询问的类

Stereotype 接口

表 12 **CInterfaceResponseMsg 方法综述**

方法综述	
TitemConnexion *	m_GetMemoryConnexion(unsigned long IPDest) 从存储池获得对象 ItemConnexion,如果存储不充足,返回值-1
int	m_ModbusRequest(TItemConnexion * lnkCModbus) 将进入 Modbus 询问客户机写入 ConnexionMngt 的方法:可通过参量值、报文队列、远程过程调用等方法
int	m_ModbusResponse(TItemConnexion * lnkObject) 从 Modbus 服务器将响应写入 ConnexionMngt 的方法:可通过参量值、报文队列、远程过程调用等方法

7.4.4 连接管理类

类名:CConnexionMngt,见表 13~表 15

---

class CConnexionMngt
管理所有 TCP 连接的类
Stereotype 实现类

表 13 字段综述

字段综述	
protected char	GlobalState 组件 ConnexionMngt 的全局状态
int	NbConnectionSupported 连接的全局数量
int	NbLocalConnection 本地客户机向远程服务器打开的连接数量
int	NbRemoteConnection 远程客户机向本地服务器打开的连接数量

表 14 构造函数综述

构造函数综述	
CconnexionMngt(TConfigureObject * lnkConfigureObject) 构造函数:生成内部对象,将变量初始化为 0	

表 15 方法综述

方法综述	
int	m_EventOnSocket(void) 唤醒
bool	m_IsConnectionAuthorized(unsigned long IPAdress) 如果授权新连接,返回"真"
int	m_ReceiveData(TitemConnexion * lnkConnexion) 与 CTCPConnexion::write 方法的接口,用于从网络中读数据,如果有问题,返回负值
bool	m_Reset(void) 复位 ConnectionMngt 组件的方法,如果被复位,返回"真"

表 15(续)

方法综述	
int	m_SendData(TItemConnexion * lnkConnexion) 与 CTCPConnexion::read 方法的接口,用于向网络发送数据, 如果有问题,返回负值
bool	m_Start(void) 启动 ConnectionMngt 组件的方法,如果被启动,返回“真”
bool	m_Stop(void) 停止组件的方法,如果被停止,返回“真”

ICS 67.080.10
B 31

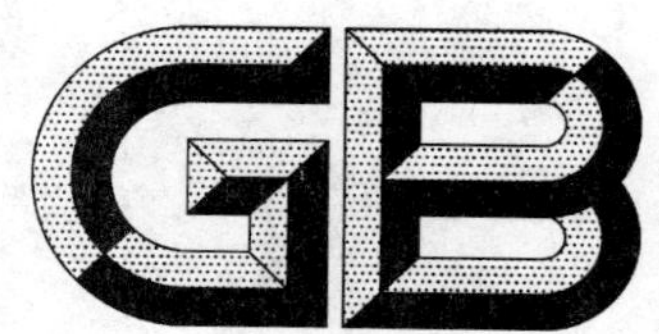

中华人民共和国国家标准

GB/T 19585—2008
代替 GB 19585—2004

地理标志产品 吐鲁番葡萄

Product of geographical indication—Turpan grape

2008-06-25 发布　　　　2008-10-01 实施

中华人民共和国国家质量监督检验检疫总局
中国国家标准化管理委员会　发布

前　言

本标准根据国家质量监督检验检疫总局颁布的 2005 第 78 号令《地理标志产品保护规定》及 GB 17924—1999《原产地域产品通用要求》制定。

本标准代替 GB 19585—2004《原产地域产品　吐鲁番葡萄》。

本标准与 GB 19585—2004 相比主要变化如下：

——将标准由强制性改为推荐性；

——根据国家质量监督检验检疫总局颁布的《地理标志产品保护规定》，修改相关名称内容；

——增加了术语和定义“发育不良果”；

——修改了“栽培技术”中的株行距和采摘时间，规定了葡萄的单位亩产量，规定了激素的使用要求；

——提高了“理化指标”中的可溶性固形物指标，从而提高了产品品质。

本标准的附录 A、附录 B 和附录 C 为规范性附录。

本标准由全国原产地域产品标准化工作组提出并归口。

本标准起草单位：吐鲁番地区质量技术监督局。

本标准主要起草人：原建设、阿扎提江·皮尔多斯、杨文菊、方海龙、张金涛、卫建国、哈里旦。

本标准所代替标准的历次版本发布情况为：

——GB 19585—2004。

地理标志产品　吐鲁番葡萄

1　范围

本标准规定了吐鲁番葡萄的地理标志产品保护范围、术语和定义、要求、试验方法、检验规则及标志、标签、包装、运输和贮存。

本标准适用于国家质量监督检验检疫行政主管部门根据《地理标志产品保护规定》批准保护的吐鲁番葡萄。

2　规范性引用文件

下列文件中的条款通过本标准的引用而成为本标准的条款。凡是注日期的引用文件，其随后所有的修改单(不包括勘误的内容)或修订版均不适用于本标准，然而，鼓励根据本标准达成协议的各方研究是否可使用这些文件的最新版本。凡是不注日期的引用文件，其最新版本适用于本标准。

GB 7718　预包装食品标签通则

GB/T 8321(所有部分)　农药合理使用准则

GB/T 8855　新鲜水果和蔬菜的取样方法

GB 18406.2　农产品安全质量　无公害水果安全质量要求

3　地理标志产品保护范围

吐鲁番葡萄的产地保护范围为国家质量监督检验检疫行政主管部门根据《地理标志产品保护规定》批准保护的范围，见附录A。

4　术语和定义

下列术语和定义适用于本标准。

4.1

吐鲁番葡萄　Turpan grape

在本标准第3章规定的范围内栽植的葡萄，以本标准栽培技术进行管理，果品质量符合本标准要求的葡萄。

4.2

整齐度　uniformity degree

果穗和果粒在形状、大小等方面的一致程度，分为整齐、比较整齐和不整齐。整齐：单穗、单粒的重量与其平均值误差小于10%，形状一致或相近；比较整齐：单穗、单粒的重量与其平均值误差小于20%，形状方面相似；不整齐：单穗、单粒的重量与其平均值误差大于20%，形状不太一致或不一致。

4.3

紧密度　tightness degree

果穗的紧密程度。分为极紧、紧、适中、松、极松。极紧：果粒之间很挤，果粒发生变形；紧：果粒之间较挤，但果粒不变形；适中：果穗平放时，形状稍有改变；松：果穗平放时，显著变形；极松：果穗平放时，大部分分枝处于一个平面。

4.4

新鲜洁净　fresh and clean

果皮、果梗不皱缩，无污物。

4.5

霉烂果粒　mildew and metamorphose fruit particle

腐败变质，不能食用的果粒。

4.6

异常果　abnormal fruit

由于自然因素或人为机械的作用，在外观、肉质、风味方面有较明显异常的果实。异常果包括：破损果、日灼果、水罐子果、伤疤果等。

4.6.1

破损果　damaged fruit

机械损伤和果皮、果肉发生破裂的果实。

4.6.2

日灼果　sunburn fruit

由于受强日光照射在果实表面形成变色斑块的果实。

4.6.3

水罐子果　soft disease fruit

由于营养不良而造成果肉变软呈水渍状，不能正常成熟的果实。

4.6.4

伤疤果　fruit scar

由于机械原因形成表面疤痕的果实。

4.6.5

发育不良果　maldevelopment fruit

由于自然或人为的原因，到成熟时仍未达到标准要求的果实。

4.7

色泽　colour

本品种固有颜色。

5　要求

5.1　栽培环境

5.1.1　日照

年日照时数 2 912.3 h～3 062.5 h，年日照百分率 65％～69％。

5.1.2　气温

年气温 11.7 ℃～14.4 ℃，大于等于 10 ℃的积温 4 598.8 ℃～5 480.0 ℃，无霜期 205 d～236 d。

5.1.3　降水

年降水量 8.8 mm～27.6 mm。

5.1.4　水

天山冰雪融化水形成的地表水和地下水。

5.1.5　空气相对湿度

空气相对湿度 42％～44％。

5.1.6　土壤

土壤系灌耕土、灌淤土、风沙土、潮土和经过改良的棕色荒漠土，土壤通透性良好，含盐量低于 0.15％，土壤呈中性略偏碱。

5.2 特性

5.2.1 果树特性

a) 树势:生长势较强。

b) 枝:一年生枝较粗壮,成熟后为土黄色。

c) 叶:叶片近圆形,五裂,裂刻中深或浅,叶片上下表面光滑无茸毛。

d) 花:两性花,雄蕊较雌蕊长或等长,自花授粉结实良好。

e) 物侯期:4 月上、中旬萌芽,5 月上、中旬开花,7 月上旬果实开始成熟,8 月下旬完全成熟,生长期为 140 d,11 月份进入落叶期。

5.2.2 果实特性

果穗为双歧肩长圆锥形或长圆柱形,大小中等,穗重平均 300 g～500 g;果粒为椭圆形,无核,粒重为 1.5 g～3.0 g;黄绿色,果粉少,皮薄肉脆,不易与果肉分离,酸甜适口,含可溶性固形物 18%～23%,含酸量为 0.4%～0.8%。

5.3 苗木繁育

5.3.1 扦插苗培育

从优良种株上选一年生 3 节(长度 20 cm)以上的成熟枝条作为插条垄插。

5.3.2 出圃苗木规格

于 10 月下旬至 11 月初出圃。出圃前 4 d～7 d 浇透水,起苗时要保护好根系。

出圃苗木规格应符合表 1 规定。

表 1 出圃苗木规格

级别	茎粗(直径)/cm	成熟节数/节	根数(根直径≥2 mm)/条	根长/cm
一级	≥0.8	≥8	≥5	≥20
二级	≥0.6	≥5	≥4	≥15

按以上标准分级,每 20 株或者 30 株一捆,挂牌标明品种、等级、数量。

5.4 栽培技术

5.4.1 主要栽培管理技术措施

5.4.1.1 建园

选择土质疏松,排灌良好的土壤,采用小棚架,行距 5 m、株距 1 m～1.5 m,每 667 m^2 定植 89 株～134 株,春季栽植。

5.4.1.2 整形修剪

一般采用多主蔓扇形或一条龙整枝法。多主蔓扇形秋剪采用中、长梢为主的混合修剪法,长、中、短结果母枝比例为 2∶2∶1,一条龙整枝以中、短梢修剪为主。夏季修剪时叶面积指数 4～5。

5.4.1.3 栽培措施

为了提高无核白葡萄的品质,在栽培中实施疏花措施,控制每公顷产量不得超过 37 500 kg,以 30 000 kg～37 500 kg 为宜(即亩产量不得超过 2 500 kg,以 2 000 kg～2 500 kg 为宜)。

5.4.1.4 激素的使用

采用激素的浓度,赤霉素≤0.15 mg/kg,不得使用乙烯利和萘乙酸等生长调节剂。

5.4.1.5 肥水管理

基肥秋施,以有机肥为主;生长期施用氮、磷、钾肥;灌水实行“前促、后控、中间足”的原则,浇足冬水,保墒防寒。

5.4.2 病虫害防治

病虫害防治以预防为主,综合防治为原则。应根据预测预报及时防治,在病虫害防治中宜用物理与生物防治。农药使用严格按 GB/T 8321(所有部分)执行。

5.5 采收

5.5.1 采收时间

7月中旬开始采收至9月下旬结束。

5.5.2 采收要求

采收时要求可溶性固形物含量达到16%以上，采收前停水7 d～20 d。

5.6 感官指标

感官指标应符合表2规定。

表2 感官指标

项目	特级品	一级品	二级品
穗形和果形	具有本品种固有之特征		
果　面	新鲜洁净		
色　泽	黄绿色	黄绿色和绿黄色	
口　感	皮薄肉脆、酸甜适口、具有本品种特有的风味、无异味		
整齐度	整齐	比较整齐	
紧密度	适中	紧、适中或松	
异常果	≤1%	≤2%	
霉烂果粒	不得检出		

5.7 理化指标

理化指标应符合表3的规定。

表3 理化指标

项目		特级品	一级品	二级品
粒重/g	≥	2.5	2.0	1.5
穗重/g		500～800	≥300	≥250
可溶性固形物/%	≥	20	18	16
总酸含量/%	≤	0.6	0.7	0.8

5.8 卫生指标

按GB 18406.2规定执行。

6 试验方法

6.1 感官指标

6.1.1 将样品放于洁净的白色瓷盘中，在自然光线下用肉眼观察葡萄果穗的形状、颜色和果粒的均匀程度、紧密度并品尝。

6.1.2 异常果

从试样中挑选出有异常的果粒称量，按式(1)计算出异常果的百分含量：

$$X = \frac{T_1}{T_2} \times 100 \qquad \cdots\cdots(1)$$

式中：

X——异常果的百分含量，%；

T_1——异常果的总质量，单位为克(g)；

T_2——试样质量，单位为克(g)。

6.2 理化指标

6.2.1 粒重、穗重

粒重采用感量 0.1 g 的天平测定,穗重采用感量 1 g 的天平测定。

6.2.2 可溶性固形物

按附录 B 执行。

6.2.3 总酸量

按附录 C 执行。

6.3 卫生指标

按 GB 18406.2 规定执行。

7 检验规则

7.1 组批

同一等级、同样包装、在同一贮存条件下存放的葡萄为一批。

7.2 抽样方法

在每批产品中随机抽取不少于 3 kg 的样品为检样,取样方法按 GB/T 8855 执行。

7.3 检验分类

7.3.1 田间检验

产品包装前应按照本标准要求进行质量等级检验,按等级要求分别包装并将合格证附于包装箱内。

7.3.2 型式检验

有下列情况之一时应进行型式检验,型式检验项目为本标准全部技术要求:

a) 每年采摘初期;

b) 质量技术监督部门提出型式检验要求时。

7.4 交货验收

供需双方在交货现场按交售量随机抽取不少于 3 kg 的样品,按照本标准规定的质量等级进行分级。

7.5 判定规则

检验结果应符合相应等级的规定,当感官、理化指标出现不合格项时,允许降等或重新分级。理化指标有一项不合格时,允许加倍抽样复检,如仍有不合格项,则判为该批产品不合格。卫生指标有一项不合格,则判为不合格品,不得复检。

8 标志、标签、包装、运输、贮存

8.1 标志、标签

产品标签应按 GB 7718 规定执行。获准使用地理标志产品专用标志的生产者,应按地理标志产品专用标志管理办法的规定在其产品上使用防伪专用标志。

8.2 包装

包装材料要保证轻质牢固,不变形,无污染,对葡萄有一定的保护作用。

8.3 运输与贮存

可采用预冷运输、冷藏车或冷藏集装箱等多种运输方式,贮存时应采用冷藏。

附　录　A
（规范性附录）
吐鲁番葡萄地理标志产品保护范围图

吐鲁番葡萄地理标志产品保护范围见图 A.1。

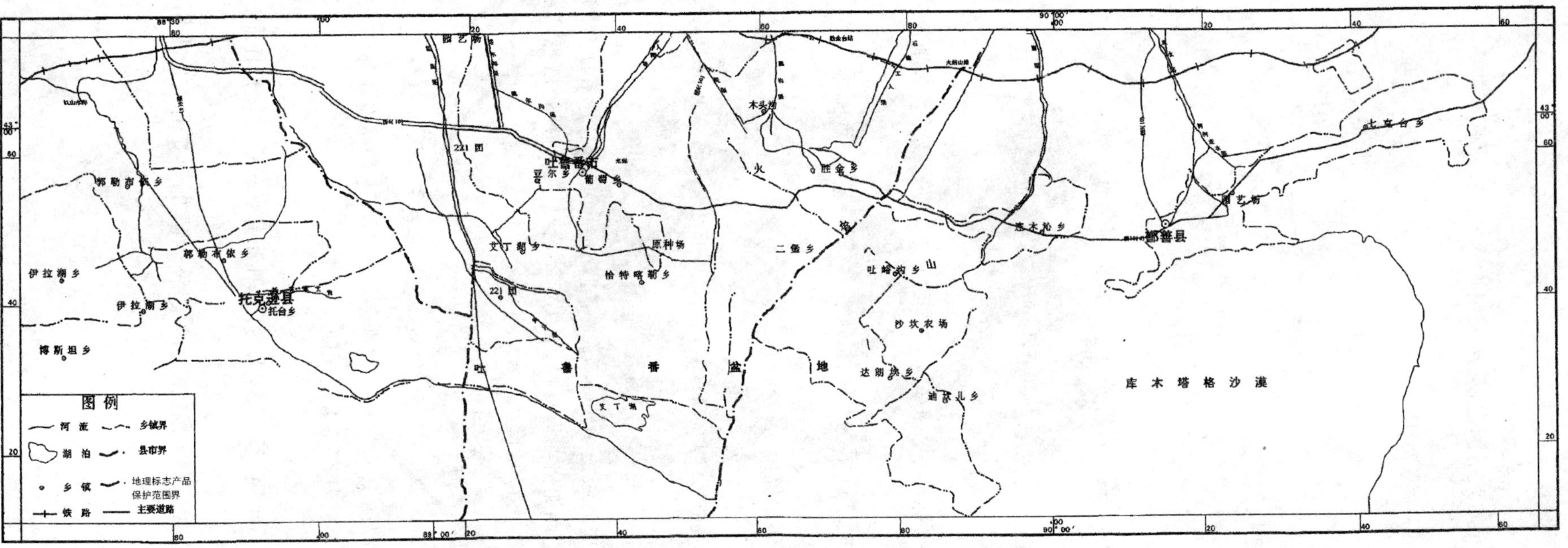

图 A.1　吐鲁番葡萄地理标志产品保护范围图

附 录 B
（规范性附录）
可溶性固形物的测定　折射仪法

B.1　范围

本附录规定了果蔬制品可溶性固形物的折射仪测定方法。

本附录适用于测定果蔬制品及新鲜果蔬可溶性固形物的含量，测定结果以蔗糖质量百分浓度表示，若制品中含有非蔗糖物质，其测定结果为近似值。

B.2　原理

在 20 ℃用折射仪测定试样溶液的折射率，从仪器的刻度尺上直接读出可溶性固形物的含量。

B.3　仪器设备

B.3.1　折射仪：刻度尺上的最小分度值，折射率（n_D）为 0.001，读数可估计至 0.000 3；糖量浓度最小分度值为 0.5%，读数可估计至 0.25%。

B.3.2　恒温水浴。

B.3.3　高速组织捣碎机：10 000 r/min～12 000 r/min。

B.3.4　架盘天平：感量 0.01 g。

B.3.5　烧杯：250 mL。

B.4　测定步骤

B.4.1　样液制备

注：需加水稀释的试样，应适当减少加水量，以避免扩大测定误差。

B.4.1.1　液体制品：如澄清果汁、糖液等，试样混匀后直接用于测定，混浊制品用双层擦镜纸或纱布挤出汁液测定。

B.4.1.2　新鲜果蔬、罐藏和冷冻制品：取试样的可食部分切碎、混匀（冷冻制品应预先解冻），称取 250 g，准确至 0.1 g，放入高速组织捣碎机捣碎，用两层擦镜纸或纱布挤出匀浆汁液测定。

B.4.1.3　酱体制品：如果酱、果冻等，称取 25 g～50 g，准确至 0.01 g，放入预先称量的烧杯中，加入 100 mL～150mL 蒸馏水，用玻璃棒搅匀，在电热板上加热至沸腾，轻沸 2 min～3 min，放置冷却至室温，再次称量，准确至 0.01 g，然后通过滤纸或布氏漏斗过滤，滤液供测定用。

B.4.1.4　干制品：把试样可食部分切碎，混匀，称取 10 g～20 g，准确至 0.01 g，放入称量过的烧杯，加入 5～10 倍蒸馏水，置沸水浴上浸提 30 min，不时用玻璃棒搅动。取下烧杯，待冷却至室温，称量，准确至 0.01 g，过滤。

B.4.2　测定

B.4.2.1　调节恒温水浴循环水温度在（20±0.5）℃，使水流通过折射仪的恒温器。循环水也可在 15 ℃～25 ℃范围内调节，温度恒定不超过±0.5 ℃。

B.4.2.2　用蒸馏水校准折射仪读数，在 20 ℃时将可溶性固形物调整至 0%；温度不在 20 ℃时，按表 B.1 的校正值进行校准。

表 B.1 折射仪测定可溶性固形物温度校正

温度/℃	可溶性固形物读数/%										
	0	5	10	15	20	25	30	40	50	60	70
应减去的校正值											
15	0.27	0.29	0.31	0.33	0.34	0.34	0.35	0.37	0.38	0.39	0.40
16	0.22	0.24	0.25	0.26	0.27	0.28	0.28	0.30	0.30	0.31	0.32
17	0.17	0.18	0.19	0.20	0.21	0.21	0.21	0.22	0.22	0.23	0.24
18	0.12	0.13	0.13	0.14	0.14	0.14	0.14	0.15	0.15	0.16	0.16
19	0.06	0.06	0.06	0.07	0.07	0.07	0.07	0.08	0.08	0.08	0.08
应加上的校正值											
21	0.06	0.07	0.07	0.07	0.07	0.08	0.08	0.08	0.08	0.08	0.08
22	0.13	0.13	0.14	0.14	0.15	0.15	0.15	0.15	0.16	0.16	0.16
23	0.19	0.20	0.21	0.22	0.22	0.23	0.23	0.23	0.24	0.24	0.24
24	0.26	0.27	0.28	0.29	0.30	0.30	0.31	0.31	0.31	0.32	0.32
25	0.33	0.35	0.36	0.37	0.38	0.38	0.39	0.40	0.40	0.40	0.40

B.4.2.3 将棱镜表面擦干后，滴加 2 滴～3 滴待测样液于棱镜中央，立即闭合上下两块棱镜，对准光源，转动消色调节旋钮，使视野分成明暗两部分，再转动棱镜旋钮，使明暗分界线适在物镜的十字交叉点上，读取刻度尺上所示百分数，并记录测定时的温度。

B.5 测定结果计算

B.5.1 温度校正

测定温度不在 20 ℃时，查表 B.1 将检测读数校正为 20 ℃标准温度下的可溶性固形物含量。

B.5.2 计算公式

未经稀释的试样，温度校正后的读数即为试样的可溶性固形物含量。稀释过的试样，可溶性固形物的含量按式(B.1)计算：

$$\text{可溶性固形物含量}(\%) = p \times \frac{m_1}{m_0} \qquad \cdots\cdots\cdots\cdots(\text{B.1})$$

式中：

p——测定液可溶性固形物含量(质量分数)，%；

m_0——稀释前试样质量，单位为克(g)；

m_1——稀释后试样质量，单位为克(g)。

B.5.3 结果表示

同一试样取两个平行样测定，以其算术平均值作为测定结果，保留一位小数。

B.5.4 允许差

两个平行样的测定结果最大允许绝对差，未经稀释的试样为 0.5%，稀释过的试样为 0.5%乘以稀释倍数(即稀释后试样克数与稀释前试样克数的比值)。

B.6 折射率的温度校正及换算为可溶性固形物含量

如采用的折射仪不带有可溶性固形物百分数刻度，仪器校准和样液测定时，折射率的温度校正及换算为可溶性固形物含量的方法如下。

B.6.1 用蒸馏水校准折射仪读数，在 20 ℃时，折射率调至 1.333 0。温度在 15 ℃～25 ℃时，按表 B.2 中的折射率进行校准。

表 B.2　纯水的折射率

温度/℃	折射率	温度/℃	折射率
15	1.333 39	21	1.332 90
16	1.333 32	22	1.332 81
17	1.333 24	23	1.332 72
18	1.333 16	24	1.332 63
19	1.333 07	25	1.332 53
20	1.332 99	—	—

B.6.2 根据在 20 ℃时检测的样液折射率读数，由表 B.3 查得可溶性固形物百分数。测定时温度不在 20 ℃，需按式(B.2)先校正为 20 ℃时的折射率 n_D^{20}：

$$n_D^{20} = n_D^t + 0.000\,13(t-20) \qquad \text{(B.2)}$$

式中：

t——测定时的温度，单位为摄氏度(℃)。

表 B.3　20 ℃折射率与可溶性固形物换算表

折光率	可溶性固形物/%	折光率	可溶性固形物/%	折光率	可溶性固形物/%	折光率	可溶性固形物/%	折光率	可溶性固形物/%	折光率	可溶性固形物/%
1.333 0	0.0	1.354 9	14.5	1.379 3	29.0	1.406 6	43.5	1.437 3	58.0	1.471 3	72.5
1.333 7	0.5	1.355 7	15.0	1.380 2	29.5	1.407 6	44.0	1.438 5	58.5	1.473 7	73.0
1.334 4	1.0	1.356 5	15.5	1.381 1	30.0	1.408 6	44.5	1.439 6	59.0	1.472 5	73.5
1.335 1	1.5	1.357 3	16.0	1.382 0	30.5	1.409 6	45.0	1.440 7	59.5	1.474 9	74.0
1.335 9	2.0	1.358 2	16.5	1.382 9	31.0	1.410 7	45.5	1.441 8	60.0	1.476 2	74.5
1.336 7	2.5	1.359 0	17.0	1.383 8	31.5	1.411 7	46.0	1.442 9	60.5	1.477 4	75.0
1.337 3	3.0	1.359 8	17.5	1.384 7	32.0	1.412 7	46.5	1.444 1	61.0	1.478 7	75.5
1.338 1	3.5	1.360 6	18.0	1.385 6	32.5	1.413 7	47.0	1.445 3	61.5	1.479 9	76.0
1.338 8	4.0	1.361 4	18.5	1.386 5	33.0	1.414 7	47.5	1.446 4	62.0	1.481 2	76.5
1.339 5	4.5	1.362 2	19.0	1.387 4	33.5	1.415 8	48.0	1.447 5	62.5	1.482 5	77.0
1.340 3	5.0	1.363 1	19.5	1.388 3	34.0	1.416 9	48.5	1.448 6	63.0	1.483 8	77.5
1.341 1	5.5	1.363 9	20.0	1.389 3	34.5	1.417 9	49.0	1.449 7	63.5	1.485 0	78.0
1.341 8	6.0	1.364 7	20.5	1.390 2	35.0	1.418 9	49.5	1.450 9	64.0	1.486 3	78.5
1.342 5	6.5	1.365 5	21.0	1.391 1	35.5	1.420 0	50.0	1.452 1	64.5	1.487 6	79.0
1.343 3	7.0	1.366 3	21.5	1.392 0	36.0	1.421 1	50.5	1.453 2	65.0	1.488 8	79.5
1.344 1	7.5	1.367 2	22.0	1.392 9	36.5	1.422 1	51.0	1.454 4	65.5	1.490 1	80.0
1.344 8	8.0	1.368 1	22.5	1.393 9	37.0	1.423 1	51.5	1.455 5	66.0	1.491 4	80.5
1.345 6	8.5	1.368 9	23.0	1.394 9	37.5	1.424 2	52.0	1.457 0	66.5	1.492 7	81.0
1.346 4	9.0	1.369 8	23.5	1.395 8	38.0	1.425 3	52.5	1.458 1	67.0	1.494 1	81.5
1.347 1	9.5	1.370 6	24.0	1.396 8	38.5	1.426 4	53.0	1.459 3	67.5	1.495 4	82.0
1.347 9	10.0	1.371 5	24.5	1.397 8	39.0	1.427 5	53.5	1.460 5	68.0	1.496 7	82.5
1.348 7	10.5	1.372 3	25.0	1.398 7	39.5	1.428 5	54.0	1.461 6	68.5	1.498 0	83.0
1.349 4	11.0	1.373 1	25.5	1.399 7	40.0	1.429 6	54.5	1.462 8	69.0	1.499 3	83.5
1.350 2	11.5	1.374 0	26.0	1.400 7	40.5	1.430 7	55.0	1.463 9	69.5	1.500 7	84.0
1.351 0	12.0	1.374 9	26.5	1.401 6	41.0	1.431 8	55.5	1.465 1	70.0	1.502 0	84.5
1.351 8	12.5	1.375 8	27.0	1.402 6	41.5	1.432 9	56.0	1.466 3	70.5	1.503 3	85.0
1.352 6	13.0	1.376 7	27.5	1.403 6	42.0	1.434 0	56.5	1.467 6	71.0		
1.353 3	13.5	1.377 5	28.0	1.404 6	42.5	1.435 1	57.0	1.468 8	71.5		
1.354 1	14.0	1.378 4	28.5	1.405 6	43.0	1.436 2	57.5	1.470 0	72.0		

附 录 C
（规范性附录）
总酸的测定

C.1 范围

本附录规定了果蔬制品可滴定酸度的两种测定方法，即电位滴定法和指示剂滴定法。

本附录适用于测定果蔬制品及新鲜果蔬的可滴定酸度。电位滴定法为仲裁法。指示剂滴定法为常规法。

指示剂滴定法不适用于浸出液颜色较深的试样。

C.2 样液制备

C.2.1 仪器

C.2.1.1 高速组织捣碎机：10 000 r/min～12 000 r/min。

C.2.1.2 架盘天平：感量 0.01 g。

C.2.1.3 电热恒温水浴锅。

C.2.1.4 移液管：50 mL。

C.2.1.5 烧杯：100 mL、600 mL。

C.2.1.6 容量瓶：250 mL。

C.2.1.7 漏斗：直径 7 cm。

C.2.1.8 锥形瓶：250 mL。

C.2.1.9 快速滤纸：直径 12.5 cm。

C.2.2 制备方法

本试验用水应是不含二氧化碳的或中性蒸馏水，可在使用前将蒸馏水煮沸、放冷，或加入酚酞指示剂用 0.1 mol/L 氢氧化钠溶液中和至出现微红色。

C.2.2.1 液体制品（如果汁、罐藏水果糖液、腌渍液、发酵液等）：将试样充分摇匀，用移液管吸取 50 mL，放入 250 mL 容量瓶中，加水稀释至刻度，摇匀待测。如溶液浑浊可通过滤纸过滤。

注 1：含碳酸的液体制品需减压摇动 3 min～4 min，以除去二氧化碳。

注 2：液体试样也可称取 50 g，准确至 0.01 g。

C.2.2.2 酱体制品（如果酱、菜泥、果冻等）：将试样搅匀，分取一部分放入高速组织捣碎机内捣碎，称取捣匀的试样 10 g～20 g，准确至 0.01 g，用 80 ℃～90 ℃热水洗入 250 mL 容量瓶，并加热水约至 200 mL，放置 30 min，冷却至室温，加水稀释至刻度，摇匀，通过滤纸过滤。

C.2.2.3 新鲜果蔬、整果或切块罐藏、冷冻制品：剔除试样的非可食部分（冷冻制品预先在加盖的容器中解冻），用四分法分取可食部分切碎混匀，称取 250 g，准确至 0.1 g，放入高速组织捣碎机内，加入等量水，捣碎 1 min～2 min。每 2 g 匀浆折算为 1 g 试样，称取匀浆 50 g～100 g，准确至 0.1 g，用 100 mL 水洗入 250 mL 容器瓶，置 75 ℃～80 ℃水浴上加热 30 min，其间摇动数次，取出冷却，加水至刻度，摇匀过滤。

C.2.2.4 干制品：取试样的可食部分切碎混匀，称取 50 g，准确至 0.1 g，放入高速组织捣碎机内，加入 450 g 水，捣碎 2 min～3 min。每 10 g 匀浆折算为 1 g 试样，称取试样匀浆 50 g～100 g，准确到 0.1 g，按 C.2.2.3 水浴浸提，定容过滤。

C.3 测定方法

C.3.1 电位滴定法

C.3.1.1 原理

试样浸出液用 0.1 mol/L 氢氧化钠标准溶液进行电位滴定，以 pH8.1 为滴定终点。

C.3.1.2 试剂

C.3.1.2.1 pH4.01 标准缓冲液(25 ℃)。

C.3.1.2.2 pH9.18 标准缓冲液(25 ℃)。

C.3.1.2.3 氢氧化钠(GB 629)标准溶液：c(NaOH)＝0.1 mol/L，参照 GB/T 601 准确标定。

C.3.1.3 仪器

C.3.1.3.1 酸度计：用 pH4.01 标准缓冲液校正后，测定 pH9.18 标准缓冲液，测定误差不大于 0.05pH。

C.3.1.3.2 玻璃电极和甘汞电极。

C.3.1.3.3 磁力搅拌器。

C.3.1.3.4 搅拌棒。

C.3.1.3.5 移液管：50 mL、100 mL。

C.3.1.3.6 烧杯：100 mL、250 mL。

C.3.1.3.7 滴定管：碱式，10 mL、25 mL。

C.3.1.4 测定步骤

C.3.1.4.1 用 pH4.01 和 pH9.18 标准缓冲液按仪器说明书校正酸度计。

C.3.1.4.2 根据预测酸度，用移液管吸取 50 mL 或 100 mL 试样浸出液(见 C.2.2)，放入适当大小的烧杯中，使氢氧化钠标准溶液的滴定体积不小于 5 mL。

C.3.1.4.3 将盛样液的烧杯置于磁力搅拌器上，放入搅拌棒，插入玻璃电极和甘汞电极，滴定管尖端插入样液内 0.5 cm～1 cm，在不断搅拌下用氢氧化钠溶液迅速滴定至 pH6，而后减慢滴定速度。当接近 pH7.5 时，每次加入 0.1 mL～0.2 mL，并于每次加入后记录 pH 读数和氢氧化钠溶液的总体积，继续滴定至少 pH8.3，在 pH8.1±pH0.2 的范围内，用内插法求出滴定至 pH8.1 所消耗的氢氧化钠溶液体积。

C.3.2 指示剂滴定法

C.3.2.1 原理

试样浸出液以酚酞为指示剂，用 0.1 mol/L 氢氧化钠标准溶液滴定。

C.3.2.2 试剂

C.3.2.2.1 氢氧化钠标准溶液：0.1 mol/L(见 C.3.1.2.3)。

C.3.2.2.2 酚酞指示剂：10 g/L 的 95%(体积分数)乙醇(GB 697)溶液。

C.3.2.3 仪器

C.3.2.3.1 移液管：50 mL、100 mL。

C.3.2.3.2 锥形瓶：150 mL、250 mL。

C.3.2.3.3 滴定管：碱式，10 mL、25 mL。

C.3.2.4 测定步骤

根据预测酸度，用移液管吸取 50 mL 或 100 mL 样液(见 C.2.2)，加入酚酞指示剂 5 滴～10 滴，用氢氧化钠标准溶液滴定，至出现微红色 30 s 内不褪色为终点，记下所消耗的体积。

注：有些果蔬样液滴定至接近终点时出现黄褐色，这时可加入样液体积的 1 倍～2 倍热水稀释，加入酚酞指示剂 0.5 mL～1 mL，再继续滴定，使酚酞变色易于观察。

C.4 测定结果的计算

C.4.1 计算公式

C.4.1.1 试样的可滴定酸度以每 100 g 或 100 mL 中氢离子毫摩尔数表示，按式(C.1)计算：

$$可滴定酸度[mmol/100\ g(mL)] = \frac{c \times V_1}{V} \times \frac{250}{m(V)} \times 100 \quad \cdots\cdots (C.1)$$

式中：

c——氢氧化钠标准溶液浓度，单位为毫摩尔每克或毫摩尔每毫升[mmol/g(mmol/mL)]；

V_1——滴定时所消耗的氢氧化钠标准溶液体积，单位为毫升(mL)；

V_0——吸取滴定用的样液体积，单位为毫升(mL)；

$m(V)$——试样质量或体积，单位为克或毫升[g(mL)]；

250——试样浸提后定容体积，单位为毫升(mL)。

C.4.1.2 试样的可滴定酸度以某种酸的百分含量表示，按式(C.2)计算：

$$可滴定酸度(\%) = \frac{c \times V \times k}{V_0} \times \frac{250}{m(V)} \times 100 \quad \cdots\cdots (C.2)$$

式中：

k——换算为某种酸克数的系数(见表 C.1)。

注：其余字母符号同式(C.1)。

表 C.1 换算系数

酸 的 名 称	换 算 系 数	习惯用以表示的果蔬制品
苹果酸	0.067	仁果类、核果类水果
结晶柠檬酸（一结晶水）	0.070	柑桔类、浆果类水果
酒石酸	0.075	葡萄
草酸	0.045	菠菜
乳酸	0.090	盐渍、发酵制品
乙酸	0.060	醋渍制品

C.4.2 结果表示

同一试样取两个平行样测定，以其算术平均值作为测定结果。用每 100 g 或 100 mL 中氢离子毫摩尔数表示的，保留一位小数；用酸的百分含量表示的保留两位小数。

C.4.3 允许差

两个平行样的测定值相差不得大于平均值的 2%。

注：报告检验结果应注明所用的测定方法。

ICS 67.080.10
X 24

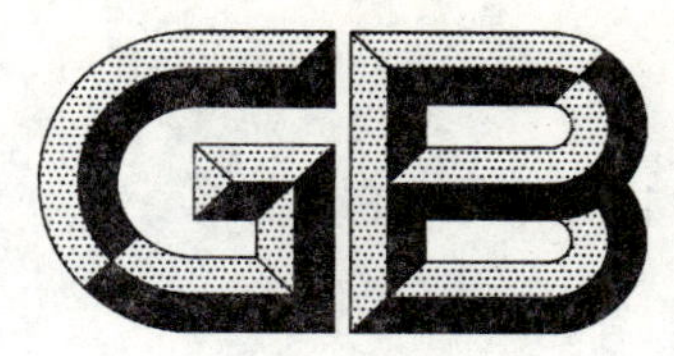

中华人民共和国国家标准

GB/T 19586—2008
代替 GB 19586—2004

地理标志产品 吐鲁番葡萄干

Product of geographical indication—Turpan raisin

2008-06-25 发布 2008-10-01 实施

中华人民共和国国家质量监督检验检疫总局
中国国家标准化管理委员会 发布

前　言

本标准根据《地理标志产品保护规定》及 GB 17924—1999《原产地域产品通用要求》制定。

本标准代替 GB 19586—2004《原产地域产品　吐鲁番葡萄干》。

本标准与 GB 19586—2004 相比主要变化如下：

——将标准由强制性改为推荐性；

——根据国家质量监督检验检疫总局颁布的《地理标志产品保护规定》，修改相关名称内容；

——增加了术语和定义“发育不良果”；

——修改补充了“晾制方法”，使其更加明确，便于操作；

——降低了“分级指标”中的杂质指标，从而提高了产品品质。

本标准的附录 A 为规范性附录。

本标准由全国原产地域产品标准化工作组提出并归口。

本标准起草单位：吐鲁番地区质量技术监督局。

本标准主要起草人：原建设、阿扎提江·皮尔多斯、杨文菊、方海龙、张金涛、卫建国、哈里旦。

本标准所代替标准的历次版本发布情况为：

——GB 19586—2004。

地理标志产品　吐鲁番葡萄干

1　范围

本标准规定了吐鲁番葡萄干的术语和定义、地理标志产品保护范围、要求、试验方法、检验规则及标志、标签、包装、运输、贮存。

本标准适用于国家质量监督检验检疫行政主管部门根据《地理标志产品保护规定》批准保护的吐鲁番葡萄干。

2　规范性引用文件

下列文件中的条款通过本标准的引用而成为本标准的条款。凡是注日期的引用文件，其随后所有的修改单(不包括勘误的内容)或修订版均不适用于本标准，然而，鼓励根据本标准达成协议的各方研究是否可使用这些文件的最新版本。凡是不注日期的引用文件，其最新版本适用于本标准。

GB/T 5009.3　食品中水分的测定

GB/T 5009.7　食品中还原糖的测定

GB 7718　预包装食品标签通则

GB 16325　干果食品卫生标准

3　术语和定义

下列术语和定义适用于本标准。

3.1

吐鲁番葡萄干　Turpan raisin

以吐鲁番原产地域范围内的葡萄为原料，按本标准晾制，质量达到本标准要求的葡萄干。

3.2

破损果粒　damaged raisin particle

外形不完整的或加工过程中机械损伤的干果粒。

3.3

霉变果粒　mildew and metamorphose raisin particle

生霉变质不能食用的干果粒。

3.4

虫蛀果粒　worm-eaten raisin particle

被虫蛀蚀的干果粒。

3.5

杂质　impurity

夹杂在葡萄干中的穗轴、果梗。

3.6

果粒色泽度　colour and lustre degree

干果粒天然绿色色泽一致的程度。

3.7

果粒饱满度　satiation degree

干果粒饱满的程度。

3.8

果粒均匀度 uniformity degree

干果粒大小均匀的程度。

4 地理标志产品保护范围

吐鲁番葡萄干的产地范围为国家质量监督检验检疫行政主管部门根据《地理标志产品保护规定》批准保护的范围，即吐鲁番地区辖区内(吐鲁番市、鄯善县、托克逊县)种植区，见附录A。

5 要求

5.1 自然环境

5.1.1 日照

年日照时数 2 912.3 h～3 062.5 h，年日照百分率65%～69%。

5.1.2 气温

年气温 11.7 ℃～14.4 ℃，全年大于等于10 ℃的积温4 598.8 ℃～5 480.0 ℃，8月、9月大于等于10 ℃的积温大于等于1 000 ℃，无霜期205 d～236 d。

5.1.3 降水

年降水量8.8 mm～27.6 mm。

5.1.4 空气相对湿度

空气相对湿度值为：年平均42%～44%，8月～9月平均35%～40%。

5.1.5 土壤

土壤系灌耕土、灌淤土、风沙土、潮土和经过改良的棕色荒漠土，土壤通透性良好，含盐量低于0.15%，土壤呈中性略偏碱性。

5.2 晾制

5.2.1 晾房要求

晾房应通风良好，以土坯或红砖砌成晾房。

5.2.2 晾晒方法

5.2.2.1 晾制方法

采用挂刺或帘式方法在晾房内自然晾干。

5.2.2.2 晒制方法

在地表覆盖物上，通过阳光直接晒制或机械风干。

5.2.3 分级加工

通过除梗、除杂、筛分，分级存放。

5.3 质量要求

5.3.1 分级指标

吐鲁番葡萄干分级指标应符合表1规定。

表1 吐鲁番葡萄干分级指标

项目	特级	一级	二级	三级
外观	粒大、饱满	粒大、饱满	果粒大小较均匀	
滋味	具有本品种风味，无异味			
总糖/% ≥	70	65		
水分/% ≤	15			

表 1（续）

项　　目		特　级	一　级	二　级	三　级
果粒均匀度/%	≥	90	80	70	60
果粒色泽度/%	≥	95	90	80	70
破损果粒/%	≤	1	2	3	5
杂质/%	≤	0.1	0.3	0.5	0.8
霉变果粒		不得检出			
虫蛀果粒		不得检出			

5.3.2　**卫生指标**

按 GB/T 16325 规定执行。

6　试验方法

6.1　感官指标

将样品平铺在样品盘或检验台上，在室内面向自然光线下，用肉眼观察干果粒大小均匀程度和色泽度并品尝。

6.2　理化指标

6.2.1　**总糖的测定**

按 GB/T 5009.7 规定执行。

6.2.2　**水分的测定**

按 GB/T 5009.3 规定执行。

6.3　杂质

6.3.1　**仪器用具**

6.3.1.1　天平：感量 0.1 g。

6.3.1.2　金属规格套筛。

6.3.2　**杂质**

分别取 100 g 试样，在天平上称量后，置于筛孔直径为 0.2 mm 筛上。下接筛，上履筛盖，环行平筛 1 min，转速约 60 r/min。

筛毕倒出试样，将所有筛下物收集于洁净小皿内，再捡出筛上试样中各类杂质，合并筛下物称量，按式(1)计算杂质总含量。

$$A = \frac{H}{T} \times 100 \quad \cdots\cdots(1)$$

式中：

A——杂质总含量，%；

H——筛上杂质加筛下物总质量，单位为克(g)；

T——试样质量，单位为克(g)。

6.4　果粒色泽度

从试样捡出色泽相对一致的果粒合并称量，按式(2)计算果粒色泽度。

$$C = \frac{S}{T} \times 100 \quad \cdots\cdots(2)$$

式中：

C——果粒色泽度，%；

S——色泽相对一致果粒总质量，单位为克(g)；

T——试样质量,单位为克(g)。

6.5 **果粒均匀度**

从试样中挑选出大小相对一致的果粒称量,按式(3)计算果粒均匀度。

$$D = \frac{F}{T} \times 100 \qquad \cdots\cdots(3)$$

式中:

D——果粒均匀度,%;

F——大小相对一致果粒总质量,单位为克(g);

T——试样质量,单位为克(g)。

6.6 **破损果粒**

在检验筛上杂质的同时,从试样中捡出破损的果粒称量,按式(4)计算破损果粒含量百分比率。

$$J = \frac{E}{T} \times 100 \qquad \cdots\cdots(4)$$

式中:

J——破损果粒含量,%;

E——破损果粒质量,单位为克(g);

T——试样质量,单位为克(g)。

6.7 **卫生指标**

按 GB/T 16325 规定执行。

7 检验规则

7.1 **组批**

同一等级、同样包装、同一贮存条件下(或标注同一生产日期的小包装产品)存放的葡萄干为一批次。

7.2 **抽样量**

从每批产品中随机抽取不少于 1 kg 的样品为检样。

7.3 **取样方法**

在每批次葡萄干的不同部位按规定数量随机取大样,将已取的大样倾置于洁净的铺垫物上,充分混合均匀后,用四分法平分,取其中 2 份,1 份为检样,另 1 份为备检样。

7.4 **检验分类**

7.4.1 **出厂检验**

产品包装前应按照本标准要求进行质量等级检验,按等级要求分别包装并将合格证附于包装箱内。

7.4.2 **型式检验**

有下列情况之一时应进行型式检验,型式检验项目为本标准全部技术要求:

a) 每年加工初期;

b) 质量技术监督部门提出型式检验要求时。

7.4.3 **交货验收**

供需双方在交售现场按交货量随机抽取不少于 1 kg 的样品,按照本标准规定的质量等级进行分级。

7.5 **判定**

检验结果中如水分、总糖有一项指标达不到要求,则应加倍抽样进行复检,复检仍达不到要求的,则判定为等外品;在分级要求中,如有一项指标达不到要求,即按其实际等级定级;若两个以上项目达不到要求的,则按低等级定级;若等级指标达不到三级要求的,则判为等外品或进行加工整理后重新定级;凡卫生指标不合格，均判定为不合格品。

8 标志、标签、包装、运输、贮存

8.1 标志、标签

产品标签应当符合 GB 7718 规定。获准使用地理标志产品专用标志的生产者，应按地理标志产品专用标志管理办法的规定在其产品上使用防伪专用标志。

8.2 包装

包装物材料应符合国家关于食品包装材料和卫生要求。

8.3 运输

在运输过程中严禁日晒、雨淋，防潮、防压，运输工具应清洁卫生，不得与有毒有害物品混装混运。

8.4 贮存

在低温、干燥、弱光或无光和通风良好条件下存放，应防潮隔湿，严禁与地面直接接触；不得与易燃、腐蚀、有毒有害物品共同存放。

附 录 A
（规范性附录）
吐鲁番葡萄干地理标志产品保护范围图

吐鲁番葡萄干地理标志保护范围见图 A.1。

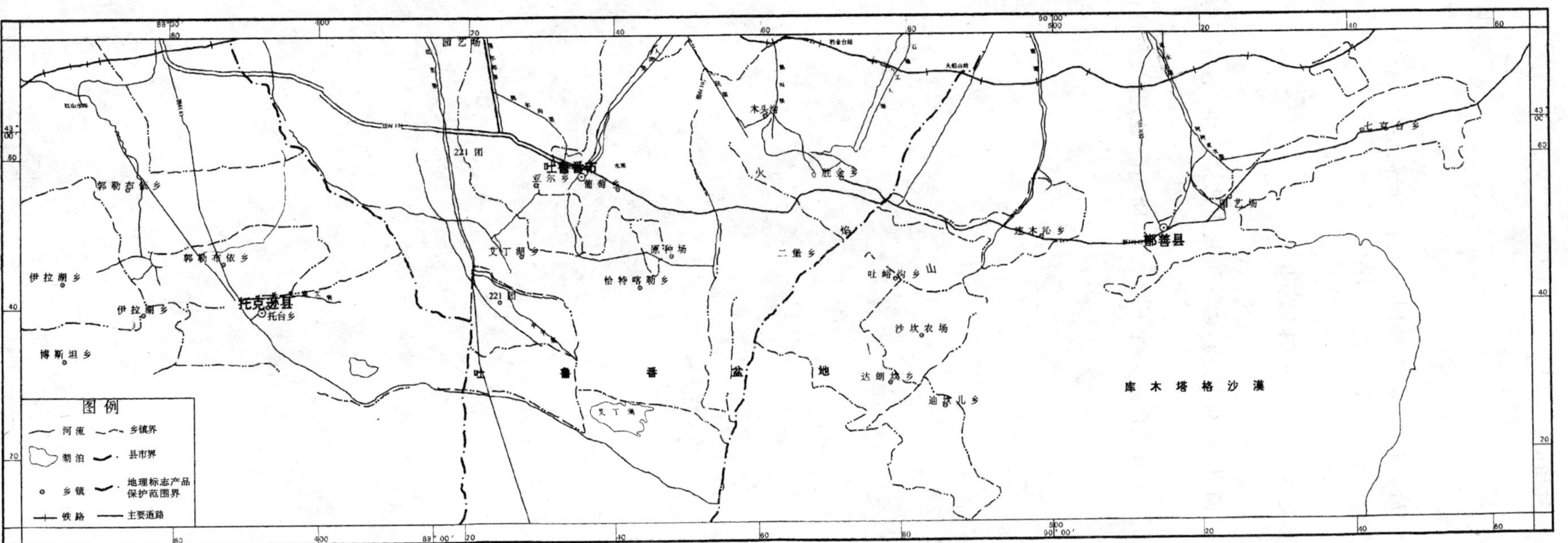

图 A.1 吐鲁番葡萄干地理标志产品保护范围图

ICS 29.140.10
K 74

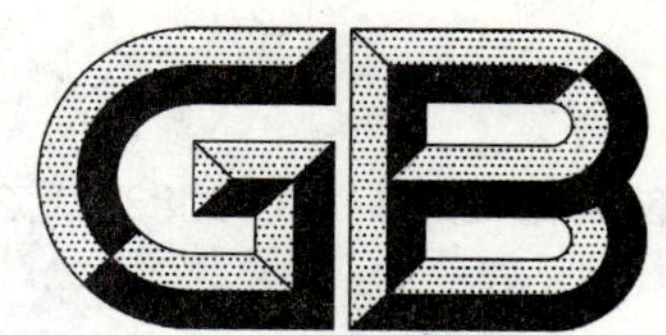

中华人民共和国国家标准

GB 19651.1—2008/IEC 60838-1:2004
代替 GB 19651.1—2005

杂类灯座
第1部分:一般要求和试验

**Miscellaneous lampholders—
Part 1:General requirements and tests**

(IEC 60838-1:2004,IDT)

2008-12-30 发布　　2010-04-01 实施

中华人民共和国国家质量监督检验检疫总局
中国国家标准化管理委员会　发布

前　言

本部分的全部技术内容为强制性。

GB 19651《杂类灯座》分为3个部分：

——第1部分：一般要求和试验；

——第2-1部分：S14灯座的特殊要求；

——第2-2部分：LED模块用连接器的特殊要求。

本部分为GB 19651的第1部分。

本部分等同采用IEC 60838-1:2004《杂类灯座　第1部分：一般要求和试验》(英文版)。

为了便于使用，本部分做了下列编辑性修改：

a) "IEC 60838的本部分"一词改为"GB 19651的本部分"；

b) 删除了IEC 60838-1的前言；

c) 将国际标准中的"(注：)"形式中的括号去除；

d) 用小数点"."代替作为小数点的"，"；

e) 对于IEC 60838-1:2004引用的其他国际标准中有被等同采用为我国标准的，本部分用引用我国的这些国家标准或行业标准代替对应的国际标准，其余未有等同采用为我国标准的国际标准，在本部分中均被直接引用(见本部分第2章)。

本部分代替GB 19651.1—2005《杂类灯座　第1部分：一般要求和试验》。

本部分与GB 19651.1—2005相比，主要差异如下：

——采用了爬电距离和电气间隙的新要求。

——对于涉及双端灯的R7s/RX7s灯座测试，采用了一些附加要求。

本部分的附录A、附录B、附录C、附录D为规范性附录。

本部分由中国轻工业联合会提出。

本部分由全国照明电器部分化技术委员会(SAC/TC 224)归口。

本部分起草单位：广州电器安全检验所、北京电光源研究所。

本部分主要起草人：李自力、陈海波、杨小平、赵秀荣。

本部分于2005年首次制定，本次为第1次修订。

杂类灯座 第1部分:一般要求和试验

1 概要

1.1 范围

GB 19651 的本部分适用于各种类型的内装式杂类灯座(用于装有附录 A 所列各种灯头的普通照明光源、投光灯、泛光灯及街道照明灯),还适于用作检验灯在灯座中使用安全性的试验方法。

本部分还适用于与灯具成为一体的整体灯座,但只涉及灯座的要求。

本部分也适用于装入一个外壳及与类似螺口灯座的圆顶结为一体的灯座。这类灯座还应按照 GB 17935—2007 中 8.4、8.5、8.6、9.3、10.7、第 11 章、12.2、12.5、12.6、12.7、第 13 章、15.3、15.4、15.5 和 15.9 的要求进一步进行试验。

带有灯罩紧固环用的筒形螺纹灯座,应符合 IEC 60399 的要求。

对管形荧光灯灯座、螺口灯座和卡口灯座的要求有单独标准。

1.2 规范性引用文件

下列文件中的条款通过 GB 19651 的本部分的引用而成为本部分的条款。凡是注日期的引用文件,其随后所有的修改单(不包括勘误的内容)或修订版均不适用于本部分,然而,鼓励根据本部分达成协议的各方研究是否可使用这些文件的最新版本。凡是不注日期的引用文件,其最新版本适用于本部分。

注:关于 IEC 60598-1,本部分引用的文件有责任进行更改。

GB/T 2423.28—2005 电工电子产品环境试验 第 2 部分:试验方法 试验 T:锡焊(IEC 60068-2-20:1979 Environmental testing—Part 2:Test—Test T:Soldering,IDT)

GB/T 2423.55—2006 电工电子产品环境试验 第 2 部分:环境测试 试验 Eh:锤击试验(IEC 60068-2-75:1997 Environmental testing—Part 2-75: Test—Test Eh: Hammer tests,IDT)

GB/T 4207—2003 固体绝缘材料在潮湿条件下相比电痕化指数和耐电痕化指数的测定方法(IEC 60112:1979 Method for determination of the proof and the comparative tracking indices of solid insulating materials,IDT)

GB 4208—2008 外壳防护等级(IP 代码)(IEC 60529:2001,IDT)

GB 7000.1—2007 灯具 第 1 部分:一般要求与试验(IEC 60598-1:2003,IDT)

GB/T 9797—2005 金属覆盖层 镍+铬和铜+镍+铬电镀层(ISO 1456:2003,IDT)

GB 17935—2007 螺口灯座(IEC 60238:2004,IDT)

IEC 60061 灯头、灯座及检验其安全性和互换性的量规

IEC 60061-1 灯头、灯座及检验其安全性和互换性的量规 第 1 部分:灯头

IEC 60061-2 灯头、灯座及检验其安全性和互换性的量规 第 2 部分:灯座

IEC 60061-3 灯头、灯座及检验其安全性和互换性的量规 第 3 部分:量规

IEC 60227 (所有标准) 额定电压 450/750 V 及以下聚氯乙烯绝缘电缆

IEC 60245 (所有标准) 额定电压 450/750 V 及以下橡皮绝缘电缆

IEC 60352-1 无焊连接 第 1 部分:无焊缠绕式连接件 一般要求 试验方法和使用导则

IEC 60399 带灯罩环的 E14 和 E27 灯座用筒形螺纹

IEC 60664-1:1992　低压系统内设备的绝缘配置　第1部分:方法、要求和试验[1)]

IEC 60695-2-2　电工电子产品着火危险试验　第2部分:试验方法　第2篇:针焰试验

IEC 60695-2-11　电工电子产品着火危险试验　试验方法　成品的灼热丝试验和导则

ISO 2081:1986　金属涂层　铁或钢上的锌电镀层

ISO 2093:1986　锡电镀层　技术要求和试验方法

ISO 4046-4:2002　纸、纸板、纸浆和相关术语-词汇　第4部分:纸和纸板级别和转化产品

2　术语和定义

本部分采用下述术语和定义。

2.1

额定电压　rated voltage

由制造商声称的灯座预期适用的最高工作电压。

2.2

工作电压　working voltage

灯在正常条件下工作时和将灯从灯座中拔出时,在灯座的任一绝缘体两端可能产生的最高电压有效值,瞬间值忽略不计。

2.3

额定电流　rated current

由制造商声称的灯座预期适用的最大电流。

2.4

内装式灯座　lampholder for building-in

设计安装在灯具、附加外壳和类似装置中的灯座。

2.4.1

敞开式灯座　unenclosed lampholder

为了能达到本部分的防触电保护要求而需要采取附加措施(例如:外壳)的内装式灯座。

2.4.2

封闭式灯座　enclosed lampholder

其本身完全符合本部分的防触电保护要求的内装式灯座。

2.5

额定工作温度　rated operating temperature

灯座设计的最高工作温度。

2.6

额定脉冲电压　rated pulse voltage

灯座能承受的脉冲电压的最高峰值。

2.7

灯连接器　lamp connectors

专门设计用来提供电接触但不支承灯的装置。

2.8

型式试验　type test

为了检验给定产品的设计是否符合相应的标准要求而对型式试验样品进行的一项试验或一系列试验。

---

1)　包括1.0(1992)版和修订1(2000)和修订2(2002)。

2.9

型式试验样品 type test sample

制造商或销售商为进行型式试验提交的一个或多个类似样品。

2.10

带电部件 live part

可能引起触电的导电部件。

2.11

脉冲承受类别 impulse withstand category

定义瞬间过电压条件的一个数字。

注：采用脉冲承受类别Ⅰ、类别Ⅱ、类别Ⅲ和类别Ⅳ。

a) 脉冲承受类别分类目的：

脉冲承受类别是区分预期连续使用和可接受的失效风险的设备有效性的不同程度。

通过选择设备的脉冲承受水平，使整个设备获得等同的绝缘效果以减少失效风险到一个可接受的水平，由此提供一个过电压控制基础。

更高的脉冲承受类别特征数字表示设备具有更高的脉冲承受特性并提供更宽的过电压控制选择方法。

对于直接承受来自电源电压的设备，使用脉冲承受类别概念。

b) 脉冲承受类别的描述：

脉冲承受类别Ⅰ的设备是预期连接到建筑的固定电器装置的设备。在设备外部采取的保护方法是或者在固定装置里或者在固定装置与设备之间来限制瞬间过电压至特定的水平。

脉冲承受类别Ⅱ的设备是连接到建筑的固定电器装置的设备。

脉冲承受类别Ⅲ的设备是固定电气装置和其他预期更高有效性程度的设备的部件。

脉冲承受类别Ⅳ是为了用在或用于电源分线板前端靠近建筑源头的电器装置上。

2.12

初级电路 primary circuit

直接连接到AC电源的电路，它包括例如连到AC电源、变压器初级绕组、电机和其他负载装置这些方式。

2.13

次级电路 secondary circuit

不直接连接到初级电路的电路，它从变压器初级绕组，转换器或等效绝缘装置，或从电池获得功率。

例外：自耦变压器，尽管有直接连接到初级电路，但它们的抽头部分在上述观点里也被认为是次级电路。

注：在这样的电路里电网的瞬态被相应的初级绕组所减弱。电感镇流器也减弱了电网的瞬态电压高度。因此，位于初级绕组后的或电感镇流器后的元件可适合于低一级的脉冲承受类别，例如，脉冲承受类别Ⅱ。

3 一般要求

灯座的设计与结构应能使灯座在正常使用时性能可靠，对人身及周围环境不产生危险。

通常进行所有规定的试验来检验其合格性。

4 试验的一般条件

4.1 按照本部分进行的试验是型式试验：

注：本部分所规定的要求和允许的公差均与对型式试验样品的检验有关。因此，型式试验样品合格并不能保证制造商的全部产品都符合本安全标准。保证产品合格是制造商的责任，因此除型式试验外，还应进行例行试验和质量保证。

进一步的信息参见IEC 60061-4[2)]（包括制造期间合格性试验导则正准备中）。

---

2) IEC 60061-4 灯头、灯座及检验其安全性和互换性的量规 第4部分：导则和一般信息。

4.2 除非另有规定,试验均应在 20 ℃±5 ℃的环境温度下,灯座处于正常使用的最不利位置上进行。

如果宣称灯座能用于不同的灯的配合件,则该种灯座应符合所提到的每一种该配合件的要求。

应按 4.3 要求,用单独样品组进行检验其合格性。

如果制造商允许灯座依次使用不同的灯的配合件,则只用一组样品来检验其是否符合全部配合件的要求。

所有的试验应使用最严酷的相关配合件和量规并以最不利的顺序进行。

4.3 各项试验和检验要按照条款的顺序进行,受试样品的总数规定如下:

——对于直管形双端灯:10 对配套灯座;

注:如果一对灯座是由完全相同的两个灯座组成,则只用一个灯座(而不是一对灯座)进行所有试验即可,但在进行第 7 章、10.2、10.3、第 12 章、第 15 章和 16.6 规定的试验时还应使用成对灯座。

——对于单端灯:10 个样品;

试验按照下述条款的顺序进行:

——三对或三个样品进行第 3 章～第 14 章的试验(8.2 例外)。

注:8.2 试验要按照相关标准要求的单独样品数量上进行。

——三对或三个样品进行第 15 章和 16.6 的试验;

——一对或一个样品进行 16.1 的试验;

——一对或一个样品进行 16.3 的试验;

——一对或一个样品进行 16.4 的试验;

——一对或一个样品进行 16.5 和第 17 章的试验。

除以上要求外,还应提供制造商的安装说明(见 6.3)。

按照安装说明,在灯座只有装上灯头时,才能取得额定脉冲电压的情况下,应将适用的灯头与型式试验样品一起提交试验。然后,将灯头插入灯座再进行相关的试验。

4.4 如果在 4.3 所规定的全部试验中没有任何样品失败,则灯座应视为符合本部分。

如果在一项试验中有一个样品试验失败,则该项试验和以前进行过的可能影响试验结果的试验要在另一组数量符合 4.3 规定的样品上重复进行,此时,所有这些样品均应符合重复试验和后续试验的要求。如果试验有一次以上的失败,则灯座视为不符合本部分。

申请试验者可将在出现一只样品失败的情况下需要补充的那组样品与第一组样品一起提交试验。此时,检测站不需进一步询问,就对该补充样品进行试验,并且只有在出现新的不合格的情况下才可认为该批样品不合格。

如果不同时提交后备样品,则一只样品的失败会引起整批样品的不合格。

5 分类

灯座的分类方法如下所述:

5.1 根据灯座的防触电保护情况分为:

——敞开式灯座;

——封闭式灯座。

5.2 根据灯座的耐热性分为:

——额定工作温度在 80 ℃以下(包括 80 ℃)的灯座;

——额定工作温度在 80 ℃以上的灯座(带温度标志 T 的灯座)。

工作温度的测量点位于灯座与灯头产生电接触的区域内。如果灯座的绝缘部件、接线端子及引线的耐热性能与上述工作温度有差异,则这种差异应在制造商的产品目录中加以说明,并且在将灯座正确安装在灯具或其他辅助外壳中之后,按照灯具或外壳的标准进行试验时,要检验这些差异。

6 标志

6.1 灯座上应标有下述强制性标志：

a) 来源标志(可采用商标，制造商识别标志或销售商名称等形式)；

b) 特有的产品目录号或识别标志。

注：识别标志可以包括数字、字母、颜色等，通过参照制造商的产品目录或类似资料来识别灯座。

如果灯座的类型是根据灯座部件的组合体来确定的，例如灯连接器与夹持簧片的组合体，则这种组合体应清楚地标明。

合格性通过目测进行检验。

6.2 除了上述强制性标志外，下述参数可以标在灯座上，或标在可获得的制造商的产品目录或类似资料中：

a) 额定电压(V)；如适用，额定脉冲电压(kV)；

b) 额定电流(A)；

c) 额定工作温度 T，温度大于 80 ℃时，并以 10 ℃为一档进行标记；

d) 接线端子专用的导线规格。

如果使用符号，应使用下列符号。

对于电参数额定值：

——伏特：V；

——安培：A；

——瓦特：W；

——脉冲电压用 kV 表示。

注：此外，数字也可单独用来表示电压和电流，即把表示额定电流的数字标在表示额定电压的数字之前或之上，并用一斜线或短直线将它们隔开。这样，电流和电压的标志相应表示为：2 A 250 V 或 2/250 或 $\frac{2}{250}$。

对于额定脉冲电压，其符号应标在其数值之后(例如：5 kV)。

对于额定工作温度，符号 T 之后应标有以℃为单位的温度值(例如：T 300)。

对于导线的横截面积，用相应的数值或数值范围表示，单位是平方毫米(mm^2)，其后标有一小正方形(例如 0.5□)。

合格性通过目测进行检验。

本部分的灯座，脉冲承受类别Ⅱ的距离通常是适用的。对于设备中的灯座预期要有更高程度的有效性的，可能要适合脉冲承受类别Ⅲ的距离。在制造商的目录或类似说明中要指出这个信息。

6.3 灯座制造商或销售商所提供的说明书中应包括所有确保灯连接器或灯座正确安装和工作所需要的资料。

注：这种资料可以是制造商或销售商的产品目录中的一部分。

合格性通过目测进行检验。

6.4 标志应当牢固耐久，易于识别。

合格性通过目测和下述试验进行检验。

用一块被水浸泡过的布轻轻擦拭标志 15 s，然后再用一块被汽油浸泡过的布轻轻擦拭该标志 15 s。试验后标志仍应清晰明了。

注：所用汽油中含有己烷溶剂，该溶剂中含有容积百分比最大值为 0.1 的芳香族环烃，该溶剂的溶解值为 29；初始沸点约为 65 ℃，干点约为 69 ℃，密度约为 0.68 g/cm^3。

7 防触电保护

7.1 封闭式灯座的结构应能使灯座按正常使用安装或嵌装及接线时，其带电部件应不易被人触及：

——未插入灯；

——装有相应的灯；

——在将灯插入或拔出灯期间。

上述要求对于已长时间使用的灯座，例如，B22d-3、BY22d、G22、G38、P28s、P30s 和 P40 灯座，仅在装有相应的灯时适用。

灯座的结构应能防止灯头（对于带有一个以上的插脚的灯头）只是一个插脚插入灯座，并首先接触到的带电体。G22 和 G38 灯座不受这个要求限制。

合格性用 GB 4208—2008 规定的标准试验指进行检验。

用不超过 10 N 的力使试验指接触灯座每一个可能触及到的位置，并用一个指示灯来显示是否触及到带电部件。

建议所用电压应不低于 40 V。

在进行上述试验之前，将灯座按照正常使用条件安装，即安装在一支撑表面上或类似部件上，并装上该灯座预计使用的、具有最不利尺寸的导线。

敞开式灯座只有在被适当安装在灯具或其他辅助外壳中，并按照灯具或辅助外壳的标准对灯具或辅助外壳进行防触电保护试验之后才进行本试验。

7.2　双端灯灯座按正常使用安装接线后，其结构应能使灯座的带电部件不被触及：

——未插入灯；

——装有相应的灯；

——在将灯插入或拔出灯期间。

对于 R7s/RX7s 灯座，模拟将灯插入或拔出灯的试验是不可行的，因为在两种情况下测试必须防止单个触头弹簧的力。这时不能给出判断所要求的重复性。因此这个试验被装有相应的灯所代替。

合格性按照 IEC 60061 进行检验，或在 IEC 60061 中另有规定时，采用标准试验指进行检验。

8　接线端子

8.1　灯座应至少具备下述连接装置之一：

——螺纹接线端子；

——无螺纹接线端子；

——推进式连接器的插头或插脚；

——导线缠绕式接线柱；

——焊接接线片；

——连接引线。

接线端子的螺钉和螺母应是 ISO 公制螺纹。

灯座的无螺纹端子对刚性（单支或多股绞合）导线和柔性电缆或电线均应具有良好的连接效果，但预定销售给灯具制造商的灯座除外。

本部分规定之外的其他连接装置等效上述连接方法时，也允许采用。

合格性分别通过 8.2 或 8.3 试验进行检验。

8.2　接线端子应符合下述要求：

——螺纹式接线端子应符合 GB 7000.1—2007 的第 14 章要求；

——无螺纹接线端子应符合 GB 7000.1—2007 的第 15 章要求；

——推进式接头或连接插脚应符合 GB 7000.1—2007 的第 15 章要求；

——导线缠绕式接线柱应符合 IEC 60352-1 的要求。导线缠绕式连接法只适用于内部接线用单股实心圆导线；

——焊接式接线片应具有良好的焊接性能，相应的要求在 GB/T 2423.28—2005 中给出；

——连接引线应符合 8.3 要求。

对于带标志 T 的灯座，接线端子应在额定工作温度下进行检验，制造商另有说明时除外。

合格性通过相应的试验来检验。

8.3 连接引线应采用低温焊接、熔焊、夹紧或其他等效的方法连接在灯座上。

引线应由带绝缘的导线构成。引线的绝缘在机械和电气性能应不低于 IEC 60245 或 IEC 60227 所规定的要求，或者符合 GB 7000.1—2007 中 5.3 相关要求。

引线自由活动端的绝缘可以剥去。

引线与灯座的连接应能承受在正常使用中可能出现的机械力。

合格性通过目测及下述试验进行检验，该试验应在三个做完第 15 章规定试验的样品上进行。

对每条连接引线施加 20 N 的拉力，该拉力应从最不利的方向上施加，不应用猛力，并持续 1 min。试验期间，引线不应从其连接处脱落。但应考虑到，按照安装说明某些方向上不允许施加拉力。

试验后，灯座上不应出现本部分意义上的损坏。

9 接地装置

9.1 带接地装置的灯座应至少有一个接地端子，带连接引线的灯座除外。

合格性通过目测进行检验。

注：应当接地而未提供接地端子或连接引线的灯座，不应出售。

9.2 在带接地端子的灯座上，发生绝缘故障时可能带电的、可触及的金属部件应永久、可靠地连接在接地端子上。

在不带接地端子的灯座上，发生绝缘故障时可能带电的、可触及金属部件应能可靠接地。

各个外部金属部件之间应具有接地连续性，但当带电部件受到双重绝缘或加强绝缘屏蔽时除外。

合格性通过下述试验进行检验：

给带接地端子的灯座安装上其预计使用的最小横截面积的刚性导线。

在进行完 11.2.2 的介电强度试验后立即测量接地装置与外部金属部件之间的电阻；如合适的话，带接地端子的灯座应在导线离开接地端子的那一点和外部金属部件之间测量电阻。

不带接地端子的灯座应在灯座需要灯具内接地的区域和外部金属部件之间测量电阻。

将空载电压不超过 12 V 的电源依次连接在接地端子(或接地触点)和易被触及的金属部件之间，电流至少为 10 A，持续 1 min，此间，测量接地端子(或接地触点)和易被触及的金属部件之间的电压降，再根据电流和电压降计算出电阻值。电阻值应不超过 0.1 Ω。

注：就本要求而言，已被隔离的用来固定灯座底座或外壳的小金属螺钉或类似物件，不应视为在发生绝缘故障时可能带电的易被触及的部件。

9.3 接地端子应符合第 8 章要求。

接地端子的夹紧装置应牢固锁定，防止意外松动，并且徒手不能拧松螺纹接地端子，也不能徒手无意碰松无螺纹接地端子。

合格性通过目视及第 8 章所规定的试验进行检验。

注：通常，符合本部分要求的载流接线端子是具有足够的弹性符合防止意外松动的要求；对于其他类型的接线端子，需要有特殊的装置，例如使用不可能被无意去掉的具有足够弹性的零件。

9.4 接地端子所用金属在与接地铜导线接触时不应有发生锈蚀的危险。

接地端子本身和螺钉应为黄铜或其他抗腐蚀性能不亚于铜的金属，其接触表面应是裸金属。

合格性通过目测进行检验。

注：铜与铝相接触时发生锈蚀的危险最大。

9.5 导线固定架的金属部件(包括夹紧螺钉)应与接地电路无关。

合格性通过目测进行检验。

10 结构

10.1 木材、棉布、丝绸、纸及类似的吸湿材料不允许用作绝缘,但经适当浸渍除外。清漆或瓷釉不认为能用作绝缘。

合格性通过目测进行检验。

10.2 灯座的设计应能使灯顺利插入和拔出灯座,并且在发生震动和温度变化时,灯不会松动。

灯座的尺寸应符合目前已出版的 IEC 标准。

合格性按照 IEC 60061-2 和 10.4 试验进行检验。

10.3 触点为银材料的 R7s 和 RX7s 灯座在设计上应使接触面的厚度至少为 0.25 mm。

注:该厚度的测量可借助比例为 0.1 mm 的放大镜(放大倍数约为 6X),测量时需将银触点切开。

10.4 触头和其他所有载流部件的设计应能防止温升过高。

合格性通过下面的试验进行检验。

通过把一个具有标准尺寸的试验灯头插入灯座,使灯座触点短接,灯座的接线端子装上灯座预计使用的最大截面积导线。

注 1:如果灯头上的定位销仅起定位作用,试验灯头上不必有定位销。

注 2:标准尺寸可理解为平均值。

至于试验灯头的底部,应使用带较小尺寸插脚的试验灯头。

对双端灯的灯座,应使用两端有电连接的模拟灯,其触头代表实际灯的触头。

对多触头的灯座,试验灯头的相应触头应桥接,通入额定电流。

注意试验灯头的触头材料应有良好的导电性,例如:黄铜。模拟灯中代表灯泡的部件应用绝缘材料覆盖。

试验前触头应被仔细打磨、清洁。

灯座应通 1.25 倍额定电流,1 h。

触头的温升应不超过 45 K。使用熔融粒子或热电偶测量此温度,不应使用温度计。

注:如果环境温度为 20 ℃,可使用直径为 3 mm,熔点为 65 ℃的蜂蜡颗粒作为熔融粒子。

11 耐潮湿,绝缘电阻和介电强度

11.1 灯座应耐潮湿

合格性采用下述方法进行检验:

灯座应在空气的相对湿度为 91%~95%的潮湿试验箱内进行潮湿处理。所有放置样品的地方,空气温度 t 应是在 20 ℃~30 ℃之间的任一适宜值,温度变化应不大于±1 ℃。

在将样品放入潮湿箱之前,应使样品的温度保持在 t 和 $(t+4)$℃之间。

将样品放入潮湿箱内,保持 2 天(48 h)。

经过此项处理后,灯座上不应出现本部分意义上的损坏。

11.2 灯座应有足够绝缘电阻和介电强度

——不同极性的带电部件之间;

——带电部件与外部金属部件之间(包括固定螺钉)。

合格性应通过在潮湿箱中或在能使灯座达到所规定的温度的室内进行 11.2.1 绝缘电阻和 11.2.2 介电强度的试验。

注:敞开式灯座要在被恰当安装在灯具或其他辅助外壳中,按照这种灯具或辅助外壳的标准进行带电部件与外部金属部件之间绝缘电阻和介电强度试验。

11.2.1 在进行潮湿试验之后,立即对灯座施加约 500 V 的直流电压,并持续 1 min 后再测量绝缘电阻。绝缘电阻的测量应在表 1 所述各部件之间依次连续进行,所测之值不应少于表中所示之值。

表 1　绝缘电阻最小值

受试绝缘部位	最小绝缘电阻/MΩ	
	额定电压在 50 V 以下(包括 50 V)	额定电压在 50 V 以上
不同极性的带电部件之间	1	2
连接在一起的各带电部件与预计接地的外部金属部件之间	—	2
连接在一起的各带电部件与外部金属部件之间(外部金属部件包括固定螺钉和覆盖在不带接地装置的灯座的外部绝缘部件上的金属箔)	1	4

11.2.2　介电强度试验应在绝缘电阻的测量完成之后立即进行。

试验电压应依次施加在测量绝缘电阻的那些部件之间。

灯座的绝缘应能承受住频率为 50 Hz 或 60 Hz，有效值电压为下述各值的正弦波交流电压，并持续 1 min：

——对于额定电压在 50 V 以下(包括 50 V)的灯座，试验电压为 500 V；

——在灯座的灯触点之间，介电强度试验电压是工作电压的二倍；

——在所有其他情况下，介电强度试验电压为(2U+1 000)V，其中 U 是额定电压。

试验开始时，先将电压升到规定电压值的一半以下，然后再迅速将电压升到规定电压值。

试验期间不应有闪络或击穿现象。

注：关于承受脉冲电压的距离的介电强度试验要求在考虑之中。

12　机械强度

灯座应具有足够的机械强度。

带(或不带)导电外层的绝缘材料外部元件的机械强度应采用 GB/T 2423.55—2006 所规定的摆锤撞击试验并按照下述要求进行检验(见 GB/T 2423.55—2006 第 4 章)：

a)　安装方法

见 GB/T 2423.55—2006 中的导则。

成对灯座应采用其相应的支架加以固定。

灯连接器应紧靠支承件加以固定。

注：对于非圆柱形灯连接器，可使用适当的松木垫片来使其轴线平行于支承件。

b)　下落高度

摆锤下落的高度如下表所示：

材料	下落高度/mm
陶瓷部件	100±1
其他材料的部件	150±1.5

c)　撞击次数

应撞击 4 次，受撞击的 4 个部位要均等地分布在外部元件的表面上。

d)　预处理

不适用。

e)　初始测量

不适用。

f)　样品位置和撞击部位

见上述 c)的要求。

g) 工作方式及功能监测

样品在受撞击期间不应工作。

h) 合格与不合格判定

试验之后，样品不应出现本部分意义上的严重损坏，特别是：

1) 带电部件不应变为可触及的部件。

如果灯座的损坏程度不会使其爬电距离或间隙降低到第14章的要求所规定的数值以下，并且灯座上的微小凹痕不会破坏灯座的防触电保护性能和防水性能，则凹痕可忽略不计；

2) 肉眼看不见的裂缝及纤维模压部件上的表面裂纹可忽略不计。

如果将灯座的某一部件省去，该灯座仍符合本部分，则这种部件外表面上的裂纹或小孔均可忽略不计。

i) 复原

不适用。

j) 最终测量

见上述h)的要求。

注：灯具或其他设备中的灯座的机械强度可使用GB/T 2423.55—2006所规定的弹性锤进行检验。按照GB 7000.1—2007，依据零部件的材料和灯具的类型，试验所施加的撞击能量为0.2 Nm～0.7 Nm。

13 螺钉、载流部件及连接件

螺钉、载流部件及连接件在发生故障时会使灯座不安全，这些部件应能承受住正常使用时出现的机械应力。

合格性通过目测以及GB 7000.1—2007中的4.11和4.12试验进行检验。

注：在容许温度范围内和正常化学污染情况下，机械强度、电传导率、耐腐蚀性能均合适的载流部件的金属材料在附录B中给出。

14 爬电距离和电气间隙

带电部件与邻近的金属部件应留有足够的空隙。爬电距离和电气间隙不应小于表2a)和2b)所示的数值。

注：根据IEC 60664-1，表2a)所规定的距离适用于脉冲承受类别Ⅱ，表2b)所规定的距离适用于脉冲承受类别Ⅲ，表2a)和2b)涉及污染度2，通常只会出现非导电性污染物，但也考虑到偶然由于凝露造成暂时导电性污染物。关于其他脉冲承受类别或更高污染程度的距离信息，IEC 60664-1正在考虑。

注意该条款中给出的爬电距离和电气间隙值是绝对最低限值。

表2a)和2b)所显示的电压是工作电压，不是触发电压。

表2a) 最小距离(50 Hz/60 Hz交流正弦电压)——脉冲承受类别Ⅱ

距离/mm	工作电压/V			
	50	150	250	500
1 不同极性带电部件之间，和 2 带电部件与外部金属部件或永久固定在灯座[a]上的绝缘材料件的外表面，包括固定盖或固定灯座到支撑上的螺钉和装置： ——爬电距离				
绝缘PTI[b]≥600	0.6	0.8	1.5	3
PTI[b]<600	1.2	1.6	2.5	5
——电气间隙	0.2	0.8	1.5	3

表 2a)(续)

距离/mm	工作电压/V			
	50	150	250	500
3 带电部件与安装表面或一个松动的金属盖之间,如有的话,如果结构不能保证在最不利的环境下维持条款 2 下的值: ——电气间隙	0.6	0.8	1.5	3

[a] 带电触头与灯座面(基准面)之间的距离应与 IEC 60061-2 相关标准活页一致。

[b] 根据 GB/T 4207—2003 的耐漏电起痕指数 PTI。

——对于不带电或不接地,并不可能产生耐漏电起痕的各部件的,为 PTI≥600 的材料所规定的爬电距离值适用于所有材料(不考虑其实际的 PTI 值)。

——对于承受工作电压的时间低于 60 s 的,为 PTI≥600 的材料所规定的爬电距离值适用于所有的材料。

——对于不易受到灰尘污染和潮湿影响的,为 PTI≥600 的材料所规定的爬电距离值适用于所有的材料(与实际的 PTI 值无关)。

对于处在工作电压中间值的爬电距离和电气间隙,可以通过在表中所列两个数值之间实施线性插值法获得。对于工作电压低于 25 V 的没有给出值,因为 11.2.2 的电压测试已经充分考虑了。

对于日本,表中给出的值不适用。日本要求比表中给出的值更大。

表 2b) 最小距离(50 Hz/60 Hz 交流正弦电压)——脉冲承受类别Ⅲ

距离/mm	工作电压/V			
	50	150	250	500
1 不同极性带电部件之间的爬电距离	0.6	0.8	1.5	3
2 带电部件与外部金属部件或永久固定在灯座[a] 上的绝缘材料件的外表面,包括固定盖或固定灯座到支撑上的螺钉和装置: ——爬电距离				
绝缘 PTI[a]≥600	0.6	1.5	3	4
PTI[b]<600	1.2	1.6	3	5
——电气间隙	0.2	1.5	3	4
3 带电部件与安装表面或一个松动的金属盖之间,如有的话,如果结构不能保证在最不利的环境下维持条款 2 下的值: ——电气间隙	0.6	1.5	3	4

[a] 带电触头与灯座面(基准面)之间的距离应与 IEC 60061-2 相关标准活页一致。

[b] 根据 GB/T 4207—2003 的耐漏电起痕指数 PTI。

——对于不带电或不接地,并不可能产生耐漏电起痕的各部件的,为 PTI≥600 的材料所规定的爬电距离值适用于所有材料(不考虑其实际的 PTI 值);

——对于承受工作电压的时间低于 60 s 的,为 PTI≥600 的材料所规定的爬电距离值适用于所有的材料;

——对于不易受到灰尘污染和潮湿影响的,为 PTI≥600 的材料所规定的爬电距离值适用于所有的材料(与实际的 PTI 值无关)。

对于处在工作电压中间值的爬电距离和电气间隙,可以通过在表中所列两个数值之间实施线性插值法获得。

对于工作电压低于 25 V 的没有给出值,因为 11.2.2 的电压测试已经充分考虑了。

对于日本,表中给出的值不适用。日本要求比表中给出的值更大。

然而,带电触头与灯座面(基准面)之间的距离应与 IEC 60061-2 相关灯座活页给出的值一致,如有要求的话。

对于非正弦脉冲电压,电气间隙应不小于下表给出的值。

表 3 非正弦脉冲电压的最小距离

额定脉冲电压(峰值)/kV	2	2.5	3	4	5	6	8	10	12	15	20	25	30	40	50	60	80	100
最小电气间隙/mm	1	1.5	2	3	4	5.5	8	11	14	18	25	33	40	60	75	90	130	170

表中给出的距离是根据 IEC 60664-1 得出(非均匀电场)。对于既承受正弦电压也承受非正弦波脉冲电压的距离,所需要的最小距离不应低于上述任一表中所示最高值。

对于不影响安全的电气间隙,例如触头之间的距离,优点可从改善的场条件中得到,但在这种情况对于非均匀电场的值也保留绝对最小值。

合格性用灯座的额定脉冲电压测试来检验,不允许有电压降落。

爬电距离不应小于所要求的最小电气间隙。

15 耐久性

灯座应能与灯的触点保持良好的电接触。

合格性通过下述耐久性试验进行检验。

将一适用的 IEC 标准的商品灯头插入灯座,再从灯座中拔出,各重复 10 次。

再将一具有 10.4 的试验灯头尺寸的钢制灯头插入灯座。在试验成对灯座的情况下,采用不带罩的钢制模拟灯。

然后,将灯座置于带温度控制器的加热箱中。

调节加热箱的温度,在达到热平衡后,使额定工作温度测量点的温度达到 90 ℃±5 ℃。对于带温度标志 T 的灯座,该点的温度应达到(T+10)℃±5 ℃,同时,给灯座通上 1.1 倍额定电流。

对于作为灯具的一个整体部件的灯座,该部位的温度应为在 GB 7000.1—2007 中 12.4.2 给定的工作条件下所测得的温度再加 10 K,误差为±5 ℃。

在达到此温度后,使灯座在此条件下保留 48 h。

在这段时间之后,将灯座从加热箱中取出,去掉试验灯头或模拟灯,冷却 24 h。

在试验期间,灯座不应出现妨碍其继续使用的变化,尤其以下几方面:

——防触电性能不应被降低;

——电接触点不应松动;

——不应出现裂缝、膨胀或收缩;

——灯座符合现行 IEC 60061-3 中的量规检验。

耐久试验之后,按照下述要求测量灯座的触点和连接件的电阻:

——将 10.4 中规定的试验灯头或模拟灯插入灯座,通入额定电流并持续一段刚好足以测量电阻的时间;

——对于装有引线的灯座,在两根引线之间测量电阻,测量部位距离灯座 5 mm;

——对于不带引线的灯座,应给其安装上它所专用的最小规格的引线,(但铜引线的规格不应小于 0.5 mm^2),再在两引线之间测量电阻,测量部位距离灯座引线出口处 5 mm;

——所用试验灯头应具有 IEC 60061-1 中相应活页规定的最小尺寸,其触点应是铜制的,并要小心打磨、清洁;

——试验灯头应完全插入灯座,如果灯头上带有定位销,不考虑定位销的位置;

——对于双端灯,使用组合成对的灯座进行测量,在这种情况下,采用 10.4 所述模拟灯。

所测得的电阻值不应超过由下述公式求出的值:

$0.045\ \Omega+(A\times n)$

其中:当 $n=2$ 时,$A=0.01\ \Omega$;

当 $n>2$ 时,$A=0.015\ \Omega$。

n 表示参与测量的灯座和灯头之间独立接触点的数量。

应当注意不要使引线绝缘的氧化层影响电阻的测量,例如,可将引线的绝缘层去掉。

16 耐热与防火

16.1 具有防触电保护性能的外部绝缘部件和用来固定带电部件或特低电压部件的绝缘材料部件应具有耐热性。

合格性通过使用图 1 所示装置对这些部件进行球压试验来加以检验。

与灯具成为一体的灯座不进行本部分第 16 章所要求的全部试验(16.6 除外),类似的试验按照 GB 7000.1—2007 中第 13 章要求进行。但是,这些试验的工作条件应考虑到灯座的特定条件和本部分第 16 章所规定的条件。

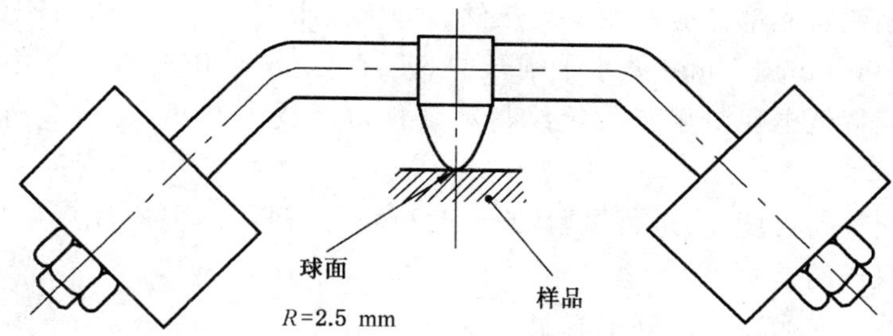

图 1 球压试验装置

陶瓷部件或引线的绝缘层不必进行球压试验。

进行球压试验时,将受试部件的表面水平放置,再将一直径 5 mm 的钢球压在该表面上,所用之力为 20 N。

在对固定带电部件的部件进行试验时,试验应在温度超过工作温度(见 5.2)25 ℃±5 ℃的加热箱内进行,加热箱内的最低温度为 125 ℃。

在试验开始之前,将试验钢球和支撑装置在加热箱内放置一段时间,使它们达到稳定的试验温度。

在施加试验钢球之前,应将受试部件在加热箱内放置 1 h。

如果受试表面是弯曲的,则对承受球压的部分加以支撑。为此,如果试验不能在整个试样上进行,则可以从试样上切割一合适的部分进行试验。

试样的厚度应至少为 2.5 mm,但是如果试样不具备这种厚度,则应将二片或以上的试样重叠放在一起进行试验。

在试验进行 1 h 之后,将试验钢球从试样上移开,再把试样浸泡在冷水中保持 10 s,使其冷却至接近室温。

然后,测量钢球压痕的直径。压痕的直径应不超过 2 mm。

注:在受试表面曲面的情况下,如果压痕为椭圆形,则测量较短的轴。

如有疑问,则测量压痕的深度,并采用式(1)计算压痕的直径 Φ:

$$\Phi = 2\sqrt{P(5-P)} \qquad \cdots\cdots(1)$$

式中:P——压痕的深度。

16.2 将固定带电部件或超低压部件的绝缘材料部件以及具有防触电保护性能的绝缘材料外部元件均应耐火。

合格性通过 16.3 或 16.4 所述适用的试验进行检验。

这些试验不在陶瓷部件上进行。

16.3 具有防触电保护性能的外部绝缘材料部件(包括带导电外层的外部绝缘材料部件)以及固定特低电压部件的绝缘材料部件应接受 IEC 60695-2-11 所述灼热丝试验,并应在下述条件下进行试验:

——试样应是一完整的灯座。必要时可将灯座的各个部件拆开，但应注意确保试验条件与正常使用情况没有明显的差别。

——将试样安装在支架上，用 1 N 的力将灼热丝尖压在受试表面上，受压点在距离受试表面上沿至少 15 mm(最好是 15 mm)的中心部位，灼热丝扎入试样的深度应不超过 7 mm。

如果由于试样太小而不能进行上述试验，则上述试验应在一面积为 30 mm×30 mm，厚度与上述试样厚度相同，并以类似的工艺制造的单独试样上进行。

——灼热丝尖的温度为 650 ℃，试验进行 30 s 后，使试样与灼热丝尖脱离接触。

在开始试验之前，将灼热丝温度和加热电流稳定 1 min，在此期间应注意确保试样不受热辐射的影响。

灼热丝尖的温度应使用铠装高灵敏度热电偶进行测量，其结构及校准应符合 IEC 60695-2-11 的要求。

——试样上的火焰或发光部分应在撤走灼热丝后 30 s 之内熄灭，所掉落下来的燃烧颗粒不应引燃在试样下方 200 mm±5 mm 处水平铺开的 5 层符合 ISO 4046-4:2002 中 4.187 要求的薄纸。

16.4 固定带电部件或特低电压灯触点的绝缘材料部件应承受 IEC 60695-2-2 所述针焰试验，并在下述条件下进行试验：

——试样应是一完整的灯座，为进行试验，必要时可将灯座拆开，但应注意确保试验条件与正常使用条件没有明显的差别。

——试验火焰应施加在受试表面的中心。

——试验火焰应持续施加 10 s。

——在将气体火焰撤走后 30 s 内，试样上的任何火焰均应熄灭，所掉落下来的燃烧颗粒不应引燃在试样下方 200 mm±5 mm 处水平铺开的五层符合 ISO 4046-4:2002 中 4.187 要求的薄纸。

16.5 对于固定带电部件或特低电压部件的绝缘部件或与这类部件相接触的绝缘部件，如果它们是暴露在极度的潮湿或粉尘环境中，则这些绝缘部件应由耐漏电起痕材料制成。

合格性通过按照下述要求进行 GB/T 4207—2003 所述耐漏电起痕试验来加以检验，但陶瓷材料部件除外：

——如果样品不具备面积至少为 15 mm×15 mm 的表平面，则试验也可以在一表平面尺寸小一些的样品上进行，但是在试验期间滴落下来的溶液不应从该样品上流走。此外，不应用人工方法将溶液保留在样品表面上。如有疑问，该试验可在一尺寸合乎要求，制作工艺相同的同样材料的条形试样上进行。

——如果样品的厚度小于 3 mm，必要时可将二个或二个以上的样品叠放在一起，使其达到至少 3 mm 的厚度。

——试验应在样品的三个部位上进行，或者在三个样品上进行。

——电极应是铂制成的，并使用 GB/T 4207—2003 中 7.3 要求的试验溶液 A 进行试验。

——在耐漏电起痕指数 PTI 为 175 时的试验电压下样品应能承受住 50 滴溶液的试验。

——如果样品表面上两电极之间的导电通路上所通过的电流超过 0.5 A，并持续 2 s 以上，从而使过载继电器断开，或者过载继电器未断开而使样品燃烧，则试验失败。

——不采用 GB/T 4207—2003 中第 9 章关于测定腐蚀性的要求。

16.6 应将灯座置于温度为 115 ℃±5 ℃或(T+35)℃±5 ℃(带 T 标记灯座)的加热箱中检验其绝缘材料和/或外部元件的耐热性能。

如果这种灯座的绝缘材料和/或外部元件的耐热性能与灯座的温度标志不一致，则将试验温度调节到这些部件的制造商产品目录所述耐热温度再增加 35 K±5 K。

与灯具成为一体的灯座不进行本项试验，类似的试验已在 GB 7000.1—2007 中给出。

将灯座装上一个第 15 章提到的实心钢测试灯头或钢制的模拟灯。

再将灯座放置在一温度约为试验温度的二分之一的加热箱内，然后在 1 h±15 min 之内将此温度升高到试验所要求的温度。在此之后，使试验不间断地连续进行 168 h。试验温度的公差要保持在±5 K。

在试验期间，灯座不应出现任何妨碍其继续使用的变化，尤其是在下述几方面：

——不降低防触电保护性能；

——电接触点不松动；

——不出现裂纹、隆起或收缩；

——灯座符合现行 IEC 60061-3 中的各量规要求。

量规只是用来检验模制材料可能出现的变形，不是用来检验接触性的。

此外，灯座应能承受住第 12 章所规定的条件下进行的机械强度试验，但是下落高度应降到 50 mm。

密封化合物不应外流，致使带电部件外露；该化合物的微小位移可忽略不计。

17 抗剩余应力(抗季裂性)和抗腐蚀性

17.1 由轧制铜板材或铜合金制成的触点及其他部件，在发生故障时会使灯座不安全，这些部件不应由于剩余应力而被损坏。

合格性通过下述试验进行检验：

将样品表面仔细擦净，用丙酮擦去油漆，用汽油等物将油脂和指印擦去。

再将样品置于一试验箱中放置 24 h，该试验箱的箱底洒有 pH 为 10 的氯化铵溶液(有关试验箱、试验溶液和试验程序的详细说明参见附录 C)。

经过此种试验之后，将样品放入流动水中冲洗 24 h，样品上不应有任何在八倍放大镜下肉眼看得见的裂纹。

17.2 铁制部件生锈后会破坏灯座的安全性，应对这些部件采取充分的防锈措施。

合格性通过下述试验进行检验：

将受试样品放入适宜的去油剂中浸泡 10 min，去掉该部件上所有的油脂。

再将其放入温度为 20 ℃±5 ℃的 10 %氯化铵溶液中浸泡 10 min，然后，不需烘干，只甩掉这些部件上的水珠，将他们放置于温度为 20℃±5℃的含有饱和潮湿空气的潮湿箱中保留 10 min。

再将这些受试部件放置在温度为 100 ℃±5 ℃的加热箱中烘干 10 min，将锐利边沿处的锈迹和黄雾膜擦去，此时，这些部件的表面上不应有锈斑。

对于小螺旋弹簧等部件以及易受磨损的铁质部件，其表面上的油脂层能提供充分的防腐蚀措施，这类部件不必接受此项试验。

附 录 A
(规范性附录)
本部分所述灯座的示例

下表列出了本部分所涉及(见 1.1)的内装式灯座,这些灯座是供装有相应灯头的普通照明光源、投光灯、泛光灯及街道照明灯使用的。

该表尚不完全。

灯 座	灯座活页号(见 IEC 60061-2)
B22d-3	7005-10A
BY22d	7005-17
Fa4	7005-..
Fc2	7005-114
G1.27,GX1.27	7005-..
GUX2.5d,GUY2.5d,GUZ2.5d	7005-137
G2.54,GX2.54	7005-..
G3.17	7005-..
G4	7005-72
GU4	7005-108
GZ4	7005-67
G5.3	7005-73
G5.3-4.8	7005-126
GU5.3	7005-109
GX5.3	7005-73A
GY5.3	7005-73B
G6.35,GX6.35,GY6.35	7005-59
GZ6.35	7005-59A
GU7	7005-113
GZX7d-.,GZY7d-.,GZZ7d-.	7005-136
G8.5	7005-122
G9	7005-129
G9.5	7005-70
GX9.5	7005-70A
GY9.5,GZ9.5	7005-70B
GU10	7005-121
GZ10	7005-120
G12	7005-63
GY16	7005-..

灯　　座	灯座活页号(见 IEC 60061-2)
G17q,GX17q,GY17q	7005-45
G22	7005-75
G38	7005-76
PG12&PGX12	7005-64
PG22-6.35	7005-..
P28s	7005-42
P30s-10.3	7005-44
P40	7005-43
R7s,RX7s	7005-53/53A
SX4s	7005-..
SY4s	7005-..

附 录 B
(规范性附录)
载流部件适用的金属示例

第13章所述在容许温度范围内和正常化学污染条件下使用的载流部件所适用的金属举例如下：

——铜合金：冷轧板制成的部件含铜量至少为58%；其他部件的含铜量至少为50%；

——不锈钢：含铬量至少为13%；含碳量不超过0.09%；

——钢：带锌电镀层，根据ISO 2081:1986，依照ISO第1号使用条件下，(普通部件的)镀层厚度至少为5 μm；

——钢：带镍铬电镀层，根据GB/T 9797—2005，依照ISO第2号使用条件，(普通部件的)镀层厚度至少为20 μm；

——钢：带锡电镀层，根据ISO 2093:1986，依照ISO第2号使用条件下，(普通部件的)镀层厚度至少为12 μm；

——纯镍(含镍量至少为99%)；

——银(含银量至少为90%)。

附　录　C
（规范性附录）
季裂/腐蚀试验

注：为保护环境，在下述关于试验溶液的要求中，可由试验室斟酌修正其溶液体积和容器容积。在这种情况下，试验容器的容积应保持在比受试样品的体积大500倍～1 000倍的范围之内，并且，试验溶液的体积应达到使容器的容积与溶液体积之比保持在20∶1～10∶1。若有疑问，则采用C.1所述条件。

C.1　试验箱

试验中应使用带盖的玻璃容器，例如干燥器或带磨砂边沿及盖子的玻璃容器。其容积应至少为10 L。试验空间与试验溶液的体积的比例应保持在20∶1～10∶1。

C.2　试验溶液

每升溶液的配制方法：

将107 g氯化铵（试剂级NH_4Cl）放入约0.75 L的蒸馏水中或完全软化的水中溶解，再将30%的氢氧化钠溶液加入其中，一直加到使该试验溶液在22 ℃时的pH为10时为止（氢氧化钠溶液由试剂级NaOH加蒸馏水或完全软化水配制而成）。在其他温度下，将试验溶液调节到具有下述表中所规定的pH。

温度/℃	试验溶液 pH
22±1	10.0±0.1
25±1	9.9±0.1
27±1	9.8±0.1
30±1	9.7±0.1

将pH调配合适之后，将蒸馏水或完全软化水倒入该试验溶液中，使其达到1 L。这些水不再会改变试验溶液的pH。

在调节pH期间，一定要使溶液温度的变化保持在±1 ℃范围之内。测量pH值时应使用pH调节精度为±0.02的仪器。

试验溶液可长期使用，但应至少每隔三个星期测量其pH，必要时再进行调整（pH是测试蒸气中氨浓度的一项依据）。

C.3　试验程序

将样品放置于试验箱中，（最好悬吊放置）使氨蒸气能完全作用于样品。

样品不应浸泡在试验溶液中，样品相互间也不应接触。

支撑或悬吊样品的装置应由不易受氨蒸气腐蚀的材料制成，如玻璃或陶瓷。

试验应在(30±1)℃的恒定温度下进行，以便能去除掉由于温度的波动而产生肉眼可见的凝结水，这种凝结水会使试验结果严重失真。

试验之前，将装有试验溶液的试验箱内的温度调至(30±1)℃，然后尽快将预先加热到30 ℃的样品放入试验箱，并关闭试验箱，此时应视为试验开始。

附 录 D
(规范性附录)
摆锤撞击试验装置

单位为毫米

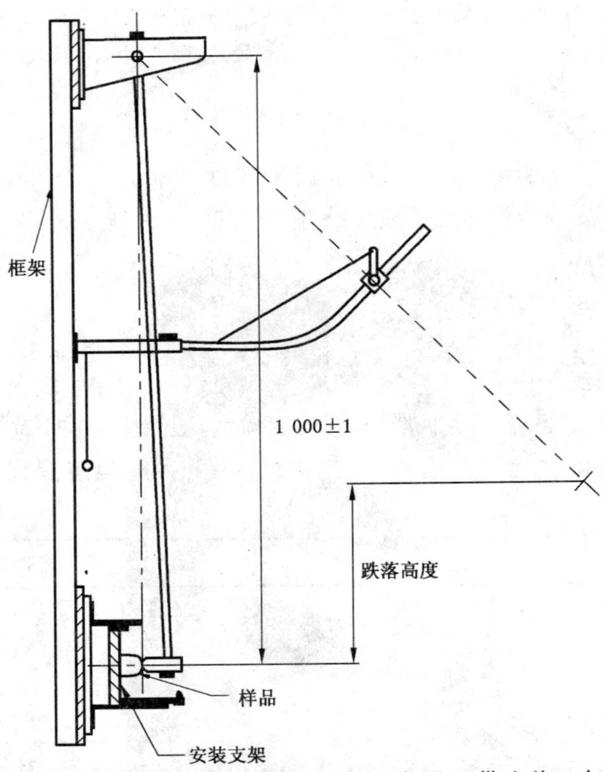

注:虽然已有关于该装置的标准,但本部分中仍保留有此附图以供查询。如对此附图存有疑问,请参阅 GB/T 2423.55—2006。

图 D.1 撞击试验装置

单位为毫米

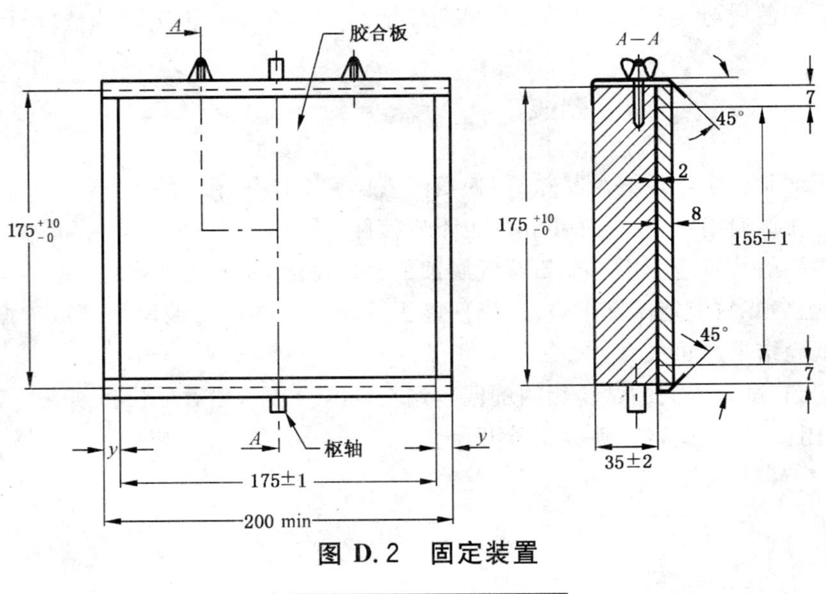

图 D.2 固定装置

ICS 29.140.10
K 74

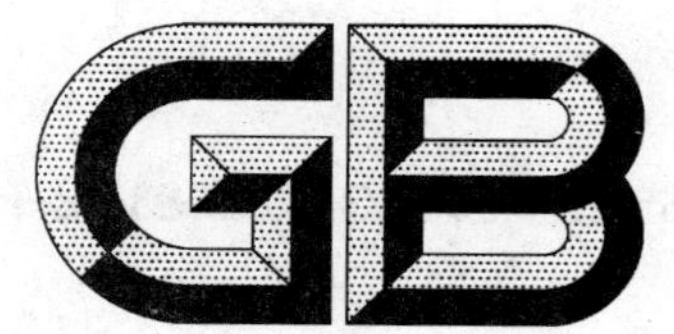

中华人民共和国国家标准

GB 19651.2—2008/IEC 60838-2-1:2004
代替 GB 19651.2—2005

杂类灯座 第2-1部分：S14灯座的特殊要求

Miscellaneous lampholders—Part 2-1:Particular requirements—Lampholders S14

(IEC 60838-2-1:2004,IDT)

2008-12-30 发布　　2010-04-01 实施

中华人民共和国国家质量监督检验检疫总局
中国国家标准化管理委员会 发布

前　言

本部分的全部技术内容为强制性。

GB 19651《杂类灯座》分为3个部分：

——第1部分：一般要求和试验；

——第2-1部分：S14灯座的特殊要求；

——第2-2部分：LED模块用连接器的特殊要求。

本部分为GB 19651的第2-1部分。

本部分应与GB 19651.1一起使用，它是在对GB 19651.1的相应条款进行补充或修改之后制定而成的。

本部分等同采用IEC 60838-2-1:1994《杂类灯座　第2部分：第1篇 S14灯座的特殊要求》及1998年的修订1和2004年的修订2(英文版)。

为了便于使用，本部分做了下列编辑性修改：

a) "IEC 60838-2-1的本部分"一词改为"GB 19651.2的本部分"；

b) 删除了IEC 60838-2-1的前言；

c) 用小数点"."代替作为小数点的","；

d) 对于IEC 60838-2-1引用的其他国际标准中有被等同采用为我国标准的，本部分用引用我国的这些国家标准或行业标准代替对应的国际标准。其余未有等同采用为我国标准的国际标准，在本部分中均被直接引用(见本部分第2章)。

本部分代替GB 19651.2—2005《杂类灯座　第2部分：第1篇 S14灯座的特殊要求》。

本部分与GB 19651.2—2005的主要技术差别如下：

——标准名称由《杂类灯座　第2部分：第1篇 S14灯座的特殊要求》改为《杂类灯座　第2-1部分：S14灯座的特殊要求》；

——16.2改为"灯座的带电部件与灯头的可触及金属部件之间的电气间隙应不小于1.5 mm。

注：对于日本，电气间隙应不小于1.7 mm。"；

——16.3改为"对于没有遮盖的金属限位弹簧，其与安装表面之间的电气间隙要求至少为3 mm。"。

本部分由中国轻工业联合会提出。

本部分由全国照明电器标准化技术委员会(SAC/TC 224)归口。

本部分起草单位：广州电器安全检验所、北京电光源研究所。

本部分主要起草人：李自力、邓根成、杨小平、赵秀荣、江姗、段彦芳。

本部分第1版于2005年发布，本版是第1次修订。

杂类灯座　第 2-1 部分：S14 灯座的特殊要求

1　概要

1.1　范围

GB 19651 的本部分适用于普通照明用途的直管形白炽灯用内装式和独立式 S14 灯座。独立式灯座还应作为灯具进行试验。

1.2　规范性引用文件

下列文件中的条款通过 GB 19651 的本部分的引用而成为本部分的条款。凡是注日期的引用文件，其随后所有的修改单(不包括勘误的内容)或修订版均不适用于本部分，然而，鼓励根据本部分达成协议的各方研究是否可使用这些文件的最新版本。凡是不注日期的引用文件，其最新版本适用于本部分。

GB 19651.1—2008 中 1.2 所确定的以及下列规范性引用文件适用于本部分。

GB 19651.1—2008　杂类灯座　第 1 部分：一般要求和试验(IEC 60838-1:2004,IDT)

2　术语和定义

GB 19651.1—2008 确定的以及下列述语和定义适用于本部分。

2.1

独立式灯座　independent lampholder

指按设计要求能独立安装在灯具之外，同时能提供与其分类和标志相符的所有必要的保护措施的灯座。

2.2

开关式灯座　switched lampholder

指装有控制灯电源整体开关的灯座。

3　一般要求

GB 19651.1—2008 的第 3 章要求适用及增加下述要求。

3.1　明确不打算内装使用的独立式灯座应符合本部分未涉及到的 GB 7000.1—2007 中下述要求：

第 2 章：分类

第 3 章：标志

第 4 章：结构(当适用时)

第 8 章：防电击

第 9 章：防尘、防固体异物及防潮

第 10 章：绝缘电阻与电气强度(Ⅱ类灯座)

第 12 章的 12.4 和 12.5：热试验

4　试验的一般条件

按照 GB 19651.1—2008 的第 4 章要求及增加下述要求：

对 4.3 的补充：

——对于直管形双端灯：13 对配套灯座(只适用于开关式灯座)；

——对于单端灯：13 个样品(只适用于开关式灯座)。

在 GB 19651.1—2008 中 4.3 第二个注释之后，增加下述要求：

三对或三个样品进行第 12 章所述试验。

注：对于明确不打算内装使用的的独立式灯座，试验时需要单独的补充样品(见第 3 章要求)。

5 标准额定值

5.1 标准额定电压为：250 V。

5.2 标准额定电流为：1 A。

6 分类

按照 GB 19651.1—2008 第 5 章要求及增加下述要求。

对 GB 19651.1—2008 的 5.1 增加下述要求：

——独立式灯座。

对 GB 19651.1—2008 增加 5.3 要求如下：

5.3 根据开关类型分为：

——开关式灯座，装有一控制灯的电源的整体式开关；

——非开关式灯座。

7 标志

按照 GB 19651.1—2008 第 6 章要求。

8 防电击

按照 GB 19651.1—2008 第 7 章要求。但下列情况除外：

对于 S14 灯座在下述状态时，采用 GB 19651.1—2008 中 7.1 第一段要求：

——装有适合的灯；

——在将灯插入或拔出灯座期间。

注：S14 灯座不应视为 7.2 所指的双端灯用灯座。

9 接线端子

按照 GB 19651.1—2008 第 8 章要求及增加下述要求。

9.1 灯座上应装有能连接下述标称横截面积导线的接线端子，但装有连接引线(不可重新接线的引线)的灯座除外：

S14 灯座：0.5 mm^2～1.5 mm^2。

9.2 带螺纹接线端子的灯座应符合 GB 7000.1—2007 中第 14 章要求以及下述补充要求：

柱型接线端子的尺寸不应小于 GB 17935—2007 中 10.5 和表 4 所示 E14 灯座接线端子的尺寸。

螺纹接线端子的尺寸不应小于 GB 17935—2007 中 10.6 和表 5 所示 E14 灯座接线端子的尺寸。

10 接地装置

按照 GB 19651.1—2008 第 9 章要求。

11 结构

按照 GB 19651.1—2008 第 10 章要求及增加下述要求。

11.1 装有导线固定架的 S14 灯座应符合 GB 7000.1—2007 中 5.2.10 要求。

11.2 独立式灯座的可被触及的外表面上有引线入口，这种入口应能将适当的引线包覆物、导管或套管等引入灯座，以便在距离灯座的可被触及的外表面至少 1 mm 处提供机械保护。

合格性通过测量进行检验。

12 开关式灯座

12.1 开关只允许用在普通灯座中。

合格性通过目测进行检验。

12.2 对于用来防止意外接触的开关，其在不同电位下的开路触点之间应具有最小为 1.7 mm 的电气间隙。

合格性通过目视进行检验。

12.3 灯座的结构应能防止开关的活动部件与电源导线之间发生意外接触。

合格性通过手动试验进行检验。

12.4 开关的操作部分应与带电部件有效绝缘，如果该部分断裂或被损坏，它们不应使带电部件外露。

合格性通过目视和 12.5 所述试验进行检验。

12.5 S14 灯座的开关应能接通和断开由普通照明用直管形白炽灯构成的负载。

合格性通过下述试验进行检验：

不带温度标志的 S14 灯座的开关应在 60 ℃工作温度下进行试验。

带有温度标志的 S14 灯座的开关进行试验时，其工作温度应为所标志的温度减去 20 ℃。

开关在进行试验时使用交流电（$\cos\varphi=0.6\pm0.05$），所用电压为额定电压的 1.1 倍，所承受的电流为额定电流的 1.25 倍。以固定的间隔和每分钟 30 次的速率并按照正常使用方式操作开关 200 次。

然后，用额定电压和额定电流的交流电（$\cos\varphi=1$）对开关进行试验。以固定的间隔和每分钟 30 次的速率并按照正常使用方式操作开关 20 000 次。

注：本试验依据 IEC 60328 的要求制定。目前正在研究用 GB 15092.1 中的相关试验代替本试验。

对于仅在将灯插入或拔出灯座期间能提供防触电保护功能的开关，应以每分钟 30 次的速率按照正常使用方式操作开关 1 000 次。

试验结束时，灯座应能承受住 GB 19651.1—2008 中 11.2 的绝缘电阻试验和介电强度试验，并能正常工作。

13 耐潮湿、绝缘电阻及介电强度

按照 GB 19651.1—2008 第 11 章要求。

14 机械强度

按照 GB 19651.1—2008 第 12 章要求。

15 螺钉、载流部件及连接件

按照 GB 19651.1—2008 第 13 章要求。

16 爬电距离和电气间隙

按照 GB 19651.1—2008 第 14 章要求及增加下述要求：

16.1 合格性检验时要考虑到灯头最大触点尺寸情况。

16.2 灯座的带电部件与灯头的可触及金属部件之间的电气间隙应不小于 1.5 mm。

注：对于日本，电气间隙应不小于 1.7 mm。

16.3 对于没有遮盖的金属限位弹簧，其与安装表面之间的电气间隙要求至少为 3 mm。

17 耐久性

按照 GB 19651.1—2008 第 15 章要求。

18 耐热与防火

按照 GB 19651.1—2008 第 16 章要求。

19 抗剩余应力(抗季裂性)和抗腐蚀性

按照 GB 19651.1—2008 第 17 章要求。

ICS 29.140.10
K 74

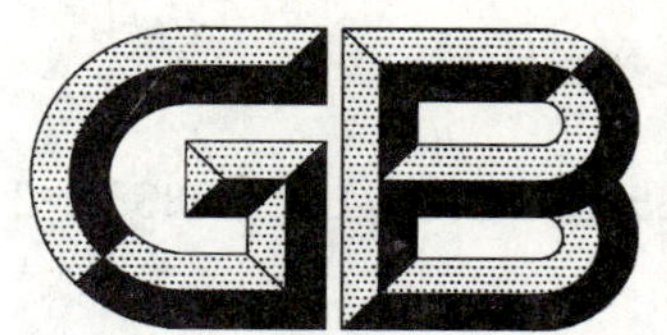

中华人民共和国国家标准

GB 19651.3—2008/IEC 60838-2-2:2006

杂类灯座 第2-2部分：LED模块用连接器的特殊要求

Miscellaneous lampholders—Part 2-2:Particular requirements—Connectors for LED-modules

(IEC 60838-2-2:2006,IDT)

2008-12-30 发布

2010-04-01 实施

中华人民共和国国家质量监督检验检疫总局
中国国家标准化管理委员会 发布

前　言

本部分的全部技术内容为强制性。

GB 19651《杂类灯座》分为3个部分：

——第1部分：一般要求和试验；

——第2-1部分：S14灯座的特殊要求；

——第2-2部分：LED模块用连接器的特殊要求。

本部分为GB 19651的第2-2部分。

本部分应与GB 19651.1—2008一起使用，它是在对GB 19651.1—2008的相应条款进行补充或修改之后制定而成的。

本部分等同采用IEC 60838-2-2:2006《杂类灯座　第2-2部分：LED模块用连接器的特殊要求》(英文版)。

为了便于使用，本部分做了下列编辑性修改：

a) "IEC 60838-2-2的本部分"一词改为"GB 19651的本部分"；

b) 删除了IEC 60838-2-2的前言；

c) 用小数点"."代替作为小数点的","；

d) 对于IEC 60838-2-2引用的其他国际标准中有被等同采用为我国标准的，本部分用引用我国的这些国家标准或行业标准代替对应的国际标准(见本部分第2章)。

本部分由中国轻工业联合会提出。

本部分由全国照明电器标准化技术委员会(SAC/TC 224)归口。

本部分起草单位：中国质量认证中心、北京电光源研究所、桐乡市生辉照明电器有限公司、深圳市森浩高新科技开发有限公司、佛山市顺德区本邦电器有限公司、中山市小榄镇祺鑫电线连接器厂。

本部分主要起草人：陈松、邓云峰、邢合萍、杨小平、沈锦祥、李明远、黄世和 、蔡干强、苏勇。

本部分为首次制定。

杂类灯座 第2-2部分：LED模块用连接器的特殊要求

1 概要

1.1 范围

GB 19651的本部分适用于杂类内置式连接件(包括LED模块(模块)内部连接用连接件)，该连接件和基于LED模块的PCB(印刷电路板)一起使用。

1.2 规范性引用文件

下列文件中的条款通过GB 19651的本部分的引用而成为本部分的条款。凡是注日期的引用文件，其随后所有的修改单(不包括勘误的内容)或修订版均不适用于本部分，然而，鼓励根据本部分达成协议的各方研究是否可使用这些文件的最新版本。凡是不注日期的引用文件，其最新版本适用于本部分。

GB 19651.1—2008中1.2所确定的以及下列规范性引用文件适用于本部分。

GB/T 2423.10—2008 电工电子产品环境试验 第2部分：试验方法 试验Fc：振动(正弦)(IEC 60068-2-6:1995,Environmental testing—Part 2:Tests—Test Fc:Vibration (sinusoidal),IDT)

GB/T 2423.22—2002 电工电子产品环境试验 第2部分：试验方法 试验N：温度变化(IEC 60068-2-14:1984,Environmental testing—Part 2:Test—Test N:Change of temperature,IDT)

GB 19651.1—2008 杂类灯座 第1部分：一般要求和试验(IEC 60838-1:2004,IDT)

IEC 60068-2-30:2005 基本环境试验规程 第2-30部分：试验 试验Db和指南：循环湿热试验(12+12 h循环)

2 术语和定义

GB 19651.1—2008第2章所确定的以及下列术语和定义适用于本部分：

2.1

发光二极管 LED light emitting diode

含有P-N结的固体装置，受到电流激发时能发出光辐射[GB/T 2900.65中845-04-40]。

2.2

LED模块 LED module

一种组合光源。除一个或多个发光二极管(LED)外，还可以包括更多元件，例如光学、机械、电气和电子元件(尚在考虑中)。

3 一般要求

按照GB 19651.1—2008第3章的要求。

4 试验的一般条件

按照GB 19651.1—2008第4章的要求及下列条款适用。

4.1 对于16.1、16.2和第19章所述每一项试验，应在另外3个样品上进行。

5 标准额定值

5.1 最大额定电压为交流50 V。

注：等效最大直流电压120 V(尚在考虑中)。

5.2 最小额定电流为10 mA,最大额定电流为3 A。

5.3 额定工作温度范围为:−30 ℃～+65 ℃。

除非整个系统仅限于室内使用,否则该系统应符合较低的温度值。相关使用注意事项和符号参见GB 7000.1—2007。

注:在汽车行业通常要求最低温度为−40 ℃。

6 分类

按照GB 19651.1—2008第5章的要求。

7 标志

按照GB 19651.1—2008第6章的要求。

注:小体积部件可以要求降低字母和符号的高度尺寸。

8 防触电保护

按照GB 19651.1—2008第7章的要求。

9 接线端子

按照GB 19651.1—2008第8章的要求。

10 接地装置

按照GB 19651.1—2008第9章的要求。

11 结构

按照GB 19651.1—2008第10章的要求及下列条款适用。

11.1 连接导线的最小横截面积为0.22 mm^2。如使用带状电缆(有时也称作扁平电缆),则其最小横截面积应为0.09 mm^2。必须注意的是,上述横截面积所允许的最大电流负荷应考虑5.2中给出的额定电流范围。

12 耐潮湿、绝缘电阻和介电强度

按照GB 19651.1—2008第11章的要求。

13 机械强度

按照GB 19651.1—2008第12章的要求。

14 螺钉、载流部件和连接件

按照GB 19651.1—2008第13章的要求。

15 爬电距离和电气间隙

按照GB 19651.1—2008第14章的要求。

16 耐久性

按照GB 19651.1—2008第15章的要求及下列条款适用。

16.1 当温度快速变化时,用于LED模块的连接器应能与模块保持良好的电气接触。

合格性由下述试验进行检验：

装有符合 IEC 60061 灯头(如有的话)的商品 LED 模块或印刷电路板插入连接器，连接器的触点和连接电阻按 16.3 所述测量。

然后连接器和模块应接受 GB/T 2423.22—2002 有关 Na 试验所述的温度变化试验，详细内容如下：

样品在额定工作温度范围的最小值和最大值之间循环 100 次，在这两种温度的每一温度下的暴露时间为 30 min。

注：标准的温度转换时间为 2 min～3 min，如果使用自动测试系统，则允许转换时间(t_2)小于 30 s。

在试验期间，连接器不应出现影响其进一步使用的变化，尤其是影响接触的变化。

温度变化试验后，将连接器从试验箱中取出，放置 12 h。在此期间内，LED 模块仍然插在连接器中，在这种状态下，按 16.3 的要求再测量一次连接器的触点和连接线电阻。

16.2 LED 模块用连接器在高湿度环境中应能和模块保持良好的电气接触。

合格性用下列试验检验：

将符合 IEC 60061(如有的话)的商品 LED 模块或印刷电路板插入连接器，连接器的触点和接线电阻按 16.3 所述测量。

然后连接器和模块应接受 IEC 60068-2-30:2005 所述的循环湿热试验，详细内容如下：

样品应在最高温度 55 ℃、变化 2 ℃的温度下循环 6 次。

在试验期间，连接器不应出现影响其进一步使用的变化，尤其是影响接触的变化。

循环湿热试验后，将连接器从试验箱中取出，放置 12 h。在此期间内，LED 模块仍然插在连接器中，在这种状态下，按 16.3 的要求再测量一次连接器的触点和连接线电阻。

16.3 连接器的触点和连接线电阻按下述测量：

——测量时采用与连接器额定电流相同的电流，接通时间以能够充分测量其电阻为准；

——有引线的连接器，其电阻应在两根引线间并距连接器上的引线出口 5 mm 处测量；

——没有引线的连接器，需要接一条连接器设计使用的最小规格的导线。其电阻应在引线间并距连接器上的引线出口 5 mm 处测量。

测量在电压不超过 6 V 的交流电路中进行。

所测电阻不应超过下述公式求出的值：

$0.045\ \Omega + (A \times n)$

其中：当 $n=2$ 时，$A=0.01\ \Omega$

当 $n>2$ 时，$A=0.015\ \Omega$

式中 n 表示所测量的连接器和 PCB 的独立接触点的数量。

17 耐热与防火

按照 GB 19651.1—2008 第 16 章的要求。

18 抗剩余应力(季裂性)和抗腐蚀性

按照 GB 19651.1—2008 第 17 章的要求。

19 抗振动性能

19.1 LED 模块用连接件在正常使用中受到振动时应能和模块保持良好的电气接触。

合格性通过下述试验检验：

将符合 IEC 60061(如适用)的商品 LED 模块或 PCB 按制造商的说明书插入连接件并安装好。

然后连接器和模块应接受 GB/T 2423.10—2008 要求的振动试验，详细步骤如下：

样品应接受 5 个扫频循环，频率范围在 10 Hz 和 500 Hz 之间，每一轴线持续 2 h，加速度幅值应为 5 g。

在试验期间，连接件不应出现影响其进一步使用的变化，尤其是影响接触有关的变化。

振动试验后，将受试组合件取出并检查是否连接器触点仍然和插入的模块接触良好。

ICS 67.080.10
B 31

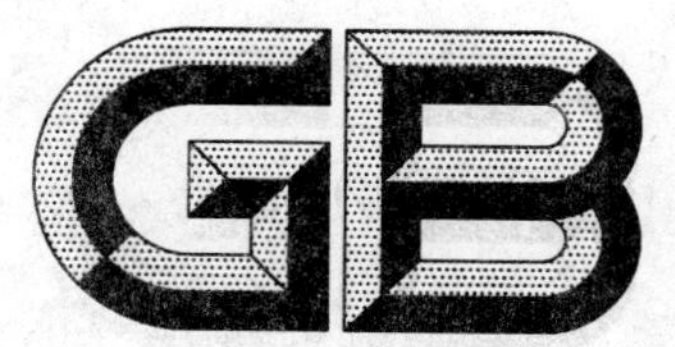

中华人民共和国国家标准

GB/T 19690—2008
代替 GB 19690—2005

地理标志产品　余姚杨梅

Product of geographical indication—Yuyao bayberry

2008-06-25 发布　　2008-10-01 实施

中华人民共和国国家质量监督检验检疫总局
中国国家标准化管理委员会　发布

前　言

本标准根据国家质量监督检验检疫总局颁布的2005第78号令《地理标志产品保护规定》及GB 17924—1999《原产地域产品通用要求》制定。

本标准代替GB 19690—2005《原产地域产品 余姚杨梅》。

本标准与GB 19690—2005相比主要变化如下：

——标准属性由强制性国家标准改为推荐性国家标准；

——根据国家质量监督检验检疫总局颁布的《地理标志产品保护规定》，修改了标准中英文名称及相关表述；

——增加了杨梅品种“水晶种”、“粉红种”及相关技术参数；

——将卫生指标改为污染物限量指标与农药残留限量指标，并分别执行GB 2762—2005《食品中污染物限量》和GB 2763—2005《食品中农药最大残留限量》；

——理化指标中可溶性固形物改按ISO 2173:2003(E)《水果和蔬菜制品　可溶性固形物含量的测定　折射计法》规定检测；

——修改了包装盒要求。

本标准的附录A为规范性附录。

本标准由全国原产地域产品标准化工作组提出并归口。

本标准起草单位：余姚市质量技术监督局、余姚市农林局、余姚市林业特产技术推广总站。

本标准主要起草人：汪国云、岑冠军。

本标准所代替标准的历次版本发布情况为：

——GB 19690—2005。

地理标志产品　余姚杨梅

1　范围

本标准规定了余姚杨梅的术语和定义、地理标志产品保护范围、要求、试验方法、检验规则及标志、标签、包装、运输和贮存。

本标准适用于国家质量监督检验检疫行政主管部门根据《地理标志产品保护规定》批准保护的余姚杨梅。

2　规范性引用文件

下列文件中的条款通过本标准的引用而成为本标准的条款。凡是注日期的引用文件，其随后所有的修改单(不包括勘误的内容)或修订版均不适用于本标准，然而，鼓励根据本标准达成协议的各方研究是否可使用这些文件的最新版本。凡是不注日期的引用文件，其最新版本适用于本标准。

GB 2762　食品中污染物限量

GB 2763　食品中农药最大残留限量

GB 4285　农药安全使用标准

GB 7718　预包装食品标签通则

GB/T 8321(所有部分)　农药合理使用准则

GB/T 8855　新鲜水果和蔬菜的取样方法

GB/T 12456　食品中总酸的测定方法

NY 5013　无公害食品　林果类产品产地环境条件

JJF 1070　定量包装商品净含量计量检验规则

国家质量监督检验检疫总局令[2004]第 66 号　零售商品称重计量监督管理办法

国家质量监督检验检疫总局令[2005]第 75 号　定量包装商品计量监督管理办法

ISO 2173:2003(E)　水果和蔬菜制品　可溶性固形物含量的测定　折射计法

3　术语和定义

下列术语和定义适用于本标准。

3.1

余姚杨梅　Yuyao bayberry

在地理标志产品保护范围内生产的，符合本标准要求的杨梅。

3.2

荸荠种杨梅　strain of biqi

余姚杨梅主栽品种。果实扁圆形，平均单果重约 9.0 g，果面淡紫红色至紫黑色，肉柱顶端圆钝，肉质细软，酸甜适口，汁液多，具香气，果核小。

早荠蜜梅、晚荠蜜梅系荸荠种选出的新品种，采收期相应早或迟约一星期。

3.3

水晶杨梅　strain of crystal

余姚杨梅主栽品种之一，又名西山白杨梅。果实球形，平均单果重约 11 g，果面白色或黄乳白色，有时稍带红色，肉柱圆钝，肉质柔软，多汁，味清甜而稍带酸，果核稍大。

3.4

粉红种杨梅　strain of pink

余姚杨梅主栽品种之一，又名西山杨梅，为地方名品。果实圆球形，平均单果重约 10.5 g，果面粉红色或紫红色，肉柱圆钝，肉质柔软，多汁，味清甜而略带酸，果核中等大。

3.5

肉柱　flesh columniation

果实可食部分的多汁囊状体。

4　地理标志产品保护范围

限于国家质量监督检验检疫行政主管部门根据《地理标志产品保护规定》批准保护的范围，即北纬 29°39′56″～30°21′58″，东经 120°52′12″～121°25′15″的余姚市行政区域内，见附录 A。

5　要求

5.1　环境

应符合 NY 5013 的要求。

5.1.1　地理

在姚江流域两岸丘陵山麓，地势平缓，坡度一般在 25°以下，海拔在 500 m 以下，四周水资源丰富。

5.1.2　土壤

微酸性砂质壤土，利于排水，pH 值 4.5～6.5。

5.1.3　气候

全年日照充足，雨量丰富，气候温和，四季分明，为海洋性气候覆盖区，属典型的北亚热带季风气候区。

5.2　栽培技术

5.2.1　品种选择

宜选择早荠蜜梅、荸荠种、晚荠蜜梅、水晶种、粉红种等优良品种。

5.2.2　建园

新建杨梅基地宜选择砂性壤土、质地松软、排水良好的坡地。

5.2.3　苗木

应枝条健壮，芽眼饱满，根系发达，无病虫害及机械伤。

5.2.4　定植

时间宜在 2 月下旬至 3 月下旬，密度宜采用株行距(4 m～5 m)×(5 m～6 m)。

5.2.5　树体管理

适时、适度进行整形修剪，并采用摘心、疏枝、拉枝、撑枝等方法进行管理。

5.2.6　园地管理

秋冬以树干为中心逐年扩穴改土；秋冬或春季，取山地表土、草皮泥等进行培土。幼树宜在树盘直径 1 m 左右范围内，连续中耕除草，或者免耕生草，并地面覆草。

5.2.7　施肥

苗木栽种前定植穴施足基肥，覆 15 cm～20 cm 厚的肥沃表土。

幼树施速效肥，常年宜施 2 次～3 次。

成年树宜施壮果肥和基肥各 1 次。每年 5 月抽生夏梢前宜施壮果肥，10 月宜施基肥。

有大小年结果现象的成年树，结果大年应施追肥。一般宜在当年 6 月底至 7 月上旬施加。

5.2.8　花果量调节

宜采用修剪、疏花疏果等方法进行。

5.2.9　**病虫害防治**

根据病虫害发生规律，及时防治病虫害。病虫害防治中农药使用按GB 4285、GB/T 8321（所有部分）的规定执行，不得使用国家明令禁止的农药，严格执行农药安全间隔期。

5.3　**采收**

果实成熟和采收日期因品种和立地条件而异，一般在6月上旬至7月上旬分批采收。

早荠蜜梅、荸荠种、晚荠蜜梅果实色泽由红转紫红或紫黑时采收；水晶杨梅转白色或黄乳白色时采收；粉红种杨梅转粉红色或紫红色时采收。

5.4　**质量等级**

分为特等品、一等品、二等品。

5.5　**感官指标**

感官指标应符合表1的规定。

表1　感官指标

项目		特等品	一等品	二等品
果形		果形端正	果形基本端正，允许有轻微缺陷	果形允许有缺陷，不得有严重的畸形果
色泽	早荠蜜梅	淡紫红色至紫黑色		
	荸荠种晚荠蜜梅	紫红色至紫黑色		
	水晶杨梅	白色或黄乳白色		
	粉红种杨梅	粉红色至紫红色		
单果重/g	早荠蜜梅	>10.5	>9.5	>7.5
	荸荠种			
	晚荠蜜梅			
	水晶杨梅	>13.5	>10.5	>8.5
	粉红种杨梅			
肉柱		肉柱顶端呈圆钝形，无肉刺	肉柱顶端呈圆钝形或少量尖锐形，无肉刺	肉柱允许呈尖锐形，带轻微肉刺
风味		新鲜、酸甜适口、肉质柔软、多汁、无异味、无霉变		
病虫害		无		
伤果率/%		≤5.0	≤7.5	≤10.0
注：单个刺伤或碰压伤果面面积超过果面总面积1/10的杨梅果实，判为伤果。				

5.6　**理化指标**

理化指标应符合表2的规定。

表2　理化指标

项目	特等品	一等品	二等品
可溶性固形物/%	>10.5		
总酸（以柠檬酸计）/%	≤1.5		

5.7 卫生指标

5.7.1 污染物限量指标

应符合 GB 2762 的有关规定。

5.7.2 农药最大残留限量指标

应符合 GB 2763 的有关规定。

5.8 净含量允许短缺量、净含量负偏差

5.8.1 定量包装产品净含量允许短缺量按国家质量监督检验检疫总局令[2005]第 75 号执行。

5.8.2 非定量包装产品净含量负偏差按国家质量监督检验检疫总局令[2004]第 66 号执行。

6 试验方法

6.1 感官指标

6.1.1 果实的果形、色泽、肉柱采用目测法检验。

6.1.2 风味采用品尝法检验。

6.1.3 病虫害检查借助 5 倍放大镜用目测进行。

6.1.4 单果重量用分辨率 0.1 g 的电子秤称量，随机取 30 个单果的平均重量作为单果重量。

6.1.5 伤果率采用目测法检验，随机检验 100 个单果。

6.2 理化指标

6.2.1 可溶性固形物按 ISO 2173:2003(E)规定执行。

6.2.2 总酸按 GB/T 12456 规定执行。

6.3 卫生指标

6.3.1 污染物限量指标

按 GB 2762 规定的方法检测。

6.3.2 农药最大残留限量指标

按 GB 2763 规定的方法检测。

6.4 净含量允许短缺量、净含量负偏差

按 JJF 1070 规定检测。

7 检验规则

7.1 组批

同一单位、同一品种、同一包装、同一贮存条件的产品作为一个检验批次。

7.2 抽样方法

按 GB/T 8855 规定执行。

7.3 检验分类

7.3.1 交货检验

每批产品应经交货方质量检验部门检验合格并附合格证方可交货。交货检验项目包括感官指标、包装和标志、净含量允许短缺量或净含量负偏差等。

7.3.2 型式检验

型式检验项目为第 5 章规定的全部项目。有下列情形之一时，应进行型式检验：

a) 前后两次抽样检验结果差异较大时；

b) 因人为或自然因素使生产环境发生较大变化时；

c) 国家质量监督检验机构提出型式检验要求时。

7.4 判定规则

7.4.1 理化指标、卫生指标、净含量允许短缺量或净含量负偏差均合格，感官指标的总不合格品百分率

不超过10%,该批产品判为合格。

7.4.2　卫生指标或理化指标不合格,或感官指标的总不合格品百分率超过10%,则该批产品判为不合格。

注:本标准7.4.1、7.4.2中的"感官指标的总不合格品百分率"指果形、色泽等项目检测后的不合格品百分率累计值。

7.4.3　包装不合格,或净含量不合格,可从同批产品中双倍抽样进行复验。复验不合格,该批产品判不合格。复验以一次为限。

8　标志、标签、包装、运输、贮存

8.1　标签、标志

8.1.1　应符合GB 7718的要求。

8.1.2　标签要整齐、清晰、完整无缺。

8.1.3　获准使用后,可在杨梅包装上使用地理标志产品保护专用标志。

8.2　包装

8.2.1　采用清洁、无毒、无异味的包装盒,包装盒应坚固抗压,清洁,具有良好的保护作用。

8.2.2　不同品种应分别包装。

8.3　运输

8.3.1　验收后的产品应迅速组织调运,长途运输宜冷藏保存。

8.3.2　运输时应做到轻装、轻卸,防机械损伤。选用减振性能好的运输工具。

8.3.3　应采用无污染的交通运输工具,不得与其他有毒有害物品混装混运。

8.4　贮存

8.4.1　场所应清洁卫生、通风,不得与有毒、有害、有异味、有污染的物品混放。

8.4.2　宜采用冷藏保存。

附 录 A
（规范性附录）
余姚杨梅地理标志产品保护范围

余姚杨梅地理标志产品保护范围见图 A.1。

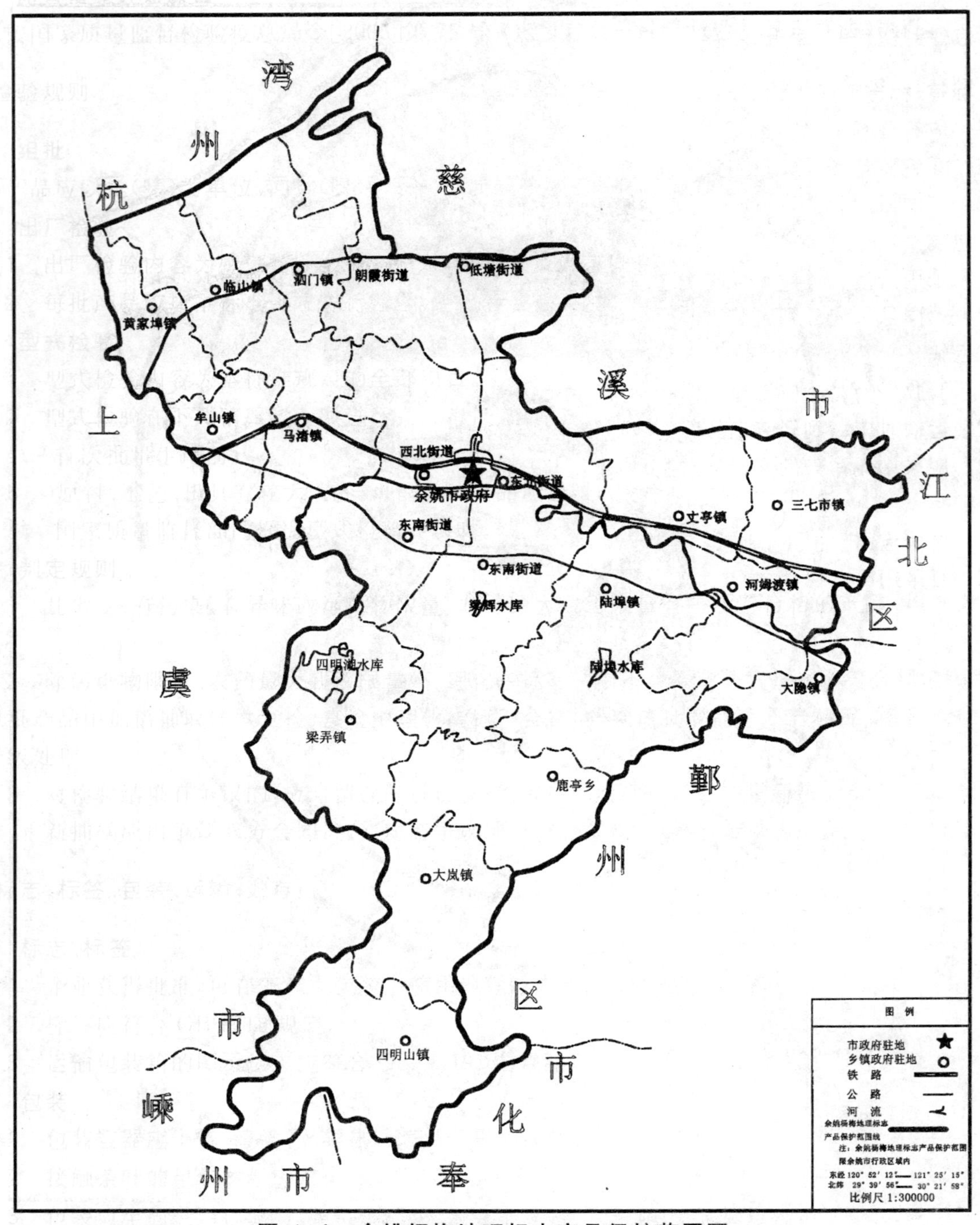

图 A.1 余姚杨梅地理标志产品保护范围图

ICS 67.140.10
X 55

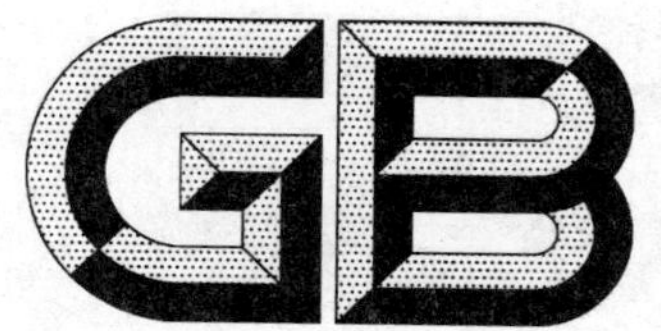

中华人民共和国国家标准

GB/T 19691—2008
代替 GB 19691—2005

地理标志产品 狗牯脑茶

Product of geographical indication—Gougunao tea

2008-06-03 发布 2008-12-01 实施

中华人民共和国国家质量监督检验检疫总局
中国国家标准化管理委员会 发布

前 言

本标准根据《地理标志产品保护规定》及 GB 17924《原产地域产品通用要求》而制定。

本标准代替 GB 19691—2005《原产地域产品 狗牯脑茶》。

本标准与 GB 19691—2005 相比主要变化如下：

——根据国家质量监督检验检疫总局颁布的《地理标志产品保护规定》，修改相关名称；

——由强制性改为推荐性；

——将卫生指标采用的标准由 NY 5017 改为 GB 2762、GB 2763。

本标准的附录 A 为规范性附录。

本标准由全国原产地域产品标准化工作组提出并归口。

本标准起草单位：江西省标准化协会、遂川县狗牯脑茶厂。

本标准主要起草人：余国平、胡奕浓、涂建、郭长生。

本标准所代替标准的历次版本发布情况为：

——GB 19691—2005。

地理标志产品 狗牯脑茶

1 范围

本标准规定了狗牯脑茶的地理标志产品保护范围、术语和定义、分级、要求、试验方法、检验规则、标志、标签和包装、运输、贮存。

本标准适用于国家质量监督检验检疫行政主管部门根据《地理标志产品保护规定》批准保护的狗牯脑茶。

2 规范性引用文件

下列文件中的条款通过本标准的引用而成为本标准的条款。凡是注日期的引用文件，其随后所有的修改单（不包括勘误的内容）或修订版均不适用于本标准，然而，鼓励根据本标准达成协议的各方研究是否可使用这些文件的最新版本。凡是不注日期的引用文件，其最新版本适用于本标准。

GB/T 191 包装储运图示标志

GB 2762 食品中污染物限量

GB 2763 食品中农药最大残留限量

GB 7718 预包装食品标签通则

GB/T 8302 茶 取样

GB/T 8304 茶 水分测定(GB/T 8304—2002,eqv ISO 1573:1980)

GB/T 8305 茶 水浸出物测定(GB/T 8305—2002,eqv ISO 9768:1994)

GB/T 8306 茶 总灰分测定(GB/T 8306—2002,eqv ISO 1575:1987)

GB/T 8307 茶 水溶性灰分和水不溶性灰分测定(GB/T 8307—2002,eqv ISO 1576:1988)

GB/T 8308 茶 酸不溶性灰分测定(GB/T 8308—2002,eqv ISO 1577:1987)

GB/T 8309 茶 水溶性灰分碱度测定(GB/T 8309—2002,eqv ISO 1578:1975)

GB/T 8310 茶 粗纤维测定

GB/T 8311 茶 粉末和碎茶含量测定

GB 9683 复合食品包装袋卫生标准

GB 11680 食品包装用原纸卫生标准

SB/T 10035 茶叶销售包装通用技术条件

SB/T 10157 茶叶感官审评方法

国家质量监督检验检疫总局令[2005]第75号《定量包装商品计量监督管理办法》

3 地理标志产品保护范围

狗牯脑茶地理标志产品保护范围限于国家质量监督检验检疫行政主管部门根据《地理标志产品保护规定》批准的范围，为江西省遂川县现辖行政区域，见附录A。

4 术语和定义

下列术语和定义适用于本标准。

4.1

狗牯脑茶 Gougunao tea

在本标准第3章规定的范围内，采自当地茶树品种或选用适宜的良种进行繁育、栽培的茶树幼嫩芽叶，经独特的传统工艺加工而成。具有条索紧结秀丽、色泽嫩绿油润、香气清鲜幽雅、汤色杏绿清亮、滋味鲜爽浓醇、回味甘爽悠长及叶底鲜活明亮等主要品质特征的绿茶。

5 分级

狗牯脑茶按产品质量分为特供特级（俗称"特贡"）、贡品特级（俗称"贡品"）、珍品特级（俗称"珍品"）、特级、壹级、统级六个等级。

6 要求

6.1 自然环境

6.1.1 地貌

丘陵山地为主，属罗霄山脉南麓，茶树主要分布在海拔 450 m 以上。

6.1.2 气候

气候温和，雨量充沛，阳光充足，四季分明，属中亚热带季风湿润区。年平均气温 17℃左右，全年无霜期在 284 d 左右，年平均降雨量 1 471 mm，平均日照 1 720 h，日照时间较短，多漫射光，昼夜温差较大。

6.1.3 土壤

中、低山沟土壤类型为山地黄壤、黄棕壤、棕壤和麻砂泥土。低山、丘陵沟谷区土壤类型为红壤和山地黄壤。土壤有机质含量不少于 3.0%，pH 值 5.0～6.5。

6.1.4 植被

本地区森林植被覆盖率不少于 70%，茶树种植区利用山坡及山脚地开垦，开垦时保护和恢复山顶、山腰及道路旁的用材林和经济林植被。

6.2 茶园管理

6.2.1 幼龄期

主要包括抗旱保苗、移丛补缺、中耕除草、合理追肥、增肥改土、定型修剪、打顶轻采和病虫防治。

6.2.2 成龄期

主要包括中耕除草、深耕改土、茶园施肥、铺草和灌溉、合理采摘、防治病虫害和茶园修剪。

6.3 鲜叶采摘

特供特级于清明前单芽，贡品特级于谷雨前单芽，珍品特级于立夏前一芽一叶初展，特级于立夏前一芽一叶开展，壹级、统级于清明至处暑时节一芽二叶开展同等嫩度的对夹叶，每批采下的鲜叶嫩度、匀度、净度、鲜度应基本一致。

6.4 工艺流程

鲜叶采摘 → 摊青 → 杀青 → 初揉 → 杀二青 → 复揉 → 整形提毫 → 足干。

6.5 感官指标

各级茶的感官指标应符合表 1 要求。

表 1 狗牯脑茶感官指标

级别	项目							
	外形				内质			
	条索	色泽	整碎	净度	香气	滋味	汤色	叶底
特供特级	细嫩微卷匀整纤秀	嫩绿披毫	匀整	洁净	嫩香高锐带花香	鲜醇甘甜	杏绿明亮	嫩绿鲜活
贡品特级	细紧微卷匀整	黛绿多毫	匀整	洁净	清香高郁尚有花香	鲜醇回甘	杏绿明亮	嫩绿匀齐

表 1（续）

级别	项目							
	外形				内质			
	条索	色泽	整碎	净度	香气	滋味	汤色	叶底
珍品特级	细紧微卷整齐	绿润	匀整	洁净	清香持久	鲜浓爽口	黄绿明亮	黄绿均整
特级	紧结卷曲尚匀整	尚绿润	匀整	洁净	清 香	醇厚回甘	黄绿明亮	黄绿完整
壹级	紧实卷曲	黄绿	尚匀整	尚净	尚清香	浓厚	绿黄尚亮	绿黄完整
统级	壮实卷曲	墨绿	尚匀整	尚净	纯 正	尚浓厚	黄尚亮	绿黄尚整

6.6 理化指标

应符合表 2 规定。

表 2 狗牯脑茶理化指标

项目		指标
水分(质量分数)/%	≤	6.5
粉末(质量分数)/%	≤	1.0
总灰分(质量分数)/%	≤	6.5
水浸出物(质量分数)/%	≥	38.0
粗纤维(质量分数)/%	≤	14.0
水溶性灰分(占总灰分)(质量分数)/%	≥	45.0
酸不溶性灰分(质量分数)/%	≤	1.0
水溶性灰分碱度(以 KOH 计)		1.0～3.0

6.7 卫生标准

应符合 GB 2762、GB 2763 的规定。

6.8 净含量允差

应符合国家质量监督检验检疫总局令[2005]第 75 号。

7 试验方法

7.1 抽样

按 GB/T 8302 规定执行。

7.2 感官指标评审

按 SB/T 10157 规定执行。

7.3 理化指标

7.3.1 水分检验

按 GB/T 8304 规定执行。

7.3.2 粉末检验

按 GB/T 8311 规定执行。

7.3.3 总灰分检验

按 GB/T 8306 规定执行。

7.3.4 水浸出物检验

按 GB/T 8305 规定执行。

7.3.5 粗纤维检验

按 GB/T 8310 规定执行。

7.3.6 水溶性灰分检验

按 GB/T 8307 规定执行。

7.3.7 酸不溶性灰分检验

按 GB/T 8308 规定执行。

7.3.8 水溶性灰分碱度检验

按 GB/T 8309 规定执行。

7.4 卫生指标

按 GB 2762、GB 2763 规定执行。

7.5 净含量允差

按国家质量监督检验检疫总局令[2005]第 75 号执行。

8 检验规则

8.1 组批

在生产和加工过程中形成的独立数量的产品为一个批次。

8.2 抽样

每批随机抽取样品 2 kg。

8.3 出厂检验

8.3.1 出厂检验项目为感官指标，水分，总灰分和粉末，净含量偏差。

8.3.2 产品应经过质检部门的检验，签发产品质量合格证后，方可出厂。

8.4 型式检验

8.4.1 有下列情况之一时，应对产品质量进行型式检验。

a) 工艺有较大变化时；

b) 产品长期停产后恢复生产时；

c) 出厂检验结果与型式检验有较大差异时；

d) 国家质量监督部门提出型式检验要求时；

e) 合同规定时。

8.4.2 型式检验项目为 6.5～6.8 所列的检验项目。

8.5 判定规则

8.5.1 凡劣变、有污染、有异气味和卫生指标不合格的产品，均判为不合格产品，并不得复检。

8.5.2 除 8.5.1 规定的项目外，检验结果如有一项指标不符合本标准要求时，可按 8.2 规定从原样中抽取双份样品，对不合格项目进行复检，复检结果符合要求可定为合格，如仍不合格，则判为不合格产品。

9 标志、标签

9.1 获得批准后，产品外包装上可使用地理标志产品保护专用标志和产区名称。标签应符合 GB 7718 的规定。

9.2 运输包装箱的图式标志应符合 GB/T 191 的规定。

10 包装、运输、贮存

10.1 包装

10.1.1 内包装材料应符合 GB 11680、GB 9683 的要求。

10.1.2 外包装盒及包装容器应采用干燥、清洁、无异味以及不影响茶品质且符合卫生要求的材料制作,包装应牢固、密封、防潮、以保护茶品质。包装规格应符合 SB/T 10035 要求。

10.2 运输

运输工具应清洁、干燥、无异味、无污染;运输时应防雨、防潮、防暴晒,严禁与有毒、有异味等损害茶品质的货物混装运输,并避免剧烈撞击、重压。

10.3 贮存

10.3.1 产品应贮存在清洁、干燥、阴凉、通风、无异味的专用仓库中,避免在阳光直射和高温高湿处存放;严禁与有毒、有异味(气)、易污染的物品混放。

10.3.2 在上述贮存条件下,产品自生产日期起保质期 18 个月。

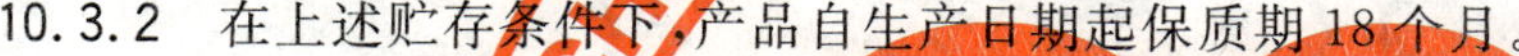

附 录 A
（规范性附录）
狗牯脑茶地理标志产品保护范围图

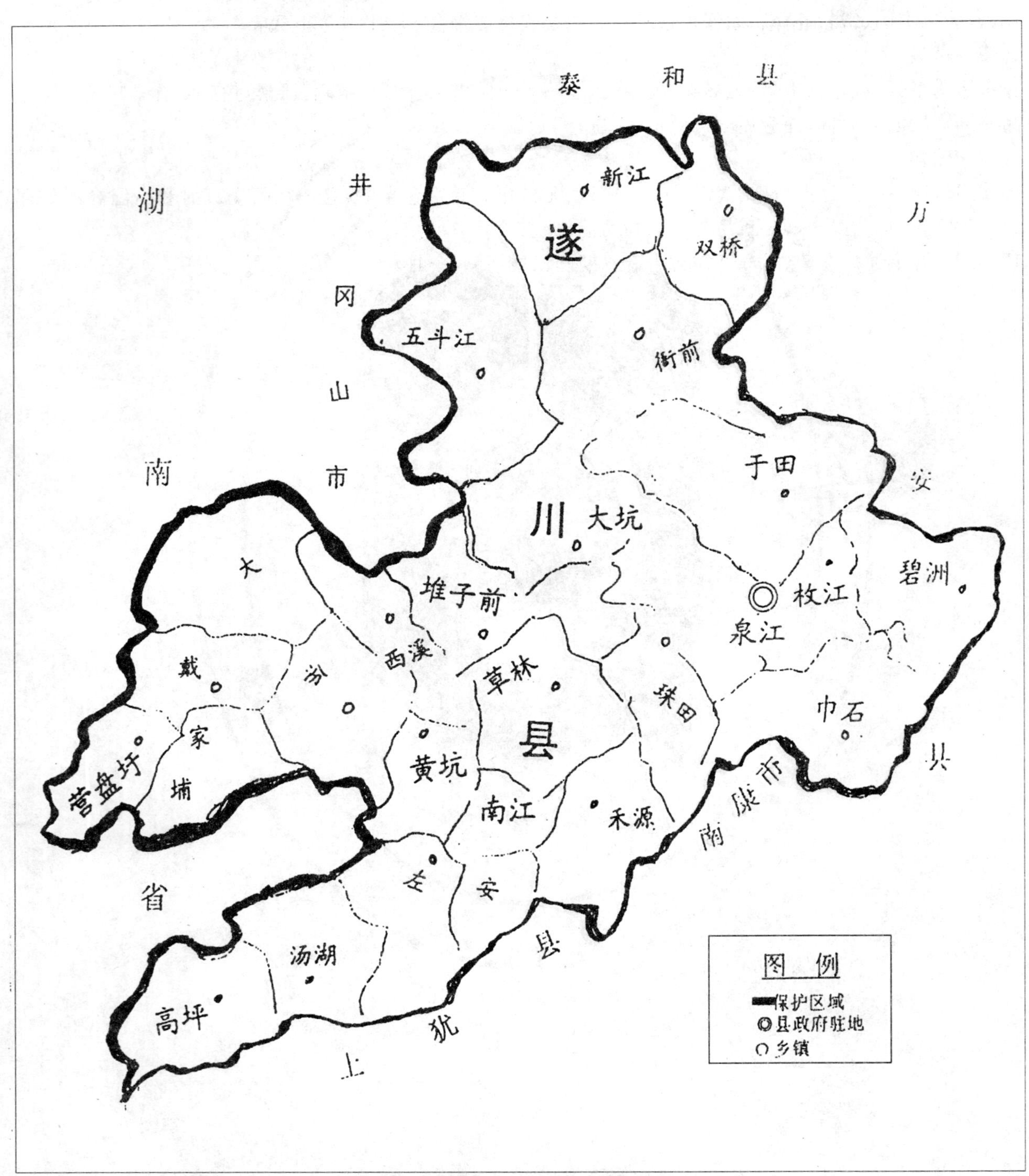

图 A.1 狗牯脑茶地理标志产品保护范围图

ICS 67.140.10
X 55

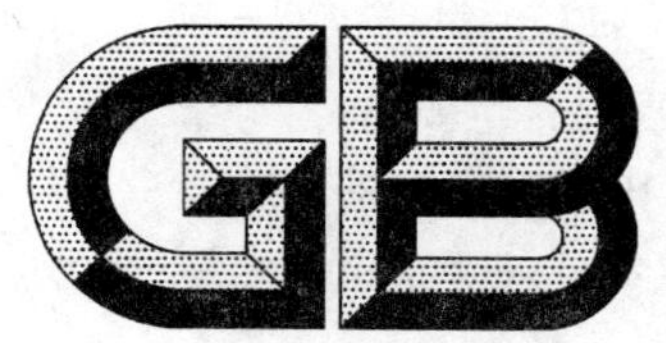

中华人民共和国国家标准

GB/T 19692—2008
代替 GB 19692—2005

地理标志产品　滁菊

Product of geographical indication—Chuzhou chrysanthemum

2008-07-15 发布　　　　2008-10-01 实施

中华人民共和国国家质量监督检验检疫总局
中国国家标准化管理委员会　发布

前　言

本标准根据国家质量监督检验检疫总局颁布的《地理标志产品保护规定》与 GB/T 17924《地理标志产品标准通用要求》制定。

本标准代替 GB 19692—2005《原产地域产品　滁菊》。

本标准与 GB 19692—2005 相比主要变化如下：

——将标准属性由强制性改为推荐性；

——根据国家质量监督检验检疫总局颁布的《地理标志产品保护规定》，将标准名称改为《地理标志产品　滁菊》；

——将有关“净含量允差”修改为“净含量允许短缺量”；

——增加了滁菊的产品等级；

——在干燥工艺中增加了“直接烘干法”。

本标准附录 A 为规范性附录，附录 B 为资料性附录。

本标准由全国原产地域产品标准化工作组提出并归口。

本标准起草单位：安徽省滁州市质量技术监督局、滁州市滁菊研究所、滁州市滁菊协会。

本标准主要起草人：陈耀光、龚建国、周虹。

本标准所代替标准的历次版本发布情况为：

——GB 19692—2005。

地理标志产品 滁菊

1 范围

本标准规定了滁菊的地理标志产品保护范围、术语和定义、要求、试验方法、检验规则及标志、包装、运输、贮存。

本标准适用于国家质量监督检验检疫行政主管部门根据《地理标志产品保护规定》批准保护的滁菊。

2 规范性引用文件

下列文件中的条款通过本标准的引用而成为本标准的条款。凡是注日期的引用文件,其随后所有的修改单(不包括勘误的内容)或修订版均不适用于本标准,然而,鼓励根据本标准达成协议的各方研究是否可使用这些文件的最新版本。凡是不注日期的引用文件,其最新版本适用于本标准。

GB/T 5009.3 食品中水分的测定

GB/T 5009.4 食品中灰分的测定

GB/T 5009.11 食品中总砷及无机砷的测定

GB/T 5009.12 食品中铅的测定

GB 7718 预包装食品标签通则

GB 9687 食品包装用聚乙烯成型品卫生标准

国家质量监督检验检疫总局令[2005]第75号《定量包装商品计量监督管理办法》

3 术语和定义

下列术语和定义适用于本标准。

3.1

滁菊 Chuzhou chrysanthmum

采自本标准第4章规定范围内人工栽培的菊科菊属植物[*Dendranthema morifolium*(Ramat.) Tzvel.‘Chuju’]经加工干燥后的头状花序。

3.2

花序 inflorsescence

滁菊花为头状花序,简称花序。其中心黄色部分为管状花,边缘白色部分为舌状花,背面绿色部分为总苞。

3.3

管状花 tubulateflower

滁菊的头状花序中心部分的花。花冠黄色合生,花冠管细长。俗称滁菊花芯。

3.4

舌状花 ligulateflower

滁菊的头状花序边缘部分的花。白色,花冠基部呈一短筒,上部向一侧延伸成扁平舌状。俗称滁菊花瓣。

4 地理标志产品保护范围

滁菊地理标志产品保护范围限于国家质量监督检验检疫行政主管部门根据《地理标志产品保护规

定》批准的范围，为滁州市南谯区大柳、珠龙、城郊、花山、施集、皇甫、常山、章广、南谯9个乡和全椒县复兴、马厂、石沛、周岗、西王、管坝6个乡镇所辖行政区域。滁菊地理标志产品保护范围见附录A。

5 要求

5.1 自然环境

滁菊地理标志产品保护范围地处江淮分水岭的丘陵地带，东经117°50′～118°30′，北纬32°05′～32°35′。平均海拔60 m，土壤为砂壤土，有机质0.6%～0.8%，pH值6.5～7。全年气候温和，四季分明；年平均气温15.2 ℃。年平均日照为2 073.4 h。年平均降雨量为1 063 mm。

5.2 栽培技术

栽培技术见附录B。

5.3 采收分级

每年11月上旬开始采收。以管状花开放呈金黄色时为准，选择晴天露水干后采收。

采花要做到边采边分级，将好花、次花分开放置，分别加工，剔除泥花、病花和各种杂质。鲜花按表1分级。

表1 鲜花分级

项　　目	花序直径/mm	舌状花	管状花	花　　形
特级	≥35	花瓣厚，色玉白	金黄色	花形好，大小均匀，无杂质
一级	≥25	花瓣略厚，色白	黄色	花形好，大小较均匀，无杂质
二级	≥20	花瓣薄，色白		花形较好，无杂质
三级	≥15	花瓣薄，色白		花形一般，无杂质

5.4 工艺

5.4.1 工艺流程

鲜花采摘→鲜花分级→鲜花干燥→成品包装→成品入库。

5.4.2 干燥

5.4.2.1 烘晒结合法

鲜花经微波或汽热杀青后，经烘干设备，在30 ℃～60 ℃温度下烘干数小时，并在工具（场地）上晾晒至干。

5.4.2.2 直接晾晒法

将鲜花置于竹席、筐等无毒洁净工具、场地上晾晒至干。

5.4.2.3 直接烘干法

将鲜花置于竹筛等无毒、洁净工具中，直接放入40 ℃～60 ℃烘房中烘干。

5.5 感官指标

感官指标应符合表2的规定。

表2 感官指标

项　目		特　　级	一　　级	二　　级	三　　级
冲泡前	花形	呈扁球形或绒球形，柔软，花瓣致密、厚实，花朵大小均匀	呈扁球形或绒球形，柔软，花瓣略厚，花朵大小较均匀	呈圆扁形或绒球形，柔软，花瓣薄	呈圆扁形或绒球形，柔软，花瓣薄、层次少
	花色	舌状花白色或微黄，管状花黄色			
	其他	气味芳香，无杂质，无虫蛀，无霉变			

表 2（续）

<table>
<tr><th colspan="2">项　目</th><th>特　　级</th><th>一　　级</th><th>二　　级</th><th>三　　级</th></tr>
<tr><td rowspan="3">冲泡后</td><td>花形</td><td>管状花盘较大金黄色，舌状花玉白色，不散瓣</td><td>管状花盘金黄色，舌状花玉白色，不散瓣</td><td>管状花盘金黄色，舌状花玉白色，间有散瓣</td><td>管状花少或无，舌状花玉白色，间有散瓣</td></tr>
<tr><td>直径/mm</td><td>≥32</td><td>≥22</td><td colspan="2">≥17</td></tr>
<tr><td>汤色</td><td colspan="4">淡黄明亮</td></tr>
</table>

5.6 理化指标

理化指标应符合表 3 的规定。

表 3　理化指标

项　　目	要　　求
水分/%　≤	13
灰分/%　≤	8

5.7 卫生指标

卫生指标应符合表 4 的规定。

表 4　卫生指标

项　　目	要　　求
总砷(以 As 计)/(mg/kg)　≤	0.5
铅(以 Pb 计)/(mg/kg)　≤	5.0
注：禁用、限用农药应符合国家有关规定。	

5.8 净含量允许短缺量

净含量允许短缺量应符合国家质量监督检验检疫总局令[2005]第 75 号《定量包装商品计量监督管理办法》的规定。

6 试验方法

6.1 感官指标

取样品 3 g 置于无色透明玻璃杯中，在自然光线下采用目测、鼻嗅等方法观察。然后用沸水冲泡，5 min 后观察花序颜色、形状，品尝汤水的滋味。最后在水中用直尺测量花序大小。如发现花序舌状花有 1/3 以上脱落为"散瓣"。

6.2 理化指标

6.2.1 水分

水分按 GB/T 5009.3 规定执行。

6.2.2 灰分

灰分检测按 GB/T 5009.4 规定执行。

6.3 卫生指标

6.3.1 总砷

总砷检测按 GB/T 5009.11 规定执行。

6.3.2 铅

铅检测按 GB/T 5009.12 规定执行。

7 检验规则

7.1 组批

产品以批为单位，同批产品的品质规格和包装应一致。

7.2 抽样

每批产品随机抽取六(盒)袋，其中三(盒)袋作检验样，三(盒)袋为备份样。

7.3 检验分类

7.3.1 出厂检验

正常情况下，应对标签、包装、感官指标、水分进行检验，检验合格并附产品质量检验合格证方可出厂。

7.3.2 型式检验

型式检验的项目为本标准规定的全部项目。有下列情况之一时，应进行型式检验：

a) 连续生产两年以上；

b) 鲜花供应地发生较大变化时；

c) 生产工艺出现较大变化时；

d) 质量监督机构或主管部门提出型式检验要求时。

7.4 判定规则

7.4.1 卫生指标中有一项不合格，则判该批产品为不合格，并不得复检，不能出厂。

7.4.2 感官指标检验中，发现有虫蛀、发霉、变色、变味等异常情况时，判该批产品不合格，并不得复检，不能出厂。

7.4.3 如感官指标除 7.4.2 以外的项目及水分有一项不合格，取备份样进行复检。如仍不合格，判该批产品不合格，不能出厂。

8 标志、包装、运输、贮存

8.1 标志

产品外包装标签应符合 GB 7718 的规定，并按规定标注“地理标志产品专用标志”。

8.2 包装

内包装用食品塑料袋应符合 GB 9687 的规定。

8.3 运输、贮存

产品应贮存在低温、干燥的环境；禁止与有毒、有害、有异味物混存、混运。

保质期由生产者根据产品的类型、包装材料和贮存条件等因素自行确定。

附 录 A
（规范性附录）
滁菊地理标志产品保护范围图

滁菊地理标志产品保护范围见图 A.1。

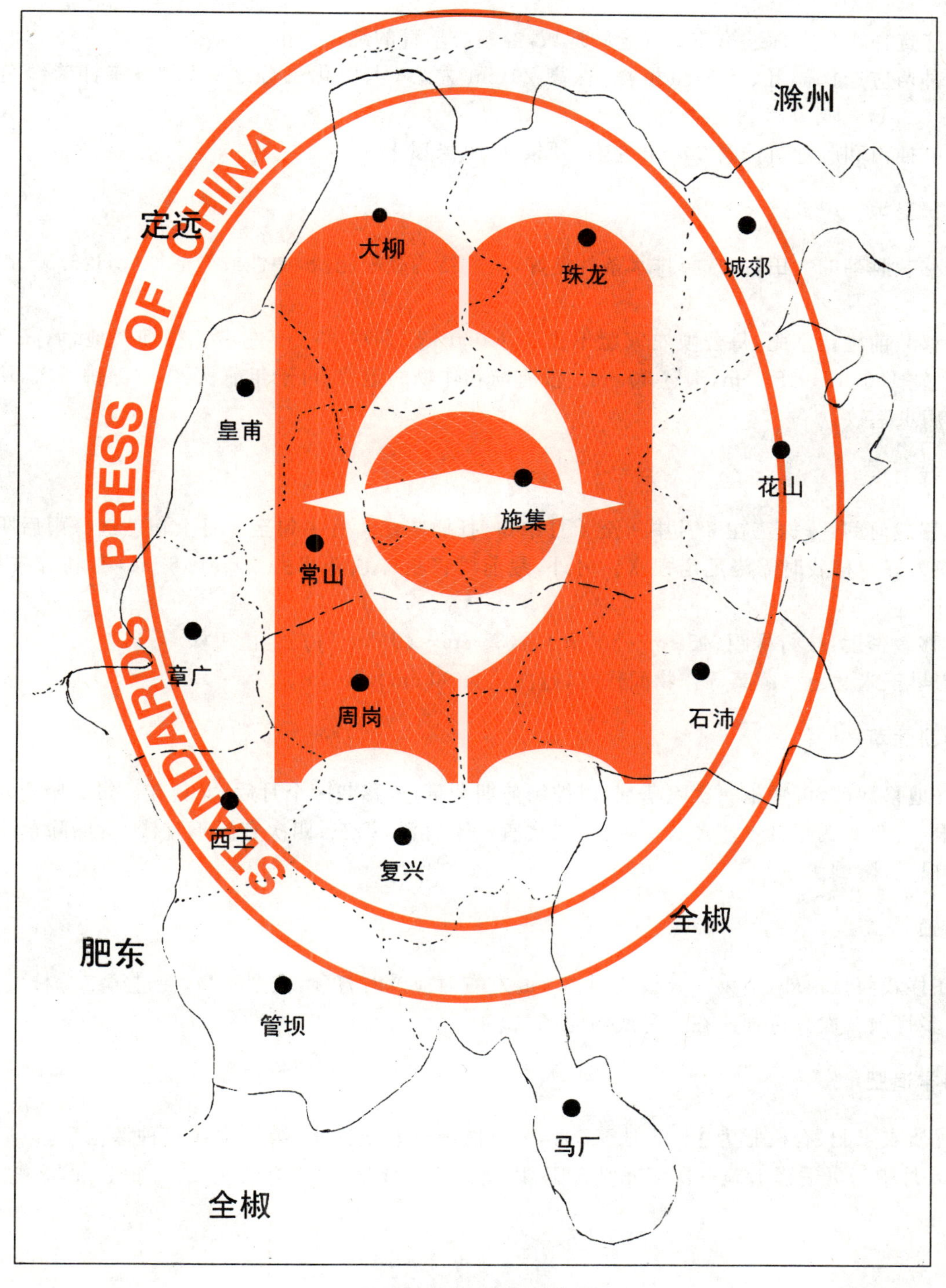

图 A.1 滁菊地理标志产品保护范围图

附 录 B
（资料性附录）
栽 培 技 术

B.1 种苗选择

B.1.1 应选择产自本标准第4章规定的地域，经精心培育的纯正种苗。

B.1.2 种苗应选择健壮、无病虫植株，株高20 cm左右，木质化三分之一以上，茎杆紫绿色，直径0.3 cm～0.5 cm，叶7片～9片。

B.1.3 扦插苗和脱毒苗株高20 cm左右，须根在10条以上。

B.2 大田整地

B.2.1 移栽滁菊的大田，应选择排水条件良好，土质结构疏松肥沃，中性或微酸性(pH:6.5～7)的沙质土壤。

B.2.2 移栽前施足基肥，每公顷农家肥不少于1 000 kg，翻耕25 cm左右。精细整地，墒高20 cm～25 cm，墒宽160 cm～180 cm，沟宽30 cm。没有前茬作物的地块，可于年前秋、冬季深耕一次，使土壤风化，减少病虫基数。

B.3 移栽

B.3.1 移栽时间：分株苗在3月中旬至4月中旬，扦插苗在4月中旬至5月上旬。选择雨后阴天或晴天的傍晚为好。移栽时需浇足定根水。另外，栽前可将植株顶部剪去5 cm～8 cm，有利分枝早发、多发，提高产量。

B.3.2 移栽密度：按行株距(45 cm～50 cm)×(35 cm～40 cm)每穴定植1株。

如与早玉米、大豆、蔬菜等作物间作时，行株距为60 cm×40 cm。

B.4 中耕除草

整好地移栽前，可喷施一次除草剂，以控制前期杂草，待移栽一个月后，尤其在雨过天晴要及时锄草松土培根，一般要锄草3次～4次。第一、二次宜浅不宜深，第三、四次宜深不宜浅，后期除草要培土壅根，保护根系，防倒伏。

B.5 打顶

除在移栽前打顶外，当第一分枝长到20 cm左右时应及时打顶，控制株高，促进第二分枝发生，依次类推，最多打顶2次。打顶应在7月底前完成。

B.6 科学追肥

以优质农家肥、有机肥为主。5月～7月，分三次施腐熟淡粪水，第一次在栽种活苗后，以后结合打顶进行；8月中旬可适当追施一次多元复合肥，以促进花芽分化，提高有效花数，每667 m^2 追施10 kg～20 kg。

ICS 67.060
B 33

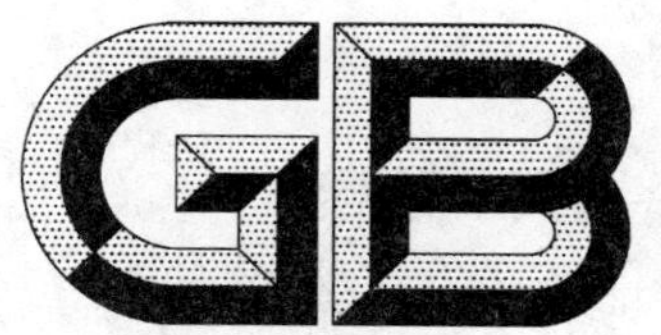

中华人民共和国国家标准

GB/T 19693—2008
代替 GB 19693—2005

地理标志产品　新昌花生(小京生)

Product of geographical indication—Xinchang peanut(Xiaojingsheng)

2008-06-25 发布　　2008-10-01 实施

中华人民共和国国家质量监督检验检疫总局
中国国家标准化管理委员会　发布

前言

本标准根据国家质量监督检验检疫总局颁布的2005第78号令《地理标志产品保护规定》及GB 17924—1999《原产地域产品通用要求》制定。

本标准代替GB 19693—2005《原产地域产品　新昌花生(小京生)》。

本标准与GB 19693—2005相比主要变化如下:

——将标准中有关“原产地域产品”名称改为“地理标志产品”;

——将标准由强制性改为推荐性;

——增加“杂质”定义;

——调整了补施肥料品种和小京生花生收获时间;

——对感官指标中的单果粒数作了调整,修改了理化指标中的纯仁率指标;

——按照《炒货食品及坚果制品生产许可证审查细则》的规定对出厂检验项目作了调整;

——对部分文字作了修改、增加和删减。

本标准的附录A为规范性附录。

本标准由全国原产地域产品标准化工作组提出并归口。

本标准起草单位:新昌县质量技术监督局、新昌县农业局、磐安县质量技术监督局。

本标准主要起草人:王伟妃、杨联丰、何晓锋、梁尹明、王秀天、吕先真。

本标准所代替标准的历次版本发布情况为:

——GB 19693—2005。

地理标志产品　新昌花生(小京生)

1　范围

本标准规定了新昌花生(小京生)的地理标志产品保护范围、术语和定义、要求、试验方法、检验规则、标志、标签、包装、运输及贮存。

本标准适用于国家质量监督检验检疫行政主管部门根据《地理标志产品保护规定》批准保护的新昌花生(小京生)。

2　规范性引用文件

下列文件中的条款通过本标准的引用而成为本标准的条款。凡是注日期的引用文件,其随后所有的修改单(不包括勘误的内容)或修订版均不适用于本标准,然而,鼓励根据本标准达成协议的各方研究是否可使用这些文件的最新版本。凡是不注日期的引用文件,其最新版本适用于本标准。

GB 4285　农药安全使用标准

GB/T 4789.3　食品卫生微生物学检验　大肠菌群测定

GB/T 4789.4　食品卫生微生物学检验　沙门氏菌检验

GB/T 4789.5　食品卫生微生物学检验　志贺氏菌检验

GB/T 4789.10　食品卫生微生物学检验　金黄色葡萄球菌检验

GB/T 4789.15　食品卫生微生物学检验　霉菌和酵母计数

GB/T 5009.3　食品中水分的测定

GB/T 5009.5　食品中蛋白质的测定

GB/T 5009.6　食品中脂肪的测定

GB/T 5009.11　食品中总砷及无机砷的测定

GB/T 5009.12　食品中铅的测定

GB/T 5009.22　食品中黄曲霉毒素 B_1 的测定

GB/T 5009.37　食用植物油卫生标准的分析方法

GB/T 5009.56　糕点卫生标准的分析方法

GB/T 5009.102　植物性食品中辛硫磷农药残留量的测定

GB/T 5494　粮食、油料检验　杂质、不完善粒检验法

GB/T 5513　粮食、油料检验　还原糖和非还原糖测定法

GB 7718　预包装食品标签通则

GB/T 8321(所有部分)　农药合理使用准则

GB 14881　食品企业通用卫生规范

GB 19300　烘炒食品卫生标准

国家质量监督检验检疫总局令[2005]第75号　定量包装商品计量监督管理办法

3　地理标志产品保护范围

新昌花生(小京生)地理标志产品保护范围限于国家质量监督检验检疫行政主管部门根据《地理标志产品保护规定》批准的范围,见附录A。

4　术语和定义

下列术语和定义适用于本标准。

4.1

新昌花生(小京生)　Xinchang peanut (Xiaojingsheng)

采用第3章规定的范围内种植的传统地方品种的花生,按照当地传统炒制工艺加工而成,具有色泽金黄、壳薄光泽、均匀结实、果仁香中带甜、油而不腻、松脆爽口、后味持久等品质特征的熟食花生。

4.2

纯仁率　pure kernel yield

花生果净果脱壳后的果仁重量(其中不完善粒折半计算,虫蚀粒、生芽粒、病斑和生霉粒不计)占试样重量的百分率。

4.3

不完善粒　unsound kernel

尚有食用价值的颗粒,包括子仁皱缩、体积小于本批正常完善粒二分之一,或重量小于本批完善粒平均粒重二分之一的未熟颗粒及果皮破损、伤及果仁达整粒五分之一以上的破碎颗粒。

4.4

杂质　impurity

花生果通过直径5.0 mm圆孔筛的筛下物,以及泥土、砂石、砖瓦块等无机物质,花生果壳、果外无食用价值的花生仁及其他有机物质。

花生仁通过直径3.0 mm圆孔筛的筛下物,以及泥土、砂石、砖瓦块等无机物质,无食用价值的花生仁、异种油料及其他有机物质。

5　要求

5.1　自然环境

5.1.1　地理环境

多山丘陵台地,属亚热带季风性气候。季风显著,温和湿润,四季分明;春夏季雨热同步,秋冬季光温互补;无霜期平均228.8 d。昼夜温差大,形成特殊的台地气候。

5.1.2　气候

年平均气温为15 ℃～16 ℃;年活动积温为4 625 ℃～4 950 ℃,7月份最热,平均气温为28.5 ℃;极端最高气温42.8 ℃,极端最低气温－11.6 ℃;年日照时数为1 898 h,年太阳总辐射量为441.41 kJ/cm^2。年均降水1 378 mm,相对湿度在77.9%～78.3%之间。常常发生7月～8月的伏旱与10月份的秋旱。

5.1.3　土壤

土壤以玄武岩台地风化发育而成的红粘土、棕泥土为主,是新昌小京生的主栽土种。红粘土pH值在5.5～6.0之间,有机质平均为1.54%±0.21%,土壤肥力较低;棕泥土pH值在6.5～7.2之间,有机质含量为1.50%。主要特征表现为酸、粘、瘦,氧化铁和氧化铝含量高,有微团聚体发育,并且往往易在土表面形成一层1 cm左右的“假砂层”。

5.2　栽培管理

5.2.1　茬口与轮作

5.2.1.1　茬口

冬季休闲;或前作是油菜或麦子。

5.2.1.2　轮作期

红粘土轮作期为3 a;棕泥土轮作期为2 a。

5.2.2　播种适期

春季土壤温度10 ℃时,为播种适期。

5.2.3 施肥原则

少施氮肥，增施磷肥，适施钾肥、硼肥，补施钙肥，适时根外追肥。

5.2.4 病虫草害防治

遵循“预防为主、综合防治”的植保方针和以农业和物理防治为基础的防治策略。主要防治对象为青枯病、叶斑病、锈病、根结线虫病、蚜虫、蛴螬。使用农药应符合 GB 4285、GB/T 8321(所有部分)的规定。

5.3 收获

应适时收获。一般掌握在植株地上部表现生机衰退，顶端停止生长，上部叶片退绿，中下部叶片由绿转黄，基部叶片逐渐脱落时收获，冬闲地小京生一般在 8 月下旬至 9 月上旬，油菜麦茬地小京生在 10 月下旬收获。

5.4 原料要求

以当年收获、洗净并晒干的新昌花生(小京生)为原料，不得有陈年花生和其他品种花生掺入。

5.5 加工工艺

原料筛选→烘炒→冷却→分级→包装。

小京生加工应控制好温度和时间，火候从文火与中火之间→旺火→文火。

生产加工过程的卫生要求应符合 GB 14881 的规定。

5.6 感官指标

应符合表 1 规定。

表 1 感官指标

项 目	指 标		
	特 级	一 级	二 级
组织形态	果粒细长、条直、匀称，中间腰部稍细，腰脐明显；果尖呈鸡嘴型；果壳表面麻眼浅而光滑，薄而松脆；果粒大小均匀，无单果粒；果仁与果壳间有一定间隙，摇晃时有清脆声；果仁稍肥实瘦长	果粒基本条直匀称，中间腰部稍细，腰脐明显；果尖呈鸡嘴型；果壳表面麻眼稍明显，薄而松脆；果粒大小基本均匀，单果粒≤15%；果仁与果壳间稍有间隙，摇晃时有沉闷声；果仁稍肥实	果粒稍短粗，条直性一般，腰脐稍明显；果尖呈鸡嘴型；果壳表面麻眼较明显；果粒大小不够均匀，单果粒≤20%；果仁稍肥壮
色泽	果壳表面呈金黄色，无焦黑、生白现象。果仁皮呈粉红色或浅粉红色。果肉象牙色	果壳表面呈黄色，无焦黑、生白现象。果仁皮呈浅粉红色。果肉象牙色	果壳表面呈暗黄色；果仁皮呈浅粉红色
滋气味	香中伴甜，松脆爽口，油而不腻，后味持久；无异味；不添加任何香味物质	香中带甜，松脆爽口，有后味；无异味；不添加任何香味物质	香甜味稍差；无异味；不添加任何香味物质
杂质/%	无	≤0.5	0.5～1.0
不完善粒/%	无	≤1.5	1.5～2.5

5.7 理化指标

应符合表 2 规定。

表 2 理化指标

项 目		指 标
水分/(g/100 g)	≤	3.0
蛋白质/(g/100 g)	≥	20
脂肪/(g/100 g)	≥	40
总糖/(g/100 g)	≥	5.5
纯仁率/(g/100 g)		60～80

5.8 卫生指标

应符合表3规定。

表3 卫生指标

项　目		指　标
酸价(KOH)/(mg/g)	≤	2.5
过氧化值/(g/100 g)	≤	0.25
黄曲霉毒素 B_1/(μg/kg)	≤	15
砷(以 As 计)/(mg/kg)	≤	0.5
铅(以 Pb 计)/(mg/kg)	≤	0.5
辛硫磷残留量/(mg/kg)	≤	0.05

5.9 微生物指标

应符合 GB 19300 的规定。

5.10 净含量偏差

应符合国家质量监督检验检疫总局令[2005]第75号《定量包装商品计量监督管理办法》的规定。

6 试验方法

6.1 感官指标

6.1.1 组织形态、色泽、滋气味

以感觉器官进行果粒检查,用衡器称重计数。

6.1.2 杂质、不完善粒

按 GB/T 5494 规定执行。

6.2 理化指标

6.2.1 水分

按 GB/T 5009.3 规定执行。

6.2.2 蛋白质

按 GB/T 5009.5 规定执行。

6.2.3 脂肪

按 GB/T 5009.6 规定执行。

6.2.4 总糖

按 GB/T 5513 规定执行。

6.2.5 纯仁率

按 GB/T 5494 规定执行。

6.3 卫生指标

6.3.1 酸价

按 GB/T 5009.37 规定执行。

6.3.2 过氧化值

按 GB/T 5009.56 中规定的方法提取脂肪,按 GB/T 5009.37 中规定的方法测定过氧化值。

6.3.3 黄曲霉毒素 B_1

按 GB/T 5009.22 规定执行。

6.3.4 砷

按 GB/T 5009.11 规定执行。

6.3.5 铅

按 GB/T 5009.12 规定执行。

6.3.6 **辛硫磷残留量**

按 GB/T 5009.102 规定执行。

6.4 微生物指标

6.4.1 大肠菌群按 GB/T 4789.3 的规定执行。

6.4.2 沙门氏菌按 GB/T 4789.4 的规定执行。

6.4.3 志贺氏菌按 GB/T 4789.5 的规定执行。

6.4.4 金黄色葡萄球菌按 GB/T 4789.10 的规定执行。

6.4.5 霉菌和酵母按 GB/T 4789.15 的规定执行。

6.5 净含量

在感量 0.1 g 的天平上称量不少于 10 包样品，取平均值。

7 检验规则

7.1 组批

以同一原料产地按相同工艺于同一生产日期加工制成的为一批次。

7.2 抽样

以随机取样法在成品堆中抽取样品。每批抽样数量不少于 1 kg(10 个包装)。

7.3 检验分类

7.3.1 出厂检验

每批产品应经企业质量检验部门检验合格，签发质量检验合格证后方可出厂。

出厂检验项目为感官、净含量、大肠菌群。水分、酸价、过氧化值、黄曲霉毒素 B_1、总砷、铅、霉菌、酵母、致病菌每年检验 2 次。

7.3.2 型式检验

有下列情况之一时应进行型式检验：

a) 加工工艺改变后，可能影响产品品质时；

b) 正常生产时每半年例行一次；

c) 国家质量监督部门提出检验要求时。

型式检验项目为本标准规定的全部项目。

7.4 判定规则

所有项目检验合格时，则判该批产品为合格品。

感官指标检验不合格者不进行复检，作降级判定。

理化指标项目检验不合格时，允许从同一批产品中加倍抽样复检，如仍有不合格项目，则判该批产品为不合格品。

卫生指标及微生物指标项目检验不合格，则判该批产品为不合格品。

8 标志、标签、包装、运输及贮存

8.1 标志、标签

销售包装的标签应符合 GB 7718 的要求；获得批准后可使用地理标志产品专用标志。

8.2 包装

包装材料应干燥、清洁、无异味，不影响产品品质。

8.3 运输及贮存

8.3.1 运输工具应清洁、干燥、卫生，并应具有防雨、防潮设施。

8.3.2 贮运过程中不得与有毒、有害、腐蚀性物质及其他污物混装、混运及混贮。

8.3.3 应贮存于清洁、干燥、阴凉、通风的库房中，仓库周围应无异味。

8.3.4 保质期

在符合上述贮运要求并密封条件下，保质期不少于 6 个月。

附　录　A
（规范性附录）
新昌花生（小京生）地理标志产品保护范围图

新昌花生（小京生）地理标志产品保护范围见图 A.1。

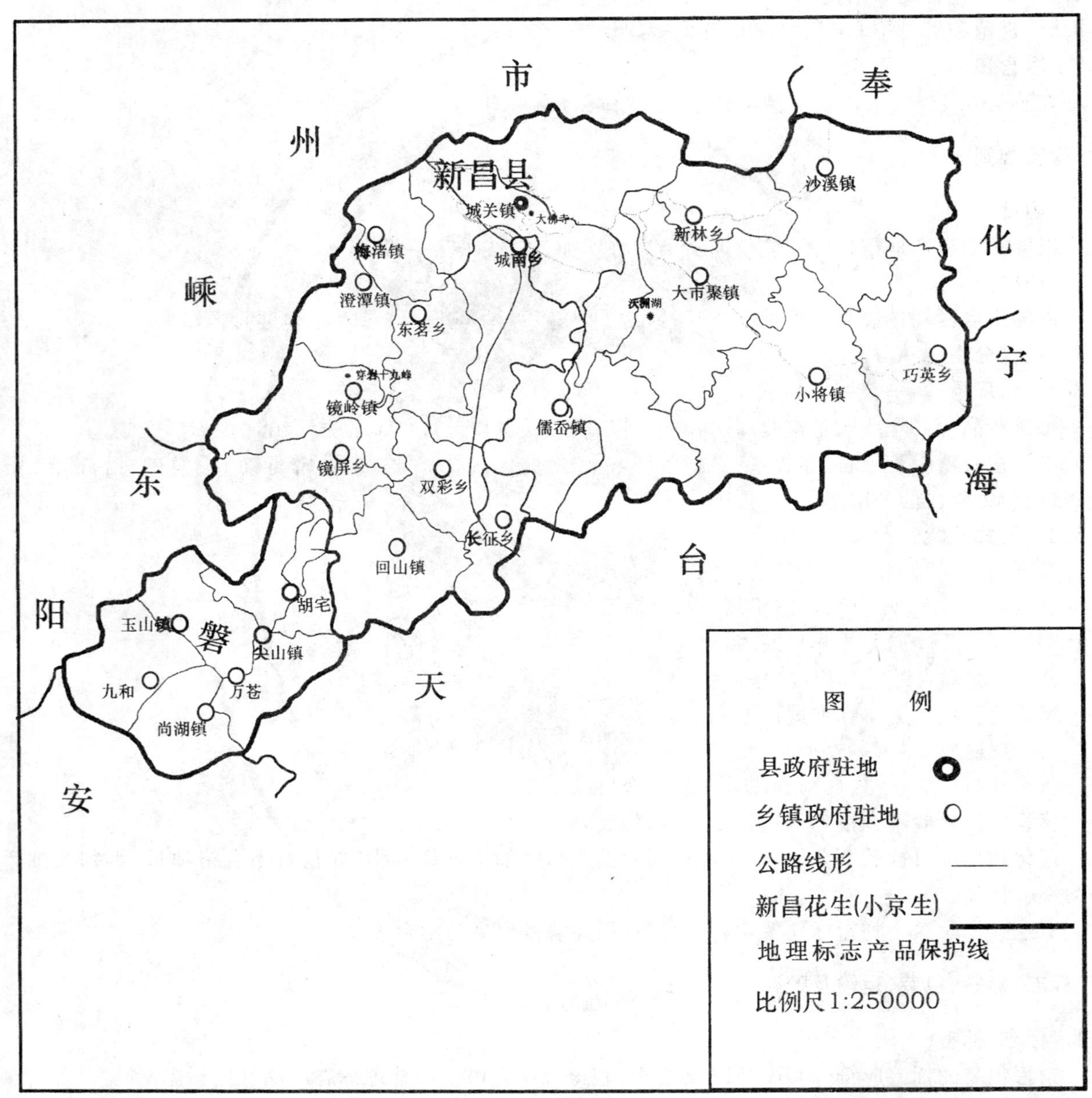

注：新昌花生（小京生）地理标志产品保护范围为浙江省新昌县现辖行政区域及相邻的磐安县所属的胡宅乡、尖山镇、玉山镇、万苍乡、尚湖镇和九和乡等 6 个乡镇现辖行政区域。

图 A.1　新昌花生（小京生）地理标志产品保护范围图

ICS 67.120.10
X 22

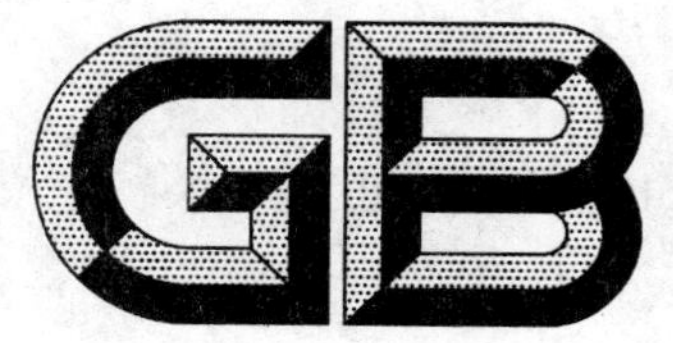

中华人民共和国国家标准

GB/T 19694—2008
代替 GB 19694—2005

地理标志产品 平遥牛肉

Product of geographical indication—Pingyao braised beef

2008-07-31 发布　　2008-11-01 实施

中华人民共和国国家质量监督检验检疫总局
中国国家标准化管理委员会 发布

前　言

本标准根据《地理标志产品保护规定》与 GB/T 17924《地理标志产品标准通用要求》制定。

本标准代替 GB 19694—2005《原产地域产品　平遥牛肉》。

本标准与 GB 19694—2005 相比主要变化如下：

——将标准属性由强制性改为推荐性；

——根据国家质量监督检验检疫总局颁布的《地理标志产品保护规定》，修改了标准中英文名称，将标准中有关“原产地域”的表述修改为“地理标志”；

——增加了平遥牛肉产品按口味分类的内容；

——增加了对平遥牛肉质量等级的划分；

——修改了理化指标，依据 GB 13100《肉类罐头卫生标准》修改了高温灭菌制品中重金属指标；依据 GB 2726《熟肉制品卫生标准》增加了非高温灭菌熟肉制品的重金属指标；

——细化了微生物指标；

——增加了非高温灭菌制品的运输要求。

本标准的附录 A 为规范性附录。

本标准由全国原产地域产品标准化工作组提出并归口。

本标准主要起草单位：山西省平遥县质量技术监督局。

本标准主要起草人：张万贵、田宁东、刘俊平、黄素珍、任延文、雷秉义、刘玕。

本标准所代替标准的历次版本发布情况为：

——GB 19694—2005。

地理标志产品　平遥牛肉

1　范围

本标准规定了平遥牛肉的术语和定义、地理标志产品保护范围、要求、试验方法、检验规则及标志、标签、包装、运输和贮存。

本标准适用于国家质量监督检验检疫行政主管部门根据《地理标志产品保护规定》批准保护的平遥牛肉。

2　规范性引用文件

下列文件中的条款通过本标准的引用而成为本标准的条款。凡是注日期的引用文件，其随后所有的修改单(不包括勘误的内容)或修订版均不适用于本标准，然而，鼓励根据本标准达成协议的各方研究是否可使用这些文件的最新版本。凡是不注日期的引用文件，其最新版本适用于本标准。

GB/T 191　包装储运图示标志

GB 1907　食品添加剂　亚硝酸钠

GB 2707　鲜(冻)畜肉卫生标准

GB/T 4789.2　食品卫生微生物学检验　菌落总数测定

GB/T 4789.3　食品卫生微生物学检验　大肠菌群测定

GB/T 4789.4　食品卫生微生物学检验　沙门氏菌检验

GB/T 4789.5　食品卫生微生物学检验　志贺氏菌检验

GB/T 4789.10　食品卫生微生物学检验　金黄色葡萄球菌检验

GB/T 4789.26　食品卫生微生物学检验　罐头食品商业无菌的检验

GB/T 5009.11　食品中总砷及无机砷的测定

GB/T 5009.12　食品中铅的测定

GB/T 5009.14　食品中锌的测定

GB/T 5009.15　食品中镉的测定

GB/T 5009.17　食品中总汞及有机汞的测定

GB/T 5009.33　食品中亚硝酸盐与硝酸盐的测定

GB 5461　食用盐

GB/T 6388　运输包装收发货标志

GB 7718　预包装食品标签通则

GB 9695.19　肉与肉制品　取样方法

GB/T 10004　耐蒸煮复合膜、袋

GB/T 10005　双向拉伸聚丙烯(BOPP)低密度聚乙烯(LDPE)复合膜、袋

GB/T 12457　食品中氯化钠的测定方法

GB/T 15091　食品工业基本术语

GB/T 17237　畜类屠宰加工通用技术条件

JJF 1070　定量包装商品净含量计量检验规则

NY 467　畜禽屠宰卫生检疫规范

国家质量监督检验检疫总局令[2005]第75号　《定量包装商品计量监督管理办法》

3 术语和定义

GB/T 15091 确定的以及下列术语和定义适用于本标准。

3.1

平遥牛肉 Pingyao braised beef

在地理标志产品保护范围内,传承独特的传统工艺并结合现代生产工艺加工而成的、用平遥地域名称命名的牛肉制品。

4 地理标志产品保护范围

平遥牛肉地理标志产品保护范围限于国家质量监督检验检疫行政主管部门根据《地理标志产品保护规定》批准的范围,即山西省平遥县现行政区域划分的古陶镇、洪善镇、岳壁乡、南政乡。见附录 A。

5 要求

5.1 原辅料要求

5.1.1 应选用经检验检疫合格的黄牛宰杀。

5.1.2 鲜牛肉或冻牛肉应符合 GB 2707 要求。

5.1.3 食盐应符合 GB 5461 要求。

5.1.4 食品添加剂亚硝酸钠应符合 GB 1907 要求。

5.1.5 其他辅料应符合国家有关规定的要求。

5.2 生产工艺

5.2.1 检疫与屠宰

屠宰厂应满足 GB/T 17237 规定,屠宰检疫按 NY 467 规定执行。

5.2.2 腌制

原料牛肉经严格挑选后按 5 kg 左右分割成块,可采用传统腌制方法,涂上食盐置于容器中腌制,腌制时间应根据气温和季节调整,但一定要腌匀,腌透;也或用盐水注射机将腌制剂注入肌肉组织内,在 0 ℃～4 ℃环境中进行滚揉、腌制,以保证腌制质量。

5.2.3 卤煮

卤煮时应遵循大火煮、文火炖、小火焖的原则,适时翻动。

5.2.4 高温灭菌

真空包装后的肉制品在高温灭菌锅内,按照预先制定的灭菌公式进行灭菌,确保产品的微生物指标符合罐头食品商业无菌要求。

5.3 产品分类

5.3.1 平遥牛肉按加工工艺分为:高温灭菌制品、非高温灭菌制品。

5.3.2 平遥牛肉按口味分为:原味平遥牛肉(配料为牛肉、食盐、亚硝酸盐)、五香味平遥牛肉(配料为牛肉、食盐、香辛料、亚硝酸盐)、麻辣味平遥牛肉(配料为牛肉、食盐、辣椒、香辛料、亚硝酸盐)。

5.4 感官指标

感官指标应符合表 1 的规定。

表 1 感官指标

项 目	要 求		
	一等品	二等品	三等品
色泽	红润,色泽基本一致		
滋味及气味	绵软可口、不柴不腻,具有平遥牛肉特有滋味及气味,无异味		
组织及形态	原料肉为牛腱、外脊,肉块整齐,无韧带和脂肪	肉块整齐,无韧带和大块脂肪	肉块较整齐,允许有小块肉存在,无韧带和大块脂肪

5.5 理化指标

理化指标应符合表2的规定。

表2 理化指标

项　　目	高温灭菌制品	非高温灭菌制品
无机砷(以As计)/(mg/kg)	≤0.05	≤0.05
铅(以Pb计)/(mg/kg)	≤0.5	≤0.5
锌(以Zn计)/(mg/kg)	≤100	—
镉(以Cd计)/(mg/kg)	≤0.1	≤0.1
总汞(以Hg计)/(mg/kg)	≤0.05	≤0.05
食盐(NaCl计)/%	≤3.5	≤3.5
亚硝酸盐(以$NaNO_2$计)/(mg/kg)	≤50	≤30
净含量	应符合国家质量监督检验检疫总局令[2005]第75号的要求	

5.6 微生物指标

5.6.1 高温灭菌制品微生物指标应符合罐头食品商业无菌的要求。

5.6.2 非高温灭菌制品微生物指标应符合表3的规定。

表3 非高温灭菌制品微生物指标

项　　目	要　　求
菌落总数/(CFU/g)	≤80 000
大肠菌群/(MPN/100 g)	≤150
致病菌(沙门氏菌、志贺氏菌、金黄色葡萄球菌)	不得检出

6 试验方法

6.1 感官指标

采用目测、鼻嗅、品尝等方法测试。

6.2 理化指标

6.2.1 无机砷按GB/T 5009.11执行。

6.2.2 铅按GB/T 5009.12执行。

6.2.3 锌按GB/T 5009.14执行。

6.2.4 镉按GB/T 5009.15执行。

6.2.5 总汞按GB/T 5009.17执行。

6.2.6 食盐按GB/T 12457执行。

6.2.7 亚硝酸盐按GB/T 5009.33执行。

6.3 微生物指标

6.3.1 高温灭菌制品

按GB/T 4789.26执行。

6.3.2 非高温灭菌制品

菌落总数按GB/T 4789.2规定执行，大肠菌群按GB/T 4789.3规定执行，致病菌按GB/T 4789.4、GB/T 4789.5、GB/T 4789.10规定执行。

6.4 净含量

净含量按JJF 1070执行。

7 检验规则

7.1 组批

同一班次、同一批原料的产品为一批。

7.2 抽样

按 GB 9695.19 的规定执行。

7.3 产品检验

7.3.1 出厂检验

7.3.1.1 应由生产企业的检验部门按本标准规定逐批进行检验。检验合格,出具合格证书,并在包装物上附有质量合格证的产品方可出厂。

7.3.1.2 出厂检验项目

高温灭菌制品为感官指标、净含量、食盐、亚硝酸盐、商业无菌。

非高温灭菌制品为感官指标、净含量、食盐、亚硝酸盐、菌落总数、大肠菌群。

7.3.2 型式检验

型式检验项目为本标准规定的全部项目。正常生产每年进行一次型式检验,有下列情况之一时,应进行型式检验:

a) 停产半年以上恢复生产时;

b) 主要原料或生产工艺有较大改变时;

c) 国家质量监督检验检疫行政主管部门提出型式检验要求时。

7.3.3 判定规则

理化指标有一项不合格时,应重新自同批产品中抽样两倍量样品对不合格项目进行复检,以复检结果为准。其中感官指标、微生物指标不得复检。

8 标志、标签、包装、运输和贮存

8.1 标志、标签

8.1.1 销售包装产品标签按 GB 7718 的规定执行,并可在销售包装上使用地理标志产品专用标志。

8.1.2 运输包装上的图形标志应符合 GB/T 191 和 GB/T 6388 的规定。

8.2 包装

8.2.1 包装材料应干燥、清洁、无异味,符合食品卫生标准规定。

8.2.2 铝箔袋应符合 GB/T 10004 要求。

8.2.3 外包装袋应符合 GB/T 10005 要求。

8.3 运输

8.3.1 运输车辆和工具清洁、无污染,符合卫生要求。

8.3.2 运输时应轻装轻卸,不得重压,应有防日晒、防雨淋措施。

8.3.3 运输时不得与有毒、有害有污染物混装、混运。

8.3.4 非高温灭菌制品应密闭、冷藏运输。

8.4 贮存

8.4.1 仓库应通风、阴凉、干燥、清洁。

8.4.2 非高温灭菌制品应置于 0 ℃～4 ℃的冷库或冰箱内。

附 录 A
（规范性附录）
平遥牛肉地理标志产品保护范围图

平遥牛肉地理标志产品保护范围见图 A.1。

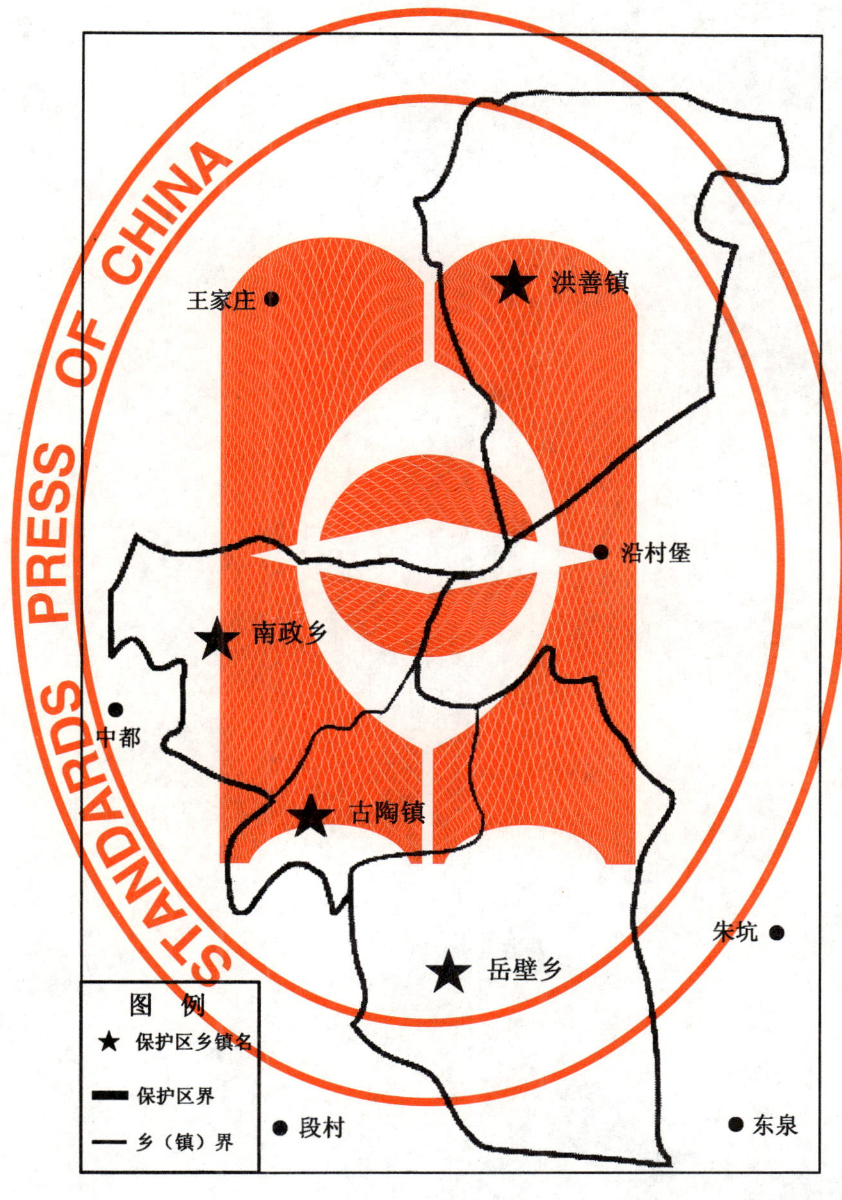

图 A.1 平遥牛肉地理标志产品保护范围图

ICS 87.040
G 51

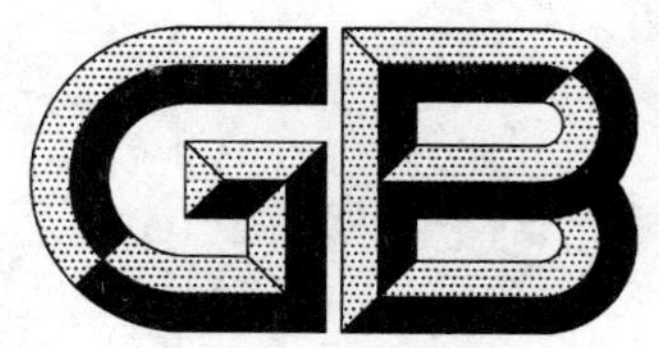

中华人民共和国国家标准

GB/T 19695—2008
代替 GB 19695—2005

地理标志产品 秀油

Product of geographical indication—Xiushan bodied tung oil

2008-06-25 发布 2008-10-01 实施

中华人民共和国国家质量监督检验检疫总局
中国国家标准化管理委员会 发布

前　言

本标准根据国家质量监督检验检疫总局颁布的2005第78号令《地理标志产品保护规定》及GB 17924—1999《原产地域产品通用要求》制定。

本标准代替GB 19695—2005《原产地域产品　秀油》。

本标准与GB 19695—2005相比主要变化如下：

——标准属性由强制性国家标准改为推荐性国家标准；

——根据国家质量监督检验检疫总局颁布的《地理标志产品保护规定》，修改了标准中英文名称，并将标准中有关“原产地域”的表述修改为“地理标志”。

本标准的附录A为规范性附录。

本标准由全国原产地域产品标准化工作组提出并归口。

本标准起草单位：重庆市秀山土家族苗族自治县质量技术监督局、重庆市秀山土家族苗族自治县粮食局、重庆市秀山土家族苗族自治县秀油有限责任公司。

本标准主要起草人：陶正礼、任基成、黄烈文。

本标准所代替标准的历次版本发布情况为：

——GB 19695—2005。

地理标志产品　秀油

1　范围

本标准规定了秀油的术语和定义、地理标志产品保护范围、要求、试验方法、检验规则、标志、标签和包装、运输、贮存。

本标准适用于国家质量监督检验检疫行政主管部门根据《地理标志产品保护规定》批准保护的秀油。

2　规范性引用文件

下列文件中的条款通过本标准的引用而成为本标准条款。凡是注日期的引用文件，其随后所有的修改单(不包括勘误的内容)或修订版均不适用于本标准，然而，鼓励根据本标准达成协议的各方研究是否可使用这些文件的最新版本。凡是不注日期的引用文件，其最新版本适用于本标准。

GB/T 191　包装储运图示标志

GB/T 1723　涂料粘度测定法

GB/T 1724　涂料细度测定法

GB/T 1728　漆膜、腻子膜干燥时间测定法

GB/T 3186　色漆、清漆和色漆与清漆用原材料　取样

GB/T 5525　植物油脂检验　透明度、色泽、气味、滋味鉴定法

GB/T 5528　植物油脂水分及挥发物含量测定法

GB/T 5529　植物油脂检验　杂质测定法

GB/T 5530　动植物油脂　酸价和酸度的测定

GB/T 9750　涂料产品包装标志

YC/T 154　卷烟滤嘴中烟碱的测定　气相色谱法

3　术语和定义

下列术语和定义适用于本标准。

3.1

秀油　Xiushan bodied tung oil

以在本标准第4章规定的范围内生长的油桐树所产桐果剥离的桐籽加工的桐油为主要原料，采用特殊的传统工艺，在特定的时间生产的，具有无胶珠、无污染、高粘度等特征和防船蛆、防钉螺粘附，防苔藓滋生等特殊功能的植物油性防腐防水涂料。

4　地理标志产品保护范围

秀油地理标志产品保护范围限于国家质量监督检验检疫行政主管部门根据《地理标志产品保护规定》批准的范围，即：石堤镇、保安乡、海洋乡、里仁乡、宋农乡、涌洞乡、大溪乡、平马乡、峨溶镇、溪口乡、官庄镇、雅江镇、中平乡、官舟乡、岑溪乡、梅江镇、巴家乡、洪安镇、平凯镇，见附录A。

5 要求

5.1 秀油原材料的生长自然环境

5.1.1 地质地貌

秀油所用原材料产地位于四川盆地，盆周山区东南方与云贵高原东北方毗连，为武陵山腹地。其地形西南高东北低，西部及西南部为中低山区和浅丘区，中部及东北部为浅丘区和平坝区，海拔245.7 m～1 631.4 m，地质结构系武陵山二级隆起带，褶皱山脉风化地表。

5.1.2 土壤

土壤为疏松性山地土壤，pH 值 5.5～6.5。

5.1.3 气候

气候属中亚热带湿润季风气候，温和湿润，雨量充沛，日照充足，无霜期长，四季分明，呈山区主体生物性气候；年平均气温 16.5 ℃，年平均降雨量 1 334.6 mm，年平均日照时数 1 235.4 h，无霜期 290 d。

5.1.4 植被

自然植被属湿润森林植被，植物种类丰富，生长繁密。油桐林主要分布在海拔 400 m～800 m 的平坝和浅丘地带。

5.2 原材料

秀油主要原材料应是在本标准第 4 章规定的区域内生长的油桐所结桐果剥离的桐籽，并在该区域加工的桐油。

5.3 加工和生产

5.3.1 秀油加工生产应在本标准第 4 章规定的区域内，在特定的时间里，采用传统的工艺。

5.3.2 时间一般为春夏季节夜间降雾开始至日出前。

5.3.3 主要工艺流程：

桐饼→磨籽→炒制（碳化）$\xrightarrow{\text{加入桐油}}$加热搅拌（脱烟）→熬制→过滤→冷却→秀油成品

5.4 产品技术指标

秀油的产品技术指标应符合表 1 的规定。

表 1 产品技术指标

项目			要求
外观和颜色（20 ℃下静置 24 h 后）			棕红色透明液体
气味			具有桐油香味
细度/μm		≤	30
杂质/%		≤	1.0
粘度/s			70～90
干燥时间/h	表干	≤	10
	实干	≤	24
水分及挥发物/%		≤	0.5
酸值（以 KOH 计）/（mg/g）		≤	10
烟碱含量/（mg/100 mg）		≥	0.008

6 试验方法

6.1 外观和颜色

按 GB/T 5525 的规定执行。

6.2 气味

按 GB/T 5525 的规定执行。

6.3 细度

按 GB/T 1724 的规定执行。

6.4 干燥时间

按 GB/T 1728 的规定执行。

6.5 杂质

按 GB/T 5529 的规定执行。

6.6 粘度

按 GB/T 1723 的规定执行。

6.7 水分及挥发物

按 GB/T 5528 的规定执行。

6.8 酸值

按 GB/T 5530 的规定执行。

6.9 烟碱含量

按 YC/T 154 的规定执行。

7 检验规则

7.1 抽样

7.1.1 在生产和加工过程中形成的独立数量的产品为一个批次，同批产品的品质规格一致。

7.1.2 抽样按 GB/T 3186 的规定执行。

7.2 检验

7.2.1 出厂检验

每批产品均应做出厂检验，经检验合格签发合格证后，方可出厂销售。出厂检验的项目为外观和颜色、粘度、干燥时间和酸值。

7.2.2 型式试验

7.2.2.1 有下列情况之一时，应进行型式试验：

a) 正常生产情况下，每年进行一次；

b) 原材料来源、工艺设备有较大改变，可能影响产品质量时；

c) 停产一年恢复生产时；

d) 国家质量监督机构提出进行型式检验要求时。

7.2.2.2 型式检验项目为本标准产品技术指标规定的全部项目。

7.3 判定规则

若出现不合格项，可从同批产品中加倍抽样对不合格项进行复检，如果全部合格，则该批产品合格，否则为不合格。

8 标志、标签、包装、运输和贮存

8.1 标志、标签

8.1.1 获得批准的企业，可以在其产品外包装上使用地理标志产品保护专用标志。

8.1.2 秀油标志应醒目、规范、清晰、持久，符合 GB/T 9750 的规定。

8.1.3 秀油产品包装标签应注明产品名称、批号、净重、生产厂名、厂址、生产日期、本标准代号、保质期及使用说明。包装箱标志应符合 GB/T 191 的规定。

8.2 包装

产品应贮存于清洁、干燥、密封的木桶或金属容器中。容器规格为:3 kg、5 kg、25 kg。

8.3 运输、贮存

8.3.1 产品在运输时,应防止雨淋和日光曝晒。

8.3.2 产品应存放在通风、干燥处。

8.3.3 在符合 8.2、8.3.1、8.3.2 的包装和贮运条件下,产品有效贮存期为一年。

附 录 A
（规范性附录）
秀油地理标志产品保护范围图

秀油地理标志产品保护范围见图 A.1。

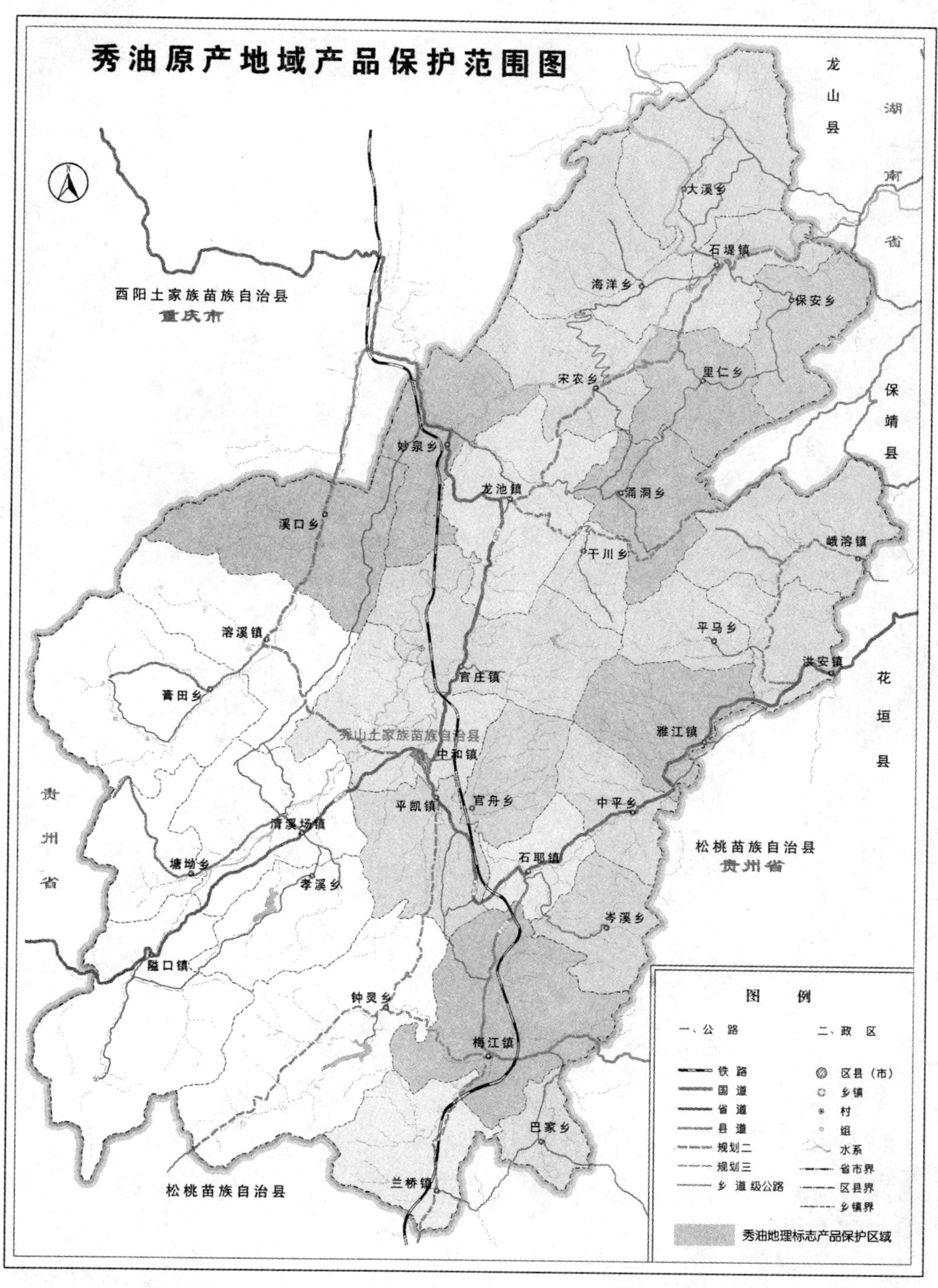

图 A.1 秀油地理标志产品保护范围图

ICS 67.220
B 36

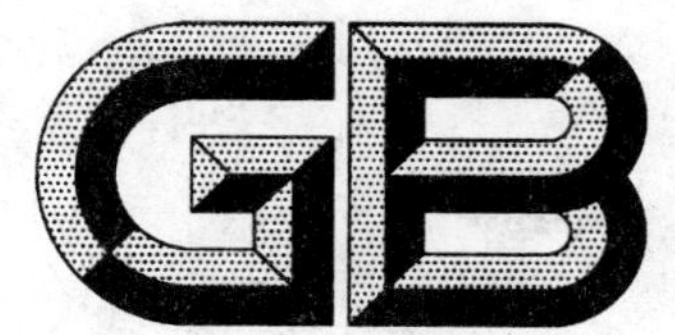

中华人民共和国国家标准

GB/T 19696—2008
代替 GB 19696—2005

地理标志产品　平阴玫瑰

Product of geographical indication—Pingyin rose

2008-10-22 发布　　　　2009-01-01 实施

中华人民共和国国家质量监督检验检疫总局
中国国家标准化管理委员会　发布

前　言

本标准根据国家质量监督检验检疫总局颁布的《地理标志产品保护规定》与GB/T 17924《地理标志产品标准通用要求》制定。

本标准代替GB 19696—2005《原产地域产品　平阴玫瑰》。

本标准与GB 19696—2005相比主要变化如下：

——由强制性国家标准改为推荐性国家标准；

——修改了标准中英文名称；

——修改了对嫁接育苗的要求；

——调整了玫瑰干花蕾的水分指标，删除了玫瑰干花蕾的维生素C的含量指标；

——修改了保质期的要求。

本标准的附录A为规范性附录。

本标准由全国原产地域产品标准化工作组提出并归口。

本标准起草单位：山东省平阴玫瑰研究所、济南市质量技术监督局平阴分局。

本标准主要起草人：郭永来、何道成、陈勇、张云显、董宜利、凌泽平、朱成营、姜伟。

本标准所代替标准的历次版本发布情况为：

——GB 19696—2005。

地理标志产品　平阴玫瑰

1　范围

本标准规定了平阴玫瑰的术语和定义、地理标志产品保护范围、要求、试验方法、检验规则、标志、标签、包装、运输和贮存。

本标准适用于国家质量监督检验检疫行政主管部门根据《地理标志产品保护规定》批准保护的平阴玫瑰。

2　规范性引用文件

下列文件中的条款通过本标准的引用而成为本标准的条款。凡是注日期的引用文件，其随后所有的修改单(不包括勘误的内容)或修订版均不适用于本标准，然而，鼓励根据本标准达成协议的各方研究是否可使用这些文件的最新版本。凡是不注日期的引用文件，其最新版本适用于本标准。

GB/T 191　包装储运图示标志

GB 4285　农药安全使用标准

GB/T 4789.2　食品卫生微生物学检验　菌落总数测定

GB/T 4789.3　食品卫生微生物学检验　大肠菌群测定

GB/T 4789.4　食品卫生微生物学检验　沙门氏菌检验

GB/T 4789.5　食品卫生微生物学检验　志贺氏菌检验

GB/T 4789.10　食品卫生微生物学检验　金黄色葡萄球菌检验

GB/T 5009.11　食品中总砷及无机砷的测定

GB/T 5009.12　食品中铅的测定

GB/T 5009.15　食品中镉的测定

GB/T 5009.17　食品中总汞及有机汞的测定

GB/T 5009.19　食品中六六六、滴滴涕残留量的测定

GB/T 5009.123　食品中铬的测定

GB 7718　预包装食品标签通则

GB/T 8321(所有部分)　农药合理使用准则

GB/T 8858　水果、蔬菜产品中干物质和水分含量的测定方法

GB/T 17527　胡椒精油含量测定方法

SB/T 10035　茶叶销售包装通用技术条件

3　术语和定义

下列术语和定义适用于本标准。

3.1

平阴玫瑰　Pingyin rose

在地理标志产品保护范围内生长的重瓣红玫瑰(*Rosa rugosa* cv. Plena)及具有重瓣红玫瑰血统的玫瑰品种群。

3.2

玫瑰干花蕾　dried rose bud

玫瑰鲜花蕾经脱水制成的产品。

3.3

落瓣花　shedding flower

花瓣与花托已分离的玫瑰鲜花。

4　地理标志产品保护范围

平阴玫瑰地理标志产品保护范围限于国家质量监督检验检疫行政主管部门根据《地理标志产品保护规定》批准保护的范围，见附录A。

5　要求

5.1　自然环境

5.1.1　地理环境

平阴玫瑰原产地位于鲁中南泰山西脉，属低山丘陵区。种植区土壤主要为褐土。

5.1.2　日照

全年日照时数不低于1 800 h，年太阳辐射量不低于480 kJ/cm^2，年平均积温不低于4 500 ℃。

5.2　苗木繁育

5.2.1　嫩枝扦插育苗

主要采用全光喷雾育苗方法。

5.2.2　嫁接育苗

砧木主要为"花旗藤"蔷薇和"粉团"蔷薇。

5.2.3　苗木规格

苗高20 cm以上，地径0.8 cm以上，根幅10 cm以上为合格玫瑰苗。

5.3　栽培技术

5.3.1　栽植

5.3.1.1　整地

应根据栽植地块的立地条件，采用不同的整地方法。山地可采用梯田、水平阶及穴状整地，低洼地可采用台田整地。按照确定的株行距挖不小于30 cm×30 cm×30 cm的定植穴，并施入有机肥。

5.3.1.2　栽植时间

栽植时间分为春植和秋植。春植在土壤解冻后，玫瑰萌芽前；秋植的适宜时期为10月中旬至11月中旬。

5.3.1.3　定植

每公顷栽植2 700株～4 900株。嫁接苗应使嫁接部位在地面以上2 cm～5 cm，植后踏实，灌足水。

5.3.2　管理

5.3.2.1　土壤管理

应及时中耕除草，栽植3 a后，每年应进行深翻扩穴。

5.3.2.2　肥水管理

每年应保证"三次肥、四次水"。

三次肥：萌芽肥，以氮肥为主；花后肥，施用氮磷钾复合肥；秋季基肥，以施用有机肥为主。

四次水：萌芽水、花前水、花后水、冬前水，可结合施肥进行。

5.3.2.3　修剪

修剪在花后、冬前进行，以通风透光、整形及枝条更新为目的。剪除枯死枝、弱枝、病虫枝、拖地枝、交叉枝、过密枝和四年生以上老枝；短截过高的徒长枝；回缩过长的多年生枝。

5.3.2.4　有害生物防治

花期禁止使用任何化学农药。其他时期按GB 4285、GB/T 8321(所有部分)的规定执行，不得使用国家明令禁止的农药，严格执行农药安全间隔期。

5.4 鲜花及鲜花蕾的采收

5.4.1 采收时间

玫瑰鲜花及花蕾从4月下旬或5月初开始采收。鲜花的采摘应在每日上午8时以前结束。鲜花蕾的采摘应在每日上午10时以前结束。如气温较低，可适当延迟采摘时间。

玫瑰鲜花应为半开状态(杯状花)、色泽鲜艳；鲜花蕾应全部露红、萼片全部裂开，处于饱满期。

5.4.2 采收分级

边采收边分级，分开放置，分别加工。玫瑰鲜花蕾质量等级分为特级、一级、二级。

5.5 分级指标

5.5.1 玫瑰鲜花

玫瑰鲜花分级指标应符合表1的规定。

表1 鲜花分级指标

<table>
<tr><th colspan="2" rowspan="2">项目</th><th colspan="3">指标</th></tr>
<tr><th>特级</th><th>一级</th><th>二级</th></tr>
<tr><td rowspan="3">感官指标</td><td>颜色、香气</td><td>颜色鲜艳，香气浓郁</td><td>颜色较鲜艳，香气浓郁</td><td>颜色较淡</td></tr>
<tr><td>手感</td><td>手感湿润、有弹性</td><td>手感湿润、弹性较差</td><td>湿润感及弹性差</td></tr>
<tr><td>落花率/% ≤</td><td>1</td><td>10</td><td>30</td></tr>
<tr><td rowspan="2">理化指标</td><td>精油含量/% ≥</td><td>0.07</td><td>0.05</td><td>0.04</td></tr>
<tr><td>水分/% ≤</td><td colspan="3">85</td></tr>
</table>

5.5.2 玫瑰鲜花蕾

玫瑰鲜花蕾分级指标应符合表2的规定。

表2 鲜花蕾分级指标

<table>
<tr><th rowspan="2">项目</th><th colspan="3">指标</th></tr>
<tr><th>特级</th><th>一级</th><th>二级</th></tr>
<tr><td>体态色泽</td><td>饱满、鲜亮，大小均匀一致</td><td>饱满、鲜亮，大小较均匀</td><td>饱满、鲜亮</td></tr>
<tr><td>裂瓣蕾/% ≤</td><td>1</td><td>10</td><td>20</td></tr>
</table>

5.5.3 玫瑰干花蕾

玫瑰干花蕾的分级指标应符合表3的规定。

表3 玫瑰干花蕾的分级指标

<table>
<tr><th colspan="2">项目</th><th>特级</th><th>一级</th><th>二级</th></tr>
<tr><td colspan="2">感官指标</td><td>花蕾基本完整，呈饱满纺锤形，直径8 mm以上；紫红色或绛紫红色；玫瑰香气浓郁；无裂瓣蕾</td><td>花蕾基本完整，呈饱满纺锤形，直径6 mm以上；紫红色或绛紫红色；玫瑰香气稍淡；裂瓣蕾在10%以内</td><td>花蕾较完整，呈纺锤形，直径5 mm以上；紫红色或绛紫红色；有玫瑰香气；裂瓣蕾在20%以内</td></tr>
<tr><td rowspan="2">理化指标</td><td>水分/% ≤</td><td colspan="3">10.0</td></tr>
<tr><td>精油含量/(mg/100 g) ≥</td><td>0.10</td><td>0.08</td><td>0.06</td></tr>
</table>

5.6 卫生指标

5.6.1 玫瑰鲜花及花蕾

玫瑰鲜花及花蕾的卫生指标应符合表4的规定。

表4 玫瑰鲜花及鲜花蕾的卫生指标

项目		要求
铬(以Cr计)/(mg/kg)	≤	0.50
汞(以Hg计)/(mg/kg)	≤	0.01
铅(以Pb计)/(mg/kg)	≤	0.20
砷(以As计)/(mg/kg)	≤	0.50
镉(以Cd计)/(mg/kg)	≤	0.10
六六六/(mg/kg)	≤	0.10
滴滴涕/(mg/kg)	≤	0.10

5.6.2 玫瑰干花蕾

玫瑰干花蕾的卫生指标应符合表5的规定。

表5 玫瑰干花蕾的卫生指标

项目		要求
铬(以Cr计)/(mg/kg)	≤	1.0
汞(以Hg计)/(mg/kg)	≤	0.01
铅(以Pb计)/(mg/kg)	≤	0.50
砷(以As计) /(mg/kg)	≤	0.70
镉(以Cd计)/(mg/kg)	≤	0.10
六六六/(mg/kg)	≤	0.10
滴滴涕/(mg/kg)	≤	0.10
菌落总数/(个/g)	≤	750
大肠菌群/(个/100 g)	≤	30
致病菌		不得检出

6 试验方法

6.1 感官指标

目测及嗅觉检测。

6.2 理化指标

6.2.1 水分:按GB/T 8858规定的方法测定。

6.2.2 玫瑰精油含量:按GB/T 17527规定的方法测定。

6.3 卫生指标

6.3.1 砷含量:按GB/T 5009.11规定的方法测定。

6.3.2 铅含量:按GB/T 5009.12规定的方法测定。

6.3.3 镉含量:按GB/T 5009.15规定的方法测定。

6.3.4 汞含量:按GB/T 5009.17规定的方法测定。

6.3.5 铬含量:按GB/T 5009.123规定的方法测定。

6.3.6 六六六、滴滴涕残留量：按 GB/T 5009.19 规定的方法测定。

6.3.7 菌落总数：按 GB/T 4789.2 规定的方法测定。

6.3.8 大肠菌群：按 GB/T 4789.3 规定的方法测定。

6.3.9 致病菌：按 GB/T 4789.4、GB/T 4789.5 和 GB/T 4789.10 规定的方法测定。

7 检验规则

7.1 组批和抽样方法

鲜花及鲜花蕾以交货数量为一批，干花蕾以相同等级当日产量为一批。在每批成品中随机抽样，抽样数量不得少于 25 件（样品量不少于 500 g），在抽取的样品中确定 10 件（或 500 g），分别用于各项检验。

7.2 型式检验

型式检验的检验项目为本标准 5.5、5.6 规定的全部项目。每个采收季进行一次，有下列情况之一者应进行型式检验：

a) 品种鉴定时；

b) 因人为或自然因素使生产环境发生较大变化时；

c) 国家质量监督机构或主管部门提出型式检验要求时；

d) 其他需要型式检验时。

7.3 出厂检验（鲜花及鲜花蕾交货检验）

每批产品出厂前，生产单位都应进行出厂检验，其内容包括感官、水分和净含量的检验。

7.4 判定规则

卫生指标有一项不合格，判该批产品为不合格品；其他检验项目按实测结果定级。

8 标志、标签

8.1 获得批准的企业，可在其产品外包装上使用地理标志产品专用标志和产区名称。

8.2 标签应符合 GB 7718 的规定。

8.3 经销单位进行分装或小包装的，应标注分装或包装日期。

8.4 运输包装箱的图示标志应符合 GB/T 191 的规定。

9 包装、运输、贮存

9.1 包装

9.1.1 包装容器应清洁、干燥、无异味、无毒。

9.1.2 接触玫瑰干花蕾的包装材料应符合 SB/T 10035 的规定。

9.2 运输与贮存

玫瑰鲜花和鲜花蕾均不能长期贮存，采摘后应迅速送往加工厂。临时存放可在阴凉处薄层摊晾。

玫瑰干花蕾运输与贮存时应注意防潮、防晒、防污染。

9.3 保质期

保质期由生产者根据产品的类型、包装材料和贮存条件等因素自行确定。

附 录 A
（规范性附录）
平阴玫瑰地理标志产品保护范围图

平阴玫瑰地理标志产品保护范围见图 A.1。

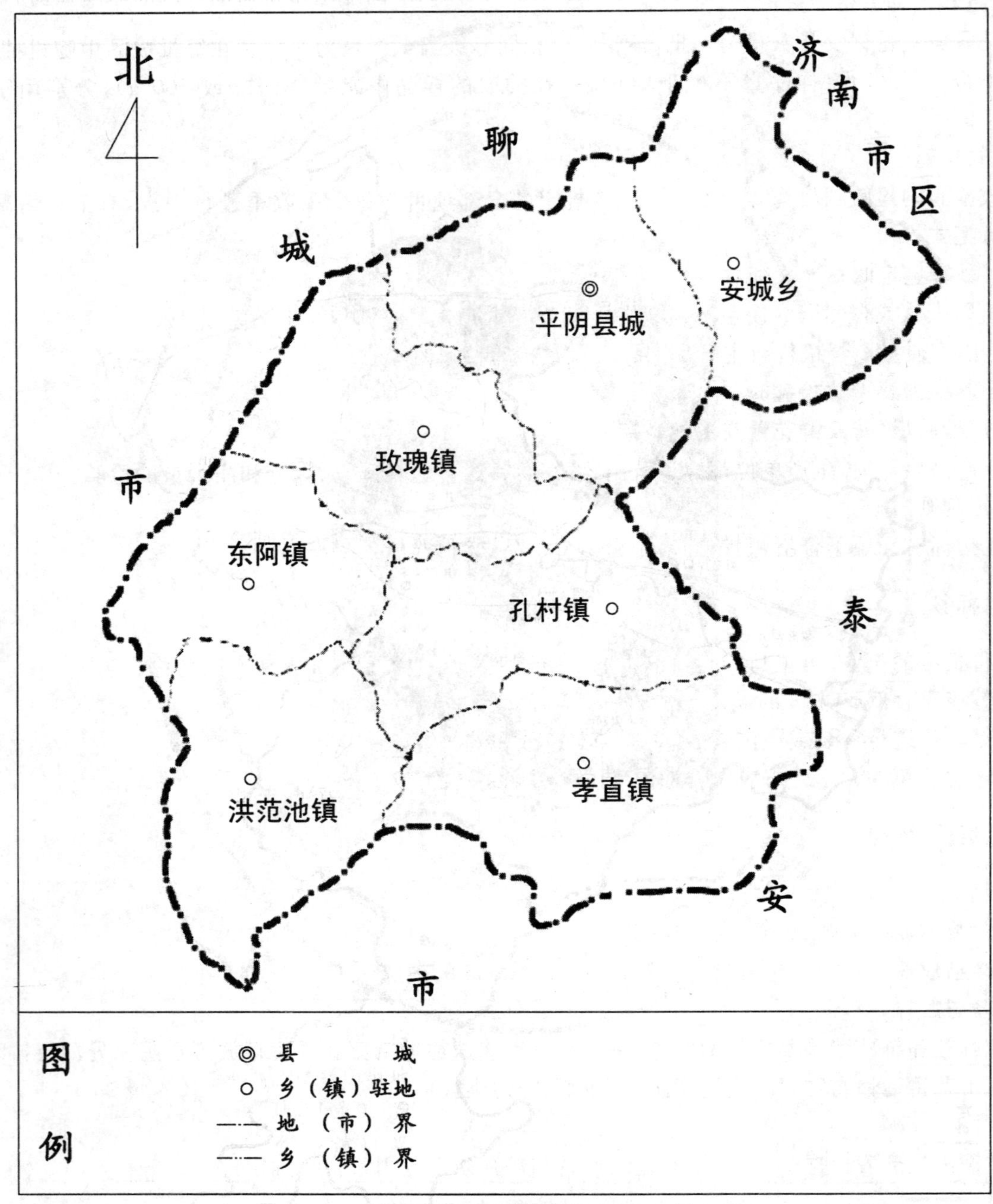

图 A.1 平阴玫瑰地理标志产品保护范围图

ICS 67.080.10
B 31

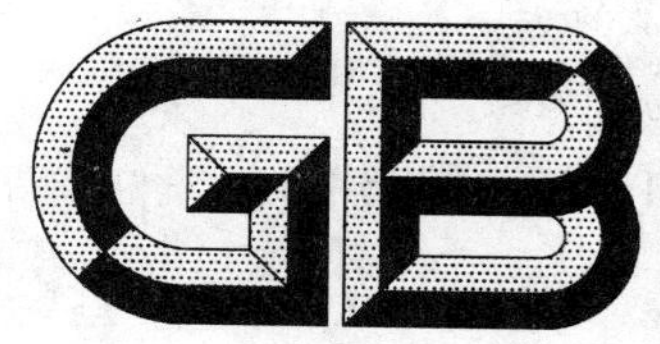

中华人民共和国国家标准

GB/T 19697—2008
代替 GB 19697—2005

地理标志产品　黄岩蜜桔

Product of geographical indication—Huangyan mandarin

2008-06-25 发布　　　　2008-10-01 实施

中华人民共和国国家质量监督检验检疫总局
中国国家标准化管理委员会　发布

前 言

本标准根据国家质量监督检验检疫总局颁布的2005第78号令《地理标志产品保护规定》及GB 17924—1999《原产地域产品通用要求》制定。

本标准代替GB 19697—2005《原产地域产品 黄岩蜜桔》。

本标准与GB 19697—2005相比主要变化如下：

——根据国家质量监督检验检疫总局颁布的《地理标志产品保护规定》，修改相关名称和表述；

——标准属性由强制性改为推荐性；

——规范性引用文件中增加GB 2762，并引用有关标准的最新版本；

——将可溶性固形物指标由原来的“≥10.5%”修订为“≥11.5%”；

——在安全指标中增加了GB 2762的要求。

本标准的附录A为规范性附录，附录B为资料性附录。

本标准由全国原产地域产品标准化工作组提出并归口。

本标准起草单位：浙江省台州市质量技术监督局黄岩分局、浙江省台州市黄岩区果树技术推广总站。

本标准主要起草人：王立宏、孙曼宇、龚洁强、王允镔、赵灵飞、王春霞。

本标准所代替标准的历次版本发布情况为：

——GB 19697—2005。

地理标志产品　黄岩蜜桔

1　范围

本标准规定了黄岩蜜桔的地理标志产品保护范围、术语和定义、要求、试验方法、检验规则、标志、包装、运输和贮存。

本标准适用于国家质量监督检验检疫行政主管部门根据《地理标志产品保护规定》批准保护的黄岩蜜桔。

2　规范性引用文件

下列文件中的条款通过本标准的引用而成为本标准的条款。凡是注日期的引用文件，其随后所有的修改单(不包括勘误的内容)或修订版均不适用于本标准，然而，鼓励根据本标准达成协议的各方研究是否可使用这些文件的最新版本。凡是不注日期的引用文件，其最新版本适用于本标准。

GB 2762　食品中污染物限量

GB/T 8210　出口柑桔鲜果检验方法

GB/T 8855　新鲜水果和蔬菜的取样方法(GB/T 8855—1988,eqv ISO 874:1980)

GB/T 10547　柑桔储藏

GB/T 13607　苹果、柑桔包装

JJF 1070　定量包装商品净含量计量检验规则

NY 5014　无公害食品　柑果类果品

NY/T 5015　无公害食品　柑桔生产技术规程

国家质量监督检验检疫总局令[2005]第75号　《定量包装商品计量监督管理办法》

3　地理标志保护范围

限于国家质量监督检验检疫行政主管部门根据《地理标志产品保护规定》批准保护的范围，即黄岩区现辖行政区域内，见附录A。

4　术语和定义

下列术语和定义适用于本标准。

4.1

黄岩蜜桔　Huangyan mandarin

原产于地理标志产品保护范围内的本地早、早桔、乳桔、槾桔、宫川温州蜜柑等特色品种。

4.2

斑疤　blemish

已愈合的病虫为害、生理病害、机械伤害等造成的果皮斑纹和疤痕。

4.3

串级果　neighbor grade fruits mixed

相邻两级的果实相混杂，其混杂程度用百分率表示。

4.4

隔级果　unneighbor grade fruits mixed

不相邻级别的果实相混杂，其混杂程度用百分率表示。

5 要求

5.1 种植环境

5.1.1 气候

年平均气温 16.5℃～17.5℃，大于或等于 10℃年有效积温(5 300～5 500)℃，1 月平均温度≥4.0℃，极端低温不低于－7.0℃。

5.1.2 土壤

pH 值 6～7，含盐量<0.1%，有机质含量≥1.5%，土层深厚，活土层在 60 cm 以上的水稻土、潮土、红壤、黄壤等土壤，均宜种植。

5.2 栽培技术

栽培技术参见附录 B。

5.3 果品规格和质量等级

5.3.1 果品规格

按果实横径大小划分为 S、M、L 三种规格，见表 1。装箱时果实大小之间不能超过 10 mm 而混装。

表 1 果品规格

单位为毫米

品种	S	M	L
本地早	45≤D<50	50≤D<60	60≤D<65
早　桔	50≤D<55	55≤D<65	65≤D<70
槾　桔	55≤D<60	60≤D<70	70≤D<80
乳　桔	30≤D<40	—	40≤D<50
宫川温州蜜柑	50≤D<60	60≤D<70	70≤D<75
注：D 为果实横径。			

5.3.2 质量等级

每个规格分为优级果、一级果、二级果三个等级。各级果实要求完整新鲜、果面洁净、风味纯正，香甜可口，应符合表 2 的规定。

表 2 质量等级

等　级	要　　求
优级果	果形端正、果面光洁，果实完全着色，果蒂完整，剪口平滑，斑疤最大的不得超过 3 mm，斑疤总计不超过果皮总面积的 3%。不得有机械伤，无腐烂果。串级果不超过 10%，不得有隔级果
一级果	果形端正、果面光洁，果实 90%以上着色，果蒂完整，剪口平滑，斑疤最大的不得超过 4 mm，斑疤总计不超过果皮总面积的 5%。不得有机械伤。无腐烂果。串级果不超过 10%，不得有隔级果
二级果	果形端正、果面尚光洁，果实 80%以上着色，果蒂完整，剪口平滑，斑疤最大的不得超过 5 mm，斑疤总计不超过果皮总面积的 10%。机械伤不超过 5%。无腐烂果。串级果不超过 10%，不得有隔级果

5.4 理化指标

理化指标应符合表 3 要求。

表 3 理化指标

项　　目		指　标
可食率/%	≥	70.0
可溶性固形物/%	≥	11.5
总酸(以柠檬酸计)/%	≤	1.0

5.5 安全指标

安全指标应符合 NY 5014 和 GB 2762 的有关规定。

5.6 净含量

装箱时净含量应符合《定量包装商品计量监督管理办法》的规定。

6 试验方法

6.1 果品规格

用分级板检验。分级板的眼洞,按本标准所列规格制作。

6.2 质量等级

按照分级条件逐项检查,将样品放于洁净的瓷盘中,在自然光下用肉眼观察样品的形状、颜色、光泽和果实的均匀程度,并品尝。

6.3 理化指标

6.3.1 可食率

按 GB/T 8210 规定执行。

6.3.2 可溶性固形物

按 GB/T 8210 规定执行。

6.3.3 总酸

按 GB/T 8210 规定执行。

6.4 安全指标

按 NY 5014 和 GB 2762 有关规定执行。

6.5 净含量

按 JJF 1070 规定检验。

7 检验规则

7.1 组批规则

同一单位、同一品种、同一等级、同一包装、同一贮存条件的黄岩蜜桔作为一个检验批次。

7.2 抽样方法

按 GB/T 8855 规定执行。

7.3 交收检验

每批产品应经生产单位质量检验部门检验合格并附有合格证方可交收,交收检验项目包括果品规格、质量等级、可溶性固形物、净含量、包装和标志等。

7.4 型式检验

7.4.1 型式检验项目为本标准 5.3～5.6 规定的项目。

7.4.2 有下列情形之一者应进行型式检验:

a) 前后两次抽样检验结果差异较大时;

b) 因人为或自然因素使生产环境发生较大变化时;

c) 国家质量监督机构提出型式检验要求时。

7.5 判定规则

7.5.1 果品规格、质量等级不合格品果占总果的百分率不超过 7%,且理化指标、安全指标、净含量、标志均为合格,则该批产品判为合格。

7.5.2 果品规格、质量等级不合格品果占总果的百分率超过 7%,或理化指标、安全指标、净含量、标志有一项不合格,或标志不合格,则该批产品判为不合格。

7.5.3 对果品规格、包装检验不合格的,允许生产单位进行整改后申请复检。

8 标志、包装、运输和贮存

8.1 标志

在外包装上应标明生产单位名称、地址、产品名称(黄岩蜜桔)、品种、果品规格(S、M、L)、果品等级(优级、一级、二级)、净含量、装箱日期、地理标志产品专用标志、执行标准编号、小心轻放、防晒防雨警示等内容。

8.2 包装

按 GB/T 13607 有关规定执行。

8.3 运输

8.3.1 运输工具

运输工具应清洁卫生、干燥、无异味。

8.3.2 堆放

按 NY 5014 有关规定执行。

8.4 贮存

在常温下贮存按 GB/T 10547 规定执行。

附 录 A
(规范性附录)
黄岩蜜桔地理标志产品保护范围图

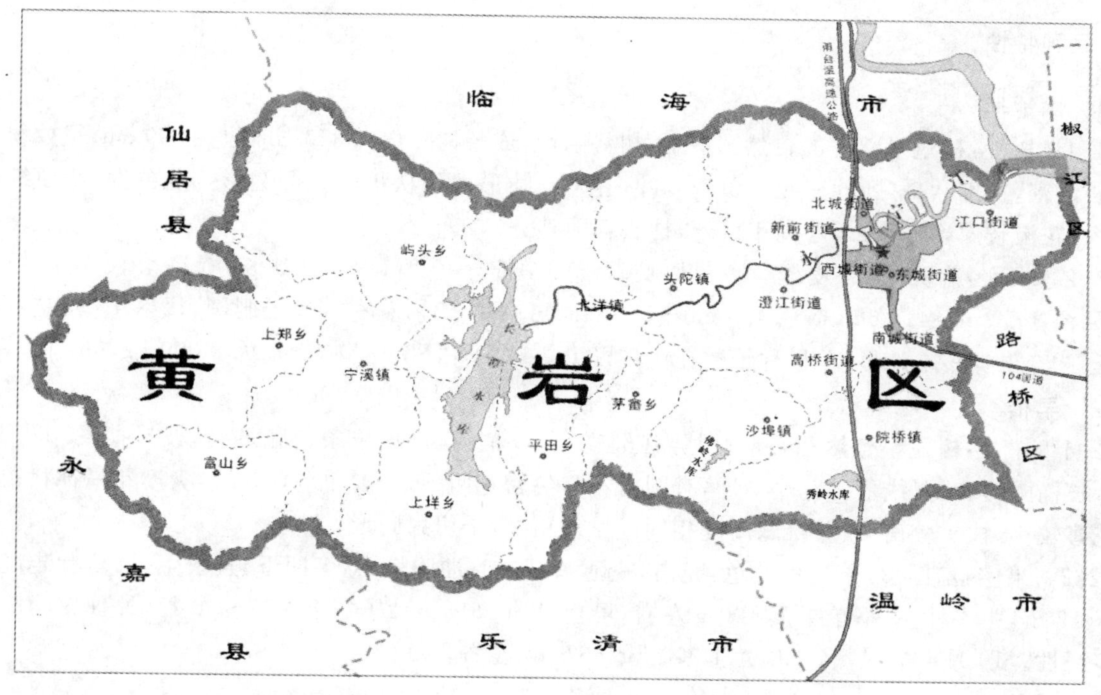

注：黄岩蜜桔地理标志产品保护范围限于黄岩区现辖行政区域内。

图 A.1 黄岩蜜桔地理标志产品保护范围图

附 录 B
（资料性附录）
栽培技术

B.1 品种特性

B.1.1 本地早

B.1.1.1 树性：树冠呈整齐的自然圆头形，树势强健，成龄树一般高350 cm，冠径500 cm，呈放射形；枝叶生长浓密，枝细软，富弹性。叶为单身复叶，春梢叶菱形，夏、秋梢叶长椭圆形。花单生，花梗细长，萼片较大，花瓣较厚，一般雌蕊略高于雄蕊，柱头扁而整齐。

B.1.1.2 果实：扁圆形，果皮橙黄色，果顶圆，囊瓣7瓣～10瓣，中心柱狭长，囊壁柔软，味甜极芳香。果实纵径3.5 cm～4.5 cm，横径4.5 cm～6.5 cm，可食率75%左右。种子肥圆，每果10粒左右，多胚性。已选育出少核本地早，单果种子数在1粒以下。11月中下旬成熟，产量为2 000 kg/667 m^2 左右。

B.1.2 早桔

B.1.2.1 树性：树冠呈自然开心形；树势强健直立，枝梢较疏散，枝条较脆，内膛枝易抽发。叶为单身复叶，长椭圆形，叶翼线形。花略开展，有圆瓣花与尖瓣花两种，圆瓣花呈莲花状，尖瓣花呈钟状；花冠中大，花萼较小，柱头较扁平，雌雄蕊高度相同或雌蕊稍高，子房扁圆形。

B.1.2.2 果实：扁圆形，果皮橙黄色，光滑，皮薄，较坚韧；油胞较小，多凹下，且密生，果顶有洼痕，囊瓣8瓣～12瓣，中心柱空虚；单果重100 g左右，可食率约76%。种子每果4粒～10粒，外种皮淡黄色，皱缩，多胚性。10月上旬成熟，产量为1 500 kg/667 m^2 左右。

B.1.3 槾桔

B.1.3.1 树性：树冠圆头形，成龄树一般树高300 cm，冠径500 cm，骨干枝上多“骑马枝”，枝粗壮而富弹性。叶广椭圆形，叶薄，翼叶线形，叶面两侧支脉间叶肉隆起，形成凹凸皱缩现象，尤其夏叶更为明显，此性状大别于其他品种。花较小，半开展，冠径1.3 cm～1.5 cm，萼片较早桔和本地早小而狭，先端尖；花瓣长椭圆形，雌蕊高于雄蕊，花柱常弯曲，子房扁圆形。

B.1.3.2 果实：扁圆形或圆锥状扁圆形，果重80 g～130 g。果皮浓橙黄色，粗糙，松脆，易剥，囊瓣7瓣～11瓣，中心柱空虚，砂囊柔软多汁，味甜酸，风味浓。种子每果10粒左右，较小，单胚性。12月上旬成熟，产量为2 500 kg/667 m^2 左右。

B.1.4 宫川温州蜜柑

B.1.4.1 树性：常绿小乔木，成年树高2 m～4m，冠径2.5 m～3.5 m，大枝开展，略显披垂，小枝粗长。叶为椭圆形或菱形，叶片长4 cm～7 cm，宽4 cm左右，花较大，单生，花瓣5片，柱头扁平，子房椭圆形或倒圆锥形，蜜盘小，萼片裂刻浅，花柄细长，长1 cm左右。

B.1.4.2 果实：扁圆形、圆锥状扁圆形，果实横径4.5 cm～7.5 cm，果面橙色，油胞粗大而突出，果皮厚0.25 cm～0.3 cm，汁胞短粗柔软，味甜少酸。无种子。10月中下旬成熟，产量为2 000 kg/667 m^2 左右。

B.1.5 乳桔

B.1.5.1 树性：树冠中等大，半圆头形，树势强健，枝叶稠密，枝条细长开张。叶小，卵状椭圆形，先端较尖，色浓绿，着生较直立。花小，单生，完全花，花蕾长椭圆形，花瓣5片～6片，柱头扁圆形。

B.1.5.2 果实：扁圆形，果小似金钱，重25 g～30 g，果蒂部棱状突起，果顶部花柱痕迹明显，常有乳状突起。皮薄、橙黄色、油胞小而密，中心柱小，柔软多汁，风味浓甜、有香气，化渣。果实无种子或仅1粒～2粒，单胚。11月中下旬成熟，产量为1 500 kg/667 m^2 左右。

B.2 苗木繁育

B.2.1 砧木苗培养

B.2.1.1 采种和播种：选优良的构头橙或枳壳，9 月下旬至 10 月上旬采种，于 12 月上、中旬冬播或次年 2 月下旬至 3 月上旬春播。

B.2.1.2 苗圃管理：3 月～4 月在枳高 10 cm～20 cm 进行移栽，行距 20 cm～26 cm，株距 10 cm。适时中耕除草、勤施薄施追肥，及时防治病虫害。

B.2.1.3 嫁接：凡生长发育充实的春、夏、秋梢，均可用于接穗。接穗宜从品质优良、丰产性能好、无检疫性病虫害的成年母树上采集。嫁接方法有切接法、芽接法、腹接法等。

B.2.2 嫁接苗培育

及时解膜、剪砧、除萌，勤施薄施追肥，及时进行病虫害防治。在春梢超过 15 cm 时摘心，以促发夏梢，在苗高 40 cm～45 cm 时剪顶，以促发分枝，在离地 25 cm 以上不同方位选 3 个～4 个壮梢留作主枝，其余全部抹除。

B.2.3 苗木出圃

嫁接苗木达到表 B.1 规定时出圃。

表 B.1 苗木规格

级别	苗高/cm	苗粗（嫁接口以上 3 cm 处）/cm	分枝数（苗高 25 cm 以上处）/条	骨干根长度/cm	分枝长度/cm	根系	
						侧根数量/条	须根
一级	≥45	≥0.8	≥3	≥15	≥20	≥3	发达
二级	≥35	≥0.6	≥2	≥15	≥15	≥2	较发达

B.3 栽培技术

B.3.1 栽植

选择土层深厚 60 cm 以上，肥沃疏松，地下水位 1 m 以下，保水保肥力强，pH 值 6～7，近水源，交通方便，土质壤土、粘壤土、沙壤土的园地种植。栽植时间为 2 月下旬至 3 月中旬春植和 10 月上、中旬秋植。栽植密度株行距（3 m～4 m）×（3.5 m～4.5 m），每公顷栽 675 株～825 株（每亩栽 45 株～55 株）。亦可实行计划密植和宽行密株栽植。

B.3.2 整形修剪

通常采用自然开心形。修剪以解决通风透光和调节树体营养生长和生殖生长为原则。运用抹芽、摘心、拉枝、扭梢和短截、回缩、疏枝等修剪方法，使树冠枝梢稀密适度、分布有序，形成丰产稳产的良好树冠结构。修剪时期分休眠期修剪和生长期修剪。

B.3.3 土肥水管理

幼龄桔园施种植夏季绿肥和冬季绿肥。如桔园种植间作物，秸秆应还园。8 月下旬至 11 月中旬进行深翻扩穴，改良土壤。

幼龄树追肥在 2 月下旬至 8 月上旬进行，促发春、夏、秋三次梢，使之迅速形成树冠。5 月下旬应施稳果肥，施肥量宜占全年施肥的 10%～15%。对结果树，应一年施追肥四次。春肥在春梢萌发前施入，施肥量占全年施肥的 15%～25%。秋肥在 7 月中旬秋梢抽发前施入，施肥量占 30%～40%左右。冬肥在 11 月上、中旬采果前后施入，施肥量占 30%～40%。幼龄树氮、磷、钾施用比例为 1∶0.3∶0.5 左右，成年树氮、磷、钾施用比例为 1∶（0.6～0.9）∶（0.8～1.1）左右，花期和幼果期应进行硼、锌、钼等微量元素的根外追肥。

雨季及时排水，旱季做好树盘覆盖、适时灌水，果实成熟期适当控水。

B.3.4 病虫害防治

虫害防治采取预防为主，综合防治的原则，合理采用农业、生物、物理和化学等综合防治手段，着重防治疮痂病、炭疽病、红蜘蛛、锈壁虱、介壳虫、潜叶蛾、桔蚜、吸果夜蛾等病虫害。应适期喷药，科学合理用药，做到治早、治少、治了。农药使用准则按照 NY/T 5015 执行，采摘前 30 d，禁止使用化学农药。

B.3.5 防止冻害

新建桔园要营造防护林。对未设防护林的桔园要补植防护林，或冬季在风口、西北向加设临时性风障。冬前，要做好主干刷白、包草、培土、小树搭三角棚，中等树束枝和树盘覆盖保护。同时，采取冻前灌水和喷施叶面抑蒸保温剂的措施，霜冻来临前熏烟防冻，雪后摇落积雪，做好冻后护理。

ICS 67.140.10
X 55

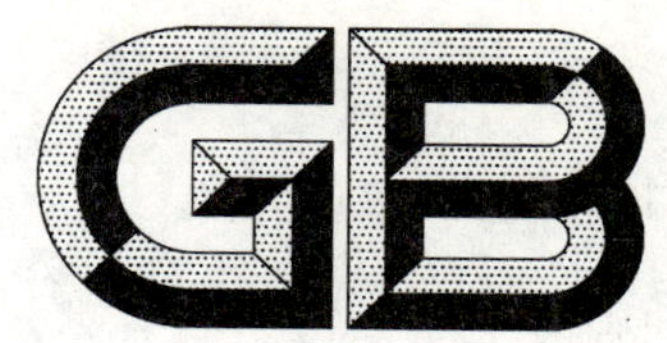

中华人民共和国国家标准

GB/T 19698—2008
代替 GB 19698—2005

地理标志产品 太平猴魁茶

Product of geographical indication—Taiping houkui tea

2008-06-25 发布　　　　2008-10-01 实施

中华人民共和国国家质量监督检验检疫总局
中国国家标准化管理委员会　发布

前　言

本标准根据国家质量监督检验检疫总局颁布的2005第78号令《地理标志产品保护规定》及GB 17924—1999《原产地域产品通用要求》制定。

本标准代替GB 19698—2005《原产地域产品　太平猴魁茶》。

本标准与GB 19698—2005相比主要变化如下：

——标准属性由强制性国家标准改为推荐性国家标准；

——根据国家质量监督检验检疫总局颁布的《地理标志产品保护规定》，修改相关名称；

——删除卫生指标要求，增加污染物限量、农药最大残留限量指标要求；

——将“净含量允差”修改为“净含量允许短缺量”；

——取消了对保质期的限定。

本标准的附录A为规范性附录，附录B为资料性附录。

本标准由全国原产地域产品标准化工作组提出并归口。

本标准起草单位：黄山区质量技术监督局、黄山市猴坑茶业有限公司（黄山区新明猴村茶场）、黄山区茶业局、黄山区农技推广中心。

本标准主要起草人：李杰生、李继平、方继凡、谢世荣、吴峥嵘、凌睿。

本标准所替代标准的历次版本发布情况为：

——GB 19698—2005。

地理标志产品　太平猴魁茶

1　范围

本标准规定了太平猴魁茶的术语和定义、地理标志产品保护范围、分级、要求、试验方法、检验规则、标志标签、包装、运输、贮存。

本标准适用于国家质量监督检验检疫行政主管部门根据《地理标志产品保护规定》批准保护的太平猴魁茶。

2　规范性引用文件

下列文件中的条款通过本标准的引用而成为本标准的条款。凡是注日期的引用文件，其随后所有的修改单(不包括勘误的内容)或修订版均不适用于本标准，然而，鼓励根据本标准达成协议的各方研究是否可使用这些文件的最新版本。凡是不注日期的引用文件，其最新版本适用于本标准。

GB/T 191　包装储运图示标志

GB 2762　食品中污染物限量

GB 2763　食品中农药最大残留限量

GB 7718　预包装食品标签通则

GB/T 8302　茶　取样

GB/T 8304　茶　水分测定

GB/T 8305　茶　水浸出物测定

GB/T 8306　茶　总灰分测定

GB/T 8310　茶　粗纤维测定

GB/T 8311　茶　粉末和碎茶含量测定

GB/T 14487　茶叶感官审评术语

NY/T 787　茶叶感官审评通用方法

NY/T 5018—2001　无公害食品　茶叶生产技术规程

SB/T 10035　茶叶销售包装通用技术条件

国家质量监督检验疫总局令[2005]第75号《定量包装商品计量监督管理办法》

3　术语和定义

下列术语和定义适用于本标准。

3.1

太平猴魁茶　Taiping houkui tea

在本标准第4章范围内特定的自然生态环境条件下，选用柿大茶为主要茶树品种的茶树鲜叶为原料，经传统工艺制成，具有“两叶一芽、扁平挺直、魁伟重实、色泽苍绿、兰香高爽、滋味甘醇”品质特征的茶叶。

4 地理标志产品保护范围

太平猴魁茶地理标志产品保护范围限于国家质量监督检验检疫行政主管部门根据《地理标志产品保护规定》批准的范围，为安徽省黄山市黄山区（原太平县）现辖行政区域。见附录A。

5 分级

太平猴魁茶按品质分为极品、特级、一级、二级、三级。特级、二级各设一个实物标准样。

6 要求

6.1 自然环境

6.1.1 地理

黄山市黄山区（原太平县）位于安徽省南端，地处北纬30°00′～30°22′，东经117°48′～118°21′之间。黄山山脉雄居境内南部，北部为太平湖，地形南高北低，以山地为主，丘陵、岗地、河谷平原与水域兼备。

6.1.2 气候

属亚热带湿润季风气候区，气候温暖，雨量充沛，空气湿润，漫射光照时间长；湿度大，云雾多，热量丰富，无霜期长。年平均气温15.5℃～16.4℃，年平均降水量在1 556.0 mm；年平均空气相对湿度在80%以上，平均日照时数1 727.4 h，日照百分率40%；太阳辐射总量为440 kJ/cm^2～473 kJ/cm^2，无霜期255 d左右。

6.1.3 土壤

土壤类型主要为乌砂壤、黄棕壤、黄红壤、黄壤等，表层腐殖质层较厚，有机质含量高，pH值5～6。

6.1.4 植被

太平猴魁茶产区大都位于海拔300 m以上，四周植被繁密，森林覆盖90%以上，主要树种为常绿阔叶林、竹林。

6.2 茶园种植和管理

茶园种植和管理参见附录B。

6.3 鲜叶

6.3.1 质量要求

采用柿大茶或以柿大茶茶树品种选育的茶树品种的新梢为原料，要求芽叶完整，色泽嫩绿，新鲜匀净，无劣变或异味，无其他夹杂物。

6.3.2 采摘

6.3.2.1 开采期：4月中旬前后，当茶园中有10%新梢达到一芽三叶时，开园采摘。

6.3.2.2 采摘标准：一芽三、四叶。每批采下鲜叶的嫩度、匀度、净度应基本一致。

6.3.2.3 采摘方法：采用提手采，保持芽叶完整。

6.3.3 装运

6.3.3.1 使用清洁卫生、通气良好的竹篮、篓筐等用具盛装鲜叶原料，禁用布袋、塑料袋等紧压装运。

6.3.3.2 鲜叶运送应及时，避免日晒雨淋，防止鲜叶发热、机械损伤和混入有毒、有害物质。

6.4 制作工艺

太平猴魁茶工艺流程为：拣尖→摊放→杀青（理条）→烘焙（做形）[分三次，头烘→二烘→三烘（足火）]→成品

6.5 感官品质指标

具有该茶应有的品质，无劣变，无异味，不得含有非茶类夹杂物，不添加任何添加剂。

各等级茶叶的感官指标应符合表1的规定。

表 1 感官指标

级别	外形	内质			
		汤色	香气	滋味	叶底
极品	扁展挺直，魁伟壮实，两叶抱一芽，匀齐，毫多不显，苍绿匀润，部分主脉暗红	嫩绿 清澈明亮	鲜灵高爽， 兰花香持久	鲜爽醇厚，回味甘甜，独具"猴韵"	嫩匀肥壮，成朵， 嫩黄绿鲜亮
特级	扁平壮实，两叶抱一芽，匀齐，毫多不显，苍绿匀润，部分主脉暗红	嫩绿 明亮	鲜嫩清高， 有兰花香	鲜爽醇厚，回味甘甜， 有"猴韵"	嫩匀肥厚，成朵， 嫩黄绿匀亮
一级	扁平重实，两叶抱一芽，匀整，毫隐不显，苍绿较匀润，部分主脉暗红	嫩黄绿 明亮	清高	鲜爽回甘	嫩匀，成朵， 黄绿明亮
二级	扁平，两叶抱一芽，少量单片，尚匀整，毫不显，绿润	黄绿 明亮	尚清高	醇厚甘甜	尚嫩匀，成朵， 少量单片，黄绿明亮
三级	两叶抱一芽，少数翘散，少量断碎，有毫，尚匀整，尚绿润	黄绿 尚明亮	清香	醇厚	尚嫩欠匀，成朵， 少量断碎，黄绿亮

6.6 理化指标

理化指标应符合表 2 规定。

表 2 理化指标

项目		指标
水分/%	≤	6.5
粉末/%	≤	0.5
总灰分/%	≤	6.5
水浸出物/%	≥	37
粗纤维/%	≤	14

6.7 茶叶中污染物限量

茶叶中污染物限量应符合 GB 2762 的规定。

6.8 茶叶中农药最大残留限量

茶叶中农药最大残留限量应符合 GB 2763 的规定。

6.9 净含量允许短缺量

定量包装规格由企业自定，单件定量包装茶叶的净含量允许短缺量应符合国家质量监督检验疫总局令[2005]第 75 号《定量包装商品计量监督管理办法》的规定。

7 试验方法

7.1 取样

按 GB/T 8302 规定执行。

7.2 感官指标

按 GB/T 14487 和 NY/T 787 规定执行。

7.3 理化指标

7.3.1 水分按 GB/T 8304 规定执行。

7.3.2 水浸出物按 GB/T 8305 规定执行。

7.3.3 总灰分按 GB/T 8306 规定执行。

7.3.4 粗纤维按 GB/T 8310 规定执行。

7.3.5 粉末按 GB/T 8311 规定执行。

7.4 茶叶中污染物限量

按 GB 2762 规定的方法测定。

7.5 茶叶中农药最大残留限量

按 GB 2763 规定的方法测定。

7.6 净含量允许短缺量

按国家质量监督检验疫总局令[2005]第 75 号《定量包装商品计量监督管理办法》执行。

8 检验规则

8.1 组批

产品应以批(唛)为单位,同批(唛)产品的品质规格和包装单位重量应相同。

8.2 出厂检验

8.2.1 出厂检验内容为感官指标、水分、粉末、净含量负偏差。

8.2.2 每批产品应按本标准要求进行检验,经检验合格,签发产品质量合格证后,方可出厂。

8.3 型式检验

8.3.1 型式检验内容为本标准规定的全部项目。

8.3.2 型式检验在下列情况之一时进行:

a) 首次批量生产前;

b) 原料、工艺、机具有较大改变,可能影响产品质量时;

c) 国家质量监督部门提出型式检验要求时。

8.4 判定规则

8.4.1 凡劣变、有污染、有异味或污染物限量、农药最大残留限量有一项不合格的产品,均判为不合格产品。

8.4.2 除污染物限量、农药最大残留限量外,理化指标有一项不合格或感官指标不符合规定级别的,应在原批产品中加倍抽取样本复检,复检中理化指标不合格的,判该批产品为不合格品,感官指标不合格的降级处理。

8.4.3 对检验结果有争议的,应对留存样进行复检,或在同批(唛)产品中重新按 GB/T 8302 规定加倍抽样,重新抽样应由争议双方会同进行,对有争议项目进行复检,以复检结果为准。

9 标志、标签、包装、运输、贮存

9.1 标志、标签

9.1.1 企业获得批准,可在其产品包装上使用地理标志产品专用标志。

9.1.2 标签应符合 GB 7718 规定。

9.1.3 运输包装箱的图示标志应符合 GB/T 191 的规定。

9.2 包装

9.2.1 包装容器应干燥、清洁、无异味、无毒,不影响茶叶品质。

9.2.2 接触茶叶的包装材料应符合 SB/T 10035 的规定。

9.2.3 包装应牢固、密封、防潮、整洁,能保护茶叶品质,便于装卸、仓储和运输。

9.3 运输

运输工具应清洁、干燥、无异味、无污染;运输时应防潮、防雨、防曝晒;装卸时应轻装轻卸,防撞击,防重压,严禁与有毒、有异味、易污染的物品混装混运。

9.4 贮存

9.4.1 应贮存于清洁、干燥、阴凉、无异味、无污染的专用仓库中，仓库周围应无异味、无污染物。

9.4.2 贮存仓库不得使用化学合成的杀虫剂、灭鼠剂及防霉剂。

9.4.3 保质期由生产者根据产品的包装材料、运输和贮存条件等因素自行确定。

附 录 A
（规范性附录）
太平猴魁茶地理标志产品保护范围

太平猴魁茶地理标志产品保护范围见图 A.1。

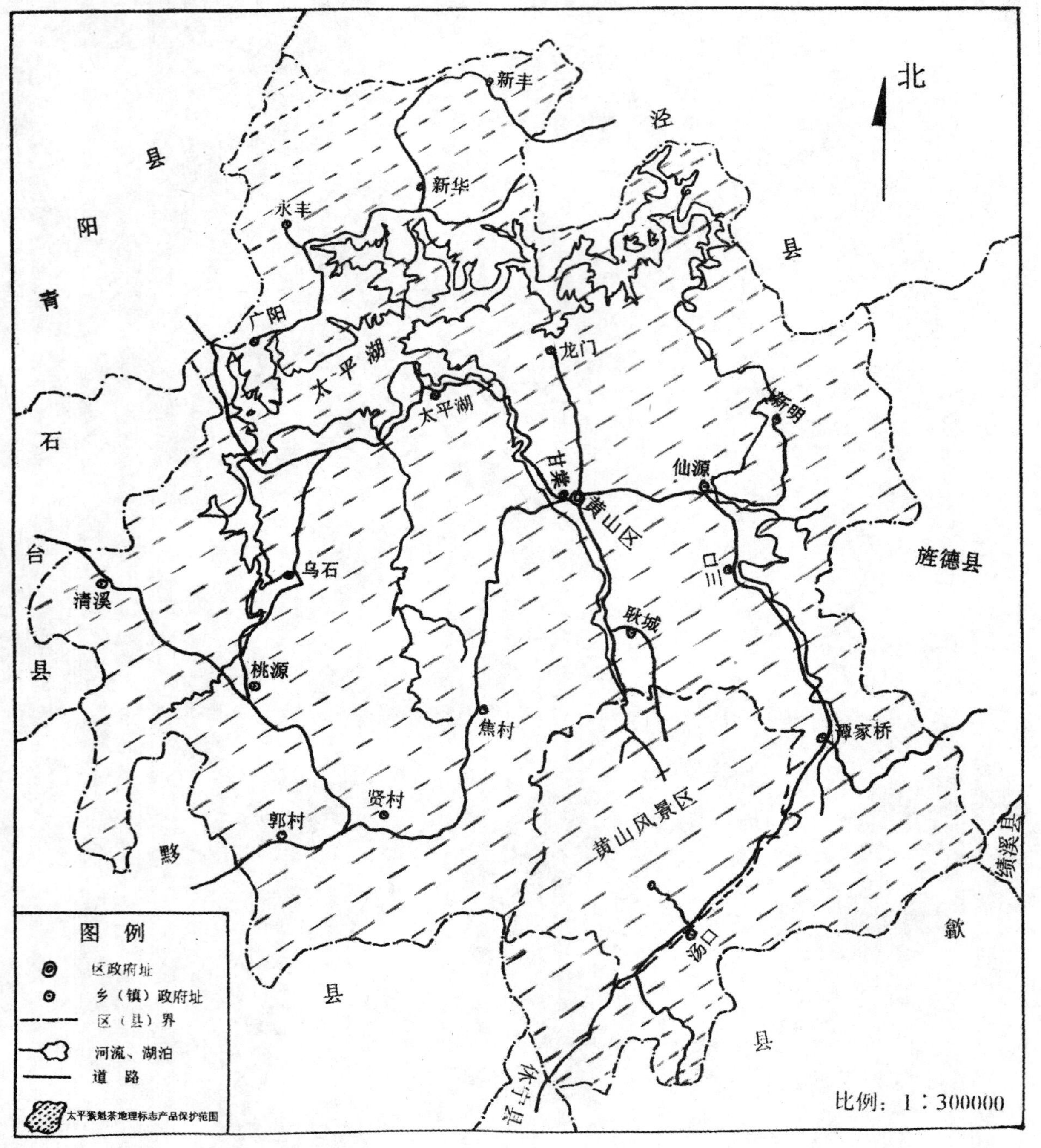

图 A.1 太平猴魁茶地理标志产品保护范围图

附 录 B
（资料性附录）
茶园种植和管理

B.1 茶树种植

B.1.1 茶园开垦

B.1.1.1 茶园开垦应注意保持水土，坡度15°以下的缓坡地可等高开垦；坡度在15°～25°的，应建筑内倾等高梯级园地。

B.1.1.2 开垦深度40 cm以上。

B.1.2 采用单条或双条栽种方式种植。种植前施足基肥，以有机肥和磷肥为主。

B.1.3 种植品种以柿大茶为主。

B.2 茶园管理

B.2.1 土壤管理

B.2.1.1 一年要进行春耕、夏锄、秋挖三次耕作。

B.2.1.2 幼龄茶园和改造茶园的茶行间，间作豆科绿肥，培肥土壤。

B.2.1.3 茶树行间铺草覆盖：用山草、作物秸秆、修剪枝叶等进行覆盖。

B.2.2 施肥

B.2.2.1 施肥时期：在2月下旬施催芽肥；在5月中旬到7月上旬期间施追肥；在8月到10月结合秋挖施基肥。

B.2.2.2 肥料种类：基肥主要为饼肥和磷钾肥，追肥主要为氮肥，应符合NY/T 5018—2001附录A推荐使用的肥料。

B.2.2.3 施肥量：根据茶园生产水平决定施肥用量。

B.2.3 病虫害防治

B.2.3.1 以农业防治、生物防治、物理防治为主，必要时采用适量、适度的化学防治，使用高效、低毒、低残留农药品种，严格执行农药安全间隔期。使用农药品种及其安全标准应符合NY/T 5018—2001附录C规定。

B.2.3.2 严禁使用国家明令禁止在茶树上使用的农药。

B.2.4 茶树修剪

根据茶树的树龄、长势和修剪目的分别采用定型修剪、轻修剪、深修剪、重修剪和台刈等方法，培养优化型树冠，复壮茶树。

ICS 65.060.80
B 95

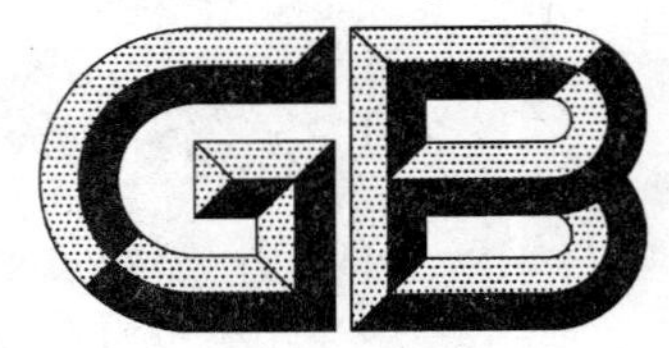

中华人民共和国国家标准

GB 19726.1—2008
代替 GB 19726.1—2005

林业机械　便携式油锯　安全要求和试验
第1部分:林用油锯

**Machinery for forestry—Portable chain-saws—
Safety requirements and testing—Part 1:Chain-saws for normal forest work**

(ISO 11681-1:2004,Amd.1:2007,MOD)

2008-12-23 发布　　2009-10-01 实施

中华人民共和国国家质量监督检验检疫总局
中国国家标准化管理委员会　发布

前　言

本部分第5章中的“要求”和第6章为强制性，其余为推荐性。

GB 19726《林业机械　便携式油锯　安全要求和试验》分为两部分：

——第1部分：林用油锯；

——第2部分：修枝用油锯。

本部分为GB 19726的第1部分，对应于ISO 11681-1:2004《林业机械　便携式油锯　安全要求和试验　第1部分：林用油锯》（英文版）及2007年修改件。本部分与ISO 11681-1:2004及2007年修改件的一致性程度为修改，主要差异如下：

——噪声的测量按GB/T 5390(GB/T 5390—2008,ISO 22868:2005,MOD)；

——振动的测量按GB/T 5395(GB/T 5395—2008,ISO 22867:2004,MOD)；

——平衡的检验按LY/T 1346 (LY/T 1346—1999,ISO 8334:1985,EQV)。

本部分代替GB 19726.1—2005《林业机械　油锯　安全要求和试验》。

本部分与GB 19726.1—2005相比主要变化如下：

——第1章中增加了如下内容：

- 本部分给出了所有严重危害，但不包括发动机排量在80 cm^3 以上的油锯反弹（见5.5.3.1）或平衡（见5.4.1）的危害，另外，没有考虑除噪声外的其他环境因素。
- 本部分涉及的油锯适用于已经阅读并且理解使用说明书中的安全要求、同时使用了正确的个人保护装置(PPE)的操作者使用。该油锯只能用右手操作后手把、左手操作前手把。

——第2章中更改了部分规范性引用文件。

——将原标准中附录A“各种危险一览表”的内容修改整合为本部分第4章的“严重危害一览表”。

——将原标准表3内容拆分并融入到本部分第5章“安全要求和检验”的相应条款中。

——在原标准4.3“平衡”中，增加如下内容(见本标准5.4)：

- 发动机排量≤80 cm^3 的油锯应保持平衡良好。
- 导板中心线与水平面(纵向平衡)的最大夹角不应超过30°。
- 最短和最长的导板都应满足这些限制，并应在使用手册中给出适用的导板长度范围。

注：本条要求不适用于发动机排量在80 cm^3 以上的油锯。

——在原标准4.4中，关于“反弹角和链停止角”的内容增加了“不论哪一个较小”。

——在原标准4.4中，将“链制动器释放力”由“20 N～50 N”改为“20 N～60 N”。

——在原标准4.11中，增加了“非期望性运动”的要求：

应通过以下方式将锯链的非期望性运动减少到最低程度：

- 油门扳机松开时应能自动复位到怠速位置，并被油门扳机锁锁定在该位置不变。释放开油门扳机锁后，方可改变油门扳机的位置。
- 油门控制机构的设计应保证对后手把加力时，发动机的转速不会升高到离合器接合锯链开始运动的状态。

——对原标准4.9“噪声”的内容进行了补充。

——对原标准4.10“振动”的内容进行了补充。

——将原标准6.2.2的内容改为“在操作者位置的A-计权声功率级和A-计权声压级[单位：dB(A)](按照GB/T 5390)”。

——在本部分中增加了“警告”的内容。

——在本部分中增加了"图示"的内容。

——在本部分中增加了参考文献的内容。

本部分的附录 A 为资料性附录。

本部分由全国林业机械标准化技术委员会提出并归口。

本部分起草单位：浙江中马园林机器有限公司、国家林业局哈尔滨林业机械研究所。

本部分主要起草人：杨锋、王振东、冯健、唐恩常、杨雪峰。

本部分所代替标准的历次版本发布情况为：

——GB 19726.1—2005。

林业机械　便携式油锯　安全要求和试验
第1部分：林用油锯

1　范围

GB 19726的本部分涉及了以内燃机为动力的便携式林用油锯的设计和结构方面的一些严重危害，规定了其安全要求和试验方法。

本部分适用于仅由一个操作者来使用的林用短把油锯。

本部分给出了消除或减少使用油锯时所产生的各种危害的方法，规定了由厂家提供的有关安全操作方面的部分资料要求。

本部分给出了所有严重危害，但不包括发动机排量在80 cm^3以上油锯反弹（见5.5.3.1）或平衡（见5.4.1）的危害，另外没有考虑除噪声外的其他环境因素。

本部分涉及的油锯适用于已经阅读并且理解使用说明书中的安全要求、同时使用了正确的个人保护装置(PPE)的操作者使用。该油锯只能用右手操作后手把、左手操作前手把。

2　规范性引用文件

下列文件中的条款通过GB 19726的本部分的引用而成为本部分的条款。凡是注日期的引用文件，其随后所有的修改单（不包括勘误的内容）或修订版均不适用于本部分，然而，鼓励根据本部分达成协议的各方研究是否可使用这些文件的最新版本。凡是不注日期的引用文件，其最新版本适用于本部分。

GB 4706.1　家用和类似用途电器的安全　第1部分：通用要求(GB 4706.1—2005，IEC 60335-1：2004(Ed4.1)，IDT)

GB/T 5390　林业机械　便携式动力机械噪声测定规范　工程法（2级精度）(GB/T 5390—2008，ISO 22868：2005，MOD)

GB/T 5395　林业机械　便携式动力机械振动测定规范　手把振动(GB/T 5395—2008，ISO 22867：2004，MOD)

GB/T 15706.1　机械安全　基本概念与设计通则　第1部分：基本术语和方法(GB/T 15706.1—2007，ISO 12100-1：2003，IDT)

GB/T 15706.2　机械安全　基本概念与设计通则　第2部分：技术原则(GB/T 15706.2—2007，ISO 12100-2：2003，IDT)

GB/T 18960　林业机械　油锯　词汇(GB/T 18960—2003，ISO 6531：1999，IDT)

GB/T 19387　便携式油锯　锯链制动器性能(GB/T 19387—2008，ISO 6535：1991 and ISO 6535：1991/COR.1：2004，IDT)

GB/T 20456　林业机械　便携式油锯　被动式锯链制动器性能(GB/T 20456—2008，ISO 13772：2004，IDT)

LY/T 1166　油锯护手器　机械强度(LY/T 1166—1995，idt ISO 6534：1992)

LY/T 1167　油锯前护手器　尺寸和空隙(LY/T 1167—2003，ISO 6533：2001，IDT)

LY/T 1346　油锯　平衡的测定(LY/T 1346—1999，eqv ISO 8334：1985)

LY/T 1347　林业机械　油锯　手把强度的测定(LY/T 1347—1999，idt ISO 7915：1991)

LY/T 1348　林业机械　便携式油锯　手把最小空隙和尺寸(LY/T 1348—2007,ISO 7914—2002,IDT)

LY/T 1578　便携式链锯　止链销　尺寸和机械强度(LY/T 1578—2000,eqv ISO 10726:1992)

LY/T 1593　便携式油锯　发动机性能和燃油消耗(LY/T 1593—2001,eqv ISO 7293:1997)

ISO 9518　林业机械　便携式油锯　反弹试验

ISO/TR 11688-1　声学　低噪声机器和设备设计的推荐实用规程　第1部分:设计

3　术语和定义

GB/T 18960 和 GB/T 15706.1 确立的术语和定义适用于 GB 19726 的本部分。图1给出了油锯示例。

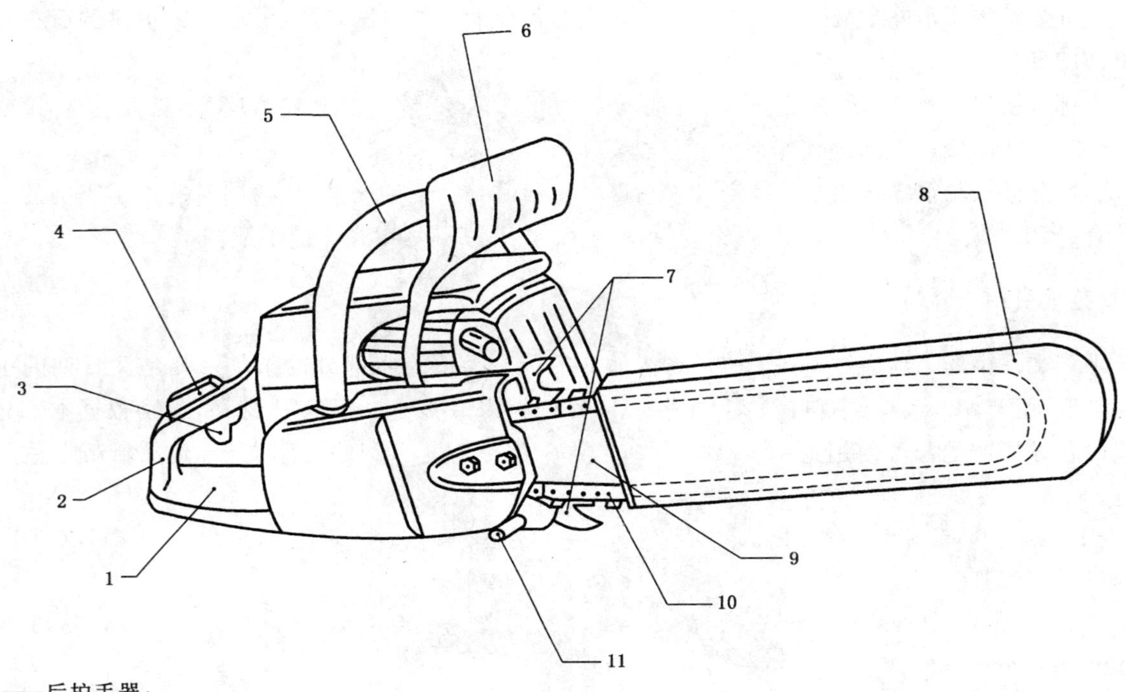

1——后护手器;

2——后手把;

3——油门扳机;

4——油门扳机锁;

5——前手把;

6——前护手器;

7——插木齿;

8——导板罩;

9——导板;

10——锯链;

11——止链销。

图1　油锯

4　严重危害一览表

本章详细说明了本部分中涉及到的由风险评估确定为重要的并且要求采取措施去消除或减少风险的这类机器的严重危害和危险情况(见表1)。

表 1 本部分涉及到的严重危害和危险情况

	危　害	条款
1	切割引起的机械危害和与锯链有关的影响	5.3;5.5;5.6;5.9;5.19
2	接触带高压电部件(直接接触)或在绝缘不良状况下变成了高压电部件(间接接触)的电危害	5.12
3	由于可能接触高温物体或材料,包括热源辐射所导致的烧伤、烫伤和其他伤害的热危害	5.15
4	导致丧失听力(耳聋)和其他生理失调(失去平衡、失去意识)以及阻碍听觉和语言沟通的噪声危害	5.21;6.2;6.4
5	导致手臂系统肢体动作失调或神经机能失调的振动危害,如白手病	5.20;6.2;6.4
6	接触或吸入与废气有关的流体、气体、雾状物及灰尘等有害物质而带来的危害	5.16
7	与燃料溢出相关的火灾或爆炸的危害	5.18;6.2
8	在机器设计中忽略人体工程学原理而产生的危害,如与手把设计、机器平衡和插木齿的使用、有关的不健康的姿势和过度的用力而引起的危害	5.2;5.4;5.7;5.10;6.2
9	由于手把及其控制系统的故障/失调,引起意外启动、意外超高速运行而带来的危害	5.2;5.10;5.11;5.13
10	由于手把强度和发动机熄火开关故障原因不能停机而产生的危害	5.2;5.11
11	与手把强度或控制位置和标记有关的故障引起的危害	5.2;5.10;5.11;5.13;6.3
12	进行与锯链有关的操作时,制动(链)所带来的危害	5.2;5.3;5.6;5.17
13	由于锯屑排出和燃料外溢带来的危害	5.8;5.18

5 安全要求和检验

5.1 总则

油锯的安全使用取决于两个方面,一是使用者对机器的安全要求熟悉程度,如在本章中所列出的条款;二是使用者个人防护设备的配备程度和使用正确性,如手套、护腿、工作靴及眼睛和耳朵的防护用品等。

油锯应符合本章的安全要求和(或)防护措施,同时应按照6.3的规定对油锯作标记,按6.4的规定制作警示标牌。另外,对于本标准中未提及的相关安全要求危害,设计机器时应按GB/T 15706.2中的规定执行。

5.2 手把

5.2.1 要求

油锯应具有供双手分别握持的两个手把,其结构设计应满足如下要求:

——确保操作者戴上防护手套时能完全握住手把;

——手把的形状和表面能确保握持的可靠性;

——手把的尺寸和间隙应符合LY/T 1348的规定。

手把的强度至少应符合LY/T 1347的要求。

油锯应具有能隔离手把与机器的减振系统,该系统在设计上应保证,即使减振系统损坏失效,操作者也能控制油锯并使其停机(见5.11)。

5.2.2 检验

通过测量检验尺寸;按LY/T 1347中规定的功能性测试,检验强度要求;通过检查设计结构来检验在减振系统损坏失效的情况下能否使油锯停机。

5.3 手的防护

5.3.1 前手把的防护

5.3.1.1 要求

在靠近前手把的地方应安装前护手器，防止操作者手与锯链接触而受伤。

前护手器的尺寸和机械强度应分别符合 LY/T 1167 和 LY/T 1166 的规定。

5.3.1.2 检验

通过测量检验尺寸；按照 LY/T 1166 中规定的功能性测试，检验强度要求。

5.3.2 后手把的防护

5.3.2.1 要求

在后手把底部的右侧沿长度方向应设有后护手器，防止意外断链时，操作者的手被锯链伤害。

护手器宽度自手把右边缘向导板所在一侧至少延伸 30 mm，长度至少 100 mm（见图 2），也可采用在机器上设计部件来满足此要求。

单位为毫米

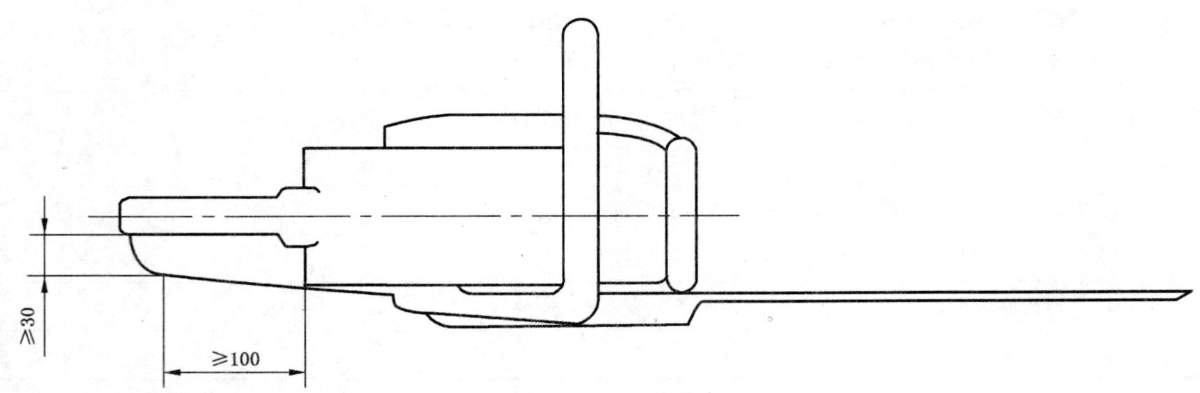

图 2 后手把的最小尺寸

后护手器的机械强度应符合 LY/T 1166 的规定。

5.3.2.2 检验

通过测量检验尺寸；按照 LY/T 1166 中规定的功能性测试，检验强度要求。

5.4 平衡

5.4.1 要求

发动机排量≤80 cm^3 的油锯应保持平衡良好。

导板中心线与水平面（纵向平衡）的最大夹角不应超过 30°。

最短和最长的导板都应满足这些限制，并在使用手册中给出适用的导板长度范围。

注：本条要求不适用于发动机排量在 80 cm^3 以上的油锯。

5.4.2 检验

按照 LY/T 1346 中规定的功能性测试，检验纵向平衡夹角。

5.5 反弹的防护

5.5.1 锯链制动器

5.5.1.1 要求

油锯应安装借助前护手器即能起动的锯链制动器。锯链制动器释放力应在 20 N～60 N 之间。

平均制动时间不应大于 0.12 s，最大制动时间不应大于 0.15 s。

5.5.1.2 检验

按照 GB/T 19387 中规定的功能性测试，检验锯链制动器的释放力和制动时间。

5.5.2 被动式链制动器

5.5.2.1 要求

油锯应有一个被动式链制动系统，当发生反弹时，使锯链制动器起作用。该系统应满足GB/T 20456的有关要求。

5.5.2.2 检验

按照GB/T 20456规定进行功能性测试，检验被动式锯链制动系统。

5.5.3 反弹角和锯链停止角

5.5.3.1 要求

对于内燃机排量不大于80 cm^3 的油锯，按照该油锯的切割附件配置规格范围，根据规定，逐一测试并计算反弹角或锯链停止角。在被测的切割附件中，每个规格的此两个角度无论哪一个较小，二者中应有一个不大于45°。

注：本条要求不适用于发动机排量在80 cm^3 以上的油锯。

5.5.3.2 检验

按照ISO 9518规定进行功能性测试，检验并计算出反弹角和锯链停止角。

5.6 止链销

5.6.1 要求

油锯应安装有止链销，其尺寸和强度应符合LY/T 1578的规定。

5.6.2 检验

通过测量检验尺寸。按照LY/T 1578规定进行功能性测试，检验强度要求。

5.7 插木齿

5.7.1 要求

油锯应有插木齿(见图1)或具有可安装插木齿的结构。

5.7.2 检验

通过检查，检验是否安装了插木齿或插木齿结构设计的合理性。

5.8 排屑

5.8.1 要求

油锯的排屑结构应满足当油锯处于立位(横向切割)工况时，其木屑的排出方向指向油锯底平面的下方。

5.8.2 检验

进行横向切割操作时，通过观察检验木屑的排出方向。

5.9 导板罩

5.9.1 要求

油锯应配置导板罩(见图1)，在运输和贮存期间导板罩应罩于导板上。

5.9.2 检验

从任一方向握持油锯进行检查，检验导板罩与导板是否连接良好。

5.10 油门扳机

5.10.1 尺寸

5.10.1.1 要求

油门扳机的位置应确保戴防护手套握持油锯后手把时能勾动和松开扳机，其尺寸应满足LY/T 1348的要求。

5.10.1.2 检验

通过测量检验尺寸。

5.10.2 非期望性运动

5.10.2.1 要求

应通过以下方式将锯链的非期望性运动减小到最低程度：

——油门扳机松开时，自动复位到怠速状态，并且油门扳机被扳机锁锁定在该位置不变。释放开油门扳机锁后，方可改变油门扳机的位置。

——油门控制结构的设计应保证对后手把加力时，发动机的转速不会升高到离合器接合锯链开始运动的状态。

5.10.2.2 检验

通过操作机器来检验油门扳机、油门扳机锁和油门锁的功能。以任意方向对油锯的后手把施加相当于油锯重量(不包括锯切部件且燃油箱和润滑油箱不加油时)的三倍力，来检验油门控制机构的设计。

5.10.3 油门锁

5.10.3.1 要求

如果具有冷起动油门锁，其锁定功能应靠手动设定，当勾动扳机时应能自动解除锁定状态。

5.10.3.2 检验

通过操作机器来检验油门锁的功能。

5.11 发动机停机开关

5.11.1 要求

油锯应配置使发动机不借助持续的人力而能迅速停止运转的停机开关。此停机开关应安装在操作者戴防护手套握持油锯时，右手可控制位置处。开关使用方法和用途的标志应清晰耐久(见6.3)。

开关的颜色与背景应对比鲜明。

5.11.2 检验

通过操作机器来检验发动机停机开关的功能和位置。

5.12 带高压电部件的防护

5.12.1 要求

电路中各高电压部件，包括火花塞帽在内，都应固定和(或)采取绝缘措施，以使操作者与之接触时不发生意外事故。

5.12.2 检验

通过观察来检查带高压电部件的固定和绝缘，同时按照GB 4706.1中规定的使用指状探头来进行检验。

5.13 离合器

5.13.1 要求

油锯应配置离合器，离合器的性能应保证当发动机的旋转速度不高于怠速转速的1.25倍时，锯链不运动。

5.13.2 检验

使发动机以不高于使用手册所规定怠速转速的1.25倍运转，检验离合器的性能，此时油锯不得出现锯链运动的现象。

5.14 化油器的调整

5.14.1 要求

化油器的调整部位应有清晰可辨的耐久性标志，在说明书中应对使用标志进行解释说明(见6.2)。

注：GB/T 4269.5[1]中给出了相应的标志示例。

5.14.2 检验

通过观察来检查标志。

5.15 高温部件的防护

5.15.1 要求

消声器、汽缸或能直接接触汽缸的其他部件都应加以防护，以确保操作者在正常操作机器时不致意外接触上述部件。要求高温部件与在机器上方的前手把部位的距离不小于120 mm(见图3)，与侧向部位的前手把距离不小于80 mm(见图4)，在机器上方的前手把外侧和覆盖消声器的发动机罩壳外边缘之间连线的延长线与消声器的距离应大于等于0 mm(见图5)。

单位为毫米

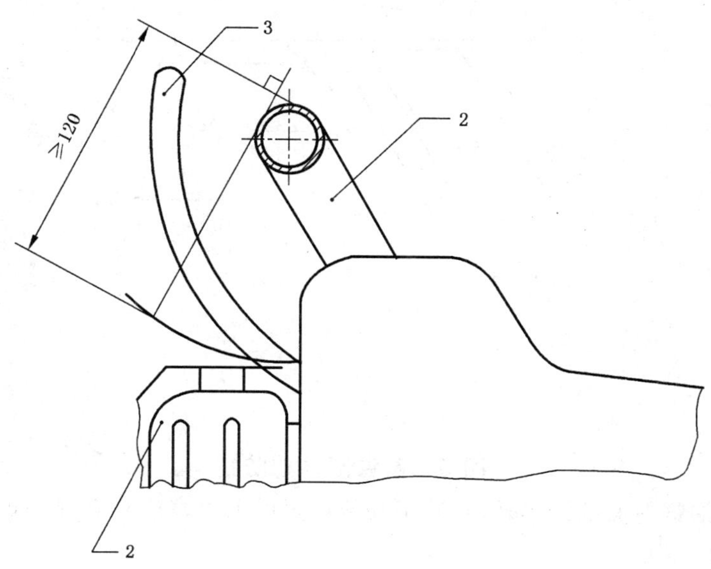

1——消声器；

2——前手把；

3——前护手器。

图3 前手把与未加防护的高温部件之间的最小距离

单位为毫米

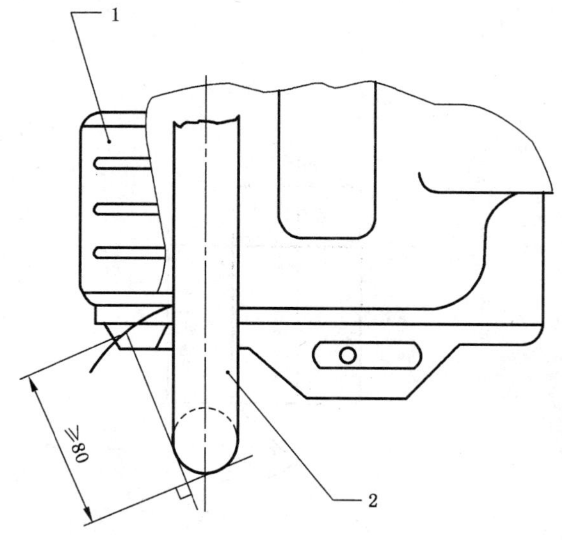

1——消声器；

2——前手把。

图4 前手把与未加防护的高温部件之间的侧向最小距离(俯视)

单位为毫米

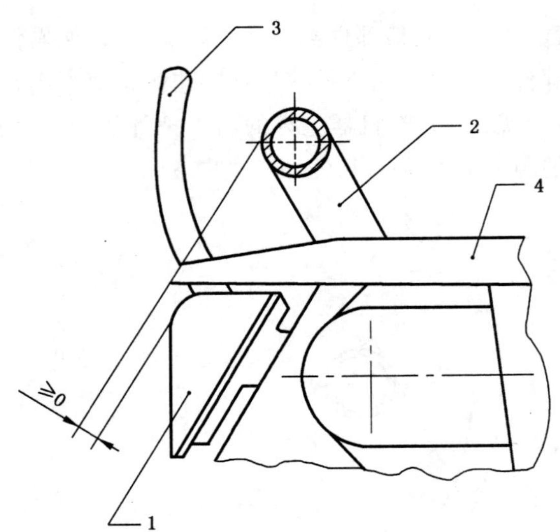

1——消声器；

2——前手把；

3——前护手器；

4——发动机罩。

图 5　高温部件的防护

除消声器安装在油锯前面的情形外，安装于其他位置的消声器应具有保护罩以保证操作者所能接触到的面积不超过 10 cm^2。

机器上可能接触到的上述部位以及汽缸罩的温度不应对操作者构成危害。

注：更多信息见 EN 563：1994[9]。

5.15.2　检验

汽缸和消声器的保护罩应通过测量检验其是否符合规定的距离。除消声器安装在油锯前面的情形外，对安装于其他位置的消声器的保护罩，使用图 6 中的试验锥以最小的力检查接触面积，检验其是否符合要求。

单位为毫米

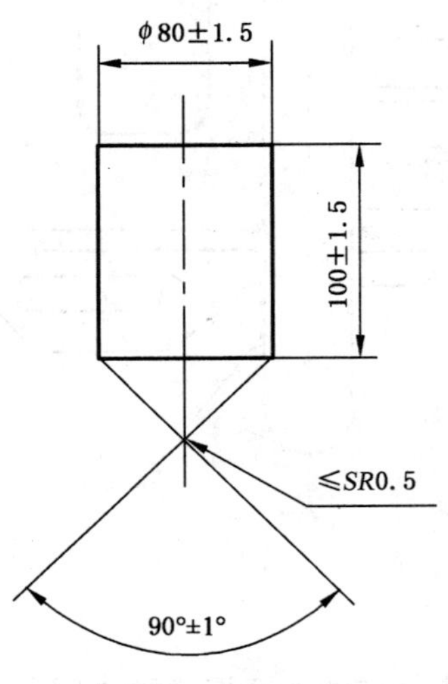

图 6　试验锥

5.16 气体排放

5.16.1 要求

发动机废气排放方向应远离处于正常工作位置的操作者。

5.16.2 检验

通过观察来检验废气排放装置的排气口位置与方向。

5.17 锯链润滑

5.17.1 要求

锯切部件应采用自动润滑方式。油锯如装有附加的注油泵,其安装位置应保证在正常锯切工位时操作者右手能对其操作。

5.17.2 检验

通过操作机器检验锯链润滑系统的功能。如装有注油泵,通过观察检验其位置。

5.18 油箱注油口

5.18.1 要求

油箱盖与油箱之间应有连接件相连。

燃油箱注油口直径应不小于 20 mm,机油箱注油口直径应不小于 19 mm。各油箱口周围均应有清晰耐久的标志。油箱盖不能互换时,可只对一个做标志,见 6.3。

燃油箱盖的结构设计应确保在正常工作温度下、油锯在各工位及运输途中,没有漏油现象。

注油口周围不应有妨碍用漏斗加油的其他部件。

5.18.2 检验

拧紧油箱盖后向任一方向转动油锯时,通过观察检验油箱盖的紧密性,油箱不得有任何渗漏油现象。油箱通气(平衡)系统中允许有渗油现象。

5.19 锯链张紧

5.19.1 要求

油锯应配置调节锯链张紧程度的装置。

5.19.2 检验

通过观察检验调节装置。

5.20 振动

5.20.1 设计防护措施以减少振动

油锯的设计应尽可能降低振动。振动主要来源于发动机、锯切系统、不平衡的运动件、链轮的撞击、轴承和其他机械装置以及在操作者、机器和被锯切的材料之间的相互作用而产生的力。

注 1：CR 1030-1[10] 给出了关于被广泛认可的技术规则和方法,还提供了减少油锯手臂振动的设计导则。

注 2：ISO/TR 22521[8] 给出了关于手持便携式林业机械振动级对比数据的有用信息。

5.20.2 给出减少振动信息

在设计阶段已经采取了控制振动措施后,在使用手册中应给出油锯减少振动级的相关信息,见 6.2。

5.20.3 振动测量

按照 GB/T 5395 测定并计算振动级(计权加速度)的总值。

5.21 噪声

5.21.1 设计防护措施减少噪声

油锯产生的噪声级应尽可能低。噪声主要来源于进气系统、发动机的冷却系统和排气系统、锯切系统及振动表面。

ISO/TR 11688-1 给出了关于被广泛认可的技术规则和设计低噪声机器所采取的方法的通用技术要求。应特别注意油锯的声学设计。

注 1：ISO/TR 11688-2[5] 给出了关于机器中产生噪声的机械装置的有用信息，ISO 14163[6] 给出了通过消声器控制噪声的导则，GB/T 16405[3] 和 GB/T 19512[4] 包含了关于消声器测试的要求。

注 2：ISO/TR 22520[7] 给出了关于手持便携式林业机械声压级对比数据的信息。

5.21.2 给出减少噪声信息

在设计阶段已经实施了控制噪声传播的技术措施后，在使用手册中应给出油锯降低噪声级的相关信息(见 6.2)。

5.21.3 噪声测量

按照 GB/T 5390 确定油锯噪声的声压级和声功率级的总值。

6 使用信息

6.1 技术数据

每一种型号的油锯均应在使用手册中提供以下技术资料：

a) 质量

——不包括导板和锯链，油箱未加油时的油锯质量 (单位：kg)。

b) 容积

——燃油箱容积 (单位：cm^3)；

——锯链润滑油箱容积 (单位：cm^3)。

c) 锯切长度

——可用的锯切长度 (单位：cm)。

d) 锯链

——规定的节距 (单位：mm 或 in)；

——规定的规格(传动链片厚度)(单位：mm 或 in)；

——锯链和导板的类型。

e) 驱动链轮

——规定的齿数和节距。

f) 发动机

——发动机排量 (单位：cm^3)；

——发动机的最大功率(见 LY/T 1593) (单位：kW)；

——装有切割部件时推荐的最大空载转速 (单位：r/min)

——推荐的怠速转速 (单位：r/min)；

——最大功率时的燃油消耗率(函索即寄)[单位：g/(kW·h)]；

——在操作者位置的 A-计权声功率级和 A-计权声压级[单位：dB(A)](按照 GB/T 5390)；

——手把振动值(单位：m/s^2)(按照 GB/T 5395)。

6.2 使用手册

使用手册应对操作者正确安全使用与维护保养油锯的各方面规定、要求及注意事项等加以说明，包括个人防护装备(PPE)的类型和使用的工作服，以及正式使用油锯前需进行的手动操作基本常识培训。GB/T 15706.2 给出了编写手册中内容的使用导则。

在使用手册封面应着重说明使用油锯前通读本手册的重要性。

使用手册的术语按 GB/T 18960 编写。

使用手册至少应包含如下内容：

a) 油锯的运输、搬运和存放，如：

——在运输和存放时要安装上导板罩；

——储存之前要清理和维护。

b) 油锯的试运转，包括：

——装配说明、初调和检查；

——锯链张紧和锉磨方法，包括手套的使用；

——定期维护、准备工作和日常维护程序的说明；

——发动机停机时方可调节导板和锯链，包括链制动系统的定期测试；

——加注燃油和润滑油的注意事项，特别是防火注意事项。

c) 油锯安全及相关事项说明，包括：

——安全标志和符号的解释说明；

——油锯安全装置等主要部件的描述、识别和称谓，以及对其功能的解释说明；

——插木齿的安装；

——锯链和导板的更换规定说明；

——在操作者位置的噪声值(声压级值和声功率级值)及手把振动值，包括可能产生的危险警告和降低危险的方法。倍频带分析报告函索即寄，以确保正确地选择听力防护装置。

d) 油锯的使用，包括：

——操作说明和进行正常锯切作业的说明，包括被禁止的操作方式以及警告不应在疲劳、生病、饮酒或服用嗜睡药的情况下进行操作；

——个人防护装置(PPE)使用的说明，包括对适当类型的个人防护装置的推荐；

——关于噪声和振动方向、护耳的选择和使用以及防护手套的使用说明，包括推荐的持续操作机器的时间限定；

——定期测试链制动的说明；

——操作油锯时可能遇到的伤害以及在典型作业中如何避免这些伤害；

——对“窜动”、“反弹”以及锯切结束时跌落现象的解释；

——废气、润滑油雾和锯屑排出警告，解释手指颤抖病(白手病)的危害和用户自我保护的方法；

——应右手握持后手把、左手握持前手把、双手握持油锯操作的说明；

——插木齿的使用说明。

e) 维护说明，包括：

——使用者维修和更换零件的说明；

——用户维护和检查故障用的分解图或图表；

——刃磨锯链的程序，特别强调如果没有遵守规定可能导致的反弹影响；

——提供充分的信息，促使使用者在机器的寿命期内维护安全系统装置，以及说明不恰当的维护、使用不符合要求的部件、拆除或改动安全装置可能产生的后果。

6.3 标志

所有的油锯都应有标志，标志至少包括以下内容：

——厂家名称和地址；

——系列号或型号；

——批号(如果有，标注)。

另外，机器还应标有以下说明：

——最好按照 GB/T 4269.5[1]，对发动机控制开关、润滑油控制开关、阻风门开关、起动注油泵开关、燃油箱和(或)机油箱加油口盖及预热手把开关(如果有的话)等做出明显的识别标志。

标志应清晰明确、容易辨认并设置在显著位置且能耐受各种使用条件，如汽油、机油、摩擦和各种气候(包括极端温度和湿度)。

6.4 警告

所有的油锯都应标有以下警告标识：

——头部、视觉和听觉器官防护的符号标识(详见附录 A 中给出的标识示例)；

——醒目的标志“警告：见使用说明书!”。

可用图示方式代替上面的文字说明，见 GB 10396—2006[2]的图 9 示例。

警告标识应清晰易明确、容易辨认并设在油锯上显著的位置且能耐受各种使用条件，如汽油、机油、摩擦和各种气候(包括极端温度和湿度)。

附 录 A
（资料性附录）
图示

（蓝色背景白色图案）

注：GB 10396—2006[2]给出了图示设计的导则。

图 A.1 听觉、视觉和头部防护装备

参 考 文 献

[1] GB/T 4269.5 便携式林业机械 操作者控制符号和其他标记(GB/T 4269.5—2003,ISO 3767-5:1992,IDT)

[2] GB 10396—2006 农林拖拉机和机械、草坪和园艺动力机械 安全标志和危险图形. 总则(GB 10396—2006,ISO 11684:1995,MOD)

[3] GB/T 16405 声学 管道消声器无气流状态下插入损失测量 实验室简易法(GB/T 16405—1996,eqv ISO 11691:1995)

[4] GB/T 19512 声学 消声器现场测量(GB/T 19512—2004,ISO 11820:1996,IDT)

[5] ISO/TR 11688-2 Acoustics—Recommended practice for the design of low-noise machinery and equipment—Part 2:Introduction to the physics of low-noise design

[6] ISO 14163 Acoustics—Guidelines for noise control by silencers

[7] ISO/TR 22520 Portable hand-held forestry machines—A-weighted emission sound pressure levels and sound power levels—Indicative values

[8] ISO/TR 22521 Portable hand-held forestry machines—Vibrations at the handles—Indicative values

[9] EN 563:1994 Safety of machinery—Temperatures of touchable surfaces—Ergonomics data to establish temperature limit values for hot surfaces

[10] CR 1030-1 Hand-arm vibration—Guidelines for vibration hazards reduction—Part1:Engineering methods by design of machinery

ICS 67.080.01
B 31

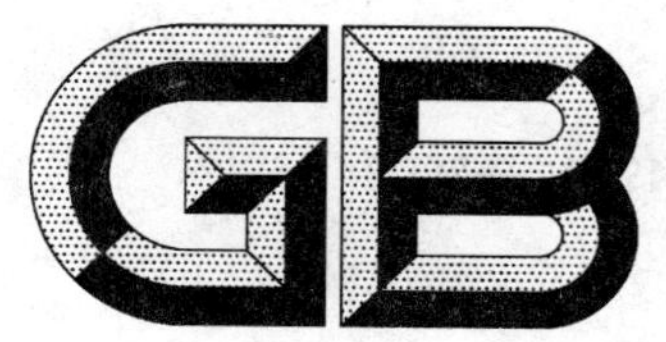

中华人民共和国国家标准

GB/T 19742—2008
代替 GB 19742—2005

地理标志产品　宁夏枸杞

Product of geographical indication—Ningxia lycium

2008-07-31 发布　　2008-11-01 实施

中华人民共和国国家质量监督检验检疫总局
中国国家标准化管理委员会　发布

前　言

本标准根据国家质量监督检验检疫总局颁布的2005第78号令《地理标志产品保护规定》及GB/T 17924《地理标志产品标准通用要求》制定。

本标准代替GB 19742—2005《原产地域产品　宁夏枸杞》。

本标准与GB 19742—2005相比主要变化如下：

——标准属性由强制性国家标准改为推荐性国家标准；

——根据国家质量监督检验检疫总局颁布的《地理标志产品保护规定》，将标准名称改为《地理标志产品　宁夏枸杞》；

——修改了栽培技术中的“定植”要求；

——调整了理化指标中的“总糖含量”的指标数值；

——修改了卫生指标项目，删除了“铜”、“亚硝酸盐”，规范了项目名称，并根据GB 2762—2005《食品中污染物限量》调整了铅和砷的指标数值，增加了“农药残留限量指标”要求。

本标准的附录A为规范性附录。

本标准由全国原产地域产品标准化工作组提出并归口。

本标准起草单位：宁夏枸杞协会、宁夏经济林技术推广中心、宁夏农林科学院枸杞研究所、农业部枸杞产品质量监督检验测试中心。

本标准主要起草人：赵世华、唐慧锋、刘廷俊、李建国、苟金萍、丁婕、薛振华、张运迪、胡忠庆、朱学山、李润淮。

本标准所代替标准的历次版本发布情况为：

——GB 19742—2005。

地理标志产品　宁夏枸杞

1　范围

本标准规定了宁夏枸杞的术语和定义、地理标志产品保护范围、要求、试验方法、检验规则及标签、标志、包装、运输、贮存。

本标准适用于国家质量监督检验检疫行政主管部门根据《地理标志产品保护规定》批准保护的宁夏枸杞。

2　规范性引用文件

下列文件中的条款通过本标准的引用而成为本标准的条款。凡是注日期的引用文件，其随后所有的修改单(不包括勘误的内容)或修订版均不适用于本标准，然而，鼓励根据本标准达成协议的各方研究是否可使用这些文件的最新版本。凡是不注日期的引用文件，其最新版本适用于本标准。

GB 4285　农药安全使用标准

GB/T 4789.4　食品卫生微生物学检验　沙门氏菌检验

GB/T 4789.5　食品卫生微生物学检验　志贺氏菌检验

GB/T 4789.10　食品卫生微生物学检验　金黄色葡萄球菌检验

GB/T 5009.11　食品中总砷及无机砷的测定

GB/T 5009.12　食品中铅的测定

GB/T 5009.34　食品中亚硫酸盐的测定

GB 5084　农田灌溉水质标准

GB 7718　预包装食品标签通则

GB/T 8321(所有部分)　农药合理使用准则

GB/T 18672　枸杞(枸杞子)

3　术语和定义

GB/T 18672 确立的以及下列术语和定义适用于本标准。

3.1

宁夏枸杞　Ningxia lycium

产自本标准第 4 章规定范围内，符合本标准要求的枸杞。

4　地理标志产品保护范围

宁夏枸杞的地理标志产品保护范围限于国家质量监督检验检疫行政主管部门根据《地理标志产品保护规定》批准保护的范围，位于北纬 36°45′～39°30′，东经 105°16′～106°80′，见附录 A。

5　要求

5.1　自然环境

宁夏枸杞保护范围地处宁夏南起同心县王团镇，北至惠农县缓坡丘陵和平原地带，属中温带干旱气候区，降雨较少、空气干燥、蒸发强烈、日照充足、昼夜温差大。

5.1.1　气温

年均温 8.7 ℃，大于等于 10 ℃有效积温 2 497.8 ℃，枸杞生长期昼夜温差 12.9 ℃～16.5 ℃。

5.1.2 日照

年均日照时数 2 946.7 h，年均日照百分率 66.5%，年均太阳总辐射量 5 925.3 MJ/m^2。

5.1.3 降水量

年均降水量 218.8 mm，多集中在 7 月～9 月，年蒸发量 1 916.4 mm。

5.1.4 土壤

土壤为灌淤土或淡灰钙土，pH 值 7.5～8.5，有机质含量 5 g/kg 以上，全盐含量 5 g/kg 以下，土层深厚，土壤肥沃，熟化程度高，灌排畅通。

5.2 栽培技术

5.2.1 品种

选用宁杞 1 号、大麻叶等优良品种。

5.2.2 育苗

采用硬枝扦插或嫩枝扦插或组织培养育苗技术。

5.2.3 定植

以春栽和秋栽为宜，定植后立即灌水，春栽于 3 月下旬至 4 月上旬土壤解冻至苗木萌芽前进行，秋栽于 10 月下旬至 11 月上旬冬灌前进行。密度以株行距 1 m×3 m 或 1 m×2 m 为宜。

5.2.4 肥水管理

5.2.4.1 施肥

基肥于 10 月上中旬施无害化处理有机肥料，追肥结合催梢、保果、壮条，于 5 月中旬、6 月中下旬、7 月下旬分别进行一次。

5.2.4.2 灌水

灌水时间根据土壤墒情确定，提倡采用节水灌溉技术。水质符合 GB 5084 的规定。

5.2.5 整形修剪

5.2.5.1 主要树形

自然半圆形或长圆锥形。

5.2.5.2 修剪

第 1 年选主枝，第 2 年～第 3 年培养冠层，第 3 年～第 4 年放顶成形。休眠期修剪，选顶端直立中间枝做主干延长枝，短截扩冠，疏除徒长枝，其余枝条采用剪截留的方法调整好枝量。夏季修剪，抹除冠内徒长枝及根蘖，对有空间的新梢多次摘心。

5.2.6 病虫害防治

坚持以“预防为主、综合治理”的植保方针，以农业和物理防治为基础，生物防治为核心，及时根据病虫害测报进行防治。主要防治对象为枸杞蚜虫、枸杞木虱、枸杞瘿螨、枸杞锈螨、枸杞红瘿蚊、枸杞负泥虫、枸杞炭疽病（黑果病）、枸杞根腐病等。使用农药应符合 GB 4285、GB/T 8321（所有部分）的规定。

5.3 果实采收

6 月中旬至 10 月中旬，鲜果成熟至红色时进行采摘。采摘坚持三轻（轻摘、轻拿、轻放）、三不摘（下雨天不摘、有露水不摘、喷农药不到安全间隔期不摘）的原则。

5.4 鲜果制干

将采回的鲜果先用油脂冷浸液或碳酸氢钠进行脱蜡处理，然后采用自然晾晒或热风烘干进行制干。

5.5 感官指标

干果形状类纺锤形略扁，长 12.0 mm～20.2 mm，直径 5.4 mm～9.9 mm，稍皱缩；干果紫红或枣红色，基部具有明显白色果柄痕迹。其余按照 GB/T 18672 规定执行。

5.6 理化指标和分等规定

枸杞多糖含量≥3.1%，总糖含量≥39.8%。其余指标按 GB/T 18672 规定执行。

5.7 卫生指标

卫生指标应符合表1的规定。

表1 卫生指标

项目		指标
无机砷(以 As 计)/(mg/kg)	≤	0.05
铅(以 Pb 计)/(mg/kg)	≤	0.2
二氧化硫/(mg/kg)	≤	50
致病菌(指沙门氏菌、金黄色葡萄球菌、志贺氏菌)		不得检出
农药残留限量指标		应符合 GB/T 18672 的规定

6 试验方法

6.1 感官指标、理化指标

按 GB/T 18672 规定执行。

6.2 卫生指标

6.2.1 无机砷的测定

按 GB/T 5009.11 规定执行。

6.2.2 铅的测定

按 GB/T 5009.12 规定执行。

6.2.3 二氧化硫的测定

按 GB/T 5009.34 规定执行。

6.2.4 致病菌的测定

按 GB/T 4789.4、GB/T 4789.5、GB/T 4789.10 规定执行。

6.2.5 农药残留限量指标的测定

按 GB/T 18672 规定执行。

7 检验规则

按 GB/T 18672 规定执行。

8 标签、标志、包装、运输、贮存

8.1 标签、标志

标签应符合 GB 7718 的规定。获准使用后，方可在宁夏枸杞商品包装上使用地理标志产品专用标志。

8.2 包装、运输、贮存

按 GB/T 18672 规定执行。

附　录　A
（规范性附录）
宁夏枸杞地理标志产品保护范围图

宁夏枸杞地理标志产品保护范围见图A.1。

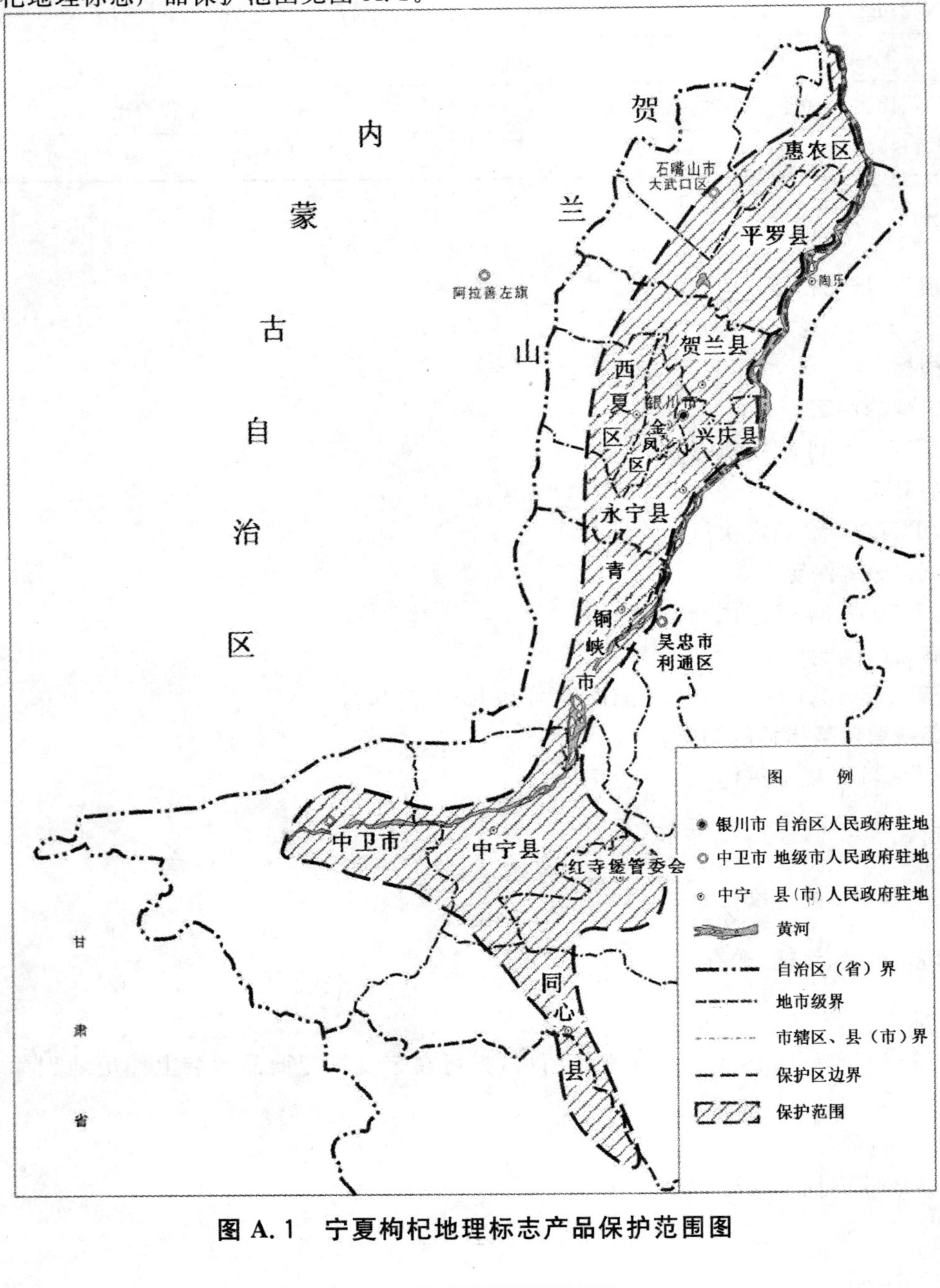

图A.1　宁夏枸杞地理标志产品保护范围图

ICS 25.040
N 10

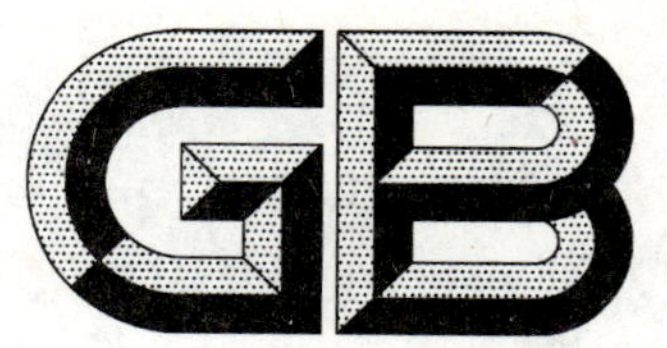

中华人民共和国国家标准

GB/T 19760.1—2008
部分代替 GB/Z 19760—2005

CC-Link 控制与通信网络规范 第1部分:CC-Link 协议规范

CC-Link (Control & Communication Link) specification—
Part 1:CC-Link overview,protocol

2008-12-15 发布 2009-06-01 实施

中华人民共和国国家质量监督检验检疫总局
中国国家标准化管理委员会 发布

前　言

GB/T 19760《CC-Link 控制与通信网络规范》目前分为 4 个部分：

——第 1 部分：CC-Link 协议规范；

——第 2 部分：CC-Link 实现；

——第 3 部分：CC-Link 行规；

——第 4 部分：CC-Link/LT 协议规范。

本部分为 GB/T 19760 的第 1 部分。

本部分修改采用 CC-Link 协会标准 BAP-05026-L《CC-Link 规范　概述和协议规范》，其技术内容与 BAP-05026-L 完全一致。

GB/T 19760—2008 与 GB/Z 19760—2005 比较，在技术内容上未作调整，在结构上划分成 4 个部分，以适应不同用户单独使用的需求。本部分代替 GB/Z 19760—2005《控制与通信总线 CC-Link 规范》中的“CC-Link 协议规范”部分。

为了使用方便，本部分做了下列编辑性修改：

a）根据我国的实际使用情况，按照 GB/T 1.1—2000 的规定，对原文本进行了编辑性的修改；

b）对原文引用其他国际标准中有被等同或修改采用为我国标准的，本部分用我国标准编号代替对应的国际标准编号，其余未有等同或修改采用为我国标准的国际先进标准，在本部分中均被直接引用；

c）对原文中个别编辑性错误进行了修正。

本部分由中国机械工业联合会提出。

本部分由全国工业过程测量和控制标准化技术委员会第四分技术委员会归口。

本部分起草单位：机械工业仪器仪表综合技术经济研究所、中国 CC-Link 用户组织、北京交通大学、清华大学自动化系、上海自动化仪表股份有限公司、北京机械工业自动化研究所、西南大学、天华化工机械及自动化研究设计院、中国海洋石油总公司、济南铁路局、株洲南车时代电气股份有限公司、同济大学、上海仪表自动化研究所。

本部分主要起草人：梅恪、郑旭、覃强、龚明、欧阳劲松、刘云男、彭瑜、孙昕、包伟华、王锦标、刘枫、姜金锁、徐伟华、陈杰、吴王君、荣智林、宋国峰、陈启军。

本部分所代替标准的历次版本发布情况为：

GB/Z 19760—2005。

CC-Link 控制与通信网络规范 第1部分:CC-Link 协议规范

1 范围

GB/T 19760 的本部分规定了 CC-Link 协议规范。

本部分适用于自动化控制领域。

2 规范性引用文件

下列文件中的条款通过 GB/T 19760 的本部分的引用而成为本部分的条款。凡是注日期的引用文件，其随后所有的修改单(不包括勘误的内容)或修订版均不适用于本部分，然而，鼓励根据本部分达成协议的各方研究是否可使用这些文件的最新版本。凡是不注日期的引用文件，其最新版本适用于本部分。

GB/T 5271.1 信息技术 词汇 第1部分:基本术语(GB/T 5271.1—2000,eqv ISO/IEC 2382-1:1993)

GB/T 5271.5 信息技术 词汇 第5部分:数据表示(GB/T 5271.5—2008,ISO 2382-5:1999,IDT)

GB/T 5271.8 信息技术 词汇 第8部分:安全(GB/T 5271.8—2001,idt ISO/IEC 2382-8:1998)

GB/T 5271.9 信息技术 词汇 第9部分:数据通信(GB/T 5271.9—2001,eqv ISO/IEC 2382-9:1995)

GB/T 7421 信息技术 系统间远程通信和信息交换 高级数据链路控制(HDLC)程序(GB/T 7421—2008,ISO/IEC 13239:2002,IDT)

GB/T 9387.1 信息技术 开放系统互连 基本参考模型 第1部分:基本模型(GB/T 9387.1—1998,idt ISO/IEC 7498-1:1994)

GB/T 19760.2 CC-Link 控制与通信网络规范 第2部分:CC-Link 实现

GB/T 19760.3 CC-Link 控制与通信网络规范 第3部分:CC-Link 行规

GB/T 19760.4 CC-Link 控制与通信网络规范 第4部分:CC-Link/LT 协议规范

EIA RS-485 平衡数字多点系统中使用的发生器和接收器的电性能标准

SEMI E54 传感器/执行机构网络标准

3 术语和定义、缩略语

下列术语和定义、缩略语适用于本部分。

3.1 术语和定义

3.1.1

位数据 bit data

表示1个位状态的信息——0(OFF)或者1(ON)。

3.1.2

广播轮询方式 broadcast polling method

该方式使用同一数据包对每个站进行轮询和数据通信，并将数据同时传输给所有站。

3.1.3

循环传输 cyclic transmission

通过 CC-Link 网络周期性地更新数据的通信方法。

3.1.4

扩展循环传输 extension cyclic transmission

一种循环通信，在该通信方式中通过把通信数据包分割成若干个块来增加传输的数据大小，从而使每一个逻辑站进行循环通信的最大链接容量增加到128位和64字。

3.1.5

扩展循环设置 extension cyclic setting

在扩展循环传输(Ver. 2.00)中，扩展循环容量可以设置成常规循环数据容量的2倍、4倍或8倍。

3.1.6

人机界面 Human Machine Interface

以人可以识别的显示方式和人能够输入的输入方式，在人和机器之间进行信息交流的设备。

3.1.7

智能设备站 intelligent device station

与主站进行n：1的循环传输和瞬时传输的站。本部分中用缩略语ID(Intelligent Device)来表示。

3.1.8

本地站 local station

可以与主站和其他本地站进行n：n循环传输和瞬时传输的站。本部分中用缩略语L(Local)来表示。

3.1.9

主站 master station

控制整个CC-Link网络的站。控制信息(参数)存储在主站中。每个网络中必须有一个主站。站号固定为0。本部分中用缩略语M(Master)来表示。

3.1.10

报文传输 message transmission

传输非周期数据的方法，实际的报文数据通过循环传输或通过瞬时传输来实现。

3.1.11

节点 node

与CC-Link网络连接的物理设备。

3.1.12

占用的逻辑站数 number of occupied stations(logic stations)

网络中单个从站使用的逻辑站数，根据数据量可设置为1～4(占用1个逻辑站表示在CC-Link缓冲区中划分的一个用于与其他站通信的最小单位，在本部分中称为逻辑站)。远程I/O站只能设置为1。本部分中有时用n表示占用的逻辑站数。

3.1.13

站数 mumber of stations(logic stations)

被连接到同一CC-Link网络中的所有物理设备占用的逻辑站数量的总和。

3.1.14

节点数 number of nodes

实际连接到一个CC-Link网络上的物理设备数。

3.1.15

RAS功能 RAS functions

“可靠性、可用性和可维护性”(Reliability，Availability，and Serviceability)的缩略语。

该术语用以描述自动化设备易于使用。

3.1.16

远程设备站　remote device station

可以同时使用位数据和字数据的站(例如:模拟量模块、指示器、数字量模块、电磁阀等)。本部分中有时用缩略语 RD(Remote Device)来表示。

3.1.17

远程 I/O 站　remote I/O station

只能使用位数据的站。只占用一个逻辑站(例如:数字模块、电磁阀、传感器)。本部分中有时用缩写 RIO(Remote I/O)来表示。

3.1.18

远程站　remote station

远程 I/O 站和远程设备站的通用站名。

3.1.19

远程寄存器　Remote registers;RWr,RWw

使用循环传输把 16-bit 字数据传送到各个站(远程 I/O 站除外)。为方便起见,把存储该信息的区域用 RWr 和 RWw 表示。在主站中,输入数据(读区域)为 RWr,输出数据(写区域)为 RWw。

3.1.20

远程输入,远程输出　remote X device,remote Y device;RX,RY

使用循环传输把位数据传送到各个站。为方便起见,把存储该信息的区域用 RX 和 RY 表示。在主站中,输入数据为 RX,输出数据为 RY。

3.1.21

专用链接寄存器　special bit;SB

用来存储主站、本地站和智能设备站的运行状态和数据链接状态(包括 ON 和 OFF)的特殊位数据。为方便起见,把存储该信息的区域用 SB 来表示。

3.1.22

服务数据　service data

n 层与 n+1 层之间传输的数据定义为 n 层服务数据。

3.1.23

从站　slave station

除主站外的通用站名。

3.1.24

备用主站　standby master station

如果主站出错而被强制停止运行,则备用主站接管主站的控制权。备用主站具有同主站相同的功能。在主站不出错的情况下,备用主站充当本地站。

3.1.25

站　station

在 CC-Link 中,站是指通过 CC-Link 连接的节点,其站号范围为 0～64。

3.1.26

站号　station number

在 CC-Link 网络中,站号 0 分配给主站,站号 1～64 分配给从站。根据占用逻辑站数,必须给从站分配一个唯一的站号，使之不与其他站占用的逻辑站号发生重叠。

在同一 CC-Link 网络中，一个物理站的站号规定为该设备占用的第 1 个逻辑站站号，例如某物理站的站号为 n，该站占用的逻辑站数为 m，则其下一个物理站的站号为 n+m。

3.1.27

特殊链接寄存器　Special word(SW)

用来存储主站、本地站和智能设备站的数据链接状态的特殊字数据。为方便起见，把存储该信息的区域用 SW 来表示。

3.1.28

瞬时传输　transient transmission

在 CC-Link 网络中，仅当有通信请求时，才执行的通信方式。

3.1.29

字数据　word data

该信息由 16 位组成。

1 个字能够表示“−32 768～32 767”(有符号十进制整数)，“0～65 535”(无符号十进制整数)或“0～FFFFH”(十六进制整数)。

3.2　缩略语

APS	APplication Sequence	应用号
CT	Command Type	命令类型
DA	Destination Address	目的地址
DAT	Destination Application Type	目的应用类型
DID	Destination ID	目的标识符
DMF	Destination Module Flag	目的节点标志
DNA	Destination Network Address	目的网络地址
DS	Destination Station	目的站
L1	Length 1	数据长度 1
RSTS	Return StaTuS	返回码
RSV	ReSerVe	保留
SA	Source Address	源地址
SAT	Source Application Type	源应用类型
SID	Source ID	源标识符
SMF	Source Module Flag	源节点标志
SNA	Source Network Address	源网络地址
SS	Source Station	源站
SW	Special Word	专用字(寄存器)
VD	VenDor	厂商代码

4　概述

4.1　网络结构

通常工厂自动化网络结构主要包括信息网络、控制网络和现场网络，CC-Link 为现场网络，见图 1。

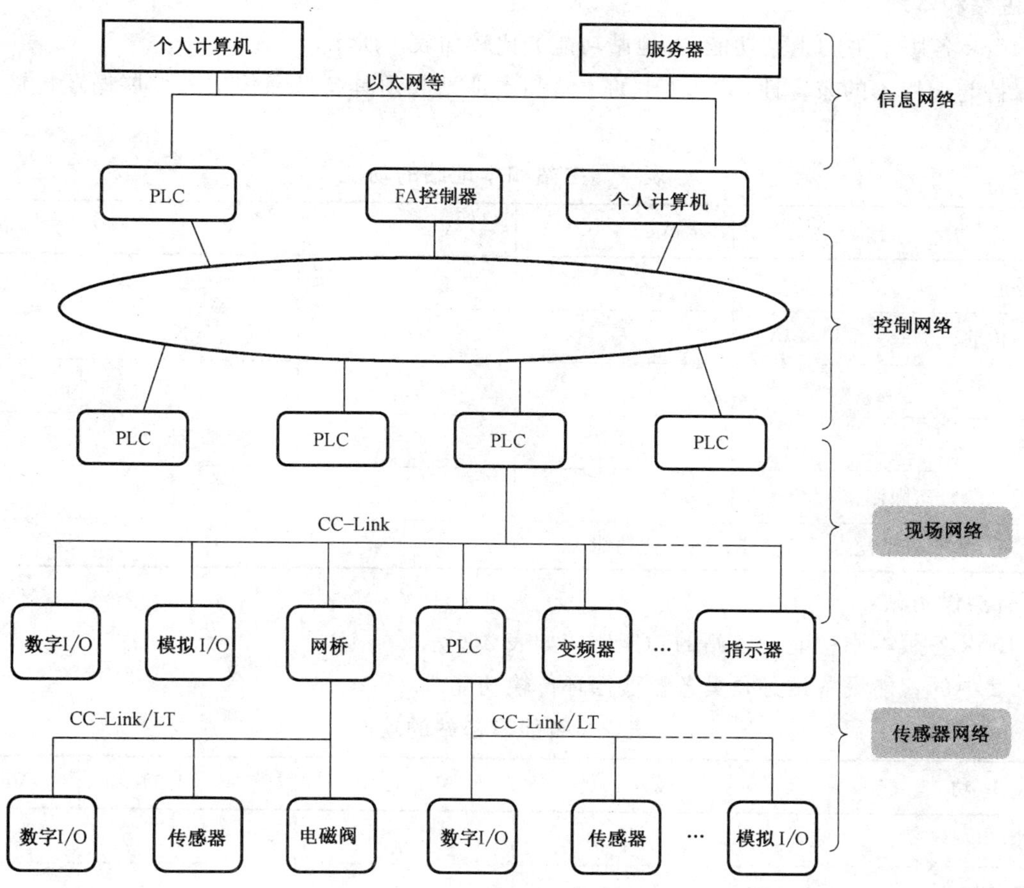

图 1 工厂自动化网络结构

5 CC-Link 系统概述

5.1 配置

CC-Link 系统配置见图 2。

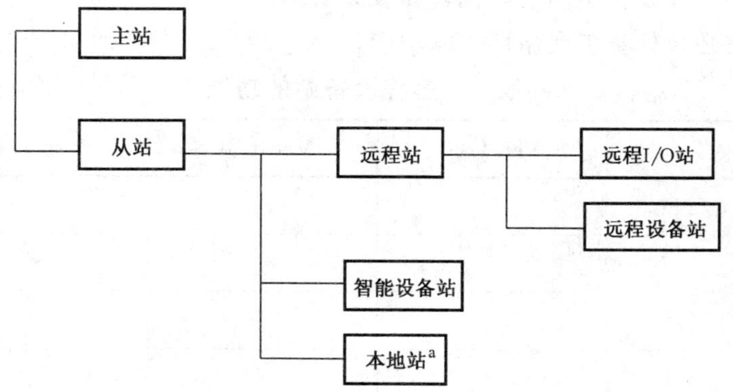

[a] 当设置为备用主站时，在正常情况下该站行使本地站的功能，但在主站因出错而失效的情况下，它代替主站继续控制网络。

图 2 CC-Link 系统配置

5.2 CC-Link 版本和功能

5.2.1 主站和本地站

CC-Link 各版本中的主站功能、本地站功能的比较如表 1 所示。

为保持与旧版本的兼容性，Ver. 2 中的主站和本地站必须具备循环传输和扩展循环传输这两种基本功能。

表 1 主站和本地站的功能

功 能	Ver. 1.00	Ver. 1.10	Ver. 1.11	Ver. 2.00
循环传输	○	○	○	○
扩展循环传输	—	—	—	○
瞬时传输	△	△	△	△
报文传输	—	—	○	△
放宽站间电缆距离限制	—	○	○	○
注：○：基本功能；△：可选功能；—：无此功能。				

5.2.2 智能设备站

CC-Link 各版本中智能设备站的功能比较如表 2 所示。

Ver. 2 中的智能设备站必须具备扩展循环传输功能。

表 2 智能设备站的功能

功 能	Ver. 1.00	Ver. 1.10	Ver. 1.11	Ver. 2.00
循环传输	○	○	○	△
扩展循环传输	—	—	—	○
瞬时传输	△	△	△	△
报文传输	—	—	○	△
放宽站间电缆距离限制	—	○	○	○
注：○：基本功能；△：可选功能；—：无此功能。				

5.2.3 远程设备站

CC-Link 各版本中远程设备站的功能比较如表 3 所示。

Ver. 2 远程设备站必须具备扩展循环传输功能。

表 3 远程设备站的功能

功 能	Ver. 1.00	Ver. 1.10	Ver. 1.11	Ver. 2.00
循环传输	○	○	○	△
扩展循环传输	—	—	—	○
瞬时传输	—	—	—	—
报文传输	—	—	○	△
放宽站间电缆距离限制	—	○	○	○
注：○：基本功能；△：可选功能；—：无此功能。				

5.2.4 远程 I/O 站

CC-Link 各版本中远程 I/O 站的功能比较如表 4 所示。

在 Ver. 1. 11 和 Ver. 2 版本中不包含远程 I/O 站。

表 4 远程 I/O 站的功能

功　能	Ver. 1. 00	Ver. 1. 10
循环传输	○	○
扩展循环传输	—	—
瞬时传输	—	—
报文传输	—	—
放宽站间电缆距离限制	—	○
注：○:基本功能；—:无此功能。		

5.3 各类型站之间的通信

CC-Link Ver. 1. xx、Ver. 2. xx 的各类型站之间能否实现通信如表 5 所示。通信关系实例见图 3、图 4。

表 5 各类型站之间的通信

发送站 \ 接收站			(Ver. 2. xx 站)				(Ver. 1. xx 站)				
			M	L	ID	RD	M	L	ID	RD	RIO
(Ver. 2. xx 站)	主站	M	\	◎	◎	◎	\	○	○	○	○
	本地站	L	◎	◎	—	—	○	○	—	—	—
	智能设备站	ID	◎	◎	—	—	×	×	—	—	—
	远程设备站	RD	◎	◎	—	—	×	×	—	—	—
(Ver. 1. xx 站)	主站	M	\	○	×	×	\	○	○	○	○
	本地站	L	○	○	—	—	○	○	—	—	—
	智能设备站	ID	○	○	—	—	○	○	—	—	—
	远程设备站	RD	○	○	—	—	○	○	—	—	—
	远程 I/O 站	RIO	○	○	—	—	○	○	—	—	—
注：◎:扩展循环传输；○:循环传输；×,—:无此功能；\:无此项。											

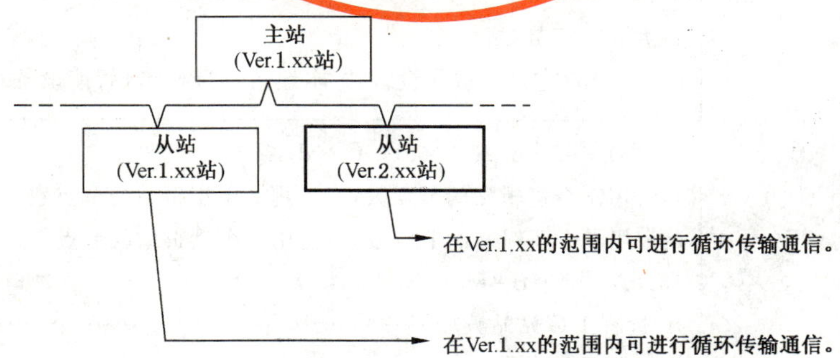

注：不支持 Ver. 1. xx 的情况下，不能通信。

图 3 可否与 Ver. 1. xx 的主站通信

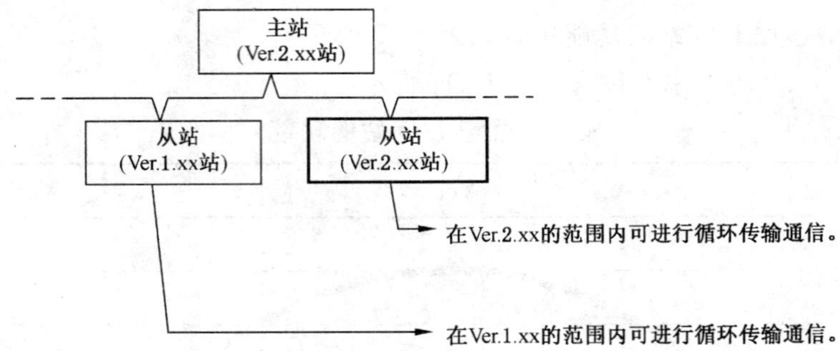

图 4　可否与 Ver. 2. xx 的主站通信

5.4　规范

5.4.1　通信规范

通信规范见表 6。

表 6　通信规范

通信规范	
传输速率	10 Mbit/s,5 Mbit/s,2.5 Mbit/s,625 kbit/s,156 kbit/s
通信方式	广播轮询方式
同步方式	帧同步方式
编码方式	NRZI(倒转不归零)
拓扑结构	总线型(基于 EIA RS-485)
传输格式	基于 HDLC
差错控制方式	CRC($X^{16}+X^{12}+X^{5}+1$)
最大链接容量	RX,RY:2 048 位 RWw:256 字(自主站到从站) RWr:256 字(自从站到主站)
每个逻辑站的链接容量	RX,RY:32 位(本地站 30 位) RWw:4 字(自主站到从站) RWr:4 字(自从站到主站)
占用逻辑站数	1～4 站
瞬时传输 (每次链接扫描)	最大 960 字节/站 [150 字节(主站到智能设备站/本地站);34 字节(智能设备站/本地站到主站)]
最大连接节点数	(1×a)+(2×b)+(3×c)+(4×d)≤ 64 站 a:占用 1 个逻辑站的节点数,b:占用 2 个逻辑站的节点数 c:占用 3 个逻辑站的节点数,d:占用 4 个逻辑站的节点数 16×A+54×B+88×C≤2 304 A:远程 I/O 站站数 …………………… 最大 64 B:智能设备站站数 …………………… 最大 42 C:本地站、智能设备站站数 …………………… 最大 26
从站站号	1～64

表 6（续）

通信规范	
RAS 功能	自动恢复功能 从站切断 数据链路状态诊断 离线测试(硬件测试、线路测试) 备用主站
连接电缆	CC-Link 专用电缆(三芯屏蔽绞线)
终端电阻	110 Ω,1/2 W×2 在干线两端均要接终端电阻,每个 电阻跨接在 DA-DB 之间 110Ω DA DB DG SLD

CC-Link 连接的设备在“传输速率”和“最大连接节点数”方面不必满足表 6 通信规范中所表示的所有内容。

5.4.2 最大传输距离

最大传输距离见表 7。

表 7 最大传输距离

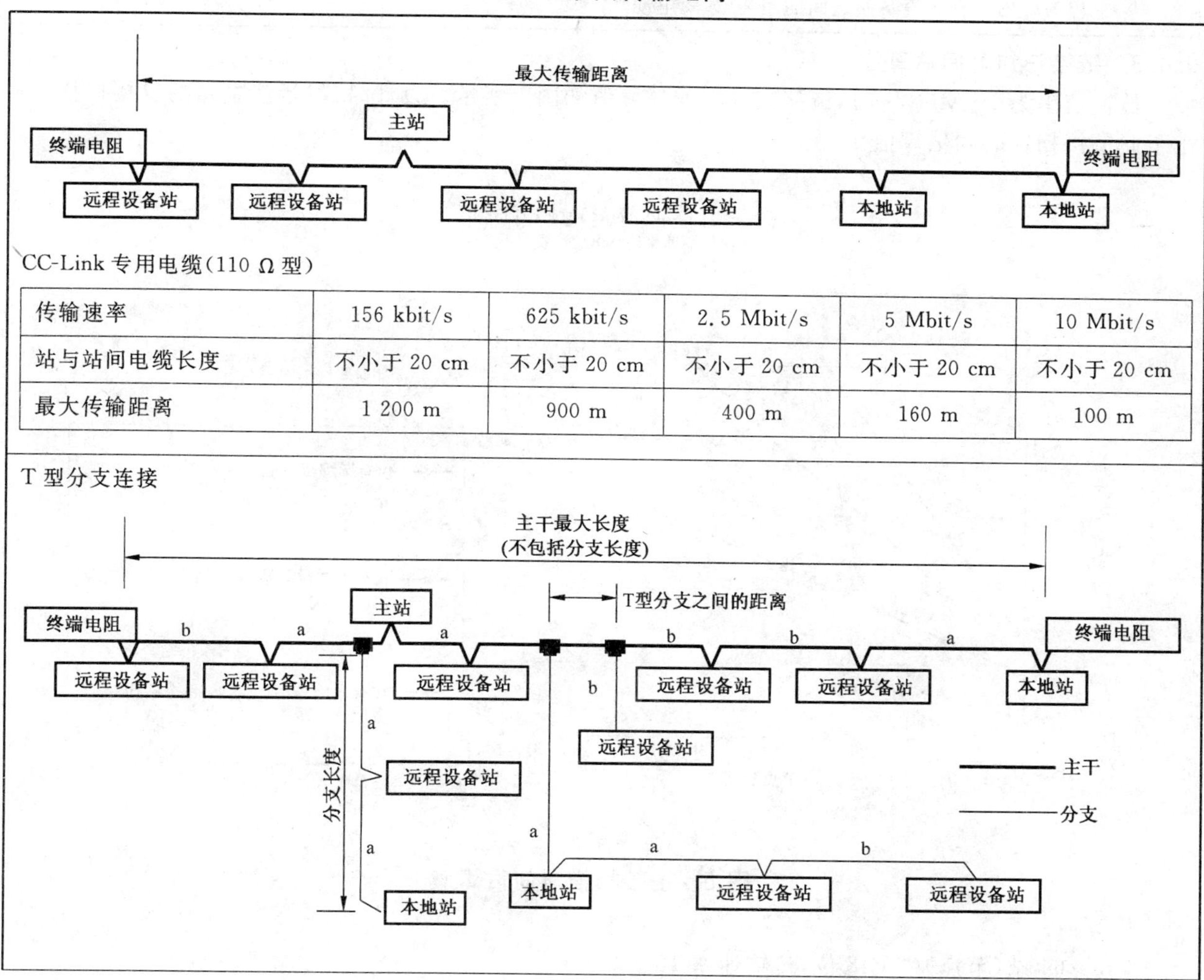

传输速率	156 kbit/s	625 kbit/s	2.5 Mbit/s	5 Mbit/s	10 Mbit/s
站与站间电缆长度	不小于 20 cm	不小于 20 cm	不小于 20 cm	不小于 20 cm	不小于 20 cm
最大传输距离	1 200 m	900 m	400 m	160 m	100 m

表 7（续）

项目		描述		备注
传输速率		156 kbit/s	625 kbit/s	10 Mbit/s;5 Mbit/s;2.5 Mbit/s 不允许带分支
站与站间电缆长度	连接方式 1[a]	不小于 1 m		对于仅包含远程 I/O 站和远程设备站的系统配置
		不小于 2 m		对于包含本地站和智能设备站的系统配置
	连接方式 2[b]	不小于 30 cm		
分支连接的最大节点数(每个分支)		6		见 5.4.1 通信规范中的最大连接节点数
主干最大长度		500 m	100 m	终端电阻之间的电缆长度,不包括分支
T 型分支之间的距离		无限制		
分支最大长度		8 m		每个分支电缆长度
分支总长度		200 m	50 m	所有分支的总长度
T 型分支端子排/连接器		端子排:通用的端子排 连接器:T 型分支专用连接器		对于主干侧电缆,应该尽量减少剥线长度

a 站与本地站、智能设备站和相邻站之间的距离

b 远程 I/O 站与远程设备站之间的距离(最短电缆)

5.4.3 链接扫描时间估算值

传输速率为 10 Mbit/s 时,链接扫描时间估算值如图 5 所示。设计时,尽量使主站的链接扫描时间小于此链接扫描时间估算值。

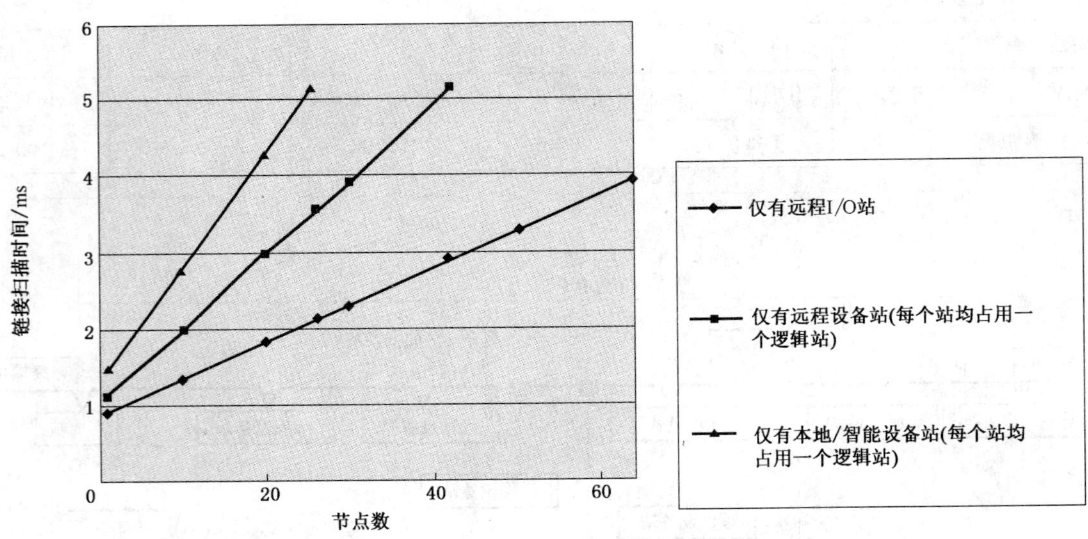

图 5 链接扫描时间估算值

估算值:

4 ms/64 站(节点)(2 048 位,传输速率 10 Mbit/s)

6 ms/26 站(节点)(2 048 位,512 字,传输速率 10 Mbit/s)

传输速率为 n(Mbit/s)时,估算值是上述值乘以 $10/n$。

6 协议概述

6.1 通信阶段

CC-Link 通信分为如下三个阶段,见图 6。

a) 初始循环

本阶段用于建立与从站的数据链接。实现方式为:在上电或复位恢复后,主站进行测试轮询传输,从站返回响应。

注:有关轮询类型见 8.1.2.2 帧格式。

b) 刷新循环

本阶段执行主站和从站之间的循环或瞬时传输。

c) 恢复循环

本阶段用于主站与未建立数据链接的从站建立数据链接。实现方式为:主站向这些从站执行测试轮询传输,并等待从站返回响应。

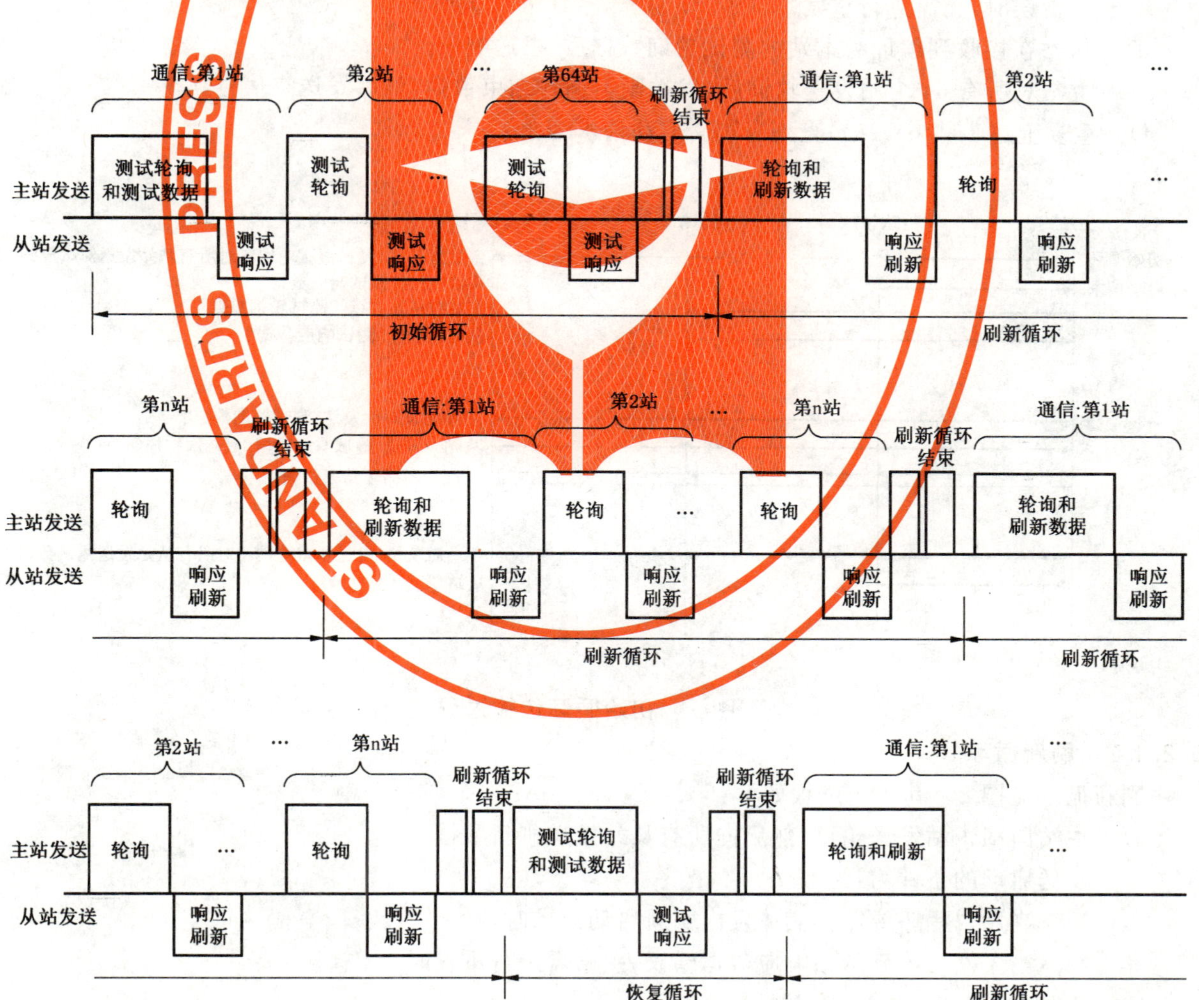

图 6 通信阶段

6.2 运行概述

主站对所有从站“轮询和刷新数据”，从站依次向主站返回响应刷新数据包以作出响应。

6.2.1 传输过程

6.2.1.1 初始循环

初始循环见图7，其传输过程如下：

a) 通信启动时，主站首先确认网络中未加载数据流。

b) 启动或发送完刷新循环数据后，主站向第1站发送测试轮询，然后向所有从站发送测试数据。

发送启动的条件为：

1) 当有初始循环启动请求时；

2) 当主站接收到从站响应数据错误，主站需进行重发时。但是当从站发生响应监视超时错误时，无需进行重发。

c) 主站向其他站发送测试轮询数据。

发送启动的条件为：

1) 从站根据上述b)项发送的测试轮询和测试数据，返回响应数据，主站完成响应数据的接收；

2) 当主站接收到从站响应数据错误，主站需进行重发时。但是，当从站发生响应监视超时错误时，无需进行重发。

d) 从站在接收到编址为本站的测试轮询数据后，发送响应。

e) 主站对所有64个站发送轮询后，发送刷新循环结束数据，然后发送空信号。

f) 重复上述步骤b)～e)，直到有刷新启动请求为止。

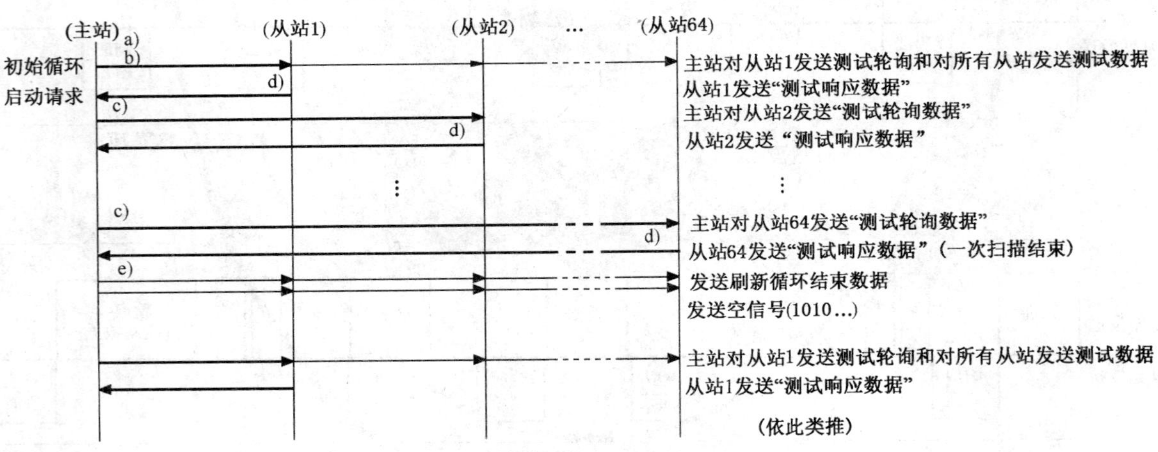

图7 初始循环传输过程

6.2.1.2 刷新循环

刷新循环见图8。其传输过程如下：

a) 主站向第1站发送轮询，然后向所有从站发送刷新数据。

发送启动的条件为：

1) 当用户程序或循环实体发出刷新启动请求时；

2) 当主站接收到从站响应数据错误，主站需进行重发时。

b) 主站向其他站发送轮询数据。

发送启动的条件为：

1) 从站根据上述a)发送的轮询和刷新数据，返回响应数据，主站完成响应数据的接收；

2） 当主站未接收到从站的响应数据或者接收到响应数据错误，主站需进行重发时。

c） 从站在接收到编址为本站的轮询数据后，发送响应。

d） 主站对所有指定站发送轮询后，发送刷新循环结束数据，然后发送空信号。

e） 重复上述步骤 a)～d)。

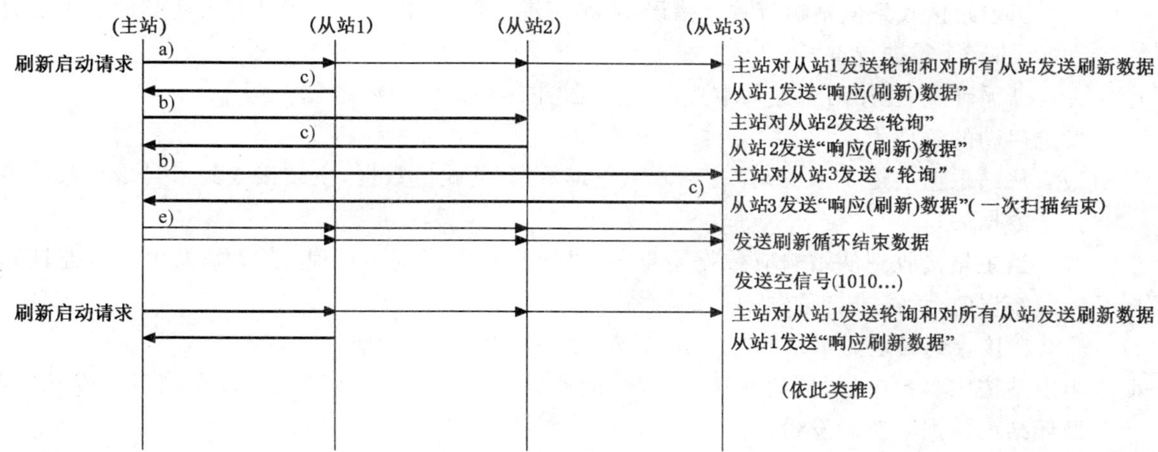

图 8 刷新循环传输过程

6.2.1.3 恢复循环

恢复循环见图 9，其传输过程如下：

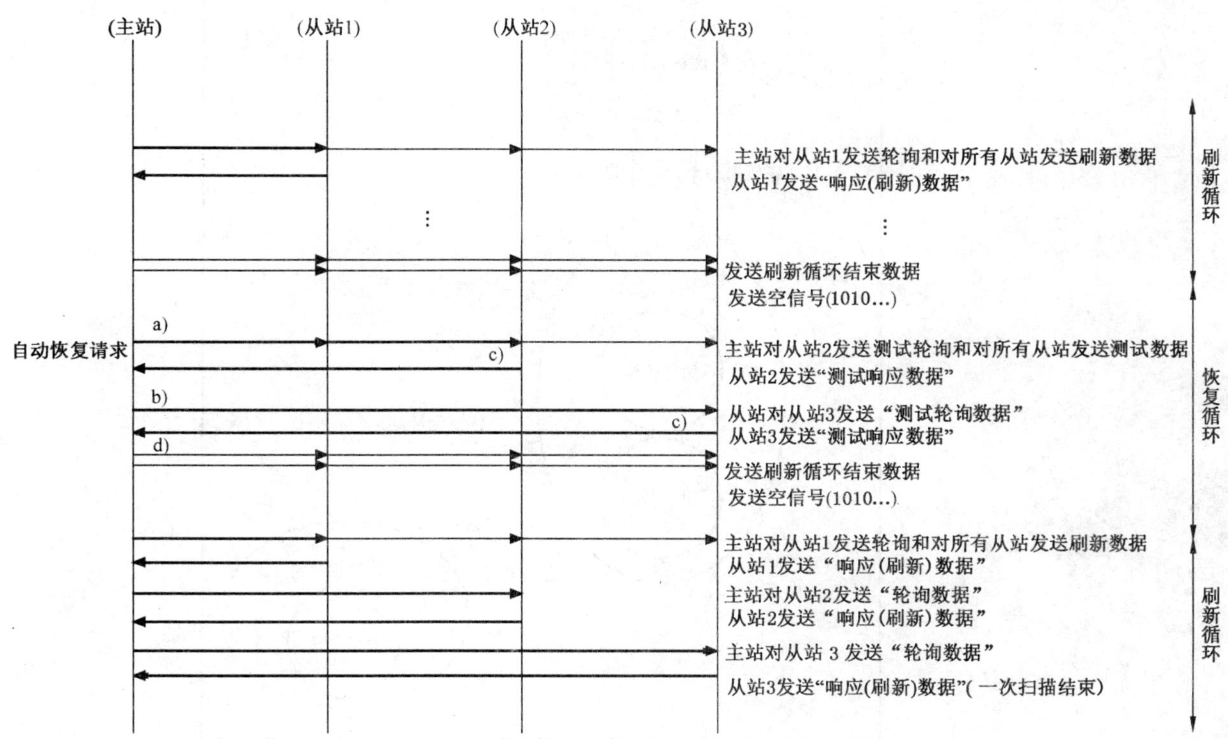

图 9 恢复循环传输过程

a) 在自动恢复处理执行的恒定周期*，主站发送完“刷新循环结束数据”后，主站对第1个错误从站发送测试轮询并对所有从站发送测试数据（“主站测试轮询和测试数据”）。

发送启动的条件为：

1) 当自动恢复处理执行的恒定周期中存在错误从站时；

注：自动恢复处理周期在此没有特别的规定，因此要对断开从站的自动恢复时间进行设置。

2) 当主站接收到从站响应数据错误，主站需进行重发时。但是，当从站发生响应监视超时错误时，无需进行重发。

b) 在刷新循环中，主站对未返回响应的站发送“主站测试轮询数据”。

发送启动的条件为：

1) 从站根据上述a)发送对“主站测试轮询数据”的响应数据，主站接收到来自该从站的响应数据后；

2) 当主站接收到从站响应数据错误，主站需进行重发时。但是，当从站发生响应监视超时错误时，无需进行重发。

c) 从站在接收到编址为本站的“主站测试轮询数据”后，发送响应。

d) 当主站按照参数中的“自动恢复节点数”的值向从站发送“主站测试轮询数据”后，发送“刷新循环结束数据”，然后发送空信号。

6.2.2 通信阶段流程

通信阶段流程如图10所示。

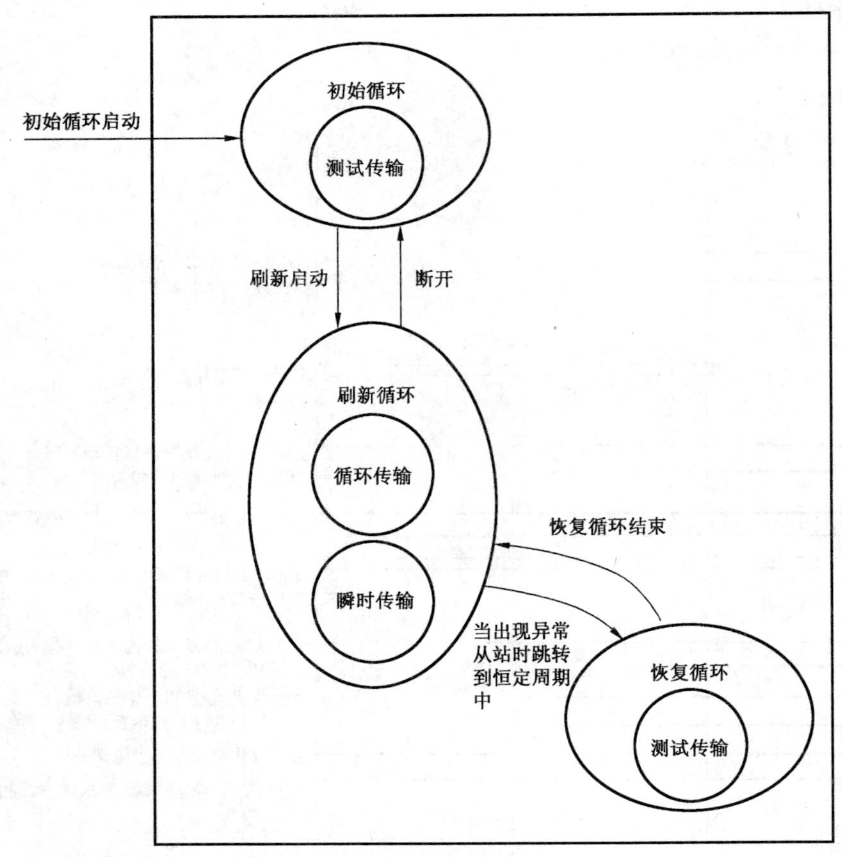

a) 主站

图10 通信阶段流程

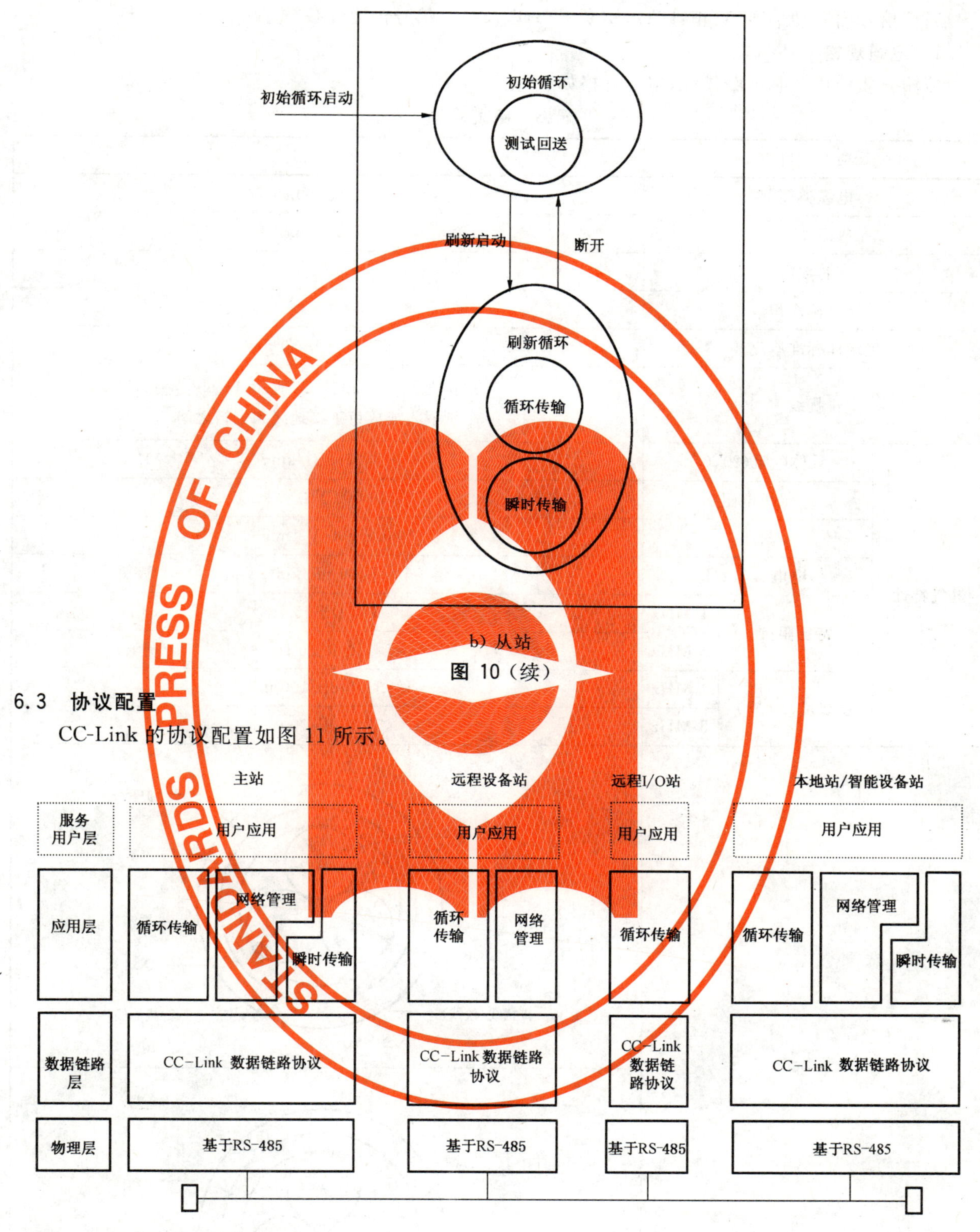

b) 从站

图 10（续）

6.3 协议配置

CC-Link 的协议配置如图 11 所示。

注：实线框部分为本部分定义的内容。

图 11 协议配置

7 物理层

7.1 传输介质

屏蔽绞线，其电气特性符合 EIA RS-485 标准。

通信信号由差动信号 A(正:DA),B(负:DB)以及数字信号接地(DG)构成。

7.1.1 电缆规格

传输介质使用 3 芯屏蔽绞线,电缆规格如表 8。

表 8 电缆规格

项目			规格
电缆类型			屏蔽绞线
成品外径			≤8.0 mm
芯数			3
导体截面积			20 AWG
绝缘体标准厚度			0.55 mm～0.80 mm
排扰线			20 股/0.18 mm 或 24 股/0.18 mm 分别嵌入或成束于接地线和铝箔之间
电气特性	导体电阻(20 ℃)		≤37.8 Ω/km
	绝缘电阻		≥10 000 MΩ · km
	耐压		d. c. 500 V 1min
	静电电容(1kHz)		≤60 nF/km
	特征阻抗	1 MHz	110 Ω±15 Ω
		5 MHz	110 Ω±6 Ω
	衰减量(20 ℃)	1 MHz	≤1.6 dB/100 m
		5 MHz	≤3.5 dB/100 m
截面			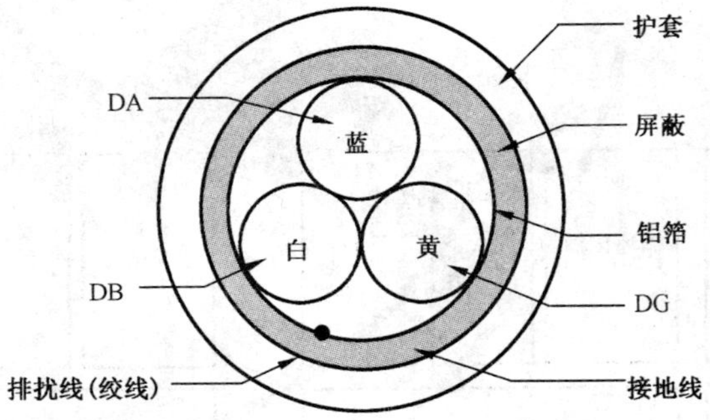 护套 DA 蓝 屏蔽 铝箔 白 黄 DB DG 排扰线(绞线) 接地线
			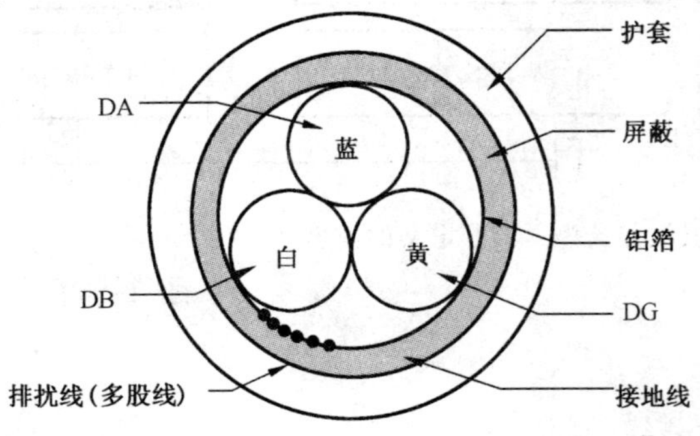 护套 DA 蓝 屏蔽 铝箔 白 黄 DB DG 排扰线(多股线) 接地线

特征阻抗的测量方法：

电缆长度：≥100 m。

阻抗的实际测量方法在此不做专门规定。但是，在使用断路/短路方法时，每一频率下的实际测量值应接近规定值并在规定的范围内。

7.2 基于 EIA RS-485 的接口

7.2.1 连接配置

连接配置见图 12。

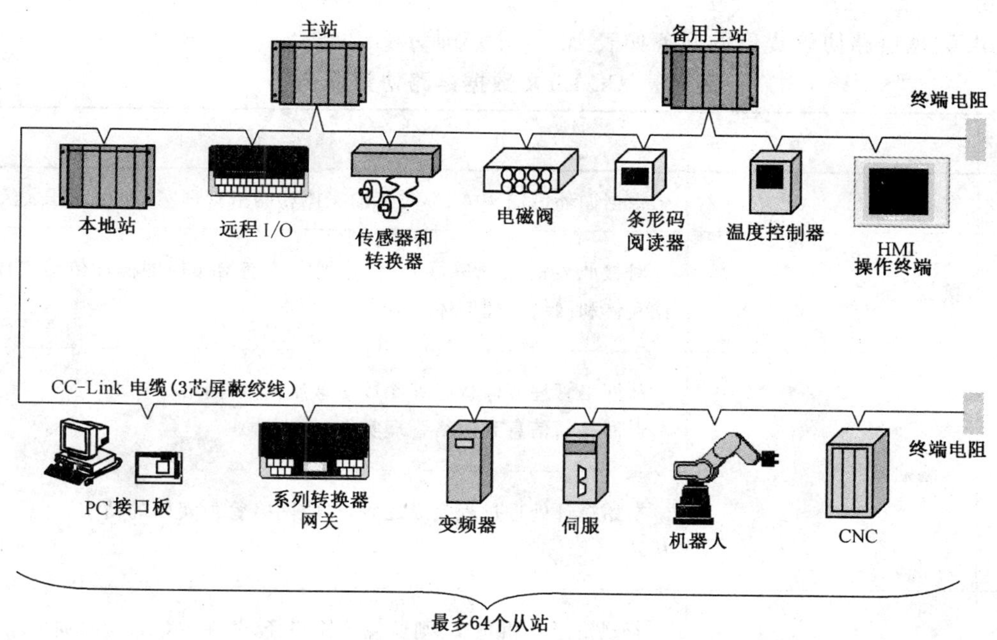

图 12 连接配置

7.2.2 传输速率和最大传输距离

传输速率和最大传输距离之间的关系如表 9 所示。

表 9 最大传输距离

传输速率	最大传输距离
156 kbit/s	1 200 m
625 kbit/s	900 m
2.5 Mbit/s	400 m
5 Mbit/s	160 m
10 Mbit/s	100 m

7.2.3 电气特性

基于 RS-485 标准。

注：通过规定电缆和 RS-485 内部元器件(例如，RS-485 收发器等)可增加连接站的数量。

8 数据链路层

8.1 CC-Link 数据链路协议实体

CC-Link 支持的通信类型如下：

a） 当上电或执行自动恢复处理时，对未建立数据链接的站进行的测试传输；

b） 循环传输(周期性数据传输)；

c） 瞬时传输(非周期性数据传输)。

CC-Link 传输由主站发起，采用广播轮询方式，依次进行测试传输、循环传输和瞬时传输。从站通过测试传输建立与网络的数据链接，进而进行循环传输和瞬时传输。另外，瞬时传输是通过在循环传输过程中传输的帧中加入瞬时传输数据实现。

注：远程 I/O 站和远程站不执行瞬时传输。

8.1.1 服务

CC-Link 数据链路协议提供的服务如表 10 和图 13 所示：

表 10 CC-Link 数据链路协议服务

序号	服务	描述
1	发送	根据循环传输实体、瞬时传输实体和网络管理实体的请求发送数据
2	接收	对接收到的数据进行分类，并把它传递给相应的循环传输实体、瞬时传输实体和网络管理实体
3	网络启动	从网络管理实体接收到参数信息后，启动网络； 返回从站信息到网络管理实体(仅主站) 初始循环处理过程完成之后，接收网络管理实体的请求，并启动网络(仅从站)
4	备用主站启动	若规定了备用主站，则监视传输路径，并在主站异常时向网络管理实体发送“主站切换请求”

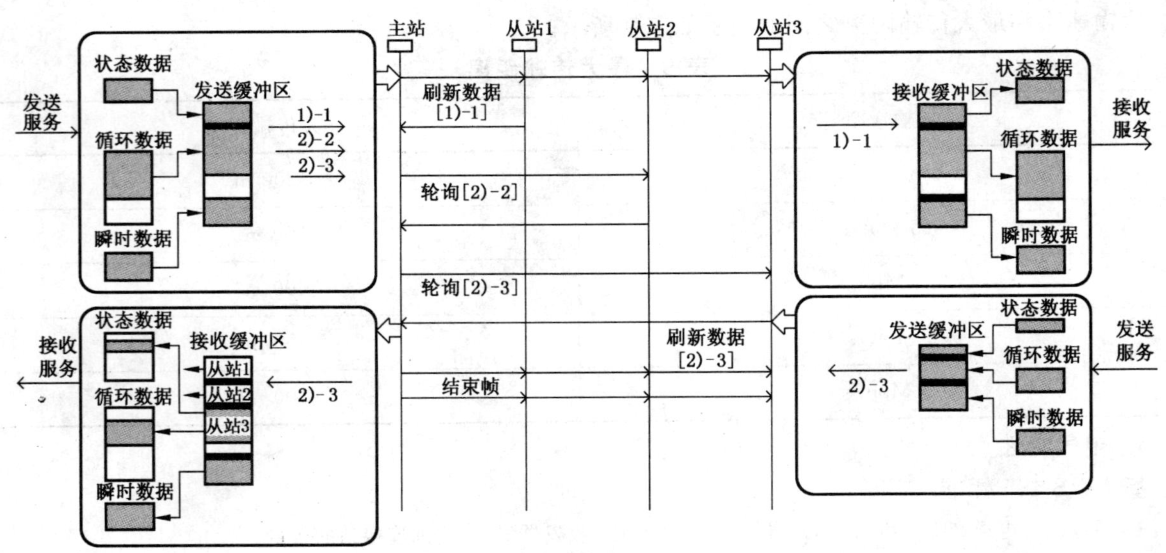

a) 主站和智能设备站(3 个从站)之间的通信实例

图 13 通信过程实例

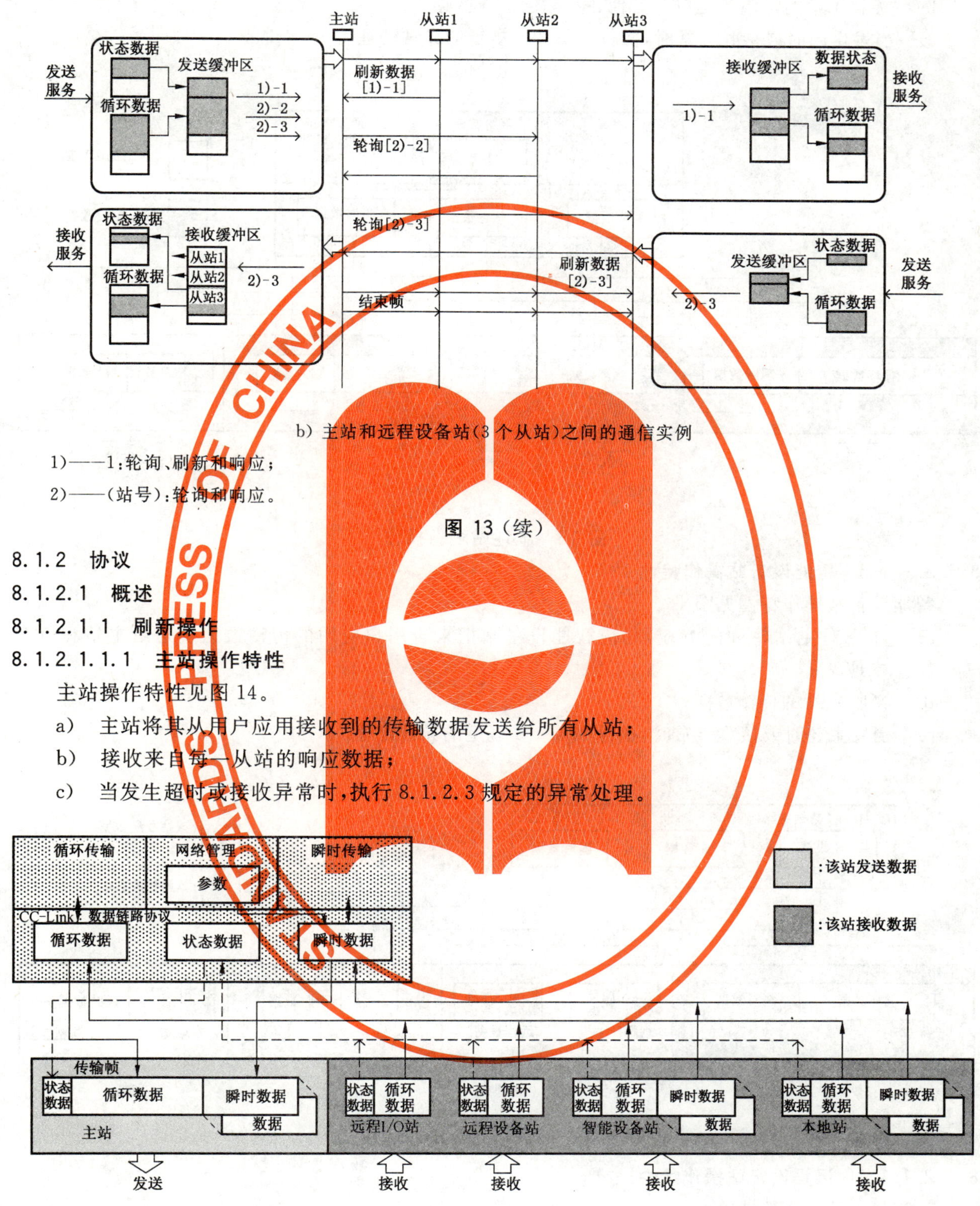

b）主站和远程设备站(3 个从站)之间的通信实例

1)——1:轮询、刷新和响应；

2)——(站号):轮询和响应。

图 13（续）

8.1.2　协议

8.1.2.1　概述

8.1.2.1.1　刷新操作

8.1.2.1.1.1　主站操作特性

主站操作特性见图 14。

a）　主站将其从用户应用接收到的传输数据发送给所有从站；

b）　接收来自每一从站的响应数据；

c）　当发生超时或接收异常时，执行 8.1.2.3 规定的异常处理。

图 14　主站刷新操作

8.1.2.1.1.2　本地站操作特性

本地站操作特性见图 15。

a）　作为对主站轮询的响应，相应的本地站把来自用户应用的传输数据发送给主站以及其他各本地站；

b) 接收主站的传输数据以及其他各从站的响应数据；

c) 当发生超时或接收异常时，执行 8.1.2.3 规定的异常处理。

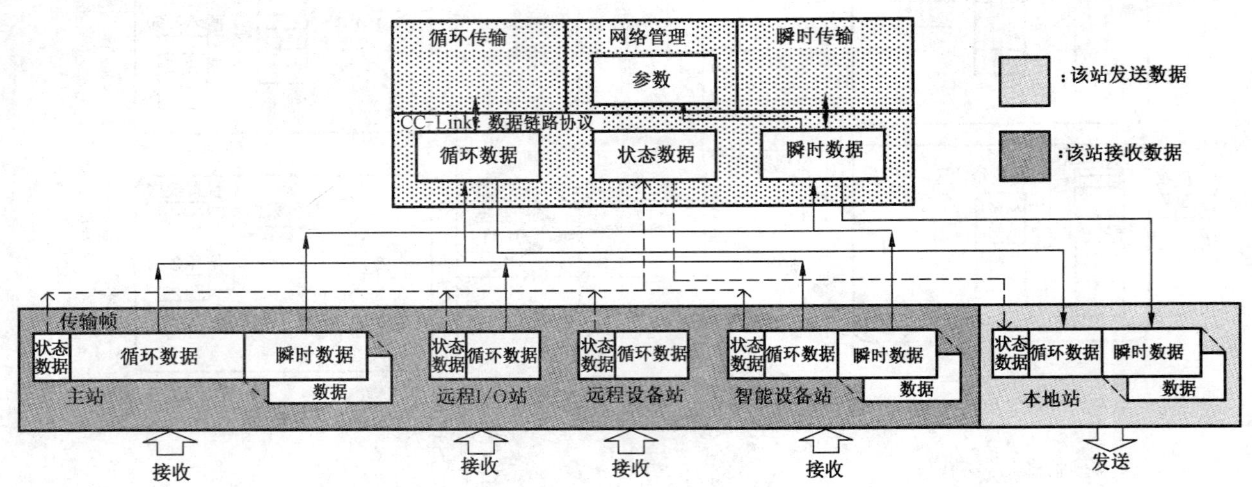

图 15 本地站刷新操作

8.1.2.1.1.3 智能设备站操作特性

智能设备站操作特性见图 16。

a) 作为对主站轮询的响应，相应智能设备站把来自用户应用的传输数据发送给主站和所有本地站；

b) 接收主站的传输数据；

c) 当发生超时或接收异常时，执行 8.1.2.3 规定的异常处理。

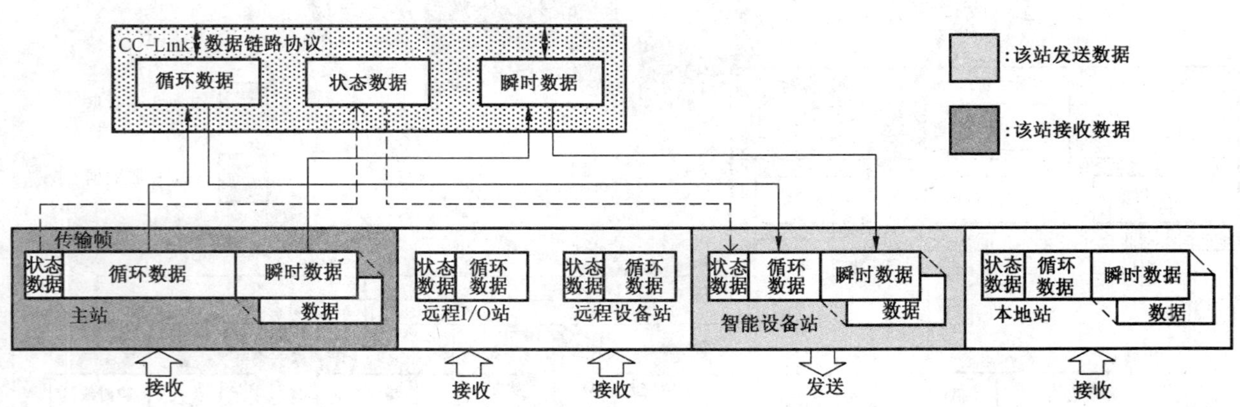

图 16 智能设备站刷新操作

8.1.2.1.1.4 远程设备站操作特性

远程设备站操作特性见图 17。

a) 作为对主站轮询的响应，相应远程设备站把来自用户应用的传输数据发送给主站和所有本地站；

b) 接收主站的传输数据；

c) 当发生超时或接收异常时，执行 8.1.2.3 规定的异常处理。

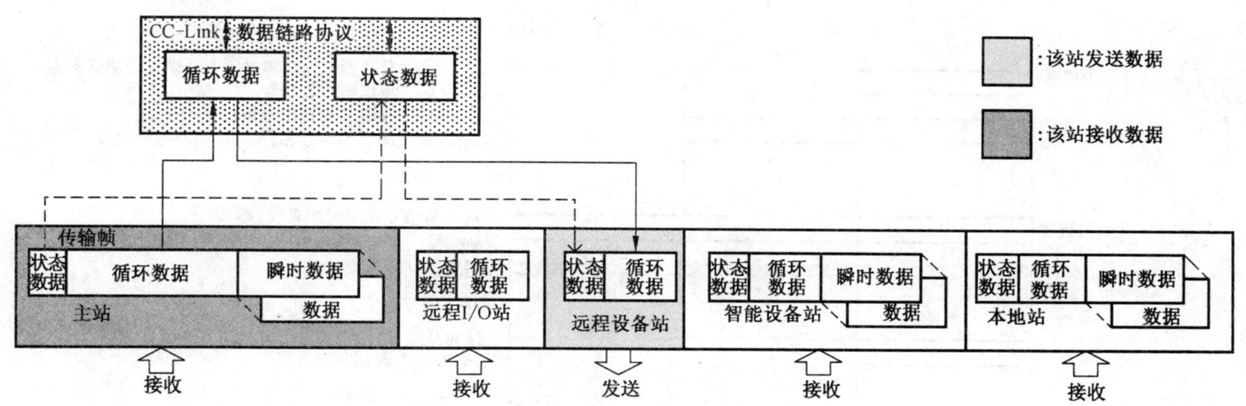

图 17　远程设备站刷新操作

8.1.2.1.1.5　**远程 I/O 站操作特性**

远程 I/O 站操作特性见图 18。

a)　作为对主站轮询的响应，相应远程 I/O 站把来自用户应用的传输数据发送给主站和所有本地站；

b)　接收主站的传输数据；

c)　当发生超时或接收异常时，执行 8.1.2.3 规定的异常处理。

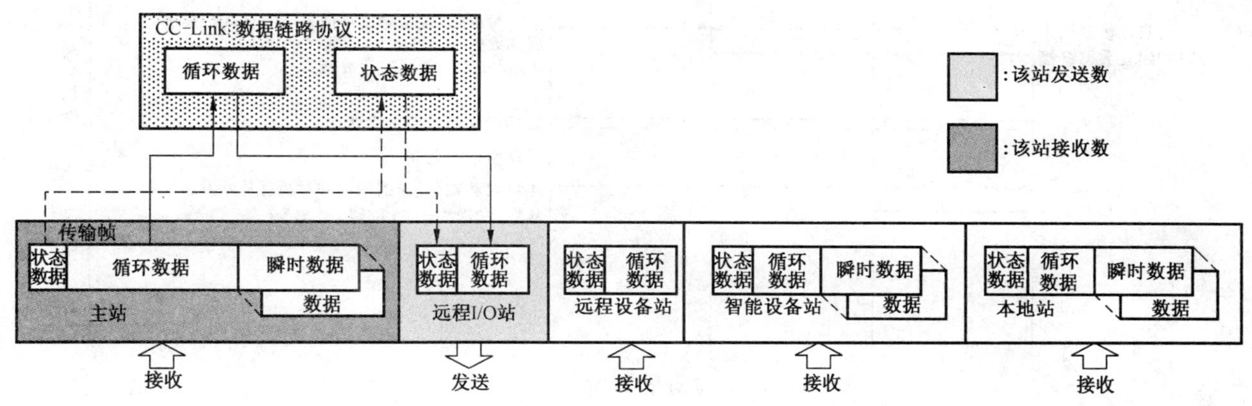

图 18　远程 I/O 站刷新操作

8.1.2.1.2　**数据链接建立操作**

数据链接建立操作见图 19。

在初始循环和恢复循环执行数据链接建立操作。

8.1.2.1.2.1　**主站**

a)　为了建立与从站的数据链接（在初始循环或恢复循环期间），主站向从站 1 发送“主站测试轮询和测试数据”帧。

b)　主站接收“从站测试响应数据”。若正常接收到响应数据，则执行下一步（步骤“c）”）。若发生超时或接收异常，则执行 8.1.2.3 中规定的异常处理。

c)　在初始循环，主站依次向各从站（自第 2 个从站开始到最后一个占用的逻辑站，最大第 64 站）发送“主站测试轮询数据”帧。在恢复循环阶段，主站依次发送数个（个数等于恢复站站数）“主站测试轮询数据”帧。

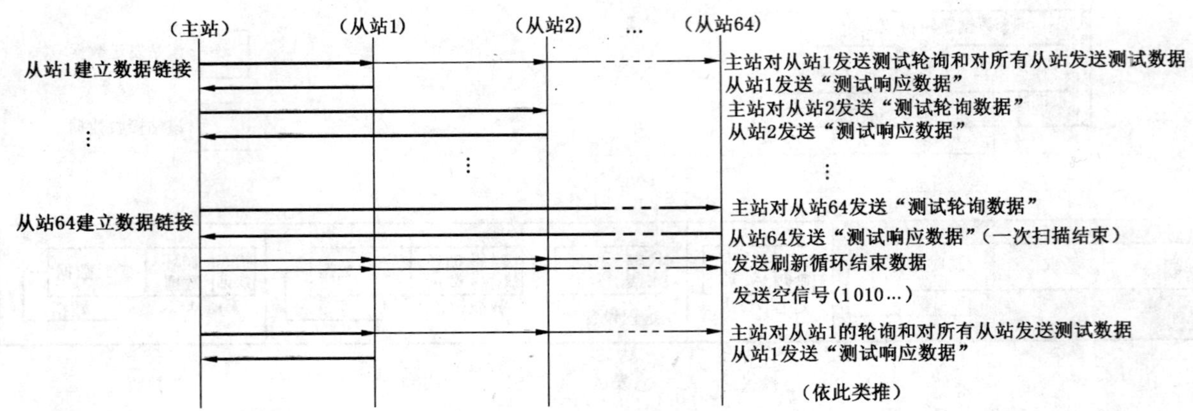

a) 初始循环

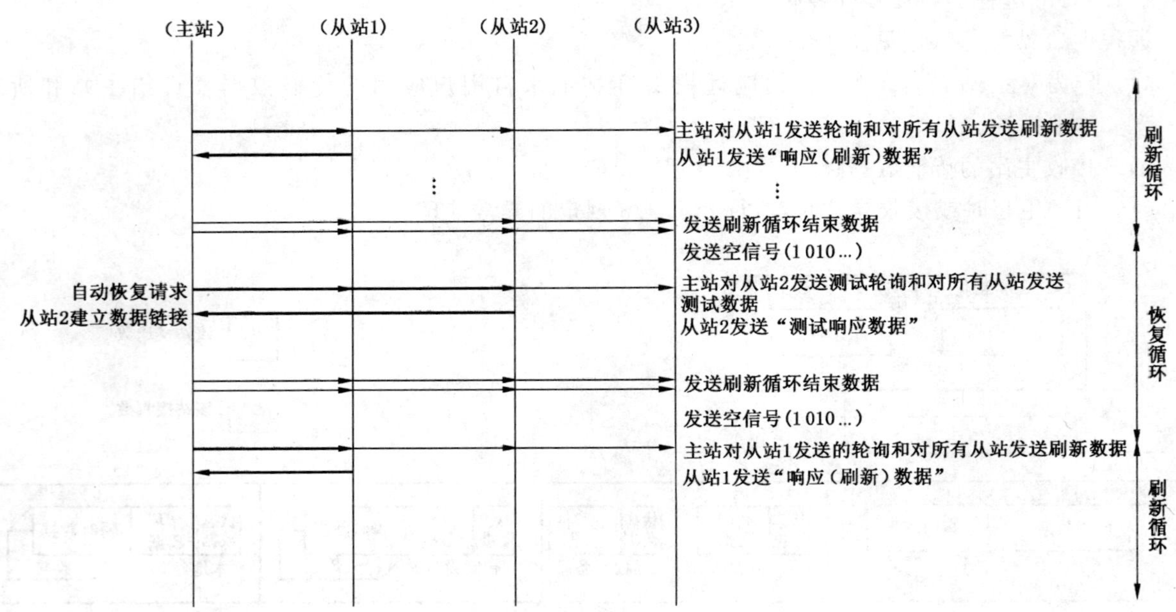

b) 恢复循环

图 19　数据链接建立操作

d) 步骤"c)"中被寻址的从站向主站发送响应数据。若正常接收到响应数据,则步骤"c)"中描述的后续从站依次向主站发送响应数据。若发生超时或接收异常,则执行 8.1.2.3 中规定的异常处理。

8.1.2.1.2.2　从站

a) 各从站接收寻址为本站的"主站测试轮询和测试数据"或"主站测试轮询数据"。若正常接收到响应数据,则执行步骤"b)"。若发生超时或接收异常,则执行 8.1.2.3 中规定的异常处理。

b) 为了建立数据链接,发送"从站测试响应数据"。

8.1.2.1.3　数据链接的断开操作

在刷新循环中执行数据链接的断开操作。

8.1.2.1.3.1　主站

a) 如果主站在 10 个连续的异常检测循环内检测到连续的异常响应(发生从站响应监视超时或检测到接收错误),则主站断开此从站与网络的链接。见图 20。

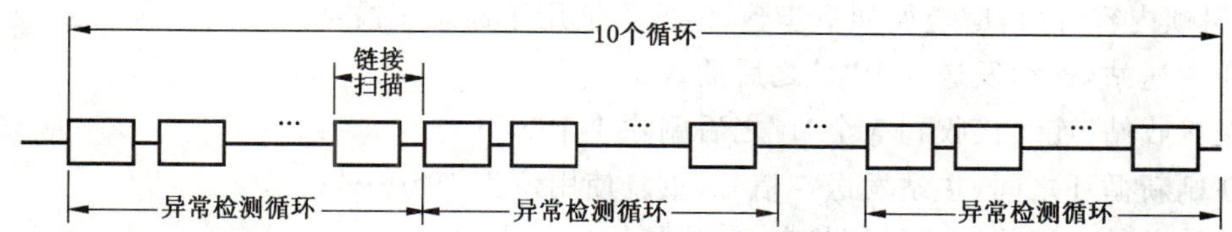

异常检测循环＝链接扫描×n

传输速率	10 Mbit/s	5 Mbit/s	2.5 Mbit/s	625 kbit/s	156 kbit/s
n	31	15	7	3	1

图 20 异常检测循环

b) 如果主站检测到所有从站都断开链接，则返回至初始循环阶段。

8.1.2.1.3.2 从站

从站监视来自主站的帧接收情况(寻址到本站的有效帧的接收间隔和刷新帧接收间隔)。若在监视期间发生超时，则从站自行断开其与数据链路网络的链接。

8.1.2.1.4 备用主站的操作

备用主站的操作见图 21。

a) 仅允许本地站中的一个站作为备用主站使用，并应在主站的参数中加以规定。

b) 备用主站监视主站的状态，如果传输路径信号在规定的时间段内不发生变化，则执行步骤 c) 和 d)。如果传输路径信号发生变化，备用主站作为本地站进行操作。

c) 当本地站作为(备用)主站接替主站工作时，该备用主站的输入/输出方向逆转。因此，必须一次性将备用主站中 RX 和 RWr 寄存器的内容分别复制到 RY 和 RWw 寄存器中(见图 21 阴影部分)。

d) 替换结束后，备用主站的操作方式与原主站的操作方式相同。但数据链接持续进行，无须执行通信阶段的初始化处理。

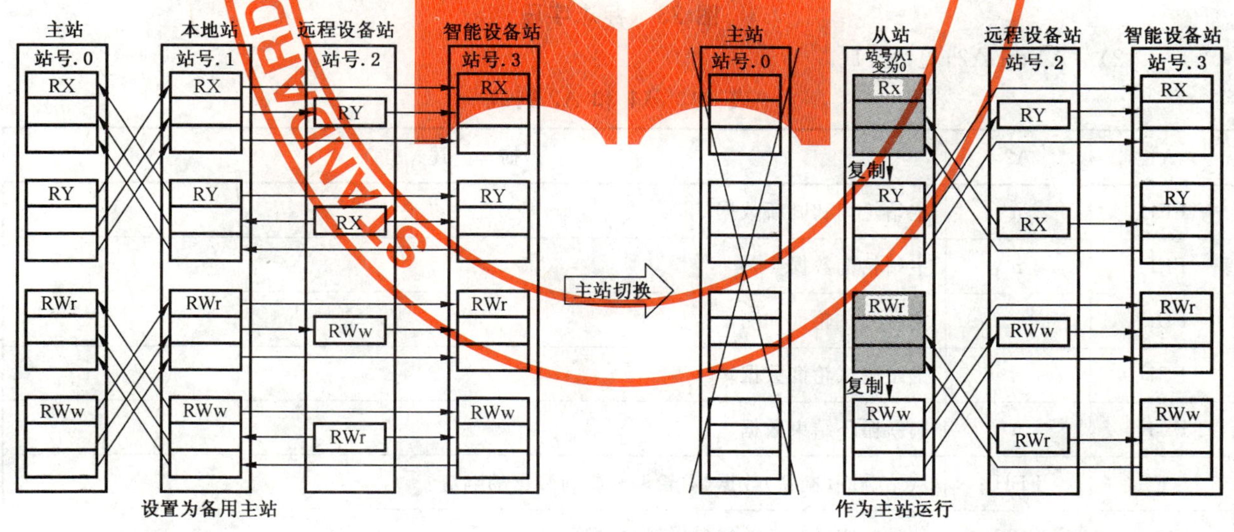

图 21 备用主站的操作

8.1.2.2 **CC-Link 帧格式(基于 HDLC 帧格式)**

8.1.2.2.1 基本帧格式

CC-Link 传输帧的基本格式如图 22 所示。

a) 位传输从最低有效位(b0)开始。

b) 只有 CRC 字段的传输从最高有效位开始。

c) 为确保帧内容有效，应遵循如下步骤，但这不适用于标志字段：
- 在发送站，连续发送5个“1”之后插入1个“0”；
- 在接收站，连续接收到5个“1”之后删除1个“0”；
- 在刷新循环之间，主站发送空信号（重复使用位为1010…）；
- 从站必须监视传输路径的状态，确认其信号变化。

F: 前置码标志字段；
A1: 发送站地址；
A2: 接收站地址；
ST1: 状态信息1；
ST2: 状态信息2；
DATA: RX/RY，RW（循环）和瞬时数据，
CRC: 差错校验（16位）。

图22 基本帧格式

1) F

前置码标志字段，见图23。

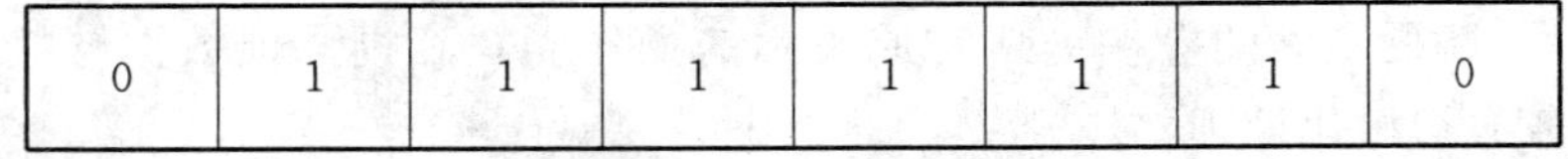

图23 标志字段

2) A1和A2，见表11。

表11 A1和A2列表

A1	A2	描　　述
FFH	n	主站轮询和刷新数据
FEH	n	主站轮询数据
FDH	n	主站测试轮询和测试数据
FCH	n	主站测试轮询数据
FAH	n	刷新循环结束数据
n	FFH	从站响应（刷新）数据（对轮询和刷新数据的响应）
n	FEH	从站响应（刷新）数据（对轮询数据的响应）
n	FDH	从站测试响应数据（对测试轮询和测试数据的响应）
n	FCH	从站测试响应数据（对测试轮询的响应）
n：从站站号1～64（1～40H），备用主站（80H）。		

3) ST1和ST2

这些字段包含主站和从站之间的通信状态。

详见 9.1.1.2“网络状态信息”。

● ST1 见图 24。

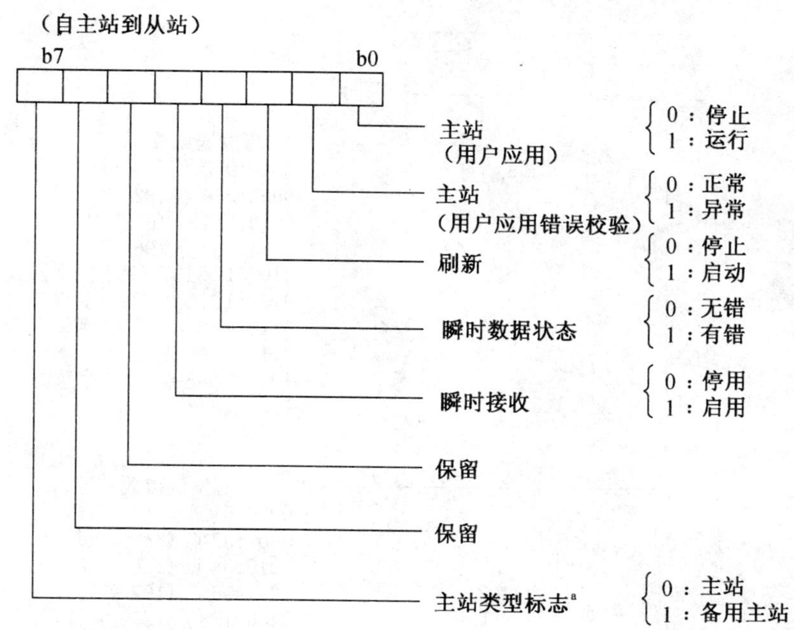

[a] 仅在主站与备用主站之间有效。

a) 自主站到从站

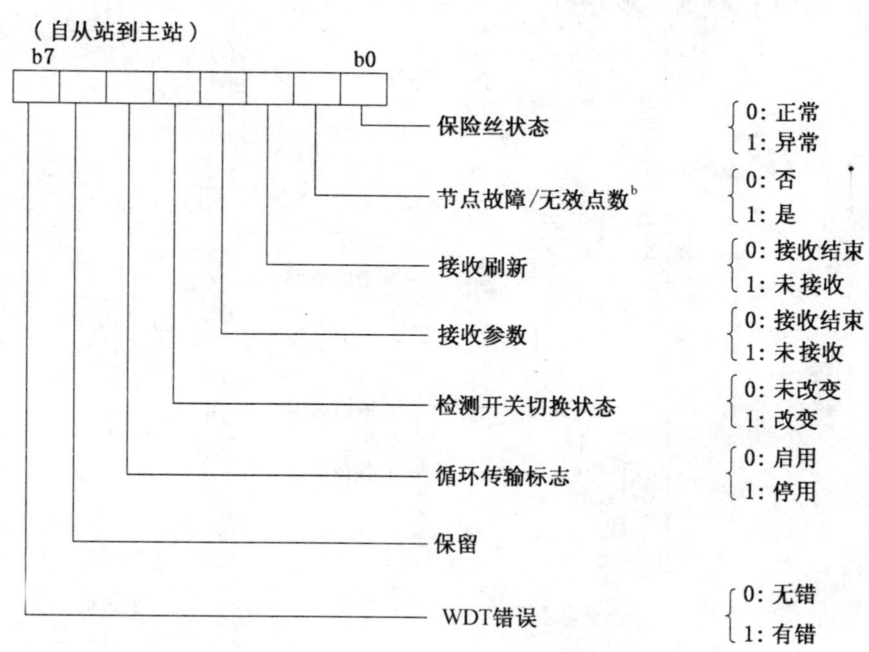

[b] 节点故障：发生在远程 I/O 站；无效点数：发生在除远程 I/O 站外的从站。

b) 自从站到主站

图 24 ST1 字段

● ST2 见图 25。

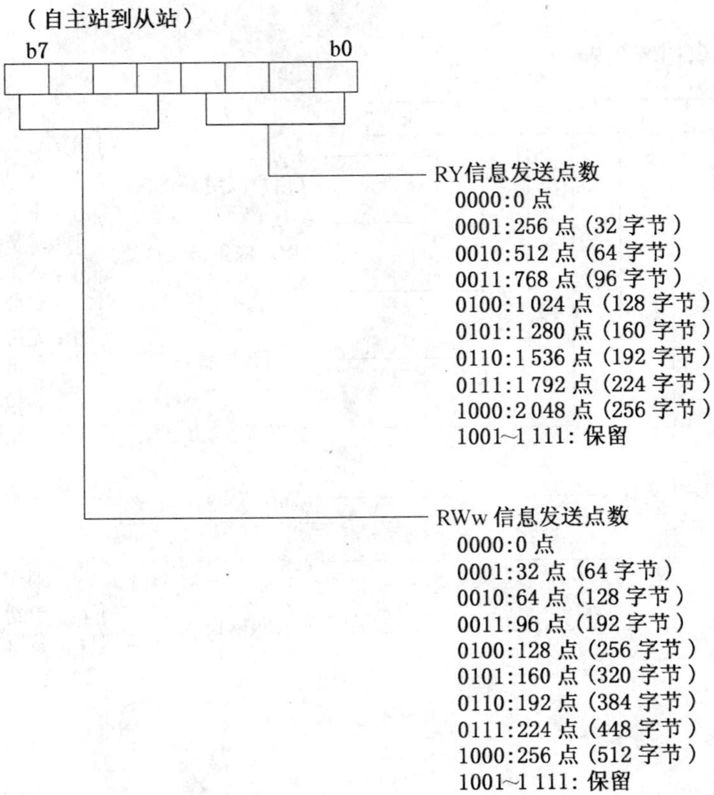

注:从站方必须按照各发送点数检测发送量。

a) 自主站到从站

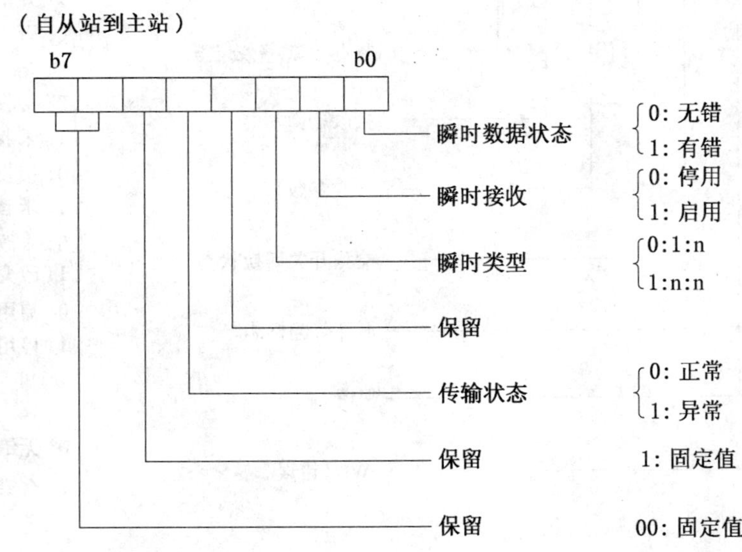

b) 自从站到主站

图 25 ST2 字段

4) CRC

循环冗余校验(Cyclic Redundancy Check)的校验范围是,帧首的F标志字段的末位(不含末位)至CRC字段的首位(不含首位)之间。

8.1.2.2.2 帧的详细格式

a) 主站测试轮询和测试数据,见图26。

本帧由主站发起,用于在轮询开始前的初始循环内或恢复循环内,对第一个从站发送测试轮询,并对所有从站发送测试数据。

所有从站接收此帧。

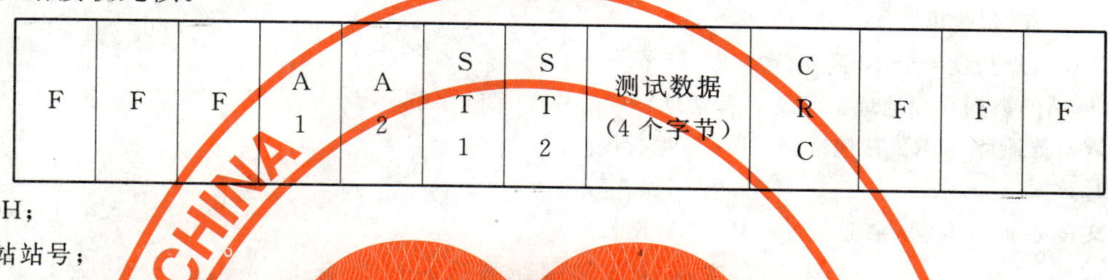

F	F	F	A1	A2	ST1	ST2	测试数据(4个字节)	CRC	F	F	F

A1:FDH;

A2:从站站号;

测试数据:任意数据(例如:AA55H)。

图26 主站测试轮询和测试数据

b) 主站测试轮询数据,见图27。

本帧由主站发起,用于轮询除第一个从站外的所有从站。

A2字段中指定的从站接收此帧。

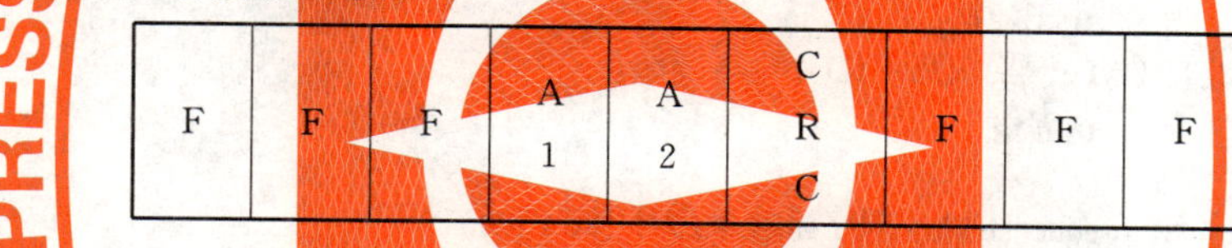

F	F	F	A1	A2	CRC	F	F	F

A1:FCH;

A2:从站站号。

图27 主站测试轮询数据

c) 从站测试响应数据,见图28。

从站使用本帧把数据发送给主站。

从站向主站发送本帧,作为对上述a)或b)中所述"请求"的"响应"。

F	F	F	A1	A2	ST1	ST2	VD	TP	RV	测试回送数据(4个字节)	CRC	F	F	F

A1:从站站号;

A2:FDh/FCh(与从主站接收的"请求"帧中的A1的值相同);

VD:厂商代码(2字节)(详见9.1.1.3);

TP:型号代码(3字节)(详见9.1.1.3);

RV:软件版本(1字节)(详见9.1.1.3);

测试回送数据:与上述a)中主站测试轮询和测试数据相同的测试数据。

图28 从站测试响应数据

d) 主站轮询和刷新数据,见图29。

本帧由主站发起,用于对A2字段中指定的从站进行轮询,并向所有从站发送数据。主站在刷新循环开始时发送本帧。

所有从站接收此帧。

F	F	F	A1	A2	ST1	ST2	RY（最大 256 字节）	RWw（最大 512 字节）	报文（最大 150 字节）	CRC	F	F	F

A1：FFH

A2：从站站号

RY：远程输出

RY 数据长度＝（ST2 低 4 位）×32［字节］

目标站的数据存储地址＝（RY 首地址）＋（站号－1）×4［字节］

RWw：远程寄存器（输出）

RWw 数据长度＝（ST2 高 4 位）×64［字节］

目标站的数据存储地址＝（RWw 首地址）＋（站号-1）×8［字节］

RWw 首地址＝（RY 首地址）＋（RY 数据长度）

报文：瞬时数据

报文首地址＝（RWw 首地址）＋（RWw 数据长度）

图 29　主站轮询和刷新数据——帧格式

数据内容见图 30。

（详见 9.3.2.5）。

[帧格式]

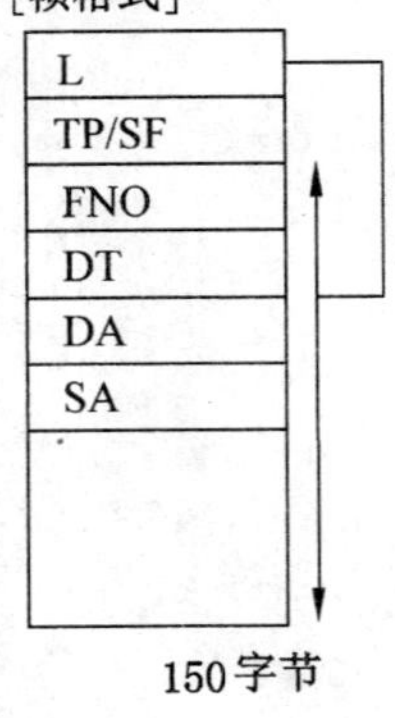

1) L (Length长度: 数据长度)

1~148: 字节数，见左图

0:无数据

2) TP (TyPe: 型号 (高 4 位))

0:固定

3) SF (Sequence Flag 顺序标志:顺序号 (低 4 位))

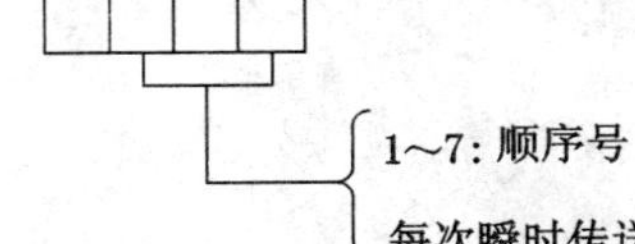

1~7: 顺序号

每次瞬时传送后递增1。“7” 之后回到 “1”。(表示在主站中数据被修改)

4) FNO (Frame NO帧号:帧的分割号)

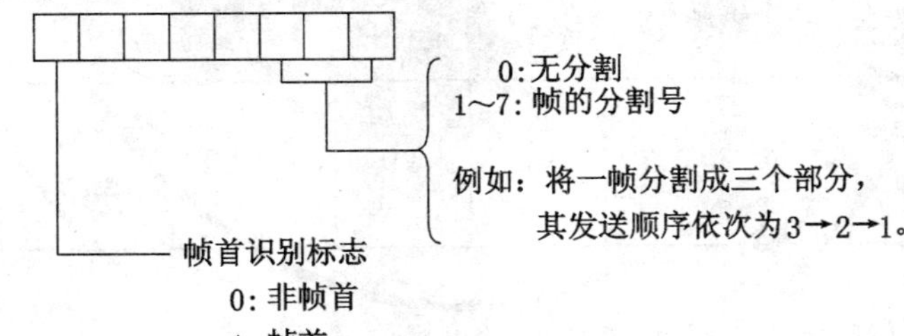

0: 非帧首

1: 帧首

5) DT (Data frameType 数据帧类型)

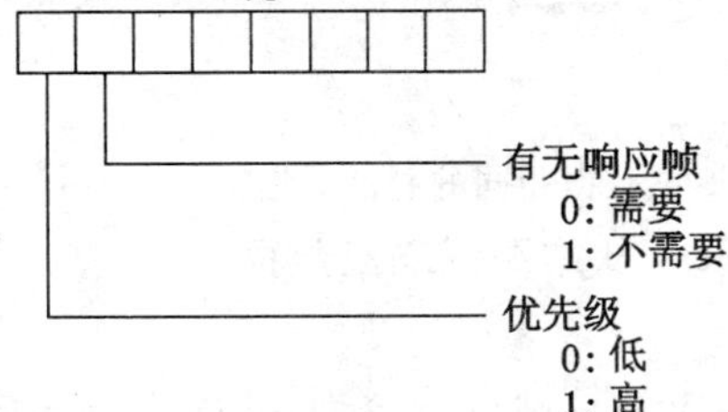

0: 低

1: 高

6) DA/SA(Destination Address/Source Address目的站站号/源站站号)

00H: 主站

01H~40H: 从站

80H: 备用主站

图 30　主站轮询和刷新数据

e) 主站轮询数据，见图 31。

本帧由主站发起，用于执行对从站的轮询。

A2 字段中指定的从站接收此帧。

F	F	F	A 1	A 2	C R C	F	F	F

A1:FEH；

A2:从站站号。

图 31 主站轮询数据

f) 从站响应(刷新)数据

从站使用本帧向主站发送数据，见图 32。

从站向主站和本地站发送本帧作为上述 d)或 e)中所述“请求”的“响应”。

主站和本地站接收此帧。

F	F	F	A 1	A 2	S T 1	S T 2	RX (最大 16 字节)	RWr (最大 32 字节)	报文 (最大 34 字节)	C R C	F	F	F

A1： 从站站号

A2： FFH/FEH(与从主站接收的“请求”帧中的 A1 的值相同)

RX： 远程输入

RX 数据长度=(占用逻辑站数)×4[字节]

RWr： 远程寄存器(输入)

RWr 数据长度=(占用逻辑站数)×8[字节]

RWr 首地址=(RX 首地址)+(RX 数据长度)

报文： 瞬时数据

报文首地址=(RWr 首地址)+(RWr 数据长度)

图 32 从站响应(刷新)数据——帧格式

数据内容见图 33。

(详见 9.3.2.5)。

g) 刷新循环结束数据，见图 34。

本帧由主站发起，用于发送刷新循环结束数据。

在接收到最后轮询的从站的响应数据后，当轮询数据传输启动定时器计时超时时，主站发送本帧。

所有从站接收此帧，无需响应。

[帧格式]

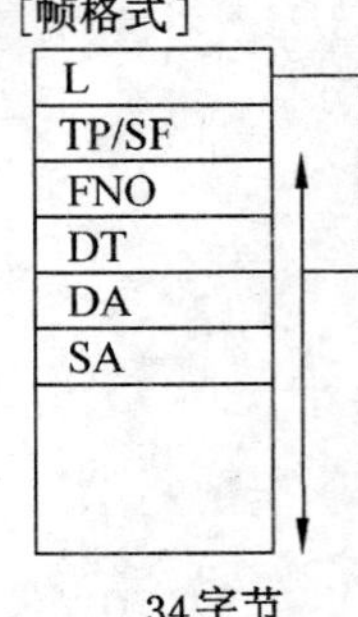

1) L(Length长度:数据长度)
1~32:字节数,见左图
0:无数据

2) TP(TyPe:型号(高4位))
0:固定

3) SF(Sequence Flag顺序标志:顺序号(低4位))

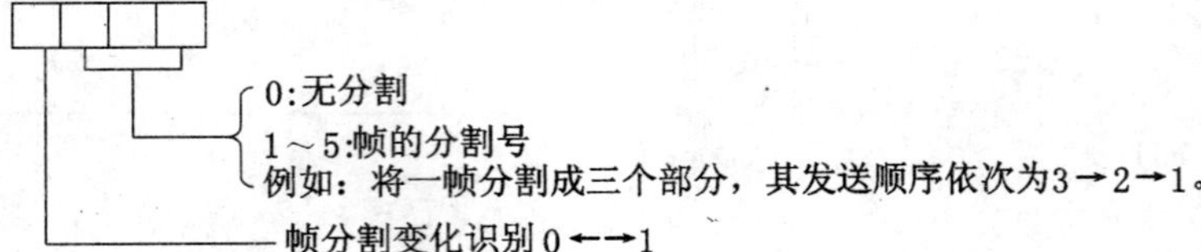

4) FNO(Frame NO帧号:帧的分割号)

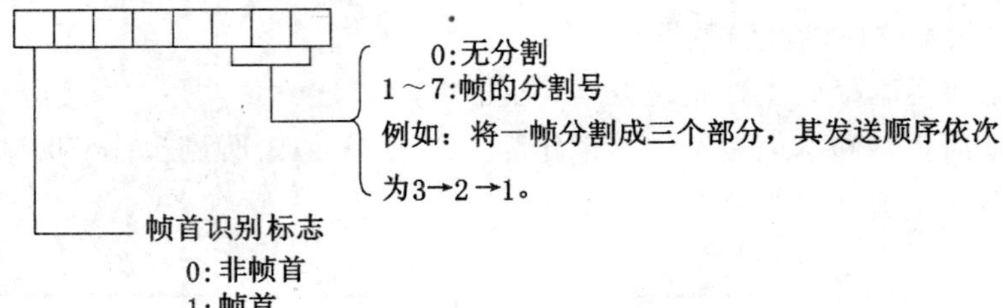

5) DT(Data frameType 数据帧类型)

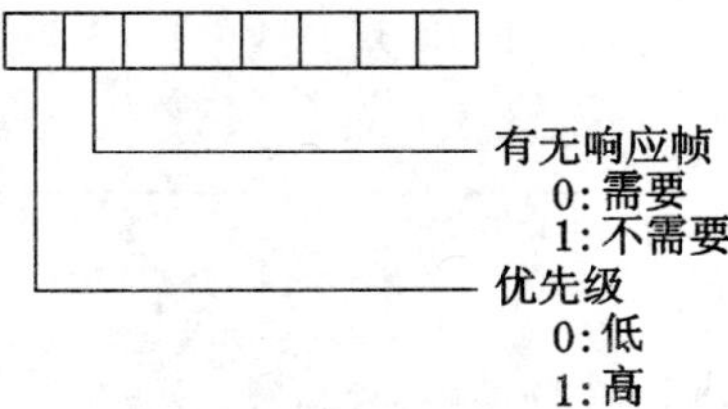

6) DA/SA(Destination Address/Source Address目的站站号/源站站号)
00H:主站
01H~40H:从站
80H:备用主站

图 33 从站响应(刷新)数据

F	F	F	A1	A2	CRC	F	F	F

A1:FAH;

A2:任意 1~64(01H~40H),备用主站 80H。

图 34 刷新循环结束数据

8.1.2.2.3 运行时序

运行时序见图 35,图 36。

初始循环
备用主站
刷新循环结束
站1～64
主站
发送
接收
站1
站2
测试轮询和测试数据
站1测试轮询和测试数据
站2轮询
站64轮询
空信号(1010…)
响应
刷新循环
站1～n
站1轮询和刷新数据
站n轮询
响应(NG)

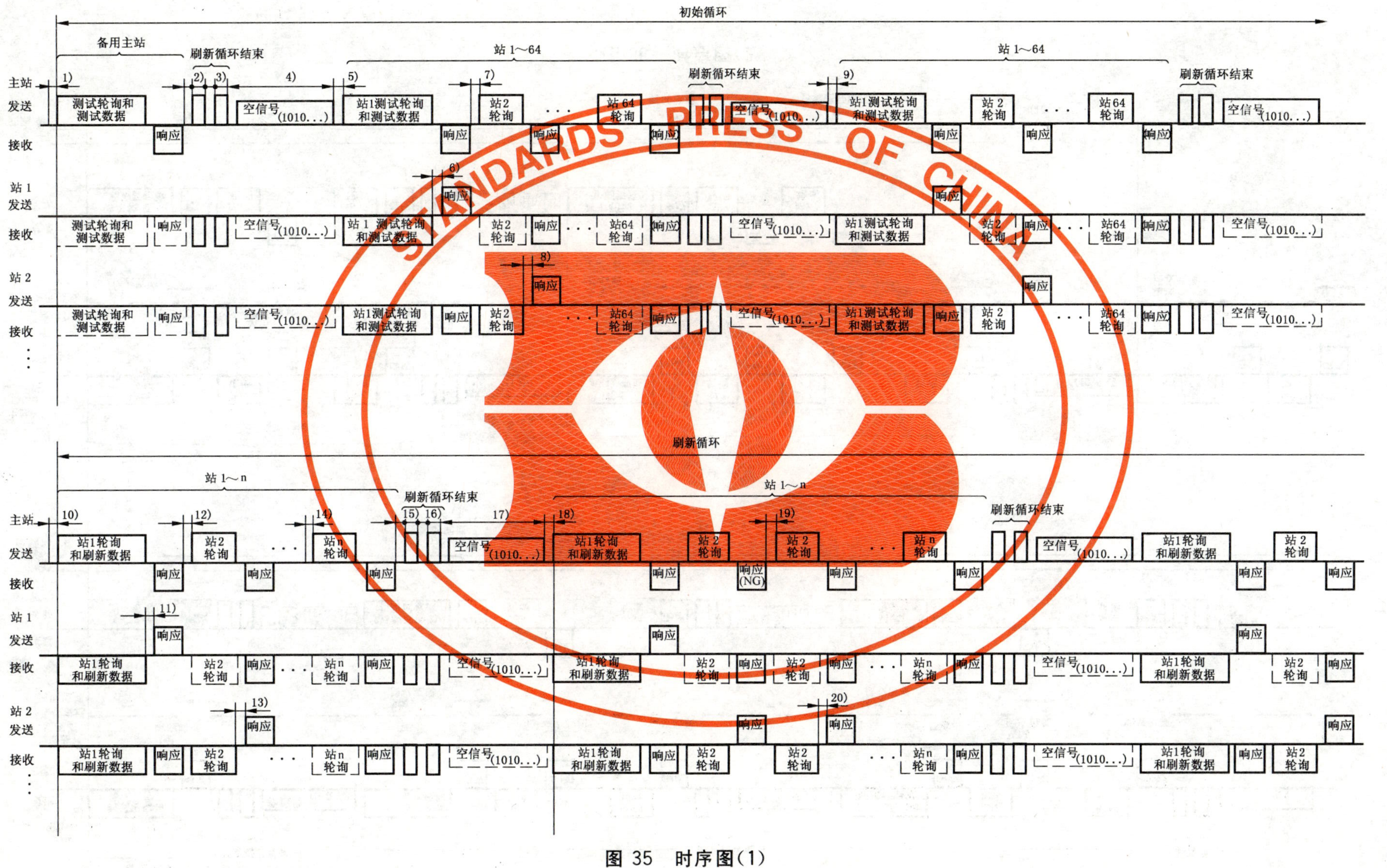

图35 时序图(1)

以箭头所指范围计算时间
备用主站
站1～64
刷新循环结束
主站
从站
上电
发送
接收
传输路径监视2)
连续发送时间监视
测试轮询和测试数据
站1测试轮询和测试数据
站2轮询
站64轮询
空信号(1010…)
响应
从站响应监视
连续接收监视
接收间隔1)
接收间隔2)
站1～n
站1轮询和刷新数据
站n轮询
响应(NG)
连续传输时间监视
传输路径监视 1)
超时

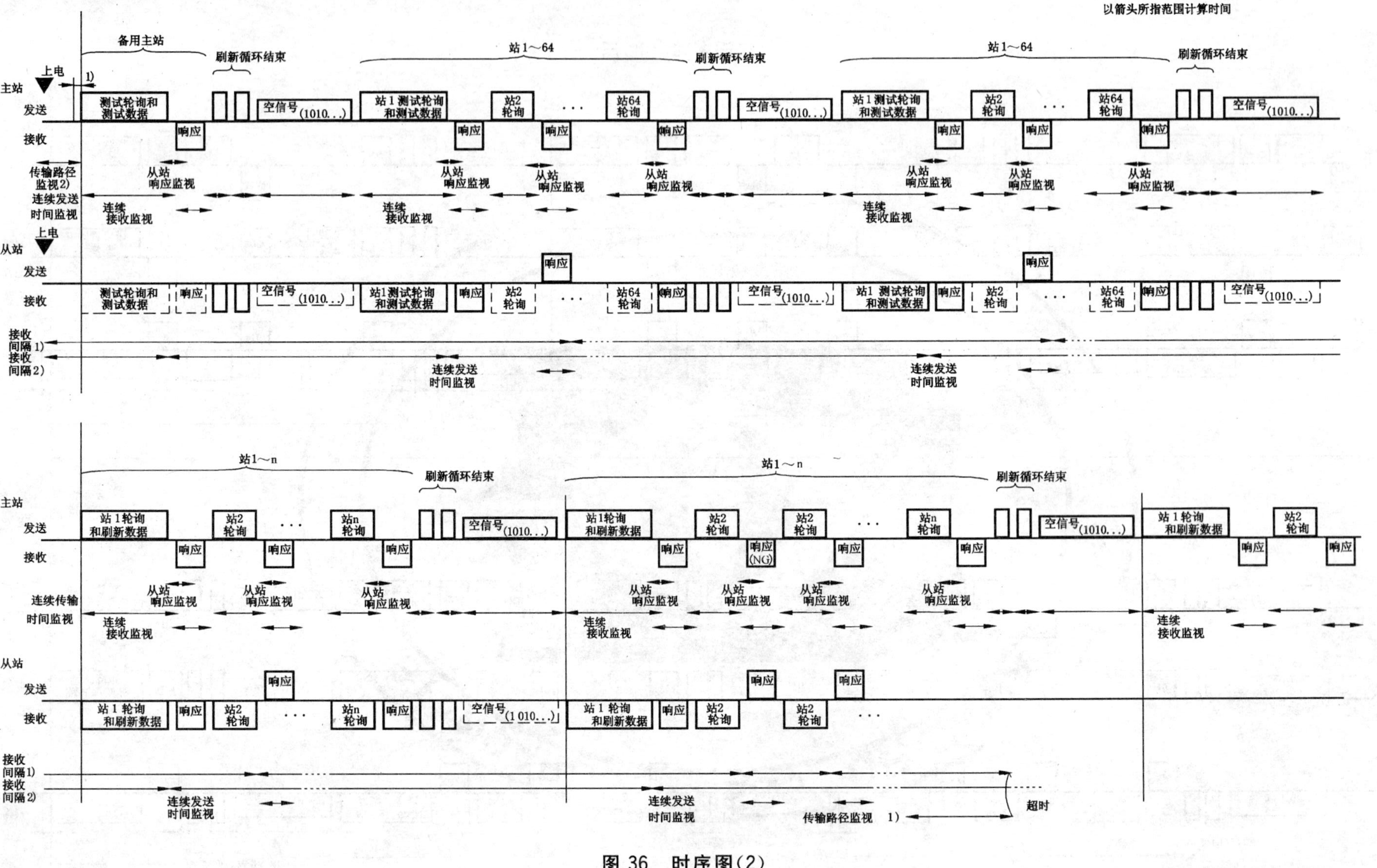

图 36 时序图(2)

关于定时器的详细内容见 8.1.2.2.4。

时序图中主要数字说明，见表 12。

表 12 时序图中的数字列表

项目	描　述	图中的数字
1	主站中用户应用发起的发送启动请求的间隔	1),5),9),10),18)
2	主站中刷新循环结束数据的发送启动的间隔	2),3),15),16)
3	从结束对所有站的轮询到再次启动刷新循环之间的等待时间	4),17)
4	接收到轮询请求信号后，从站响应发送启动间隔	6),8),11),13),20)
5	接收到轮询响应结束信号后，主站对下一站的轮询请求发送启动间隔	7),12),14)
6	主站重试发送启动间隔	19)

a)　传输帧间隔

主站和从站发送帧前，在帧之间需要一个大约 3.5 字节的间隔。同样，主站连续发送帧时，帧间也必须有一个等于或大于 3.5 字节的间隔。允许的间隔长度为 3～4 字节。

上述说明适用于表 12 的 1、2、4、5、6 项。

传输帧间隔＝3.5(字节)×8(位)×(1/传输速率)，见表 13。

表 13 传输帧间隔

传输速率/(bit/s)	传输帧间隔/μs
10 M	2.8
5 M	5.6
2.5 M	11.2
625 k	44.8
156 k	179.2

b)　刷新间隔

主站处理一次链接刷新循环中接收到的数据，然后在刷新循环结束后发送下一个轮询和刷新数据。该时间段被称为刷新间隔，如表 12 中第 3 项所述。

主站在此刷新间隔时间内发送空信号。

如果刷新间隔时间太长，它将影响整个网络的速度。

此外，因为主站很难在相应从站被设置的接收间隔监视时间内轮询从站，因此可能导致从站时间超时。

刷新间隔＝0.1 ms～500 ms。

8.1.2.2.4　传输路径监视和操作

a)　监视定时器列表，见表 14。

b)　等待时间设置定时器列表，见表 15。

c)　设置值，见表 16。

表 14 监视定时器列表

序号	定时器名称	目标站	功能	定时器启动条件和定时器清零条件	处理
1	从站响应监视	主站	在发送轮询请求之后，监视从站的响应	发送结束后启动 接收到响应帧后清零	—
2	编址为本站的有效帧的接收间隔监视(接收间隔 1)	从站	监视来自主站的各种帧的接收间隔	能进行接收后启动 每一次正常接收编址为本站的完整帧时清零 传输路径监视 1)出错时清零	—
3	刷新帧接收间隔监视（接收间隔 2)	从站	监视来自主站的刷新帧的接收间隔	正常接收完首个刷新数据后启动 每一次正常接收完刷新数据时，定时器清零	—
4	连续发送时间监视	主站，从站	监视 HDLC 帧发送时间。 在主站和备用主站发送“空信号”时，本定时器不工作	当 HDLC 帧发送门被置为 ON 时启动；当发送门被置为 OFF 时清零	如果用户应用在刷新发送过程中终止，则向传输路径连续输出空信号，直到 WDT 出错为止 因此，如果备用主站的“刷新帧接收间隔监视”小于主站的 WDT 时间，主站功能就无法切换到备用主站
5	连续接收监视	主站	监视接收传输路径的使用状态	检测到载波时启动 未检测到载波时清零	—
6	传输路径监视 1)	主站，从站	该定时器检测传输路径是否已断开	未检测到载波时启动 检测到载波时清零 传输期间暂停计时	如果备用主站检测到定时时间到，则备用主站开始执行主站控制功能
7	传输路径监视 2)	主站	当确定已上电而传输路径未使用时，启动主站运行	当通信初始化后检测到载波时启动 当未检测到载波时清零	该功能仅适用于主站(假设备用主站作为当前系统的“主站”运行时，主站重新恢复)

注：数据接收时当检测到传输路径信号变化时，载波检测被启动。

表 15 等待时间设置定时器列表

序号	定时器名称	目标站	功能	定时器启动条件，定时器超时条件，定时器清零条件	设置时间
1	帧间隔（空闲时间）设置	主站，从站	设置从满足下一个内部发送条件到发送启动之间的等待时间内部发送条件： 1) 主站 (1) 来自主站程序的发送启动请求 (2) 在接收完轮询响应之后，启动下一站轮询发送请求 (3) 启动重试发送请求 (4) 启动刷新结束帧发送请求 (5) 重新启动刷新请求 2) 从站 接收完轮询请求之后，启动响应发送	发送条件满足时启动 定时器超时时开始发送 发送结束时清零	3 字节～4 字节 (24 位～32 位) 10 Mbit/s:2.4 μs～3.2 μs 5 Mbit/s:4.8 μs～6.4 μs 2.5 Mbit/s:9.6 μs～12.8 μs 625 kbit/s:38.4 μs～51.2 μs 156 kbit/s:153.6 μs～204.8 μs
2	刷新间隔设置	主站	设置从完成对所有站轮询到重启刷新之间的等待时间	当完成对所有站轮询后，在开始发送空信号发送时启动 当定时器超时时，重新刷新 在完成对所有站轮询时清零	0.1 ms～500 ms

表 16 定时器设置值列表

项目	10 Mbit/s	5 Mbit/s	2.5 Mbit/s	625 kbit/s	156 kbit/s	备注
从站响应监视	160.0 μs	320.0 μs	640.0 μs	2 480.0 μs	10 240.0 μs	—
编址为本站的有效帧的接收间隔监视	52.4 ms	52.4 ms	104.9 ms	419.4 ms	838.9 ms	—
	1 677.7 ms	1 677.7 ms	1 677.7 ms	1 677.7 ms	1 677.7 ms 或 3 355.4 ms	从复位解除后到完成一次刷新数据接收为止
刷新帧接收间隔监视	104.8 ms	104.8 ms	209.7 ms	838.9 ms	1 677.7 ms	—
连续发送时间监视	1.23 ms	2.46 ms	4.92 ms	19.66 ms	76.80 ms	—
连续接收监视	102.4 μs	204.8 μs	409.6 μs	1638.4 μs	6 553.6 μs	—
传输路径监视 1)	3 276.8 μs	6 553.6 μs	13 107.2 μs	52 428.8 μs	209 715.2 μs	—
	2 867.2 μs	5 734.4 μs	11 468.8 μs	45 875.2 μs	183 500.8 μs	适用于备用主站
传输路径监视 2)	12.8 μs	12.8 μs	12.8 μs	12.8 μs	12.8 μs	—

8.1.2.3 异常处理

8.1.2.3.1 主站

主站异常处理见表17。

表17 主站异常处理

通信阶段	错误描述	处理
初始循环	传输路径监视 [2] 超时错误	[1] 系统使用备用主站执行数据链接
初始循环 恢复循环	CRC错误	[1] 存储接收数据 [2] 存储接收状态 [3] 如果重试计数非“0”,则重试并等待测试响应 [4] 如果重试计数为“0”,则向下一站发送轮询
	Abort错误	[1] 存储错误发生之前的接收数据 [2] 存储接收状态 [3] 如果重试计数非“0”,则重试并等待测试响应 [4] 如果重试计数为“0”,则向下一站发送轮询
	从站响应监视超时错误	[1] 存储接收数据 [2] 向下一站发送轮询
	缓冲区溢出错误	[1] 存储错误发生之前的接收数据 [2] 存储接收状态 [3] 停止数据链接
	接收帧地址错误	[1] 存储接收状态 [2] 停止数据链接
刷新循环	CRC错误	[1] 存储接收数据 [2] 存储接收状态 [3] 如果重试计数非“0”,则重试并等待轮询响应 [4] 如果重试计数为“0”,则向下一站发送轮询
	Abort错误	[1] 存储错误发生之前的接收数据 [2] 存储接收状态 [3] 如果重试计数非“0”,则重试并等待轮询响应 [4] 如果重试计数为“0”,则向下一站发送轮询
	从站响应监视超时错误	[1] 存储接收状态 [2] 如果重试计数非“0”,则重试并等待轮询响应 [3] 如果重试计数为“0”,则向下一站发送轮询
	缓冲区溢出错误	[1] 存储错误发生之前的接收数据 [2] 存储接收状态 [3] 停止数据链接
	接收帧地址错误	[1] 存储接收状态 [2] 如果重试计数非“0”,则重试并等待轮询响应 [3] 如果重试计数为“0”,则向下一站发送轮询
所有阶段	连续发送时间监视超时错误	[1] 中断发送 [2] 停止数据链接
	连续接收时间监视超时错误	[1] 停止数据链接
	传输路径监视 1) 超时错误	[1] 停止数据链接

8.1.2.3.2 从站

从站异常处理见表 18。

表 18 从站异常处理

通信阶段	错误描述	处理
初始循环 恢复循环	CRC 错误	[1] 存储接收数据 [2] 存储接收状态
	Abort 错误	[1] 存储错误发生之前的接收数据 [2] 存储接收状态
	缓冲区溢出错误	[1] 存储错误发生之前的接收数据 [2] 存储接收状态 [3] 停止数据链接
	接收帧地址错误	[1] 存储接收状态 [2] 停止数据链接
刷新循环	CRC 错误	[1] 存储接收数据 [2] 存储接收状态 [3] 等待轮询请求
	Abort 错误	[1] 存储错误发生之前的接收数据 [2] 存储接收状态 [3] 等待轮询请求
	缓冲区溢出错误	[1] 存储错误发生之前的接收数据 [2] 存储接收状态 [3] 停止数据链接
	接收帧地址错误	[1] 存储接收状态 [2] 等待轮询请求
所有阶段	编址为本站的有效帧的接收间隔监视超时错误	[1] 执行断开处理 [2] 初始化处理后,等待接收测试轮询和测试数据
	刷新帧接收间隔监视超时错误	[1] 执行断开连接处理 [2] 初始化处理后,等待接收测试轮询和测试数据
	连续发送时间监视超时错误	[1] 等待刷新帧接收间隔监视 [2] 中断发送

9 应用层

9.1 网络管理实体

网络管理包括参数管理、本站和其他站的状态监视以及网络状态管理等。

9.1.1 服务

CC-Link 支持下列网络管理服务,见表 19。

表 19 网络管理服务列表

序号	服务	内容描述
1	参数信息	从存储在主站的用户应用程序接收参数信息
2	网络状态信息	将网络信息传给本站用户应用程序
3	本站管理信息	从用户应用程序接收本站管理信息
4	其他站管理信息	将其他站管理信息发送给用户应用程序
5	网络信息	将网络信息发送给用户应用程序

9.1.1.1 参数信息

参数信息见表20。

表20 参数信息

项 目	大小	必要	设 置 范 围
连接节点数	1字	是	1～64
智能设备站数(包括本地站)	1字	是	0～26
站信息(站类型、占用逻辑站数)	64字 (1字/站)	是	设置站号、占用的逻辑站数,以及从站类型
自动恢复节点数	1字	是	1～10
重试次数	1字	是	1～7
延迟时间设置	1字	是	0 μs～5 000 μs
备用主站规定	1字	否	0～64 (0:未规定备用主站 1～64:备用主站站号)
主站出错时的运行规定	1字	否	主站用户应用程序出错时,停止/继续数据链接
站出错时的数据清零规定	1位	否	发生通信错误时,保持/清零数据
扫描模式规定	1字	否	规定数据链接循环相对于用户应用循环是同步模式还是异步模式
保留站规定	4字	否	规定保留站号
错误无效站规定	4字	否	规定错误无效站号

详细说明:

项 目	内 容 描 述
连接节点数	连接到主站的从站数(包括保留站)
智能设备站数(包括本地站)	连接的本地站和智能设备站的个数
站信息(站类型属性、占用的逻辑站数)	b15 b12 b11 b8 b7 b0 站号 1～64 占用的逻辑站数 1:占用1个逻辑站 2:占用2个逻辑站 3:占用3个逻辑站 4:占用4个逻辑站 站类型 0:远程I/O站 1:远程设备站 2:本地站、智能设备站
自动恢复节点数	在一个链接扫描周期内能恢复的从站数
重试次数	通信出错时的重试次数
延迟时间规定	规定链接扫描时间间隔
备用主站规定	备用主站站号
主站出错时的运行规定	主站用户应用程序出错时,规定数据链接状态
站出错时的数据清零规定	主站:通信出错时,规定保持/清除输入数据 从站:通信出错时,规定保持/清除输出数据
扫描模式规定	规定链接扫描相对于用户应用程序循环是同步模式还是异步模式
保留站规定	虽然保留站被视为连接站,但由于未与网络连接,所以不会发生真正的数据链接错误
错误无效站规定	主站和本地站不将数据链接出错的从站作为错误站处理

9.1.1.2 网络状态信息

网络状态信息见表21。

表21 网络状态信息

项目	大小	备注
状态信息(本站)	1字	—
状态信息(其他站)	64字	1字/站
ST1和ST2(自主站到从站)	1字	—
ST1和ST2(自从站到主站)	64字	1字/站

详细说明：

a) 状态信息(本站)

此信息说明本站接收状态和监视定时器状态,见表22。

表22 状态信息(本站)

名称	1	0	错误时的操作
编址为本站的帧间隔的异常校验	有	无	从网络断开本站
刷新帧接收间隔的监视异常			
连续发送时间监视			
连续接收监视			
传输路径监视1)的异常校验			
传输路径监视2)的异常校验			
主站切换请求			N/A

详细说明：

状态	描述
编址为本站的帧间隔异常校验	编址为本站的帧正常接收的监视定时器超时
刷新帧接收间隔的监视异常	刷新帧接收时间间隔的监视定时器超时
连续发送时间监视	连续发送时间的监视定时器超时
连续接收监视	连续接收的监视定时器超时
传输路径监视1)的异常校验	传输路径监视1)的监视定时器超时
传输路径监视2)的异常校验	传输路径监视2)的监视定时器超时
主站切换请求	请求将主站控制权切换到备用主站

b) 状态信息(其他站)

通过监视接收状态,说明连接到网络的各站的轮询结果,见表23。

表23 状态信息(其他站)

名称	1	0	错误时的操作
轮询状态判断位	正常	错误	N/A
CRC错误	有	无	断开
Abort错误			
定时器超时错误			
缓冲区溢出错误			停止链接
接收帧地址错误			
重试校验			N/A

详细说明：

状　　态	描　　述
轮询状态判断位	从站轮询响应正常
CRC 错误	产生了一个 CRC 错误
Abort 错误	接收到不少于 7 个连续为“1”的位
定时器超时错误	在预定时间内没有轮询响应被接收
缓冲区溢出错误	接收的数据超过接收缓冲区的大小
接收帧地址错误	接收到的帧地址信息无效
重试校验	发生了重试

c)　ST1 信息(自主站到从站)

此信息说明主站与本站之间的传输结果状态，见表 24。

表 24　ST1 信息(自主站到从站)

位	名　　称	1	0	错误时的操作
b0	主站用户应用程序	运行	停止	N/A
b1	主站用户应用程序错误	错误	正常	
b2	刷新启动	启动	停止	
b3	瞬时数据状态	包括	不包括	
b4	瞬时数据接收	能	不能	
b5	保留	N/A	N/A	
b6				
b7	主站类型	备用主站	主站	

详细说明：

状　　态	描　　述
主站用户应用程序	主站用户应用程序的运行状态：0 停止，1 运行
主站用户应用程序错误	主站用户应用程序发生了错误
刷新启动	启动链接刷新
瞬时数据状态	包括瞬时数据
瞬时数据接收	能接收瞬时数据
主站类型	主站的类型 0：主站，1：备用主站

d)　ST2 信息(自主站到从站)

此信息说明主站的传输状态和传输数据的长度。

e)　ST1 信息(自从站到主站)

此信息说明从站的响应状态和运行状态，见表 25。

表 25　ST1 信息(自从站到主站)

<table>
<tr><th>位</th><th>名　　称</th><th>1</th><th>0</th><th>错误时的操作</th></tr>
<tr><td>b0</td><td>保险丝状态</td><td rowspan="2">有错</td><td rowspan="2">无错</td><td>链接继续</td></tr>
<tr><td>b1</td><td>节点故障/无效点数</td><td rowspan="2">断开</td></tr>
<tr><td>b2</td><td>未接收到刷新</td><td rowspan="2">未接收到</td><td rowspan="2">已接收到</td></tr>
<tr><td>b3</td><td>未接收到参数</td><td>N/A</td></tr>
<tr><td>b4</td><td>开关切换状态检测</td><td>检测到</td><td>未检测到</td><td>数据链接继续</td></tr>
<tr><td>b5</td><td>循环通信</td><td>不能</td><td>能</td><td>N/A</td></tr>
<tr><td>b6</td><td>保留</td><td>N/A</td><td>N/A</td><td>N/A</td></tr>
<tr><td>b7</td><td>WDT 错误</td><td>存在</td><td>不存在</td><td>数据链接继续</td></tr>
</table>

详细说明：

<table>
<tr><th>状　　态</th><th>描　　述</th></tr>
<tr><td>保险丝状态</td><td>从站保险丝熔断</td></tr>
<tr><td>节点故障/无效点数</td><td>模块差错(远程 I/O 站)
无效点数标志
(不包括远程 I/O 站的从站)</td></tr>
<tr><td>未接收到刷新</td><td>未接收到主站的刷新发送</td></tr>
<tr><td>未接收到参数</td><td>未接收到主站的参数信息</td></tr>
<tr><td>开关切换状态检测</td><td>在电源打开后或取消复位后,开关设置被改变</td></tr>
<tr><td>循环通信</td><td>允许循环通信</td></tr>
<tr><td>WDT 错误</td><td>产生了 WDT 错误</td></tr>
</table>

f)　ST2 信息(自从站到主站)

此信息说明每个从站的响应状态,以及与通信功能相关的信息,见表 26。

表 26　ST2 信息(自从站到主站)

<table>
<tr><th>位</th><th>名　　称</th><th>1</th><th>0</th><th>错误时的操作</th></tr>
<tr><td>b0</td><td>瞬时数据状态</td><td>有错</td><td>无错</td><td rowspan="8">N/A</td></tr>
<tr><td>b1</td><td>瞬时数据接收</td><td>能</td><td>不能</td></tr>
<tr><td>b2</td><td>瞬时类型</td><td>n∶n</td><td>1∶n</td></tr>
<tr><td>b3</td><td>保留</td><td>N/A</td><td>N/A</td></tr>
<tr><td>b4</td><td>传输路径状态</td><td>错误</td><td>正常</td></tr>
<tr><td>b5</td><td>保留</td><td colspan="2">固定为 1</td></tr>
<tr><td>b6</td><td rowspan="2">保留</td><td colspan="2" rowspan="2">固定为 00</td></tr>
<tr><td>b7</td></tr>
</table>

详细说明：

<table>
<tr><th>状　　态</th><th>描　　述</th></tr>
<tr><td>瞬时数据状态</td><td>包括瞬时数据</td></tr>
<tr><td>瞬时数据接收</td><td>能够接收瞬时数据</td></tr>
<tr><td>瞬时类型</td><td>1:　n:n 通信(本地站)
0:　1:n 通信(智能设备站)</td></tr>
<tr><td>传输路径状态</td><td>传输路径错误</td></tr>
</table>

9.1.1.3 本站管理信息和其他站管理信息

本站管理信息、其他站管理信息分别见表27、表28。

表27 本站管理信息

项目	大小	备注
传输速率	1字节	0～4
占用的逻辑站数	1字节	1～4
设备信息	7字节	站号 厂商代码 型号代码 软件版本

表28 其他站管理信息

项目	大小	备注
从站信息	650字节 (10字节/站)	站号 厂商代码 型号代码 软件版本 保留位 (以上)对每个站

说明：

a) 传输速率(大小:1字节)
   说明传输速率:
   0:156 kbit/s
   1:625 kbit/s
   2:2.5 Mbit/s
   3:5 Mbit/s
   4:10 Mbit/s

b) 占用的逻辑站数(大小:1字节)
   说明占用的逻辑站数。
   可以规定占用1～4个逻辑站。

c) 站号(大小:1字节)
   为每个从站分配一个站号(1～64(01H～40H))。
   为备用主站分配的站号为128(80H)。

d) 厂商代码:VD(大小:2字节)
   分配给各产商的代码。

e) 型号代码:(大小:3字节)
   表示设备特定信息或设备初始状态。

● 第一字节(站信息)

此字节定义从站给主站的信息,见表29。

(主站将规定为保留的区域屏蔽(其值为0))。

表 29 站信息

位	描述		备注
b0 b1	总 I/O 位数	00:由逻辑站数决定 01:8 位 10:32 位 11:16 位	—
b2 b3	I/O 类型	00:重叠混合 01:输入 10:输出 11:前后混合	重叠混合: 在一个输入输出共存的设备中,输入和输出使用相同的地址码(分别从 RX0 和 RY0 开始) 前后混合: 在一个输入输出共存的设备中,输入(RX)和输出(RY)使用不同的地址码
b4 b5	逻辑站数	00:1 个逻辑站 01:2 个逻辑站 10:3 个逻辑站 11:4 个逻辑站	—
b6 b7	保留	00: 01: 10: 11:	固定为 00(未使用)

注:主站把站号、逻辑站数、总 I/O 位数和 I/O 类型等(即指传到用户应用程序的数据区域)作为刷新区域识别。

● 第二字节(模块信息)

此字节定义从站给主站的信息,见表 30。

表 30 模块信息

位	描述		备注
b8	开关设置	0:正常 1:异常	—
b9	出错时输出状态设置	0:清零 1:保持	清零:出错时将输出状态清为零。 保持:出错时保持正常通信的输出数据
b10 b11 b12 b13	保留	0: 1: 2: 3: …… F:	固定为 0(未使用)
b14 b15	站类型	00:远程 I/O 站 01:远程设备站 10:智能设备站/本地设备站 11:保留	—

● 第三字节(型号类型)

此字节定义从站的型号,见图 37。

此字节对每个型号是唯一分配的。

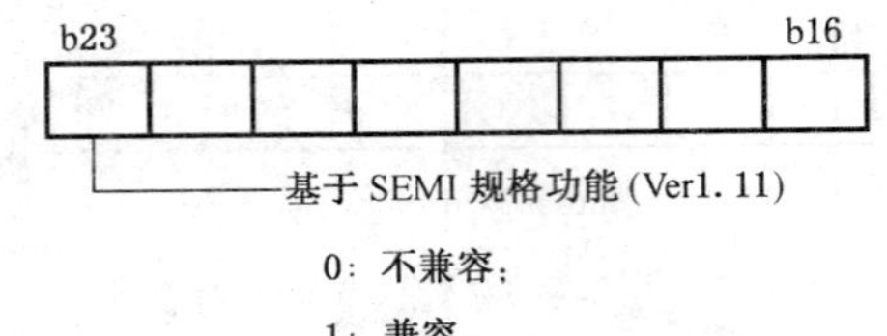

图 37 型号代码第三字节

f) 软件版本:RV(大小:1 字节)。

此字节说明每种型号(由厂商决定)的软件版本,见图 38。

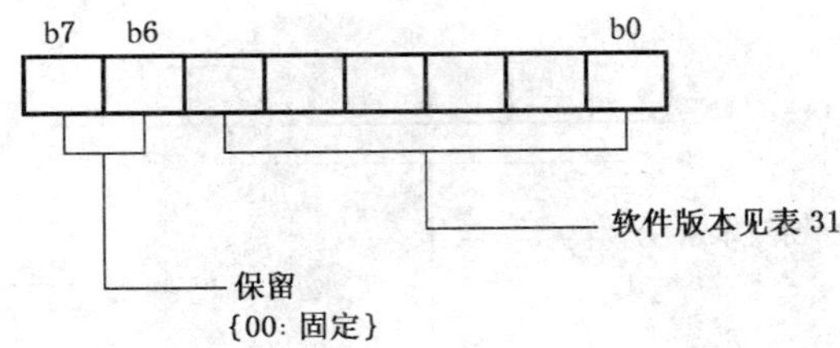

图 38 软件版本

版本"A"被定义为"01 H",版本"B"、"C"及后续版本分别被定义为"02 H"、"03 H"等,以此类推,见表 31。

表 31 软件版本

版　本	规　定	备　注
01H	版本 A	—
02H	版本 B	—
⋮	⋮	—
1A H	版本 Z	—
1B H	版本 AA	—
1C H	版本 AB	—
⋮	⋮	—
3F H	版本 BK	—

g) 保留位:RSV(大小:3 字节)。

9.1.1.4 网络信息

网络信息见表 32。

表 32 网络信息

项　目	大　小	备　注
链接扫描时间(当前值、最小值、最大值)	每功能一个字	单位 ms

9.1.2 协议

9.1.2.1 向其他站发送参数

在如下所示条件下,主站通过瞬时传输方式将轮询数据和参数数据发送到本地站和智能设备站。目的地址被设置为"所有站"(全局请求)。详细情况见 9.3.2.1。

a) 电源打开后,在刷新循环开始时参数被发送到所有本地站和智能设备站(图 39 中粗线 1))。

b) 对恢复了的本地站和智能设备站，在证实它们尚未接收到参数数据的情况下，将参数数据发送给它们(图 40 中粗线 2)和粗线 3))。

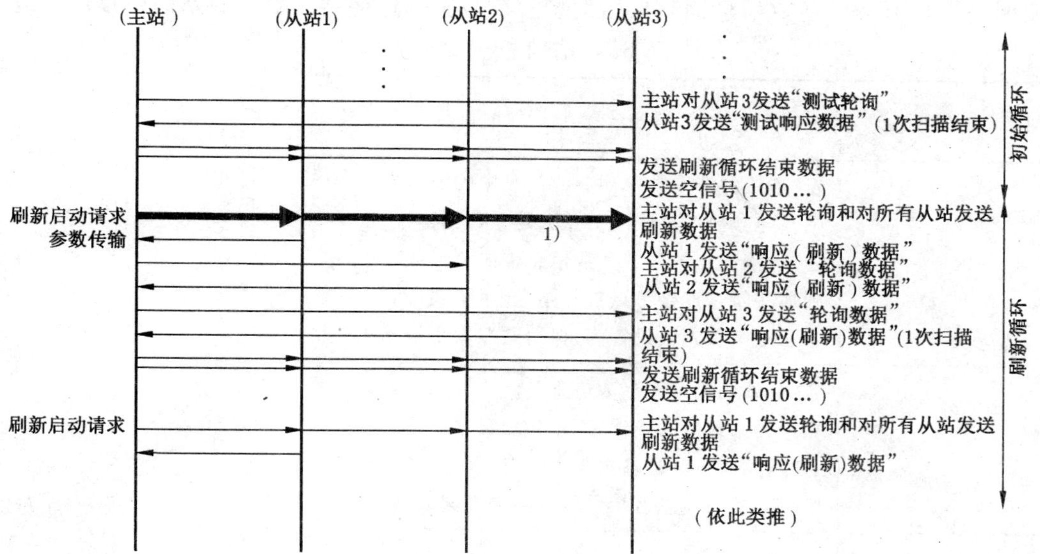

图 39 参数发送时序(1)

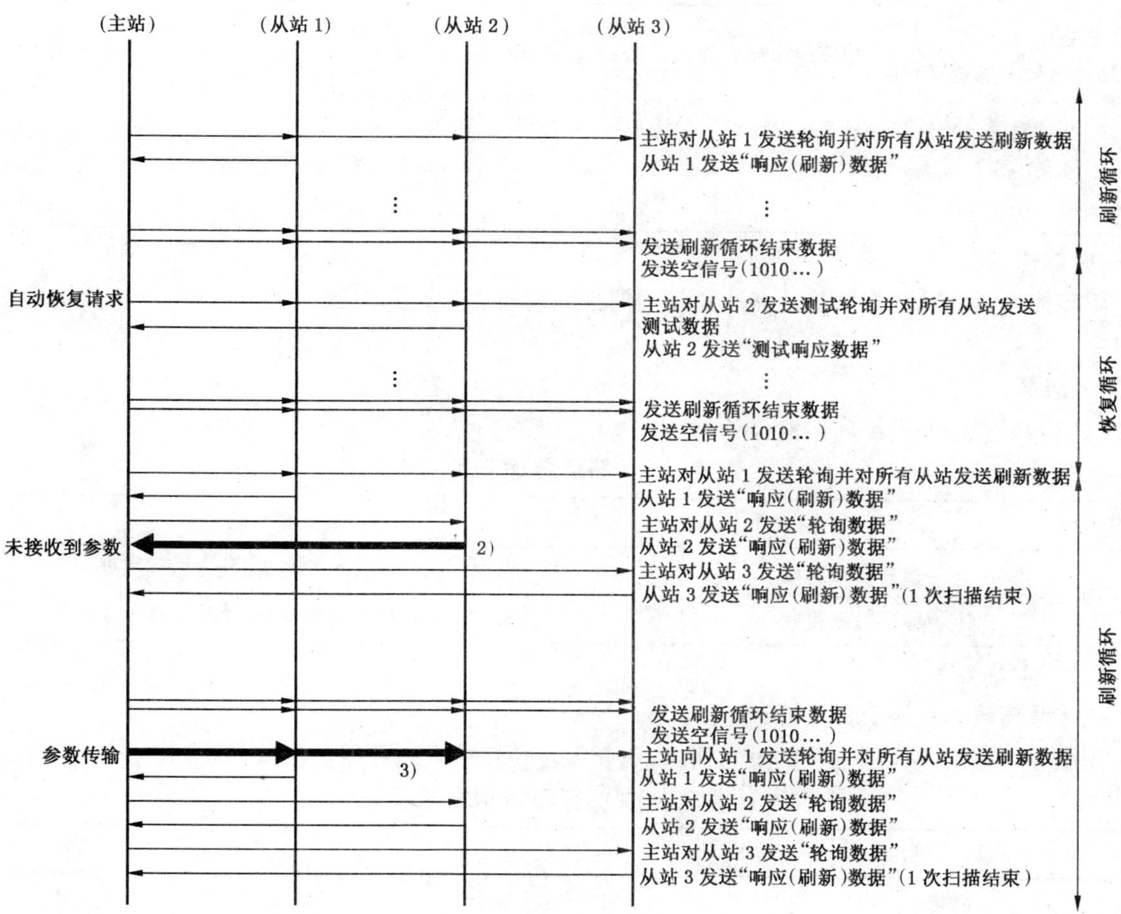

图 40 参数发送时序(2)

9.1.2.2 使用主站用户应用程序进行站信息管理

9.1.2.2.1 站信息一致性校验

使用网络管理服务("参数信息"和"从站信息")校验实际连接到网络的从站的一致性,见表33。

表 33 站信息一致性校验

项 目	错误时的操作	备注 (错误名称)
从站数	若"连接的节点数"＞"参数信息中的节点数", 则只与参数信息中的节点数建立数据链接 若"连接节点数"＜"参数信息中的节点数", 则那些超过连接节点数的站,显示错误(断开连接) 若无效站预先被设置为"保留站",则不被标志为错误	N/A
站类型	若"从站信息"＞"参数信息"[a], 相应的站显示为错误站,不建立数据链接。 若"从站信息"＜"参数信息"[a], 则按照从站信息区域设置的站类型建立数据链接	实际安装与参数设置一致性错误
逻辑站数	若"从站信息"＞"参数信息", 相应的站显示为错误站,不建立数据链接 若"从站信息"＜"参数信息", 则按照从站信息区域中设置的逻辑站数建立数据链接	
站号重复校验 (从站的站号不能重复)	相应的站显示为错误站,不建立数据链接	站号重复错误

[a] 站类型的一致性校验是根据"从站信息"中所指示的站类型代码与"参数信息"中所指示的站类型代码进行比较来决定错误时的操作。其间,站类型的代码关系如下所示:远程I/O站＜远程设备站＜智能设备站(本地站),见表20。

9.2 循环传输实体

循环传输是一种数据传输功能。主站周期性地向所有从站发送数据,然后每个从站分别对主站作出响应。

9.2.1 服务

CC-Link支持下列循环传输服务,见表34。

表 34 循环传输服务列表

序 号	服 务	内 容 描 述
1	循环数据发送	根据用户应用程序的请求,发送循环数据
2	循环数据接收	根据用户应用程序的请求,接收循环数据

9.2.1.1 主站

a) 循环数据发送服务

此服务根据用户应用程序的发送请求,更新循环传输的发送数据。参数见表35。

表 35 主站循环数据发送服务

项 目	大 小	描 述
状态	1字	—
数据	RY:2 048位 RWw:256字	循环数据

b) 循环数据接收服务

此服务根据用户应用程序的接收请求,更新循环传输的接收数据。参数见表 36。

表 36 主站循环数据接收服务

项目		大小	描述
执行刷新的节点数		1 字	1～64
站信息 (对 64 个站中的每个站)	站号	1 字	1～64
	状态	1 字	从站的链接状态
	数据	RX:128 位(最大值) RWr:16 字(最大值)	每个从站的循环数据

9.2.1.2 本地站

a) 循环数据发送服务

此服务根据用户应用程序的发送请求,更新循环传输的发送数据。参数见表 37。

表 37 本地站循环数据发送服务

项目	大小	描述
状态	1 字	—
数据	RY:128 位(最大值) RWw:16 字(最大值)	循环数据

b) 循环数据接收服务

此服务根据用户应用程序的接收请求,更新循环传输的接收数据。参数见表 38。

表 38 本地站循环数据接收服务

项目		大小	描述
主站信息	状态	1 字	—
	数据	RX:2 048 位 RWr:256 字	主站的循环数据
执行刷新的节点数		1 字	1～64
站信息 (对 64 个站中的每个站)	站号	1 字	1～64
	状态	1 字	主站或从站的链接状态
	数据	RY:128 位(最大值) RWw:16 字(最大值)	每个从站的循环数据

9.2.1.3 远程站和智能设备站

a) 循环数据发送服务

此服务根据用户应用程序的发送请求,更新循环传输的发送数据。参数见表 39。

表 39 远程站循环数据发送服务

项目	大小	描述
状态	1 字	—
数据	RX:128 位(最大值) RWr:16 字(最大值)	循环数据

b) 循环数据接收服务

此服务根据用户应用程序的接收请求,更新循环传输的接收数据。参数见表 40。

表 40　远程站循环数据接收服务

项　目		大　小	描　述
主站信息	状态	1 字	主站或从站的链接状态
	数据	RY：128 位(最大值) RWw：16 字(最大值)	主站的循环数据

9.2.2　协议

RX,RY,RWr 和 RWw 传输如下：主站周期性地向所有从站发送数据，然后每个从站向主站发送数据作为响应。

本地站还应接收主站发送至其他从站的数据，以及其他从站发送给主站的响应数据。

9.2.2.1　通信概述

通信概述见图 41。

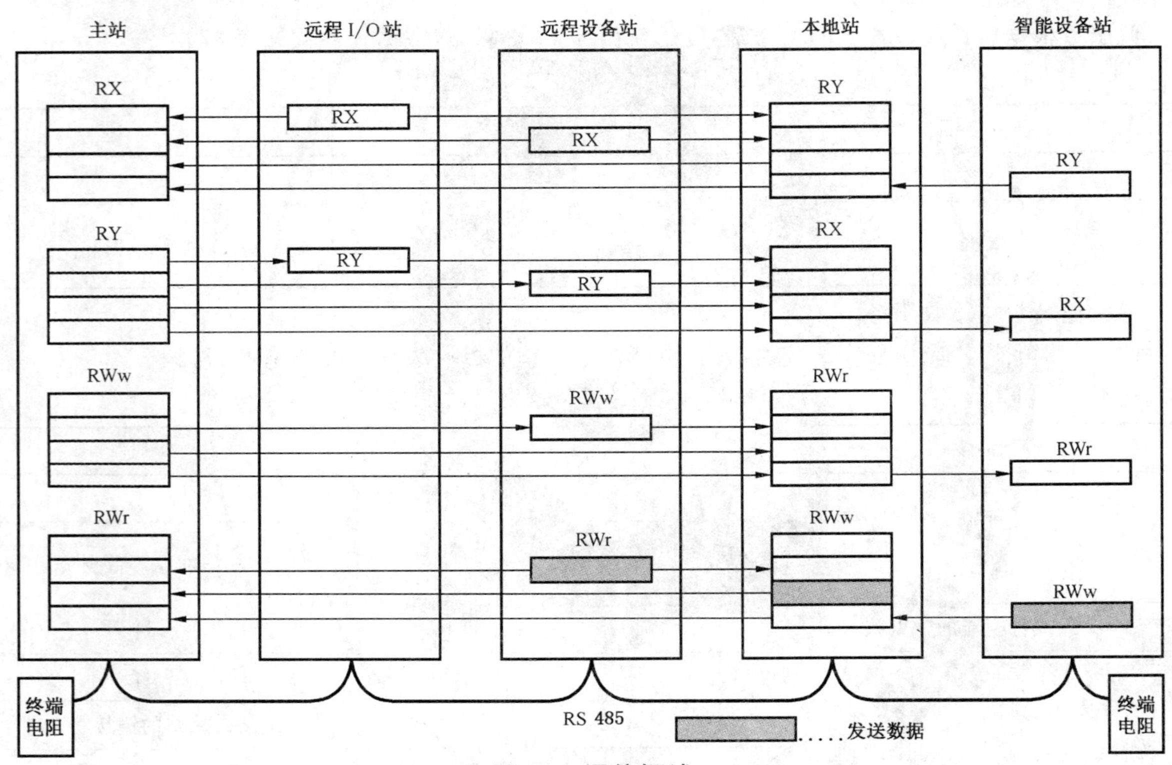

图 41　通信概述

9.2.2.2　传输步骤

主站和从站的刷新必须遵循下列步骤。

图 42 说明了处理步骤的概况：保证了在 RW 域的 32 位数据。

a)　发送：
   1)　字数据传递；
   2)　位数据传递。
b)　接收：
   1)　位数据传递；
   2)　字数据传递。

注：上述步骤保证了位数据和字数据中位改变时字数据的一致性。

9.2.2.3　出错处理

根据状态信息(ST1,ST2 和接收状态)执行下列处理。

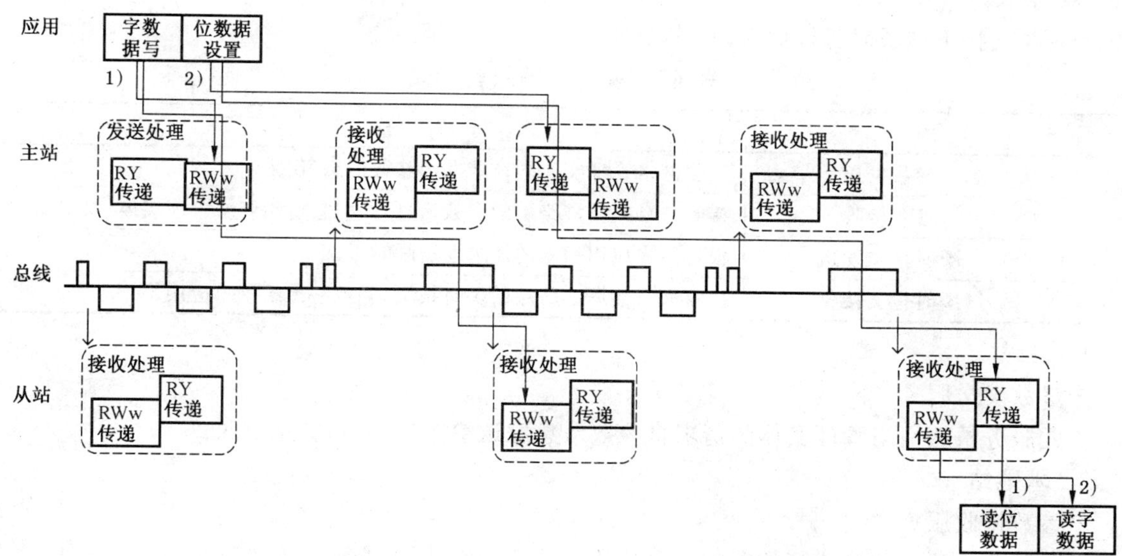

图 42 传输步骤

9.2.2.3.1 输出数据定义

每个站的I/O数据与网络状态(运行/停止/出错)的关系见表41。

表 41 输出数据定义

项目		运行	停止	出错	断开	错误无效站产生错误时
M	RY 输出	刷新	清零	清零	停止轮询	清零
	RWw 输出	刷新	保持	保持	停止轮询	清零
	状态	“正常”	“正常”	“错误”	不定	不定
	RX 输入	刷新	刷新	保持	保持	保持
	RWr 输入	刷新	刷新	保持	保持	保持
L/ID	RX 输入	刷新	清零	保持	保持	—
	RWr 输入	刷新	保持	保持	保持	—
	状态	“正常”	“正常”	“错误”	不定	—
	RY 输出	刷新	刷新	保持	保持	—
	RWw 输出	刷新	刷新	保持	保持	—
RD	RY 输入	刷新	清零	保持	保持	—
	RWw 输入	刷新	保持	保持	保持	—
	状态	“正常”	“正常”	“错误”	不定	—
	RX 输出	刷新	刷新	保持	保持	—
	RWr 输出	刷新	刷新	保持	保持	—
RIO	RY 输入	刷新	清零	保持	保持	—
	状态	“正常”	“正常”	“错误”	不定	—
	RX 输出	刷新	刷新	保持	保持	—
清零:输出“0”。 保持:保持上次正常通信循环传输的数据。 (直至正常地完成通信,才向存储器写入I/O数据)						

9.3 瞬时传输实体

瞬时传输是一种在主站、本地站和智能设备站之间传输非周期数据的功能。

9.3.1 服务

CC-Link 支持下列瞬时传输服务，见表 42。

表 42 瞬时传输服务列表

序号	服务	描述
1	参数发送	根据网络管理实体的请求发送参数信息(仅主站)
2	参数接收	接收来自数据链路层的参数信息，并把它传给网络管理实体(仅本地站)
3	瞬时报文发送	根据用户应用程序的请求发送瞬时报文
4	瞬时报文接收	接收来自数据链路层的瞬时报文，并把它传给用户应用层

9.3.1.1 主站

——参数发送服务

此服务根据网络管理实体的请求将参数信息发送给本地站，参数描述见 9.1。

9.3.1.2 本地站

——参数接收服务

此服务将从主站接收到的参数信息传给网络管理实体，参数描述见 9.1。

9.3.1.3 主站、本地站和智能设备站

a) 瞬时报文发送服务

对下面的瞬时传输命令发送请求信息包和响应信息包，见表 43。

表 43 瞬时报文发送服务

瞬时传输命令	主站	本地站	智能设备站	能否发送到所有站
系统信息获取	○	○	○	不能
存储器[a] 存取信息获取	○	○	○	不能
运行	○	○	○	能
停止	○	○	○	能
线路测试请求	○(仅限于响应)	○(仅限于请求)	○(仅限于请求)	不能
存储器[a] 读	○	○	○	不能
存储器[a] 写	○	○	○	能
[a] 关于存储器的详细说明见 9.3.2.4。				

上面的服务列表是按命令类型(CT)分类的，通过 CT 的最高有效位来判别是请求信息包还是响应信息包。

b) 瞬时报文接收服务

对下面的瞬时传输命令接收请求信息包和响应信息包，见表 44。

表 44 瞬时报文接收服务

瞬时传输命令	主站	本地站	智能设备站
系统信息获取	○	○	○
存储器存取信息获取	○	○	○
运行	○	○	○
停止	○	○	○
线路测试请求	○(仅限于请求)	○(仅限于响应)	○(仅限于响应)
存储器读	○	○	○
存储器写	○	○	○

上面的服务列表是按命令类型(CT)分类的，通过 CT 的最高有效位来判别是请求信息包还是响应信息包。

9.3.2 **协议**

a) 瞬时数据是通过在刷新数据中附加瞬时数据来发送的。

b) 一帧最多发送的最大数据量与站的类型有关。对于主站，1 帧最多能发送 150 字节；对于本地站和智能设备站，1 帧最多能发送 34 字节。

c) 有两种传输方式：

1) 在主站与智能设备站之间或主站与本地站之间采用 1:n 传输方式；

2) 在本地站之间采用 n:n 传输方式。

d) 可以向所有站(包括主站、从站和智能设备站)进行广播传输。

e) 瞬时传输不具有确认数据是否已到达目的站的功能。

f) 在不使用广播传输时，如果发送站在发送结束后的某个预定时间内没有接收到响应，那么发送站必须丢弃此信息包。

9.3.2.1 **瞬时数据格式**

瞬时传输的数据格式如下。

9.3.2.1.1 **帧的基本格式**

帧的基本格式见图 43。

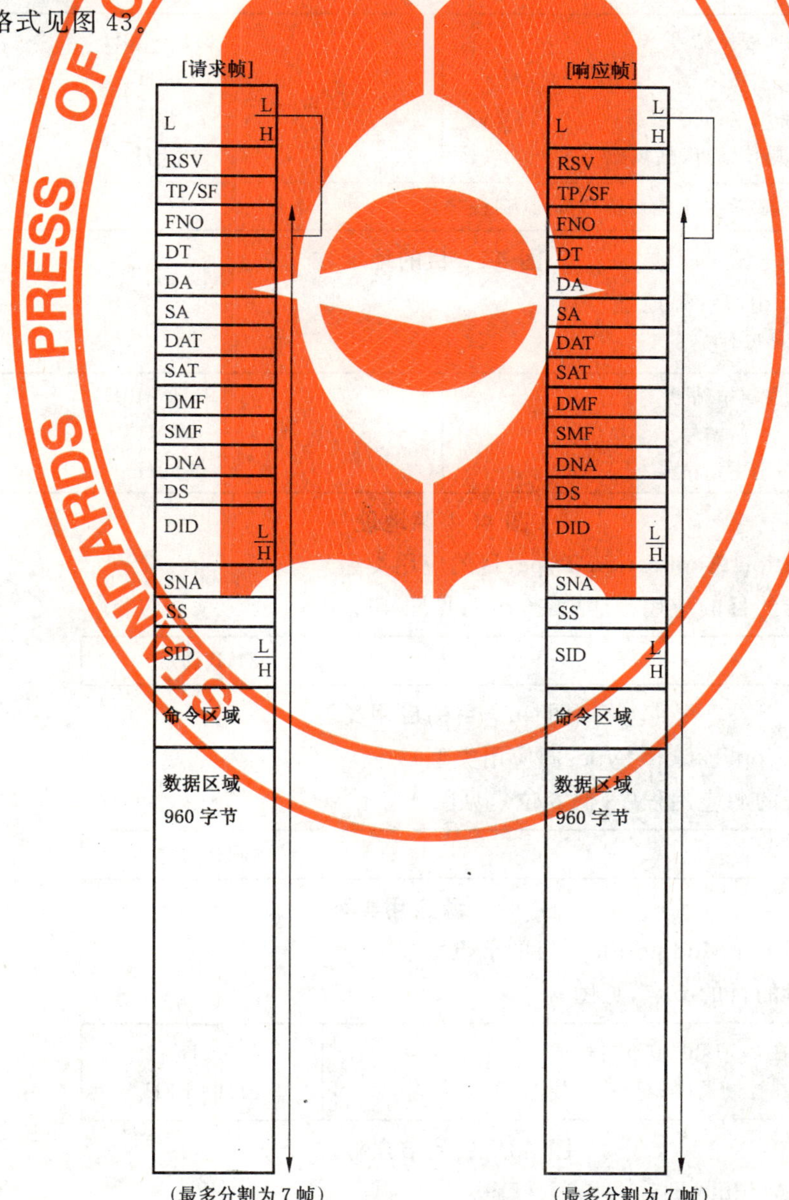

图 43 帧的基本格式

9.3.2.1.2 **项目说明**

a) L(Length:帧长度)
   帧长度
b) RSV(ReSerVe:保留)
   保留(固定为0)
c) TP/SF(TyPe/SequenceFlag:类型/顺序号)
   见8.1.2.2.2中d)主站轮询和刷新数据和f)从站响应(刷新)数据。
d) FNO(Frame Application:帧的分割号)
   见8.1.2.2.2中d)主站轮询和刷新数据和f)从站响应(刷新)数据。
e) DT(Data frame Type:数据帧类型)
   见8.1.2.2.2中d)主站轮询和刷新数据和f)从站响应(刷新)数据。
f) DA(Destination Address:目的地址)
   规定目的站站号,见图44。

远程站站号 主站站号 备用主站站号 全局传输(广播)	01H～40H 00H 80H FFH
注:当站地址被规定为"全局传输"时,无响应数据。	

图44 目的地址

g) SA(Source Address:源地址)
   规定本站站号,见图45。

远程站站号 主站站号 备用主站站号	01H～40H 00H 80H

图45 源地址

h) DAT(Destination Application Type:目的应用类型)
   规定了要执行的目的应用程序(低6位),见图46。

—	21H(固定)

图46 目的应用类型

i) SAT(Source Application Type:源应用类型)
   规定了要执行的源应用程序(低6位),见图47。

—	21H(固定)

图47 源应用类型

j) DMF(Destination Module Flag:目的节点标志)
   规定了被执行的目的节点,见图48。

在CC-Link节点内处理 在控制器(PLC等)内处理	00H 01H～FFH

图48 目的节点标志

k) SMF(Source Module Flag:源节点标志)
   规定了被执行的源节点,见图49。

在 CC-Link 节点内处理 在控制器(PLC 等)内处理	00H 01H～FFH

图 49　源节点标志

l)　DNA(Destination Network Address:目的网络地址)

规定了目的网络号,见图 50。

将来扩展用	00H(固定)

图 50　目的网络地址

m)　DS(Destination Station:目的站)

规定了 l)所述的网络中的目的站站号,见图 51。

无规定	00H

图 51　目的站

n)　DID(Destination ID:目的标识符)

规定了目的 ID 号,见图 52。

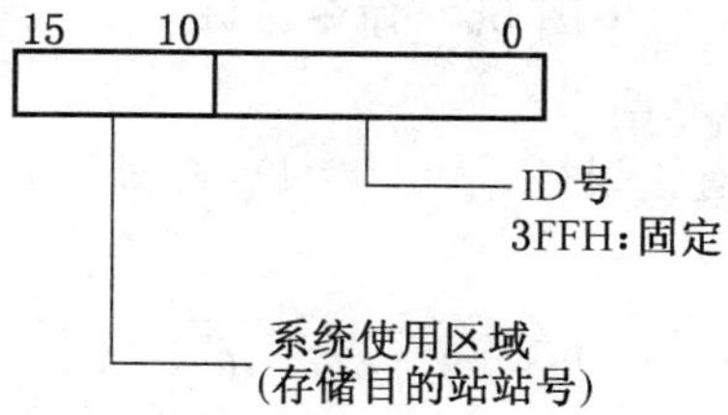

图 52　目的标识符

o)　SNA(Source Network Address 源网络地址)

规定了源网络号,见图 53。

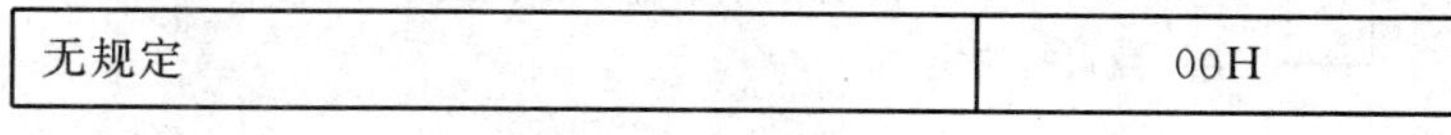

将来扩展用	00H(固定)

图 53　源网络地址

p)　SS(Source Station 源站)

规定了 o)中所述网络的其他网络中的源站站号,见图 54。

无规定	00H

图 54　源站

q)　SID(Source ID:源标识符)

规定了起始的源站 ID 号,见图 55。

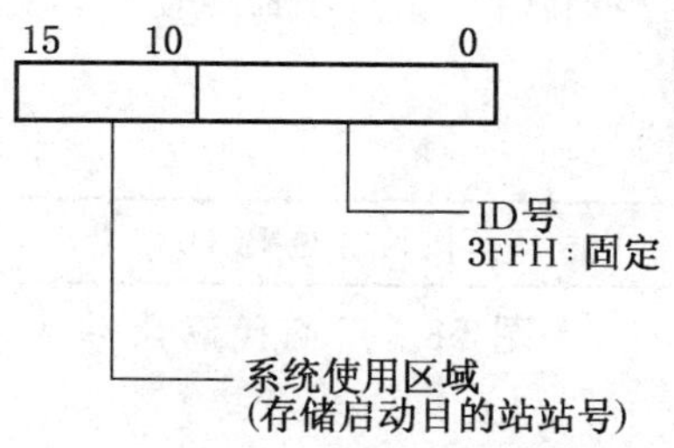

图 55　起始源站 ID 号

r)　命令区域

1)　L1(Length 1:数据长度):

以 CT 开始的数据长度。

2) CT(Command Type:命令类型)

规定了命令列表中的命令。

3) RSV(ReSerVe:保留)

保留(固定为 0)。

4) APS(APplication Sequence:应用号)

规定了应用程序的 ID 号,见图 56。

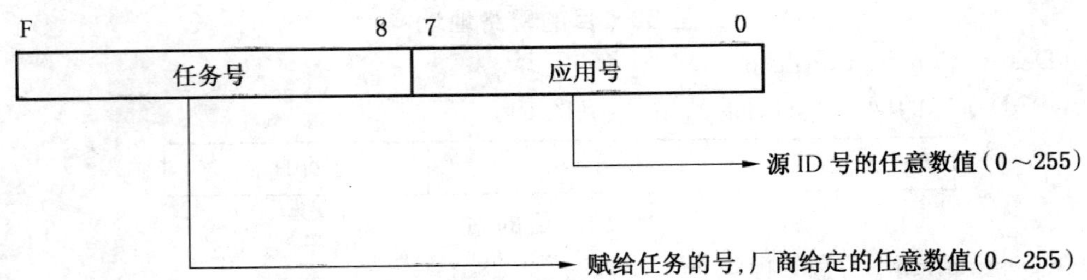

图 56 命令区域

5) RSTS(Return StaTuS:返回码)

规定了响应码(如果没有错误,则是 0000H),见图 57。

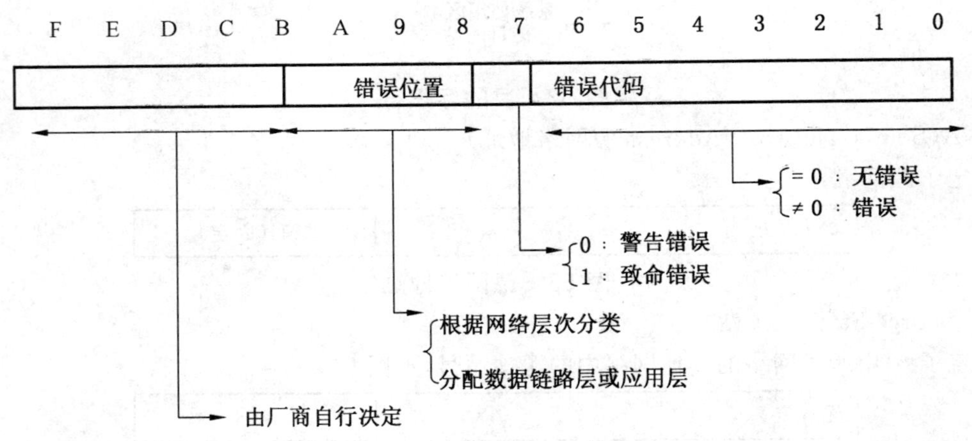

图 57 返回码

6) VD(VenDor:厂商代码)

发送命令的目标设备的厂商代码(由选项命令使用),见图 58。

注:关于"命令分类",参见 9.3.2.2。

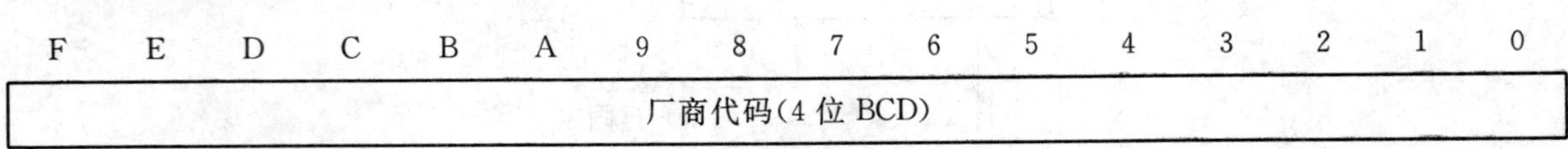

图 58 厂商代码

9.3.2.2 命令分类

命令被分为两种类型(CT):

a) 标准命令:CC-Link 标准配置的命令。

b) 可选命令:厂商独自提供的可选命令。

每一种类型的命令有相应的处理响应。从应用发出的请求被转换成数据包发送。

9.3.2.2.1 **命令格式**

当使用标准命令时，在应用层内部进行处理(不透明)。

对于可选命令，在应用层内部不进行处理(透明)，见表45、图59。

表45 命令格式

类　型	帧　类　型	最大信息包长度
标准命令	不透明	960字节
可选命令	透明	960字节

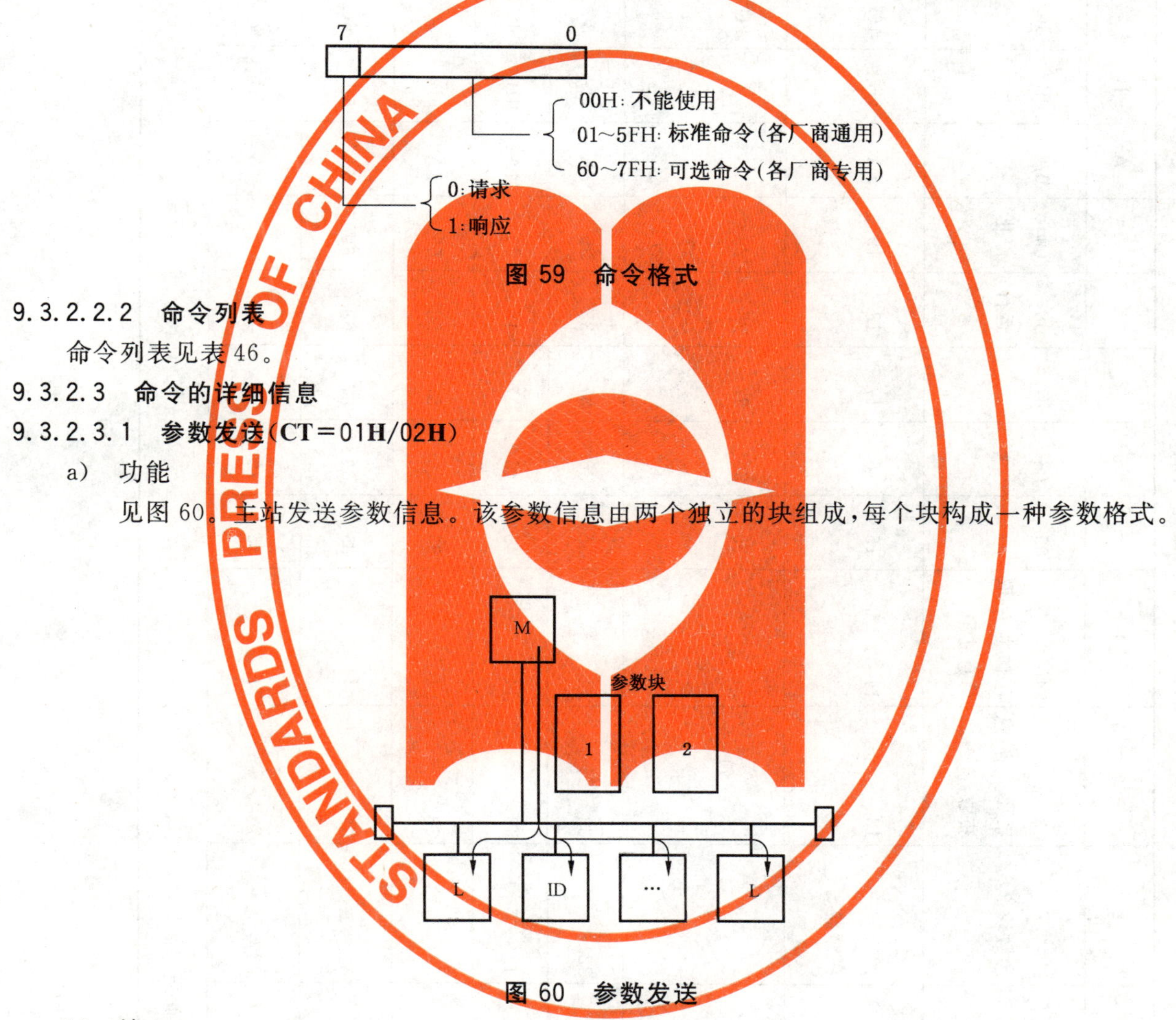

图59 命令格式

9.3.2.2.2 **命令列表**

命令列表见表46。

9.3.2.3 **命令的详细信息**

9.3.2.3.1 **参数发送(CT=01H/02H)**

a) 功能

见图60。主站发送参数信息。该参数信息由两个独立的块组成，每个块构成一种参数格式。

图60 参数发送

b) 输入

1) 参数块1(CT=01H)
   - 参数号；
   - 连接的节点数；
   - 瞬时节点数；
   - 备用主站信息；
   - 站类型信息(对64个站)；
   - 从站信息(对65个站)。

2) 参数块2(CT=02H)
   - 备用主站使用信息

表 46　命令列表

		0	1	2	3	4	5	6	7	8	9	A	B	C	D	E	F
厂商通用	0	00 不能使用	01 参数块 1	02 参数块 2	03 系统信息获取	04 存储器存取信息获取	05	06	07	08 运行	09 停止	0A	0B	0C	0D	0E	0F 线路测试
	1	10 存储器读	11	12 存储器写	13	14	15	16	17	18	19	1A	1B	1C	1D	1E	1F
	2	20 报文传送(参见第 10 章)	21	22	23	24	25	26	27	28	29	2A	2B	2C	2D	2E	2F
	3	30	31	32	33	34	35	36	37	38	39	3A	3B	3C	3D	3E	3F
	4	40	41	42	43	44	45	46	47	48	49	4A	4B	4C	4D	4E	4F
	5	50	51	52	53	54	55	56	57	58	59	5A	5B	5C	5D	5E	5F
厂商专用	6	60	61	62	63	64	65	66	67	68	69	6A	6B	6C	6D	6E	6F
	7	70	71	72	73	74	75	76	77	78	79	7A	7B	7C	7D	7E	7F

注：上面表格中所有空白格是厂商通用部分的保留区域。

c) 输出

N/A。

d) 备注

1) 此参数通过广播方式发送,无响应数据。

2) 参数块按块1、块2的顺序发送。

e) 信息包格式

参数发送格式见图61。

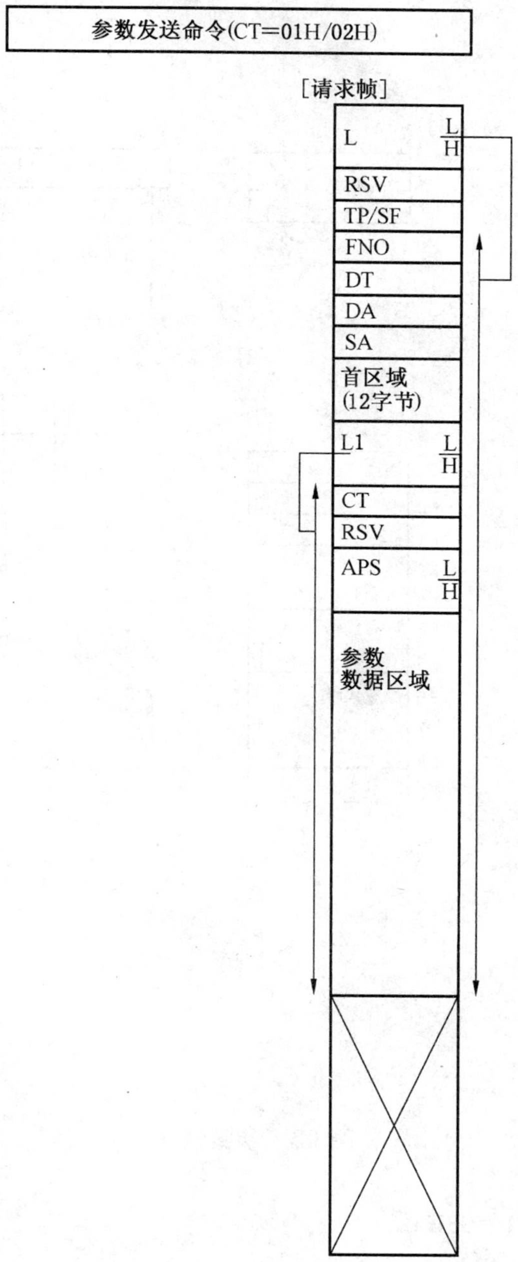

参数发送命令(CT=01H/02H)

[请求帧]

L	L/H
RSV	
TP/SF	
FNO	
DT	
DA	
SA	
首区域(12字节)	
L1	L/H
CT	
RSV	
APS	L/H
参数数据区域	

图61 参数发送格式

f) 参数数据区域

1) 参数块 1 格式(CT=01H),见图 62。

2) 参数块 2 格式(CT=02H),见图 63。

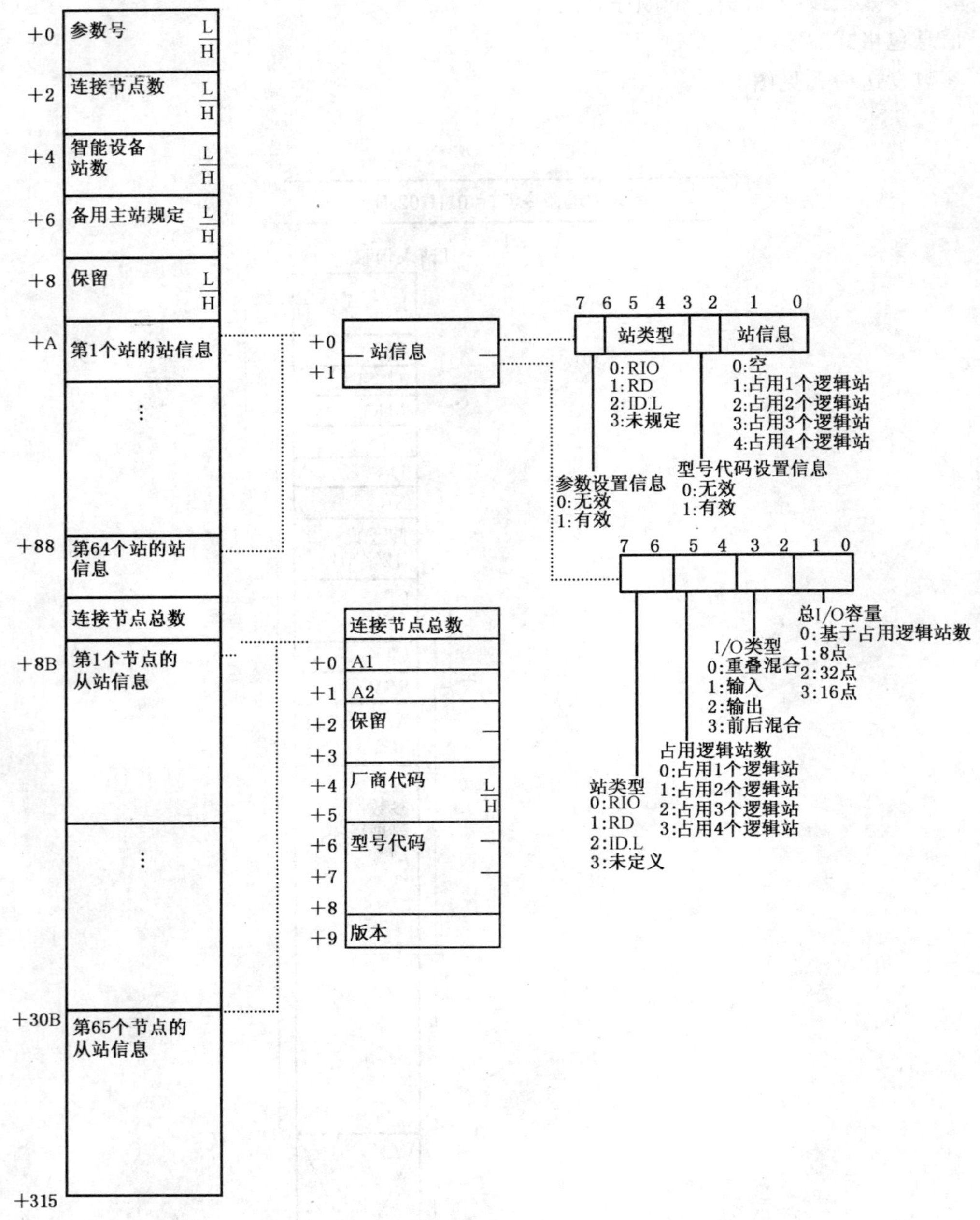

图 62 参数块 1

9.3.2.3.2 系统信息获取(CT=03H)

a) 功能

此命令获取主站或从站的站专用信息,见图 64。

b) 输入

N/A。

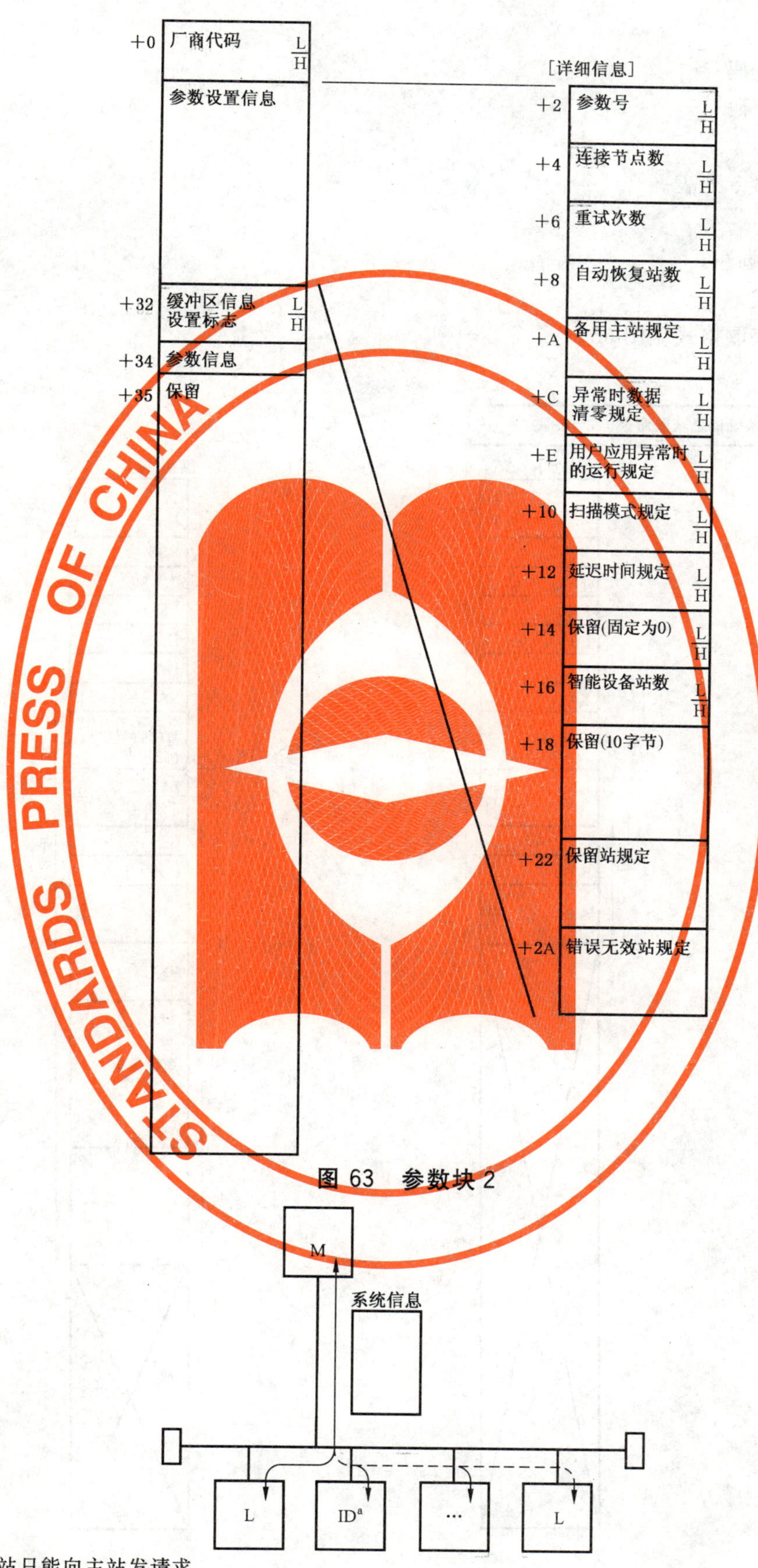

图 63 参数块 2

a 智能设备站只能向主站发请求。

图 64 系统信息获取

c) 输出

1) 厂商代码；

2) 型号代码；

3) 版本；

4) 有效命令列表。

d) 备注

见图 64 的脚注。

e) 信息包格式

系统信息获取格式见图 65。

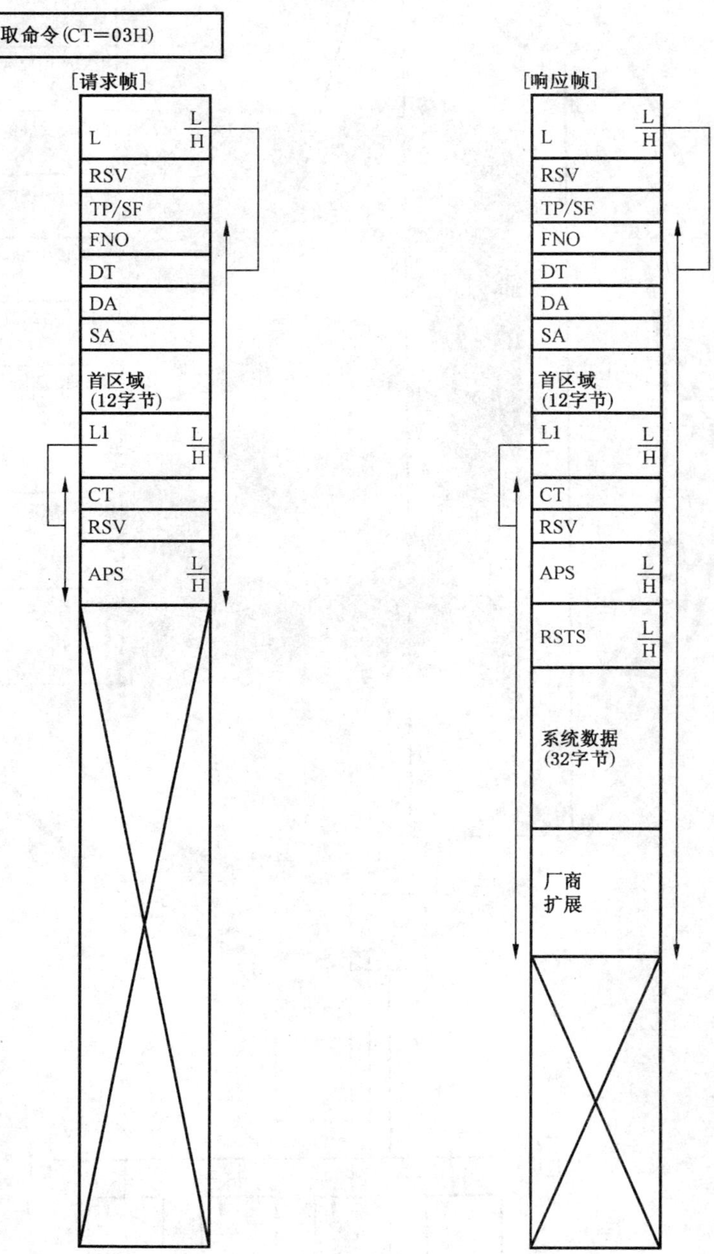

图 65　系统信息获取格式

f) 系统数据区域

系统数据见图 66。

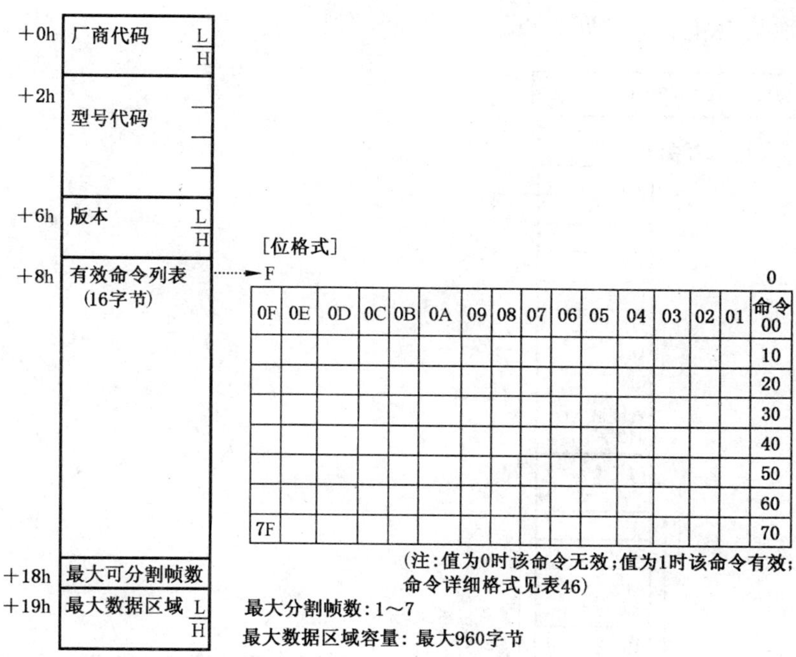

图 66 系统数据

9.3.2.3.3 存储器存取信息获取(CT=04H)

a) 功能

此命令获取主站或从站的存储器存取信息,见图 67。

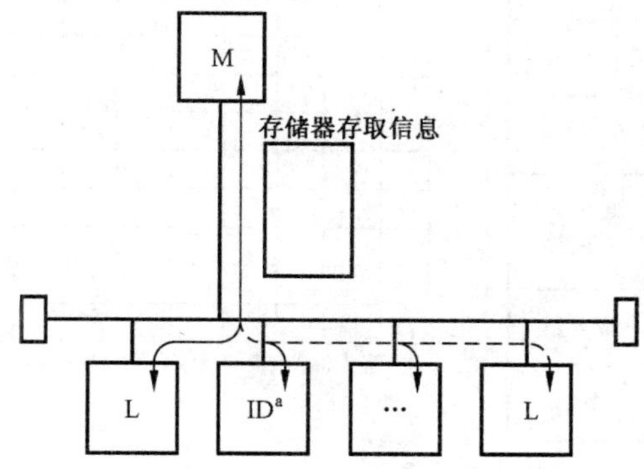

a 智能设备站只能向主站发请求。

图 67 存储器存取信息获取

b) 输入

N/A。

c) 输出

1) 有效存取代码列表;

2) 软元件[1)]名;

3) 存取容量。

1) 节点的内部存储区域。

d) 备注

见图 67 的脚注。

e) 信息包格式

存储器存取信息获取格式见图 68。

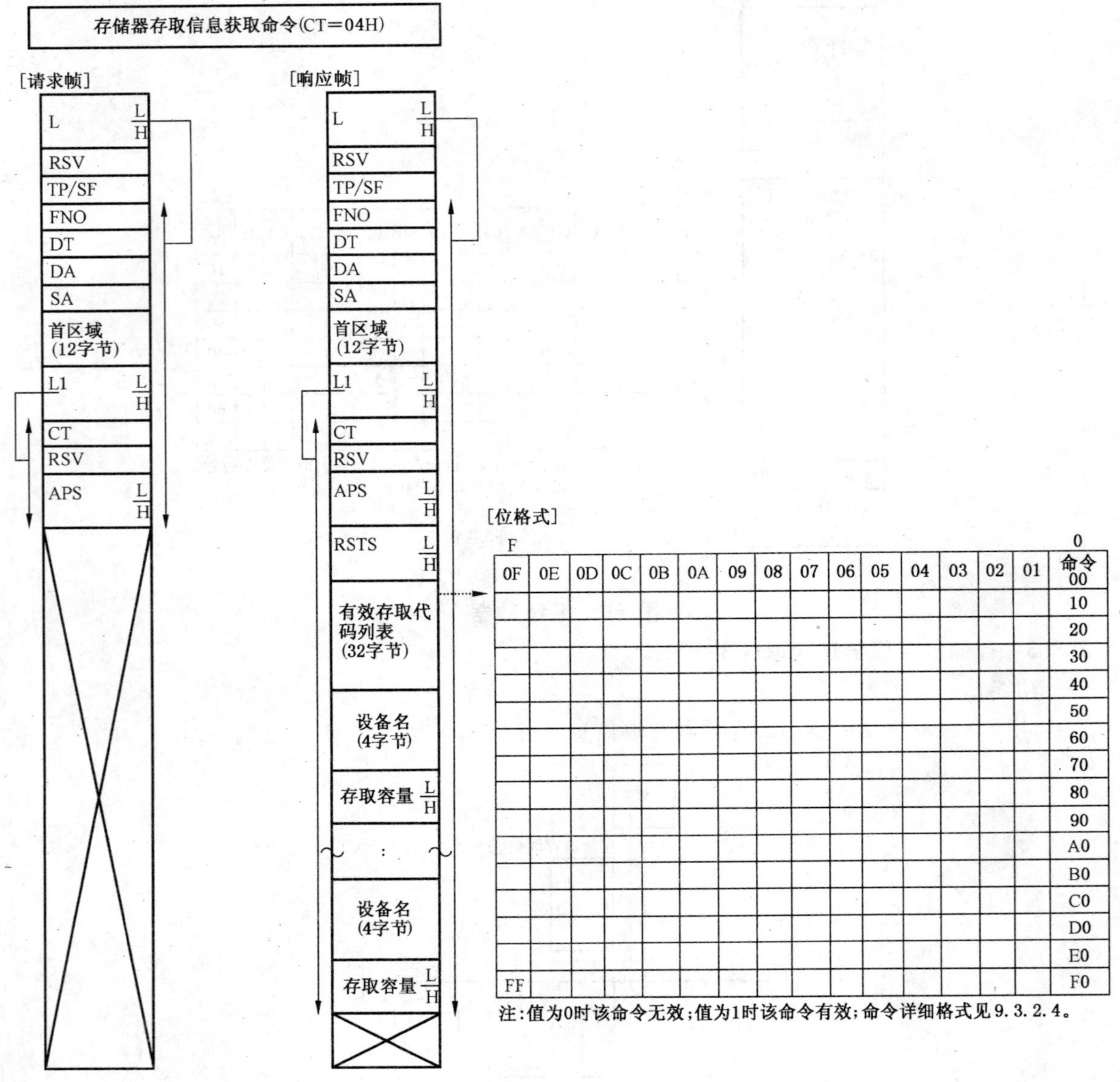

图 68 存储器存取信息获取格式

9.3.2.3.4 **RUN(CT=08H)**

a) 功能

此命令确定主站或某个从站是否处于运行状态,它是从其他站发送的,见图 69。

b) 输入

1) 模式;

2) 清零模式;

3) 信号流模式。

c) 输出

N/A。

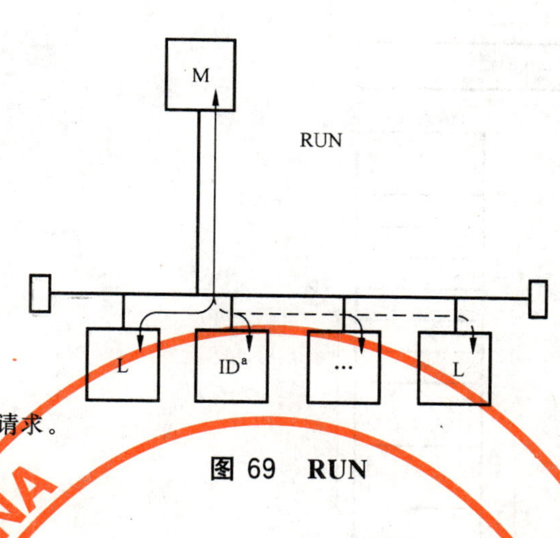

a 智能设备站只能向主站发请求。

图 69 RUN

d) 备注

见图 69 的脚注。

e) 信息包格式

RUN 格式见图 70。

9.3.2.3.5 **STOP(CT=09H)**

a) 功能

此命令确定主站或某个从站是否处于停止状态,它是从其他站发送的,见图 71。

b) 输入

1) 模式。

c) 输出

N/A。

d) 备注

见图 71 的脚注。

e) 信息包格式

STOP 格式见图 72。

9.3.2.3.6 **线路测试(CT=0FH)**

a) 功能

此命令用于各从站对主站进行线路测试请求。线路测试见图 73。

b) 输入

1) 站号;

2) 线路测试数据。

c) 输出

1) 状态;

2) 厂商代码;

3) 型号代码;

4) 版本;

5) 测试响应数据。

d) 备注

无。

e) 信息包格式

线路测试格式见图 74。

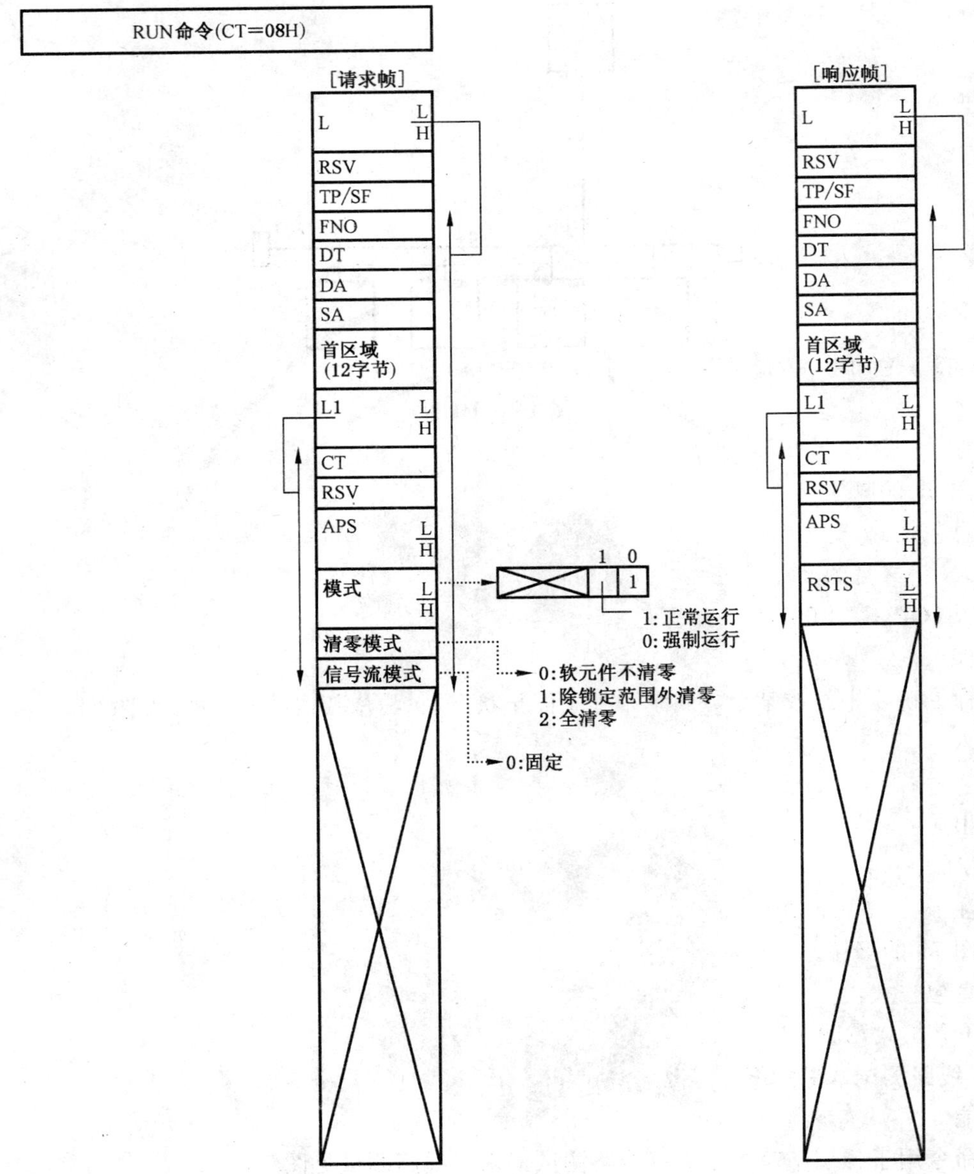

图 70 RUN 格式

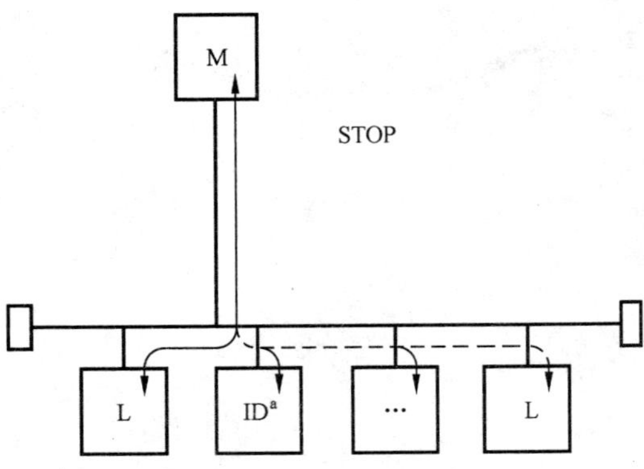

a 智能设备站只能向主站发请求。

图 71 STOP

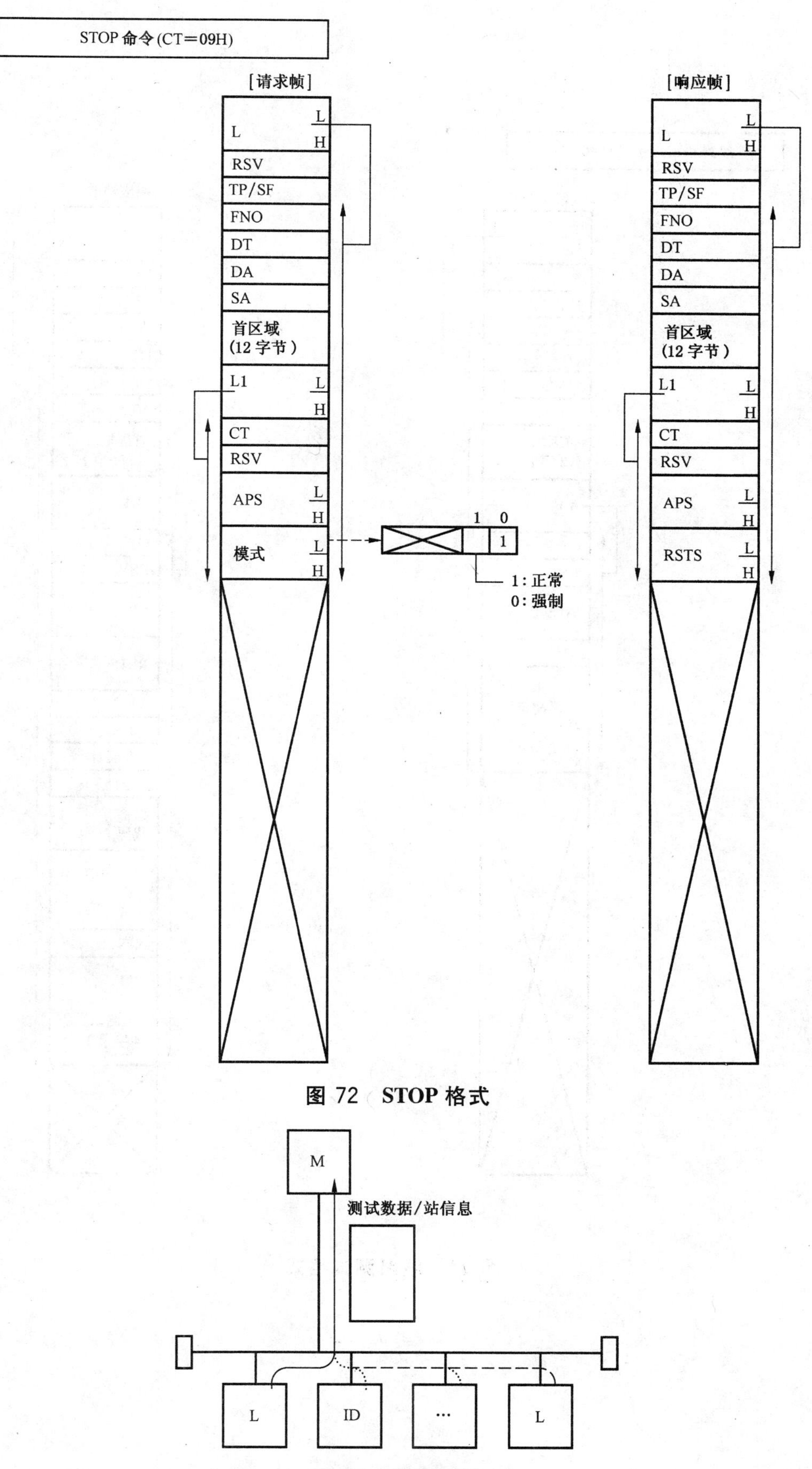

图 72 STOP格式

图 73 线路测试

线路测试命令(CT=0FH)
[请求帧]
L
L
H
RSV
TP/SF
FNO
DT
DA
SA
首区域
(12字节)
L1
L
H
CT
RSV
APS
L
H
站号
线路测试
数据
(4字节)
[响应帧]
L
L
H
RSV
TP/SF
FNO
DT
DA
SA
首区域
(12字节)
L1
L
H
CT
RSV
APS
L
H
RSTS
L
H
A1
A2
ST1
ST2
厂商
代码
L
H
型号代码
版本
回送测试数据
(4字节)

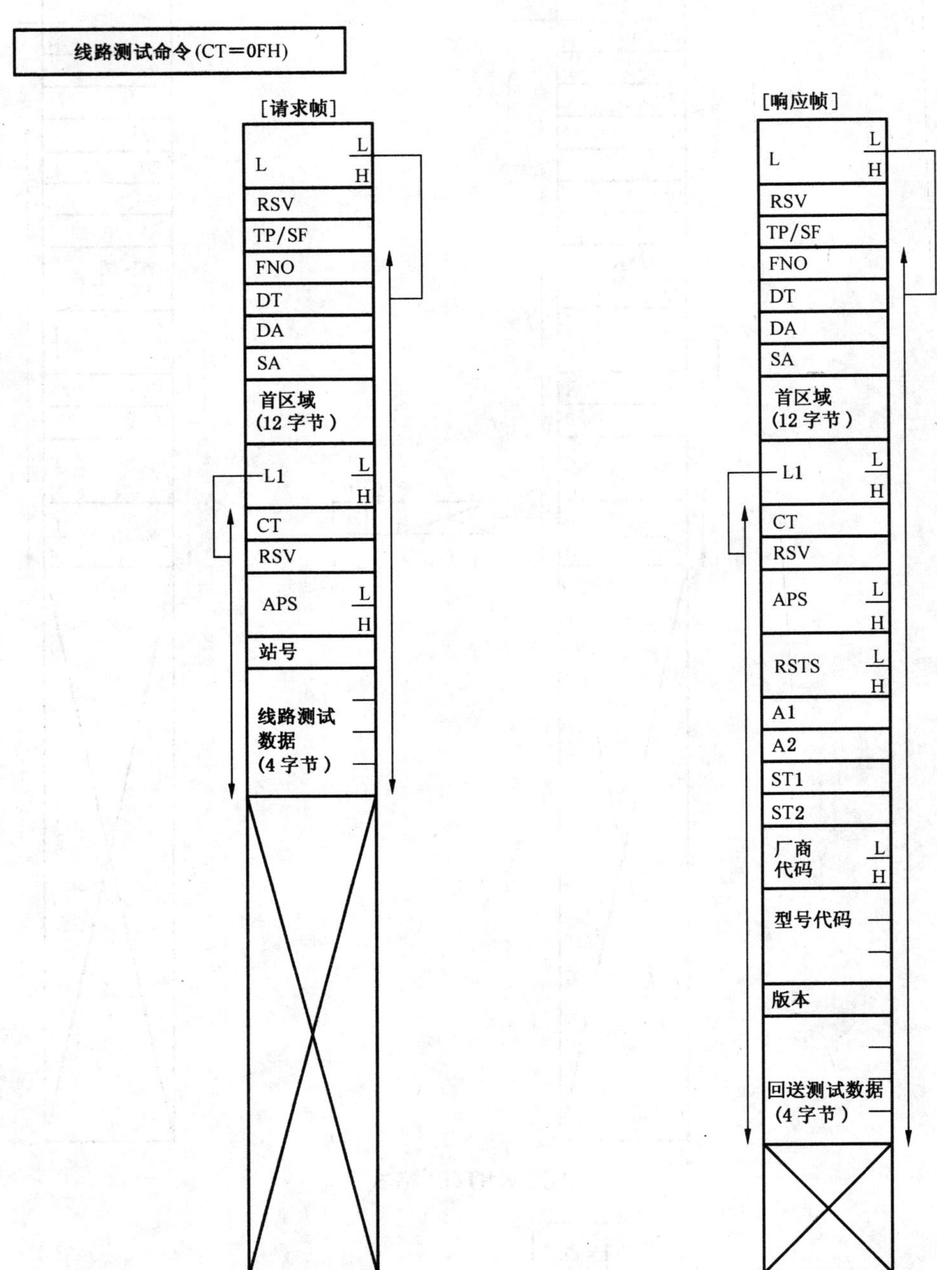

图 74 线路测试格式

9.3.2.3.7 **存储器读(CT=10H)**

a) 功能

此命令用于主站或从站从其他站的存储器中读取数据,见图75。

b) 输入

1) 数量;

2) 属性;

3) 存取代码;

4) 地址;

5) 读取的容量。

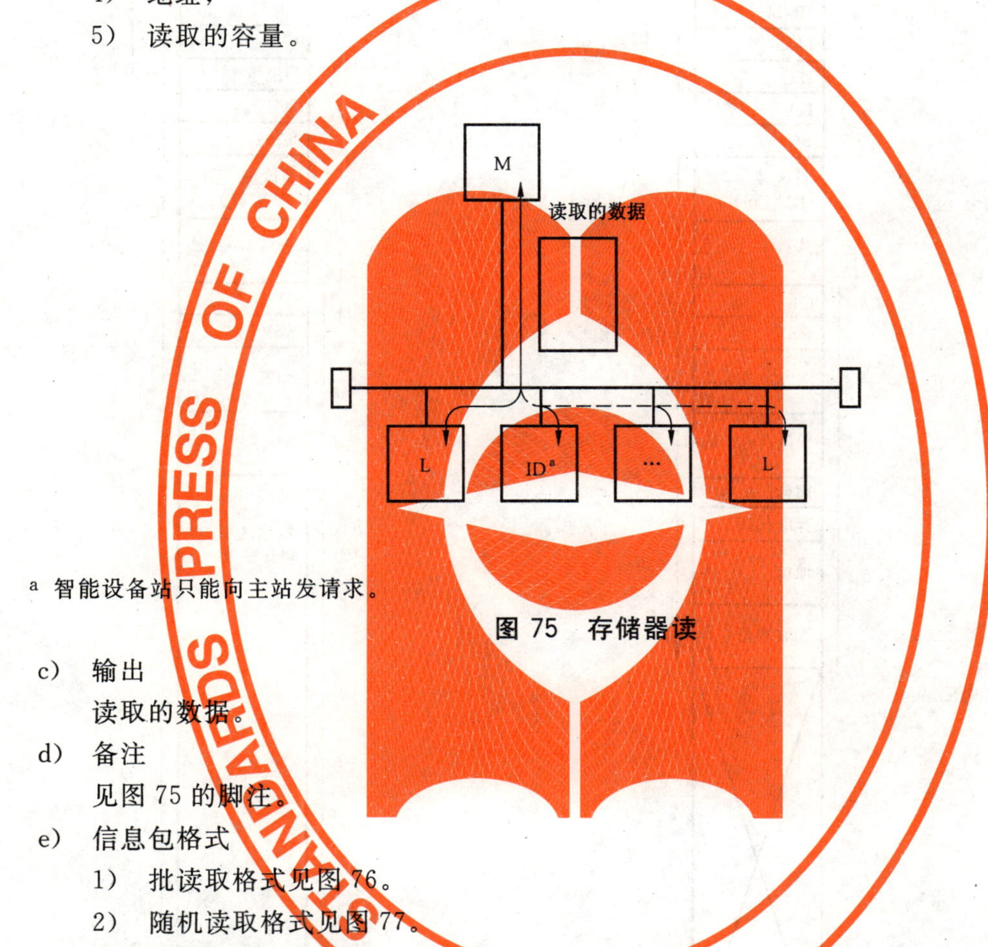

[a] 智能设备站只能向主站发请求。

图75 存储器读

c) 输出

读取的数据。

d) 备注

见图75的脚注。

e) 信息包格式

1) 批读取格式见图76。

2) 随机读取格式见图77。

9.3.2.3.8 **存储器写(CT=12H)**

a) 功能

此命令用于主站或从站将数据写到其他站的存储器中,见图78。

批读取命令(CT=10H)

[请求帧]

L L H
RSV
TP/SF
FNO
DT
DA
SA
首区域 (12 字节)
L1 L H
CT
RSV
APS L H
数量 L H
属性
存取代码
地址 L H
读取容量 L H

[响应帧]

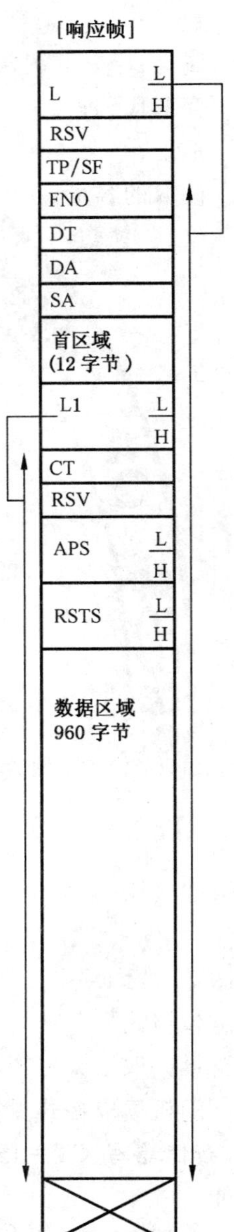

——数量：固定为 1。

——地址(存取代码)：参照 9.3.2.4。

——读取容量(属性)

- 位规定：16～7 680(位)；
- 字规定：1～480(字)。

图 76　批读取格式

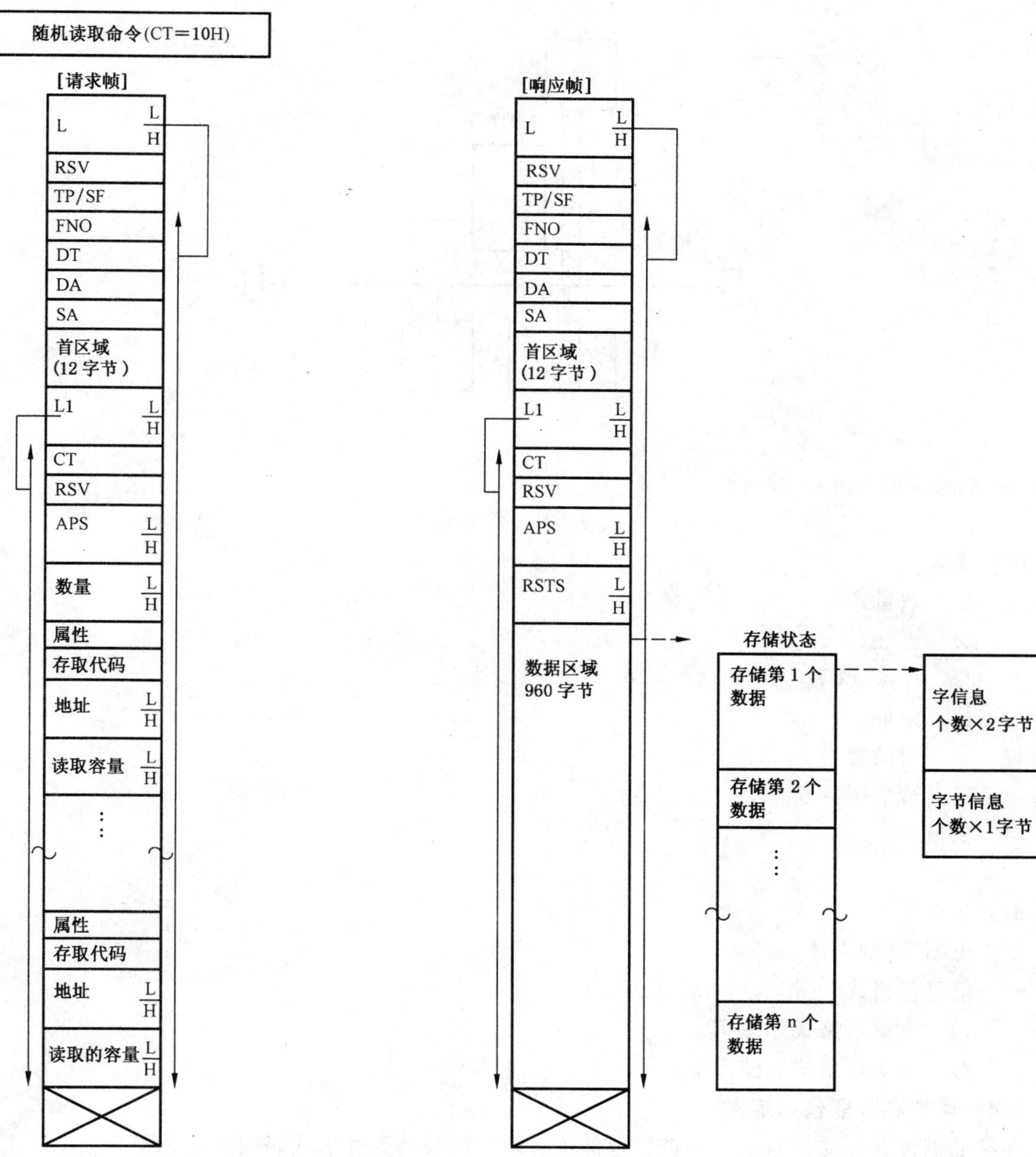

——数量:2～160。

——地址(存取代码):参照9.3.2.4。

——读取容量(属性)

- 位规定:0～7 680(位);
- 字规定:0～480(字);
- 字节规定:0～960(字节);

  总数:960(单位:字节)。

图77 随机读取格式

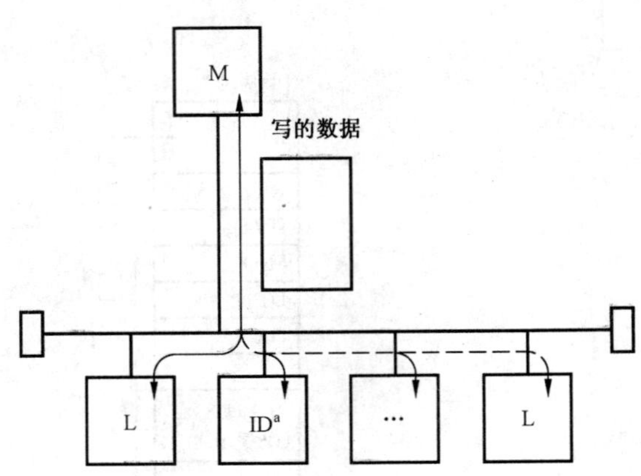

a 智能设备站只能向主站发请求。

图 78 存储器写

b) 输入
   1) 数量;
   2) 属性;
   3) 存取代码;
   4) 地址;
   5) 写的容量;
   6) 写数据。
c) 输出
   无。
d) 备注
   见图 78 的脚注。
e) 信息包格式
   1) 批量写格式见图 79。
   2) 随机写格式见图 80。

9.3.2.4 属性和存取代码定义

在存储器读和存储器写命令中进行存储器存取时的属性和存取代码的定义见图 81。

9.3.2.4.1 存取代码例

根据存取代码定义设置的存取代码实例如下所示。

a) CC-Link 节点内部存储器
   CC-Link 节点内部的存储器中的存取代码根据存储器的不同而不同,如表 47 所示

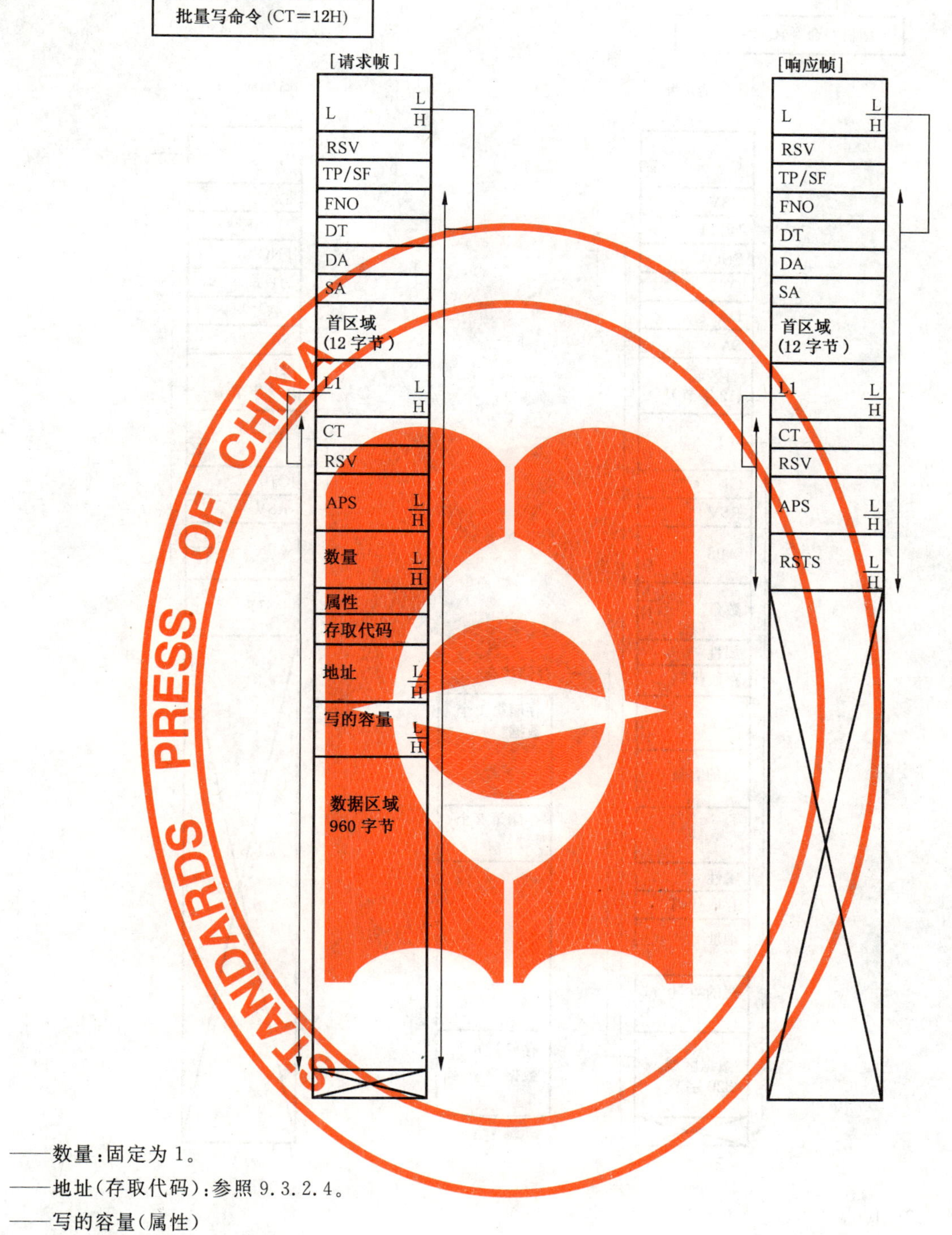

——数量:固定为 1。

——地址(存取代码):参照 9.3.2.4。

——写的容量(属性)

- 位规定:16～7 680(位);
- 字规定:1～480(字)。

图 79 批量写格式

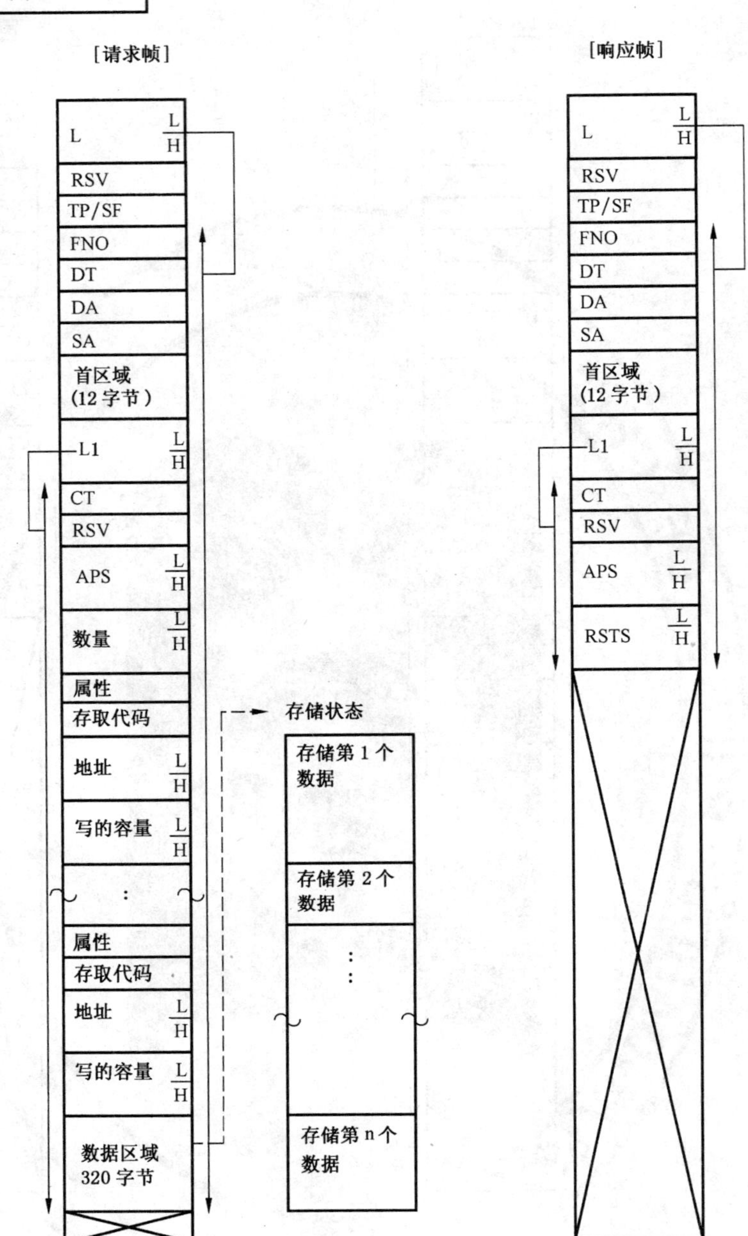

——数量:2～100。

——地址(存取代码):参照 9.3.2.4。

——写的容量(属性)

- 位规定:0～7 680(位);
- 字规定:0～480(字);
- 字节规定:0～960(字节);

总数:960(单位:字节)。

图 80 随机写格式

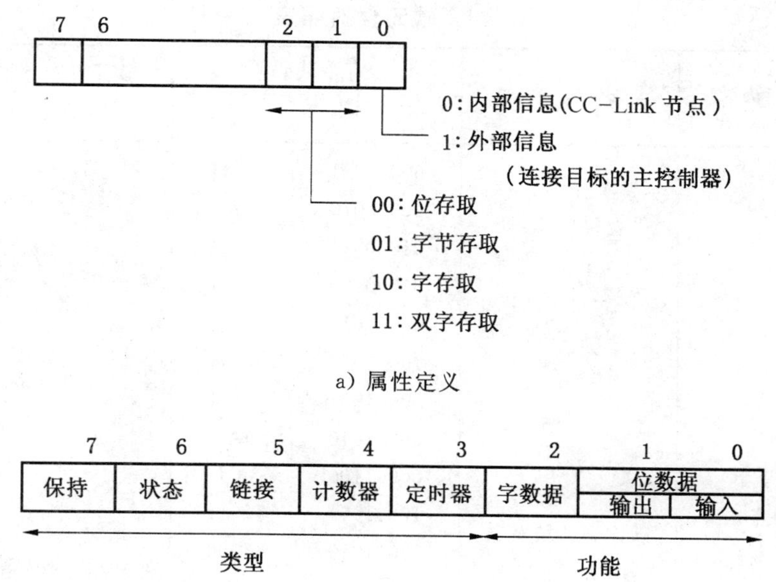

b) 存取代码定义

注：如果上述各位都不设置，就表示缓冲区。

图 81　属性和存取代码定义

表 47　内部存储器

缓冲区内容		存取代码	备　注
缓冲区	实际缓冲区	00H	区域起始位置根据厂商规定变化
状态缓冲区	智能设备站自动刷新缓冲区	40H	
链接缓冲区	随机存取缓冲区	20H	
链接软元件[a]	链接输入 链接输出 链接寄存器 链接专用继电器 链接专用寄存器	21H 22H 24H 63H 64H	
[a] 节点的内部存储区域			

b)　控制器(PLC 等)存储器

PLC 的软元件[2)]存储器(PLC 的 CPU 内分配的寄存器等)的存取代码示例，如表 48 所示。

2)　节点的内部存储区域。

表 48 软元件对照表

	软元件存储器内容	名称	存取代码		软元件存储器号和存取范围	类型	
			76543210	值		B	W
支持	输入继电器	随作为请求对象的PLC而变化	00000001	01H	根据每一PLC，软元件号和存取范围不同	○	
	输出继电器		00000010	02H		○	
	专用继电器		01000011	43H		○	
	专用寄存器		01000100	44H			○
	内部继电器		00000011	03H		○	
	锁存继电器		10000011	83H		○	
	定时器(触点)		00001001	09H		○	
	定时器(线圈)		00001010	0AH		○	
	定时器(当前值)		00001100	0CH			○
	累计定时器(触点)		10001001	89H		○	
	累计定时器(线圈)		10001010	8AH		○	
	累计定时器(当前值)		10001100	8CH			○
	计数器(触点)		00010001	11H		○	
	计数器(线圈)		00010010	12H		○	
	计数器(当前值)		00010100	14H			○
	数据寄存器		00000100	04H			○
	文件寄存器		10000100	84H			○
	链接继电器		00100011	23H		○	
	链接寄存器		00100100	24H			○
	链接专用继电器		01100011	63H		○	
	链接专用寄存器		01100100	64H			○

注：B——位软元件；W——字软元件。

9.3.2.5 瞬时数据分段

在瞬时传输中，根据传输的数据量将帧分成几部分，然后传到低层，见图 82。

a) 主站将一个帧分成 150 字节的信息单元，然后从最后的信息单元开始传输。

b) 本地站和智能设备站将一个帧分成 158 字节的信息单元，再将每个信息单元分成 34 字节的信息单元，然后从最后的信息单元开始传输。

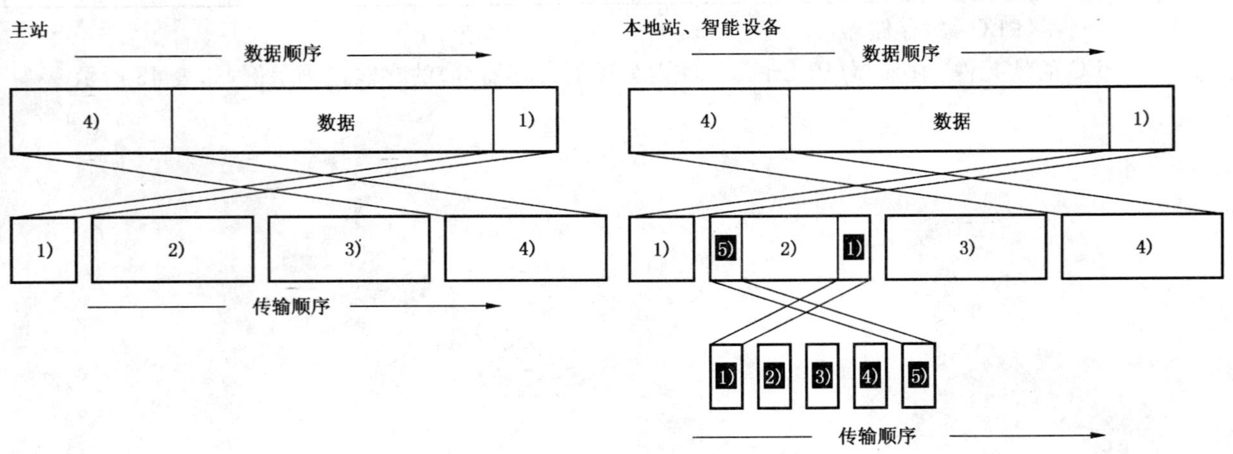

图 82 瞬时数据分段

9.3.2.5.1　**数据内容**

a)　分割帧和信息包格式

在分割过程中阴影区域将重新设置，见图 83。

b)　分割数和发送顺序

例：分割 142 字节（智能设备站或本地站）。

分割数和发送顺序见图 84。

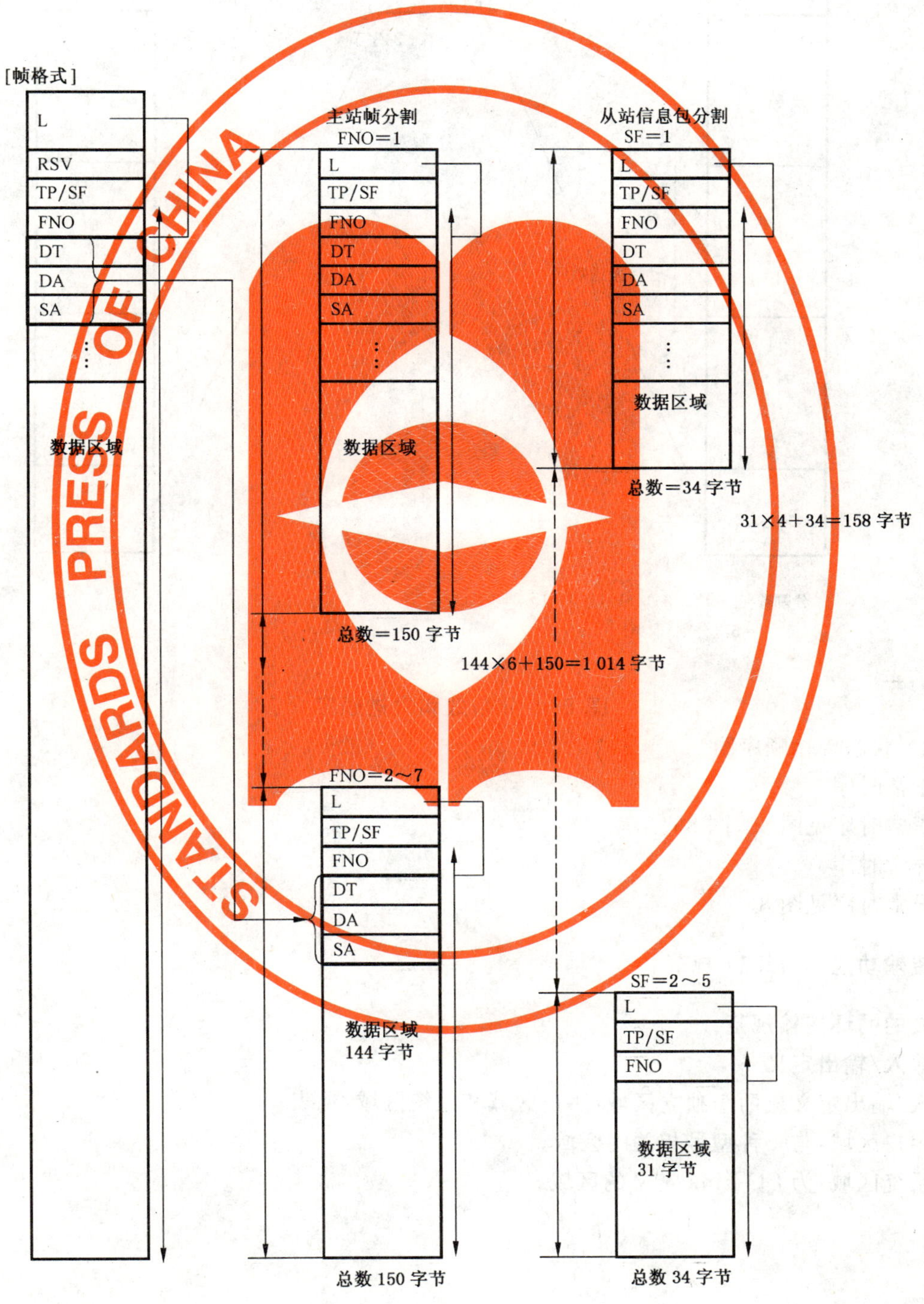

图 83　分割帧信息包

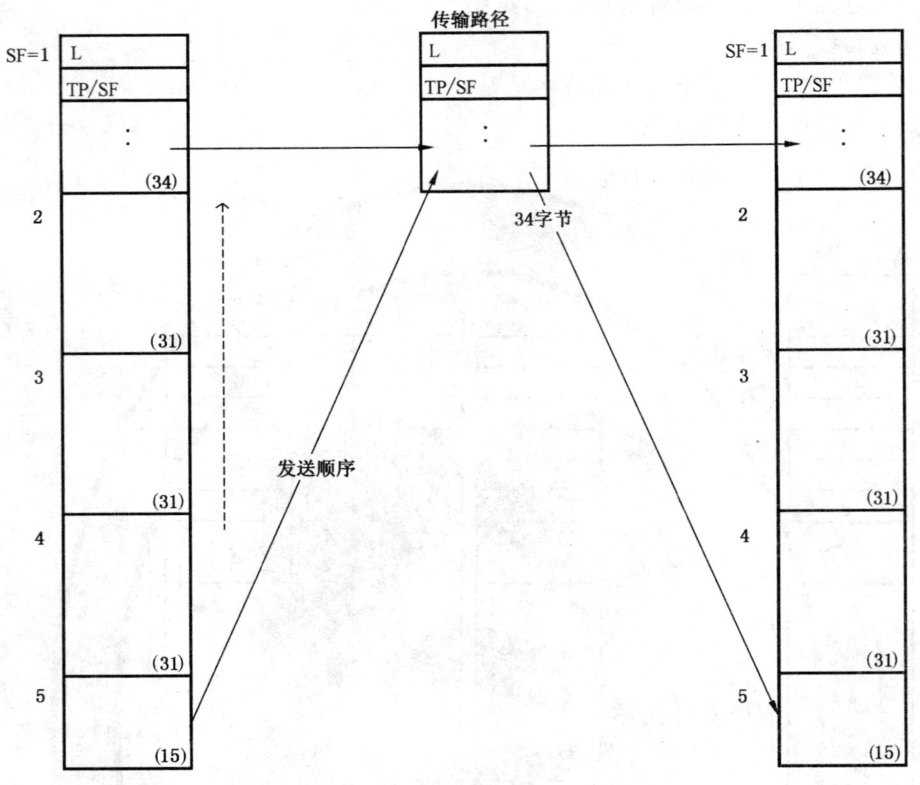

图 84 分割数和发送顺序

9.3.2.5.2 状态传输顺序图

a) 正常时序

正常时序见图 85、图 86。

b) 异常时序

异常时序见图 87。

10 报文传输功能[Ver1.11 规范]

10.1 报文的循环传输规范

10.1.1 输入/输出定义

将输入/输出定义成两个独立区域:用户区域和系统区域,见表 49。

——用户区域:与每种型号相关的区域。

——系统区域:为 CC-Link 定义的区域。

1） 模式 1

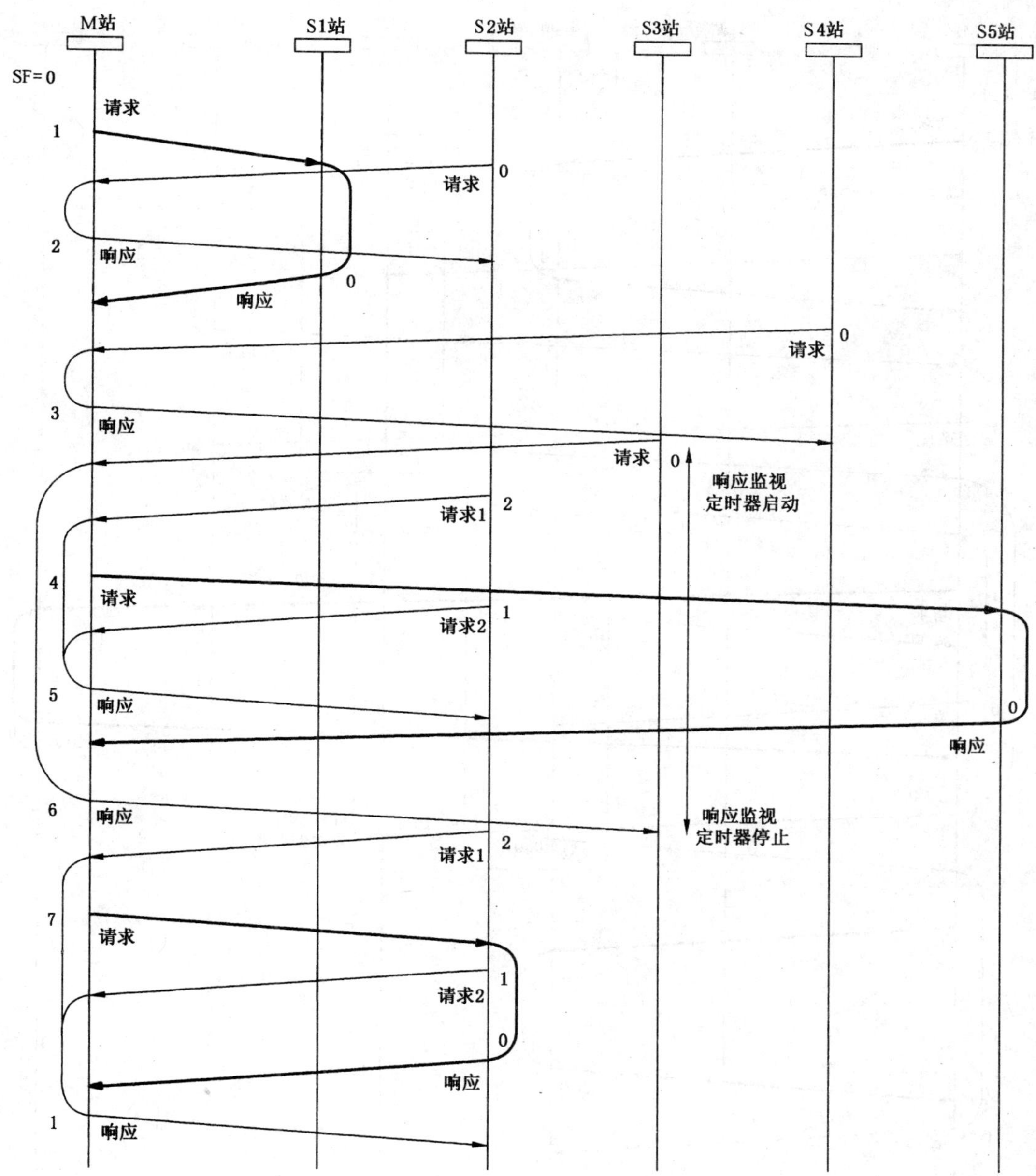

注：图表中从站数旁的数显示 SF。

图 85 状态传输顺序图 1

2） 模式 2

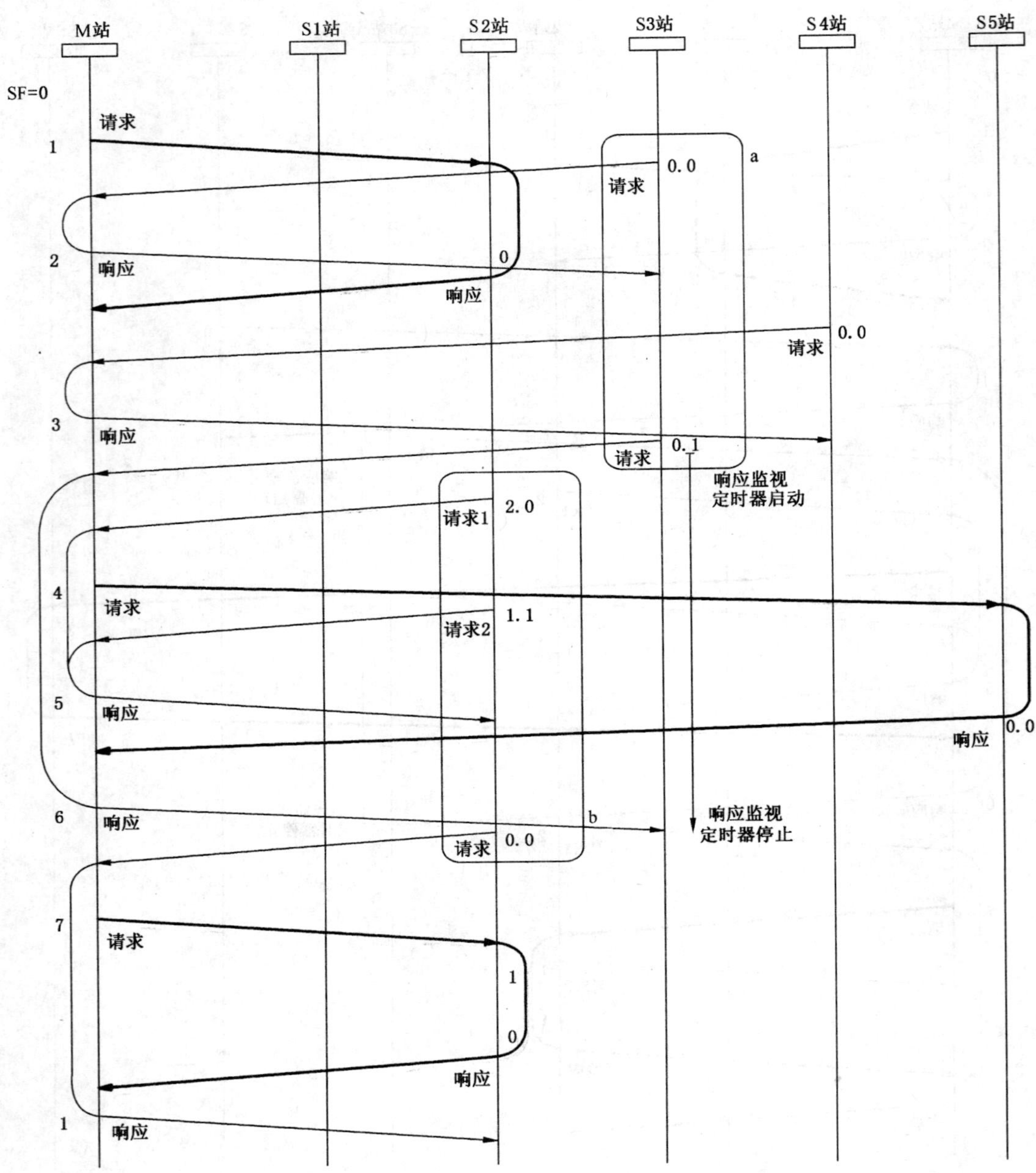

a 在 0→0 情况下，通过信息包改变识别标志来验证数据刷新。

b 验证信息包时，信息包改变识别标志是必需的，如 0→2……→0 情况。

注：图表中从站旁的数显示 SF 信息包改变识别标志。

图 86 状态传输顺序图 2

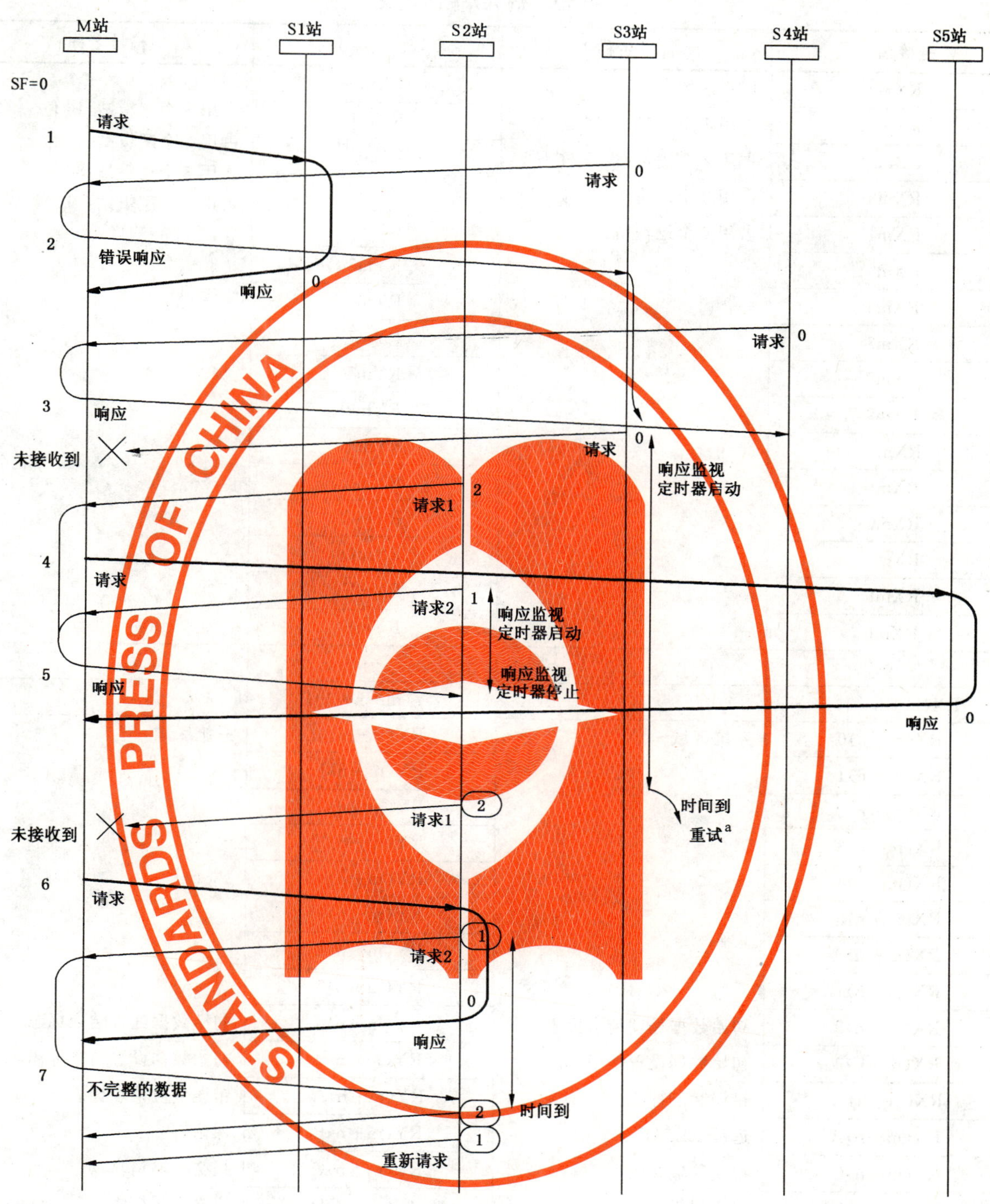

a 重试期间 APS 值不会变化(只在应用层处理)。

(1)(2)表示数据发送异常时的处理过程。

注:图表中从站旁的数显示 SF。

图 87 状态传输顺序图 3

表 49 输入/输出定义

链接输入	符号名称	链接输出	符号名称
RXm0	用户区域 占用 1 个逻辑站:16 位 占用 2 个逻辑站:48 位 占用 3 个逻辑站:80 位 占用 4 个逻辑站:112 位	RYm0	用户区域 占用 1 个逻辑站:16 位 占用 2 个逻辑站:48 位 占用 3 个逻辑站:80 位 占用 4 个逻辑站:112 位
RXm1		RYm1	
RXm2		RYm2	
RXm3		RYm3	
RXm4		RYm4	
RXm5		RYm5	
RXm6		RYm6	
RXm7		RYm7	
RXm8		RYm8	
RXm9		RYm9	
RXmA		RYmA	
RXmB		RYmB	
RXmC		RYmC	
RXmD		RYmD	
RXmE		RYmE	
RXmF		RYmF	
…		…	
RX(m+n−1)F		RY(m+n−1)F	
RX(m+n)0	系统区域	RY(m+n)0	系统区域
RX(m+n)1		RY(m+n)1	
RX(m+n)2		RY(m+n)2	
RX(m+n)3		RY(m+n)3	
RX(m+n)4		RY(m+n)4	
RX(m+n)5		RY(m+n)5	
RX(m+n)6		RY(m+n)6	
RX(m+n)7		RY(m+n)7	
RX(m+n)8	初始数据处理请求标志	RY(m+n)8	初始数据处理结束标志
RX(m+n)9	初始数据设置结束标志	RY(m+n)9	初始数据设置请求标志
RX(m+n)A	错误状态标志	RY(m+n)A	错误复位请求标志
RX(m+n)B	远程 READY	RY(m+n)B	保留
RX(m+n)C	报文传输接收	RY(m+n)C	报文传输请求
RX(m+n)D	报文握手标志	RY(m+n)D	报文握手标志
RX(m+n)E	保留	RY(m+n)E	保留
RX(m+n)F	保留	RY(m+n)F	保留

注：m 由设定的站号决定

n 由占用的逻辑站数而定

n=1:占用 1 个逻辑站

n=3:占用 2 个逻辑站

n=5:占用 3 个逻辑站

n=7:占用 4 个逻辑站

当使用报文传输功能时，在测试帧信息中，必须设置型号代码的内部型号类型的最高位(b23)为 ON。

10.1.2 系统区域的详细描述

10.1.2.1 **RX(m+n)8/RY(m+n)8:初始数据处理请求/结束标志**

如图 88 所示,当远程设备站接通电源时或在硬件复位之后,远程设备站使用这个标志请求对用户应用程序进行初始处理。

注:与 RX(m+n)B(远程站 READY)联动。

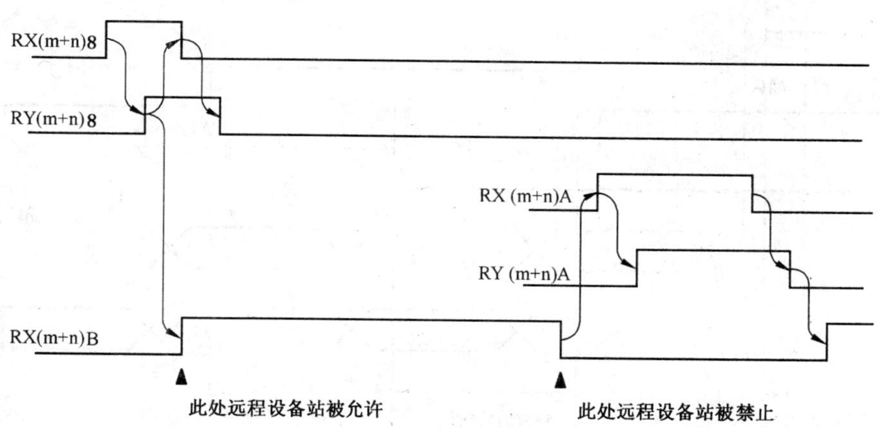

图 88 初始数据处理请求/结束标志

10.1.2.2 **RX(m+n)9/RY(m+n)9:初始数据设置结束/请求标志**

如图 89 所示,如果用户应用程序对远程设备站初始设置有请求,那么就使用此标志。

注:与 RX(m+n)B(远程站 READY)联动。

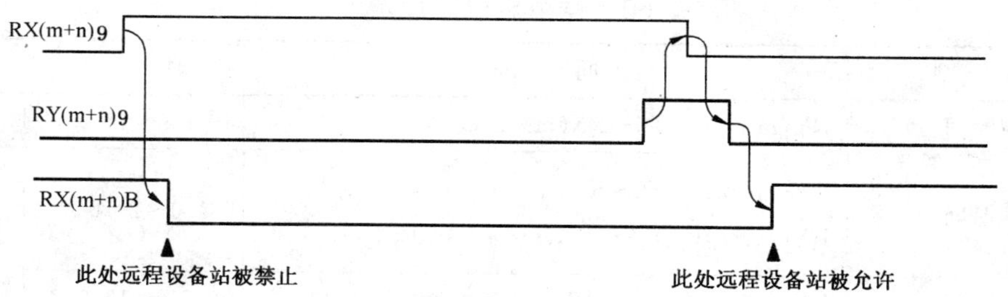

图 89 初始数据设置结束/请求标志

10.1.2.3 **RX(m+n)A/RY(m+n)A:错误状态/复位请求标志**

除远程设备站 WDT 超时之外,使用此标志来提供差错通知/取消差错。

注:此错误复位请求标志取消差错,并清除差错值存贮区域。差错值存贮区域的 RWr 号与型号有关。

10.1.2.4 **RX(m+n)B:远程站 READY 标志**

指示初始数据设置(RX(m+n)8,9)的初始化过程结束。

注:当出现错误时,设置为 OFF。

10.1.2.5 **RX(m+n)C/RY(m+n)C:报文传输接收/请求标志——系统标志**

当设定/读取参数时,使用该标志作为用户应用程序中的互锁。

注:不得从用户程序访问 10.1.2.6 中的握手标志。

10.1.2.6 **RX(m+n)D/RY(m+n)D:报文握手标志——系统标志**

当使用刷新链接寄存器(RWw/RWr)区域把事件类型数据(例如:10 至 100 字节区域上的大范围参数)传输至远程设备站时(在多个链接扫描周期上进行传输),使用此标志作为设置事件类型数据的握手。

此外,状态改变指示块数据接收结束。

注:它与报文传输请求标志(RY(m+n)C)一起使用。

图 90 示出了主站的请求传输给远程设备站，远程设备站的相关响应返回给主站的示例。

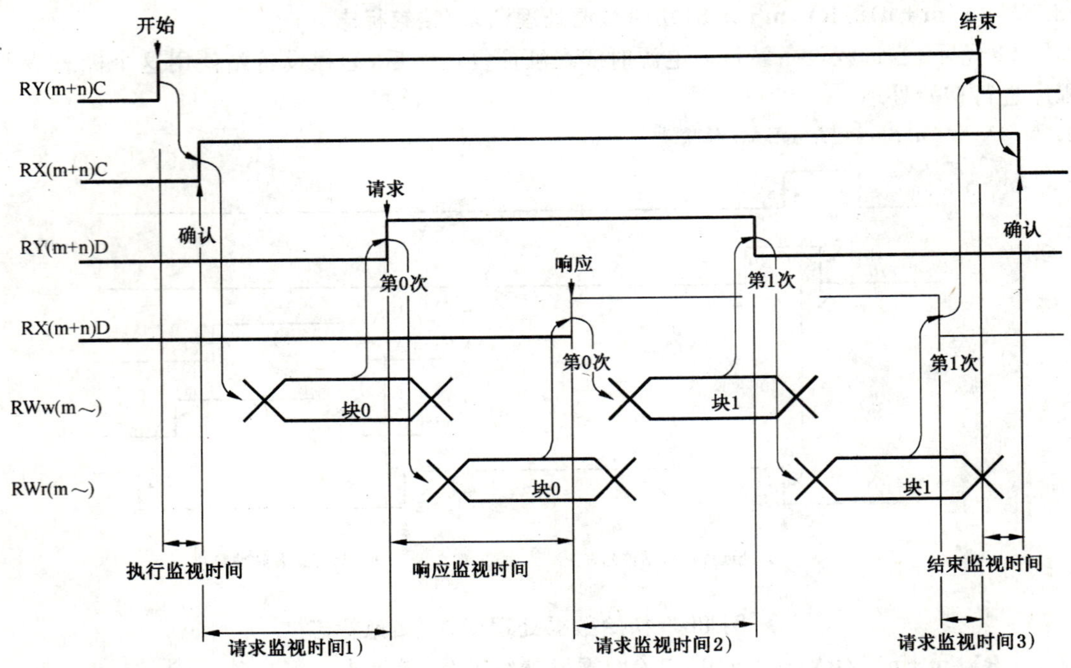

图 90 用于请求/响应数据的控制信号

各种监视时间的定义如表 50 所示。

表 50 监视定时器规定

序号	类　型	间　隔	时　间	启动
1	执行监视时间	RY(m+n)C ON～RX(m+n)C ON	0.5 s～12.0 s[a]	主站
2	响应监视时间	RY(m+n)D ON～RX(m+n)D ON RY(m+n)C OFF～RX(m+n)D OFF	1.0～24.0 s[a]	主站
3	结束监视时间	RY(m+n)C OFF～RX(m+n)C OFF	0.5 s～12.0 s[a]	主站
4	请求监视时间 1)～3)	1)RX(m+n)C ON～RY(m+n)D ON 2)RX(m+n)D ON～RY(m+n)D OFF RX(m+n)D OFF～RY(m+n)D ON 3)RX(m+n)D ON～RY(m+n)C OFF RX(m+n)D OFF～RY(m+n)C OFF	1.0 s～24.0 s[a]	远程设备站
a 监视时间与传输速率有关，见表 51 所示。				

表 51 不同传输速率的监视时间

	执行监视时间	响应监视时间	结束监视时间	请求监视时间
156 kbit/s	12.0 s	24.0 s	12.0 s	24.0 s
625 kbit/s	3.2 s	6.4 s	3.2 s	6.4 s
2.5 Mbit/s	1.1 s	2.2 s	1.1 s	2.2 s
5 Mbit/s	0.7 s	1.4 s	0.7 s	1.4 s
10 Mbit/s	0.5 s	1.0 s	0.5 s	1.0 s

10.1.3 数据帧结构

按照图 91 所示的格式，使用 RW 区域进行传输。

发送和接收数据结构：

首区域：RW 区域中的块号、子命令类型、分割数和数据大小；

其余区域：实际数据区域。

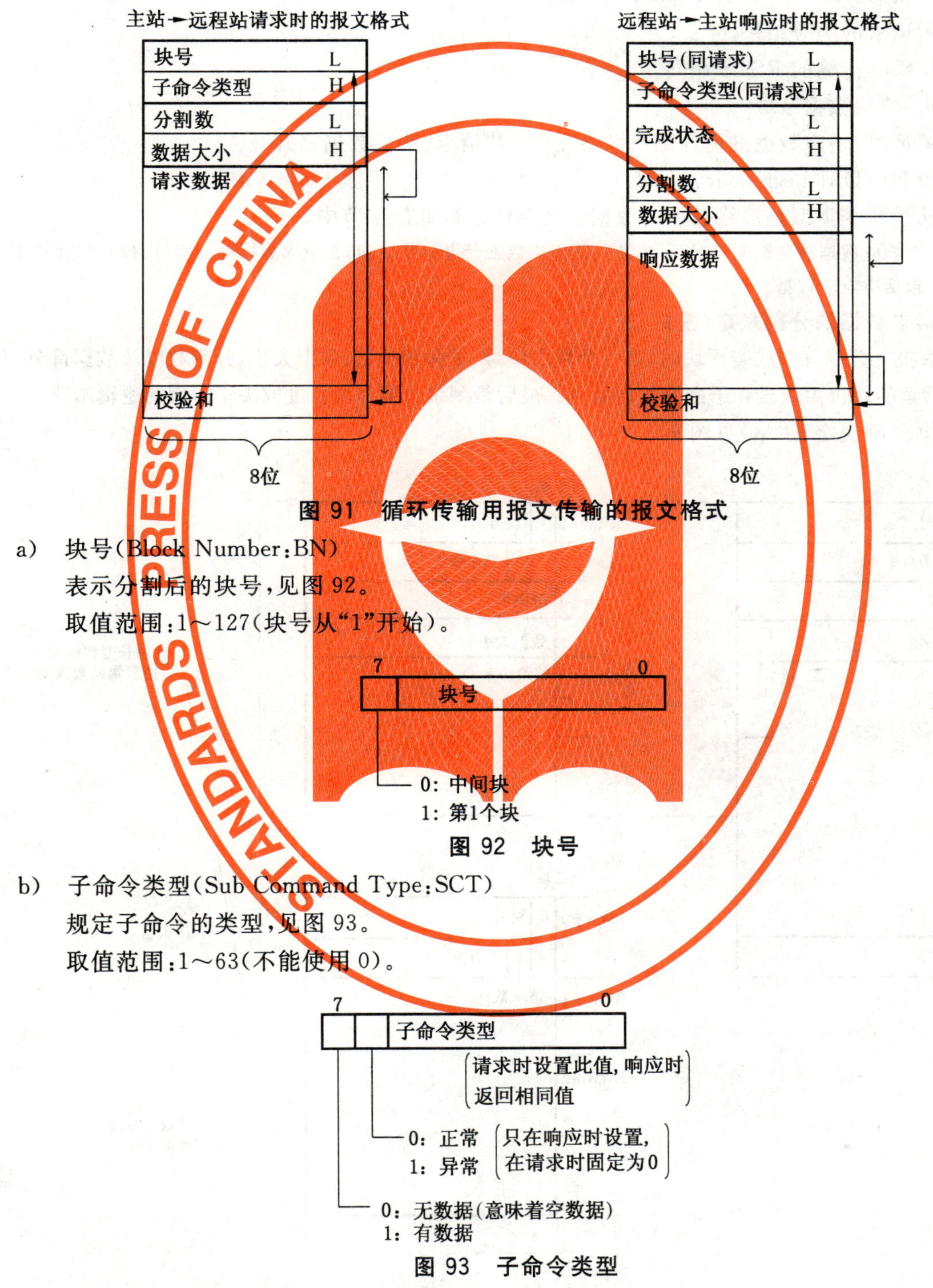

图 91 循环传输用报文传输的报文格式

a) 块号(Block Number:BN)

表示分割后的块号，见图 92。

取值范围：1～127(块号从“1”开始)。

7 0
块号
0：中间块
1：第1个块

图 92 块号

b) 子命令类型(Sub Command Type:SCT)

规定子命令的类型，见图 93。

取值范围：1～63(不能使用 0)。

7 0
子命令类型
请求时设置此值，响应时返回相同值
0：正常
1：异常
只在响应时设置，在请求时固定为0
0：无数据(意味着空数据)
1：有数据

图 93 子命令类型

注：有关子命令类型分配的更详细信息参见 10.3“子命令列表”。

c) 分割数(Division Number:DN)

表示分割的总数量。

取值范围：1～255。

注：分割数和数据大小与占用逻辑站数有关。

d) 数据大小(Data SiZe：DSZ)

表示报文数据的请求/应答数据大小。

取值范围：1～255 字节。

e) 返回状态(Return STatuS：RSTS)

表示请求的响应结果。

它与瞬时传输的 RSTS 相同。

f) 请求/响应数据区域

有关请求/响应数据的更详细信息参见 10.4“请求/响应数据格式”。

g) 校验和(SUMcheck code：SUM)

将从子命令类型至最终数据的数据长度存储在最低位字节中。

注：在响应数据被分割的情况下，主站从首部块数据起进行校验和；在请求数据被分割时，校验和计算中不得包括空响应数据。

10.1.3.1 请求数据的分割规定(主站)

当把请求报文数据分割成若干块时，第一个块由块号、子命令类型、数据大小、分割数以及数据部分组成；第二个块及后续的块仅由块号和子命令类型组成。最后是剩余数据。块长度取决于占用的逻辑站数。

请求数据分割规定(主站)见图 94。

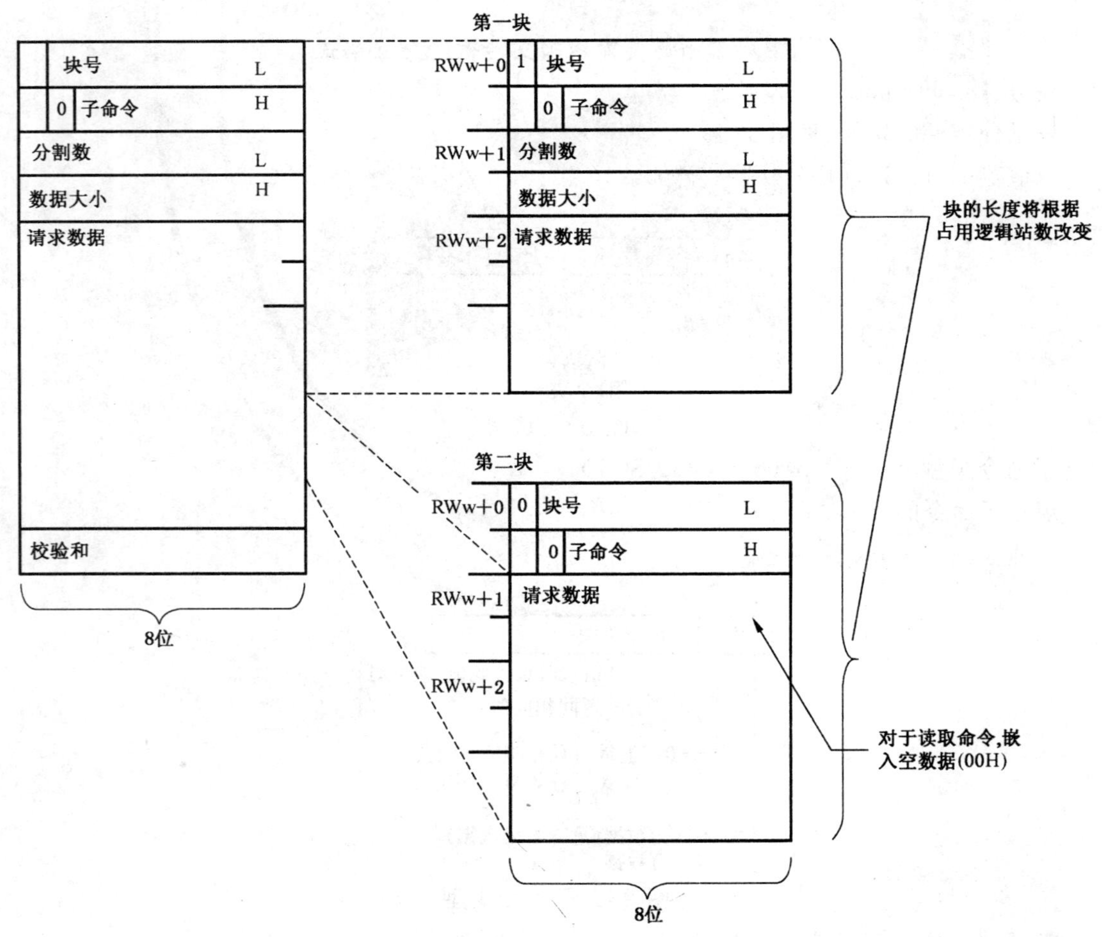

图 94 请求数据的分割规定(主站)

10.1.3.2 响应数据的分割规定(远程设备站)

响应数据与请求数据分割过程相同。然而,块号和子命令类型是请求的回送值。另外,使用子命令类型的高两位来判断数据是否存在以及是否正常。

响应数据分割规定(远程设备站)见图 96。

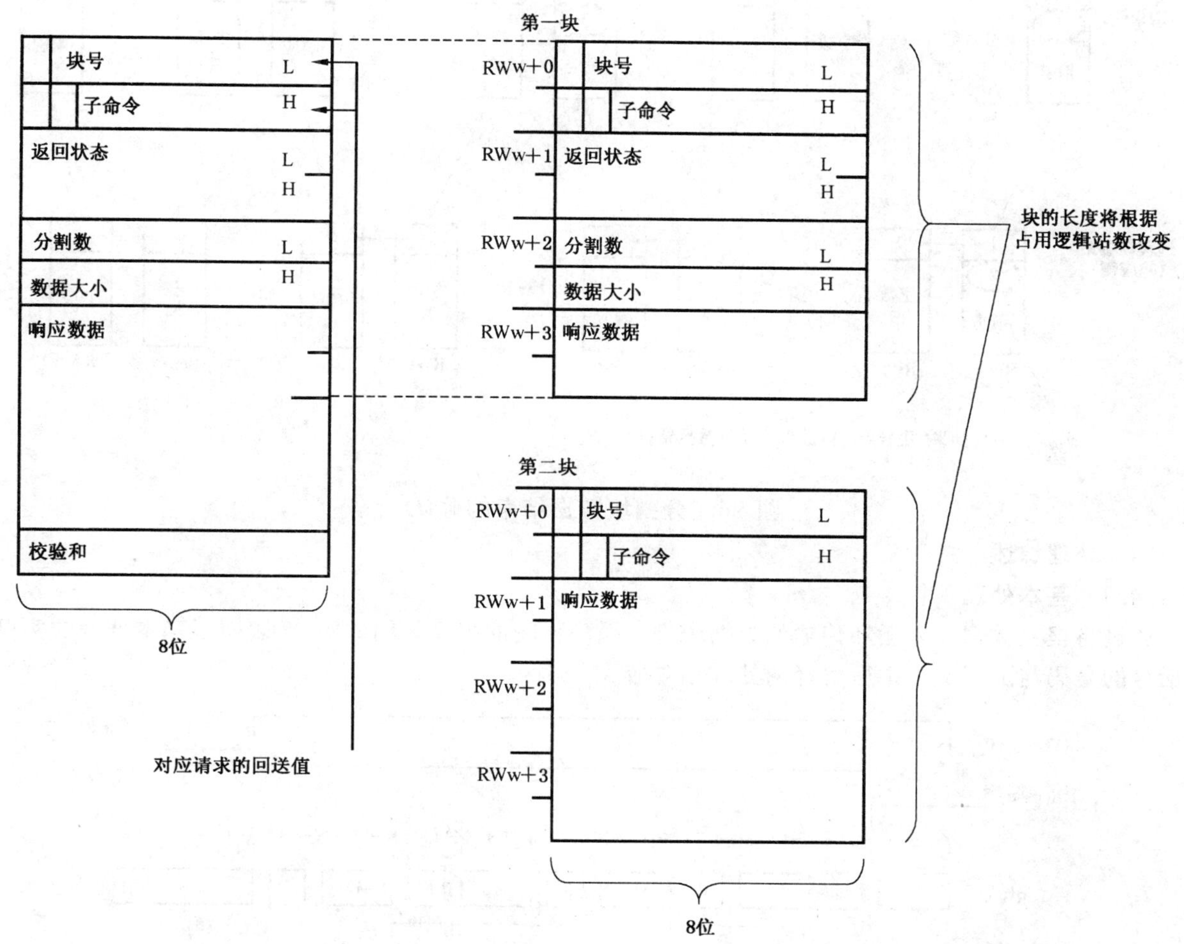

图 95 响应数据的分割规定(从站)

10.1.3.3 分割块数据结束的确认

数据的结束是通过分割数和块号来确认的,如图 96 所示。

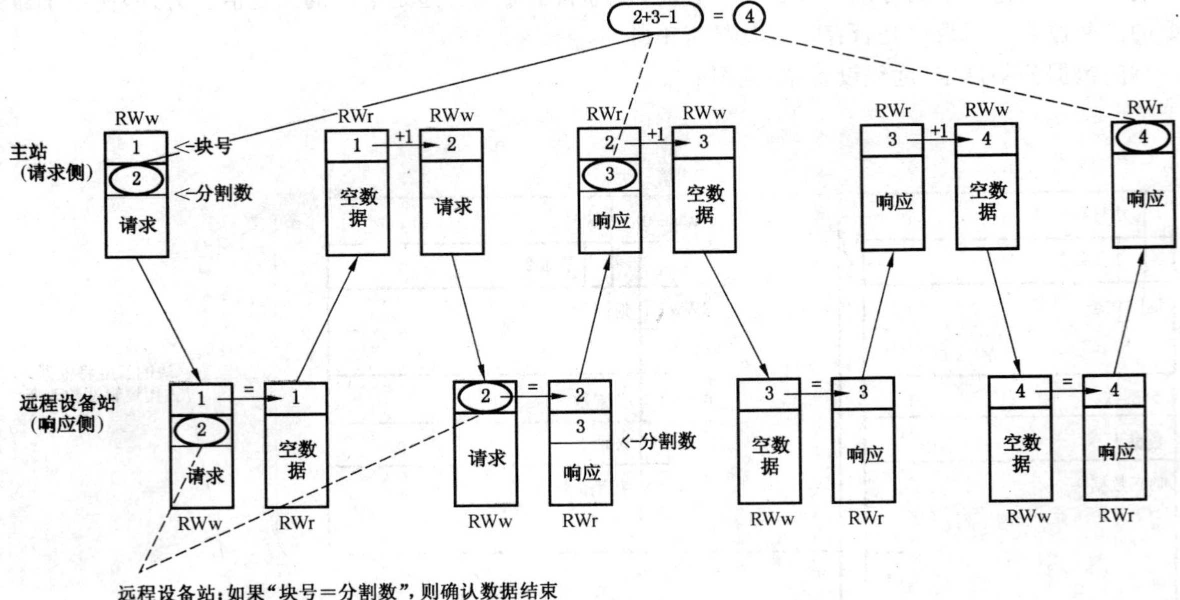

图 96　分割块数据结束的确认

10.1.4　处理综述

10.1.4.1　基本处理

通过将报文数据加入循环传输的数据中进行循环传输的报文传输。图 97 表明了基本处理的实例。加括号的号码与下列文本中所解释的处理相对应。

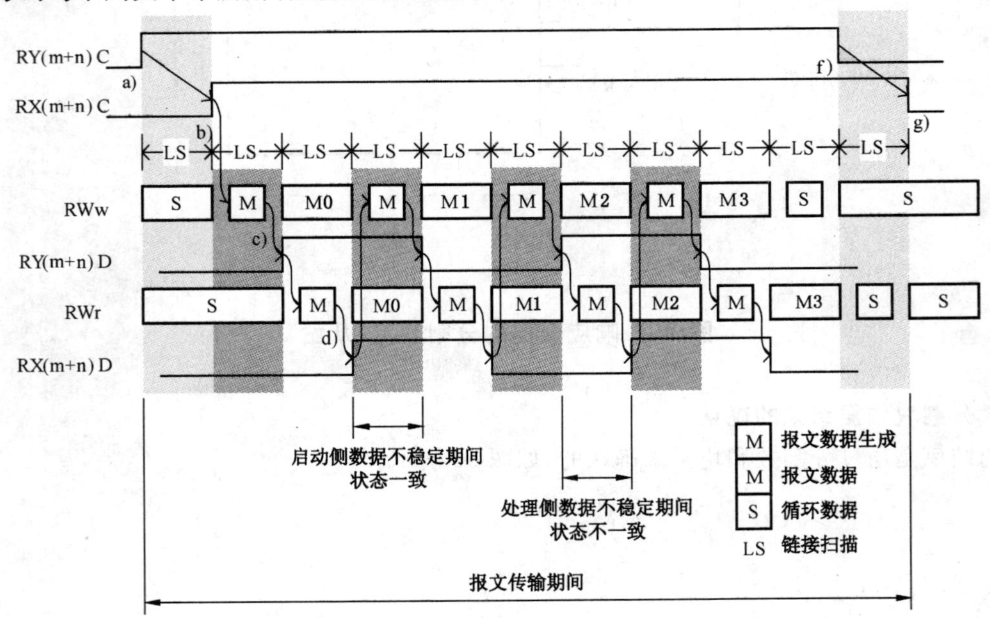

注：主站(启动侧)：如果 RY(m+n)D=RX(m+n)D，那么作为报文数据确认。

远程设备站(处理侧)：如果 RY(m+n)D≠RX(m+n)D，那么作为报文数据确认。

图 97　请求/响应数据的控制处理

处理步骤如下：

a)　当主站(启动侧)发出的报文传输请求标志(RY(m+n)C)为"ON"时，报文传输启动。

b)　当远程站(处理侧)结束报文传输准备时，报文传输接收标志(RX(m+n)C)置为"ON"。

c) 主站(启动侧)的 RWw 区域设置报文请求数据,并将报文握手标志(RY(m+n)D)取反。

d) 一旦报文握手标志状态改变(RY(m+n)D≠RX(m+n)D),远程设备站(处理侧)就分析 RWw 区域数据。然后,远程设备站在 RWr 区域设置响应报文数据,并将报文握手标志(RX(m+n)D)取反。

e) 对于剩余的分割部分重复执行步骤 c)和步骤 d)。

f) 当主站(启动侧)把报文传输请求标志(RY(m+n)C)置为"OFF"时,报文传输结束。

g) 当远程设备站(处理侧)结束循环传输准备时,把报文传输接收标志(RX(m+n)C)置为"OFF"。

10.1.4.2 块分割处理

数据的分割段数由占用逻辑站数决定。

分割将会在读/写过程中产生空数据块。远程设备站(处理侧)发送空响应数据块直至接收到所有请求数据。主站(启动侧)发送空请求数据块直至接收到所有响应数据。

——读处理

图 98 示出了读处理。

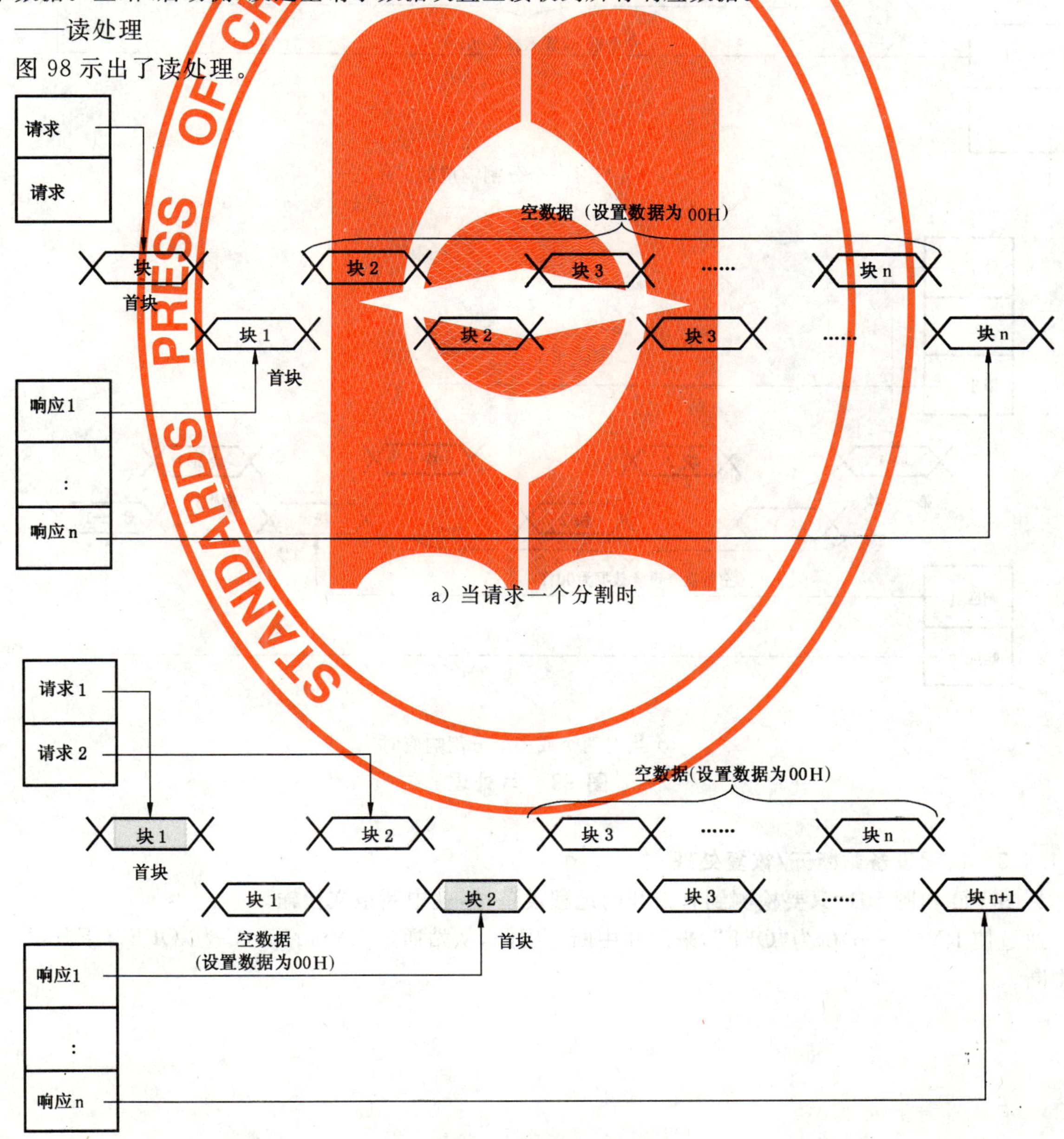

a) 当请求一个分割时

b) 当请求两个分割或多个分割时

图 98 读处理

——写处理

图 99 示出了写处理。

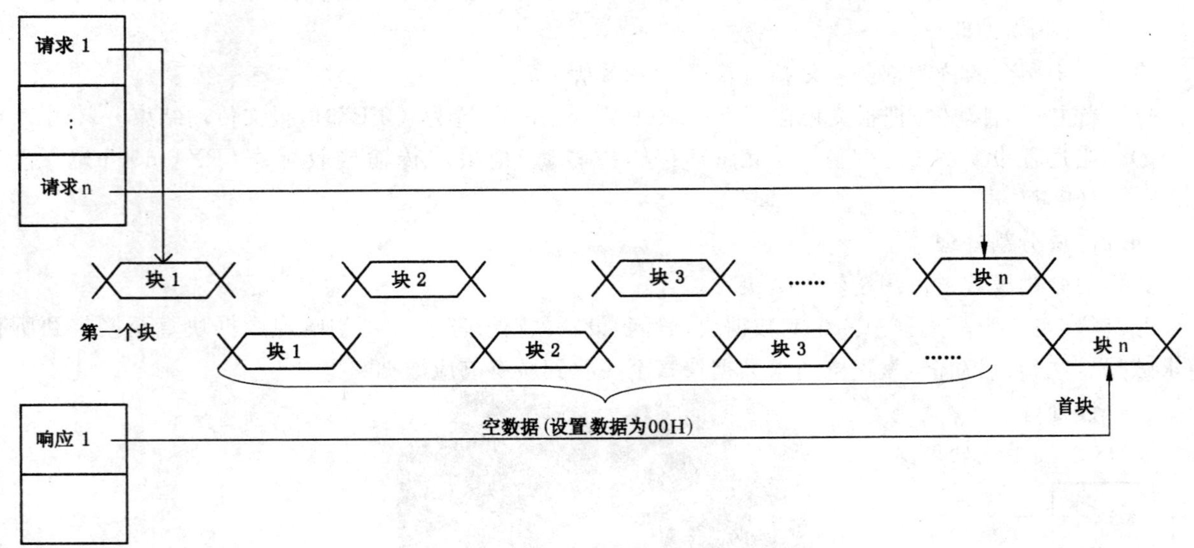

a）当对一个分割响应时

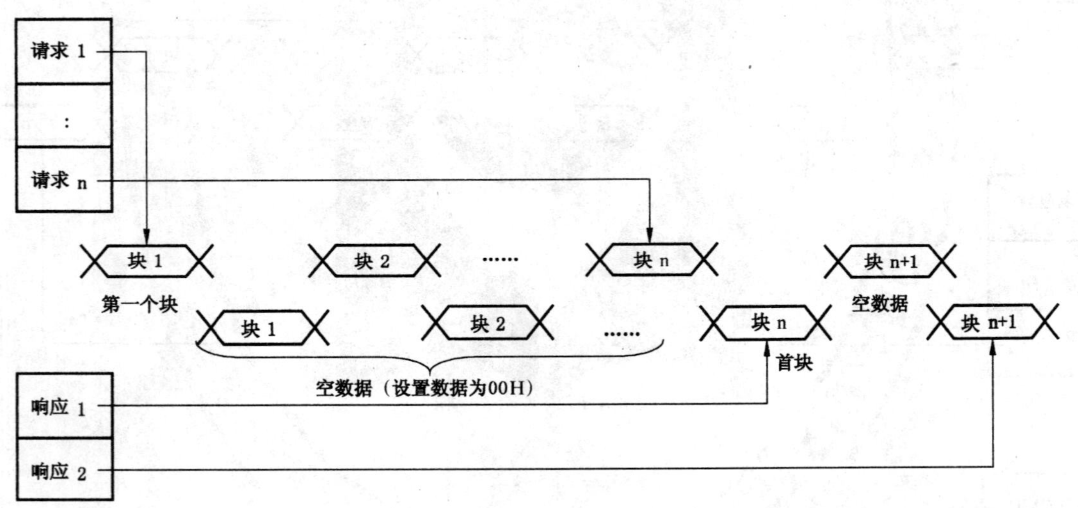

b）当对两个或多个分割响应时

图 99 写处理

10.1.4.3 远程设备站断开/恢复处理

见图 100 和图 101，只要检测到有断开的远程设备站，就中断报文传输。

通过使 RY(m+n)C 为“OFF”，来通知中断。因此，从站通过 RY(m+n)C 为“OFF”(下降沿)来识别中断。

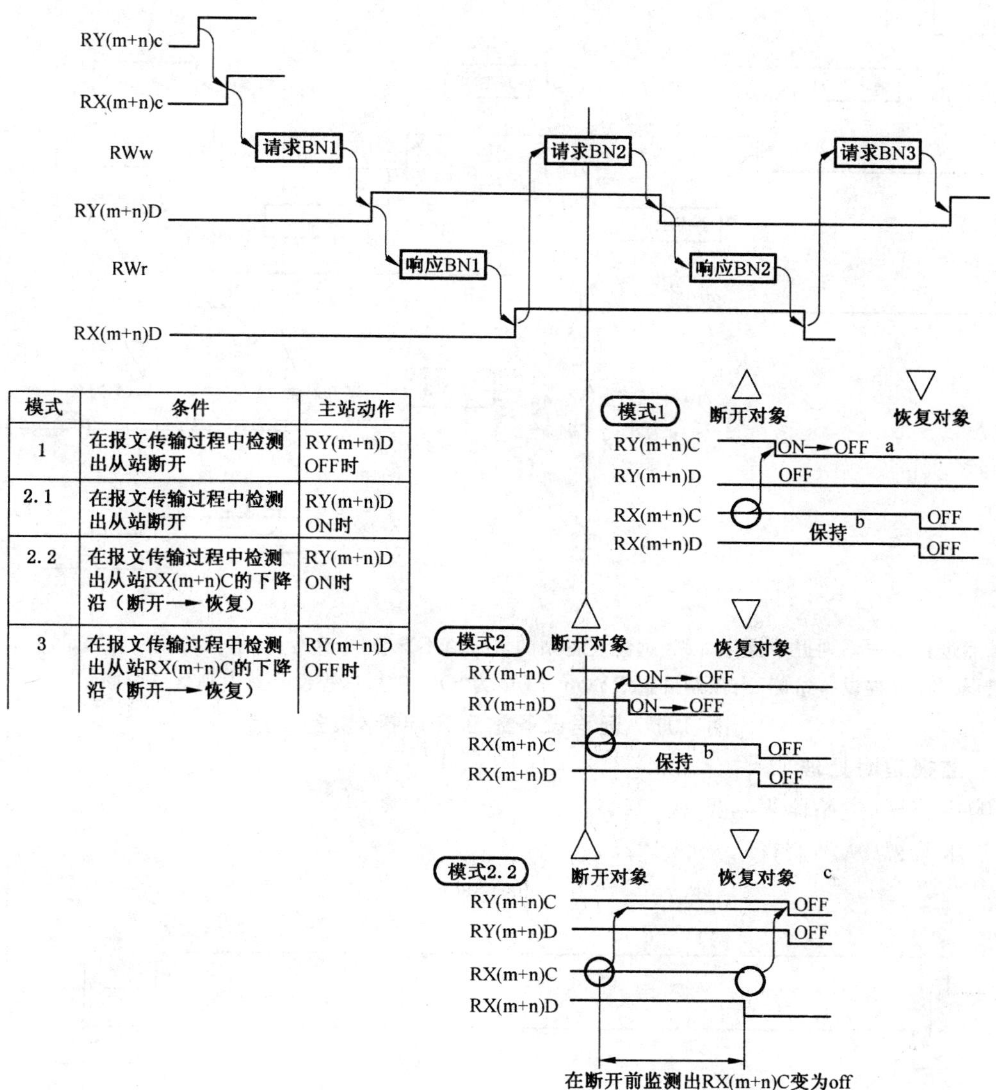

模式	条件	主站动作
1	在报文传输过程中检测出从站断开	RY(m+n)D OFF时
2.1	在报文传输过程中检测出从站断开	RY(m+n)D ON时
2.2	在报文传输过程中检测出从站RX(m+n)C的下降沿（断开→恢复）	RY(m+n)D ON时
3	在报文传输过程中检测出从站RX(m+n)C的下降沿（断开→恢复）	RY(m+n)D OFF时

a 一旦检测到断开连接的远程设备站，主站就强制停止报文传输（并向用户应用返回错误报文）。

b 由主站参数设定决定是否保持 RX(m+n)D。

c 如果在主站（启动侧）检测到远程设备站断开之前远程设备站（处理侧）已经恢复至网络中，那么远程设备站（处理侧）等待初始化，直到完成报文传输（RY(m+n)C“OFF”为止）。

图 100 远程设备站断开/恢复

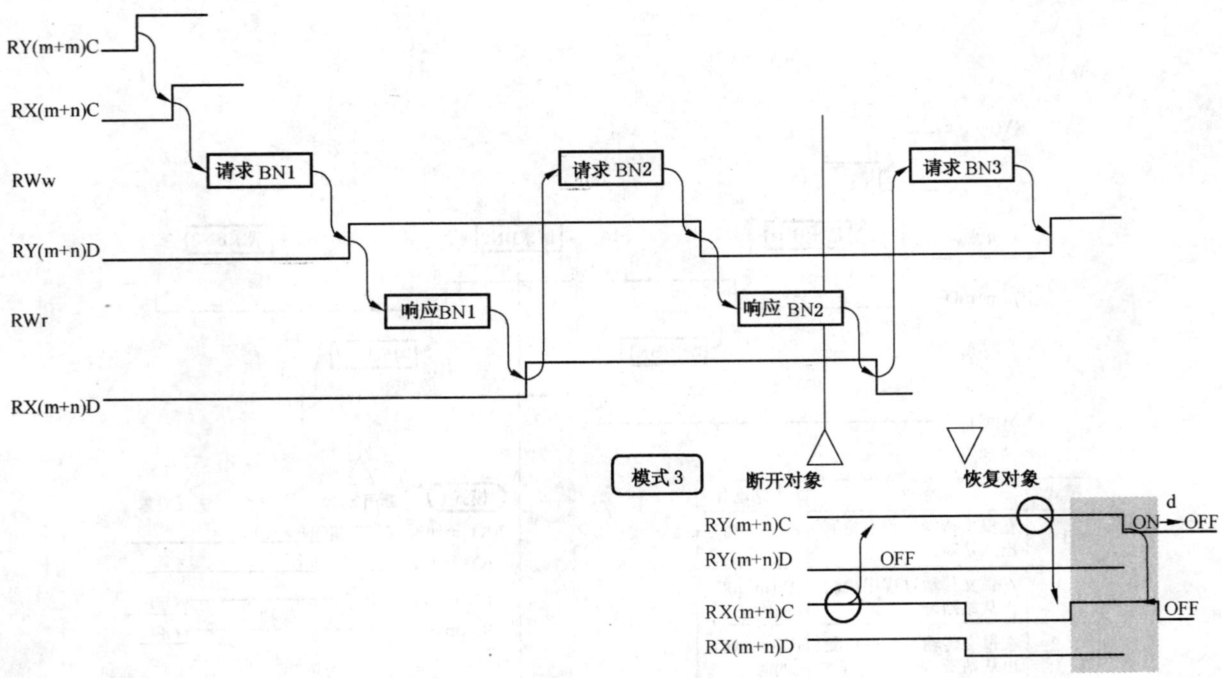

d　虽然进行了一系列握手操作，因为远程设备站的块号值不准确(子命令 b6 标志位为“ON”)，远程设备站检测到错误。在远程设备站侧，当强制设置 RY(m＋n)C 为“OFF”时，远程设备站识别这一中断。

图 101　远程设备站断开连接/恢复连接

10.1.4.4　监视超时处理

——响应监视(主站监视)，见图 102a)。

——请求监视(从站监视)，见图 102b)。

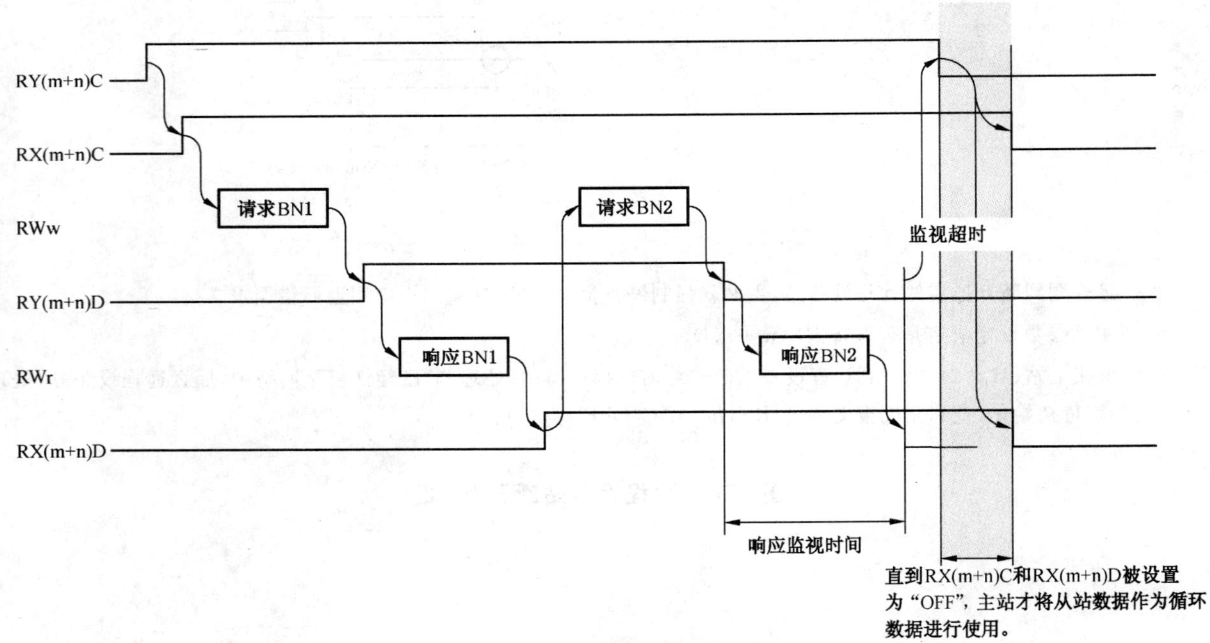

a) 响应监视(主站监视)

图 102　监视超时处理

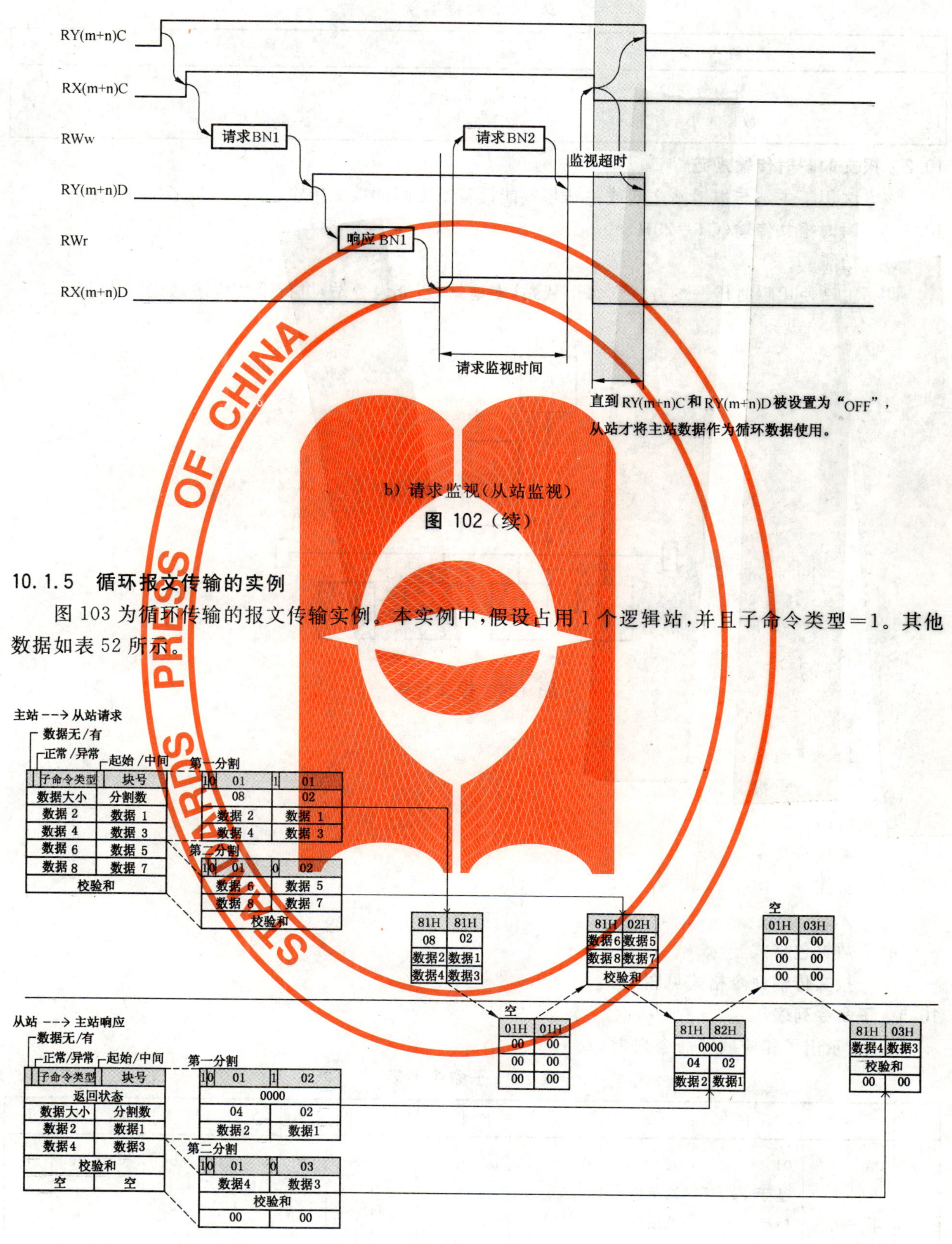

b）请求监视（从站监视）

图 102（续）

10.1.5 循环报文传输的实例

图 103 为循环传输的报文传输实例。本实例中，假设占用 1 个逻辑站，并且子命令类型=1。其他数据如表 52 所示。

图 103 循环报文传输

表 52 数据实例

请　求	响　应
分割数=2 数据大小=8	分割数=2 数据大小=4

10.2 报文的瞬时传输规范

该方法用于主站与本地站之间或主站与智能设备站之间的报文传输。

10.2.1 瞬时报文传输(CT=20H)

a) 功能

主站使用瞬时传输的方式向每个从站(本地站,智能设备站)进行报文传输,如图 104 所示。

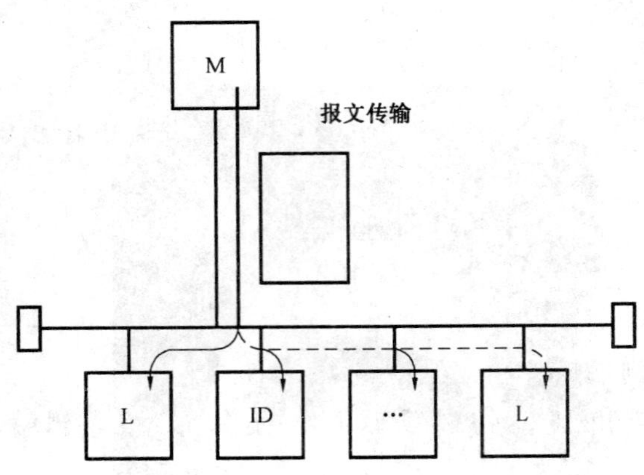

图 104 报文传输

b) 输入

1) 子命令;

2) 请求报文。

c) 输出

响应报文。

d) 备注

无。

e) 数据包格式

报文传输命令格式见图 105。

10.3 子命令列表

表 53 示出了相应的子命令列表。

表 53 子命令列表

	0	1	2	3	4	5	6	7	8	9	A	B	C	D	E	F
0	00 不使用	01 基于 SEMI 标准	02 站信息批读取	03	04	05	06	07	08	09	0A	0B	0C	0D	0E	0F
1	10	11	12	13	14	15	16	17	18	19	1A	1B	1C	1D	1E	1F
2	20	21	22	23	24	25	26	27	28	29	2A	2B	2C	2D	2E	2F
3	30	31	32	33	34	35	36	37	38	39	3A	3B	3C	3D	3E	3F

报文传输命令(CT=20H)

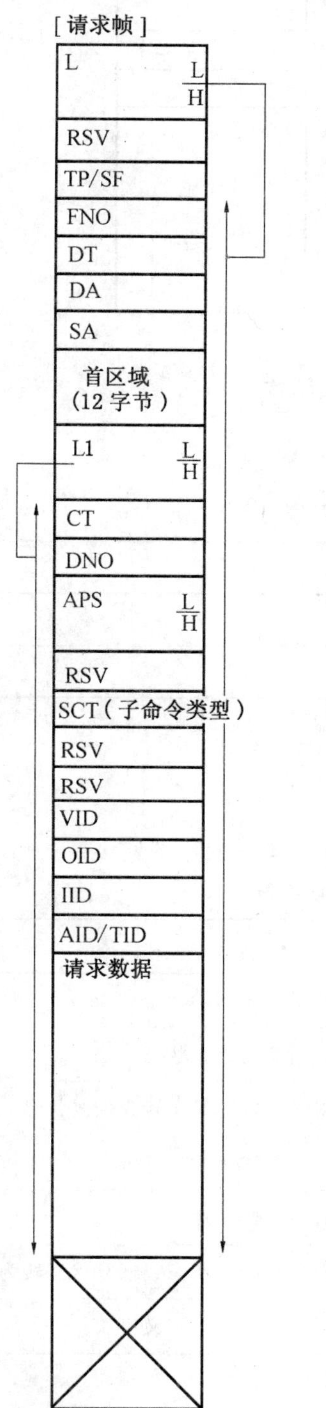

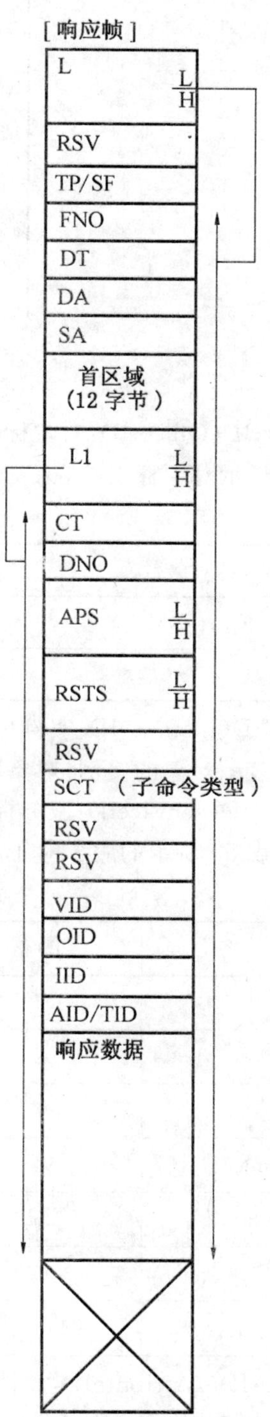

注：有关请求/响应数据的更多信息参照10.4。

图105 报文传输命令格式

10.4 请求/响应数据格式

10.4.1 基于SEMI标准(SCT=01H)

10.4.1.1 帧结构

图106示出了基于SEMI标准(SCT=01H)的数据帧结构。

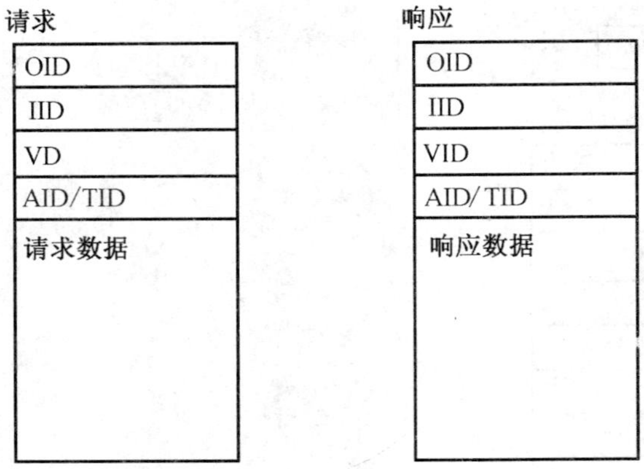

图 106　数据帧结构

a)　OID(ObjectID:对象标识符)

指示对象标识符,见表 54。

表 54　对象列表

对象名称	对象标识符	OID 值
DM	DmI0	01
SAC	ScaI0	02

b)　IID(InstanceID:实例标识符)

表示对象的实例(对象基本情况)。

c)　VID(serViceID:服务标识符)

表 55 所示的服务对于所有支持相关功能的应用对象是通用的。

表 55　通用服务列表

服　　务	VID 值	类　　型	内　　容
Reset	01	请求	设置对象为初始状态
Abort	02	请求	设置对象为停止状态
Recover	03	请求	把对象从停止状态转为恢复状态
GetAttribute	04	请求	读取对象的属性
SetAttribute	05	请求	设置对象的属性
Operate	06	请求	把对象从初始状态或恢复状态转为执行状态
	07～	—	对每个对象进行定义

d)　AID(AttributeID:属性标识符)

表示服务的属性(有关属性的更多信息参照 10.4.1.2)。

e)　TID(TestID:测试标识符)

表示测试的属性(未来版本中支持)。

10.4.1.2　服务列表

10.4.1.2.1　DM 对象(OID=01H)

DM 对象见表 56。

表 56　DM 对象

服务名称	对象属性	VID (ServiceID)	AID (AttributeID)	TID (TestID)
Reset		01	—	—
Abort		02	—	—
Recover		03	—	—
GetAttribute	DeviceType	04	01	—
	StandardRevisionLevel	04	02	—
	DeviceManufacturerIdentifer	04	03	—
	ManufacturerModel Number	04	04	—
	SoftwareorFirmwareRevisionLevel	04	05	—
	HardwareRevisionLevel	04	06	—
	SerialNumber	04	07	—
	DeviceConfiguration	04	08	—
	DeviceStatus	04	09	—
	ReportngMode	04	0A	—
	ExceptionStatusReportInterval	04	0B	—
	ExceptionStatus	04	0C	—
	ExceptionDetailAlarm	04	0D	—
	ExceptionDetailWarning	04	0E	—
	VisualIndicator	04	0F	—
	AlarmEnable	04	10	—
	WarningEnable	04	11	—
	ExceptionDetailType	04	12	—
	ExceptionDetailAlarmQueue	04	13	—
	ExceptionDetailWarningQueue	04	14	—
SetAttribute	DeviceType	05	01	—
	StandardRevisionLevel	05	02	—
	DeviceManufacturerIdentifer	05	03	—
	ManufacturerModelNumber	05	04	—
	SoftwareorFirmwareRevisionLevel	05	05	—
	HardwareRevisionLevel	05	06	—
	SerialNumber	05	07	—
	DeviceConfiguration	05	08	—
	DeviceStatus	05	09	—
	ReportngMode	04	0A	
	ExceptionStatusReportInterval	04	0B	

表 56（续）

服务名称	对象属性	VID (ServiceID)	AID (AttributeID)	TID (TestID)
SetAttribute	ExceptionStatus	05	0C	—
	ExceptionDetailAlarm	05	0D	—
	ExceptionDetailWarning	05	0E	—
	VisualIndicator	05	0F	—
	AlarmEnable	05	10	—
	WarningEnable	05	11	—
	ExceptionDetailType	05	12	—
	ExceptionDetailAlarmQueue	05	13	—
	ExceptionDetailWarningQueue	05	14	—
Operate		06	—	—
Perform Diagnostics		07	—	0～FF（未定义）
PublishAttribute		08	—	—
Lock		09	—	—
UnLock		0A	—	—
GetException Queue		0B	—	—
ClearException Queue		0C	—	—
注：阴影部分的服务是必需的。				

10.4.1.2.2 **SAC 对象(OID＝02H)**

SAC 对象见表 57。

表 57 **SAC 对象**

服务名称	对象属性	VID (ServiceID)	AID (AttributeID)	TID (TestID)
Reset		01	—	—
Abort		02	—	—
Recover		03	—	—
GetAttribute	LastCalibrationDate	04	01	—
	NextCalibrationDate	04	02	—
	ExpirationTimer	04	03	—
	ExpirationWarningEnable	04	04	—
	RunHours	04	05	—

表 57（续）

服务名称	对象属性	VID (ServiceID)	AID (AttributeID)	TID (TestID)
SetAttribute	LastCalibrationDate	05	01	—
	NextCalibrationDate	05	02	—
	ExpirationTimer	05	03	—
	ExpirationWarningEnable	05	04	—
	RunHours	05	05	—
Operate		06	—	—
RestoreDefault		07	—	—
PublishAttribute		08	—	—
注：阴影部分的服务是必需的。				

10.4.1.3　差错代码

差错代码对于所有支持基于 SEMI 标准服务的应用对象是通用的。通常，差错代码是应用特定的，并与有关服务请求的应用相关。

表 58 给出了差错代码(RTST 的低 8 位)。

表 58　差错代码列表

差错代码(十六进制)	差　错	描　述
00	Undefined	正常
01～7F	Warning	警告
81	Object not supported	设备不支持特定对象
82	Service not supported	特定对象不支持特定服务
83	Service conflict	由于设备或者对象的状态冲突，不能执行请求服务
84	Attribute not supported	特定对象不支持特定属性
85	Attribute value out of range	特定值在特定属性允许范围之外
86～9F	Reserved for this specification	用于本规范的未来版本
A0～BF	Reserved for object specific errors	分别在每个对象中定义
C0～FF	Open for user application	用于用户应用

10.4.1.4　应用对象模型

在本部分中，未涉及应用对象模型的详细规范。应用对象模型规定了对象关系、对象标识符、属性标识符、对象特定服务以及对象的动作。

10.4.1.5　SetAttribute 服务实例

10.4.1.5.1　数据结构(实例)

下列实例示出了 SetAttribute 服务(Device Type 修改)的请求和响应。对于这个实例来说，假设占用 1 个逻辑站，并且子命令类型＝01。表 59 示出了本实例的特定参数。

表 59　参数实例(1)

请　求	响　应
OID＝1 VID＝5 AID＝1	OID＝1 AID＝1

10.4.1.5.2 **帧结构(数据用16进制表示)**

a) 功能

修改标识设备类型的属性。

b) 请求数据格式

请求数据格式见表60。

表60 请求数据格式

名称	数据	描述
BN(块号)	01H	—
SCT(子命令类型)	01H	—
DN(分割数)	01H~	—
DSZ(数据大小)	05H~0CH	—
OID(ObjectID)	01H	DM对象
IID(InstanceID)	—	—
VID(serViceID)	05H	SetAttribute服务
AID(AttributeID)	01H	DeviceType
ADATA(AttributeDATA)	—	最长为8个字符的字符串

c) 响应数据格式

响应数据格式见表61。

表61 响应数据格式

名称		数据	描述
BN(块号)		01H	与请求的格式相同
SCT(子命令类型)		01H	与请求的格式相同
RSTS(恢复状态)	(L)	—	—
	(H)	—	—
DN(分割数)		01H~	—
DSZ(数据大小)		03H	—
OID(ObjectID)		01H	与请求的格式相同
IID(InstanceID)		—	与请求的格式相同
VID(serViceID)		05H	与请求的格式相同
AID(AttributeID)		01H	与请求的格式相同

10.4.1.6 **GetAttribute服务的实例**

10.4.1.6.1 **数据结构(实例)**

下列实例示出了GetAttribute服务(ExpirationTimer获取)的请求和响应。本例中,假设占用1个逻辑站,并且子命令类型=01。表62示出了本实例的特定参数。

表62 参数实例(2)

请求	响应
OID=2 VID=4 AID=3	OID=2 AID=3

10.4.1.6.2 帧结构(数据用十六进制表示)

a) 功能

读取属性,以便确定到下次建议的校正时间为止剩余的运行小时数。

b) 请求数据格式

请求数据格式见表 63。

表 63 请求数据格式

名　　称	数　　据	描　　述
BN(块号)	01H	—
SCT(子命令类型)	01H	—
DN(分割数)	01H	—
DSZ(数据大小)	04H	—
OID(ObjectID)	02H	SAC 对象
IID(InstanceID)	—	—
VID(serViceID)	04H	GetAttribute 服务
AID(AttributeID)	03H	Expiration Timer

c) 响应数据格式

响应数据格式见表 64。

表 64 响应数据格式

名　　称		数　　据	描　　述
BN(块号)		01H	与请求的格式相同
SCT(子命令类型)		01H	与请求的格式相同
RSTS (恢复状态)	(L)	—	—
	(H)	—	—
DN(分割数)		01H～	与请求的格式相同
DSZ(数据大小)		05H	与请求的格式相同
OID(ObjectID)		02H	与请求的格式相同
IID(InstanceID)		—	与请求的格式相同
VID(serViceID)		04H	与请求的格式相同
AID(AttributeID)		03H	与请求的格式相同
ADATA(AttributeDATA)		—	带符号整数 分辨率为 1 小时

10.4.2 站信息批读取(SCT=02H)

10.4.2.1 帧结构

a) 功能

批量读取 DM 对象的属性标识符内的所有必要属性。

b) 请求数据格式

请求数据格式见表 65。

表 65　请求数据格式

名　　称	数　　据	说　　明
BN(块号)	01H	—
SCT(子命令类型)	02H	—
DN(分割数)	01H	—
DSZ(数据大小)	03H	—
OID(ObjectID)	02H	DM 对象
IID(InstanceID)	—	—
VID(serViceID)	01H	Attribute 批读取服务

c)　响应数据格式

响应数据格式见表 66。

表 66　响应数据格式

<table>
<tr><th colspan="2">名　　称</th><th>数　　据</th><th>说　　明</th></tr>
<tr><td colspan="2">BN(块号)</td><td>01H</td><td>与请求的格式相同</td></tr>
<tr><td colspan="2">SCT(子命令类型)</td><td>02H</td><td>与请求的格式相同</td></tr>
<tr><td rowspan="2">RSTS
(恢复状态)</td><td>(L)</td><td>—</td><td>—</td></tr>
<tr><td>(H)</td><td>—</td><td>—</td></tr>
<tr><td colspan="2">DN(分割数)</td><td>01H～</td><td>—</td></tr>
<tr><td colspan="2">DSZ(数据大小)</td><td>6CH</td><td>—</td></tr>
<tr><td colspan="2">OID(ObjectID)</td><td>02H</td><td>与请求的格式相同</td></tr>
<tr><td colspan="2">IID(InstanceID)</td><td>—</td><td>与请求的格式相同</td></tr>
<tr><td colspan="2">VID(serViceID)</td><td>01H</td><td>与请求的格式相同</td></tr>
<tr><td colspan="2" rowspan="8">ADATA(AttributeData)</td><td rowspan="8">—</td><td>DeviceType
(8 个字符的字符串)</td></tr>
<tr><td>StandartRevisionLevel
(9 个字符的字符串)</td></tr>
<tr><td>DeviceManufacturerIdentifer
(20 个字符的字符串)</td></tr>
<tr><td>ManufacturerModeNumber
(20 个字符的字符串)</td></tr>
<tr><td>SoftwareFirmwareRevision
(8 个字符的字符串)</td></tr>
<tr><td>HardwareRevision
(8 个字符的字符串)</td></tr>
<tr><td>DeviceStatus</td></tr>
<tr><td>ExceptionStatus</td></tr>
</table>

11 Ver.2 附加规范

11.1 规范

11.1.1 通信规范

通信规范见表 67。

表 67 规范

规范						
通信速率			10 Mbit/s,5 Mbit/s,2.5 Mbit/s,625kbit/s,156kbit/s			
通信方式			广播轮询方式			
同步方式			帧同步方式			
编码方式			NRZI			
拓扑结构			总线型(基于 EIA RS-485)			
传输格式			基于 HDLC			
差错控制方式			CRC($X^{16}+X^{12}+X^{5}+1$)			
最大链接容量	位		8 192 (重叠混合:16 384 点)			
	字		4 096 {RWw:2 048 点,RWr:2 048 点}			
扩展循环设置			1 倍设置	2 倍设置	4 倍设置	8 倍设置
每个逻辑站的链接容量	一	位	32 {重叠混合:64}	32 {重叠混合:64}	64 {重叠混合:128}	128 {重叠混合:256}
		字	8 {RWw:4,RWr:4}	16 {RWw:8,RWr:8}	32 {RWw:16,RWr:16}	64 {RWw:32,RWr:32}
每个节点的链接容量	占用1逻辑站	位	32 {重叠混合:64}	32 {重叠混合:64}	64 {重叠混合:128}	128 {重叠混合:256}
		字	8 {RWw:4,RWr:4}	16 {RWw:8,RWr:8}	32 {RWw:16,RWr:16}	64 {RWw:32,RWr:32}
	占用2逻辑站	位	64 {重叠混合:128}	96 {重叠混合:192}	192 {重叠混合:384}	384 {重叠混合:768}
		字	16 {RWw:8,RWr:8}	32 {RWw:16,RWr:16}	64 {RWw:32,RWr:32}	128 {RWw:64,RWr:64}
	占用3逻辑站	位	96 {重叠混合:192}	160 {重叠混合:320}	320 {重叠混合:640}	640 {重叠混合:1280}
		字	24 {RWw:12,RWr:12}	48 {RWw:24,RWr:24}	96 {RWw:48,RWr:48}	192 {RWw:96,RWr:96}
	占用4逻辑站	位	128 {重叠混合:256}	224 {重叠混合:448}	448 {重叠混合:896}	896 {重叠混合:1792}
		字	32 {RWw:16,RWr:16}	64 {RWw:32,RWr:32}	128 {RWw:64,RWr:64}	256 {RWw:128,RWr:128}

表 67(续)

<table>
<tr><th colspan="2">规　范</th></tr>
<tr><td>最大占用逻辑站数</td><td>4 站</td></tr>
<tr><td>瞬时传输
(每个链接扫描)</td><td>最多 960 字节/站
150 字节(主站→智能设备站或本地站)
34 字节(智能设备站或本地站→主站)</td></tr>
<tr><td>连接节点数</td><td>①(a+a2+a4+a8)+(b+b2+b4+b8)×2+(c+c2+c4+c8)×3+(d+d2+d4+d8)×4≤64
②(a×32+a2×32+a4×64+a8×128)+(b×64+b2×96+b4×192+b8×384)+(c×96+c2×160+c4×320+c8×640)+(d×128+d2×224+d4×448+d8×896)≤8 192
③(a×4+a2×8+a4×16+a8×32)+(b×8+b2×16+b4×32+b8×64)+(c×12+c2×24+c4×48+c8×96)+(d×16+d2×32+d4×64+d8×128)≤2 048
1 倍设置(1×)
a:占用 1 个逻辑站的节点数　　b:占用 2 个逻辑站的节点数
c:占用 3 个逻辑站的节点数　　d:占用 4 个逻辑站的节点数
2 倍设置(2×)
a2:占用 1 个逻辑站的节点数　　b2:占用 2 逻辑个站的节点数
c2:占用 3 个逻辑站的节点数　　d2:占用 4 逻辑个站的节点数
4 倍设置(4×)
a4:占用 1 个逻辑站的节点数　　b4:占用 2 逻辑个站的节点数
c4:占用 3 个逻辑站的节点数　　d4:占用 4 逻辑个站的节点数
8 倍设置(8×)
a8:占用 1 个逻辑站的节点数　　b8:占用 2 逻辑个站的节点数
c8:占用 3 个逻辑站的节点数　　d8:占用 4 逻辑个站的节点数
④16×A+54×B+88×C≤2304
A:远程 I/O 站节点数 …………………… 最多 64 台
B:智能设备站节点数 …………………… 最多 42 台
C:本地和智能设备站节点数 …………………… 最多 26 台</td></tr>
<tr><td>从站站号</td><td>1～64</td></tr>
<tr><td>RAS 功能</td><td>自动恢复功能、从站切断功能、数据链接状态确认、离线测试(硬件测试、线路测试)、备用主站</td></tr>
<tr><td>连接线缆</td><td>CC-Link 专用电缆(三芯屏蔽绞线)</td></tr>
<tr><td>终端电阻</td><td>110Ω,1/2W
(连接在 DA-DB 之间)…干线两端
110　DA　DB　DG　SLD</td></tr>
<tr><td colspan="2">通信速率和连接节点数不必与上述规范中所示的所有内容一致。
注 1:如果设置为 1 倍设置(1×)时,则与 VER.1 的规范相同,不包含扩展循环信息(参见 11.4.2.2.1)。
注 2:“重叠混合”指“实际使用相同编号的 RX 和 RY”。例如,当实际使用 RX0 和 RY0 时,在本部分中就称其为“重叠混合”。</td></tr>
</table>

11.2 协议概述

11.2.1 协议配置

CC-Link 的协议配置如图 107 所示。

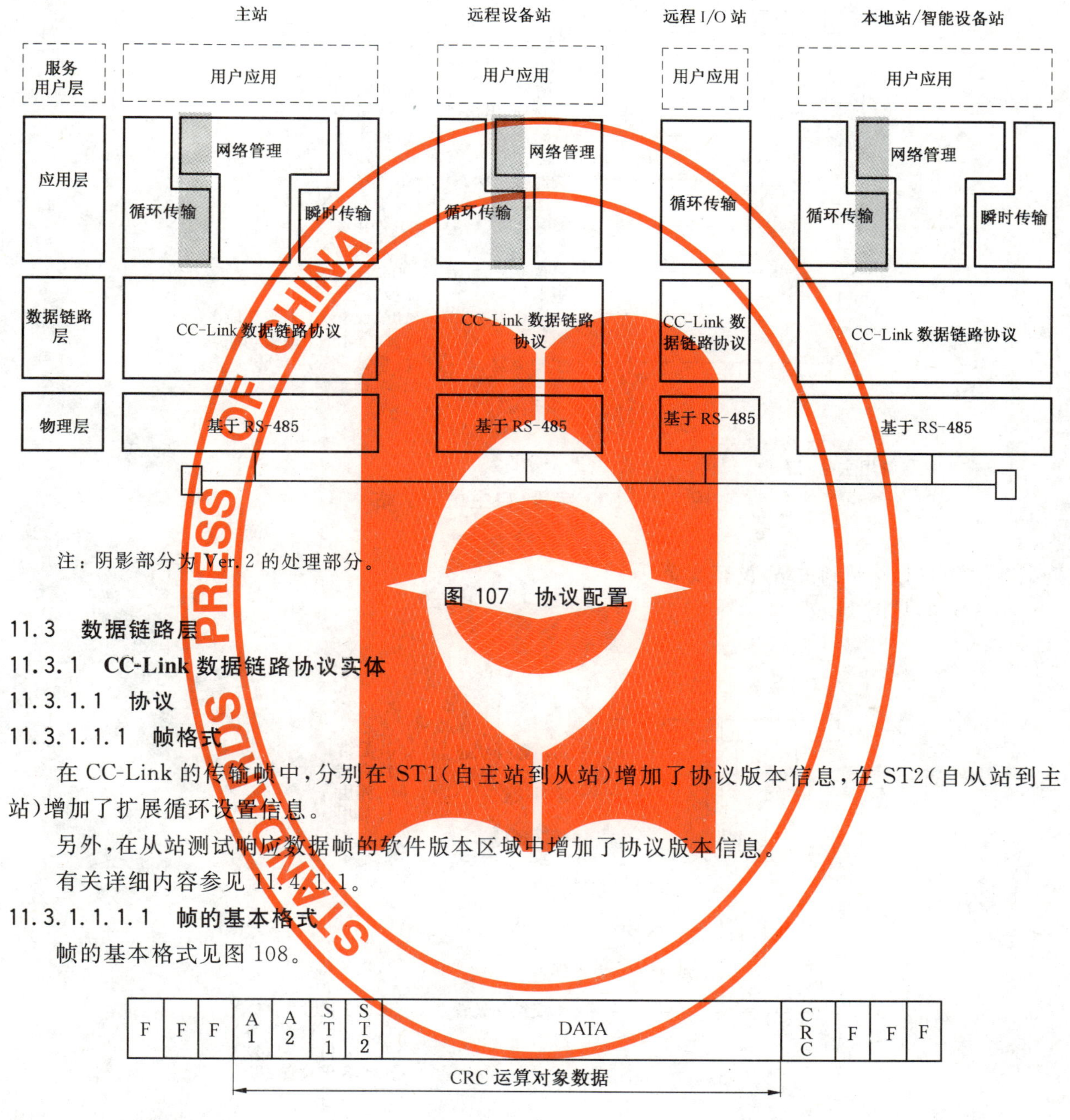

注：阴影部分为 Ver. 2 的处理部分。

图 107 协议配置

11.3 数据链路层

11.3.1 CC-Link 数据链路协议实体

11.3.1.1 协议

11.3.1.1.1 帧格式

在 CC-Link 的传输帧中，分别在 ST1(自主站到从站)增加了协议版本信息，在 ST2(自从站到主站)增加了扩展循环设置信息。

另外，在从站测试响应数据帧的软件版本区域中增加了协议版本信息。

有关详细内容参见 11.4.1.1。

11.3.1.1.1.1 帧的基本格式

帧的基本格式见图 108。

F	F	F	A1	A2	ST1	ST2	DATA	CRC	F	F	F

CRC 运算对象数据（A1 至 CRC）

F:前置码标志字段；

A1:发送站地址；

A2:接收站地址；

ST1:状态信息 1；

ST2:状态信息 2；

DATA:RX/RY、RW(循环数据)和瞬时数据；

CRC:差错校验(16 位)。

图 108 帧的基本格式

a) ST1,见图 109。

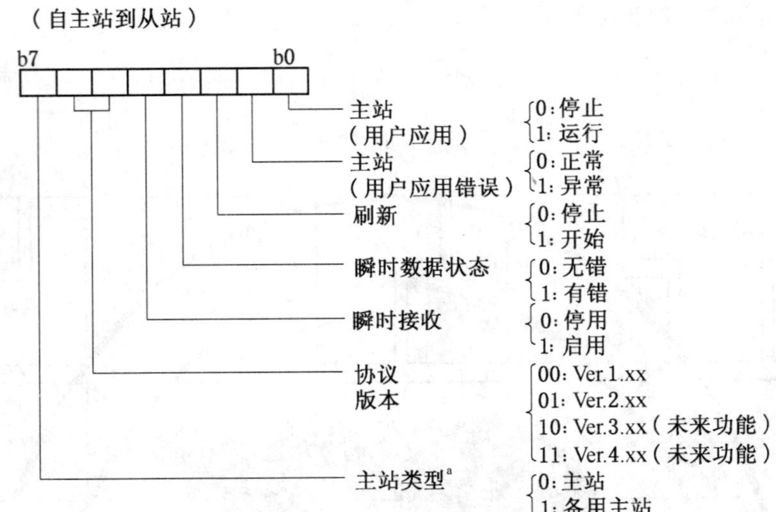

[a] 仅在主站与备用主站间有效。

图 109 ST1 字段(自主站到从站)

ST1(自从站到主站)没有改变。

b) ST2,见图 110。

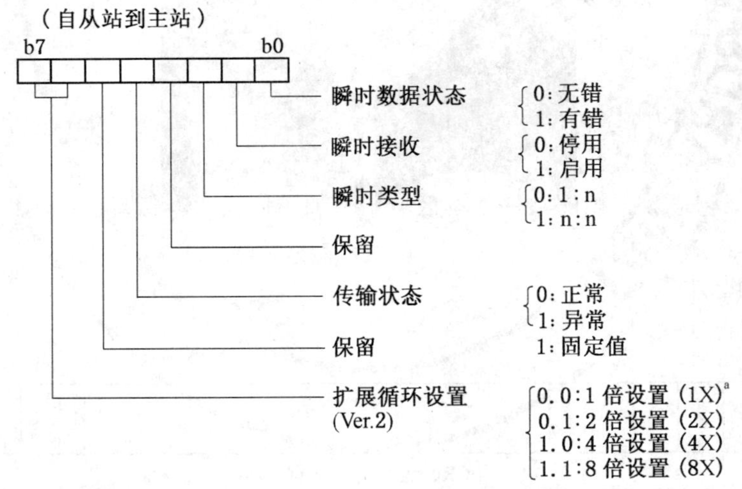

[a] Ver.1 的规范(无扩展循环功能)。

图 110 ST2 字段(自从站到主站)

ST2(自主站到从站)没有改变。

11.3.1.1.1.2 帧的详细格式

——从站测试响应数据

从站使用图 111 所示的帧格式,向主站传输数据。

F	F	F	A 1	A 2	S T 1	S T 2	VD	TP	R V	测试回送 数据 (4字节)	C R C	F	F	F

A1:从站号

A2:FDH/FCH(与从主站接收的请求帧中的A1的值相同)

VD:厂商代码(2字节)

TP:型号代码(3字节)

RV:软件版本(6位)

协议版本(2位)(对于Ver.2)

测试回送数据:与主站测试轮询和测试数据相同的测试数据

图111 从站测试响应数据

11.4 应用层

11.4.1 网络管理实体

11.4.1.1 服务

网络管理服务见表68。

表68 网络管理服务

序号	服务	描述
1	参数信息	从主站中存储的用户应用程序接收参数信息
2	网络状态信息	向本站用户应用程序发送网络状态信息
3	本站管理信息	从用户应用程序接收本站管理信息
4	其他站管理信息	向用户应用程序发送其他站管理信息
5	网络信息	向用户应用程序发送网络信息

在参数信息的站信息中增加了扩展循环设置。

更新ST1(自主站到从站)、ST2(自从站到主站)以及补充ST3的网络状态信息。

在Ver.2的站之间,ST3使用RY/RX区域的高8位,通过循环传输发送/接收状态数据。

在本站管理信息和其他站管理信息的软件版本中增加了协议版本。

11.4.1.1.1 参数信息

参数信息见表69。

表69 参数信息

项目	大小	必需的	设置范围
连接节点数	1字	是	1~64
智能设备站数(包括本地站)	1字	是	0~26
站信息(站类型、占用逻辑站数)	64字 (1字/站)	是	设置站号、占用逻辑站数以及所连接的从站的站类型
自动恢复节点数	1字	是	1~10
重试次数	1字	是	1~7
延迟时间设置	1字	是	0~5 000 μs
备用主站规定	1字	否	0~64 (0:未规定备用主站 1~64:备用主站站号)
主站出错时的运行规定	1字	否	当主站出错时,停止/继续数据链接

表 69(续)

项　目	大小	必需的	设　置　范　围
站出错时的数据清零规定	1 位	否	当通信出错时,保持/清除数据
扫描模式规定	1 字	否	规定数据链接循环相对于用户应用循环是同步模式还是异步模式
保留站规定	4 字	否	规定保留站号
错误无效站规定	4 字	否	规定错误无效站号

参数信息的详细说明：

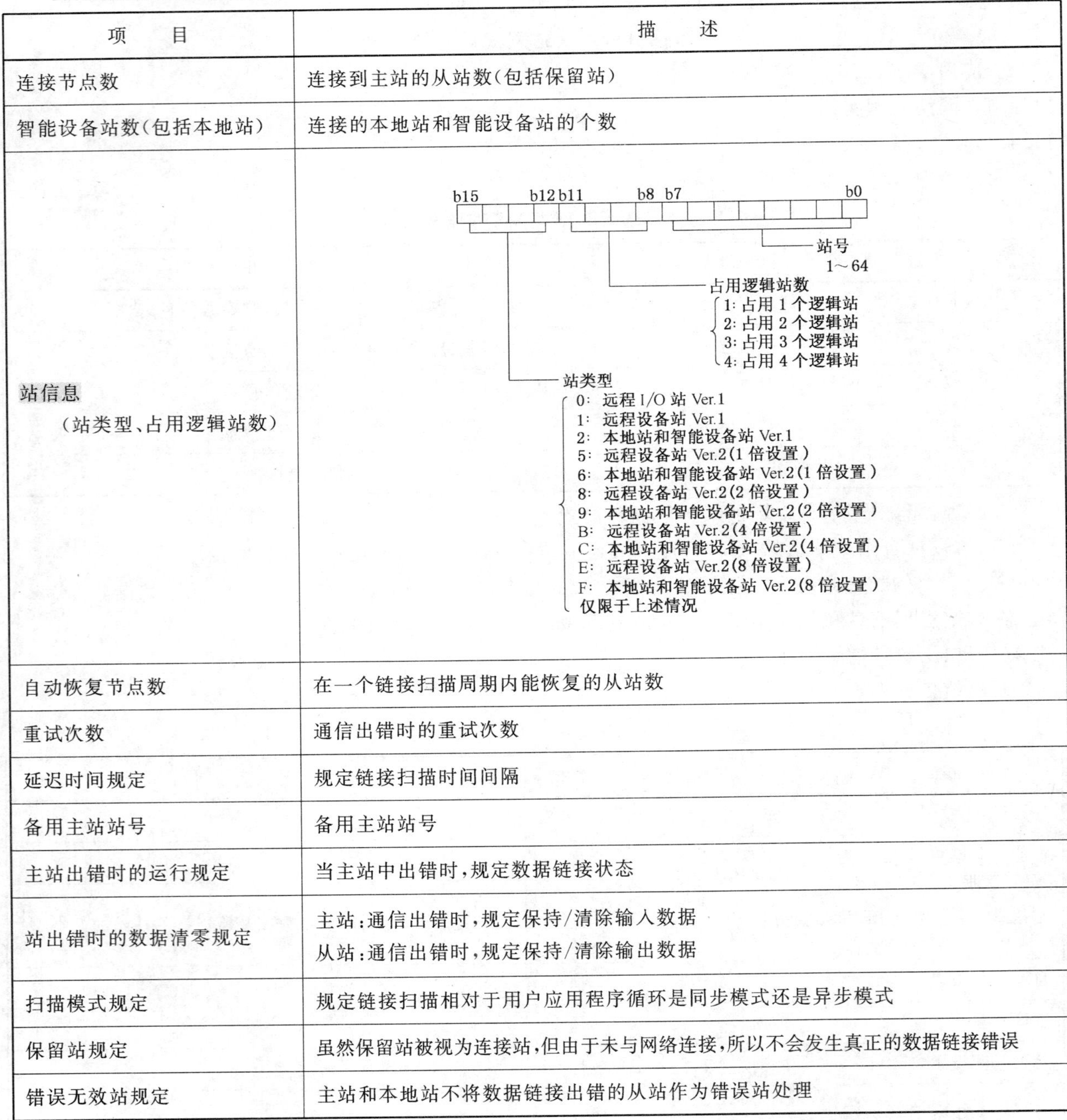

项　目	描　述
连接节点数	连接到主站的从站数(包括保留站)
智能设备站数(包括本地站)	连接的本地站和智能设备站的个数
站信息 (站类型、占用逻辑站数)	b15 b12 b11 b8 b7 b0 站号 1～64 占用逻辑站数 1: 占用 1 个逻辑站 2: 占用 2 个逻辑站 3: 占用 3 个逻辑站 4: 占用 4 个逻辑站 站类型 0: 远程 I/O 站 Ver.1 1: 远程设备站 Ver.1 2: 本地站和智能设备站 Ver.1 5: 远程设备站 Ver.2(1 倍设置) 6: 本地站和智能设备站 Ver.2(1 倍设置) 8: 远程设备站 Ver.2(2 倍设置) 9: 本地站和智能设备站 Ver.2(2 倍设置) B: 远程设备站 Ver.2(4 倍设置) C: 本地站和智能设备站 Ver.2(4 倍设置) E: 远程设备站 Ver.2(8 倍设置) F: 本地站和智能设备站 Ver.2(8 倍设置) 仅限于上述情况
自动恢复节点数	在一个链接扫描周期内能恢复的从站数
重试次数	通信出错时的重试次数
延迟时间规定	规定链接扫描时间间隔
备用主站站号	备用主站站号
主站出错时的运行规定	当主站中出错时,规定数据链接状态
站出错时的数据清零规定	主站:通信出错时,规定保持/清除输入数据 从站:通信出错时,规定保持/清除输出数据
扫描模式规定	规定链接扫描相对于用户应用程序循环是同步模式还是异步模式
保留站规定	虽然保留站被视为连接站,但由于未与网络连接,所以不会发生真正的数据链接错误
错误无效站规定	主站和本地站不将数据链接出错的从站作为错误站处理

11.4.1.1.2　网络状态信息

网络状态信息见表 70。

表 70 网络状态信息

项目	大小	备注
状态信息(本站)	1 字	
状态信息(其他站)	64 字	1 字/站
ST1和 ST2(自主站到从站)	1 字	
ST1 和ST2(自从站到主站)	64 字	1 字/站
ST3(自主站到从站)	1 字节	(用于未来扩展)
ST3(自从站到主站)	64 字节	(用于未来扩展)

详细描述:

a) ST1 信息(自主站到从站)

表示主站状态。ST1 信息(自主站到从站)如表 71 所示。

表 71 ST1 信息(自主站到从站)

位	名称	1	0	错误时的操作
b0	主站用户应用程序	运行	停止	—
b1	主站用户应用程序错误	错误	正常	
b2	刷新启动	启动	停止	
b3	瞬时数据状态	包含	不包含	
b4	瞬时数据接收	能	不能	
b5	协议版本	参照以下内容		
b6				
b7	主站类型	备用主站	主站	

ST1 信息说明:

状态	描述
主站用户应用程序	主站用户应用程序运行状态 0:停止 1:运行
主站用户应用程序错误	主站用户应用程序发生错误
刷新启动	启动链接刷新
瞬时数据状态	包含瞬时数据
瞬时数据接收	能接收瞬时数据
协议版本	00:Ver. 1. xx 01:Ver. 2. xx 10:Ver. 3. xx(未来功能) 11:Ver. 4. xx(未来功能)
主站类型	主站的站类型 0:主站,1:备用主站

b) ST2 信息(自从站到主站)

此信息说明每个从站的响应状态,以及与通信功能相关的信息,如表 72 所示。

表 72　ST2 信息(自从站到主站)

位	名　称	1	0	错误时的操作
b0	瞬时数据状态	包含	不包含	N/A
b1	瞬时数据接收	能	不能	
b2	瞬时类型	n:n	1:n	
b3	保留	N/A	N/A	
b4	传输路径状态	错误	正常	
b5	保留	固定为 1		
b6	扩展循环设置(Ver. 2)	参照以下内容		
b7				

ST2 信息说明:

状　态	描　述
瞬时数据状态	包含瞬时数据
瞬时数据接收	能接收瞬时数据
瞬时类型	1:n:n 通信(本地站) 0:1:n 通信(智能设备站)
传输路径状态	传送路径出错
扩展循环设置(Ver. 2)	00:1 倍设置(1X) 01:2 倍设置(2X) 10:4 倍设置(4X) 11:8 倍设置(8X)

c)　ST3 信息(自主站到从站)

该区域被保留,用于将来的扩展功能,见表 73。

表 73　ST3 信息(自主站到从站)

位	名　称	1	0	错误时的操作
b0	保留	N/A	N/A	N/A
b1				
b2				
b3				
b4				
b5				
b6				
b7				

d)　ST3 信息(自从站到主站)

该区域被保留,用于将来的扩展功能,见表 74。

表 74 ST3 信息(自从站到主站)

位	名称	1	0	错误时的操作
b0	保留	N/A	N/A	N/A
b1				
b2				
b3				
b4				
b5				
b6				
b7				

11.4.1.1.3 本站和其他站的管理信息

本站管理信息见表 75。

表 75 本站管理信息

项目	大小	备注
传输速率	1 字节	0～4
占用逻辑站数	1 字节	1～4
设备信息	7 字节	站号 厂商代码 型号代码 软件版本 协议版本(Ver. 2)

其他站管理信息见表 76。

表 76 其他站管理信息

项目	大小	备注
从站信息	650 字节 (10 字节/从站)[a]	站号 厂商代码 型号代码 软件版本 协议版本(Ver. 2) 保留 }每个站
[a] 650 字节是指每个站 10 字节和备用主站使用的 10 个附加字节。		

说明:

软件版本、协议版本:RV(区域:1 字节)

CC-Link 各设备型号(由厂商而定)的软件版本,如图 112 所示。

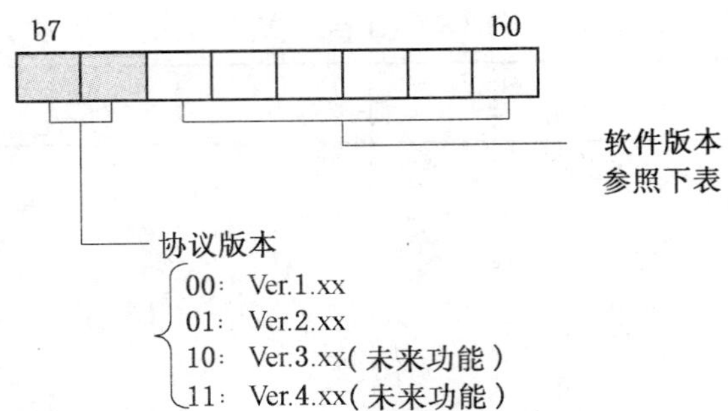

图 112　设备软件版本和协议版本设定

版本“A”被定义为“01H”,版本“B”、“C”以及后续版本被定义为“02H”、“03H”等,以此类推,见表 77。

表 77　软件版本

版　本	描　述	备　注
01H	版本 A	
02H	版本 B	—
⋮		
1AH	版本 Z	—
1BH	版本 AA	—
1CH	版本 AB	—
⋮		
3FH	版本 BK	—

11.4.1.2　使用主站用户应用程序进行站信息管理

11.4.1.2.1　站信息一致性校验

使用网络管理服务(“参数信息”、“网络状态信息”、“从站信息”),校验实际连接至网络的从站的一致性,站信息一致性校验见表 78。

表 78　站信息一致性校验

内　容	错误时的操作	备注 (错误名称)
从站数	若“连接的节点数”＞“参数信息中的节点数”, 则只与参数信息中的节点数建立数据链接 若“连接节点数”＜“参数信息中的节点数”, 则那些超过连接节点数的站,显示错误(断开连接) 若无效站预先被设置为“保留站”,则不被标志为错误	N/A
站类型	若“从站信息”＞“参数信息”[a], 相应的站显示为错误站,不建立数据链接。 若“从站信息”＜“参数信息”[a], 则按照从站信息区域设置的站类型建立数据链接	实际安装与参数设置一致性错误
逻辑站数	若“从站信息”＞“参数信息”, 相应的站显示为错误站,不建立数据链接 若“从站信息”＜“参数信息”, 则按照从站信息区域中设置的逻辑站数建立数据链接	
扩展循环设置	若“网络状态信息”＞“参数信息”,相应的站显示为错误站,不建立数据链接 若“网络状态信息”＜“参数信息”,则使用网络状态信息区域中的扩展循环设置建立数据链接	

表 78（续）

内　容	错误时的操作		备注 （错误名称）
站号重复校验 （从站的站号不能重复）	相应的站显示为错误站，不建立数据链接		站号重复错误
协议版本	主站	相应的站被显示为错误站，不建立数据链接	实际安装与参数设置不一致
	从站	如果主站是 Ver.1，对 Ver.2 的从站进行协议版本校验。当协议版本不一致时，不建立数据链接并显示错误	版本不兼容

[a] 站类型的一致性校验是根据“从站信息”中所指示的站类型代码与“参数信息”中所指示的站类型代码进行比较来决定错误时的操作。其间，站类型的代码关系如下所示：远程 I/O 站＜远程设备站＜智能设备站（本地站），见表 20。

11.4.2　循环传输实体

11.4.2.1　服务

循环传输支持下列服务，见表 79。

表 79　循环传输服务列表

序　号	服　务	描　述
1	循环数据发送	根据用户应用程序请求发送循环数据
2	循环数据接收	根据用户应用程序请求接收循环数据
3	扩展循环参数信息	从网络管理实体接收扩展循环参数
4	扩展循环状态信息	向网络管理实体发送扩展循环状态信息

循环数据发送/接收的数据区域被扩展。

增加了扩展循环参数信息服务和状态数据信息服务。

11.4.2.1.1　循环数据的发送和接收

11.4.2.1.1.1　主站

a)　循环数据发送服务

此服务根据用户应用程序的发送请求，更新循环传输的发送数据，参数如下，见表 80。

表 80　主站循环数据发送服务

项　目	大　小	描　述
状态	1 字	—
数据	RY:8 192 位 RWw:2 048 字	循环数据

b)　循环数据接收服务

此服务根据用户应用程序的接收请求，更新循环传输的接收数据，参数如下，见表 81。

表 81　主站循环数据接收服务

项　目		大　小	描　述
执行刷新的节点数		1 字	1～64
站信息 （对 64 个站中的每个站）	站号	1 字	1～64
	状态	1 字	从站的数据链接状态
	数据	RX:896 位（最大值） RWr:128 字（最大值）	每个从站的循环数据

11.4.2.1.1.2 本地站

a) 循环数据的发送服务

此服务根据用户应用程序的发送请求,更新循环传输的发送数据。

参数如下,见表 82。

表 82 本地站循环数据发送服务

项　目	大　小	描　述
状态	1 字	
数据	RX:896 位(最大值) RWr:128 字(最大值)	循环数据

b) 循环数据的接收服务

此服务根据用户应用程序的接收请求,更新循环传输的接收数据。

参数如下,见表 83。

表 83 本地站循环数据接收服务

<table>
<tr><th colspan="2">项　目</th><th>大　小</th><th>描　述</th></tr>
<tr><td rowspan="2">主站信息</td><td>状态</td><td>1 字</td><td>—</td></tr>
<tr><td>数据</td><td>RX:8 192 位
RWr:2 048 字</td><td>主站的循环数据</td></tr>
<tr><td colspan="2">执行刷新的节点数</td><td>1 字</td><td>1～64</td></tr>
<tr><td rowspan="3">站信息
(对 64 个站中的每个站)</td><td>站号</td><td>1 字</td><td>0～64</td></tr>
<tr><td>状态</td><td>1 字</td><td>主站或从站的链接状态</td></tr>
<tr><td>数据</td><td>RX:896 位(最大值)
RWr:128 字(最大值)</td><td>每个从站的循环数据</td></tr>
</table>

11.4.2.1.1.3 远程站和智能设备站

a) 循环数据的发送服务

此服务根据用户应用程序的发送请求,更新循环传输的发送数据。

参数如下,见表 84。

表 84 远程站循环数据发送服务

项　目	大　小	描　述
状态	1 字	—
数据	RX:896 位(最大值) RWr:128 字(最大值)	循环数据

b) 循环数据的接收服务

此服务根据用户应用程序的接收请求,更新循环传输的接收数据。

参数如下,见表 85。

表 85 远程站循环数据接收服务

<table>
<tr><th colspan="2">项　目</th><th>大　小</th><th>描　述</th></tr>
<tr><td rowspan="2">主站信息</td><td>状态</td><td>1 字</td><td>主站或从站的链接状态</td></tr>
<tr><td>数据</td><td>RX:896 位(最大值)
RWr:128 字(最大值)</td><td>主站的循环数据</td></tr>
</table>

11.4.2.1.2 **扩展循环参数信息和扩展循环状态信息**

与网络管理实体(Ver.2)进行扩展循环数据参数和扩展循环状态的数据交换。

参数和状态信息的更详细描述请参见11.4.1.1网络管理服务。

a) 扩展循环参数的信息服务

从网络管理实体接收每个从站的扩展循环参数(协议版本和扩展循环设置)。

b) 扩展循环状态的信息服务

向网络管理实体发送每个从站的扩展循环状态(状态ST3)。

11.4.2.2 **协议**

11.4.2.2.1 **扩展循环传输(Ver.2.00规范)**

11.4.2.2.1.1 **操作概述**

在主站与从站之间的握手时,使用图113所示的首部信息(首部信息使用RY/RX区域中的1字(16位))。

分割数据传输的步骤(当占用1个逻辑站,并设置为4倍(4X)时)见图114。

11.4.2.2.1.2 **首部信息**

首部信息见表86。

表86 首部信息

	自主站到从站	自从站到主站
ST3[a]	8位(未来扩展用)	8位(未来扩展用)
SQ	7 4 3 0 ←返回SQ→←发送SQ→ 设置为8X时,SQ范围:7~0 设置为4X时,SQ范围:3~0 设置为2X时,SQ范围:1~0	7 4 3 0 ←返回SQ→←发送SQ→ 设置为8X时,SQ范围:7~0 设置为4X时,SQ范围:3~0 设置为2X时,SQ范围:1~0

a ST3是指扩展循环规范(当未使用时:固定为0)。

11.4.2.2.1.3 **SQ号的操作**

根据扩展循环设置进行分割后,接收/发送循环数据。接收和发送的解释如下所述。

——SQ号是从扩展循环设置值(分割数－1)开始,按1递减,直到为零时分割结束。

——接收到的SQ号作为"返回SQ号"被发送(不进行处理)。

——如果接收到的"返回SQ号"的不连续,则所发送的SQ号返回起始号或者继续发送。

——保证站单元数据的同步性(非必要项)。

- 发送:当发送起始SQ号时,首先将应用层服务数据(所有数据)发送到中间缓冲区中,并进行分割后作为数据链路层服务数据。
- 接收:在每次接收到数据链路层的服务数据后,向中间缓冲区发送,在接收到最终的SQ号之后,将中间缓冲区数据作为应用层服务数据一次性发送。

——在同一次扫描内,主站和远程站的SQ号可以不相同。

——在一次链接扫描内,必须发送接收到的数据、设定返回SQ并存储发送的数据。

循环调整
循环调整
主站
发送
轮询和
刷新
接收
响应
A1
A2
ST1
ST2
RY 区域
RWw 区域
CRC
RX 区域
RWr 区域
站号 1
站号 2
站号 3
站号 4
站号 64
站号 1
循环数据
RY (Ver.1)
ST3
SQ
RY
RWw
RX
RWr
首部信息
扩展循环通信实例
主站
传输路径
从站 (Ver.1 占用 1 个逻辑站)
从站 (Ver.2 占用 1 个逻辑站，设置为 2 倍)
从站 (Ver.2 占用 1 逻辑站，设置为 4 倍)
RX00～0F
RX10～1F
RX20～2F
RX30～3F
RX40～4F
RX50～5F
RX60～6F
RX70～7F
RY00～0F
RY10～1F
RY20～2F
RY30～3F
RY40～4F
RY50～5F
RY60～6F
RY70～7F
RWr0～3
RWr4～7
RWr8～B
RWrC～F
RWr10～13
RWr14～17
RWr18～1B
RWw0～3
RWw4～7
RWw8～B
RWwC～F
RWw10～13
RWw14～17
RWw18～1B

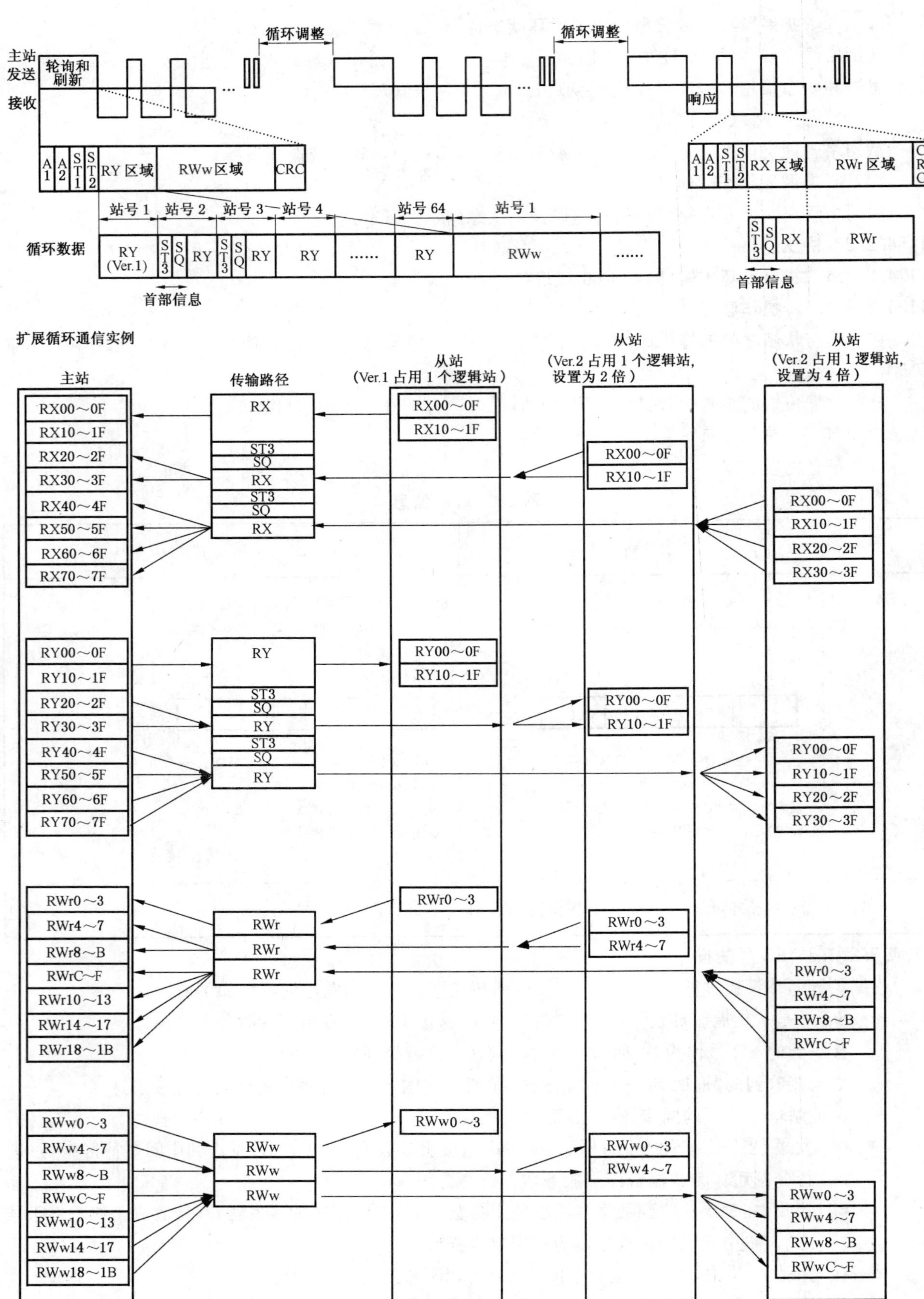

图 113 操作概述

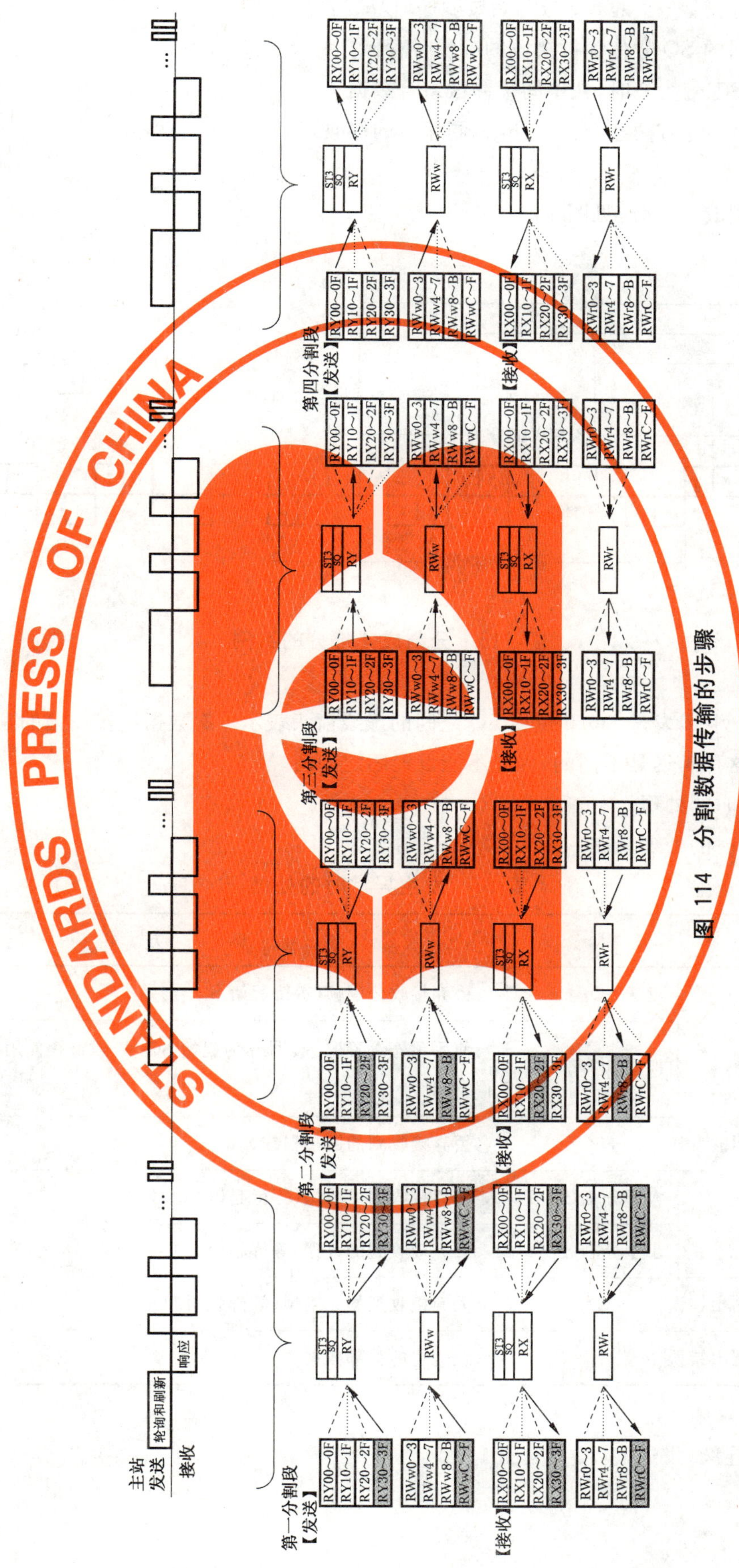

图 114 分割数据传输的步骤

分割发送：从分割数－1 的 SQ 号开始按顺序（递减）发送。

返回的 SQ 号作为被接收的标识号存储。

分割接收：当 SQ 号为 0 时，在中间缓冲区组合数据。

确认 SQ 号的连续性（丢弃相同序号的接收）。

a) 基本格式

实例：分割成 4 部分，见图 115。

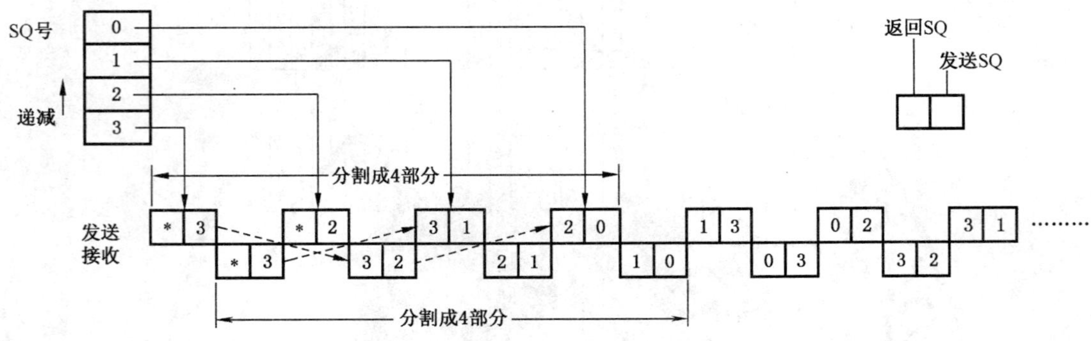

图 115 分割成 4 部分的实例

在上述实例中，发送 SQ 和返回 SQ 之间的虚线箭头表示 1 次数据链接扫描的延迟。在不同设备之间，这种延迟是不同的，因此不能设置固定的值。

b) 发生异常时的处理

发生异常时的处理见表 87。

表 87 发生异常时的处理

	状态		解决方案
接收	SQ 号 连续性错误	发送 SQ 号	丢弃接收分割帧（等待起始 SQ 号）
		返回 SQ 号	使用预先设置的 SQ 号作为起始 SQ 号，或继续使用已发送 SQ 号进行发送
	接收到相同的发送 SQ 号		丢弃接收到的链接扫描数据
	起始的 发送 SQ 号	大于分割数－1	丢弃接收到的数据（等待起始 SQ 号）
		小于分割数－1	丢弃接收到的数据（等待起始 SQ 号）
	在本站检测出错误		丢弃接收到的分割帧（等待起始 SQ 号）
发送	在本站检测出错误		发送空的首部数据

错误实例：

1) SQ 号不连续（发送的 SQ），见图 116。

(1) 在发送方预先设置发送SQ号

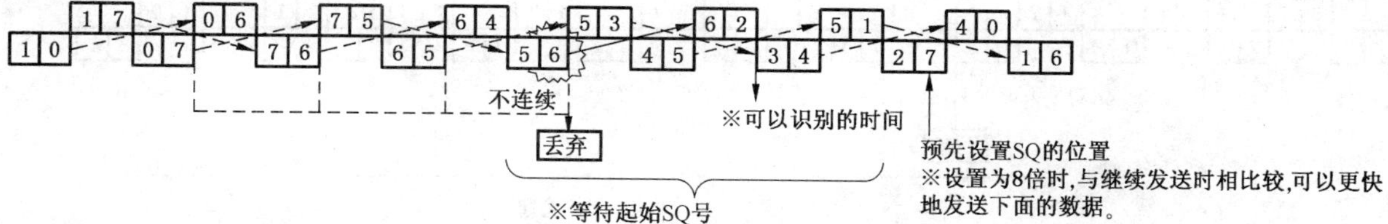

(2) 在发送方连续发送

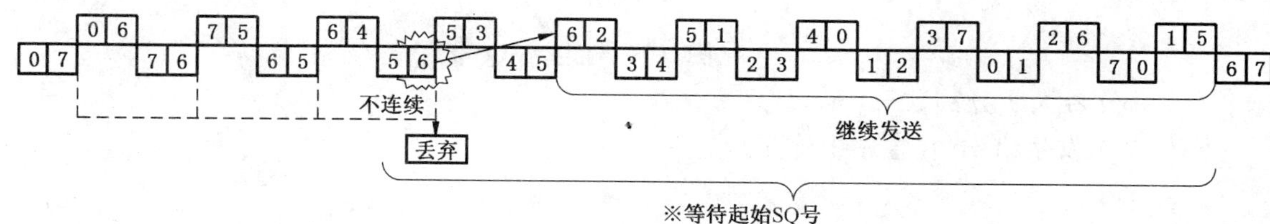

图 116　SQ 号中发生连续错误(发送的 SQ)

2)　SQ 号不连续(返回的 SQ),见图 117。

(1) 在发送方预先设置SQ号

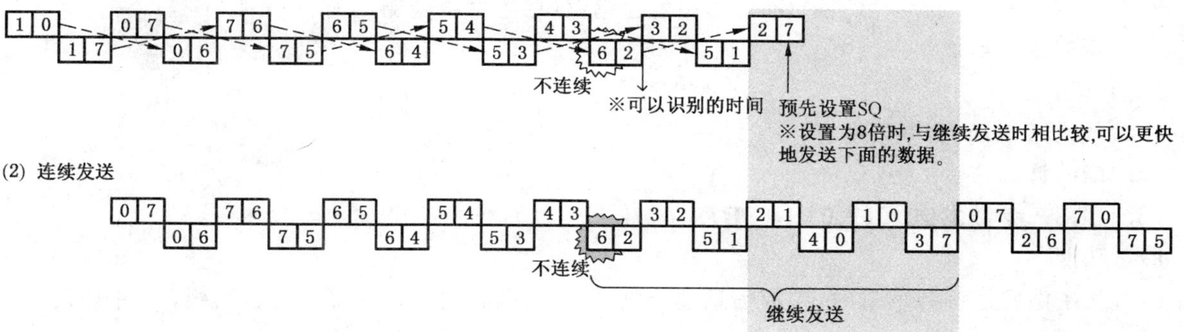

图 117　SQ 号中发生连续错误(返回的 SQ)

3)　接收到相同的 SQ 号,见图 118。

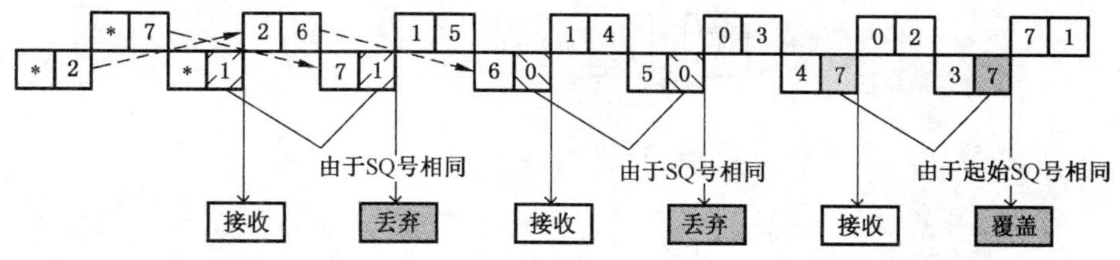

图 118　相同 SQ 号的接收

4)　起始 SQ 号,见图 119。

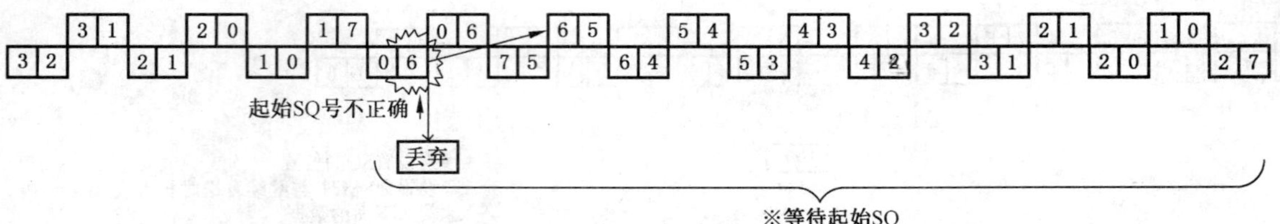

图 119 起始 SQ 号

对于 SQ 号大于分割数－1 的，处理方法相同。

5) 本站发生错误(在主站中检测)，见图 120。

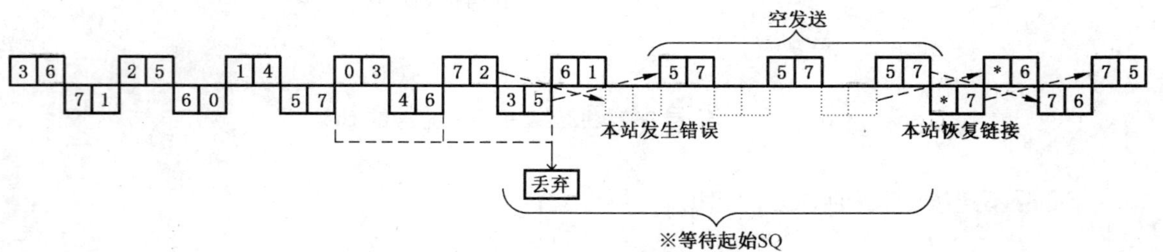

图 120 本站发生错误(在主站中检测)

11.4.3 瞬时传输实体

11.4.3.1 协议

在参数发送中，改变参数内容。

11.4.3.1.1 详细命令

11.4.3.1.1.1 参数发送(CT＝01H,02H)

a) 功能

从主站发送参数信息时，参数信息被分割成两块，并在每个块中形成参数结构，见图 121。

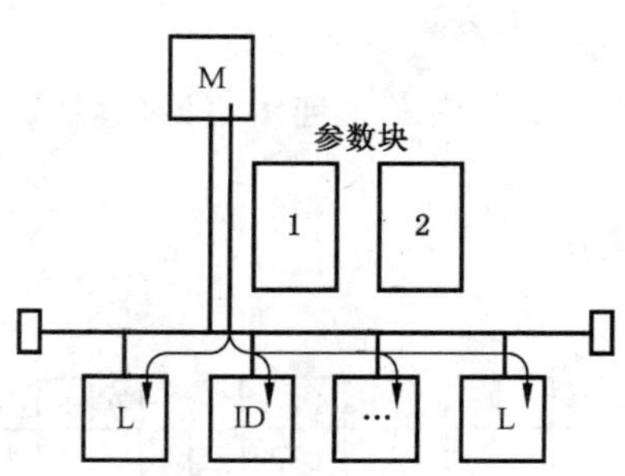

图 121 参数发送

b) 备注

1) 由于本功能用于广播发送，无需响应数据。

2) 参数块按照 1,2 的顺序发送。

c) 信息包格式

参数发送格式见图 122。

图 122 参数发送格式

d) 参数数据区域

1) 参数块 1 的格式(CT=01H)见图 123。

2) 参数块 2 的格式(CT=02H)见图 124。

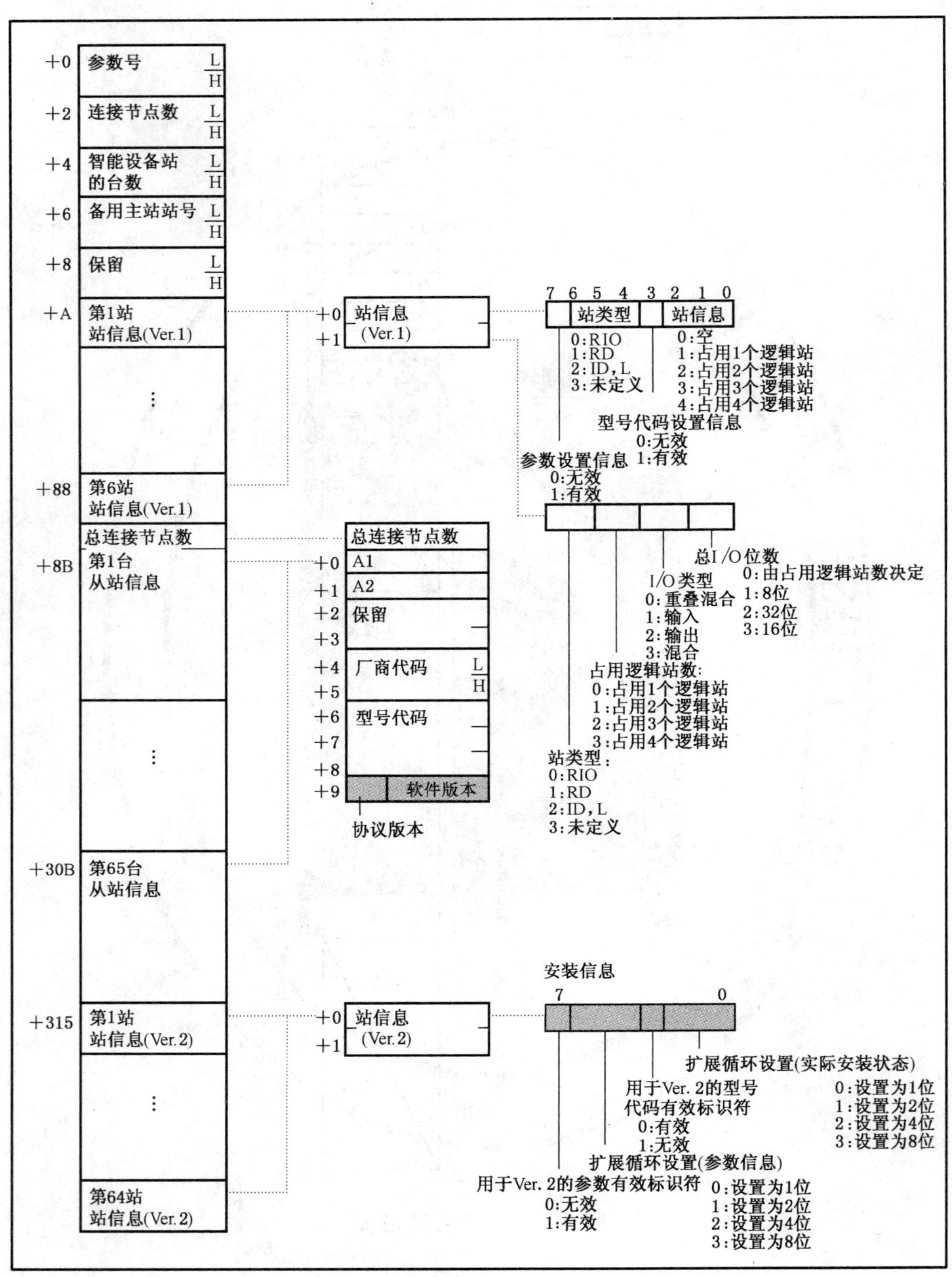

注：阴影部分为 Ver.2。

图 123 参数块 1

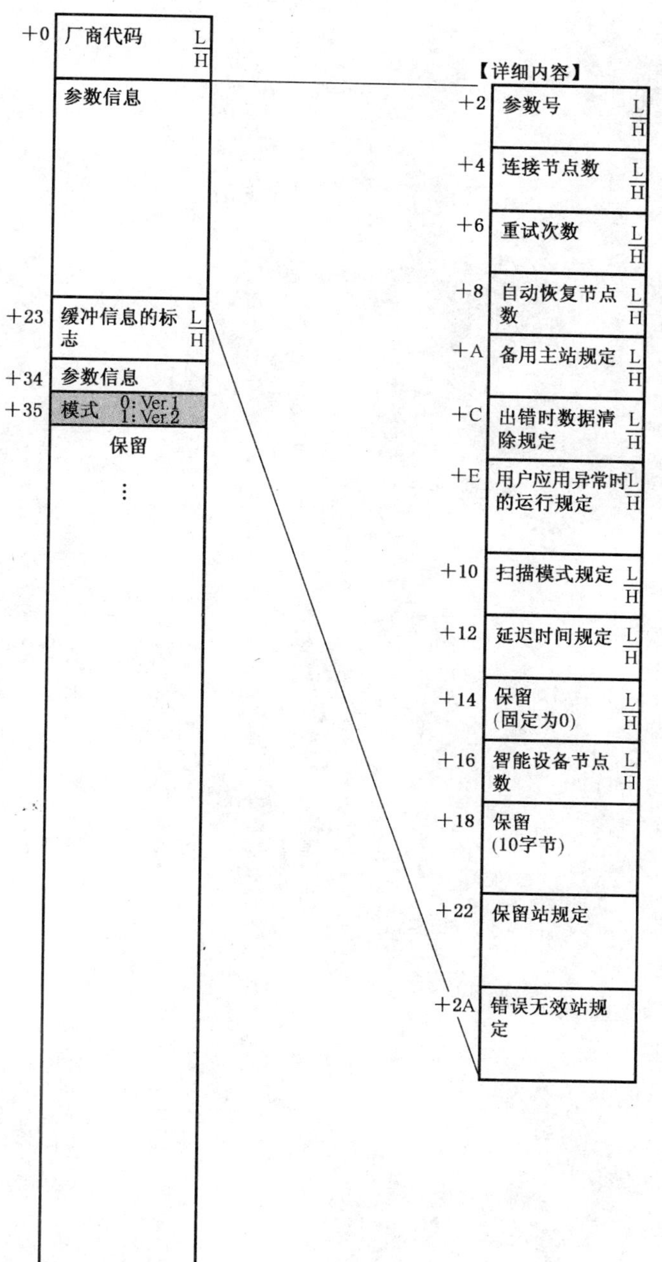

注：阴影部分为 Ver. 2 的改变部分。

图 124 参数块 2

ICS 25.040
N 10

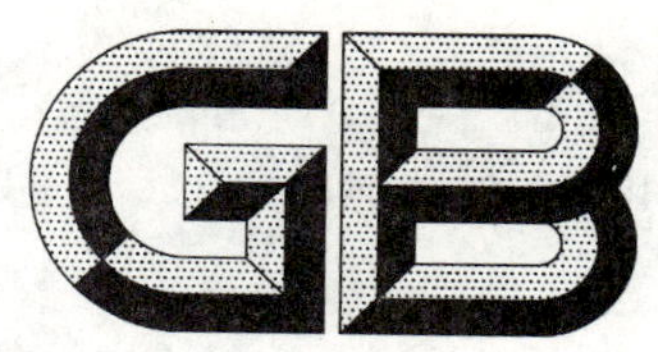

中华人民共和国国家标准

GB/T 19760.2—2008
部分代替 GB/Z 19760—2005

CC-Link 控制与通信网络规范 第2部分:CC-Link实现

CC-Link (Control & Communication Link) specifications—Part 2:CC-Link implementation

2008-12-15 发布

2009-06-01 实施

中华人民共和国国家质量监督检验检疫总局
中国国家标准化管理委员会 发布

前言

GB/T 19760《CC-Link 控制与通信网络规范》目前分为 4 个部分：

——第 1 部分：CC-Link 协议规范；

——第 2 部分：CC-Link 实现；

——第 3 部分：CC-Link 行规；

——第 4 部分：CC-Link/LT 协议规范。

本部分为 GB/T 19760 的第 2 部分。

本部分修改采用 CC-Link 协会标准 BAP-05027-F《CC-Link 规范　实现》，其技术内容与 BAP-05027-F 完全一致。

GB/T 19760—2008 与 GB/Z 19760—2005 比较，在技术内容上未作调整，在结构上划分成 4 个部分，以适应不同用户单独使用的需求。本部分代替 GB/Z 19760—2005《控制与通信总线 CC-Link 规范》中的“CC-Link 实现”部分。

为了使用方便，本部分做了下列编辑性修改：

a) 根据我国的实际使用情况，按照 GB/T 1.1—2000 的规定，对原文本进行了编辑性的修改；

b) 对原文引用其他国际标准中有被等同或修改采用为我国标准的，本部分用我国标准编号代替对应的国际标准编号，其余未有等同或修改采用为我国标准的国际先进标准，在本部分中均被直接引用；

c) 对原文中个别编辑性错误进行了修正。

本部分由中国机械工业联合会提出。

本部分由全国工业过程测量和控制标准化技术委员会第四分技术委员会归口。

本部分起草单位：机械工业仪器仪表综合技术经济研究所、清华大学、北方交通大学、中国 CC-Link 用户组织、上海自动化仪表股份有限公司、北京机械工业自动化研究所、西南大学、天华化工机械及自动化研究设计院、中国海洋石油总公司、济南铁路局、株洲南车时代电气股份有限公司、同济大学、上海仪表自动化研究所。

本部分主要起草人：郑旭、徐伟华、刘丹、王锦标、姜金锁、覃强、龚明、孙昕、包伟华、刘云男、刘枫、陈杰、吴王君、王延昌、王玉敏、梅恪、欧阳劲松、彭瑜、陈启军、荣智林、宋国峰。

CC-Link 控制与通信网络规范
第 2 部分:CC-Link 实现

1 范围

本部分规定了 CC-Link 实现。

本部分适用于自动化控制领域。本部分中所有标有“必要”的项目必须被安装在所开发的 CC-Link 接口中。

2 规范性引用文件

下列文件中的条款通过 GB/T 19760 的本部分的引用而成为本部分的条款。凡是注日期的引用文件,其随后所有的修改单(不包括勘误的内容)或修订版均不适用于本部分,然而,鼓励根据本部分达成协议的各方研究是否可使用这些文件的最新版本。凡是不注日期的引用文件,其最新版本适用于本部分。

GB/T 5271.1 信息技术 词汇 第 1 部分:基本术语(GB/T 5271.1—2000,eqv ISO/IEC 2382-1:1993)

GB/T 5271.5 信息技术 词汇 第 5 部分:数据表示(GB/T 5271.5—2008,ISO 2382-5:1999,IDT)

GB/T 5271.8 信息技术 词汇 第 8 部分:安全(GB/T 5271.8—2001,idt ISO/IEC 2382-8:1998)

GB/T 5271.9 信息技术 词汇 第 9 部分:数据通信(GB/T 5271.9—2001,eqv ISO/IEC 2382-9:1995)

GB/T 7421 信息技术 系统间远程通信和信息交换 高级数据链路控制(HDLC)程序(GB/T 7421—2008,ISO/IEC 13239:2002,IDT)

GB/T 9387.1 信息技术 开放系统互连 基本参考模型 第 1 部分:基本模型(GB/T 9387.1—1998,idt ISO/IEC 7498-1:1994)

EIA RS-485 平衡数字多点系统中使用的发生器和接收器的电性能标准

3 术语和定义

下列术语和定义适用于本部分。

3.1

位数据 bit data

表示 1 个位状态的信息——0(OFF)或者 1(ON)。

3.2

循环传输 cyclic transmission

通过 CC-Link 网络周期性地更新数据的通信方法。

3.3

扩展循环传输 extension cyclic transmission

一种循环通信,在该通信方式中通过把通信数据包分割成若干个块来增加传输的数据大小,从而使每一个逻辑站进行循环通信的最大链接容量增加到 128 位和 64 字。

3.4

扩展循环设置　extension cyclic settings

在扩展循环传输(Ver. 2.00)中,扩展循环容量可以设置成常规循环数据容量的2倍、4倍或8倍。

3.5

人机界面　Human Machine Interface

以人可以识别的显示方式和人能够输入的输入方式,在人和机器之间进行信息交流的设备。

3.6

智能设备站　intelligent device station

与主站进行n∶1的循环传输和瞬时传输的站。本部分中用缩略语ID(Intelligent Device)来表示。

3.7

本地站　local station

可以与主站和其他本地站进行n∶n循环传输和瞬时传输的站。本部分中用缩略语L(Local)来表示。

3.8

主站　master station

控制整个CC-Link网络的站。控制信息(参数)存储在主站中。每个网络中必须有一个主站。站号固定为0。本部分中用缩略语M(Master)来表示。

3.9

报文传输　message transmission

传输非周期数据的方法,实际的报文数据通过循环传输或通过瞬时传输来实现。

3.10

节点　node

与CC-Link网络连接的物理设备。

3.11

占用的逻辑站数　number of occupied stations (logic stations)

网络中单个从站使用的逻辑站数,根据数据量可设置为1～4(占用1个逻辑站表示在CC-Link缓冲区中划分的一个用于与其他站通信的最小单位,在本部分中称为逻辑站)。远程I/O站只能设置为1。本部分中有时用n表示占用的逻辑站数。

3.12

站数　number of stations (logic stations)

被连接到同一CC-Link网络中的所有物理设备占用的逻辑站数量的总和。

3.13

节点数　number of nodes

实际连接到一个CC-Link网络上的物理设备数。

3.14

RAS功能　RAS functions

"可靠性、可用性和可维护性"(Reliability, Availability, and Serviceability)的缩略语。

该术语用以描述自动化设备易于使用。

3.15

远程设备站　remote device station

可以同时使用位数据和字数据的站(例如:模拟量模块、指示器、数字量模块、电磁阀等)。本部分中有时用缩略语RD(Remote Device)来表示。

3.16

远程 I/O 站　remote I/O station

只能使用位数据的站。只占用一个逻辑站(例如:数字模块、电磁阀、传感器)。本部分中有时用缩写 RIO(Remote I/O)来表示。

3.17

远程站　remote station

远程 I/O 站和远程设备站的通用站名。

3.18

远程寄存器　Remote registers RWr,RWw

使用循环传输把 16-bit 字数据传送到各个站(远程 I/O 站除外)。为方便起见,把存储该信息的区域用 RWr 和 RWw 表示。在主站中,输入数据(读区域)为 RWr,输出数据(写区域)为 RWw。

3.19

远程输入,远程输出　remote X device,remote Y device;RX,RY

使用循环传输把位数据传送到各个站。为方便起见,把存储该信息的区域用 RX 和 RY 表示。在主站中,输入数据为 RX,输出数据为 RY。

3.20

从站　slave station

除主站外的通用站名。

3.21

备用主站　standby master station

如果主站出错而被强制停止运行,则备用主站接管主站的控制权。备用主站具有同主站相同的功能。在主站不出错的情况下,备用主站充当本地站。

3.22

站　station

在 CC-Link 中,站是指通过 CC-Link 连接的结点节点,其站号范围为 0～64。

3.23

站号　station number

在 CC-Link 网络中,站号 0 分配给主站,站号 1～64 分配给从站。根据占用逻辑站数,必须给从站分配一个唯一的站号,使之不与其他站占用的逻辑站号发生重叠。

在同一 CC-Link 网络中,一个物理站的站号规定为该设备占用的第 1 个逻辑站站号,例如某物理站的站号为 n,该站占用的逻辑站数为 m,则其下一个物理站的站号为 n+m。

3.24

瞬时传输　transient transmission

在 CC-Link 网络中,仅当有通信请求时,才执行的通信方式。

4　实现要求

本部分中所有标有"必要"的项目必须被安装在 CC-Link 接口中。

4.1　概述

CC-Link 接口的硬件结构实例如图 1 所示。

如果遵循 CC-Link 协议规范能够实现数据传输,硬件结构无需完全与下图匹配。另外也可以用大规模集成电路(LSI)来开发接口。

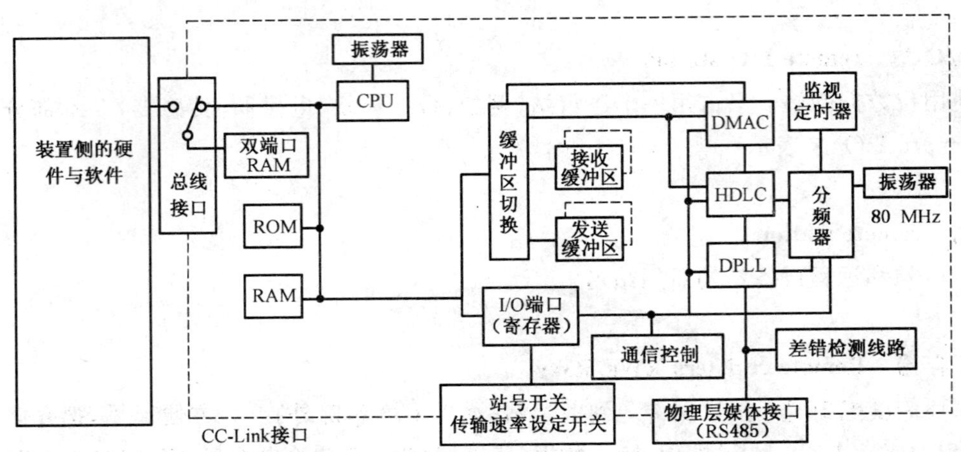

图 1 CC-Link 接口概略框图要点（实例）

4.2 开关与 LED

4.2.1 模式设定

表 1 表示操作模式规范。

表 1 模式设定

序号	模式	描述	设定 ◎:必要 ○:选用 ×:无需				
			主站	从站			
				本地站	智能设备站	远程站	
						远程设备站	远程I/O站
1	在线	在进行数据链接时设置	◎	◎	◎	◎	◎
2	线路测试 1	检查主站是否能与所有从站进行正常的数据链接	○	×	×	×	×
3	线路测试 2	检查主站是否能与特定从站进行正常的数据链接	○	×	×	×	×
4	参数检查测试	检查参数的内容	○	×	×	×	×
5	硬件测试	检查每个模块本身能否正常地工作	○	○	○	○	○

a) 在相应站上，通过开关或者 HMI 进行设置。

b) 必须在电源关闭的情况下进行模式变更。如果在电源接通时进行了模式变更，那么新的模式在相应的设备复位或重新上电后生效。

c) 那些只有在线模式的模块无需开关。

4.2.2 条件设定

表 2 表示条件设定规范。

a) 在相应站上，通过开关或者 HMI 进行设置。

b) 必须在电源关闭的情况下进行模式变更。如果在电源接通时进行了模式变更，那么新的模式在相应的设备复位或重新上电后生效。

c) 在第 2 项中，对于数据链接故障站，其输入数据状态已被固定为保持或清零中任一种情况，无需此开关。

d) 在第 3 项中，占用逻辑站站数被设定为某一固定值的情况下，无需此开关。

当选择 I/O 容量 32 位固定模式时的 RX/RY 系统区域见图 2。

表 2 条件设定

序号	模式	描述	设定 ◎:必要 ○:选用 ×:无需				
			主站	从站			
				本地站	智能设备站	远程站	
						远程设备站	远程 I/O 站
1	备用主站	指定备用主站	×	○	×	×	×
2	数据链接故障站的输入数据状态	在数据链接出错时指定输入数据保持或清零	◎	◎	◎	◎	◎
3	占用逻辑站站数	指定单个从站所占用的逻辑站站数	×[a]	◎	◎	◎	×[b]
4	I/O 容量固定为 32 点[c]	从站 RX/RY 容量 该容量也可与所占用的逻辑站数规定的容量相同	×	×	×	◎	×

a 如果主站/本地站被设置为主站,此条件无效。

b 远程 I/O 站被固定为"占用 1 个逻辑站"。

c 当必须固定系统区域的时候,选择"32 位固定"。

RX/RY	32 位固定(占用的逻辑站数 1～4)	取决于占用的逻辑站数			
		占用 1 个逻辑站	占用 2 个逻辑站	占用 3 个逻辑站	占用 4 个逻辑站
00～0F	用户区域	用户区域	用户区域	用户区域	用户区域
10～1F	**系统区域**	**系统区域**	用户区域	用户区域	用户区域
20～2F	(不能使用)	(不能使用)	用户区域	用户区域	用户区域
30～3F	(不能使用)	(不能使用)	**系统区域**	用户区域	用户区域
40～4F	(不能使用)	(不能使用)	(不能使用)	用户区域	用户区域
50～5F	(不能使用)	(不能使用)	(不能使用)	**系统区域**	用户区域
60～6F	(不能使用)	(不能使用)	(不能使用)	(不能使用)	用户区域
70～7F	(不能使用)	(不能使用)	(不能使用)	(不能使用)	**系统区域**

图 2 当选择 I/O 容量 32 位固定模式时的 RX/RY 系统区域

4.2.3 站号设定

表 3 表示站号设定规范。

表 3 站号设定

序号	模式	设定 ◎:必要 ○:选用 ×:无需				
		主站	从站			
			本地站	智能设备站	远程站	
					远程设备站	远程 I/O 站
1	0:主站 1～64:从站	◎	◎	◎	◎	◎

a) 在相应站上,通过开关或者 HMI 进行设置。

b) 必须在电源关闭的情况下进行模式变更。如果在电源接通时进行了模式变更,那么新的模式在相应的设备复位或重新上电后生效。

c） 在占用多个逻辑站时，通过设置首站号可以指定占用范围中各个站号。

4.2.4 传输速率设定

表 4 表示传输速率设定规范。

表 4 传输速率设定

<table>
<tr><th rowspan="4">序号</th><th rowspan="4">模　式</th><th colspan="5">设定
◎:必要　○:选用　×:无需</th></tr>
<tr><th rowspan="3">主站</th><th colspan="4">从站</th></tr>
<tr><th rowspan="2">本地站</th><th rowspan="2">智能设备站</th><th colspan="2">远程站</th></tr>
<tr><th>远程设备站</th><th>远程 I/O 站</th></tr>
<tr><td>1</td><td>156 kbit/s</td><td>○</td><td>○</td><td>○</td><td>○</td><td>○</td></tr>
<tr><td>2</td><td>625 kbit/s</td><td>○</td><td>○</td><td>○</td><td>○</td><td>○</td></tr>
<tr><td>3</td><td>2.5 Mbit/s</td><td>○</td><td>○</td><td>○</td><td>○</td><td>○</td></tr>
<tr><td>4</td><td>5 Mbit/s</td><td>○</td><td>○</td><td>○</td><td>○</td><td>○</td></tr>
<tr><td>5</td><td>10 Mbit/s</td><td>○</td><td>○</td><td>○</td><td>○</td><td>○</td></tr>
</table>

a） 在相应站上，通过开关或者 HMI 进行设置。

b） 必须在电源关闭的情况下进行模式变更。如果在电源接通时进行了模式变更，那么新的模式在相应的设备复位或重新上电后生效。

c） 对于任何类型的站至少可指定表 4 中所列的 5 种传输速率中的一种。

4.2.5 监视用 LED

表 5 表示监视用 LED 的规范。

表 5 监视用 LED

<table>
<tr><th rowspan="4">序号</th><th rowspan="4">LED 名称</th><th rowspan="4">描　　述</th><th colspan="5">配置
◎:必要　○:选用　×:无需</th></tr>
<tr><th rowspan="3">主站</th><th colspan="4">从站</th></tr>
<tr><th rowspan="2">本地站</th><th rowspan="2">智能设备站</th><th colspan="2">远程站</th></tr>
<tr><th>远程设备站</th><th>远程 I/O 站</th></tr>
<tr><td>1</td><td>PW</td><td>灯亮:电源接通
灯灭:电源关闭</td><td>○</td><td>○</td><td>○</td><td>○</td><td>○</td></tr>
<tr><td>2</td><td>RUN</td><td>灯亮:运行正常
灯灭:发生 WDT 差错</td><td>◎</td><td>○</td><td>○</td><td>○</td><td>○</td></tr>
<tr><td>3</td><td>ERR</td><td>灯亮:所有的站通信异常
当下列错误发生时，亮灯
• 开关设定不正确
• 在同一线路上有多个主站
• 参数内容错误
• 数据链路监视定时器工作
• 断线或传输路径受到噪声干扰
闪烁:存在通信异常站</td><td>◎</td><td>○</td><td>○</td><td>○</td><td>○</td></tr>
</table>

表 5（续）

序号	LED 名称	描述	配置 ◎:必要 ○:选用 ×:无需				
			主站	从站			
				本地站	智能设备站	远程站	
						远程设备站	远程 I/O 站
4	MST	灯亮:表示作为主站运行（正在进行数据链路控制）	○[a]	○[a]	×	×	×
5	S MST	灯亮:表示作为备用主站运行（待机中）	○[a]	○[a]	×	×	×
6	LOCAL	灯亮:被设置为本地站	×	○	×	×	×
7	CPU R/W	灯亮:与用户应用的通信	○	○	○	○	○
8	SW	灯亮:开关设定不正确	○	○	○	○	○
9	M/S	灯亮:在同一线路上已有主站存在	○	×	×	×	×
10	PRM	灯亮:参数内容错误	○	×	×	×	×
11	TIME	灯亮:数据链路监视定时器工作（所有站异常）	○	×	×	×	×
12	LINE	灯亮:断线或传输路径受到噪声干扰	○	○	○	○	○
13	L RUN	灯亮:正在执行数据链接	◎	○	○	○	○
14	L ERR.	灯亮:通信异常（本站） 闪烁:在电源接通时,开关设定被改变	◎	○	○	○	○
15	SD	灯亮: 发送数据中	○	○	○	○	○
16	RD	灯亮: 接收数据中	○	○	○	○	○

[a] 如果设备同时具有主站与备用主站的功能,那么必须有 MST 与 SMST。

a) 未指定 LED 的颜色与形状。

b) 如果所用的设备是一台 PC 或显示装置,那么 LED 可以用屏幕显示来代替。但是,对于安装在设备中的接口卡,推荐在接口卡上用 LED 表示从 L RUN 到 RD 的状态,并将其安装在能直接从外部进行检查的位置。

用于一个主站与远程设备站(用 DC24V 供电)的 LED 显示实例见图 3。

1) 主站

示例 1

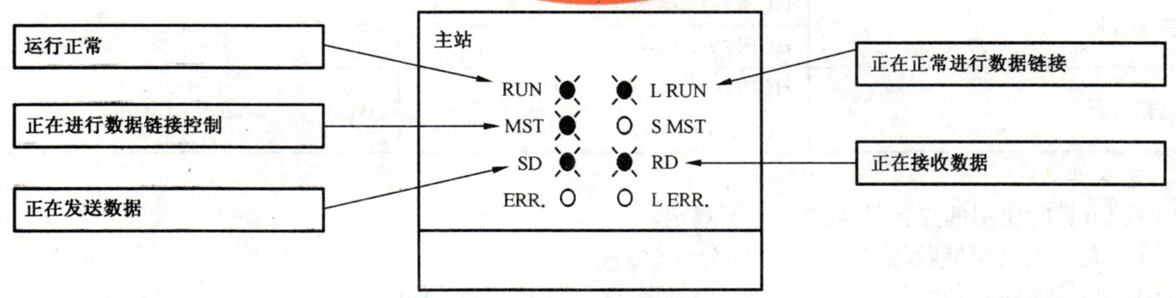

示例 2

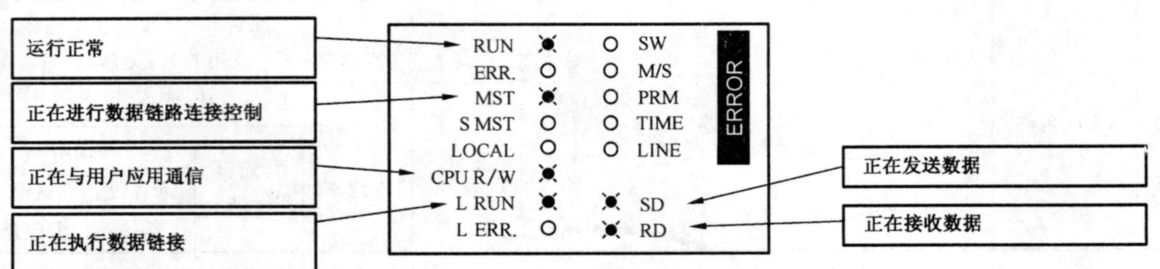

2） 远程设备站

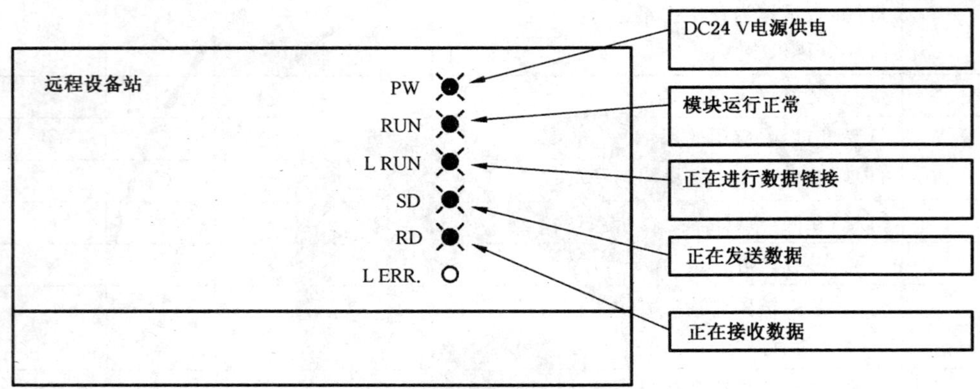

●：灯亮 ○：灯灭

图 3 LED 显示实例

4.3 推荐元器件

表 6 表示用于 CC-Link 接口的推荐元器件的列表。

表 6 推荐元器件的列表

名 称	型 号	厂 商
滤波器	ZCYS51R5-M3PAT	TDK Corporation
EIA RS-485 收发器	SN75ALS181NS	Texas Instruments Japan Limited
齐纳二极管	RD6. 2Z	NEC Electronics Corporation
	HZU6. 2Z	Renesas Technology Corporation

当通信系统被隔离时，推荐通信隔离器件见表 7。

表 7 通信隔离

名 称	型 号	厂 商
光电耦合器	HCPL-7720＃500	Avago Technologies Limited
	HCPL-0720＃500	
光电耦合器	HCPL-2611＃500	Avago Technologies Limited
	HCPL-M611＃500	

4.4 连接件

CC-Link 所使用的连接件应遵守如下规定：

a） 需要提供使屏蔽线(SLD)与 FG 分开的插针。

b） 必须能够 5 Pin 连接(信号名称 DA、DB、DG、SLD 以及 FG)。

c） 4 Pin 连接必须有 DA、DB、DG、SLD，同时提供一个独立的 FG。

d） 每个插针应该能连接两根相同的 0.5 mm^2 的 CC-Link 专用电缆，或者当连接件为端子排的时候，可使用 M3 或 M3.5 螺钉经无焊接头来固定。

e) 网络中的站需在线分离时,推荐使用二件套连接件。

推荐的连接件(端子排)见表 8。

表 8 推荐的连接件(端子排)产品

项目名称	厂 商
二件套接线端子	Kitazawa Electric Works Co. ,Ltd
型号	外形尺寸
TE-CON14 7P (KEC-NS0707-01)	46.9±0.5; 23±0.2; 1.3; 7.8; 25.5; M3.5×7; Main unit; Base; 22.5; (31.5); 9
TE-CON7 4P (KEC-NS0604-01)	51.5±0.3; 7.3; 1.2; 12±0.3; 4; 8.5; 8.5; M3.5×7; 主件; 基座; 14; 2; 5.5; 9.5; 10.04±0.3; 0.8; 1; 3; 49.5±0.2; 印刷线路板
TE-CON15 10P	直角 10 针接线端子排

4.5 CC-Link 兼容设备的隔离方法

建议将 CC-Link 兼容设备的通信部分隔离以达到稳定的通信。

特别推荐图 4 中的 a)和 c)的隔离电路。

注：图中的虚线是隔离的边界。

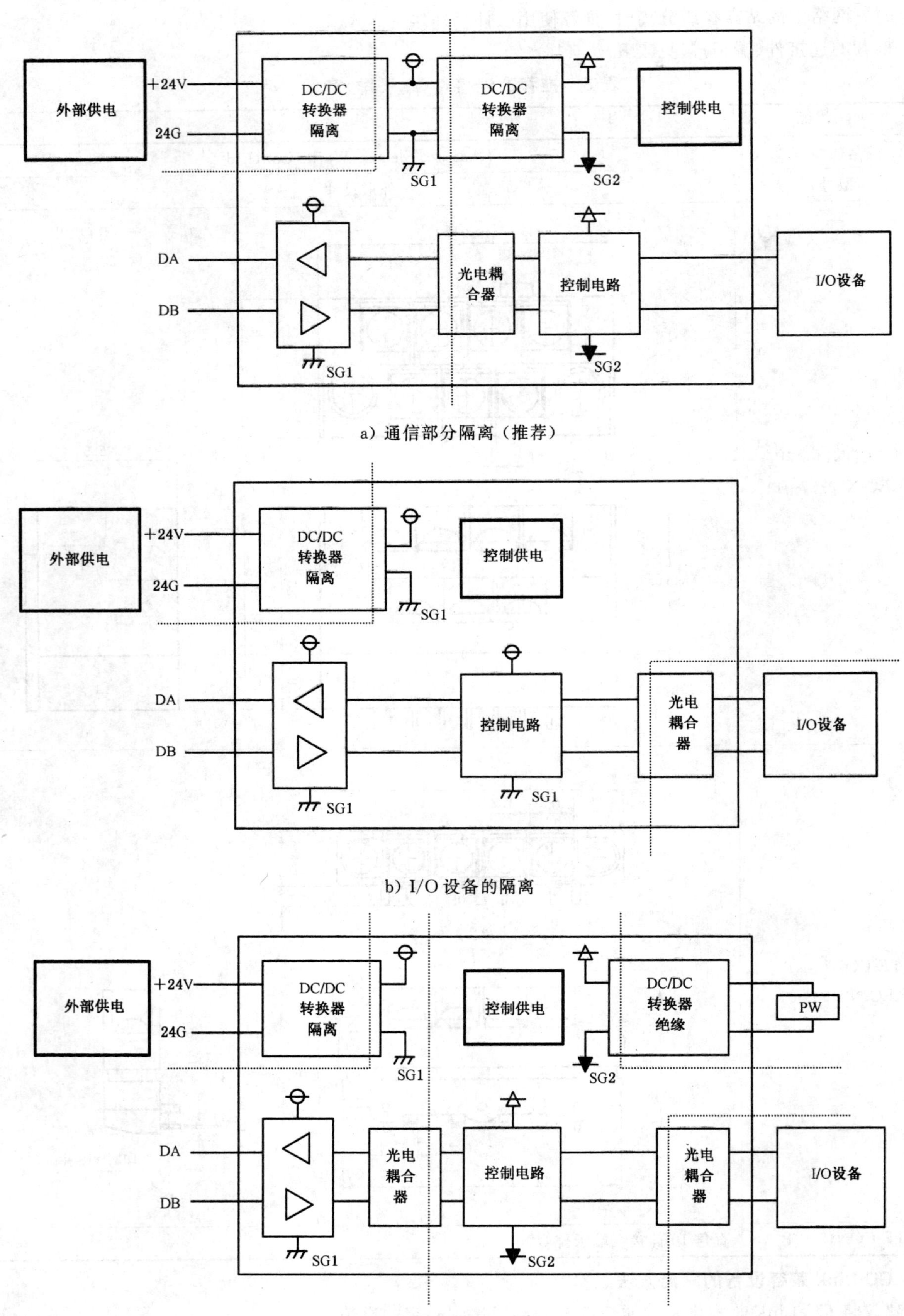

图 4　CC-Link 兼容设备的隔离电路示例

4.6 CC-Link 版本识别与标志显示

CC-Link 的各种版本列于表 9。为了详细识别各种版本,CC-Link 徽标与版本如表 9 所示。

表 9 CC-Link 版本及其识别表示

CC-Link 版本	修订版	确认表示 (○可用的,×无需)	
		CC-Link 徽标	CC-Link 版本
Ver. 1.00	—	×	×
Ver. 1.10	支持 0.2 m 站间电缆 (使用 4.3 描述的推荐元器件的设备都是 Ver. 1.10 支持的产品)	○	○
Ver. 1.11	支持报文传输功能	○	○
Ver. 2.00	支持扩展循环传输功能	○[a]	○

a 对于与 CC-Link Ver. 2.00 兼容的产品,为了便于辨别,有必要在 CC-Link 徽标旁边附加(贴有)上“Ver 2”的文本。下列图片展示了 Ver 2 的徽标。徽标中“V2”部分没有必要和下图中所示的一样精确。

a) CC-Link 徽标示例(优先选择有下划线的项)

设备本体,使用说明书、商品目录、包装等等。

b) CC-Link 版本号示例(优先选择有下划线的项)

使用说明书,铭牌、商品目录、包装等等。

c) 当设备中含有 CC-Link 接口时,应在设备表面用标签等予以标识。

d) 如果一个设备支持新版本而不带有标识号,它有可能被认为是 Ver. 1.00 产品。

＜V2 徽标示例＞,见图 5。

图 5 版本 2 商标例子

对于与 Ver. 2.00 或更高版本兼容的产品,除 CC-Link 产品本身必须具备类似上图所示的版本徽标外,在宣传手册和用户手册等处还应明确描述 CC-Link 规范所定义的功能中哪些项目是被支持的。

示例:

本产品是与 CC-Link Ver. 2.00 兼容的智能设备站。本产品支持 CC-Link 版本 2.00 中的下列功能:

——扩展循环传输;

——瞬时传输;

——放宽站间电缆距离限制。

4.7 外部连接

本条解释说明了用于 CC-Link 系统的基本外部连接。

站号不需要按连接的顺序来设置。如果有站号在整个系统中被跳过,这些站号必须在参数设置中被设置成“保留站”。

主站不必安装在网络的首末端。

外部连接见图 6。

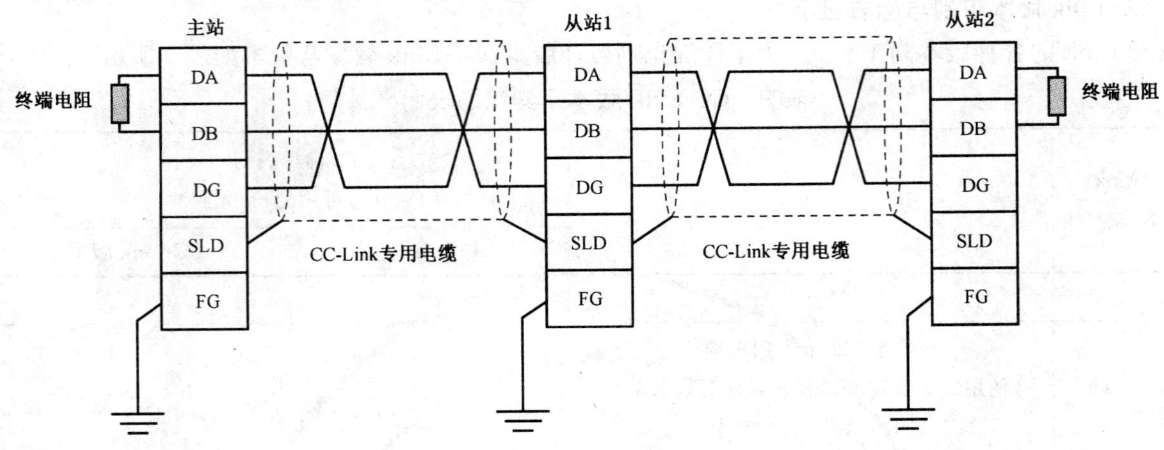

图6 外部连接示例

重点
连接件的连接与断开必须在关闭相关站的电源的情况下才能进行，否则就不能保证数据的传输。

要点
CC-Link 专用电缆的屏蔽线连接到每个模块的“SLD”端子上，屏蔽线的两端都通过“FG”与工厂的接地点连接（D 型接地（第 3 种接地））。

ICS 25.040
N 10

中华人民共和国国家标准

GB/T 19760.3—2008
部分代替 GB/Z 19760—2005

CC-Link控制与通信网络规范 第3部分:CC-Link行规

CC-Link (Control & Communication Link) specification—
Part 3:CC-Link profile

2008-12-15 发布 2009-06-01 实施

中华人民共和国国家质量监督检验检疫总局
中国国家标准化管理委员会 发布

前 言

GB/T 19760《CC-Link 控制与通信网络规范》目前分为4个部分：

——第1部分：CC-Link 协议规范；

——第2部分：CC-Link 实现；

——第3部分：CC-Link 行规；

——第4部分：CC-Link/LT 协议规范。

本部分为 GB/T 19760 的第3部分。

本部分修改采用 CC-Link 协会标准 BAP-05028-G《CC-Link 规范　行规》，其技术内容与 BAP-05028-G 完全一致。

GB/T 19760—2008 与 GB/Z 19760—2005 比较，在技术内容上未作调整，在结构上划分成4个部分，以适应不同用户单独使用的需求。本部分代替 GB/Z 19760—2005《控制与通信总线 CC-Link 规范》中的“CC-Link 行规”部分。

为了使用方便，本部分做了下列编辑性修改：

a) 根据我国的实际使用情况，按照 GB/T 1.1—2000 的规定，对原文本进行了编辑性的修改；

b) 对原文引用其他国际标准中有被等同或修改采用为我国标准的，本部分用我国标准编号代替对应的国际标准编号，其余未有等同或修改采用为我国标准的国际先进标准，在本部分中均被直接引用；

c) 对原文中个别编辑性错误进行了修正。

本部分由中国机械工业联合会提出。

本部分由全国工业过程测量和控制标准化技术委员会第四分技术委员会归口。

本部分起草单位：机械工业仪器仪表综合技术经济研究所、清华大学自动化系、西南大学、中国 CC-Link 用户组织、北京交通大学、上海自动化仪表股份有限公司、北京机械工业自动化研究所、天华化工机械及自动化研究设计院、中国海洋石油总公司、济南铁路局、株洲南车时代电气股份有限公司、同济大学、上海仪表自动化研究所。

本部分主要起草人：包伟华、王锦标、刘枫、刘丹、郑旭、王玉敏、彭瑜、覃强、龚明、孙昕、刘云男、姜金锁、徐伟华、陈杰、吴王君、梅恪、欧阳劲松、荣智林、宋国峰、陈启军。

本部分所代替标准的历次版本发布情况为：

——GB/Z 19760—2005。

CC-Link 控制与通信网络规范
第3部分:CC-Link 行规

1 范围

GB/T 19760 的本部分规定了 CC-Link 行规。

本部分适用于自动化控制领域。

2 规范性引用文件

下列文件中的条款通过 GB/T 19760 的本部分的引用而成为本部分的条款。凡是注日期的引用文件,其随后所有的修改单(不包括勘误的内容)或修订版均不适用于本部分,然而,鼓励根据本部分达成协议的各方研究是否可使用这些文件的最新版本。凡是不注日期的引用文件,其最新版本适用于本部分。

GB/T 5271.1 信息技术 词汇 第1部分:基本术语(GB/T 5271.1—2000,eqv ISO/IEC 2382-1:1993)

GB/T 5271.5 信息技术 词汇 第5部分:数据表示(GB/T 5271.5—2008,ISO 2382-5:1999,IDT)

GB/T 5271.8 信息技术 词汇 第8部分:安全(GB/T 5271.8—2001,idt ISO/IEC 2382-8:1998)

GB/T 5271.9 信息技术 词汇 第9部分:数据通信(GB/T 5271.9—2001,eqv ISO/IEC 2382-9:1995)

3 术语和定义

下列术语和定义适用于本部分。

3.1

位数据 bit data

表示1个位状态的信息——0(OFF)或者1(ON)。

3.2

循环传输 cyclic transmission

通过 CC-Link 网络周期性地更新数据的通信方法。

3.3

扩展循环传输 extension cyclic transmission

一种循环通信,在该通信方式中通过把通信数据包分割成若干个块来增加传输的数据大小,从而使每一个逻辑站进行循环通信的最大链接容量增加到128位和64字。

3.4

扩展循环设置 extension cyclic settings

在扩展循环传输(Ver.2.00)中,扩展循环容量可以设置成常规循环数据容量的2倍、4倍或8倍。

3.5

人机界面 human machine interface

以人可以识别的显示方式和人能够输入的输入方式,在人和机器之间进行信息交流的设备。

3.6

智能设备站 intelligent device station

与主站进行 n:1 的循环传输和瞬时传输的站。本部分中用缩略语 ID(Intelligent Device)来表示。

3.7

本地站　local station

可以与主站和其他本地站进行 n:n 循环传输和瞬时传输的站。本部分中用缩略语 L(Local)来表示。

3.8

主站　master station

控制整个 CC-Link 网络的站。控制信息(参数)存储在主站中。每个网络中必须有一个主站。站号固定为 0。本部分中用缩略语 M(Master)来表示。

3.9

报文传输　message transmission

传输非周期数据的方法,实际的报文数据通过循环传输或通过瞬时传输来实现。

3.10

节点　node

与 CC-Link 网络连接的物理设备。

3.11

占用的逻辑站数　number of occupied stations(logic stations)

网络中单个从站使用的逻辑站数,根据数据量可设置为 1～4(占用 1 个逻辑站表示在 CC-Link 缓冲区中划分的一个用于与其他站通信的最小单位,在本标准中称为逻辑站)。远程 I/O 站只能设置为 1。本部分中有时用 n 表示占用的逻辑站数。

3.12

站数　number of stations(logic stations)

被连接到同一 CC-Link 网络中的所有物理设备占用的逻辑站数量的总和。

3.13

节点数　number of nodes

实际连接到一个 CC-Link 网络上的物理设备数。

3.14

远程设备站　remote device station

可以同时使用位数据和字数据的站(例如:模拟量模块、指示器、数字量模块、电磁阀等)。本部分中有时用缩略语 RD(Remote Device)来表示。

3.15

远程 I/O 站　remote I/O station

只能使用位数据的站。只占用一个逻辑站(例如:数字模块、电磁阀、传感器)。本部分中有时用缩写 RIO(Remote I/O)来表示。

3.16

远程站　remote station

远程 I/O 站和远程设备站的通用站名。

3.17

远程寄存器　Remote registers RWr,RWw

使用循环传输把 16-bit 字数据传送到各个站(远程 I/O 站除外)。为方便起见,把存储该信息的区域用 RWr 和 RWw 表示。在主站中,输入数据(读区域)为 RWr,输出数据(写区域)为 RWw。

3.18

远程输入,远程输出　remote X device,remote Y device;RX,RY

使用循环传输把位数据传送到各个站。为方便起见,把存储该信息的区域用 RX 和 RY 表示。在主站中,输入数据为 RX,输出数据为 RY。

3.19

从站　slave station

除主站外的通用站名。

3.20

备用主站　standby master station

如果主站出错而被强制停止运行，则备用主站接管主站的控制权。备用主站具有同主站相同的功能。在主站不出错的情况下，备用主站充当本地站。

3.21

站　station

在 CC-Link 中，站是指通过 CC-Link 连接的节点，其站号范围为 0～64。

3.22

站号　station number

在 CC-Link 网络中，站号 0 分配给主站，站号 1～64 分配给从站。根据占用逻辑站数，必须给从站分配一个唯一的站号，使之不与其他站占用的逻辑站号发生重叠。

在同一 CC-Link 网络中，一个物理站的站号规定为该设备占用的第 1 个逻辑站站号，例如，某物理站的站号为 n，该站占用的逻辑站数为 m，则其下一个物理站的站号为 n+m。

3.23

瞬时传输　transient transmission

在 CC-Link 网络中，仅当有通信请求时，才执行的通信方式。

3.24

字数据　word data

该信息由 16 位组成。

1 个字能够表示“－32 768～32 767”(有符号十进制整数)，“0～65 535”(无符号十进制整数)或“0～FFFFH”(十六进制整数)。

4　CSP 文件定义

本章描述了 CC-Link 应用软件使用的 CSP(CC-Link System Profile)文件的结构。在提供 CC-Link 设备时，必须提供一份 CSP 文件(此 CSP 文件必须按照本章所规定的要求创建)。CSP 文件为文本文件，可通过通用的文本编辑器创建，因此在 CC-Link 应用软件使用 CSP 文件之前，有必要进行行规语法等差错检查。

此外，可使用 CSP 文件在主站中注册 CC-Link 参数。

4.1　CSP 文件名

基本上是每台设备配备一个 CSP 文件，因此，如果一台设备兼容多个 CC-Link 版本、扩展循环设置，或有一种以上的占用逻辑站数的模式，则需要为每个 CC-Link 版本、扩展循环设置和占用逻辑站单独地创建一个 CSP 文件。CSP 文件应按以下格式命名：(下文“[ ]”中的内容是可选的)

[标识符]设备型号名_占用逻辑站数[_V 版本号[_E 扩展循环设置]].csp

增加一个标识符可以弥补不同厂商的设备型号名相同等因素带来的问题。系列名、产品名或厂商名等，都可以作为标识符。

(例如，当设备型号名是很短的“CC1”时，文件名可能是“CC1_1.csp”，这就很容易与其他厂商的文件名相互重叠。为了避免这种情况，增加一个系列名、产品名、厂商名等，使文件名变得长一些，例如“S-ABC-CC1_1.csp”。)

文件名中的版本号，“.”用“-”代替，当省略版本号时，将被认为是“1.10”版本。

文件名中的扩展循环设置可以是 1、2、4 或 8，缺省设置时，扩展循环设置默认为 1 倍设置。

例如，在这种情况下：设备名是 ABC2004，占用逻辑站数为 1，CC-Link 版本为 2.00，扩展循环设置为 4 倍设置。文件名应该如下：

ABC2004_1_V2-00_E4.csp

即使在占用逻辑站数的模式只有一种的情况下，也必须在文件名中写“_占用逻辑站数”的值。CSP文件名的最大长度是64字符(最后的“空”字符除外)。此外，注意设备型号名中不能使用下划线“_”。

为了便于管理两个相同的CSP文件(但一个是日语版，另一个是英语版)，为它们设置相同的文件名，并存放在不同的文件夹中。

4.2 CSP文件结构

图1表示CSP文件的结构。

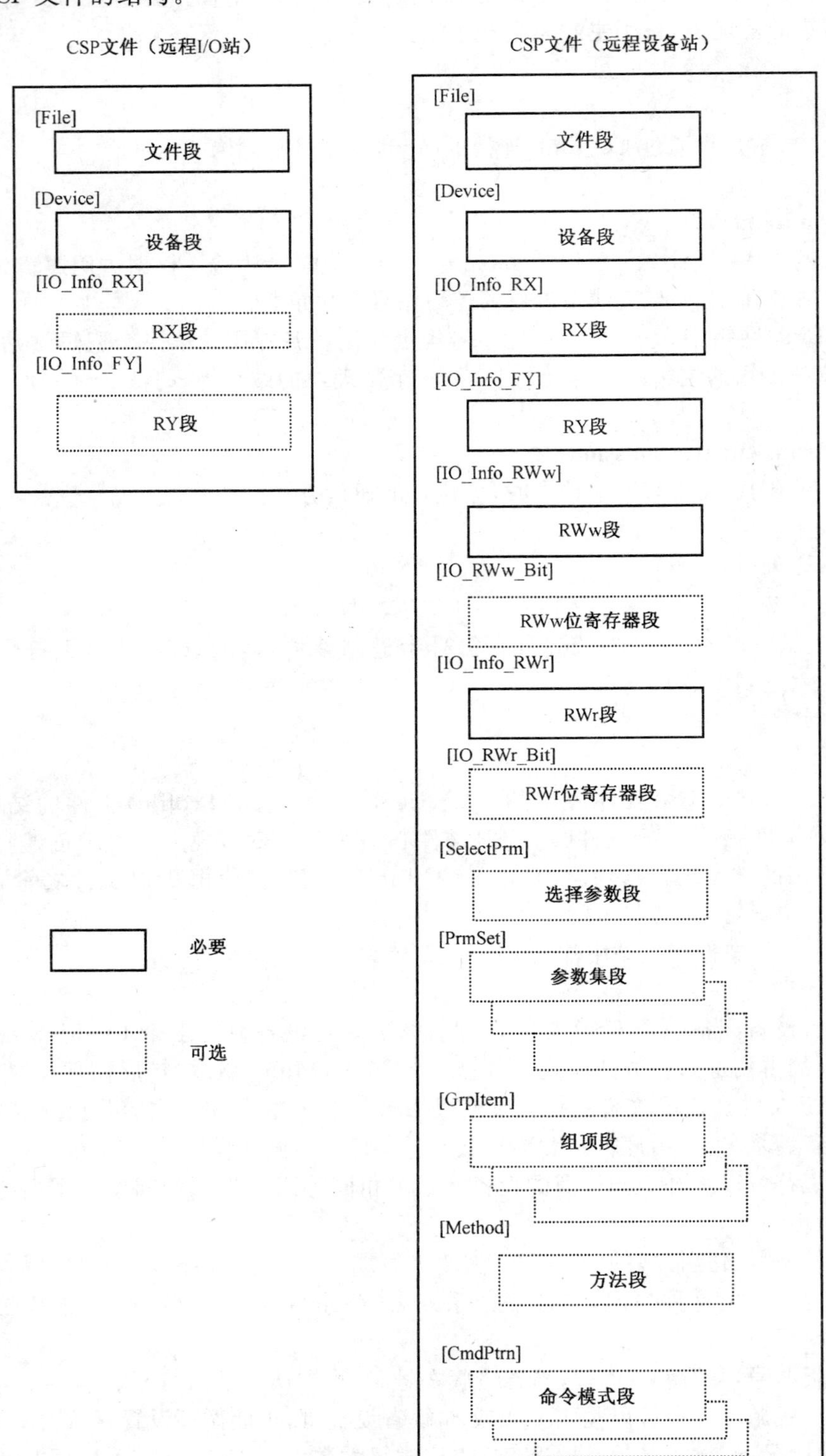

图1　CSP文件结构

4.2.1 CSP 文件由以下各部分组成：

a) 文件段：定义 CSP 文件有关的信息。
b) 设备段：定义 CSP 文件中描述的设备有关的信息。
c) RX 段：定义 RX 相关参数。
d) RY 段：定义 RY 相关参数。
e) RWw 段：定义 RWw 相关参数。
f) RWw 位寄存器段：在 RWw 段中的位标志 ON 时定义参数。
g) RWr 段：定义 RWr 的参数。
h) RWr 位寄存器段：在 RWr 段中的位标志 ON 时定义参数。
i) 选择参数段：在选择参数时定义参数。
j) 参数集段：按照相应的寄存器中设定的值切换参数时使用。根据定义寄存器的方法可以有多个定义。
k) 组项段：与上述参数集段共同定义可切换的参数，段的个数为参数集的个数。
l) 方法段：本段定义一些程序或步骤，这些程序或步骤是访问寄存器或切换参数集所必需的。
m) 命令模式段：寄存器的内容根据命令切换时使用。段的个数就是命令的数量。

4.2.2 CSP 文件的规则

CSP 文件的使用规则如下所述。各段特有的规则分别在各自的章节中说明。

a) 当 CC-Link 设备是一个远程 I/O 站时，文件段和设备段是必备的。RX 段和 RY 段是可选的。使用的所有其他段，如 RWw 段和 RWr 段，都将被忽略。
b) 当 CC-Link 是一个远程设备站时，文件段、设备段、RX 段、RY 段、RWw 段和 RWr 段是必备的。其他段是可选的，并可省略。
c) 必须用放在[ ]内的段关键字正确地为 CSP 文件中的每个段分界。
d) 如果一个段包含一个或更多的条目，每个条目必须由一个条目关键字开始，其后跟随一个等号，最后必须由一个分号结束。
e) 一行中不允许有多个条目。一行的最大长度为 512 字符，包括结尾处的<CR>（回车）和<LF>（换行）字符。每个条目的最大长度为 1 024 字符。
f) 如果提供的字符串大于条目允许的最大长度，超过最大长度的部分被丢弃。
g) “#”表示一个注释的开始，注释由该行的换行符终止。
h) 当“#”号被作为字符使用时，必须跟随在一个“\”的后面。
i) CC-Link 应用软件将忽略注释或者空格符（Space、Tab 等）。
j) 单字节的“-”连字符用于指示没有初始值的必备或可选的项目。

4.3 文件段

文件段包含了 CSP 文件的有关信息。应用软件处理这些文件信息。文件段的段关键字是[File]。表 1 列出了文件段中的条目。

表 1 文件段条目

条目	描述	数据类型	必备/可选
FileComment	文件注释	字符串（最长 65 字符）	可选
CreateDate	文件创建日期	字符串（11 字符）	必备
CreateTime	文件创建时间	字符串（9 字符）	必备
ModDate	最后一次修改日期	字符串（11 字符）	可选
ModTime	最后一次修改时间	字符串（9 字符）	可选
Version	CSP 文件版本	16 位整数数组（2 个）	必备
注：字符串大小包括结尾的 NULL（空）字符。本说明适用于本段中所有有关字符串的最大长度的定义。			

FileComment：　在应用软件中显示的字符串。

CreateDate：　CSP 文件创建者设置的 CSP 文件的创建日期。应用软件将根据此值来显示创建日期(应用软件不能改变这个日期)。

＊关于日期

CreateDate、ModDate：指向存储日期字符串的缓存器的指针。日期具有以下格式：

yyyy/mm/dd

yyyy 是表示年份的 4 位数字值，mm 表示月份的 2 位数字值，dd 是表示日的 2 位数字值。例如：1999/01/19 表示 1999 年 1 月 19 日。

CreateTime：　CSP 文件创建者设置的 CSP 文件的创建时间。应用软件将根据此值来显示创建时间(应用软件不能改变这个时间)。

＊关于时间

GreateTime、ModTime：指向存储时间字符串的缓存器的指针。时间具有以下格式：

hh：mm：ss

hh 是用 24 h 格式表示小时的 2 位数值，mm 是表示分钟的 2 位数值，ss 是表示秒的 2 位数值。例如：

18：23：44 表示下午 6 h 23 min 44 s。

ModDate：　最后一次修改 CSP 文件的日期。应用软件和文本编辑器都可以修改 CSP 文件中的“ModDate”。

有关日期格式可参照 CreateDate。

ModTime：　最后一次修改 CSP 文件的时间。应用软件和文本编辑器都可以修改 CSP 文件中的“ModTime”。

有关时刻格式可参照 CreateTime。

Version：　CSP 文件创建者设置的 CSP 文件版本，便于用户进行文件管理。CSP 文件版本具有以下格式：

major_version. minor_version

major_version 和 minor_version 都是正整数。major_version 较大的文件版本较新。如果 major_version 值相同，则 minor_version 值较大的文件版本较新。

图 2 是 CSP 文件的文件段的一个实例。

```
#Example CSP file(File section)                (AJ65BT-64AD. csp)

[File]
  FileComment=AD Convert Unit CSP File;
  CreateDate=1999/01/19;
  CreateTime=18：50：00;
  ModDate=1999/01/20;
  ModTime=13：30：00;
  Version=1. 1;

[Device]
  ⋮
```

图 2　文件段的实例

4.4　设备段

设备段包含从站设备的信息，设备段的关键字是[Device]。表 2 给出了设备段条目。

表 2 设备段条目

条目	描述	数据类型	必备/可选
VendName	厂商名	字符串(最长 65 字符)	必备
VendID	厂商代码	16 位整数	必备
StationType	站类型	16 位整数	必备
RemDevType	远程设备类型	16 位整数	可选 a
DevModel	设备型号名	字符串(最长 65 字符)	必备
DevVer	版本	字符串(最长 8 字符)	必备
CcLinkVer	CC-Link 版本	字符串(最长 8 字符)	可选
ExtCycle	扩展循环设置	16 位整数	可选
Senyuu	占用逻辑站数	16 位整数	必备
BmpFile	位图文件	字符串(最长 257 字符)	必备
ErrReg	错误代码存储寄存器	字符串(最长 8 字符)	可选
UpDownLoadF	上传/下载标志	16 位整数	必备
MasterFlg	备用主站标志	16 位整数	可选

[a] StationType 为远程设备站时此条目为必备。

VendName： 文本格式的厂商名。

VendID： 厂商代码。每个厂商分配一个代码。参照表 3，厂商代码是"CC-Link 合作伙伴"会员号的△部分(4 位数)。

会员号的＊＊＊_＊△△-△△＊＊

例：当会员号是 109-7 01-2353 时，厂商代码为 0123H。

StationType： 从站类型代码

0：远程 I/O 站；

1：远程设备站；

2：智能设备站(包括本地站和备用主站)。

RemDevType： 远程设备站类型代码。如果 StationType 被设置成远程设备站，将被赋予一个表 4 中所示的代码。

DevModel： 设备型号名。

DevVer： 设备版本号。

CcLinkVer： CC-Link 版本号，指明 CC-Link 的版本号是"1.00"，"1.10"，"1.11"，或"2.00"。"1.10"是缺省值。

ExtCycle： 扩展循环设置。本条目为 CC-Link Ver.2 兼容设备设置一个扩展循环设置值。CC-Link Ver.2.00 可设置的值为 1,2,4 和 8。这些值分别代表 1 倍设置，2 倍设置，4 倍设置和 8 倍设置。其中 1(1 倍设置)为缺省值。

当 CcLinkVer 中的值不是"2.00"时，不能使用扩展循环设置值。

Senyuu： 设备占用的逻辑站数。有些设备有 2 套以上的占用逻辑站数设置，此时应为每套设置准备一份 CSP 文件。

BmpFile： 与 CSP 文件有关的位图的文件。

ErrReg： 用于显示错误代码的错误代码存储寄存器。

UpDownLoadF： 上传/下载识别标志，指示设备是否支持 CSP 文件上传/下载。

0：不支持

1：支持

MasterFlg：　　备用主站标志符。指示站是否可以用作备用主站。

0：不能用作备用主站；

1：能用作备用主站。

厂商代码见表3。

表3　厂商代码

代码	描述
0x0	公司A
0x1	公司B
0x2	公司C
⋮	⋮

远程设备类型列表见表4。

表4　远程设备类型列表

代码	描述	代码	描述
0x00	不能使用	0x36	协议分析器
0x01	PLC	0x37	空间传输模块
0x02	个人计算机	0x38	传送控制模块
0x03	数字I/O	0x39	供电控制模块
0x04	模拟I/O	0x3A	未使用
0x05	定位	0x3B	气体探测器
0x06	温度调节器	0x3C	电磁阀
0x07	HMI	0x3D	机器人(通用目的)
0x08	ID	0x3E	打印机控制模块
0x09	串行转换模块	0x3F	电机控制模块
0x1D	CC-Link-CC-Link/LT网桥	0x40	真空泵
0x1F	协议转换模块	0x41	多轴控制器
0x20	变频器	0x42	通用VME板
0x21	伺服机构	0x43	质量流量电源模块
0x22	CNC	0x44	质量流量控制器
0x23	机器人	0x45	电源配电模块
0x24	配电控制设备	0x46	控制中心
0x30	传感器	0x47	焊接控制模块
0x31	执行器	0x48	指示器(通用)
0x32	条形码阅读器	0x49	PID控制模块
0x33	指示器(重量)	0x4A	真空计
0x34	高速计数器	0x4B	无线模块
0x35	按键/开关	0x4C	数字/模拟I/O
注：如果设备不属于上述任何一种类型，可以联系CC-Link协会注册一个新的代码。			

图 3 是一份 CSP 文件的设备段的示例。

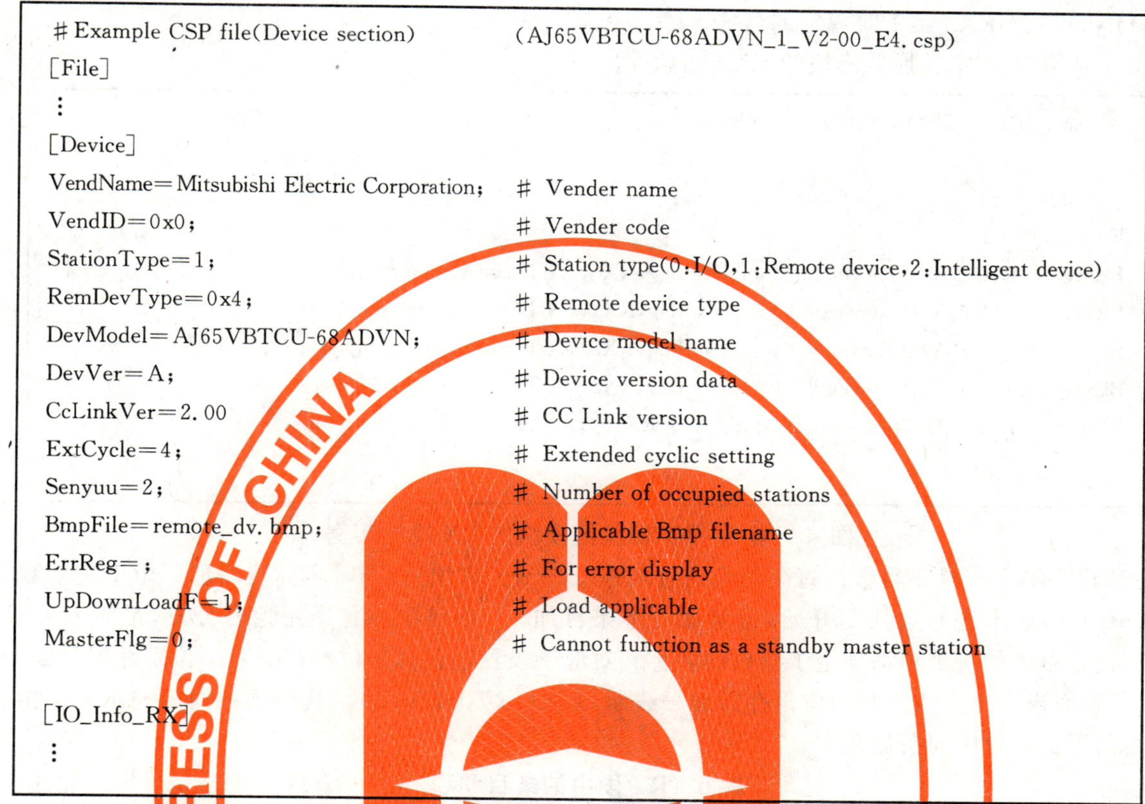

```
#Example CSP file(Device section)            (AJ65VBTCU-68ADVN_1_V2-00_E4.csp)
[File]
⋮
[Device]
VendName=Mitsubishi Electric Corporation;    # Vender name
VendID=0x0;                                  # Vender code
StationType=1;                               # Station type(0:I/O,1:Remote device,2:Intelligent device)
RemDevType=0x4;                              # Remote device type
DevModel=AJ65VBTCU-68ADVN;                   # Device model name
DevVer=A;                                    # Device version data
CcLinkVer=2.00                               # CC Link version
ExtCycle=4;                                  # Extended cyclic setting
Senyuu=2;                                    # Number of occupied stations
BmpFile=remote_dv.bmp;                       # Applicable Bmp filename
ErrReg=;                                     # For error display
UpDownLoadF=1;                               # Load applicable
MasterFlg=0;                                 # Cannot function as a standby master station

[IO_Info_RX]
⋮
```

图 3　设备段的实例

4.5　RX 段和 RY 段

本条描述 RX 段和 RY 段。RX 段定义与 RX 有关的参数，其段关键字是[IO_Info_RX]。RY 段定义与 RY 有关的参数，其段关键字是[IO_Info_RY]。

RX 段中第 1 项是条目数。每个条目通过名称“BEntry”来识别，同时名称后面加一个十进制数（例如：Bentry1），该十进制数从 1 开始，每增加一个条目加 1。条目中的各项用逗号分开，最后用分号结束。一个条目中的每个项都规定了参数的名称和对应于设置项名称的位寄存器号。位寄存器号以字符串“RX”后面连一个十六进制的位寄存器编号表示（例如：RX0、RX1F）。由于每个逻辑站使用 32 位，如果一个站占用 4 个逻辑站时，最多可以使用 128 个位寄存器，但是未使用的位寄存器可以省略。如果某可选的项未被规定，则该项没有任何字符或为空格符（Space 或者 Tab）。表 5 给出了 RX 段中的项。

表 5　RX 段中的条目和项

条目		描述	数据类型	必备/可选
EntryNum		条目数	16 位整数	必备
BEntry		位寄存器标识项(entry)	字符串(最长 10 字符)	必备
项	PrmName	信号(参数)名	字符串(最长 65 字符)	必备
	RegNo	寄存器号	字符串(最长 9 字符)	必备
	OffName	为 0 时规定的名称	字符串(最长 65 字符)	可选
	OnName	为 1 时规定的名称	字符串(最长 65 字符)	可选

EntryNum：条目数（十进制）。

PrmName：信号（参数）名。

RegNo：RX 号。

OffName：当 RXn 是 0 时规定的名称。

OnName：当 RXn 是 1 时规定的名称。

图 4 是模拟-数字转换器模块的 RX 段的实例。

```
# Example CSP file(Remote Input(RX)section)
⋮
[IO_Info_RX]
EntryNum=8;
BEntry1=CH. 1 A/D conversion complete flag,RX0,,A/D conversion complete;
BEntry2=CH. 2 A/D conversion complete flag,RX1,,A/D conversion complete;
BEntry3=CH. 3 A/D conversion complete flag,RX2,,A/D conversion complete;
BEntry4=CH. 4 A/D conversion complete flag,RX3,,A/D conversion complete;
BEntry5=Initial data processing request flag,RX18,,Initial data processing request;
⋮
```

图 4 模拟-数字转换器模块的 RX 段的实例

RY 段中第 1 项是条目数。每个条目通过名称"BEntry"来识别，同时名称后面加一个十进制数(例如：Bentry1)，该十进制数从 1 开始，每增加一个条目加 1。条目中的各项用逗号分开，最后用分号结束。一个条目中的每个项都规定了参数的名称和对应于设置项名称的位寄存器号。位寄存器号以字符串"RY"后面连一个十六进制的位寄存器编号表示(例如：RY0、RY1F)。其余项的内容与 RX 段相同。表 6 给出了 RY 段中的条目和项。

表 6 RY 段中的条目和项

条目		描述	数据类型	必备/可选
EntryNum		条目数	16 位整数	必备
BEntry		位寄存器标识项(entry)	字符串(最长 10 字符)	必备
参数	PrmName	信号(参数)名	字符串(最长 65 字符)	必备
	RegNo	寄存器号	字符串(最长 9 字符)	必备
	OffName	为 0 时规定的名称	字符串(最长 65 字符)	可选
	OnName	为 1 时规定的名称	字符串(最长 65 字符)	可选

图 5 是一个模拟-数字转换器模块的 RY 段的实例。

```
# Example CSP file(Remote Output(RY)section)
⋮
[IO_Info_RY]
EntryNum=5;
BEntry1=Offset/Gain value,RY0,user setting,factory setting;
BEntry2=Voltage/Current value,RY1,voltage,current;
BEntry3=Initial data processing complete flag,RY18,,initial data processing complete;
BEntry4=Initial data setting complete flag,RY19,,Initial data setting complete;
⋮
```

图 5 模拟-数字转换器模块的 RY 段的实例

4.6 RWr 和 RWw 段

本条描述 RWw 和 RWr 段。RWw 段定义了 RWw(主站→从站)相关的参数。RWr 段定义了从站 RWr(从站→主站)相关的参数。

根据 RWr 或 RWw 的应用,可通过 5 种途径使用 RWr 或 RWw 段。

a) RWr/RWw 段;

b) 位寄存器段;

c) 选择参数段;

d) 参数集段;

e) 命令模式段。

下面使用行规示例来说明上面所列 5 种段。

a) RWr/RWw:字寄存器中存储的内容仅用作表示整数值(16 位或 32 位)或者 32 位浮点值。

表 7 为 CC-Link 系统行规中定位模块的 RWr/RWw 的部分定义。定位模块的 RWr/RWw 清楚地表明一个字寄存器只简单用于表示整数值(16 位或 32 位)或者 32 位浮点值。

表 7 定位模块的 RWr/RWw 定义

主站→从站			从站→主站		
地址	描述	缺省值	地址	描述	缺省值
RWw0	轴 1 定位开始数	0	RWr0	轴 1 进给当前值	0
RWw1	轴 1 过载	100	RWr1		
RWw2	轴 1 当前位置变化值	0	RWr2	轴 1 进给速度	0
RWw3			RWr3		
RWw4	轴 1 速度改变值	0	RWr4	轴 1 有效 M 码	0
RWw5			RWr5	轴 1 错误数	0
RWw6	轴 1 点动速度	0	RWr6	轴 1 报警号	0
RWw7			RWr7	轴 1 操作状态	0

b) 位寄存器:以位的方式使用单个 RWr/RWw。

表 8 给出 CC-Link 系统行规中模拟-数字转换器模块的 RWr/RWw 的部分定义。RWw5 规定了数据格式,使用位的方式表示数据值。

表 8 模拟-数字转换器模块的 RWw5

地址	信号名	描述
RWw5	数据格式	每个通道的 A/D 转换器数字值的数据格式分别被写入每个通道中 b15 b14 b13 b12 b11 b10 b9 b8 b7 b6 b5 b4 b3 b2 b1 b0 — — — — — — — — — — — — CH4 CH3 CH2 CH1 b15~b4:忽略 b3~b0:数据格式规范 1:−2 000~2 000 0:0~4 000

c) 选择参数段:字寄存器被定义了参数的设定值时使用,不会影响其他寄存器。

表 9 给出了 CC-Link 系统行规的 RWr/RWw 定义的一个实例。通过寄存器(RWw0)中存储的代码号可以选择参数。代码号的详细内容列在表 10 中。而无论选择怎样的代码号,都不会影响其他寄存器(RWw1 或以后的)的设定。

表 9 RWw 定义的实例

地址	信号名	描述
RWw0	代码号	设置代码号
⋮	⋮	⋮

表 10　代码号

代码号	描述	单位
0x1	代码 1	0.1
0x2	代码 2	0.01
0x3	代码 3	0.001
⋮	⋮	⋮

d)　参数集段:字寄存器中的参数集影响其他参数项设置的选择时使用。

表 11 给出了 CC-Link 系统行规中变频器的 RWr/RWw 的部分定义。表 12 给出了可设置在 RWw2 中的命令代码部分。首先,为命令代码参数区(RWw2)设置链接扩展参数值。一旦确认值是有效的,相应的参数就被设置。下例给出了如何读取作为变频器参数之一的转矩提升(参数号:0)。

[进行链接参数扩展设置(切换参数集)]

——把 RWw2 设置成 0x007F、RWw3 设置成 0x0000,将命令执行请求 RYF 置为 ON。

——当执行完命令时,RXF 变为 ON。

——在 RWr2 中存有返回代码,根据此代码可检查设置是否正确。

[读/写变频器参数]

——如果链接参数扩展设置成功,参数集将被改变。

本例中把转矩提升参数 RWw2 设定为 0x0000。由于执行转矩提升读指令,RWw3 也设置成 0x0000。命令执行请求标志 RYF 置为 ON。

——当执行完命令时,RXF 变为 ON。

——返回代码存储在 RWr2 中,用于校验。

——当成功完成执行时,读出 RWr3 中的转矩提升参数值。

表 11　变频器的 RWr/RWw

地址	信号名	描　　述
RWw2	指令代码	设置功能执行的指令代码,如操作模式更新、Pr. 的读写、差错索引、差错排除等功能(参照表 12)。在寄存器设置完成后,将 RYnF 设置为 ON,将执行设置的命令。在指令执行完成后,RXnF 被系统设置为 ON
RWw3	写数据	设置由上述指令代码规定的数据(必要时) 在设置上述命令代码和此寄存器之后,RYnF 置为 ON 如果没有数据需要写入,寄存器的值保持为 0
⋮	⋮	⋮
RWr2	返回代码	设置与 RWw2 命令代码相应的返回代码。成功的返回将把此寄存器置为 0,而数据错误时将把此寄存器置为一个非零值
RWr3	读数据	当正常响应时,设置由指令代码规定的响应数据

表 12　详细的变频器指令代码(RWw2)

项	代码号	数据描述
⋮	⋮	⋮
读参数	0000H～006CH	当同链接参数扩展设定一起使用时,读取 Pr. 0～Pr. 999
写参数	0080H～00ECH	当同链接参数扩展设定一起使用时,写入 Pr. 0～Pr. 999
⋮	⋮	⋮

表 12（续）

项		代码号	数据描述
链接参数扩展设置	读	007FH	进行 0000H～006CH，0080H～00ECH 的参数内容切换 例如： 0000H：Pr. 0～Pr. 99 0001H：Pr. 100～Pr. 159，Pr. 200～Pr. 231，Pr. 900～Pr. 905 0002H：Pr. 160～Pr. 199，Pr. 232～Pr. 285 0003H：Pr. 300～Pr. 399 0009H：Pr. 990
	写	00FFH	
⋮		⋮	⋮

e) 命令模式段：字寄存器被定义了参数的设定值时使用，并且设定值的选择将同时影响其他寄存器。

表 13 给出了 CC-Link 系统行规的 HMI 的 RWr/RWw 的部分定义。使用的功能对应的命令（表 14）存储在 RWw0 的高 8 位（H）中。在这种情况下，根据设置的命令，其他寄存器（RWw0 的低 8 位以及 RWw1 以后）的值会有变化。表 15 给出了当将命令寄存器分别设置为初始化设置或连续读时的 RWw 段的定义。

表 13 **HMI（使用内部寄存器时）的 RWr/RWw**

地址	描述	缺省值
RWw0	命令	0
RWw1	命令执行区域	0
RWw2		
RWw3		
⋮		

表 14 **命令列表**

命令	功能	描 述
1	初始化设置	在使用 HMI 的内部软元件进行监视时使用的初始化设置
2	连续读	从 HMI 内部软元件特定的地址读取特定点的数据到 RWr
3	随机读	读取 HMI 内部软元件多个地址的数据到 RWr
⋮	⋮	⋮

表 15 **由命令定义的 RWw 段**

1. 初始化设置		2. 连续读	
地址	数据	地址	数据
RWw0(H)	1：初始化设置	RWw0(H)	2：连续读设置
RWw0(L)	1：使用 HMI 内部软元件[a] 2：不使用 HMI 内部软元件	RWw0(L)	[当占用逻辑站数为 2 时] 1～6：读取 HMI 内部软元件的数据容量 [当占用逻辑站数为 4 时] 1～14：读取 HMI 内部软元件的数据容量
RWw1 ≀ RWwF	未使用	RWw1	0～1 023：进行读取的 HMI 的内部软元件起始号
		RWw2 ≀ RWwF	未使用

[a] HMI 内部软元件：是指 HMI 内部存取器。

注：H 表示高 8 位，L 表示低 8 位，以下同。

RWr/RWw 段的条目和项允许定义成以上 5 种方式。4.6.1 描述了条目的概述，4.6.2 描述了上述的 a)基本格式。4.6.3 汇总上述 b)位寄存器描述，4.6.4 给出了上述 c)选择参数描述，4.6.5 给出了上述 d)参数集的描述。4.6.6 和 4.6.7 分别描述了参数集使用的组项段和方法段，4.6.8 给出了上述 e)命令模式的描述。4.6.9 给出了以变频器为例的相关参数集的监视代码的描述，4.6.10 给出了一个模数转换模块的 CSP 文件实例。

由于 RWr 相关段与 RWw 相关段的结构与定义相同，在此仅给出 RWw 相关段的实例。

4.6.1 RWr/RWw 段

表 16 给出了 RWr/RWw 段的条目和项。

表 16 Rwr/RWw 段的条目

条目		描　述	数据类型	必备/可选
Comment		注释	字符串(最长 65 字符)	可选
EntryNum		条目个数	16 位整数	必备
WEntry		字寄存器标识项(entry)	字符串(最长 10 字符)	必备
项	PrmName	信号名(参数名)	字符串(最长 65 字符)	必备
	RWwNo	寄存器号	字符串(最长 129 字符)	必备
	DatTypFlg	数据类型标志	16 位整数	必备
	SecName	不用时为空，用时为以下情况之一： ● 选择参数段名 ● 参数集段名	字符串(最长 16 字符)	可选
	Default	缺省值	依赖于数据类型	可选
	Range	设置范围	字符串(最长 129 字符)	可选
	Unitstr	显示单位的字符串	字符串(最长 17 字符)	可选
	HandReq	握手寄存器(请求 RY)	字符串(最长 9 字符)	必备
	HandAns	握手寄存器(响应 RX)	字符串(最长 9 字符)	必备
	ReadReg	用于读取的字寄存器	字符串(最长 8 字符)	可选
	ILock	互锁	字符串(最长 129 字符)	可选
	InterReq	顺控过程中请求寄存器	字符串(最长 9 字符)	可选
	InterAns	顺控过程中响应寄存器	字符串(最长 9 字符)	可选

Comment：　注释。

EntryNum：　条目个数(十进制)。

WEntry：　指示一个字寄存器的标识项(entry)。每个条目通过名称“WEntry”来识别，同时名称后面加一个十进制数(例如：Wentry1)，该十进制数从 1 开始，每增加一个条目加 1。条目中的各项用逗号分开，最后用分号结束。一个条目中的每个项都规定了参数的名称和对应于设置项名称的字寄存器号。但是，未使用的寄存器的条目可以省略。如果用户使用文本编辑器创建文件时，错误地建立了多个重复的条目，除了第一个条目外，其他条目都被忽略。如果某可选的项未被规定，则该项没有任何字符或为空格符(Space 或者 Tab)。

PrmName：　信号名(参数名)。

RWrNo/RWwNo：　字寄存器号。寄存器号用字符串“RWr/RWw”后面加上一个十六进制数来表示(例如：RWwF)。对占用逻辑站数为 4 的站而言，最多能使用 16 个字(到 RWwF 为止)。如果对一个单一寄存器有多种定义，除第一种外，其余的都被忽略。(在 RWr 的情况下，使用“RWr”，所有其他定义与 RWw 相同。)

DatTypFlg:　　用来规定字寄存器数据类型的标志。

0:无符号十六进制 16 位数据。

1:有符号十进制 16 位数据。

2:无符号十进制 16 位数据。

3:位数据[a]。

4:无符号十六进制 8 位数据(高 8 位)[b]。

5:无符号十六进制 8 位数据(低 8 位)[b]。

6:有符号十进制 32 位数据[c]。

7:无符号十进制 32 位数据[c]。

8:无符号十六进制 32 位数据[c]。

9:浮点数(32 位数据)[c]。

10:无符号十六进制 4 位数据 1)[d]。

11:无符号十六进制 4 位数据 2)[d]。

12:无符号十六进制 4 位数据 3)[d]。

13:无符号十六进制 4 位数据 4)[d]。

14:字节数组。

15:字数组。

16:空数据。

17～65 535:不能使用。

a 作为位数据使用,见 4.6.3 中作为位寄存器使用的实例。

b 高和低 8 位数据的定义见图 6:

高 8 位(H)		低 8 位(L)	
15	8	7	0

图 6　高 8 位和低 8 位数据定义

c 一个 32 位数据使用两个连续的字寄存器。例如,当 RWw2 和 RWw3 用于一个 32 位数据时,在 RWwNo 参数处使用"RWw2+RWw3"来表示。但"+RWw3"部分也可省略掉。在这种情况下,请注意下列应用。

1)　在定义"RWw2+RWw3"(WEntry1)之后又定义了 RWw3(WEntry2)时,WEntry2 将被忽略。

字寄存器定义例 1 见图 7。

```
WEntry1= ·· ,RWw2+RWw3,6, ·· ;      # 32-bit data
WEntry2= ·· ,RWw3,0, ·· ;           # This entry will be ignored
WEntry3= ·· ;
```

图 7　字寄存器定义例 1

2)　当按一个 16 位数据定义 RWw3(WEntry1)之后又按一个 32 位数据定义了"RWw2+RWw3"(WEntry2)时,WEntry2 将被忽略。

字寄存器定义例 2 见图 8。

```
WEntry1= ·· ,RWw3,0, ·· ;           # 16-bit data
WEntry2= ·· ,RWw2+RWw3,6, ·· ;      # This entry will be ignored
WEntry3= ·· ;
```

图 8　字寄存器定义例 2

3)　当按一个 16 位数据定义 RWw2(WEntry1)之后又按一个 32 位数据定义了"RWw2+RWw3"(WEntry2)时,WEntry2 将被忽略。但下一个 RWw3(WEntry3)是有效的。

字寄存器定义例 3 见图 9。

```
WEntry1= ·· ,RWw2,0, ·· ;              # 16-bit data
WEntry2= ·· ,RWw2+RWw3,6, ·· ;         # This entry will be ignored
WEntry3= ·· ,RWw3,0, ·· ;              # Valid entry
```

图 9 字寄存器定义例 3

d 4 位数据的定义位置见图 10。

4)		3)		2)		1)	
15	12	11	8	7	4	3	0

图 10 位寄存器定义

SecName： 指示一个参数选择段名或者一个参数集段名关键字。只在必要时才输入此字符串。

a) 对于参数选择段名而言：由字符串 SelectPrm 后跟随一个十进制数来表示一个段关键字(例如：SelectPrm1)。十进制数以 1 开始按 1 递增，每增加一个条目加 1。

b) 对于参数集段关键字而言：由字符串 PrmSet 后跟随一个十进制数来表示一个段关键字(例如：PrmSet1)。十进制数以 1 开始按 1 递增，每增加一个条目加 1。

Default： 为参数规定的缺省值。它的设定单位由 DatTypFlag 表示的数据类型而定。

Range： 以一个字符串表示设置范围(例如：0～2000)。代表一个范围的记号为"～"字符。当存在多个范围时，应用空格符把它们隔开。
(例如：1～600　7 000～7 010　8 000～8 049　9 001～9 003　9 900～9 901)

Unitstr： 以一个字符串表示单位。

HandReq： 规定握手信号 RY 及其操作状态。规定时，按照顺序输入一个寄存器名，一个冒号(：)，以及 ON 或者 OFF(例如：RY3：ON)，如不存在握手寄存器，则输入一个连字符("-")。

HandAns 规定握手信号 RX 及其操作状态。规定时，按照顺序输入一个寄存器名，一个冒号(：)，以及 ON 或者 OFF(例如：RXE：ON)，如不存在握手寄存器，则输入一个连字符("-")。

ReadReg： 要读出的字寄存器号。用字符串 RWr 后面加上 RWr 号(十六进制)来表示寄存器号(例如：RWr4)。

ILock： 规定互锁寄存器及其操作状态。规定时，按照顺序输入一个寄存器名，一个冒号(：)以及 ON 或 OFF(例如 RYC：ON)。当存在多个互锁寄存器时，应将其放在"<"和">"之间(例如：<RYC：ON><RXE：OFF>)。

InterReq： 规定在一个顺控过程中所需的请求寄存器及其操作状态。规定时，按照顺序输入一个寄存器名，一个冒号(：)，以及 ON 或 OFF(例如：RYF：ON)。

InterAns： 规定在一个顺控过程中所需的响应寄存器及其 ON/OFF 状态。规定时，按照顺序输入一个寄存器名，一个冒号(：)以及 ON/OFF(例如：RXC：ON)。

4.6.2 RWr/RWw 段的例子

本条描述如何将 RWr/RWw 作为一个字寄存器来使用，此处用一个定位模块(占用 4 个逻辑站数)作为实例进行说明。图 11 表示了一个 RWw 段的实例，该实例以表 7 中的定位模块的 RWw 为基础，并使用了表 16 中的条目定义。

```
# ExampleCSP file(Remote Register RWw section)
⋮
[IO_Info_RWw]
Comment=Positioning module(number of occupied stations:4); # Comment
EntryNum=10;                                                # Number of entries
WEntry1=Axis 1 positioning start number,                    # Signal(parameter)name
        RWw0,                                               # Register number
        2,                                                  # Data type flag
        ,                                                   # Section name
        0,,                                                 # Default value,setting range
        ,                                                   # String for unit display
        -,-,                                                # Handshake RX,RY
        ,                                                   # Word register for read
        ,                                                   # Interlock
        ,;                                                  # Inter-sequence request and response registers
WEntry2=Axis 1 override,                  RWw1,       0,,100,0～300,  %,-,-,,,,;
WEntry3=Axis 1 current position change value, RWw2+RWw3, 6,,0,,       ,-,-,,,,;
WEntry4=Axis 1 speed change value,        RWw4+RWw5,  7,,0,,          ,-,-,,,,;
WEntry5=Axis 1 JOG speed,                 RWw6+RWw7,  7,,0,,          ,-,-,,,,;
⋮
```

图 11 定位模块的 RWw 段的实例

在一个定位模块(占用逻辑站数:4)的 RWw 段中,首先输入设备名和占用逻辑站数作为一条注释。对于条目数,则应检查系统行规中的 RWw 寄存器并输入 10。

在寄存器条目(WEntry1)中,在第 1 个项处设置作为信号名的"Axis 1 positioning start number"(轴 1 定位起始号)。在第 2 个项处设置对应于第一个项的寄存器号"RWw0"。在第 3 个项处设置 2 来规定数据类型标志(此处使用无符号十进制 16 位数据寄存器)。第 4 个项用于设置段名,由于这里没有参数要选择,这个项为空。第 5 个项用于缺省值,同时第 6 个项使用一个字符串设定设置范围。这里仅定义了缺省值 0,因此第 5 项为 0,同时第 6 项为空。在第 7 个项处设置表示单位的字符串(除非另外规定否则均为空)。如果 RWw0 里有握手标志,设置所对应的寄存器号。但是本例中没有握手标志,所以第 8 和第 9 项里输入连字符"-"。第 10 个项是用于读取的字寄存器(此处为空)。在第 11 个项包含互锁寄存器名及其状态(此处为空)。在第 12 个项和第 13 个项处设置在顺控过程中所需的请求和响应寄存器及其状态(此处为空格)。在语句末尾加上一个分号之后,RWw0 的 WEntry1 定义就完成了。

在 WEntry3 中,参数名是"Axis 1 current position change value"(轴 1 当前位置改变值),并使用了两个寄存器 RWw2 和 RWw3。在这种情况下,RWwNo 项包含"RWw2+RWw3",DatTypFlg(数据类型标志)项设置成 6(用作有符号十进制 32 位数据)。

剩余条目可以用上面类似的办法设置。

4.6.3 位寄存器段

如果表 16 的 WEntry 中的 DatTypFlg 项设置为 3,指定的字寄存器将被定义成位格式。在本例中,段关键字为[IO_RWw_Bit]。表 17 给出了 RWr/RWw 位寄存器段的条目。(对于 RWr,段关键子为[IO_RWr_Bit])

表 17 RWr/RWw 位寄存器段的条目/项

条目	描述	数据类型	必备/可选
CmdPtrn	模式号	16 位整数	可选
RegNo	寄存器号	16 位整数	必备
EntryNum	条目数	16 位整数	必备
BEntry	位寄存器入口	字符串(最长 10 字符)	必备

表 17（续）

条目		描述	数据类型	必备/可选
项	PrmName	信号名(参数名)	字符串(最长 65 字符)	必备
	RWwBit/RWrBit	位号	字符串(最长 9 字符)	必备
	OffName	为 0 时规定的名称	字符串(最长 65 字符)	可选
	OnName	为 1 时规定的名称	字符串(最长 65 字符)	可选

CmdPtrn： 命令模式号。表示在 RWw 段中定义的寄存器的何种模式作为位寄存器处理。如果不存在命令模式，此项可忽略。当存在命令模式时请参照 4.6.8。

RegNo： 寄存器号。它表示 RWw 的寄存器号，可指定为 0～F(十六进制)。

EntryNum： 条目数(十进制)。

BEntry： 位寄存器标识项(entry)，由字符串“BEntry”后面加上一个十进制数来表示(例如：BEntry1)。十进制数从 1 开始，然后按 1 递增，每增加一个条目加 1。各项用逗号分隔，条目用分号结尾。一个条目中的每个项规定了参数名和位号。但是，未用寄存器的条目可以省略。如果用户使用文本编辑器错误地建立了多个重复的条目，除第 1 个条目外的所有条目都将被忽略。如果某可选的项未被规定，则该项没有任何字符或为空格符(Space 或者 Tab)。

PrmName： 信号名(参数名)。

RWwBit/RWrBit： 位寄存器号。由字符串“RWwBit”后面跟随一个十六进制位寄存器号(例如 RWwBitF)。十六进制数将按 1 递增，最高到 RWwBitF。如果一个设备占用的逻辑站为 4，每个逻辑站可用 4 个字寄存器，而每个字寄存器有 16 位，当所有寄存器中的位都有定义时，则最多可用到 256 位。当对同一个寄存器多次定义时，只有第一个定义被使用(在 RWr 段中使用 RWrbit，该寄存器号的描述参照 RWw)。

OffName： 当位寄存器为 0 时的对应名称。

OnName： 当位寄存器为 1 时的对应名称。

在此将模拟-数字转换模块作为一个实例来说明位寄存器的使用。图 12 为模拟-数字转换器模块的 RWw 段的实例。在该图中，数据类型标志(DatTypFlg)被设定为 3(参见加粗字部分。此后，凡是加粗字部分就是说明的要点)。而 WEntry6 被用作定义一个位格式。图 13 给出了一个模拟-数字转换器模块的 RWw 位寄存器段的一个实例。

```
#Example CSP file(Remote Register RWw section)
⋮
[IO_Info_RWw]
Comment=Analog-digital converter module(number of occupied stations:2);# Comment
EntryNum=7;                 # Number of entries
⋮
WEntry6=Data format,        # Signal(parameter)name
        RWw5,               # Register number
        3,                  # Data type flag
        ,                   # Section name
        0,,                 # Default vale,setting range
        ,                   # String for unit display
        -,-,                # Handshake RX,RY
        ,                   # Word register for read
        ,                   # Interlock
        ,;                  # Inter-sequence request and response registers
WEntry7=A/D conversion enable/disable specification,RWw6,3,,0,,,-,-,,,,;
⋮
```

图 12　模拟-数字转换器模块的 RWw 段的实例

```
#Example CSP file(Remote Register RWw Bit section)
⋮
[IO_RWw_Bit]
RegNo=5;
EntryNum=4;
BEntry1=Data format setting CH1,RWwBit0,0～4 000,－2 000～2 000;
BEntry2=Data format setting CH2,RWwBit1,0～4 000,－2 000～2 000;
BEntry3=Data format setting CH3,RWwBit2,0～4 000,－2 000～2 000;
BEntry4=Data format setting CH4,RWwBit3,0～4 000,－2 000～2 000;

RegNo=6;
EntryNum=4;
BEntry1=A/D conversion enable/disable CH1,RWwBit0,A/D conversion disable,A/D conversion enable;
BEntry2=A/D conversion enable/disable CH2,RWwBit1,A/D conversion disable,A/D conversion enable;
BEntry3=A/D conversion enable/disable CH3,RWwBit2,A/D conversion disable,A/D conversion enable;
BEntry4=A/D conversion enable/disable CH4,RWwBit3,A/D conversion disable,A/D conversion enable;
```

图 13 模拟-数字转换器模块的 RWw 位寄存器段的实例

4.6.4 选择参数段

在本条中描述可以选择 RWr/RWw 的内容，并且这种选择不会影响其他寄存器的情况。一个实例就是表 9 中所示的代码号(RWw0 中的数值)定义。在这种情况下将使用一个新的选择参数段。段关键字由字符串“SelectPrm”后面跟随一个十进制数来表示。(例如：SelectPrm1。)此十进制数从 1 开始然后按 1 递增，每增加一个条目加 1。根据表 16 由 RWr/RWw 条目的“SecName”项来定义。

表 18 给出了选择参数段中的条目和项。

表 18 选择参数段的条目/项

条目		描述	数据类型	必备/可选
EntryNum		条目数	16 位整数	必备
SEntry		选择参数的标识项(entry)	字符串(最长 16 字符)	必备
项	PrmName	信号名(参数号)	字符串(最长 65 字符)	必备
	CodeNo	代码号	16 位整数	可选
	UnitStr	表示单位的字符串	字符串(最长 17 字符)	可选
	SecName	不用时为空，使用时为以下三种情况之一： ● 选择参数段关键字 ● 参数集段关键字 ● 命令模式段关键字	字符串(最长 16 字符)	可选
	UpDwnTyp	上传/下载类型	16 位整数	可选

EntryNum： 条目数(十进制)

SEntry： 指示选择参数的标识项(entry)。段关键字用字符串“SEntry”后面紧跟一个十进制数来表示。(例如：SEntry1。)该十进制数从 1 开始，然后按 1 递增，每增加一个条目加 1。各项用逗号分开，条目的末尾则用分号。如果用户使用文本编辑器错误地建立了多个重复的变量，除第 1 个变量外的所有变量都将被忽略。当某个可选项未被指定时，在逗号间用空格符(Space)表示。

PrmName： 表示选择参数段的项目名。

CodeNo： 对应于该项目名的代码号。

UnitStr： 表示单位的字符串。

SecName： 选择参数段关键字/参数集段关键字/命令模式段关键字。仅在必要时才输入此字符串。

a） 选择参数段关键字：为了描述一个段关键字，可在字符串"SelectPrm"后面紧跟一个十进制数。段号可从1开始按1递增，每增加一个条目加1。

b） 参数集段关键字：为了描述一个段关键字，可在字符串"PrmSet"后面紧跟一个十进制数。段号可从1开始按1递增，每增加一个条目加1。关于参数集段的条目和项参看4.6.5。

c） 命令模式段关键字：为了描述一个段关键字，可在字符串"CmdPtrn"后面紧跟一个十进制数。段号可从1开始按1递增，每增加一个条目加1。关于命令模式段中的条目和项参看4.6.8。

UpDwnTyp： 上传/下载类型。根据其值判别条目是否支持上传/下载。

0：上传/下载两者都不支持；

1：支持上传；

2：支持下载；

3：上传和下载两者都支持。

根据条目第4项(SecName)，选择参数段采用如下格式：

——RWr/RWw段→选择参数段

——RWr/RWw段→选择参数段→选择参数段

——RWr/RWw段→选择参数段→参数集段

——RWr/RWw段→选择参数段→命令模式段

a） RWr/RWw段→选择参数段

这是选择参数段的基本格式，图14给出了表9给出的设备的RWw段的一个实例。

```
#Example CSP file(Remote Register RWw section)
⋮
[IO_Info_RWw]
Comment=Inverter(number of occupied stations:1);   # Comment
EntryNum=4;                                         # Number of entries
WEntry1=Monitor code,                               # Signal(parameter)name
        RWw0,                                       # Register number
        0,                                          # Data type flag
        SelectPrm1,                                 # Section name
        0,0x0～0x3,                                 # Default value,setting range
        ,                                           # String for unit display
        RYC:ON,RXC:ON,                              # Handshake RX,RY
        RWr0,                                       # Word register for read
        ,                                           # Interlock
        ,;                                          # Inter-sequence request and response registers
WEntry2=…;
⋮
```

图14 RWw段的实例

监视代码设置在RWw0寄存器中。选择参数段设置了代码号的内容和代码号。选择参数段关键字"SelectPrm1"被输入到WEntry1的SecName项中，本例中定义了选择参数[SelectPrm1]。

图15给出了选择参数段[SelectPrm1]的一个实例。SelectPrm1段的条目由监视代码选择及相应

的代码号、表示单位的字符串、相关的段关键字以及上传/下载的类型组成，它们之间用逗号分界。在图15的SEntry1中，第1项是项名“No monitoring”(无监视)，第2项是对应于“无监视”的代码号“0x0”。第3项是表示单位的字符串(此处保留为空)，第4项由于没有相关的段被省略。第5项中输入0，表示条目不支持上传/下载。

```
#Example CSP file(Remote Register Select Parameter section)
⋮
[SelectPrm1]
EntryNum=4;
SEntry1=No monitoring,              # Parameter Item name
        0x0,                        # Code number
        ,                           # String for unit display
        ,                           # Section name
        0;                          # Upload/download type
SEntry2=Output frequency,   0x1,   0.01Hz,,0;
SEntry3=Output current,     0x2,   0.01A,,0;
⋮
```

图 15 选择参数段[SelectPrm1]的实例

b) RWr/RWw 段→选择参数段→选择参数段

本嵌套通过在选择参数段的条目的第4个项(SecName)中输入选择参数段关键字来实现这种格式，在图16中，SEntry1中的字符串“SelectPrm5”为新的选择参数段。

```
#Example CSP file(Remote Register Select Parameter section)
⋮
[SelectPrm4]
EntryNum=2;
SEntry1=Parameter 1,100,m,SelectPrm5,0;
SEntry2=Parameter 2,101,cm,,0;

[SelectPrm5]
EntryNum=2;
SEntry1=Setting 1,1,1 000m,,0;
SEntry2=Setting 2,2,100m,,0;
```

图 16 选择参数段的实例

c) RWr/RWw 段→选择参数段→参数集段

此处以变频器为例加以说明，RWw2寄存器用于设置指令代码，选择参数段设置此指令代码的内容以及代码号。图17的WEntry3包含选择参数段关键字“SelectPrm2”。

```
#Example CSP file(Remote Register RWw section)

[IO_Info_RWw]
Comment=Inverter(number of occupied stations:1);
EntryNum=4;
⋮
WEntry3=Instruction code,RWw2,0,SelectPrm2,,,,-,-,,,,;
WEntry4=Data written,    RWw3,0,,,,,-,-,,,,;
```

图 17 变频器的 RWw 段的实例

图 18 给出了选择参数段 SelectPrm2 的实例。在段 SelectPrm2 中的 SEntry11 的语句中有“Parameter read”,“PrmSet2”。

此时,使用了名为“PrmSet2”的一个新的参数集段。有关参数集段设置的内容请参照 4.6.5。

```
#ExampleCSP file(Remote Register Select Parameter section)


[SelectPrm2]
EntryNum=17;
⋮
SEntry11=Parameter read,                      ,,PrmSet2,1;
SEntry12=Parameter write,                     ,,PrmSet3,2;
SEntry13=Error contents batch clear,  0x00F4  ,,PrmSet4,0;
SEntry14=Parameters all clear,        0x00FC  ,,PrmSet5,0;
⋮
```

图 18 选择参数段 SelectPrm6 的实例

d) RWr/RWw 段→选择参数段→命令模式段

在 SEntry 语句中,通过在 SecName 项中输入“CmdPtrn”,可建立和使用一个新的命令模式段,有关命令模式段见 4.6.8。

4.6.5 参数集段

本条描述了参数集段。所谓参数集段是指一起被处理的一组参数。通过对应寄存器的设置值可以切换参数集。例如在变频器的 RWw2 寄存器中设置命令代码以执行运行模式的切换、参数的读写、错误索引、错误清除等命令。根据使用不同的命令代码,参数集也将随 RWw 和 RWr 而变化。(方法在本条和 4.6.7 中描述)

根据相应寄存器中的值的设置可设置多个参数。参数集段的关键字是字符串“PrmSet”的后面跟一个十进制数,十进制数从 1 开始按 1 递增,每增加一个条目加 1,因此可规定多个参数集段。表 19 给出了参数集段的条目和项。

表 19 参数集段的条目和项

条目		描述	数据类型	必备/可选
Default		缺省参数组标识项(entry)	字符串(最长 16 字符)	必备
GrpNum		参数组的个数	16 位整数	必备
PrmSetGrp		参数组条目名	字符串(最长 16 字符)	必备
项	GrpName	组名	字符串(最长 65 字符)	必备
	GrpNum	组项数	16 位整数	必备
	GrpItem	组项段名	字符串(最长 16 字符)	必备
	Method	参数集切换方法名	字符串(最长 16 字符)	可选

Default: 缺省参数组条目名。

GrpNum: 参数组个数(十进制)。

PrmSetGrp: 参数组条目名。本条目名由字符串“PrmSetGrp”后面加一个十进制数来表示(例如:PrmSetGrp1)。此十进制数从 1 开始并按 1 递增,每增加一个条目加 1。

GrpName: 组名。

GrpNum: 组项数。

GrpItem: 参数组项段名。参数集中的每个项都设置在组项段中。本段关键字在通过字符串“GrpItem”后面连一个十进制数来表示(例如:GrpItem1)。此十进制数从 1 开始并按 1 递增,每增加一个条目加 1。关于组项段见 4.6.7。

Method：　　　表示参数集切换步骤或程序的方法名。方法在方法段[Method]中描述。方法段的详细描述见 4.6.7。

按以下方法来定义参数设置段：

a） RWr/RWw 段→选择参数段→参数集段

b） RWr/RWw 段→参数集段

以上说明的变频器的命令代码(RWw2)按格式 a)使用。对于监视代码(RWw0)，按格式 b)使用。本条仅说明格式 a)的变频器的命令代码。有关格式 b)的描述见 4.6.9。

图 19 给出了参数集段的一个实例。本例参照图 18 里的 SelectPrm2 中描述的"SEntry11"中的第 4 个项"PrmSet2"。此处定义的 Method1 被参数集段的组项 GrpItem1(变频器的 Pr.0～Pr.99 参数)定义所调用的步骤。

```
#Example CSP file(Remote Register Parameter Set section)

[PrmSet2]
Default=PrmSetGrp1;         # Default parameter set
GrpNum=4;                   # Number of parameter set groups to be defined
PrmSetGrp1=
  Pr.0～Pr.99,              #Group name
  89,                       # Number of group items
  GrpItem1,                 # Group item section name
  Method1;                  # Parameter set switching method name
PrmSetGrp2=Pr.100～159/Pr.200～231/Pr.900～905,91,GrpItem2,Method2;
PrmSetGrp3=Pr.160～199/Pr.232～285,            59,GrpItem3,Method3;
⋮
```

图 19　参数集段的实例

图 20 给出了参数集段的若干个段。参数集段由几组参数组成(PrmSetGrp)。PrmSetGrp 包含一个参数组的项名，以及描述参数的组项段名，切换参数集的方法的定义。组项段描述参数相关的定义和改变参数(读/写)的方法。

4.6.6 描述了组项段，4.6.7 描述了方法段。

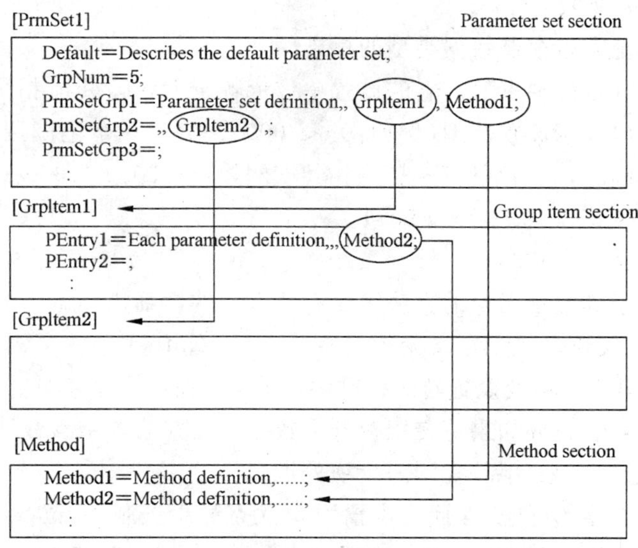

图 20　与参数集段有关的段

4.6.6 组项段

本条描述了组项段，组项段由在参数集段中的各个参数条目组成。组项段的段关键字用字符串“GrpItem”后面跟随一个十进制数来表示，表20给出了组项段中的条目和项。

表 20 组项段的条目和项

条目		描述	数据类型	必备/可选
PEntry		参数标识项(entry)	字符串(最长16字节)	必备
项	ItemName	项名	字符串(最长65字节)	必备
	PrmNo	参数号	字符串(最长17字节)	可选
	RegNo	寄存器号	字符串(最长257字节)	可选
	DatTypFlg	数据类型标志	16位整数	必备
	Default	缺省值	依赖于数据类型	可选
	Range	设置范围	字符串(最长129字节)	可选
	UnitStr	表示单位的字符串	字符串(最长17字节)	可选
	Method	参数集切换方法名	字符串(最长16字节)	可选

PEntry： 参数条目。每个条目由字符串“PEntry”后面跟随一个十进制数来表示。该十进制数从1开始并按1递增，每增加一个条目加1。每个项用逗号分隔开，每个条目以分号结束。

ItemName： 参数项名。

PrmNo： 参数号。

RegNo： 读数据寄存器和写数据寄存器号。它们用“＜”、“＞”括起来，而读寄存器和写寄存器之间用“|”字符分隔来表示(例如：＜RWr3＞|＜RWw3＞)。如果某个数据寄存器不存在，则用“＜-＞”来表示。例如没有写数据寄存器时则为：＜RWr3＞|＜-＞。也可以同时指定几个读数据寄存器或写数据寄存器(例如：＜RWr3＞＜RWr4＞|＜RWw3＞)。

DatTypFlg： 用于规定字寄存器数据类型的标志。

Default： 为参数规定的缺省值。它的设置单位依赖于DatTypFlg指示的数据类型。

Range： 用字符串表示设置范围(例如：0～2 000)。表示一个范围用“～”字符。当需要规定几个范围时，应用空格符把它们隔开(例如：1～600 7 000～7 010 8 000～8 049 9 001～9 003 9 900～9 901)。

UnitStr： 表示单位的字符串。

Method： 表示用于参数集切换的方法名。有关方法的详细描述见4.6.7。

图21给出了组项段的实例。该段定义变频器参数。在PEntry1中的实例是：在第1个项处设置参数名“Torque boost”。在第2个项处设置转矩提升参数号0。在第3个项处设置存放转矩提升参数读取结果的寄存器的寄存器号。另外如果写转矩提升参数时还需在第3个参数处设置存放写数据的寄存器的寄存器号。此时，通过“|”来分隔，在同一个项处设置。

第4个项指定了数据类型的标志，在此处设置为2(无符号十进制16位数)。在第5个项和第6个项处分别设定为缺省值6和设置范围0～30。在第7个项处输入“%”(若无单位则用空格符表示)。

在第8个项处的Method 1001为读写转矩提升参数的步骤。

```
#Example CSP file(Remote Register Group Item section)

[GrpItem1]
PEntry1=
  Torque boost,               # Item
  0,                          # Parameter number
  <RWr3>|<RWw3>,              # Register number(<read data register>|<write data register>)
  2,                          # Data type flag
  6,0~30,                     # Default value,setting range
  %,                          # String for unit display
  Method1001;                 # Parameter set switching method name
PEntry2=Upper limit frequency,1,<RWr3>|<RWw3>,1,120,0~120,Hz,Method1002;
PEntry3=Lower limit frequency,2,<RWr3>|<RWw3>,1,0,0~120,Hz,Method1003;
⋮

[GrpItem2]
PEntry1=V/F1(primary frequency),100,<RWr3>|<RWw3>,
⋮
```

图 21　组项段的实例

4.6.7　方法段

本条描述方法段,方法段定义了切换参数集的程序或步骤。此处“方法”指对 RX/RY 或 RWr/RWw 进行设置时所采取的程序或步骤。方法段的段关键字是[Method]。表 21 给出了方法段的条目和项。

表 21　方法段的条目/项

条目		描述	数据类型	必备/可选
Method		方法条目名	字符串(最长 16 字符)	必备
项	RegNo	命令设置寄存器	字符串(最长 256 字符)	必备
	Code	命令代码	字符串(最长 32 字符)	必备
	ReqRY	命令执行请求 RY	字符串(最长 9 字符)	可选
	EndRX	命令执行结束 RX	字符串(最长 9 字符)	可选
	ErrEnd	命令执行异常结束 RX	字符串(最长 9 字符)	可选
	ReplyRW	返回代码存放寄存器	字符串(最长 16 字符)	可选
	TrueCnd	命令正常结束的成功判断条件	字符串(最长 16 字符)	可选
	ErrReg	错误代码存放寄存器	字符串(最长 8 字符)	可选
	TrueCnd2	命令正常结束的再次成功判断条件	字符串(最长 9 字符)	可选
	ILock	互锁	字符串(最长 128 字符)	可选
	InterReq	顺控过程请求寄存器	字符串(最长 9 字符)	可选
	InterAns	顺控过程响应寄存器	字符串(最长 9 字符)	可选

Method:　方法条目名。用字符串“Method”后面跟随一个十进制数来表示。其后的参数用逗号隔开,每个条目结尾用一个分号。

RegNo:　表示进行命令设置的寄存器(例如:RWw1),当存在几个寄存器时,应把每个寄存器放在“<”和“>”之间列出,当命令设置的是一个位寄存器时,位号跟随寄存器字符串之后(例如:RWw0Bit0)。

Code： 命令代码，当上面的 RegNo 中规定有多个寄存器时，此处定义的命令代码数应与寄存器数相同。在这种情况下，将把每个代码放在“<”和“>”之间列出。如果对单独一个寄存器同时定义读/写两种命令代码，则要用一个“|”字符将之分隔开。字符串“Input”表示为命令设置寄存器设置一个输入值(用户输入一个值)。

ReqRY： 命令执行请求 RY。表示读请求 RY 或者写请求 RY。定义为：一个寄存器名、一个冒号(：)、ON 或者 OFF(例如：RYE：ON)。

EndRX： 命令执行结束 RX。表示读结束 RX 或写结束 RX。定义为：一个寄存器名、一个冒号(：)、ON 或 OFF(例如：RXE：ON)。

ErrEnd： 命令执行异常结束 RX。表示用于读、写和其他命令执行的异常结束。定义为：一个寄存器名、一个冒号(：)、ON 或 OFF(例如：RX5：ON)。主要用于 ID 接口模块。ID 接口模块不仅必须检查命令运行结束(RXn4)还要检查命令执行异常结束(RXn5)(当命令结束时，RXn4 和 RXn5 寄存器中只接通一个)。

ReplyRW： 响应代码存放寄存器。通常将输入一个 RWr 寄存器名，但因为有些模块(比如一个 ID 接口模块)必须要检查在执行一条命令时用于错误判断的 RXn5，所以也可规定一个 RX 寄存器。

TrueCnd： 命令正常结束的成功判断条件。用来比较返回代码寄存器与用户设置值是否一致，使用以下判断符：

- 如果返回代码存放寄存器是一个 RWr 寄存器：

  C 语言中的比较操作符(<=，<，>，>=，==，！=)

- 如果返回代码存放寄存器某位代表 RX 寄存器：

  仅有比较操作符“==”(例如：==ON)

当省略此项时，命令被认为成功执行。注意，本条件仅用来检查命令执行是否成功，而不是用来检查错误。

ErrReg： 错误代码存储寄存器。主要由 ID 接口模块使用。当 Truecnd 被判断为不成功时，RWr 寄存器存放要显示的错误代码。

TrueCnd2： 规定了指令正常结束时所需要的成功判断条件。主要用于 ID 接口模块。在指令执行被判断成功后，为进一步判断 RX 状态的条件。定义为一个寄存器名、一个冒号(：)、ON 或 OFF(例如：RX0：OFF)。

ILock： 互锁寄存器及其操作状态。定义为一个寄存器名、一个冒号(：)、ON 或 OFF(例如：RYC：ON)。如存在几个互锁寄存器，应把每个寄存器用字符“<”和“>”括起来(例如：<RYC：ON> <RXE：OFF>)。

InterReq： 规定一个顺控过程中所需的请求寄存器及其操作状态。定义为一个寄存器名、一个冒号(：)、ON 或 OFF(例如：RYF：ON)。

InterAns： 规定一个顺控过程中所需的响应寄存器及其操作状态。定义为一个寄存器名、一个冒号(：)、ON 或 OFF(例如：RXC：ON)。

通常方法段以下列形式处理上述条目：

a） 在 RegNo 规定的寄存器中设置命令代码规定的值。

b） 将 RegRY 规定的 RY 置为“ON”(命令开始执行)。

c） 通过 EndRX 规定的 RX 来检查命令执行是否结束，如果命令执行结束，执行 d)中的操作步骤。

d） 执行命令后的返回代码应存放在 ReplyRW 规定的寄存器中，根据 TrueCnd 中规定的条件来判断命令执行是否已成功结束。

下面将说明命令设置寄存器(RegNo)是一个字寄存器或者是一个位寄存器的情况。

a） 当规定一个字寄存器时

图 22 给出了方法段的一个实例。Method1 参照图 19 所示的 PrmSet2 参数集段。在 Method1 的第 1 个项设定进行命令设置的寄存器，此处使用了两个寄存器 RWw2 和 RWw3。在第 2 个项设置 RWw2 和 RWw3 的命令代码。对于 RWw2 在使用读命令时设置为 0x7F，写命令时设置为 0xFF，而 RWw3 对读命令和写命令都设置为 0x00。

第 3 个项用于设置命令请求 RY，第 4 个项用于设置命令执行结束 RX，此处无论被执行的命令是一个读命令还是一个写命令，都使用 RYF 和 RXF。第 5 个项是命令执行异常结束 RX，本例为空白。第 6 个项用于设定存放命令执行结果的寄存器，此处的结果寄存器是 RWr2，无论是读命令和还是写命令的结果都被存放在此寄存器中。在第 7 个项用于设定确认命令执行是否已正常结束的条件。当 RWr2 是 0 时，表示命令执行已成功结束。在第 8 个项和第 9 个项分别设置错误代码寄存器和判断命令执行是否成功结束的条件，本例为空白。在第 10 个项用于设置互锁用寄存器名及其状态，本例为空白。在第 11 个项和第 12 个项用于分别设置顺控过程中所需的请求寄存器和响应寄存器，本例为空白。

在本方法段中根据变频器链接参数扩展设置，切换对某个参数的读或写。

```
#Example CSP file(Remote Register Method section)

[Method]
Method1=
  <RWw2> <RWw3>,            # Command setting register
  <0x7F|0xFF> <0x00>,       # <Read code|Write code> setting for RWw2,code for RWw3
  RYF,                      # Read request RY|Write request RY
  RXF,                      # Read completion RX|Write completion RX
     ,                      # Command operation abnormal completion RX
  RWr2,                     # Read result storage(RWr)|Write result storage(RWr)
  ==0,                      # Success judgement condition
     ,                      # Error code storage register
     ,                      # Success judgement condition upon command normal completion
     ,                      # Interlock
     ,;                     # Inter-sequence request and answer registers
Method2=<RWw2> <RWw3>,<0x7F|0xFF> <0x01>,RYF:ON,RXF:ON,,RWr2,=
=0,,,,,;
Method3=<RWw2> <RWw3>,<0x7F|0xFF> <0x02>,RYF:ON,RXF:ON,,RWr2,=
=0,,,,,;
⋮
Method1001=<RWw2> <RWw3>,<0x00|0x80> <0|Input>,RYF:ON,RXF:ON,,RWr2,=
=0,,,,,;
Method1002=<RWw2> <RWw3>,<0x01|0x81> <0|Input>,RYF:ON,RXF:ON,,RWr2,=
=0,,,,,;
Method1003=<RWw2> <RWw3>,<0x02|0x82> <0|Input>,RYF:ON,RXF:ON,,RWr2,=
=0,,,,,;
⋮
```

图 22 方法段的实例

以下解释 Method1001。Method1001 设置由组项段引用的过程。第一个项定义了两个寄存器 RWw2 和 RWw3，用于设置命令。第二个项包含 RWw2 和 RWw3 的代码。RWw2 设置为 0x00 时用于读命令，设置为 0x80 时用于写命令。RWw3 设置为 0x00 时用于读命令，写命令由用户定义。如图 22 所示，“Input”用于指示用户输入。

第 3 个项、第 4 个项和第 6 个项与 Method 1 相同。本方法包含了经由变频器链接参数扩展设置执行参数的读取和写入的步骤或程序。

b） 当规定一个位寄存器时

本条描述命令设置寄存器为一个位寄存器时的方法段。作为一个实例，给出一个模拟-数字转换器模块的方法段。表 22 给出了一个模拟-数字转换器模块的部分 RWw，图 23 给出了根据表 22 描述的一个模拟-数字转换器模块的 CSP 文件的一个实例。

表 22 模拟-数字转换器模块的部分 RWw

地址	信号名	描 述
RWw0	平均处理规定	上电之后，当远程 READY 信号为“ON”时，规定所有通道的采样处理 选择采样处理或平均处理，在选择平均处理的情况下，还需规定处理方法 b15 b14 b13 b12 b11 b10 b9 b8 b7 b6 b5 b4 b3 b2 b1 b0 — — — — CH4 CH3 CH2 CH1 — — — — CH4 CH3 CH2 CH1 b15～b12：忽略 b11～b8：选择平均处理/采样处理（分别对每个通道进行指定）1：平均处理 0：采样处理 b7～b4：忽略 b3～b0：规定时间/次数 1：时间平均 0：计数平均
RWw1 RWw2 RWw3 RWw4	CH1 平均时间/次数 CH2 平均时间/次数 CH3 平均时间/次数 CH4 平均时间/次数	● 将每个通道规定的平均时间或平均次数值写入到每个通道相应的寄存器中（仅当该通道被设置为平均处理时） 在上电时，平均时间和平均次数设置为 0 ● 可设置的范围如下： 次数平均处理：1～10 000 次 时间平均处理：4 ms～10 000 ms

```
#Example CSP file
⋮
[IO_Info_RWw]
Comment=Two stations(fixed to 32 points);
EntryNum=6;
WEntry1=CH1,RWw1,2,PrmSet1,0,,-,-,,,,;   # CH1 entry
WEntry2=CH2,RWw2,2,PrmSet2,0,,-,-,,,,;   # CH2 entry
⋮

[PrmSet1]
Default=PrmSetGrp1;
GrpNum=1;
PrmSetGrp1=CH1,3,GrpItem1,;

[PrmSet2]
Default=PrmSetGrp2;
GrpNum=1;
PrmSetGrp2=CH2,3,GrpItem2,;

[GrpItem1]
PEntry1=Sampling processing,        ,<->|<RWw1>,2,0,        ,        ,Method1;
PEntry2=Averaging processing/Count average,,<->|<RWw1>,2,0,1～10 000,times,Method2;
PEntry3=Averaging processing/Time average, ,<->|<RWw1>,2,0,4～10 000,  ms,Method3;
⋮
```

图 23 模拟-数字转换器模块的实例

RWw 段的 WEntry 1 定义 CH1 条目。CH1 作为一个参数集段,并以 PrmSet1 命名。PrmSet1 段中有一个称为 CH1 组项段,在 GrpItem1 段中定义了每个项。在 GrpItem1 段中,列出了 CH1 的参数定义:"Sampling processing"(采样处理)、"Averaging processing/Count average"(平均处理/次数平均)和"Averaging processing/Time average"(平均处理/时间平均)。

PEntry2 是设置平均处理/次数平均的一个条目,写数据寄存器为 RWw1,可设置范围为 1～10 000。第 8 个项 Method2 包含用于设置这个参数的步骤或程序。图 24 给出了一个模拟-数字转换器模块的方法段。

```
#Example CSP file(Method Section)

[Method]
Method1＝＜RWw0Bit8＞ ＜RWw0Bit0＞ ＜RWw1＞,＜0＞ ＜0＞＜0＞,,,,,,,,,,;
Method2＝＜RWw0Bit8＞ ＜RWw0Bit0＞ ＜RWw1＞,＜1＞ ＜0＞＜Input＞,,,,,,,,,,;
Method3＝＜RWw0Bit8＞ ＜RWw0Bit0＞ ＜RWw1＞,＜1＞ ＜1＞＜Input＞,,,,,,,,,,;
Method4＝＜RWw0Bit9＞ ＜RWw0Bit1＞ ＜RWw2＞,＜0＞ ＜0＞＜0＞,,,,,,,,,,;
Method5＝＜RWw0Bit9＞ ＜RWw0Bit1＞ ＜RWw2＞,＜1＞ ＜0＞＜Input＞,,,,,,,,,,;
Method6＝＜RWw0Bit9＞ ＜RWw0Bit1＞ ＜RWw2＞,＜1＞ ＜1＞＜Input＞,,,,,,,,,,;
⋮
```

图 24 模拟-数字转换器模块的方法段

在一个方法段条目中,第 1 个项包含命令设置寄存器,第 2 个项包含对应于该寄存器的命令代码。本例进行有关将命令设置寄存器作为位寄存器处理的说明。

在 Method2 中,寄存器 RWw0 的 bit8 被设置为 1,而 bit0 被设置为 0。由用户定义 RWw1 值(＜input＞)。在写 RWw0 寄存器的启动值时,特别要注意不要改变其他位的值。

4.6.8 命令模式段

命令模式段描述了某个特定 RWr/RWw 寄存器的值如何影响其他 RWr/RWw 寄存器的值。这涉及到命令模式段的描述。命令模式段的条目和项与 RWr/RWw 段的相同。HMI 的已定义的命令(RWw0 的高 8 位)作为一个例子,如表 23 HMI 的 RWw0(H)寄存器。这些命令会影响其他 RWr/RWw 寄存器的值(见表 15)。

表 23 HMI 的命令表

命令	功能	描 述
1	初始化设置	使用 HMI 内部软元件进行监视时的初始化设置
2	连续读	从指定的 HMI 内部软元件的起始地址读规定的数据量到 RWr
3	随机读	从多个不同的 HMI 内部软元件读数据到 RWr
4	连续写	将 RWw 中的规定数据量写入指定的 HMI 内部软元件的起始地址
5	随机写	将 RWw 中的数据写入多个不同的 HMI 内部软元件
6	监视登记	在读取 HMI 内部软元件的数据到 RWr 时,周期性地登记其内部软元件号
7	监视请求	通过执行监视登记命令,周期性地将已登记的 HMI 内部软元件中的数据读取到 RWr
8	周期写登记	在将 RWw 的数据写入 HMI 内部软元件时,周期性地登记其内部软元件号
9	周期写请求	通过执行周期写登记命令将 RWw 中的数据写入 HMI 内部软元件

在 HMI 的 RWw0 寄存器的高 8 位处可设置的命令可以出现在选择参数段中。图 25 给出了 HMI 的 RWw 段的实例,图 26 给出了 HMI 的选择参数段的实例。

```
#Example CSP file(Remote Register RWw section)                (An example for a display)
⋮
[IO_Info_RWw]
Comment=Display(number of occupied stations:2);
EntryNum=2;
Wentry1=Command,RWw0,4,SelectPrm1,,,,-,-,,,,;
⋮
```

图 25　HMI 的 RWw 段的实例

```
#Example CSP file(Remote Register Select Parameter section)
⋮
[SelectPrm1]
EntryNum=9;
SEntry1=Initial setting,0x01,,CmdPtrn1,0;
SEntry2=Continuous read,0x02,,CmdPtrn2,0;
SEntry3=Random read,0x03,,CmdPtrn3,0;
⋮
```

图 26　HMI 的选择参数段的实例

因为图 25 中的 WEntry1 中的类型标志设置为 4，寄存器的数据将作为十六进制无符号的高 8 位数据使用。Wentry1 指示的 SelectPrm1(如图 26 所示)被定义在选择参数段中。例如，CmdPtrn1 被定义在 SEntry1 的第 4 项。图 27 所示的 CmdPtrn1 的第一个项示初始化设置。第 2 项将值(0x01)设置在 RWw0 的高 8 位。因为这里没有用于单位显示的字符串，第 3 项被省略。第 4 项包含命令模式段名"CmdPtrn1"。该段关键字是在字符"CmdPtrn"后面跟随一个十进制数。

在命令模式段中，根据命令输入对应于每个寄存器的命令模式。本段中的条目和项与基本格式的条目和项相同。图 27 给出了 HMI 的命令模式的一个实例。

```
#Example CSP file(Remote Register Command Pattern section)     (An example for HMI)
⋮
[CmdPtrn1]
Comment=Initial setting;
EntryNum=2;
WEntry1=Initial setting,  -,16,PrmSet1,     ,      ,,RY39:ON,RX39:ON,,,,;
WEntry2=Monitor type,  RWw0, 5,SelectPrm2,1,1～2,,-,-,,,,;

[CmdPtrn2]
Comment=Continuous read setting;
EntryNum=3;
WEntry1=Continuous read setting, -,16,PrmSet2,,,,RY39:ON,RX39:ON,,,,;
WEntry2=Number of HMI internal device points to be read from,RWw0,5,,,1～6,points,-,-,,,,;
WEntry3=Number for the head HMI internal device to be read,RWw1,2,,,0～1 023,,-,-,,,,;

[CmdPtrn3]
⋮
```

图 27　HMI 的命令模式段的实例

以下描述在命令模式中使用位寄存器的方法。如图 27 所示的命令模式 CmdPtrn1 的 WEntry2 也可使用图 28 中的位寄存器描述方法。

```
#Example CSP file(Remote Register Command Pattern section)
⋮
[CmdPtrn1]
Comment=Initial setting;
EntryNum=2;
WEntry1=Initial setting,RWw0,4,,0,,,-,-,,,,;
WEntry2=HMI internal device use enable/disable,RWw0,3,,0,,,-,-,,,,;

[CmdPtrn2]
⋮
```

图 28　在命令模式中使用位寄存器的实例

如图 28 所示，如果在命令模式段中将 DatTypFlg 设为 3(用作一个位寄存器)，在位寄存器段必须规定命令模式号(CmdPtrn)。图 29 给出了一个包含命令模式的位寄存器段的实例。

在命令模式变量 CmdPtrn 处设置命令模式号 1。RegNo 项处设置寄存器号 0(被定义为位寄存器段)，EntryNum 项处设置一个条目数 2(用作位寄存器)，其余的项按照位定义进行设置。

```
#Example CSP file(Remote Register RWw Bit section)
⋮
[IO_RWw_Bit]
CmdPtrn=1;
RegNo=0;
EntryNum=2;
BEntry1=HMI internal device,RWwBit0,,Used;
BEntry2=HMI internal device,RWwBit1,,Unused;
```

图 29　带命令模式的位寄存器的实例

4.6.9　关于参数集段的实例

4.6.5、4.6.6 和 4.6.7 描述了如何定义参数集段和与其有关的组项段及方法段。本条以变频器监视代码为例，说明"RWr/RWw 段→参数集段"。

对于变频器的 RWr/RWw 而言，当监视代码被设定后，按照规则，其规定的监视数据应被映射到 RWw0 寄存器。在 CSP 文件中使用方法段来描述这一点。用参数集段描述监视代码，见图 30。图 30 给出了变频器 RWw 段的实例。

```
#Example CSP file(Remote Register RWw section)
⋮
[IO_Info_RWw]
Comment=Inverter(number of occupied stations:1);
EntryNum=4;
WEntry1=Monitor code,RWw0,0,PrmSet1,0,,,-,RYC,RWr0,,,;
WEntry2=Setting frequency,RWw1,1,,,,,-,-,,,,;
WEntry3=Instruction code,RWw2,1,SelectPrm2,,,,-,-,,,,;
WEntry4=Write data,RWw3,1,,,,,-,-,,,,;
```

图 30　变频器 RWw 段的实例

在图 30 中，WEntry1 的第 4 项包含 PrmSet1。PrmSet1 被用作参数集段名。图 31 给出了参数集段的例子。

```
#Example CSP file(Remote Register Parameter Set section)

[PrmSet1]
Default=PrmSetGrp1;
GrpNum=1;
PrmSetGrp1=Monitor code,26,GrpItem10,;
```

图 31 参数设置段的实例

在 PrmSet1 段中定义了被称为监视代码的一个参数组。在 GrpItem10 段中描述参数集中的每一个项。图 32 给出了组项段的实例。

```
#Example CSP file(Remote Register Group Item section)

[GrpItem10]
PEntry1=No monitoring,,<->|<->,0,,,,Method11;
PEntry2=Output frequency,,<RWr0>|<->,0,,,0.01Hz,Mehtod12;
PEntry3=Output current,  ,<RWr0>|<->,0,,,0.01A,Method13;
⋮
```

图 32 组项段的实例

组项段描述了在参数集段中的各个参数的条目,此例中有在一个被称为监视代码的参数集,见表 24。在 GrpItem10 段中,在 PEntry2 的第 1 个项处设置"输出频率"。在第 2 个项处设置"参数号"(此处为空白)。第 3 个项处设置存有"Output frequency"(输出频率)读出结果的寄存器号,以及存有要写入数据的寄存器号。因为输出频率只读,所以使用"-"来描述写数据寄存器。读寄存器和写寄存器之间用一个"|"分开。

表 24 监视代码

代码号	描　述	单位	代码号	描　述	单位
0000H	不监视(监视值固定为 0)	—	000Dh	输入功率	0.01 kW
0001H	输出频率	0.01 Hz	000Eh	输出功率	0.01 kW
0002H	输出电流	0.01 A	000Fh	输入端子状态	—
⋮	⋮	⋮	⋮	⋮	⋮

在第 4 个项是数据类型标志,由于寄存器被用为十六进制表示的 16 位无符号数,其值设为"0"。在第 5 个项设置缺省值、在第 6 个项输入设置范围(此处为空白)。在第 7 个项设定为 0.01 Hz(表示单位的字符串)。在第 8 个项 Method12 处设置读取输出频率时的步骤。图 33 给出了方法段的一个实例。

```
#Example CSP file(Remote Register Method section)

[Method]
⋮
Method11=<RWw0>,<0x0000>,RYC,,,,,,;# Procedure used when setting no monitoring
Method12=<RWw0>,<0x0001>,RYC,,,,,,;# Procedure used when setting output frequency
Method13=<RWw0>,<0x0002>,RYC,,,,,,;# Procedure used when setting output current
⋮
```

图 33 方法段的实例

Method12 在参数集段中被 GrpItem 所引用,Method12 设定了设置输出频率的步骤或程序。第一个项是命令设置寄存器 RWw0 的定义。第 2 个项设置 RWw0 的代码。第 3 个项设置用于读请求的 RY。

因此,通过设置 RWw0 为 0x0001 并将 RYC 设置成 ON,在监视输出频率时,监视值就被存储在 RWr0 中。

4.7 CSP 文件实例

图 34 是以一个模拟-数字转换器模块为例说明行规中描述的所有段(为一个 CSP 文件的一部分)。

```
.# Example CSP file  (xxx-64AD_1.csp)

[File]
FileComment=Analog - digital conversion module(number of occupied stations:2);
CreateDate=1999/01/19;
CreateTime=18:50:00;
ModDate=1999/01/20;
ModTime=13:30:00
Version=1.0;

[Device]
VendName=ABCD Corporation;
VendID=0x0;
StationType=1;
RemDevType=0x4;
DevModel=xxx-64AD;
DevVer=A;
Senyuu=2;
BmpFile=remote_dv.bmp;
ErrReg=    ;
UpDownLoadF=1;
MasterFlg=0;

[IO_Info_RX]
EntryNum=8;
BEntry1=CH.1 A/D conversion complete flag,RX0,,A/D conversion complete;
BEntry2=CH.2 A/D conversion complete flag,RX1,,A/D conversion complete;
BEntry3=CH.3 A/D conversion complete flag,RX2,,A/D conversion complete;
BEntry4=CH.4 A/D conversion complete flag,RX3,,A/D conversion complete;
BEntry5=Initial data processing request flag,  RX18,,Initial data processing request;
BEntry6=Initial data setting complete flag,    RX19,,Initial data setting complete;
BEntry7=Error status flag,                     RX1A,No error,Error;
BEntry8=Remote READY,                          RX1B,,Ready;

[IO_Info_RY]
EntryNum=5;
BEntry1=Offset/gain value selection,           RY0,User setting,factory setting;
BEntry2=Voltage/current selection,             RY1,Voltage,current;
BEntry3=Initial data processing request flag,  RY18,     ,initial data processing complete;
BEntry4=Initial data setting request flag,     RY19,     ,initial data setting;
BEntry5=Error reset request flag,              RY1A,     ,Error reset;

[IO_Info_RWw]
Comment=Analog-digital module(number of occupied stations:2);
EntryNum=6;
WEntry1=CH1,RWw1,2,PrmSet1,0,,-,-,,,,;
WEntry2=CH2,RWw2,2,PrmSet2,0,,-,-,,,,;
⋮
WEntry5=Data format,RWw5,3,,0,,-,-,,,,;
WEntry6=A/D conversion enable/disable specification,RWw6,3,,0,,-,-,;
```

a)

图 34 模拟-数字转换器模块的实例

```
[IO_RWw_Bit]
RegNo=5;
EntryNum=4;
BEntry1=Setting data format CH1,RWwBit0,0~4 000,-2 000~2 000;
BEntry2=Setting data format CH2,RWwBit1,0~4 000,-2 000~2 000;
⋮

RegNo=6;
EntryNum=4;
BEntry1=A/D conversion enable/disable specification CH1,RWwBit0,A/D conversion disable,A/D con-
        version enable;
BEntry2=A/D conversion enable/disable specification CH2,RWwBit1,A/D conversion disable,A/D con-
        version enable;
⋮

[IO_Info_RWr]
Comment=Analog-digital conversion module;
EntryNum=5;
WEntry1=CH. 1 Digital output value,RWr0,1,,0,,-,-,,,,;
WEntry2=CH. 2 Digital output value,RWr1,1,,0,,-,-,,,,;
WEntry3=CH. 3 Digital output value,RWr2,1,,0,,-,-,,,,;
⋮

[PrmSet1]
Default=PrmSetGrp1;
GrpNum=1;
PrmSetGrp1=CH1,3,GrpItem1,;

[PrmSet2]
Default=PrmSetGrp2;
GrpNum=1;
PrmSetGrp2=CH2,3,GrpItem2,;

[GrpItem1]
PEntry1=Sampling processing,    ,<->|<RWw1>,2,0,   ,   ,Method1;
PEntry2=Averaging processing/count average,  ,<->|<RWw1>,2,0,  1~10 000,ms,Method2;
PEntry3=Averaging processing/time average,  ,<->|<RWw1>,2,0,  4~10 000,times,Method3;

[GrpItem2]
PEntry1=Sampling processing,   ,<->|<RWw1>,2,0,   ,   ,Method4;
PEntry2=Average processing/count average,  ,<->|<RWw1>,2,0,  1~10 000,ms,Method5;
PEntry3=Average processing/time average,,<->|<RWw1>,2,0,4~10 000,times,Method6;
⋮

[Method]
Method1=<RWw0Bit8> <RWw0Bit0> <RWw1>,<0> <0><0>,,,,,,,,,,;
Method2=<RWw0Bit8> <RWw0Bit0> <RWw1>,<1> <0><Input>,,,,,,,,,,;
Method3=<RWw0Bit8> <RWw0Bit0> <RWw1>,<1> <1><Input>,,,,,,,,,,;
Method4=<RWw0Bit9> <RWw0Bit1> <RWw2>,<0> <0><0>,,,,,,,,,,;
Method5=<RWw0Bit9> <RWw0Bit1> <RWw2>,<1> <0><Input>,,,,,,,,,,;
⋮
```

b)

图 34（续）

5 内存映射

本章列出 CC-Link 设备的内存映射行规。

为了保证同型号设备间的设置和程序的移植性，建议按照该型号的内存映射行规设计设备内存映射。

如果设备不属于内存映射行规中已规定的任何一个型号，那么可通过申请，确认后在内存映射行规中增加该型号的设备的内存映射。

5.1 PLC

占用的逻辑站数：1、2、3 或 4

5.1.1 RX/RY［由占用逻辑站数决定］

a) RX/RY(由占用逻辑站数决定)见表 25。

表 25 PLC 的 RX/RY 信号定义

从站→主站		主站→从站	
软元件号	信号名	软元件号	信号名
RXm0	用户区域	RYm0	用户区域
RXm1		RYm1	
RXm2		RYm2	
RXm3		RYm3	
RXm4		RYm4	
RXm5		RYm5	
RXm6		RYm6	
RXm7		RYm7	
RXm8		RYm8	
RXm9		RYm9	
RXmA		RYmA	
RXmB		RYmB	
RXmC		RYmC	
RXmD		RYmD	
RXmE		RYmE	
RXmF		RYmF	
≀		≀	
RX(m+n)0	保留	RY(m+n)0	保留
RX(m+n)1		RY(m+n)1	
RX(m+n)2		RY(m+n)2	
RX(m+n)3		RY(m+n)3	
RX(m+n)4		RY(m+n)4	
RX(m+n)5		RY(m+n)5	
RX(m+n)6		RY(m+n)6	
RX(m+n)7		RY(m+n)7	

表 25（续）

从站→主站		主站→从站	
软元件号	信号名	软元件号	信号名
RX(m+n)8	初始化数据处理请求标志	RY(m+n)8	初始化数据处理结束标志
RX(m+n)9	初始化数据设置结束标志	RY(m+n)9	初始化数据设置请求标志
RX(m+n)A	错误状态标志	RY(m+n)A	错误复位请求标志
RX(m+n)B	远程 READY	RY(m+n)	保留
BRX(m+n)C	保留	RY(m+n)C	
RX(m+n)D		RY(m+n)D	
RX(m+n)E		RY(m+n)E	
RX(m+n)F		RY(m+n)F	
注：m 由设定的站号决定。 n 由占用的逻辑站数而定： 占用 1 个逻辑站：1； 占用 2 个逻辑站：3； 占用 3 个逻辑站：5； 占用 4 个逻辑站：7。			

b） RX/RY 信号说明见表 26。

表 26 PLC 的 RX/RY 信号说明

软元件号	信号名	描　　述
RX(m+n)8	初始化数据处理请求标志	当从站上电，硬件复位，或者测试模式操作之后，为了请求一个初始化数据处理，将此标志置为 ON 当初始化数据处理完成(初始化数据处理结束标志位 RY(m+n)8 置为 ON)此标志被置为 OFF
RX(m+n)9	初始化数据设置结束标志	当主站向从站发送初始化数据设置请求(RY(m+n)9 被置为 ON)，且初始化数据设置完成后，此标志被置为 ON 当初始化数据设置请求标志在初始化数据设置完成后被置为 OFF，初始化数据设置结束标志也被置为 OFF
RX(m+n)A	错误状态标志	从站中发生除了 WDT 出错之外的错误时，此标志被置为 ON 当错误复位请求标志被置为 ON 时，此标志被置为 OFF
RX(m+n)B	远程 READY	当从站上电，硬件复位，或者测试模式操作之后，如果初始化数据设置完成后设备进入远程 READY 状态时，此标志位被置为 ON 此标志被作为从主模块来的读写操作的互锁 在测试模式下，此标志被置为 OFF
RY(m+n)8	初始化数据处理结束标志	主站上电、硬件复位或者测试模式操作后，检测到来自从站的初始化数据处理请求，初始化数据处理完成之后此标志置为 ON
RY(m+n)9	初始化数据设置请求标志	当主站向从站发送初始化数据设置或变更请求时，将此标志置为 ON 在测试模式操作后，必须再次将始化数据设置请求标志置为 ON 并且进行数据设置

表 26（续）

软元件号	信号名	描　　述
RY(m+n)A	错误复位请求标志	当主站发出的错误复位请求标志被置为ON,错误状态标志(RX(m+n)A)被置为OFF

注：m由设定的站号决定。
n由占用的逻辑站数而定：
占用1个逻辑站：1；
占用2个逻辑站：3；
占用3个逻辑站：5；
占用4个逻辑站：7。

5.1.2 RWr/RWw

RWr/RWw见表27。

表 27　PLC 的 RWr/RWw 定义

从站→主站			主站→从站		
地址	描述	缺省值	地址	描述	缺省值
RWrm	用户读区域		RWwn	用户写区域	
RWrm+1			RWwn+1		
RWrm+2	占用逻辑站数1时用4个字	—	RWwn+2	占用逻辑站数为1时用4个字	—
RWrm+3			RWwn+3		
RWrm+4			RWwn+4		
RWrm+5			RWwn+5		
RWrm+6	占用逻辑站数为2时用8个字	—	RWwn+6	占用逻辑站数为2时用8个字	—
RWrm+7			RWwn+7		
RWrm+8			RWwn+8		
RWrm+9			RWwn+9		
RWrm+A	占用逻辑站数为3时用12个字	—	RWwn+A	占用逻辑站数为3时用12个字	—
RWrm+B			RWwn+B		
RWrm+C			RWwn+C		
RWrm+D			RWwn+D		
RWrm+E	占用逻辑站数为4时用16个字	—	RWwn+E	占用逻辑站数为4时用16个字	—
RWrm+F			RWwn+F		

注：m由设定的站号决定。

5.2 模拟-数字转换器模块

占用的逻辑站数：2。

5.2.1 RX/RY[固定为32位]

a) RX/RY[固定为32位]见表28。

表 28　模拟-数字转换器模块 RX/RY 定义

从站→主站		主站→从站	
软元件号	信号名	软元件号	信号名
RXn0	CH.1 A/D 转换结束标志	RYn0	选择偏置/增益方式
RXn1	CH.2 A/D 转换结束标志	RYn1	选择电压/电流
RXn2	CH.3 A/D 转换结束标志	RYn2	未使用
RXn3	CH.4 A/D 转换结束标志	RYn3	
RXn4	未使用	RYn4	
RXn5		RYn5	
RXn6		RYn6	
RXn7		RYn7	
RXn8		RYn8	
RXn9		RYn9	
RXnA		RYnA	
RXnB		RYnB	
RXnC		RYnC	
RXnD		RYnD	
RXnE		RYnE	
RXnF		RYnF	
RX(n+1)0	保留	RY(n+1)0	保留
RX(n+1)1		RY(n+1)1	
RX(n+1)2		RY(n+1)2	
RX(n+1)3		RY(n+1)3	
RX(n+1)4		RY(n+1)4	
RX(n+1)5		RY(n+1)5	
RX(n+1)6		RY(n+1)6	
RX(n+1)7		RY(n+1)7	
RX(n+1)8	初始化数据处理请求标志	RY(n+1)8	初始化数据处理结束标志
RX(n+1)9	初始化数据设置结束标志	RY(n+1)9	初始化数据设置请求标志
RX(n+1)A	错误状态标志	RY(n+1)A	错误复位请求标志
RX(n+1)B	远程 READY	RY(n+1)B	保留
RX(n+1)C	保留	RY(n+1)C	保留
RX(n+1)D		RY(n+1)D	
RX(n+1)E		RY(n+1)E	
RX(n+1)F		RY(n+1)F	
注：n 由设定的站号决定。			

b) RX/RY 信号说明见表 29。

表 29 模拟-数字转换器模块 RX/RY 信号说明

软元件号	信号名	描 述
RXn0～3	CH.1～CH.4 A/D 转换结束标志	上电或者复位之后，当每一通道的 A/D 转换完成后，此志位被置为 ON 此标志仅在 A/D 转换禁止/允许设置改变时被处理一次 ● 当 A/D 转换禁止变为允许后 在指定平均处理的时候，平均次数或者平均时间的平均处理结束后，将 A/D 转换数字值存储到 RWr/RWw 寄存器，此标志被置为 ON ● 当 A/D 转换允许变为禁止后 该通道的转换结束标志被置为 OFF
RX(n+1)8	初始化数据处理请求标志	当从站上电，硬件复位，或者测试模式操作之后，把此标志置为 ON，来请求一个初始化数据处理 当初始化数据处理结束(初始化数据处理结束标志 RY(n+1)8 置为 ON)此标志被置为 OFF
RX(n+1)9	初始化数据设置结束标志	当主站向从站发送初始化数据设置请求(RY(n+1)9 被置为 ON)，且初始化数据设置完成后，此标志被置为 ON 如果初始化数据请求标志在初始化数据设置结束之后置为 OFF，则初始化数据设置结束标志也被置为 OFF
RX(n+1)A	错误状态标志	从站中发生除了 WDT 出错之外的错误时，此标志被置为 ON
RX(n+1)B	远程 READY	从站上电，硬件复位或者测试模式操作之后，当初始化数据设置结束，并且所有 A/D 转换允许通道都转换结束，此标志置为 ON。当所有的通道的 A/D 转换都被禁止的时候，此标志不会置为 ON。此标志被作为与主站进行读写操作的互锁。在测试模式下，此标志被置为 OFF
RYn0	选择偏置/增益方式	此标志用于将偏置/增益设置为“用户设置”或者“出厂设置” OFF：用户设定 ON：出厂设置
RYn1	选择电压/电流	当偏置/增益被设为“用户设定”的时候，此标志用于选择是电压或电流 OFF：电压 ON：电流
RY(n+1)8	初始化数据处理结束标志	主站上电、硬件复位或者测试模式操作后检测到一个来自从站的初始化数据请求，当初始化数据处理结束之后，此标志置为 ON
RY(n+1)9	初始化数据设置请求标志	当主站向从站发送初始化数据设置或变更的请求时，将此标志置为 ON 在测试模式操作之后必须再次把初始化设置请求标志置为 ON 并进行数据设置
RY(n+1)A	错误复位请求标志	当此标志被主站置为 ON，则错误状态标志(RX(n+1)A)被置为 OFF，并且 RWr/RWw 错误代码(地址 RWrn+4)被清空(0000H)
注：n 由设定的站号决定。		

5.2.2 **RWr/RWw**

a) RWr/RWw 见表 30。

表 30 模拟-数字转换器模块 RWr/RWw 定义

从站→主站			主站→从站		
地址	描　　述	缺省值	地址	描　　述	缺省值
RWrn	CH.1 数字量输出值	0	RWwn	平均处理规定	0
RWrn+1	CH.2 数字量输出值		RWwn+1	CH.1 平均时间和次数	0
RWrn+2	CH.3 数字量输出值		RWwn+2	CH.2 平均时间和次数	
RWrn+3	CH.4 数字量输出值		RWwn+3	CH.3 平均时间和次数	
RWrn+4	错误代码	0	RWwn+4	CH.4 平均时间和次数	
RWrn+5	保留	—	RWwn+5	数据格式	0
RWrn+6			RWwn+6	A/D 转换允许/禁止规定	0
RWrn+7			RWwn+7	保留	—
注：n 由设定的站号决定。					

b) RWr/RWw 信号详细说明见表 31。

表 31 模拟-数字转换器模块 RWr/RWw 信号详细说明

地址	信号名	描　　述
RWrn ~ RWrn+3	数字量输出值	数字量输出值用有符号的二进制 16 位数表示 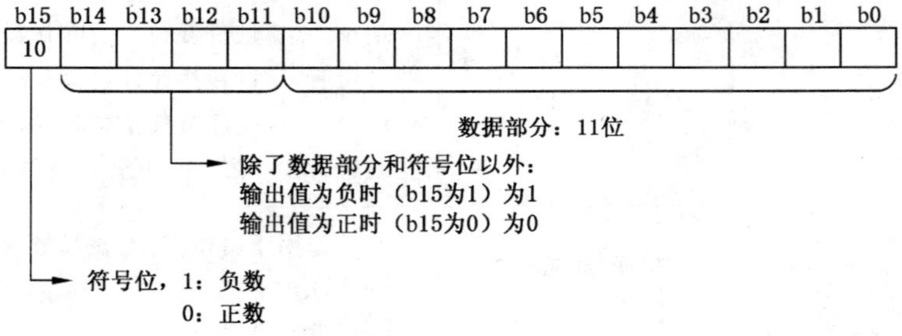 b15 b14 b13 b12 b11 b10 b9 b8 b7 b6 b5 b4 b3 b2 b1 b0 b15: 10 数据部分：11位 除了数据部分和符号位以外： 输出值为负时（b15为1）为1 输出值为正时（b15为0）为0 符号位，1：负数 0：正数
RWrn+4	错误代码	● 主站的设置数据被写入到设备时，只进行一次数据范围的检查，如果超过了范围，则错误代码被以一个二进制 16 位数的形式存储在此寄存器中 ● 当错误发生时，RUN LED 闪烁 ● 当多个错误发生时，只储存第一个错误的错误代码，其他的错误代码被丢弃 ● 复位错误代码时将 RY(n+1)A 置为 ON
RWwn	平均值处理规定	当系统上电，远程 READY 被置为 ON 之后，所有通道的模数转换被指定为采样处理 选择进行采样处理还是平均处理，并且在选择了平均处理后，给定处理方法 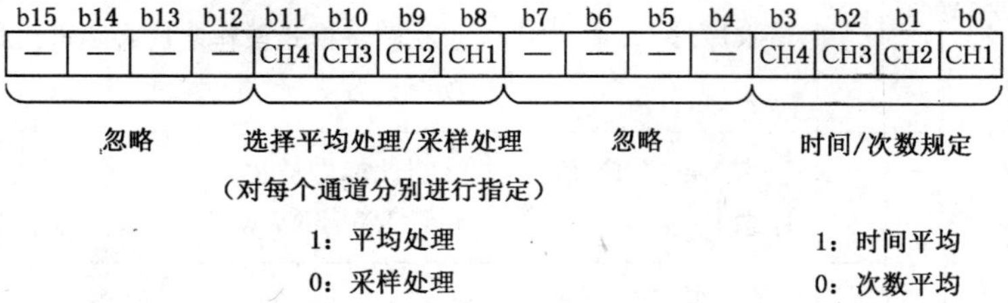 b15 b14 b13 b12 b11 b10 b9 b8 b7 b6 b5 b4 b3 b2 b1 b0 — — — — CH4 CH3 CH2 CH1 — — — — CH4 CH3 CH2 CH1 b15~b12：忽略 b11~b8：选择平均处理/采样处理（对每个通道分别进行指定） 1：平均处理 0：采样处理 b7~b4：忽略 b3~b0：时间/次数规定 1：时间平均 0：次数平均

表 31（续）

<table>
<tr><th>地址</th><th>信号名</th><th>描述</th></tr>
<tr><td>RWwn+1
≀
RWwn+4</td><td>平均时间和次数</td><td>● 对每个指定为平均处理的通道中，将平均时间或者平均次数写入对应的通道的地址中。在上电时平均时间或者平均次数为 0
● 可能设置的数值范围如下：
按次数平均处理：1～10 000 次
按时间平均处理：4～10 000 ms</td></tr>
<tr><td>RWwn+5</td><td>数据格式</td><td>将每一个通道的 A/D 转换数字值的数据格式写入到对应各个通道的位
b15 b14 b13 b12 b11 b10 b9 b8 b7 b6 b5 b4 b3 b2 b1 b0
— — — — — — — — — — — — CH4 CH3 CH2 CH1
b15～b4：忽略
b3～b0：数据格式
1：−2 000～2 000
0：0～4 000</td></tr>
<tr><td>RWwn+6</td><td>A/D 转换允许/禁止规定</td><td>通过将 RWr/RWw 设置为“0”（禁止）或者“1”（允许）设置每个通道的 A/D 转换为允许/禁止。缺省设置为禁止所有通道的模数转换
b15 b14 b13 b12 b11 b10 b9 b8 b7 b6 b5 b4 b3 b2 b1 b0
— — — — — — — — — — — — CH4 CH3 CH2 CH1
b15～b4：忽略
b3～b0：A/D转换允许/禁止的指定
1：A/D转换允许
0：A/D转换禁止</td></tr>
<tr><td colspan="3">注：n 由设定的站号决定。</td></tr>
</table>

5.3 数字-模拟转换器模块

占用的逻辑站数：2。

5.3.1 RX/RY［固定为 32 位］

a) RX/RY［固定为 32 位］见表 32。

表 32 数字-模拟转换器模块的 RX/RY 定义

<table>
<tr><th colspan="2">从站→主站</th><th colspan="2">主站→从站</th></tr>
<tr><th>软元件号</th><th>信号名</th><th>软元件号</th><th>信号名</th></tr>
<tr><td>RXn0</td><td rowspan="11">未使用</td><td>RYn0</td><td>CH1 模拟量输出允许信号</td></tr>
<tr><td>RXn1</td><td>RYn1</td><td>CH2 模拟量输出允许信号</td></tr>
<tr><td>RXn2</td><td>RYn2</td><td>CH3 模拟量输出允许信号</td></tr>
<tr><td>RXn3</td><td>RYn3</td><td>CH4 模拟量输出允许信号</td></tr>
<tr><td>RXn4</td><td>RYn4</td><td>选择偏置/增益方式</td></tr>
<tr><td>RXn5</td><td>RYn5</td><td rowspan="6">未使用</td></tr>
<tr><td>RXn6</td><td>RYn6</td></tr>
<tr><td>RXn7</td><td>RYn7</td></tr>
<tr><td>RXn8</td><td>RYn8</td></tr>
<tr><td>RXn9</td><td>RYn9</td></tr>
<tr><td>RXnA</td><td>RYnA</td></tr>
</table>

表 32（续）

从站→主站		主站→从站	
软元件号	信号名	软元件号	信号名
RXnB	未使用	RYnB	未使用
RXnC		RYnC	
RXnD		RYnD	
RXnE		RYnE	
RXnF		RYnF	
RX(n+1)0	保留	RY(n+1)0	保留
RX(n+1)1		RY(n+1)1	
RX(n+1)2		RY(n+1)2	
RX(n+1)3		RY(n+1)3	
RX(n+1)4		RY(n+1)4	
RX(n+1)5		RY(n+1)5	
RX(n+1)6		RY(n+1)6	
RX(n+1)7		RY(n+1)7	
RX(n+1)8	初始化数据处理请求标志	RY(n+1)8	初始化数据处理结束标志
RX(n+1)9	初始化数据设置结束标志	RY(n+1)9	初始化数据设置请求标志
RX(n+1)A	错误状态标志	RY(n+1)A	错误复位请求标志
RX(n+1)B	远程 READY	RY(n+1)B	保留
RX(n+1)C	保留	RY(n+1)C	
RX(n+1)D		RY(n+1)D	
RX(n+1)E		RY(n+1)E	
RX(n+1)F		RY(n+1)F	
注：n 由设定的站号决定。			

b) RX/RY 信号说明见表 33。

表 33 数字-模拟转换器模块的 RX/RY 信号说明

软元件号	信号名	描　　述
RX(n+1)8	初始化数据处理请求标志	当从站上电，硬件复位，或者测试模式操作后，把此标志置为 ON，来请求初始化数据处理 当初始化数据处理结束（初始化数据处理结束标志 RY(n+1)8 置为 ON）此标志被置为 OFF
RX(n+1)9	初始化数据设置结束标志	当主站向从站发送初始化数据设置请求（RY(n+1)9 被置为 ON），且初始化数据设置完成后，此标志被置为 ON 如果初始化数据请求标志在初始化数据设置结束之后置为 OFF，则此标志也被置为 OFF
RX(n+1)A	错误状态标志	从站发生除了 WDT 出错之外的错误时，此标志被置为 ON

表 33（续）

软元件号	信号名	描述
RX(n+1)B	远程 READY	从站上电，硬件复位或者测试模式操作之后，当初始化数据设定结束，并且所有 D/A 转换允许通道都转换完成，此标志位置为 ON 当所有的通道的 D/A 转换都被禁止的时候，此标志不会置为 ON 此标志被作为与主站进行读写操作的互锁 在测试模式下，此标志被置为 OFF
RYn0 ～ RYn3	模拟量输出允许信号	将通道 1～4 的模拟量输出值的允许输出信号置为 ON，使该通道的模拟量输出属于允许状态 当需要禁止模拟量的输出时将此信号置为 OFF
RYn4	选择偏置/增益方式	此标志用于将偏置/增益设置为“用户设置”或者“出厂设置” OFF：用户设置 ON：出厂设置
RY(n+1)8	初始化数据处理结束标志	主站上电、硬件复位或者测试模式操作后，检测到一个来自从站的初始化数据请求，且初始化数据处理结束之后，此标志位置为 ON
RY(n+1)9	初始化数据设定请求标志	当主站向从站发送初始化数据设定或者改变的请求时，此标志置为 ON 在测试模式操作之后，必须再次把初始化设置请求标志置为 ON 并进行数据设置
RY(n+1)A	错误复位请求标志	当此标志被主站置为 ON 时，错误状态标志(RX(n+1)A 被置为 OFF，并且 RWr/RWw 错误代码(地址 RWrn+4)被清空(0000H)
注：n 由设定的站号决定。		

5.3.2 **RWr/RWw**

a) RWr/RWw 见表 34。

表 34 数字-模拟转换器模块的 RWr/RWw 定义

从站→主站			主站→从站		
地址	描述	缺省值	地址	描述	缺省值
RWrn	CH. 1 设置值校验码	0	RWwn	CH. 1 数字值设定区域	0
RWrn+1	CH. 2 设置值校验码		RWwn+1	CH. 2 数字值设定区域	
RWrn+2	CH. 3 设置值校验码		RWwn+2	CH. 3 数字值设定区域	
RWrn+3	CH. 4 设置值校验码		RWwn+3	CH. 4 数字值设定区域	
RWrn+4	错误代码	0	RWwn+4	模拟输出允许/禁止区域	9
RWrn+5	未使用	—	RWwn+5	未使用	—
RWrn+6			RWwn+6		
RWrn+7			RWwn+7		
注：n 由设定的站号决定。					

b) RWr/RWw 信号说明见表 35。

表 35　数字-模拟转换器模块的 RWr/RWw 信号说明

<table>
<tr><th>地址</th><th>信号名</th><th>描　　述</th></tr>
<tr><td>RWrn
～
RWrn+3</td><td>设置值校验码</td><td>● 主站的设置数据被写入到设备时，进行数据范围的检查，如果超过了范围，下面的设置值校验码被存储到此寄存器中：
<table><tr><th>校验码</th><th>描　　述</th></tr><tr><td>000FH</td><td>设置了一个大于设置范围上限的数字值</td></tr><tr><td>00F0H</td><td>设置了一个小于设置范围下限的数字值</td></tr><tr><td>00FFH</td><td>所设置的数字值既有大于设置范围上限又有小于设置范围下限时</td></tr></table>● 此校验码一旦被存储，即使设定的数字值回到允许的范围内也不会被复位
● 通过把 RY(n+1)A 置为 ON 来复位此校验码</td></tr>
<tr><td>RWrn+4</td><td>错误代码</td><td>● 主站的设置数据被写入到设备时，只进行一次数据范围的检查，如果超过了范围，则错误代码以一个二进制 16 位数的形式存储在此寄存器中
● 当错误发生时，RUN LED 闪烁
● 当多个错误发生时，只储存第一个错误的错误代码，其他的错误代码被丢弃
● 复位错误代码时，将 RY(n+1)A 置为 ON</td></tr>
<tr><td>RWwn+0
～
RWwn+3</td><td>数字值设置区域</td><td>● 由主站设置用于执行 D/A 转换的数字值
● 在下列情况下，所有通道的数字值变为 0
上电后，远程 READY 被置为 ON 时
主站复位后远程 READY 被置为 ON
● 能够设置的数字值为有符号的二进制 16 位数，在允许的数字分辨率的设定范围内
例：AJ65BT64DAV：−2 048～2 047
AJ65BT64DAI：0～4 095</td></tr>
<tr><td>RWwn+4</td><td>模拟量输出允许/禁止区域</td><td>设置每一个通道的模拟量输出为许可/禁止
<table><tr><th>b15</th><th>b14</th><th>b13</th><th>b12</th><th>b11</th><th>b10</th><th>b9</th><th>b8</th><th>b7</th><th>b6</th><th>b5</th><th>b4</th><th>b3</th><th>b2</th><th>b1</th><th>b0</th></tr><tr><td>—</td><td>—</td><td>—</td><td>—</td><td>—</td><td>—</td><td>—</td><td>—</td><td>—</td><td>—</td><td>—</td><td>—</td><td>CH4</td><td>CH3</td><td>CH2</td><td>CH1</td></tr><tr><td colspan="12">忽略</td><td colspan="4">内外部输出许可/禁止
1：禁止
0：许可</td></tr></table></td></tr>
<tr><td colspan="3">注：n 由设定的站号决定。</td></tr>
</table>

5.4　高速计数器

占用的逻辑站数：4。

5.4.1　RX/RY［由占用逻辑站数决定］

a)　RX/RY［由占用逻辑站数决定］见表 36。

表 36　高速计数器 RX/RY 定义

从站→主站		主站→从站	
软元件号	信号名	软元件号	信号名
RXn0	CH.1 计数值偏大(点 No.1)	RYn0	未使用
RXn1	CH.1 计数值一致(点 No.1)	RYn1	
RXn2	CH.1 计数值偏小(点 No.1)	RYn2	
RXn3	CH.1 外部预置请求检测	RYn3	
RXn4	CH.2 计数值偏大(点 No.1)	RYn4	
RXn5	CH.2 计数值一致(点 No.1)	RYn5	
RXn6	CH.2 计数值偏小(点 No.1)	RYn6	
RXn7	CH.2 外部预置请求检测	RYn7	
RXn8	CH.1 计数值偏大(点 No.2)	RYn8	
RXn9	CH.1 计数值一致(点 No.2)	RYn9	
RXnA	CH.1 计数值偏小(点 No.2)	RYnA	
RXnB	CH.2 计数值偏大(点 No.2)	RYnB	
RXnC	CH.2 计数值一致(点 No.2)	RYnC	
RXnD	CH.2 计数值偏小(点 No.2)	RYnD	
RXnE	未使用	RYnE	
RXnF		RYnF	
RX(n+1)0	CH.1 预置结束	RY(n+1)0	CH.1 点 NO.1 一致信号复位命令
RX(n+1)1	CH.1 计数器功能检测	RY(n+1)1	CH.1 预置命令
RX(n+1)2	CH.2 预置结束	RY(n+1)2	CH.1 一致信号允许
RX(n+1)3	CH.2 计数器功能检测	RY(n+1)3	CH.1 减计数命令
RX(n+1)4	未使用	RY(n+1)4	CH.1 计数允许
RX(n+1)5		RY(n+1)5	未使用
RX(n+1)6		RY(n+1)6	CH.1 计数器功能选择启动命令
RX(n+1)7		RY(n+1)7	CH.2 点 NO.1 一致信号复位命令
RX(n+1)8		RY(n+1)8	CH.2 预置命令
RX(n+1)9		RY(n+1)9	CH.2 一致信号允许
RX(n+1)A		RY(n+1)A	CH.2 减计数命令
RX(n+1)B		RY(n+1)B	CH.2 计数允许
RX(n+1)C		RY(n+1)C	未使用
RX(n+1)D		RY(n+1)D	CH.2 计数器功能选择启动命令
RX(n+1)E		RY(n+1)E	未使用
RX(n+1)F		RY(n+1)F	
RX(n+2)0		RY(n+2)0	CH.1 外部预置检测复位命令
RX(n+2)1		RY(n+2)1	CH.1 点 NO.2 一致性信号复位命令
RX(n+2)2		RY(n+2)2	CH.2 外部预置检测复位命令
RX(n+2)3		RY(n+2)3	CH.2 点 NO.2 一致性信号复位命令
RX(n+2)4		RY(n+2)4	未使用
~		~	
RX(n+2)F		RY(n+2)F	

表 36（续）

从站→主站		主站→从站	
软元件号	信号名	软元件号	信号名
RX(n+7)0	保留	RY(n+7)0	保留
RX(n+7)1		RY(n+7)1	
RX(n+7)2		RY(n+7)2	
RX(n+7)3		RY(n+7)3	
RX(n+7)4		RY(n+7)4	
RX(n+7)5		RY(n+7)5	
RX(n+7)6		RY(n+7)6	
RX(n+7)7		RY(n+7)7	
RX(n+7)8	初始化数据处理请求标志	RY(n+7)8	初始化数据处理结束标志
RX(n+7)9	初始化数据设置结束标志	RY(n+7)9	初始化数据设置请求标志
RX(n+7)A	保留	RY(n+7)A	保留
RX(n+7)B	远程 READY	RY(n+7)B	
RX(n+7)C	保留	RY(n+7)C	保留
RX(n+7)D		RY(n+7)D	
RX(n+7)E		RY(n+7)E	
RX(n+7)F		RY(n+7)F	
注：n 由设定的站号决定。			

b) RX/RY 信号说明见表 37。

表 37 高速计数器 RX/RY 信号说明

软元件号	信号名	描述
RXn0	CH.1 计数值偏大(点 No.1)	当计数值>设定值 No.1 时，被置为 ON
RXn4	CH.2 计数值偏大(点 No.1)	
RXn1	CH.1 计数值一致(点 No.1)	当计数值＝设定值 No.1 时，被锁定为 ON，并且由一致信号复位命令置为 OFF
RXn5	CH.2 计数值一致(点 No.1)	
RXn2	CH.1 计数值偏小(点 No.1)	当计数值<设定值 No.1 时，被置为 ON
RXn6	CH.2 计数值偏小(点 No.1)	
RXn3	CH.1 外部预置请求检测	当外部输入的预置请求到达时被锁定为 ON，并且由外部预置检测信号复位，置为 OFF
RXn7	CH.2 外部预置请求检测	
RXn8	CH.1 计数值偏大(点 No.2)	当计数值>设定值 No.2 时，被置为 ON
RXnB	CH.2 计数值偏大(点 No.2)	
RXn9	CH.1 计数值一致(点 No.2)	当计数值＝设定值 No.2 时，被锁定为 ON，并且由一致信号复位命令置为 OFF
RXnC	CH.2 计数值一致(点 No.2)	
RXnA	CH.1 计数值偏小(点 No.2)	当计数值<设定值 No.2 时，被置为 ON
RXnD	CH.2 计数值偏小(点 No.2)	

表 37（续）

软元件号	信号名	描　　述
RX(n+1)0	CH.1 预置结束	预置命令 RY(n+1)1/RY(n+1)8 为 ON 时，此标志被置为 ON 当预置命令被系统从 ON 置为 OFF 时，此标志也被置为 OFF
RX(n+1)2	CH.2 预置结束	
RX(n+1)1	CH.1 计数器功能检测	当计数器功能启动，也就是计数器功能选择启动命令 RY(n+1)6/RY(n+1)D 置为 ON 时，此标志置为 ON；当计数器功能选择启动命令从 ON 置为 OFF 时，此标志也置为 OFF
RX(n+1)3	CH.2 计数器功能检测	
RX(n+7)8	初始化数据处理请求标志	从站上电、硬件复位或者测试模式操作后，把此标志置为 ON，来请求一个初始化数据处理 当初始化数据处理结束(初始化数据处理结束标志 RY(n+7)8 置为 ON)此标志被置为 OFF
RX(n+7)B	远程 READY	从站上电、硬件复位或者测试模式操作后，当初始化数据设定结束，系统进入一个 READY 状态时，此标志位置为 ON 此标志被作为与主站进行读写操作的互锁。在测试模式下，此标志被置为 OFF
RY(n+1)0	CH.1 点 No.1 一致信号复位命令	用来复位锁存的计数值一致信号(点 No.1)
RY(n+1)7	CH.2 点 No.1 一致信号复位命令	
RY(n+1)1	CH.1 预置命令	用来写预置值的执行信号
RY(n+1)8	CH.2 预置命令	
RY(n+1)2	CH.1 一致信号允许	当此信号置为 ON，计数器数值一致信号被输出
RY(n+1)9	CH.2 一致信号允许	
RY(n+1)3	CH.1 减计数命令	在单相模式，当此信号置为 ON 时，减计数
RY(n+1)A	CH.2 减计数命令	
RY(n+1)4	CH.1 计数允许	通过将此信号置为 ON，允许计数操作
RY(n+1)B	CH.2 计数允许	
RY(n+1)6	CH.1 计数器功能选择启动命令	启动(执行)计数功能选择
RY(n+1)D	CH.2 计数器功能选择启动命令	
RY(n+2)0	CH.1 外部预置检测复位命令	复位外部预置检测
RY(n+2)2	CH.2 外部预置检测复位命令	
RY(n+2)1	CH.1 点 NO.2 一致信号复位命令	用来复位锁存的计数值一致信号(点 No.2)
RY(n+2)3	CH.2 点 NO.2 一致信号复位命令	
RY(n+7)8	初始化数据处理结束标志	当主站上电、硬件复位或者测试模式操作后检测到一个来自从站的初始化数据处理请求，当初始化数据处理结束之后，此标志位置为 ON
RY(n+7)9	初始化数据设置请求标志	当主站向从站发送初始化数据设置或变更的请求时，将此标志置为 ON 在测试模式操作之后，必须再次把初始化设置请求标志置为 ON，并进行数据设置
注：n 由设定的站号决定。		

5.4.2 **RWr/RWw**

RWr/RWw 见表 38。

表 38 高速计数器 RWr/RWw 定义

从站→主站			主站→从站		
地址	描述	缺省值	地址	描述	缺省值
RWrn	CH.1 当前值 L	0	RWwn	CH.1 预置值 L	0
RWrn+1	CH.1 当前值 H	0	RWwn+1	CH.1 预置值 H	0
RWrn+2	CH.1 锁存计数值/采样计数值/周期脉冲计数前一个值 L	0	RWwn+2	CH.1 脉冲输入模式/功能选择寄存器/外部输出继续/清除设置	0
RWrn+3	CH.1 锁存计数值/采样计数值/周期脉冲计数前一个值 H	0	RWwn+3	CH.1 一致输出点 No.1 设置 L	0
RWrn+4	CH.1 周期脉冲计数当前值 L	0	RWwn+4	CH.1 一致输出点 No.1 设置 H	0
RWrn+5	CH.1 周期脉冲计数当前值 H		RWwn+5	CH.1 采样/周期时间设置	0
RWrn+6	采样/周期计数器标志(CH.1 和 CH.2)	—	RWwn+6	CH.1 一致输出点 No.2 设置 L	0
RWrn+7	未使用	—	RWwn+7	CH.1 一致输出点 No.2 设置 H	0
RWrn+8	CH.2 当前值 L	0	RWwn+8	CH.2 预置值 L	0
RWrn+9	CH.2 当前值 H	0	RWwn+9	CH.2 预置值 H	0
RWrn+A	CH.2 锁存计数值/采样计数值/周期脉冲计数前一个值 L	0	RWwn+A	CH.2 脉冲输入模式/功能选择寄存器/外部输出继续/清除设置	0
RWrn+B	CH.2 锁存计数值/采样计数值/周期脉冲计数前一个值 H	0	RWwn+B	CH.2 一致输出点 No.1 设置 L	0
RWrn+C	CH.2 周期脉冲计数当前值 L	0	RWwn+C	CH.2 一致输出点 No.1 设置 H	0
RWrn+D	CH.2 周期脉冲计数当前值 H	0	RWwn+D	CH.2 采样/周期时间设置	0
RWrn+E	未使用	—	RWwn+E	CH.2 一致输出点 No.2 设置 L	0
RWrn+F			RWwn+F	CH.2 一致输出点 No.2 设置 H	0
注：n 由设定的站号决定。					

5.5 定位

占用的逻辑站数:2 站(单轴)或者 4 站(双轴)。

5.5.1 **RX/RY(单轴)[由逻辑站数决定]**

RX/RY(单轴)[由逻辑站数决定]见表 39。

表 39 定位模块(单轴)的 RX/RY 定义

从站→主站		主站→从站	
软元件号	信号名	软元件号	信号名
RXn0	准备结束	RYn0	未使用
RXn1	单轴(轴 1)启动结束	RYn1	
RXn2	未使用	RYn2	
RXn3		RYn3	
RXn4	单轴(轴 1)BUSY	RYn4	

表 39（续）

从站→主站		主站→从站	
软元件号	信号名	软元件号	信号名
RXn5	未使用	RYn5	未使用
RXn6		RYn6	
RXn7	单轴(轴 1)定位结束	RYn7	
RXn8	未使用	RYn8	
RXn9		RYn9	
RXnA	单轴(轴 1)错误检测	RYnA	
RXnB	未使用	RYnB	
RXnC		RYnC	
RXnD	单轴(轴 1)M 代码 ON	RYnD	
RXnE	未使用	RYnE	
RXnF		RYnF	
RX(n+1)0	单轴(轴 1)限速标志	RY(n+1)0	单轴(轴 1)定位启动
RX(n+1)1	单轴(轴 1)速度改变处理标志	RY(n+1)1	未使用
RX(n+1)2	单轴(轴 1)驱动模块 READY	RY(n+1)2	
RX(n+1)3	单轴(轴 1)零点信号	RY(n+1)3	单轴(轴 1)停止
RX(n+1)4	单轴(轴 1)就位信号	RY(n+1)4	未使用
RX(n+1)5	单轴(轴 1)近点信号	RY(n+1)5	
RX(n+1)6	单轴(轴 1)停止信号	RY(n+1)6	单轴(轴 1)正转点动
RX(n+1)7	单轴(轴 1)上限	RY(n+1)7	单轴(轴 1)反转点动
RX(n+1)8	单轴(轴 1)下限	RY(n+1)8	未使用
RX(n+1)9	单轴(轴 1)启动信号	RY(n+1)9	
RX(n+1)A	单轴(轴 1)速度/位置切换信号	RY(n+1)A	
RX(n+1)B	单轴(轴 1)偏差计数器清除信号	RY(n+1)B	
RX(n+1)C	单轴(轴 1)速度控制标志	RY(n+1)C	
RX(n+1)D	单轴(轴 1)速度/位置切换锁存标志	RY(n+1)D	
RX(n+1)E	单轴(轴 1)命令就位信号	RY(n+1)E	
RX(n+1)F	单轴(轴 1)原点复位请求信号	RY(n+1)F	
RX(n+2)0	单轴(轴 1)原点复位结束信号	RY(n+2)0	单轴(轴 1)伺服系统 ON
RX(n+2)1	单轴(轴 1)警告检测	RY(n+2)1	单轴(轴 1)ABS 传送模式
RX(n+2)2	单轴(轴 1)速度改变 0 标志	RY(n+2)2	单轴(轴 1)ABS 请求标志
RX(n+2)3	单轴(轴 1)原点绝对位置上溢出标志	RY(n+2)3	单轴(轴 1)偏差计数器
RX(n+2)4	单轴(轴 1)原点绝对位置下溢出标志	RY(n+2)4	单轴(轴 1)错误复位
RX(n+2)5	单轴(轴 1)发送数据准备结束标志	RY(n+2)5	单轴(轴 1)重启命令
RX(n+2)6	单轴(轴 1)ABS 数据 0 位	RY(n+2)6	单轴(轴 1)M 代码关闭请求

表 39（续）

从站→主站		主站→从站	
软元件号	信号名	软元件号	信号名
RX(n+2)7	单轴(轴 1)ABS 数据 1 位	RY(n+2)7	单轴(轴 1)速度改变请求
RX(n+2)8	未使用	RY(n+2)8	单轴速度/位置切换允许标志
RX(n+2)9		RY(n+2)9	单轴(轴 1)手动脉冲生成允许标志
RX(n+2)A		RY(n+2)A	单轴(轴 1)原点复位请求由 ON 到 OFF
RX(n+2)B		RY(n+2)B	单轴(轴 1)外部启动请求
RX(n+2)C		RY(n+2)C	未使用
～		～	
RX(n+2)F		RY(n+2)F	
RX(n+3)0	保留	RY(n+3)0	保留
RX(n+3)1		RY(n+3)1	
RX(n+3)2		RY(n+3)2	
RX(n+3)3		RY(n+3)3	
RX(n+3)4		RY(n+3)4	
RX(n+3)5		RY(n+3)5	
RX(n+3)6		RY(n+3)6	
RX(n+3)7		RY(n+3)7	
RX(n+3)8	初始化数据处理请求标志	RY(n+3)8	初始化数据处理结束标志
RX(n+3)9	初始化数据设置结束标志	RY(n+3)9	初始化数据设置请求标志
RX(n+3)A	保留	RY(n+3)A	保留
RX(n+3)B	远程 READY	RY(n+3)B	
RX(n+3)C	保留	RY(n+3)C	保留
RX(n+3)D		RY(n+3)D	
RX(n+3)E		RY(n+3)E	
RX(n+3)F		RY(n+3)F	
注：n 由设定的站号决定。			

5.5.2 **RX/RY(双轴)[由占用的逻辑站数决定]**

a) RX/RY(双轴)[由占用的逻辑站数决定]见表 40。

表 40 定位模块(双轴)的 RX/RY 定义

从站→主站		主站→从站	
软元件号	信号名	软元件号	信号名
RXn0	准备结束	RYn0	未使用
RXn1	轴 1 启动结束	RYn1	
RXn2	轴 2 启动结束	RYn2	
RXn3	未使用	RYn3	

表 40（续）

从站→主站		主站→从站	
软元件号	信号名	软元件号	信号名
RXn4	轴 1 BUSY	RYn4	未使用
RXn5	轴 2 BUSY	RYn5	
RXn6	未使用	RYn6	
RXn7	轴 1 定位结束	RYn7	
RXn8	轴 2 定位结束	RYn8	
RXn9	未使用	RYn9	
RXnA	轴 1 错误检测	RYnA	
RXnB	轴 2 错误检测	RYnB	
RXnC	未使用	RYnC	
RXnD	轴 1 M 代码 ON	RYnD	
RXnE	轴 2 M 代码 ON	RYnE	
RXnF	未使用	RYnF	
RX(n+1)0	轴 1 限速标志	RY(n+1)0	轴 1 定位启动
RX(n+1)1	轴 1 速度改变处理标志	RY(n+1)1	轴 2 定位启动
RX(n+1)2	轴 1 驱动模块 READY	RY(n+1)2	未使用
RX(n+1)3	轴 1 零点信号	RY(n+1)3	轴 1 停止
RX(n+1)4	轴 1 就位信号	RY(n+1)4	轴 2 停止
RX(n+1)5	轴 1 近点信号	RY(n+1)5	未使用
RX(n+1)6	轴 1 停止信号	RY(n+1)6	轴 1 正转点动
RX(n+1)7	轴 1 上限	RY(n+1)7	轴 1 反转点动
RX(n+1)8	轴 1 下限	RY(n+1)8	轴 2 正转点动
RX(n+1)9	轴 1 启动信号	RY(n+1)9	轴 2 反转点动
RX(n+1)A	轴 1 速度/位置切换信号	RY(n+1)A	未使用
RX(n+1)B	轴 1 偏差计数器清除信号	RY(n+1)B	
RX(n+1)C	轴 1 速度控制标志	RY(n+1)C	
RX(n+1)D	轴 1 速度/位置切换锁存标志	RY(n+1)D	
RX(n+1)E	轴 1 命令就位信号	RY(n+1)E	
RX(n+1)F	轴 1 原点复位请求信号	RY(n+1)F	
RX(n+2)0	轴 1 原点复位结束信号	RY(n+2)0	轴 1 伺服系统 ON
RX(n+2)1	轴 1 警告检测	RY(n+2)1	轴 1 ABS 传送模式
RX(n+2)2	轴 1 速度改变 0 标志	RY(n+2)2	轴 1 ABS 请求标志
RX(n+2)3	轴 1 原点绝对位置上溢出标志	RY(n+2)3	轴 1 偏差计数器
RX(n+2)4	轴 1 原点绝对位置下溢出标志	RY(n+2)4	轴 1 错误复位
RX(n+2)5	轴 1 发送数据准备结束标志	RY(n+2)5	轴 1 重启命令

表 40（续）

从站→主站		主站→从站	
软元件号	信号名	软元件号	信号名
RX(n+2)6	轴 1 ABS 数据 0 位	RY(n+2)6	轴 1 M 代码关闭请求
RX(n+2)7	轴 1 ABS 数据 1 位	RY(n+2)7	轴 1 速度改变请求
RX(n+2)8	未使用	RY(n+2)8	轴 1 速度/位置切换允许标志
RX(n+2)9		RY(n+2)9	轴 1 手动脉冲生成允许标志
RX(n+2)A		RY(n+2)A	轴 1 原点复位请求由 ON 到 OFF
RX(n+2)B		RY(n+2)B	轴 1 外部启动请求
RX(n+2)C		RY(n+2)C	未使用
～		～	
RX(n+3)F		RY(n+3)F	
RX(n+4)0	轴 2 限速标志	RY(n+4)0	未使用
RX(n+4)1	轴 2 速度改变处理标志	RY(n+4)1	
RX(n+4)2	轴 2 驱动模块 READY	RY(n+4)2	
RX(n+4)3	轴 2 零点信号	RY(n+4)3	
RX(n+4)4	轴 2 就位信号	RY(n+4)4	
RX(n+4)5	轴 2 近点信号	RY(n+4)5	
RX(n+4)6	轴 2 停止信号	RY(n+4)6	
RX(n+4)7	轴 2 上限	RY(n+4)7	
RX(n+4)8	轴 2 下限	RY(n+4)8	
RX(n+4)9	轴 2 启动信号	RY(n+4)9	
RX(n+4)A	轴 2 速度/位置切换信号	RY(n+4)A	
RX(n+4)B	轴 2 偏差计数器清除信号	RY(n+4)B	
RX(n+4)C	轴 2 速度控制标志	RY(n+4)C	
RX(n+4)D	轴 2 速度/位置切换锁存标志	RY(n+4)D	
RX(n+4)E	轴 2 命令就位信号	RY(n+4)E	
RX(n+4)F	轴 2 原点复位请求信号	RY(n+4)F	
RX(n+5)0	轴 2 原点复位结束信号	RY(n+5)0	轴 2 伺服系统 ON
RX(n+5)1	轴 2 警告检测	RY(n+5)1	轴 2 ABS 传送模式
RX(n+5)2	轴 2 速度改变 0 标志	RY(n+5)2	轴 2 ABS 请求标志
RX(n+5)3	轴 2 原点绝对位置上溢出标志	RY(n+5)3	轴 2 偏差计数器
RX(n+5)4	轴 2 原点绝对位置下溢出标志	RY(n+5)4	轴 2 错误复位
RX(n+5)5	轴 2 传送数据准备结束标志	RY(n+5)5	轴 2 重启命令
RX(n+5)6	轴 2 ABS 数据 0 位	RY(n+5)6	轴 2 M 代码关闭请求
RX(n+5)7	轴 2 ABS 数据 1 位	RY(n+5)7	轴 2 速度改变请求

表 40（续）

从站→主站		主站→从站	
软元件号	信号名	软元件号	信号名
RX(n+5)8	未使用	RY(n+5)8	轴 2 速度/位置切换允许标志
RX(n+5)9		RY(n+5)9	轴 2 手动脉冲生成允许标志
RX(n+5)A		RY(n+5)A	轴 2 原点复位请求由 ON 到 OFF
RX(n+5)B		RY(n+5)B	轴 2 外部启动请求
RX(n+5)C		RY(n+5)C	未使用
~		~	
RX(n+6)F		RY(n+6)F	
RX(n+7)0	保留	RY(n+7)0	保留
RX(n+7)1		RY(n+7)1	
RX(n+7)2		RY(n+7)2	
RX(n+7)3		RY(n+7)3	
RX(n+7)4		RY(n+7)4	
RX(n+7)5		RY(n+7)5	
RX(n+7)6		RY(n+7)6	
RX(n+7)7		RY(n+7)7	
RX(n+7)8	初始化数据处理请求标志	RY(n+7)8	初始化数据处理结束标志
RX(n+7)9	初始化数据设置结束标志	RY(n+7)9	初始化数据设置请求标志
RX(n+7)A	保留	RY(n+7)A	保留
RX(n+7)B	远程 READY	RY(n+7)B	
RX(n+7)C	保留	RY(n+7)C	保留
RX(n+7)D		RY(n+7)D	
RX(n+7)E		RY(n+7)E	
RX(n+7)F		RY(n+7)F	
注：n 由设定的站号决定。			

b) RX/RY 信号说明见表 41。

表 41 定位模块的 RX/RY 说明

软元件号		信号名	描　　述
单轴	双轴		
RXn0	RXn0	准备结束	当远程 READY(RX(n+3)B：轴 1，RX(n+7)B：轴 2)从 OFF 变为 ON，检测参数设定的范围，如果没有错误，此信号被置为 OFF 当远程 READY(RX(n+3)B：轴 1，RX(n+7)B：轴 2)置为 OFF，此信号被置为 ON 当 WDT 错误发生时，此信号被置为 ON 在顺控程序里此信号被用作互锁信号

表 41（续）

软元件号		信号名	描　　述
单轴	双轴		
RXn1	RXn1	轴 1 启动结束	当定位启动信号为 ON 时，启动定位，此标志被置为 ON（在执行一个原点复位操作时，启动结束信号也被置为 ON） 当启动信号被置为 OFF 时，此信号被置为 OFF
	RXn2	轴 2 启动结束	
RXn4	RXn4	轴 1 BUSY	当启动定位过程、原点复位过程或点动操作时，此信号被置为 ON。当定位过程结束过了停顿时间后，此信号被置为 OFF(在定位过程中此信号保持为 ON)。在单步执行造成停止的时候，此标志被置为 OFF 当手动脉冲发生器允许标志为 ON 时，在手动脉冲发生器工作过程中，此信号被置为 ON 当错误造成终止或者停止时，此信号置为 OFF
	RXn5	轴 2 BUSY	
RXn7	RXn7	轴 1 定位结束	从每个定位数据号的定位结束时刻起，此信号被置为 ON。此信号的持续时间由定位结束输出时间参数来设定（当定位结束输出时间参数被设定为 0 时，此信号被置为 OFF） 当此信号为 ON 时，如果进行定位操作(包括原点复位操作)，点动操作，或者手动脉冲发生器工作时，则此信号被置为 OFF 当速度控制或者定位在结束前被终止，此信号不会被置为 ON
	RXn8	轴 2 定位结束	
RXnA	RXnA	轴 1 错误检测	当错误发生时此信号被置为 ON，当错误被复位，此信号被置为 OFF
	RXnB	轴 2 错误检测	
RXnD	RXnD	轴 1 M 代码 ON	在 WITH 模式，当定位数据启动，此信号被置为 ON。在 AFTER 模式，定位结束时此信号被置为 ON 此信号由 M 代码 OFF 请求信号置为 OFF 如果 M 代码没有被指明（M 代码＝0），此信号保持为 OFF。在定位操作为连续轨迹控制方式时，即使此信号不被置为 OFF，被 M 代码规定的定位操作仍将继续进行，但是将给出一个警告 当远程 READY 信号置为 OFF 时，M 代码 ON 信号被置为 OFF 如果在 M 代码为 ON 时启动，将导致一个错误
	RXnE	轴 2 M 代码 ON	
RX(n+1)0	RX(n+1)0	轴 1 限速标志	当速度改变或者定位操作过载时造成改变的速度超过了速度的限制值，在以速度限定值操作时，此信号被置为 ON 当以上条件不满足或轴停止时，此信号被置为 OFF
	RX(n+4)0	轴 2 限速标志	
RX(n+1)1	RX(n+1)1	轴 1 速度改变处理中标志	在速度已被改变或正在改变过程中此标志为 ON 在速度改变处理过程中由停止信号造成减速时或速度改变处理结束后，此标志被置为 OFF
	RX(n+4)1	轴 2 速度改变处理中标志	

表 41（续）

软元件号		信号名	描　　述
单轴	双轴		
RX(n+1)2	RX(n+1)2	轴 1 驱动模块 READY	当驱动模块正常，可接收现场脉冲的时候，此信号被置为 ON
	RX(n+4)2	轴 2 驱动模块 READY	
RX(n+1)3	RX(n+1)3	轴 1 零点信号	表示原点复位时的零点信号，通常用于脉冲编码器的零点信号
	RX(n+4)3	轴 2 零点信号	
RX(n+1)4	RX(n+1)4	轴 1 到位信号	指示驱动模块中到位信号的 ON/OFF 状态
	RX(n+4)4	轴 2 到位信号	
RX(n+1)5	RX(n+1)5	轴 1 接近点信号	原点复位时，接近点检测信号的 ON/OFF 状态
	RX(n+4)5	轴 2 接近点信号	
RX(n+1)6	RX(n+1)6	轴 1 停止信号	显示停止信号的 ON/OFF 状态
	RX(n+4)6	轴 2 停止信号	
RX(n+1)7	RX(n+1)7	轴 1 上限	显示上限信号的 ON/OFF 状态
	RX(n+4)7	轴 2 上限	
RX(n+1)8	RX(n+1)8	轴 1 下限	显示下限信号的 ON/OFF 状态
	RX(n+4)8	轴 2 下限	
RX(n+1)9	RX(n+1)9	轴 1 外部启动信号	显示外部启动信号的 ON/OFF 状态
	RX(n+4)9	轴 2 外部启动信号	
RX(n+1)A	RX(n+1)A	轴 1 速度位置切换信号	显示速度/位置切换信号的 ON/OFF 状态
	RX(n+4)A	轴 2 速度位置切换信号	
RX(n+1)B	RX(n+1)B	轴 1 偏差计数器清零	指示偏差计数器清零信号的 ON/OFF 状态
	RX(n+4)B	轴 2 偏差计数器清零	
RX(n+1)C	RX(n+1)C	轴 1 控制标志	当速度控制起作用时，此标志置为 ON，可以用来区分是在速度控制状态还是位置控制状态。在速度/位置切换控制过程中，此标志为 ON，直到外部速度/位置切换信号导致速度→位置的切换操作为止 在系统上电，位置控制，点动操作和手动脉冲发生器操作时，此标志置为 OFF
	RX(n+4)C	轴 2 控制标志	
RX(n+1)D	RX(n+1)D	轴 1 速度/位置切换锁存标志	在速度/位置控制过程中，当从速度控制切换到位置控制时，此标志置为 ON，被用作位置控制的行程改变的允许/禁止互锁信号 在下一个定位数据执行之前，点动操作或者手动脉冲发生器操作过程中，此标志被置为 OFF
	RX(n+4)D	轴 2 速度/位置切换锁存标志	
RX(n+1)E	RX(n+1)E	轴 1 命令到位信号	当剩余的距离在参数设定的“命令到位范围”内时，此标志被置为 ON 各轴正在移动时，此标志被置为 OFF 在位置控制过程中，每 56.8 ms 执行一次命令到位检测 在速度控制过程，或者速度/位置切换的速度控制过程中，不执行命令到位检测
	RX(n+4)E	轴 2 命令到位信号	

表 41（续）

软元件号		信号名	描　　述
单轴	双轴		
RX(n+1)F	RX(n+1)F	轴 1 原点复位请求标志	当下列条件之一被满足时，此信号被置为 ON ● 模块上电 ● 驱动模块 READY 信号被置为 OFF ● 远程 READY 信号被置为 ON ● 原点复位启动时 当原点复位结束时，此信号被置为 OFF
	RX(n+4)F	轴 2 原点复位请求标志	
RX(n+2)0	RX(n+2)0	轴 1 原点复位结束标志	当原点复位正常结束时，此标志被置为 ON 当原点复位，定位操作，点动操作或者手动脉冲发生器操作启动时，驱动模块 READY 置为 OFF 时，此标志被置为 OFF
	RX(n+5)0	轴 2 原点复位结束标志	
RX(n+2)1	RX(n+2)1	轴 1 轴警告检测	当轴警告发出时，此信号被置为 ON 当轴错误复位时此信号被置为 OFF
	RX(n+5)1	轴 2 轴警告检测	
RX(n+2)2	RX(n+2)2	轴 1 速度改变 0 信号	当速度改变值为 0，速度改变请求发出，此信号被置为 ON 当速度改变值不是 0，速度改变请求发出，此信号被置为 OFF
	RX(n+5)2	轴 2 速度改变 0 信号	
RX(n+2)3	RX(n+2)3	轴 1 原点绝对位置上限溢出标志	由于当前值改变，导致原点绝对位置上限溢出时，此标志被置为 ON
	RX(n+5)3	轴 2 原点绝对位置上限溢出标志	
RX(n+2)4	RX(n+2)4	轴 1 原点绝对位置下限溢出标志	由于当前值改变，导致原点绝对位置下限溢出时，此标志被置为 ON
	RX(n+5)4	轴 2 原点绝对位置下限溢出标志	
RX(n+2)5	RX(n+2)5	轴 1 发送数据准备结束标志	在 ABS 传输模式中，表示发送数据的准备状况
	RX(n+5)5	轴 2 发送据准备结束标志	
RX(n+2)6	RX(n+2)6	轴 1 ABS 数据 bit0	表示 ABS 数据的 0 位
	RX(n+5)6	轴 2 ABS 数据 bit0	
RX(n+2)7	RX(n+2)7	轴 1 ABS 数据 bit1	表示 ABS 数据的 1 位
	RX(n+5)7	轴 2 ABS 数据 bit1	
RX(n+3)8	RX(n+7)8	初始化数据处理请求标志	当从站上电，硬件复位，或者测试模式操作后，此标志被置为 ON，来请求一个初始化数据处理 当初始化数据处理结束（初始化数据处理结束标志 RY(n+3)8 轴 1 或 RY(n+7)8 轴 2 置为 ON）此标志被置为 OFF

表 41（续）

软元件号		信号名	描　　述
单轴	双轴		
RX(n+3)9	RX(n+7)9	初始化数据设置结束标志	当主站向从站发送初始化数据设置请求(RY(n+3)9：轴1/(RY(n+7)9：轴2置为ON)，且初始化数据设定结束后，此标志被置为ON 如果初始化数据请求标志在初始化数据设置结束之后置为OFF，则此标志也被置为OFF
RX(n+3)A	RX(n+7)A	错误状态标志	从站发生除了WDT出错之外的错误时，此标志被置为ON
RX(n+3)B	RX(n+7)B	远程READY	系统上电后，硬件复位或者测试模式操作之后，当初始化数据设定结束，并且进入READY状态，此标志位置为ON 此标志被作为与主站进行读写操作的互锁 在测试模式下，此标志被置为OFF
RY(n+1)0	RY(n+1)0	轴1定位启动	启动定位操作 启动时定位操作信号变为有效，开始启动 如果此信号在BUSY时被置为ON，将产生操作中启动警告
	RY(n+1)1	轴2定位启动	
RY(n+1)3	RY(n+1)3	轴1停止	通过置此信号为ON，原点复位操作、定位操作、点动操作、手动信号发生器操作将被停止 通过置此信号为ON，M代码ON信号被置为OFF 在定位操作过程中，通过置此信号为ON，定位操作被停止 通过选择停止信号/紧急停止信号参数，能够选择立即停止或减速停止 在定位操作的插补控制中，如果任意一轴的停止信号置为ON，两轴都将减速直到停止
	RY(n+1)4	轴2停止	
RY(n+1)6	RY(n+1)6	轴1正转点动启动	当点动启动信号为ON时，按照轴控制数据的点动速度，执行点动操作。当此信号被置为OFF时，点动操作将减速到停止
	RY(n+1)7	轴2正转点动启动	
RY(n+1)8	RY(n+1)8	轴1反转点动启动	
	RY(n+1)9	轴2反转点动启动	
RY(n+2)0	RY(n+2)0	轴1伺服系统ON	当伺服器打开为ON时此信号为ON
	RY(n+4)0	轴2伺服系统ON	
RY(n+2)1	RY(n+2)1	轴1 ABS传输模式	在进入ABS传输模式时，此标志被置为ON
	RY(n+4)1	轴2 ABS传输模式	
RY(n+2)2	RY(n+2)2	轴1 ABS请求标志	在ABS传输模式，当请求ABS数据时，此标志置为ON
	RY(n+4)2	轴2 ABS请求标志	
RY(n+2)3	RY(n+2)3	轴1偏差计数器清零	放大器的偏差计数器清零
	RY(n+4)3	轴2偏差计数器清零	

表 41（续）

软元件号		信号名	描述
单轴	双轴		
RY(n+2)4	RY(n+2)4	轴 1 错误复位	将轴错误检测、轴错误号、轴警告检测和轴警告号清零(启动时不执行任何动作) 轴的操作状态从错误变为待命
	RY(n+4)4	错误复位	
RY(n+2)5	RY(n+2)5	轴 1 重启动命令	当轴操作在停止状态，进行一个定位操作，从停止点运动到停止定位点时，此标志被置为 ON
	RY(n+4)5	轴 2 重启动命令	
RY(n+2)6	RY(n+2)6	轴 1 M 代码 OFF 请求	M 代码 ON 信号被此 M 代码 OFF 请求标志置为 OFF
	RY(n+4)6	轴 2M 代码 OFF 请求	
RY(n+2)7	RY(n+2)7	轴 1 速度改变请求	当定位操作中改变点动速度后，此信号在速度改变值被设定之后变为 ON
	RY(n+4)7	轴 2 速度改变请求	
RY(n+2)8	RY(n+2)8	轴 1 速度/位置切换允许标志	使外部控制切换信号(速度→位置切换信号)有效
	RY(n+4)8	轴 2 速度/位置切换允许标志	
RY(n+2)9	RY(n+2)9	轴 1 手动脉冲发生器允许标志	设定手动脉冲发生器的允许/禁止
	RY(n+4)9	轴 2 手动脉冲发生器允许标志	
RY(n+2)A	RY(n+2)A	轴 1 原点复位请求标志(OFF 请求)	设置原点复位请求标志从 ON 到 OFF
	RY(n+4)A	轴 2 原点复位请求标志(OFF 请求)	
RY(n+2)B	RY(n+2)B	轴 1 外部启动请求	此信号使外部启动有效
	RY(n+4)B	轴 2 外部启动请求	
RY(n+3)8	RY(n+7)8	初始化数据处理结束标志	当主站上电、硬件复位或者测试模式操作后检测到来自一个初始化数据请求，当初始化数据处理结束之后，此标志位置为 ON
RY(n+3)9	RY(n+7)9	初始化数据设定请求标志	当主站向从站发送初始化数据设定或者改变的请求时，此标志置为 ON 在测试模式操作之后必须再次把初始化设置请求标志置为 ON 并进行数据设置 作为向设备传送的主站正常信号
RY(n+3)A	RY(n+7)A	错误复位请求标志	当此标志被主站置为 ON 时，错误状态标志 RX(n+1)A 被置为 OFF，并且 RWr/RWw 错误代码(地址 RWrn+4)被清空(0000H)
注：n 由设定的站号决定。			

5.5.3 **RWr/RWw(单轴)**

RWr/RWw(单轴)见表 42。

表 42 定位模块(单轴)的 RWr/RWw 定义

<table>
<tr><th colspan="3">从站→主站</th><th colspan="3">主站→从站</th></tr>
<tr><th>地址</th><th>描述</th><th>缺省值</th><th>地址</th><th>描述</th><th>缺省值</th></tr>
<tr><td>RWrn</td><td rowspan="2">单轴(轴 1)进给当前值</td><td>0</td><td>RWwn</td><td>单轴(轴 1)定位启动号</td><td>0</td></tr>
<tr><td>RWrn+1</td><td>0</td><td>RWwn+1</td><td>单轴(轴 1)过载</td><td>100</td></tr>
<tr><td>RWrn+2</td><td rowspan="2">单轴(轴 1)进给速度</td><td>0</td><td>RWwn+2</td><td rowspan="2">单轴(轴 1)当前位置改变值</td><td>0</td></tr>
<tr><td>RWrn+3</td><td>0</td><td>RWwn+3</td><td>0</td></tr>
<tr><td>RWrn+4</td><td>单轴(轴 1)有效 M 代码</td><td>0</td><td>RWwn+4</td><td rowspan="2">单轴(轴 1)速度改变值</td><td>0</td></tr>
<tr><td>RWrn+5</td><td>单轴(轴 1)错误号</td><td>0</td><td>RWwn+5</td><td>0</td></tr>
<tr><td>RWrn+6</td><td>单轴(轴 1)警告号</td><td>0</td><td>RWwn+6</td><td rowspan="2">单轴(轴 1)点动速度</td><td>0</td></tr>
<tr><td>RWrn+7</td><td>单轴(轴 1)操作状态</td><td>0</td><td>RWwn+7</td><td>0</td></tr>
<tr><td colspan="6">注：n 由设定的站号决定。</td></tr>
</table>

5.5.4 **RWr/RWw(双轴)**

RWr/RWw(双轴)见表 43。

表 43 定位模块(双轴)的 RWr/RWw 定义

<table>
<tr><th colspan="3">从站→主站</th><th colspan="3">主站→从站</th></tr>
<tr><th>地址</th><th>描述</th><th>缺省值</th><th>地址</th><th>描述</th><th>缺省值</th></tr>
<tr><td>RWrn</td><td rowspan="2">轴 1 进给当前值</td><td rowspan="2">0</td><td>RWwn</td><td>轴 1 定位启动号</td><td>0</td></tr>
<tr><td>RWrn+1</td><td>RWwn+1</td><td>轴 1 过载</td><td>100</td></tr>
<tr><td>RWrn+2</td><td rowspan="2">轴 1 进给速度</td><td rowspan="2">0</td><td>RWwn+2</td><td rowspan="2">轴 1 当前位置改变值</td><td rowspan="2">0</td></tr>
<tr><td>RWrn+3</td><td>RWwn+3</td></tr>
<tr><td>RWrn+4</td><td>轴 1 有效 M 代码</td><td>0</td><td>RWwn+4</td><td rowspan="2">轴 1 速度改变值</td><td rowspan="2">0</td></tr>
<tr><td>RWrn+5</td><td>轴 1 错误号</td><td>0</td><td>RWwn+5</td></tr>
<tr><td>RWrn+6</td><td>轴 1 警告号</td><td>0</td><td>RWwn+6</td><td rowspan="2">轴 1 点动速度</td><td rowspan="2">0</td></tr>
<tr><td>RWrn+7</td><td>轴 1 运行状态</td><td>0</td><td>RWwn+7</td></tr>
<tr><td>RWrn+8</td><td rowspan="2">轴 2 进给当前值</td><td rowspan="2">0</td><td>RWwn+8</td><td>轴 2 定位启动号</td><td>0</td></tr>
<tr><td>RWrn+9</td><td>RWwn+9</td><td>轴 2 过载</td><td>100</td></tr>
<tr><td>RWrn+A</td><td rowspan="2">轴 2 进给速度</td><td rowspan="2">0</td><td>RWwn+A</td><td rowspan="2">轴 2 当前位置改变值</td><td rowspan="2">0</td></tr>
<tr><td>RWrn+B</td><td>RWwn+B</td></tr>
<tr><td>RWrn+C</td><td>轴 2 有效 M 代码</td><td>0</td><td>RWwn+C</td><td rowspan="2">轴 2 速度改变值</td><td rowspan="2">0</td></tr>
<tr><td>RWrn+D</td><td>轴 2 错误号</td><td>0</td><td>RWwn+D</td></tr>
<tr><td>RWrn+E</td><td>轴 2 警告号</td><td>0</td><td>RWwn+E</td><td rowspan="2">轴 2 点动速度</td><td rowspan="2">0</td></tr>
<tr><td>RWrn+F</td><td>轴 2 运行状态</td><td>0</td><td>RWwn+F</td></tr>
<tr><td colspan="6">注：n 由设定的站号决定。</td></tr>
</table>

5.6 **HMI**

占的逻辑站数:2 个或 4 个。

监视方法：

a) 当内部软元件(HMI 内部存储器)使用时，将 RWr/RWw 区域作为 HMI 内部存储器发送用的命令区域，以监视指定的 HMI 内部存储器。

b) 当内部软元件(HMI 内部存储器)未使用时，监视指定的 HMI 中分配好的 RX/RY/RWr/RWw。

5.6.1 **RX/RY(由占用逻辑站数决定)**

a) RX/RY(由占用逻辑站数决定)见表 44。

表 44 **HMI 的 RX/RY 定义**

从站→主站		主站→从站	
软元件号	信号名	软元件号	信号名
RXm0	用户区	RYm0	用户区
RXm1		RYm1	
RXm2		RYm2	
RXm3		RYm3	
RXm4		RYm4	
RXm5		RYm5	
RXm6		RYm6	
RXm7		RYm7	
RXm8		RYm8	
RXm9		RYm9	
RXmA		RYmA	
RXmB		RYmB	
RXmC		RYmC	
RXmD		RYmD	
RXmE		RYmE	
RXmF		RYmF	
≀		≀	
RX(m+n)0	HMI 结束标志	RY(m+n)0	HMI 请求标志
RX(m+n)1	保留	RY(m+n)1	HMI 监视请求标志
RX(m+n)2		RY(m+n)2	HMI 持续性写入请求标志
RX(m+n)3		RY(m+n)3	保留
RX(m+n)4		RY(m+n)4	
RX(m+n)5		RY(m+n)5	
RX(m+n)6		RY(m+n)6	
RX(m+n)7		RY(m+n)7	
RX(m+n)8	保留	RY(m+n)8	保留
RX(m+n)9	初始化数据设置结束标志	RY(m+n)9	初始化数据设置请求标志
RX(m+n)A	错误状态标志	RY(m+n)A	错误复位请求标志

表 44（续）

从站→主站		主站→从站	
软元件号	信号名	软元件号	信号名
RX(m+n)B	远程 READY	RY(m+n)B	保留
RX(m+n)C	保留	RY(m+n)C	
RX(m+n)D		RY(m+n)D	
RX(m+n)E		RY(m+n)E	
RX(m+n)F		RY(m+n)F	
注：m 由设定的站号决定。 n 由占用的逻辑站数而定： 占用 2 个逻辑站：3； 占用 4 个逻辑站：7。			

b) RX/RY 信号说明见表 45。

表 45 HMI 的 RX/RY 信号说明

软元件号	信号名	描述
RX(m+n)0	HMI 结束标志（使用 HMI 内部软元件时）	当有 HMI 请求标志(RY(m+n)0 是 ON)时，在使用 HMI 内部软元件(除了初始设置、监视和持续写入请求命令之外)的监视命令结束后此标志会置 ON。另外，HMI 监视结束后，HMI 请求标志置 OFF，此标志也置 OFF 未使用 HMI 内部软元件时，无需该信号
RX(m+n)9	初始化数据设置结束标志	当主站向从站发送初始化数据设置请求(RY(m+n)9 是 ON)后，此信号在初始化数据设置结束后置 ON。另外，当初始化数据设置结束，初始化数据设置请求标志为 OFF 后，此标志被置 OFF
RX(m+n)A	错误状态标志	当从站产生错误而不是 WDT 错误时，该信号变成 ON 当错误复位请求标志置为 ON 时，此标志置为 OFF
RX(m+n)B	远程 READY	该信号在 HMI 启动期间置为 ON 在离线操作(安装 OS，下载画面数据时)和初始化过程中，置为 OFF
RY(m+n)0	HMI 请求标志（使用 HMI 内部软元件时）	该标志置为 ON，对 HMI 内部软元件进行写入/读取数据操作
RY(m+n)1	HMI 监视请求标志(使用 HMI 内部软元件时)	该标志置 ON 时，已登记过监视请求的 HMI 内部软元件中的数据会被持续读出到 RWr
RY(m+n)2	HMI 持续写标志（使用 HMI 内部软元件时）	当该标志置 ON 时，RWw 的数据会周期性被写入到已经登记过“周期写”的 HMI 内部软元件
RY(m+n)9	初始化数据设置请求标志（使用 HMI 内部软元件时）	当主站向从站发送设置或变更初始化数据的请求时，此标志置为 ON 要保证在每一次测试模式操作结束后，再次将此标志置为 ON 并执行数据设置
RY(m+n)A	错误复位请求标志	当此标志被主站置 ON 时，错误状态标志(RX(m+n)A)置为 OFF
注：m 由设定的站号决定。 n 由占用的逻辑站数而定： 占用 2 个逻辑站：3； 占用 4 个逻辑站：7。		

5.6.2 **RWr/RWw**

a) 使用 HMI 内部寄存器时，见表 46。

表 46 HMI 的 RWr/RWw 定义(使用 HMI 内部寄存器)

从站→主站			主站→从站		
地址	描述	缺省值	地址	描述	缺省值
RWrm	命令响应区		RWwm	命令	
RWrm+1			RWwm+1	命令执行区	
RWrm+2			RWwm+		
RWrm+3		0	RWwm+3		0
RWrm+4	占用逻辑站数:2,有 8 字		RWwm+4	占用逻辑站数:2,有 8 字	
RWrm+5			RWwm+5		
RWrm+6			RWwm+6		
RWrm+7			RWwm+7		
RWrm+8			RWwm+8		
RWrm+9			RWwm+9		
RWrm+A			RWwm+A		
RWrm+B			RWwm+B		
RWrm+C	占用逻辑站数:4,有 16 字		RWwm+C	占用逻辑站数:4,有 16 字	
RWrm+D			RWwm+D		
RWrm+E			RWwm+E		
RWrm+F			RWwm+F		
注：m 由设定的站号决定。					

b) 未使用 HMI 内部寄存器时，见表 47。

表 47 HMI 的 RWr/RWw 定义(未使用 HMI 内部寄存器)

从站→主站			主站→从站		
地址	描述	缺省值	地址	描述	缺省值
RWrm	用户读取区		RWwm	用户写入区	
RWrm+1			RWwm+1		
RWrm+2			RWwm+2		
RWrm+3		0	RWwm+3		0
RWrm+4	占用逻辑站数:2,有 8 字		RWwm+4	占用逻辑站数:2,有 8 字	
RWrm+5			RWwm+5		
RWrm+6			RWwm+6		
RWrm+7			RWwm+7		
RWrm+8			RWwm+8		
RWrm+9			RWwm+9		
RWrm+A			RWwm+A		
RWrm+B	占用逻辑站数:4,有 16 字		RWwm+B	占用逻辑站数:4,有 16 字	
RWrm+C			RWwm+C		
RWrm+D			RWwm+D		
RWrm+E			RWwm+E		
RWrm+F			RWwm+F		
注：m 由设定的站号决定。					

c) RWr/RWw 信号说明，命令列表见表 48。

表 48 命令列表

命令	功能	描 述
1	初始化设置	使用 HMI 内部软元件进行监视时的初始化设置
2	连续读	从指定的 HMI 内部软元件的起始地址读规定的数据量到 RWr
3	随机读	从多个不同的 HMI 内部软元件读数据到 RWr
4	连续写	将 RWw 中的规定数据量写入 HMI 内部软元件指定的起始地址
5	随机写	将 RWw 中的数据写入多个不同的 HMI 内部软元件
6	监视登记	在读取 HMI 内部软元件的数据到 RWr 时，持续地登记其内部软元件号
7	监视请求	通过执行监视登记命令，持续地将已登记的 HMI 内部软元件中的数据读取到 RWr
8	持续写登记	在将 RWw 的数据写入 HMI 内部软元件时，周期性地登记其内部软元件号
9	持续写请求	通过执行持续写登记命令将 RWw 中的数据写入 HMI 内部软元件

——初始化设置见表 49。
——连续读见表 50。
——随机读见表 51。
——连续写见表 52。
——随机写见表 53。
——监视登记见表 54。
——监视请求见表 55。
——持续写登记见表 56。
——持续写请求见表 57。

表 49 初始化设置

地址	数 据
RWwm(H)	1:初始化设置
RWwm(L)	1:使用 HMI 内部软元件 2:未使用 HMI 内部软元件
RWwm+1 ≀ RWwm+F	未使用
RWrm ≀ RWrm+F	未使用
注：m 由设定的站号决定。	

表 50 连续读

地址	数 据
RWwm(H)	2:连续读设置
RWwm(L)	[当占用逻辑站数是 2 时]1～6:读取的 HMI 内部软元件的数量 [当占用逻辑站数是 4 时]1～14:读取的 HMI 内部软元件的数量
RWwm+1	0～1 023:读取的起始 HMI 内部软元件号

表 50（续）

地址	数　　据
RWwm+2 ≀ RWwm+F	未使用
RWrm ≀ RWrm+D	存储从 HMI 内部软元件读取的数据
RWrm+E ≀ RWrm+F	未使用
注：m 由设定的站号决定。	

表 51　随机读

地址	数　　据
RWwm(H)	3:随机读设置
RWwm(L)	[当占用逻辑站数是 2 时]1～6:读取的 HMI 内部软元件的数量 [当占用逻辑站数是 4 时]1～14:读取的 HMI 内部软元件的数量
RWwm+1 ≀ RWwm+F	0～1 023:读取的起始 HMI 内部软元件号(起始软元件个数与以上的设置相同)
RWrm ≀ RWrm+D	存储已读取的起始 HMI 内部软元件的数据(存储的软元件个数与以上的设置相同)
RWrm+E ≀ RWrm+F	未使用
注：m 由设定的站号决定。	

表 52　连续写

地址	数　　据
RWwm(H)	4:连续写设置
RWwm(L)	[当占用逻辑站数是 2 时]1～6:写入到 HMI 内部软元件的数量 [当占用逻辑站数是 4 时]1～14:写入到 HMI 内部软元件的数量
RWwm+1	0～1 023:写入的起始 HMI 内部软元件号
RWwm+2 ≀ RWwm+F	存储写入数据到 HMI 内部软元件
Rwrm ≀ RWrm+F	未使用
注：m 由设定的站号决定。	

表 53 随机写

地址	数据
RWwm(H)	5:随机写设置
RWwm(L)	[当占用逻辑站数是 2 时]1～3:写入到 HMI 内部软元件的数量 [当占用逻辑站数是 4 时]1～7:写入到 HMI 内部软元件的数量
RWwm+1	0～1 023:写入的起始 HMI 内部软元件号
RWwm+2	存储写入数据到以上 HMI 内部软元件
RWwm+3 ～ RWwm+E	存储 HMI 内部软元件号,写入数据(起始软元件及写入数据的个数与以上的设置相同)
RWwm+F	未使用
RWrm ～ RWrm+F	未使用
注:m 由设定的站号决定。	

表 54 监视登记

地址	数据
RWwm(H)	6:监视登记设置
RWwm(L)	[当占用逻辑站数是 2 时]1～6:进行监视登记的 HMI 内部软元件的点数 [当占用逻辑站数是 4 时]1～14:进行监视登记的 HMI 内部软元件的点数
RWwm+2 ～ RWwm+E	0～1 023:要登记的 HMI 内部软元件号
RWwm+F	未使用
Rwrm ～ RWrm+F	未使用
注:m 由设定的站号决定。	

表 55 监视请求

地址	数据	备注
RWwm ～ RWwm+F	未使用	在监视登记结束后将 HMI 监视请求标志(RY(m+n)1)置为 ON,从而执行监视
RWrm ～ RWrm+E	写入 HMI 内部软元件的数据(在监视登记命令中登记了的个数)	
RWrm+F	未使用	
注:m 由设定的站号决定。		

表 56　持续写登记

地址	数　据
RWwm(H)	8:持续写登记设置
RWwm(L)	[当占用逻辑站数是2时]1～6:进行监视登记的HMI内部软元件的数量 [当占用逻辑站数是4时]1～14:进行监视登记的HMI内部软元件的数量
RWwm+2 ≀ RWwm+E	0～1 023:要登记的HMI内部软元件号(软元件个数与以上设置的相同)
RWwm+F	未使用
RWrm ≀ RWrm+F	未使用
注:m由设定的站号决定。	

表 57　持续写请求

地址	数　据	备　注
RWwm ≀ RWwm+D	存储写入数据(其个数与在持续写登记命令中登记了的个数相同)	在持续写登记之后将持续写请求标志(RY(m+n)2)置为ON,从而执行持续写
RWwm+E RWwm+F	未使用	
RWrm ≀ RWrm+F	未使用	
注:m由设定的站号决定。		

5.7　ID模块

占用逻辑站数:4。

5.7.1　RX/RY(由站数决定)

a)　ID模块RX/RY(由站数决定)定义见表58。

表 58　ID模块RX/RY定义

从站→主站		主站→从站	
软元件号	信号名	软元件号	信号名
RXn0	未使用	RYn0	初始设置值选择
RXn1	CH.1 比较结果	RYn1	字/字节选择
RXn2	CH.1 有效读写标志	RYn2	1CH/2CH 选择
RXn3	CH.1 BUSY	RYn3	未使用
RXn4	CH.1 命令结束	RYn4	CH.1 命令执行请求

表 58（续）

从站→主站		主站→从站	
软元件号	信号名	软元件号	信号名
RXn5	CH. 1 出错	RYn5	CH. 1 写保护命令执行请求
RXn6	未使用	RYn6	CH. 1 设备标识执行请求
RXn7	CH. 1 分割数据请求	RYn7	CH. 1 分割数据结束
RXn8	未使用	RYn8	未使用
RXn9	CH. 2 比较结果	RYn9	
RXnA	CH. 2 有效读写标志	RynA	
RXnB	CH. 2 BUSY	RynB	
RXnC	CH. 2 命令结束	RYnC	CH. 2 命令执行请求
RXnD	CH. 2 出错	RYnD	CH. 2 写保护命令执行请求
RXnE	未使用	RYnE	CH. 2 设备标识执行请求
RXnF	CH. 2 分割数据请求	RYnF	CH. 2 分割数据结束
RX(n+1)0 ~ RX(n+3)F	CH. 1 读出的设备标识数据	RY(n+1)0 ~ RY(n+3)F	CH. 1 写入的设备标识数据
RX(n+4)0 ~ RX(n+6)F	CH. 2 读出的设备标识数据	RY(n+4)0 ~ RY(n+6)F	CH. 2 写入的设备标识数据
RX(n+7)0	保留	RY(n+7)0	保留
RX(n+7)1		RY(n+7)1	
RX(n+7)2		RY(n+7)2	
RX(n+7)3		RY(n+7)3	
RX(n+7)4		RY(n+7)4	
RX(n+7)5		RY(n+7)5	
RX(n+7)6		RY(n+7)6	
RX(n+7)7		RY(n+7)7	
RX(n+7)8	初始化数据处理请求标志	RY(n+7)8	初始化数据处理结束标志
RX(n+7)9	初始化数据设置结束标志	RY(n+7)9	初始化数据设置请求标志
RX(n+7)A	保留	RY(n+7)A	保留
RX(n+7)B	远程 READY	RY(n+7)B	保留
RX(n+7)C	保留	RY(n+7)C	
RX(n+7)D		RY(n+7)D	
RX(n+7)E		RY(n+7)E	
RX(n+7)F		RY(n+7)F	
注：n 由设定的站号决定。			

b) ID模块 RX/RY 信号说明见表 59。

表 59 ID模块 RX/RY 信号说明

软元件号		信号名	描　　述
CH.1	CH.2		
RXn1	RXn9	比较结果	当比较的结果相匹配时置为 ON
RXn2	RXnA	有效读写标志	在执行连续命令时，如果侦测到有效读写标志信号，该信号保持为 ON
RXn3	RXnB	BUSY	根据命令，任何一个输出线圈为 ON 时，该信号就保持为 ON 它在梯形图中作为互锁触点
RXn4	RXnC	命令结束	命令正常结束后置为 ON
RXn5	RXnD	出错	命令未正常结束时置为 ON
RXn7	RXnF	分割数据请求	读或写分割数据时置为 ON
RX(n+1)0 ~ RX(n+3)F	RX(n+4)0 ~ RX(n+6)F	读出的设备标识数据	根据设备标识的设置数据从数据携带器中读取数据
RX(n+7)8		初始化数据处理请求标志	从站上电或硬件复位后，此标志被置为 ON，来请求初始化数据处理。初始化数据处理结束后(即初始化数据结束标志 RY(n+7)8 为 ON)，此标志被置为 OFF
RX(n+7)9		初始化数据设置结束标志	主站上电或硬件复位后，向从站发送初始化数据设置请求(RY(n+m)9 为 ON)，且初始化数据设置结束后，此标志被置为 ON。初始化数据设置结束后，如果初始化数据设置请求标志被置为 OFF，则此标志也被置为 OFF
RX(n+7)B		远程 READY	从站上电或硬件复位后，当初始化数据设置结束并且处于 READY 状态时被置为 ON(被用作与主站进行读/写操作时的互锁)。发生致命错误期间被置为 OFF
RYn0		初始设置值选择	选择初始设置值为“用户设置”或“出厂设置” OFF:用户设置 ON:出厂设置
RYn1		字/字节选择	当选择“用户设置”作为初始设置值时，该信号设置处理单位为“字”或“字节” OFF:字 ON:字节
RYn2		1CH/2CH 选择	当选择“用户设置”作为初始设置值时，该信号设置处理单位为“使用 两个 CH”或“使用一个 CH” OFF:使用两个 CH ON:使用一个 CH
RYn4	RYnC	命令执行请求	启动命令
RYn5	RYnD	写保护命令执行请求	启动写保护命令的读/写

表 59（续）

软元件号		信号名	描　　述
CH.1	CH.2		
RYn6	RYnE	设备标识执行请求	根据设备标识的设置数据，启动设备标识命令
RYn7	RYnF	分割数据结束	当分割数据请求为 ON 时，该信号通报分割数据的读/写的结束
RY(n+1)0 ≀ RY(n+3)F	RY(n+4)0 ≀ RY(n+6)F	设备标识写数据	根据设备标识的设置数据，把设备标识写数据写入数据载体中
RY(n+7)8		初始化数据处理结束标志	主站在上电、硬件复位或者测试模式操作后，检测到来自从站的初始化处理请求且初始化数据处理结束后，该标志置为 ON
RY(n+7)9		初始化数据设置请求标志	主站上电或硬件复位后，对从站进行初始化数据设置请求时置为 ON
注：n 由设定的站号决定。			

5.7.2　**RWr/RWw**

a)　使用两个通道，见表 60。

表 60　ID 模块 RWr/RWw 定义（两个通道）

从站→主站			主站→从站		
地址	描述	缺省值	地址	描述	缺省值
RWrn	CH.1 命令代码结果	—	RWwn	CH.1 命令代码指定	—
RWrn+1	CH.1 执行结果	—	RWwn+1	CH.1 首地址指定	—
RWrn+2	未使用	0	RWwn+2	CH.1 处理数据量指定	—
RWrn+3	CH.1 读数据 1	—	RWwn+3	CH.1 写数据 1	—
RWrn+4	CH.1 读数据 2	—	RWwn+4	CH.1 写数据 2	—
RWrn+5	CH.1 读数据 3	—	RWwn+5	CH.1 写数据 3	—
RWrn+6	CH.1 读数据 4	—	RWwn+6	CH.1 写数据 4	—
RWrn+7	CH.1 读数据 5	—	RWwn+7	CH.1 写数据 5	—
RWrn+8	CH.2 命令代码结果	—	RWwn+8	CH.2 命令代码指定	—
RWrn+9	CH.2 执行结果	—	RWwn+9	CH.2 首地址指定	—
RWrn+A	未使用	0	RWwn+A	CH.2 处理数据量指定	—
RWrn+B	CH.2 读数据 1	—	RWwn+B	CH.2 写数据 1	—
RWrn+C	CH.2 读数据 2	—	RWwn+C	CH.2 写数据 2	—
RWrn+D	CH.2 读数据 3	—	RWwn+D	CH.2 写数据 3	—
RWrn+E	CH.2 读数据 4	—	RWwn+E	CH.2 写数据 4	—
RWrn+F	CH.2 读数据 5	—	RWwn+F	CH.2 写数据 5	—
注：n 由设定的站号决定。					

b) 使用一个通道,见表 61。

表 61 ID 模块 RWr/RWw 定义(一个通道)

从站→主站			主站→从站		
地址	描述	缺省值	地址	描述	缺省值
RWrn	未使用	0	RWwn	未使用	0
RWrn+1	命令代码结果	—	RWwn+1	命令代码指定	—
RWrn+2	执行结果	—	RWwn+2	首地址指定	—
RWrn+3	未使用	0	RWwn+3	处理数据量指定	—
RWrn+4	CH.1 读数据 1	—	RWwn+4	CH.1 写数据 1	—
RWrn+5	CH.1 读数据 2	—	RWwn+5	CH.1 写数据 2	—
RWrn+6	CH.1 读数据 3	—	RWwn+6	CH.1 写数据 3	—
RWrn+7	CH.1 读数据 4	—	RWwn+7	CH.1 写数据 4	—
RWrn+8	CH.1 读数据 5	—	RWwn+8	CH.1 写数据 5	—
RWrn+9	CH.1 读数据 6	—	RWwn+9	CH.1 写数据 6	—
RWrn+A	CH.1 读数据 7	—	RWwn+A	CH.1 写数据 7	—
RWrn+B	CH.1 读数据 8	—	RWwn+B	CH.1 写数据 8	—
RWrn+C	CH.1 读数据 9	—	RWwn+C	CH.1 写数据 9	—
RWrn+D	CH.1 读数据 10	—	RWwn+D	CH.1 写数据 10	—
RWrn+E	CH.1 读数据 11	—	RWwn+E	CH.1 写数据 11	—
RWrn+F	CH.1 读数据 12	—	RWwn+F	CH.1 写数据 12	—
注:n 由设定的站号决定。					

c) 初始设置见表 62。

表 62 初始设置

从站→主站			主站→从站		
地址	描述	缺省值	地址	描述	缺省值
RWrn	未使用	0	RWwn	CH.1 重试次数设置	—
RWrn+1			RWwn+1	CH.1 有效检测时间值设置	—
RWrn+2			RWwn+2	CH1 连续命令执行间隔定时器的设置	—
RWrn+3			RWwn+3	未使用	0
RWrn+4			RWwn+4		
RWrn+5			RWwn+5		
RWrn+6			RWwn+6		
RWrn+7			RWwn+7		
RWrn+8			RWwn+8	CH.2 重试次数设置	—
RWrn+9			RWwn+9	CH.2 有效检测时间值设置	—
RWrn+A			RWwn+A	CH.2 连续命令执行间隔定时器的设置	—
RWrn+B			RWwn+B	未使用	0
RWrn+C			RWwn+C		
RWrn+D			RWwn+D		
RWrn+E			RWwn+E		
RWrn+F			RWwn+F		
注:n 由设定的站号决定。					

5.8 S-Link 网关

占用逻辑站数是 2,3 或 4。

5.8.1 RX/RY[由站数决定]

a) S-Link 网关 RX/RY[由站数决定]定义见表 63。

表 63 S-Link 网关 RX/RY 定义

从站→主站		主站→从站	
软元件号	信号名	软元件号	信号名
RXm0	输入 0	RYm0	输出 0
RXm1	输入 1	RYm1	输出 1
RXm2	输入 2	RYm2	输出 2
RXm3	输入 3	RYm3	输出 3
RXm4	输入 4	RYm4	输出 4
RXm5	输入 5	RYm5	输出 5
RXm6	输入 6	RYm6	输出 6
RXm7	输入 7	RYm7	输出 7
RXm8	输入 8	RYm8	输出 8
RXm9	输入 9	RYm9	输出 9
RXmA	输入 10	RYmA	输出 10
RXmB	输入 11	RYmB	输出 11
RXmC	输入 12	RYmC	输出 12
RXmD	输入 13	RYmD	输出 13
RXmE	输入 14	RYmE	输出 14
RXmF	输入 15	RYmF	输出 15
≀		≀	
RX(m+n)0	保留	RY(m+n)0	保留
RX(m+n)1		RY(m+n)1	
RX(m+n)2		RY(m+n)2	
RX(m+n)3		RY(m+n)3	
RX(m+n)4		RY(m+n)4	
RX(m+n)5		RY(m+n)5	
RX(m+n)6		RY(m+n)6	
RX(m+n)7		RY(m+n)7	
RX(m+n)8	初始化数据处理请求标志	RY(m+n)8	初始化数据处理结束标志
RX(m+n)9	初始化数据设置结束标志	RY(m+n)9	初始化数据设置请求标志
RX(m+n)A	错误状态标志	RY(m+n)A	错误复位请求标志
RX(m+n)B	远程 READY	RY(m+n)B	保留
RX(m+n)C	保留	RY(m+n)C	
RX(m+n)D		RY(m+n)D	
RX(m+n)E		RY(m+n)E	
RX(m+n)F		RY(m+n)F	

表 63（续）

从站→主站		主站→从站	
软元件号	信号名	软元件号	信号名
注：m 由设定的站号决定。 n 取决于占用逻辑站数： 2 个站：3； 3 个站：5； 4 个站：7。			

b） S-LINK 网关 RX/RY 信号说明见表 64。

表 64 S-LINK 网关 RX/RY 信号说明

软元件号	信号名	描 述
RXm0 ~ RX(m+n−1)F	输入	将 S-LINK 输入从最小的地址开始按顺序分配 占用逻辑站数为 2 时是 32 位 占用逻辑站数为 3 时是 64 位 占用逻辑站数为 4 时是 112 位 从 S-LINK112～117 的 16 字使用 RWrn
RX(m+n)8	初始化数据处理请求标志	当从站上电、硬件复位或者测试模式操作之后，把此标志被置为 ON，来请求初始化数据设置 初始化数据处理结束（初始化数据处理结束标志 RY(m+n)8 为 ON）后此标志被置为 OFF
RX(m+n)9	初始化数据设置结束标志	当主站向从站发出初始化数据设置请求（RY(m+n)9 为 ON），且初始化数据设定结束后，此标志被置为 ON 如果初始化数据设置请求标志在初始化数据设置结束之后被置为 OFF，则此标志也被置为 OFF
RX(m+n)A	错误状态标志	从站发生除了 WDT 出错之外的错误时，此标志被置为 ON。当错误复位请求标志被置为 ON 时，此标志被置为 OFF
RX(m+n)B	远程 READY	从站上电后，硬件复位或者测试模式操作之后，当初始化数据设定结束并且处于 READY 状态时，此标志被置为 ON 此标志被用作与主站进行读/写操作时的互锁 在测试模式下此标志被置为 OFF
RYm0 ~ RY(m+n−1)F	输出	将 S-LINK 输出从最小的地址开始按顺序分配 占用逻辑站数为 2 时是 32 位 占用逻辑站数为 3 时是 64 位 占用逻辑站数为 4 时是 112 位 从 S-LINK112～117 的 16 字使用 RWrn
RY(m+n)8	初始化数据处理结束标志	主站上电、硬件复位或测试模式操作后，检测到来自从站的初始化数据处理请求并在初始化数据处理结束之后，此标志被置为 ON
RY(m+n)9	初始化数据设置请求标志	当主站向从站发出初始化数据设置或变更的请求时，将此标志置为 ON 在测试模式操作之后必须再次把初始化设置请求标志置为 ON 并进行数据设置

表 64（续）

软元件号	信号名	描　　述
RY(m+n)A	错误复位请求标志	当此标志被主站置为 ON 时，错误状态标志(RX(m+n)A)被置为 OFF
注：m 由设定的站号决定。 n 取决于占用逻辑站数： 2 个站：3； 3 个站：5； 4 个站：7。		

5.8.2 RWr/RWw

S-LINK 网关 RWr/RWw 定义见表 65。

表 65 S-LINK 网关 RWr/RWw 定义

从站→主站			主站→从站		
地址	描述	缺省值	地址	描述	缺省值
RWrn	输入 112～127		RWwn	输出 112～127	
RWrn+1	系统状态		RWwn+1	系统请求	
RWrn+2	I/O 设置状态，I/O 点总数		RWwn+2	I/O 设置区域	
RWrn+3	连接模块数量		RWwn+3		
RWrn+4	错误 4 发生的模块数量		RWwn+4		
RWrn+5	保留		RWwn+5	未使用	
RWrn+6	地址信息 0		RWwn+6		
RWrn+7	地址信息 1 [当占用逻辑站数是 2 时]		RWwn+7	当占用逻辑站数是 2 时	
RWrn+8	地址信息 2		RWwn+8		
RWrn+9	地址信息 3		RWwn+9		
RWrn+A	地址信息 4		RWwn+A		
RWrn+B	地址信息 5 [当占用逻辑站数是 3 时]		RWwn+B	当占用逻辑站数是 3 时	
RWrn+C	地址信息 6		RWwn+C		
RWrn+D	地址信息 7		RWwn+D		
RWrn+E	未使用		RWwn+E		
RWrn+F	[当占用逻辑站数是 4 时]		RWwn+F	当占用逻辑站数是 4 时	
注：m 由设定的站号决定。					

5.9 变频器

占用逻辑站数：1。

5.9.1 RX/RY［固定为 32 点］

a) 变频器 RX/RY［固定为 32 点］定义见表 66。

表 66 变频器 RX/RY 定义

从站→主站			主站→从站		
软元件号	信号名		软元件号	信号名	
RXn0	正转	所有厂商公用	RYn0	正转命令(STF)	所有厂商公用
RXn1	反转		RYn1	反转命令(STR)	
RXn2	运行中(RUN)	各个厂商不同(参考例)	RYn2	RH 端子功能	各个厂商不同(参考例)
RXn3	频率到达(SU)		RYn3	RM 端子功能	
RXn4	过载(OL)		RYn4	RL 端子功能	
RXn5	瞬时电源故障(IPF)		RYn5	JOG 端子功能	
RXn6	频率检测(FU)		RYn6	RT 端子功能	
RXn7	异常(ABC)		RYn7	AU 端子功能	
RXn8	未使用		RYn8	CS 端子功能	
RXn9			RYn9	输出停止(MRS)	所有厂商共用
RXnA			RYnA	未使用	各个厂商不同(参考例)
RXnB			RYnB		
RXnC	监视		RYnC	监视命令	
RXnD	频率设置结束(RAM)		RYnD	频率设置命令(RAM)	
RXnE	频率设置结束(E^2PROM)		RYnE	频率设置命令(E^2PROM)	
RXnF	命令代码执行结束		RYnF	命令代码执行请求	
RX(n+1)0	保留		RY(n+1)0	保留	
RX(n+1)1			RY(n+1)1		
RX(n+1)2			RY(n+1)2		
RX(n+1)3			RY(n+1)3		
RX(n+1)4			RY(n+1)4		
RX(n+1)5			RY(n+1)5		
RX(n+1)6			RY(n+1)6		
RX(n+1)7			RY(n+1)7		
RX(n+1)8	初始化数据处理请求标志		RY(n+1)8	初始化数据处理结束标志	
RX(n+1)9	初始化数据设置结束标志		RY(n+1)9	初始化数据设置请求标志	
RX(n+1)A	错误状态标志		RY(n+1)A	错误复位请求标志	
RX(n+1)B	远程 READY		RY(n+1)B	保留	
RX(n+1)C	保留		RY(n+1)C	保留	
RX(n+1)D			RY(n+1)D		
RX(n+1)E			RY(n+1)E		
RX(n+1)F			RY(n+1)F		
注：n 由设定的站号决定。					

b) 变频器 RX/RY 信号说明见表 67。

表 67 变频器 RX/RY 信号说明

软元件号	信号名	描　　述
RXn0	正转	OFF:停止或反转 ON:正转
RXn1	反转	OFF:停止或正转 ON:反转
RXn2	运行中(RUN)	在变频器运行时为 ON
RXn3	频率到达(SU)	输出频率到达设置频率范围时为 ON
RXn4	过载(OL)	防止失速动作时为 ON,防止失速取消时为 OFF
RXn5	瞬时电源故障(IPF)	在瞬时电源故障或者电压不足时为 ON
RXn6	频率检测(FU)	当输出频率接近设定频率时为 ON
RXn7	异常(ABC)	当变频器保护功能启动并且输出停止时为 ON
RXnC	监视	当通过将监视命令(RYnC)置为 ON 来在 RWrn 中设置监视值,监视(RXnC)被置为 ON。当监视命令(RYnC)置为 OFF 时,监视(RXnC)被置为 OFF
RXnD	频率设置结束(RAM)	在频率设置命令(RYnD)为 ON 状态下,当频率写入变频器时,频率设置结束(RXnD)置为 ON;在频率设置命令(RYnD)置为 OFF 时,频率设置结束信号(RXnD)置为 OFF
RXnE	频率设置结束(E^2PROM)	在频率设置命令(RYnE)为 ON 状态下,当频率写入变频器时,频率设置结束(RXnE)置为 ON;在频率设置命令(RYnE)置为 OFF 时,频率设置结束信号(RXnE)置为 OFF
RXnF	命令代码执行结束	当通过将命令代码执行请求(RYnF)置为 ON 来执行并完成相应命令代码(RWwn+2)的处理时,此信号(RXnF)被置为 ON。当命令代码执行请求(RYnF)置为 OFF 时,此信号(RXnF)被置为 OFF
RX(n+1)8	初始化数据处理请求标志	从站上电、硬件复位或者测试模式操作之后,此标志被置为 ON,来请求初始化数据处理 初始化数据处理结束(初始化数据处理结束标志 RY(n+1)8 为 ON)后此标志被置为 OFF
RX(n+1)9	初始化数据设置结束标志	当主站向从站发送初始化数据设置请求(RY(n+1)9 为 ON)时,且初始化数据设置结束后,此标志被置为 ON 如果初始化数据设置请求标志在初始化数据设置结束之后被置为 OFF,则此标志也被置为 OFF
RX(n+1)A	错误状态标志	从站发生除了 WDT 出错之外的错误时,此标志被置为 ON
RX(n+1)B	远程 READY	从站上电、硬件复位或者测试模式操作之后,当初始化数据设置结束并且处于 READY 状态时,此标志被置为 ON 此标志被用作与主站进行读/写操作时的互锁 在测试模式下此标志被置为 OFF

表 67（续）

软元件号	信号名	描　　述	
RYn0	正转命令	OFF:停止命令 ON:正转命令(逆时针方向)	RYn0 和 RYn1 同时被置为 ON,为一个停止命令
RYn1	反转命令	OFF:停止命令 ON:反转命令(顺时针方向)	
RYn2	RH 端子功能(高速)	选择分配给 RH/RM/RL 的功能 在出厂设置模式下,通过组合 RH,RM,RL 功能可以选择多级速度	通过 Pr. 180～Pr. 186(选择输入端子功能)可以改变输入信号的功能
RYn3	RM 端子功能(中速)		
RYn4	RL 端子功能(低速)		
RYn5	JOG 端子功能	选择分配给 JOG 端子的功能	
RYn6	RT 端子功能	选择分配给 RT 端子的功能,在出厂设置模式下可选择第二功能	
RYn7	AU 端子功能	选择分配给 AU 端子的功能	
RYn8	CS 端子功能	选择分配给 CS 端子的功能	
RYn9	输出停止(MRS)	当 MRS 信号置为 ON 时变频器输出停止(辅助侧输出停止)	
RYnC	监视命令	当监视命令(RYnC)置为 ON 时,监视值被设置到 RWrn 中并且监视标志(RXnC)置为 ON;在监视命令(RYnC)置为 ON 时,监视值会经常被改变	
RYnD	频率设置结束(RAM)	当频率设置命令(RYnD)置为 ON 时,设置频率(RWwn+1)被写入变频器;当写完时,频率设置结束(RXnD)置为 ON	
RYnE	频率设置结束(E^{2}PROM)	当频率设置命令(RYnE)置为 ON 时,设置频率(RWwn+1)被写入变频器;当写完时,频率设定结束(RXnE)置为 ON	
RYnF	命令代码执行请求	当命令代码执行请求(RYnF)被置为 ON 时,执行对应在(RWwn+2)中命令代码设置的处理。当这些命令代码执行结束后(RXnF)置为 ON,如果出现一个命令代码执行错误,则在返回码(RWrn+2)中设置一个非零值	
RY(n+1)8	初始化数据处理结束标志	当主站上电、硬件复位或者测试模式操作之后,检测到来自从站的初始化数据处理请求,并在初始化数据处理结束之后,此标志被置为 ON	
RY(n+1)9	初始化数据设置请求标志	当主站向从站发出初始化数据设置或者变更的请求时,将此标志置为 ON 在测试模式操作之后必须再次把此标志置为 ON 并进行数据设置	
RY(n+1)A	错误复位请求标志	当此标志被主站置为 ON 时,错误状态标志(RX(n+1)A)被置为 OFF	
注:n 由设定的站号决定。			

5.9.2 **RWr/RWw**

a) 变频器 RWr/RWw 定义见表 68。

表 68 变频器 RWr/RWw 定义

从站→主站			主站→从站		
地址	描 述	缺省值	地址	描 述	缺省值
RWrn	监视值	—	RWwn	监视代码	—
RWrn+1	输出频率	—	RWwn+1	设置频率	—
RWrn+2	返回码	—	RWwn+2	命令代码	—
RWrn+3	写数据	—	RWwn+3	写数据	—
注：n 由设定的站号决定。					

b) 变频器 RWr/RWw 信号说明见表 69。

表 69 变频器 RWr/RWw 信号说明

地址	信号名	描 述
RWrn	监视值	设置由 RWwn 监视代码指定的监视值
RWrn+1	输出频率	随时设置当前的输出频率
RWrn+2	返回码	设置与 RWrn+2 相对应的返回码。正常:0;错误:非零值
RWrn+3	写数据	当响应正常时,按命令代码指定的命令设置相关响应数据
RWwn	监视代码	设置用于参照的监视代码。在设置结束时,通过将 RYnC 信号置为 ON,将指定的监视数据设置到 RWwn
RWwn+1	设置频率	设置频率,写入 RAM 还是 E^2PROM 由信号 RYnD 和 RYnE 决定,设置本寄存器后,在 RYnD 和 RYnE 置为 ON 时,写入频率。在写入频率结束后,输入命令对应的 RXnD 与 RXnE 被置为 ON
RWwn+2	命令代码	设置诸如操作模式切换、Pr. 的读写、错误描述、错误清除等动作命令代码(见表 71)。在寄存器设置结束后,通过将 RYnF 置为 ON 来执行上述命令。命令执行结束后,RXnF 被置为 ON
RWwn+3	写数据	按上面描述的命令代码设置数据(如果需要) 在设置上述的命令代码和本寄存器后,将 RYnF 置为 ON 如果不需要写数据,则置为零
注：n 由设定的站号决定。		

c) 变频器监视代码见表 70。

表 70 变频器监视代码

代码号	描 述	单位	代码号	描 述	单位
0000H	无监视(监视值始终为 0)	—	000DH	输入功率	0.01 kW
0001H	输出频率	0.01 Hz	000EH	输出功率	0.01 kW
0002H	输出电流	0.01 A	000FH	输入端子状态	—
0003H	输出电压	0.1 V	0010H	输出端子状态	—
0004H	无监视(监视值始终为 0)	—	0011H	负载表	0.1%
0005H	频率设置值	0.01 Hz	0012H	电机励磁电流	0.01 A
0006H	运行速度	1 r/min	0013H	位置脉冲	1 PLS
0007H	电机转矩	0.1%	0014H	累积通电时间	1 h
0008H	逆变器输出电压	0.1 V	0015H	无监视(监视值始终为 0)	—
0009H	再生制动使用率	0.1%	0016H	定向状态	—
000AH	电子热负载率	0.1%	0017H	实际运行时间	1 h
000BH	输出电流峰值	0.01 A	0018H	电机负载率	0.1%
000CH	逆变器输出电压峰值	0.1 V	0019H	总功率	1 kWh

d) 变频器命令代码见表 71。

表 71 变频器命令代码

<table>
<tr><th colspan="2">项 目</th><th>代码号</th><th>数据描述</th><th>备 注</th></tr>
<tr><td colspan="2">读操作模式</td><td>007BH</td><td>0000H:通过 CC-Link 操作
0001H:外部操作
0002H:PU 操作</td><td>—</td></tr>
<tr><td colspan="2">写操作模式</td><td>00FBH</td><td>0000H:通过 CC-Link 操作
0001H:外部操作</td><td>—</td></tr>
<tr><td colspan="2">读错误历史记录 No. 1 和 No. 2</td><td>0074H</td><td>最近读错误 No. 1 和 No. 2</td><td>—</td></tr>
<tr><td colspan="2">读错误历史记录 No. 3 和 No. 4</td><td>0075H</td><td>最近读错误 No. 3 和 No. 4</td><td>—</td></tr>
<tr><td colspan="2">读错误历史记录 No. 5 和 No. 6</td><td>0076H</td><td>最近读错误 No. 5 和 No. 6</td><td>—</td></tr>
<tr><td colspan="2">读错误历史记录 No. 7 和 No. 8</td><td>0077H</td><td>最近读错误 No. 7 和 No. 8</td><td>—</td></tr>
<tr><td colspan="2">读设置频率(RAM)</td><td>006DH</td><td>读设置频率(RAM)</td><td rowspan="4">能够被远程寄存器设置</td></tr>
<tr><td colspan="2">读设置频率(E^2PROM)</td><td>006EH</td><td>读设置频率(E^2PROM)</td></tr>
<tr><td colspan="2">写设置频率(RAM)</td><td>00EDH</td><td>写设置频率(RAM)</td></tr>
<tr><td colspan="2">写设置频率(E^2PROM)</td><td>00EEH</td><td>写设置频率(E^2PROM)</td></tr>
<tr><td colspan="2">读参数</td><td>0000H～006CH</td><td>配合参数扩展设置,读 Pr. 0～Pr. 999</td><td>—</td></tr>
<tr><td colspan="2">写参数</td><td>0080H～00ECH</td><td>配合参数扩展设置,写 Pr. 0～Pr. 999</td><td>—</td></tr>
<tr><td colspan="2">错误定义批清除</td><td>00F4H</td><td>9696H:错误记录批清除</td><td>—</td></tr>
<tr><td colspan="2">清除所有参数</td><td>00FCH</td><td>9669H:用户清除参数
9699H:清除参数(除了校正值,将所有值设为出厂设置值)
9966H:清除所有参数</td><td>—</td></tr>
<tr><td colspan="2">变频器复位</td><td>00FDH</td><td>9696H:变频器复位</td><td>—</td></tr>
<tr><td rowspan="2">链接参数扩展设置</td><td>读</td><td>007FH</td><td rowspan="2">进行 0000H～006CH、0080H～00ECH 的参数切换
0000H:Pr. 0～99
0001H:Pr. 100～159,Pr. 200～231,Pr. 900～905
0002H:Pr. 160～199,Pr232～285
0003H:Pr. 300～399
0009H:Pr. 900</td><td rowspan="2">—</td></tr>
<tr><td>写</td><td>00FFH</td></tr>
<tr><td rowspan="2">第 2 参数切换</td><td>读</td><td>006CH</td><td rowspan="2">Pr. 201～Pr. 230
0000H:运行频率
0001H:时间
0002H:转向
Pr. 902～Pr. 905
0000H:偏移量/增益
0001H:模拟
0002H:端子模拟量值</td><td rowspan="2">—</td></tr>
<tr><td>写</td><td>00ECH</td></tr>
</table>

e) 变频器返回码见表 72。

表 72 变频器返回码

代码号	描　　述
0000H	正常响应(无错误)
0001H	写模式错误
0002H	参数选择错误
0003H	设置范围错误

5.10 机器人

5.10.1 使用一个控制模块控制 4 台机器人

占用逻辑站数:4。

5.10.2 RX/RY[由占用逻辑站数决定]

a) 机器人 RX/RY[由占用逻辑站数决定]定义见表 73。

表 73 机器人 RX/RY 定义

从站→主站		主站→从站	
软元件号	信号名	软元件号	信号名
RXn0	READY　机器人 1OUT0	RYn0	SELECT　机器人 1 IN0
RXn1	ERROR　OUT1	RYn1	START　IN1
RXn2	PCA　OUT2	RYn2	NEXT　IN2
RXn3	AUTO　OUT3	RYn3	HOLD　IN3
RXn4	BP　OUT4	RYn4	POS/INCHING　IN4
RXn5	ZONE　OUT5	RYn5	STOP　IN5
RXn6	DPOUT　OUT6	RYn6	ADDRESS8　IN6
RXn7	A-CAL　OUT7	RYn7	ADDRESS9(高速)　IN7
RXn8	MOUT0　OUT8	RYn8	ADDRESS0(+X)　IN8
RXn9	MOUT1　OUT9	RYn9	ADDRESS1(－X)　IN9
RXnA	MOUT2　OUT10	RYnA	ADDRESS2(+Y)　IN10
RXnB	MOUT3　OUT11	RYnB	ADDRESS3(－Y)　IN11
RXnC	MOUT4　OUT12	RYnC	ADDRESS4(↑Z)　IN12
RXnD	MOUT5　OUT13	RYnD	ADDRESS5(↓Z)　IN13
RXnE	MOUT6　OUT14	RYnE	ADDRESS6(+W)　IN14
RXnF	MOUT7　OUT15	RYnF	ADDRESS7(－W)　IN15
RX(n+1)0	机器人 2 OUT0～15(与上面的机器人 1 相同)	RY(n+1)0	机器人 2 IN0～15(与上面的机器人 1 相同)
～		～	
RX(n+1)F		RY(n+1)F	
RX(n+2)0	机器人 3 OUT0～15(与上面的机器人 1 相同)	RY(n+2)0	机器人 3 IN0～15(与上面的机器人 1 相同)
～		～	
RX(n+2)F		RY(n+2)F	

表 73（续）

从站→主站		主站→从站	
软元件号	信号名	软元件号	信号名
RX(n+3)0	机器人 4 OUT0～15(与上面的机器人 1 相同)	RY(n+3)0	机器人 4 IN0～15(与上面的机器人 1 相同)
～		～	
RX(n+3)F		RY(n+3)F	
RX(n+4)0	系统区域[扩展用]	RY(n+4)0	系统区域[扩展用]
～		～	
RX(n+4)F		RY(n+4)F	
RX(n+5)0		RY(n+5)0	
～		～	
RX(n+5)F		RY(n+5)F	
RX(n+6)0		RY(n+6)0	
～		～	
RX(n+6)F		RY(n+6)F	
RX(n+7)0	保留	RY(n+7)0	保留
RX(n+7)1		RY(n+7)1	
RX(n+7)2		RY(n+7)2	
RX(n+7)3		RY(n+7)3	
RX(n+7)4		RY(n+7)4	
RX(n+7)5		RY(n+7)5	
RX(n+7)6		RY(n+7)6	
RX(n+7)7		RY(n+7)7	
RX(n+7)8	初始化数据处理请求标志	RY(n+7)8	初始化数据处理结束标志
RX(n+7)9	初始化数据设置结束标志	RY(n+7)9	初始化数据设置请求标志
RX(n+7)A	错误状态标志	RY(n+7)A	错误复位请求标志
RX(n+7)B	远程 READY	RY(n+7)B	保留
RX(n+7)C	保留	RY(n+7)C	
RX(n+7)D		RY(n+7)D	
RX(n+7)E		RY(n+7)E	
RX(n+7)F		RY(n+7)F	
注：n 由设定的站号决定。			

b） 机器人 RX/RY 信号说明见表 74。

表 74　机器人 **RX/RY** 信号说明

软元件号	信号名	描　　述
RXn0,others[a]	READY　　机器人 1OUT0	运行准备就绪信号
RXn1,others[a]	ERROR　　OUT1	错误检测信号
RXn2,others[a]	PCA　　OUT2	定位允许信号

表 74（续）

软元件号	信号名	描　　述
RXn3,others[a]	AUTO　OUT3	自动模式信号
RXn4,others[a]	BP　OUT4	总线点位控制(PTP)输出或区域输出
RXn5,others[a]	ZONE　OUT5	Z 轴区域输出
RXn6,others[a]	DPOUT　OUT6	从 CPC 操作输出
RXn7,others[a]	A-CAL　OUT7	原点返回结束
RXn8,others[a]	MOUT0　OUT8	由 M 数据分配的信号或错误代码
RXn9,others[a]	MOUT1　OUT9	
RXnA,others[a]	MOUT2　OUT10	
RXnB,others[a]	MOUT3　OUT11	
RXnC,others[a]	MOUT4　OUT12	
RXnD,others[a]	MOUT5　OUT13	
RXnE,others[a]	MOUT6　OUT14	
RXnF,others[a]	MOUT7　OUT15	
RX(n+7)8	初始化数据处理请求标志	从站上电、硬件复位或者测试模式操作之后，此标志被置为 ON，以请求初始化数据设置 初始化数据处理结束(初始化数据处理结束标志 RY(n+7)8 为 ON)后此标志被置为 OFF
RX(n+7)9	初始化数据设置结束标志	当主站向从站发出初始化数据设置请求(RY(n+7)9 为 ON)，且在初始化数据设置结束后，此标志被置为 ON 如果初始化数据请求标志在初始化数据设置结束之后被置为 OFF，则此标志也被置为 OFF
RX(n+7)A	错误状态标志	从站发生除了 WDT 出错之外的错误时，此标志被置为 ON
RX(n+7)B	远程 READY	从站上电后、硬件复位或者测试模式操作之后，当初始化数据设置结束并且处于 READY 状态时，此标志被置为 ON 此标志被用作与主站进行读/写操作时的互锁 在测试模式下此标志被置为 OFF
RYn0,others	SELECT　机器人 IN0	操作准备请求信号
RYn1,others	START　IN1	定位启动信号
RYn2,others	NEXT　IN2	下次定位启动信号
RYn3,others	HOLD　IN3	伺服锁死信号
RYn4,others	POS/INCHING　IN4	POS/INCHING(定位/点动)切换信号
RYn5,others	STOP　IN5	为 ON 时，动作停止(在 AUTO 模式)
RYn6,others	ADDRESS8(中速)　IN6	在点位控制(PTP)操作时位置地址信号，或者是在 INCHING 操作时手工操作信号(在圆括号内显示)
RYn7,others	ADDRESS9(高速)　IN7	
RYn8,others	ADDRESS0(+X)　IN8	
RYn9,others	ADDRESS0(−X)　IN9	

表 74（续）

软元件号	信号名	描　　述
RYnA,others	ADDRESS0(+Y)　　IN10	在点位控制(PTP)操作时位置地址信号,或者是在 INCHING 操作时手工操作信号(在圆括号内显示)
RYnB,others	ADDRESS0(−Y)　　IN11	
RYnC,others	ADDRESS0((↑Z)　　IN12	
RYnD,others	ADDRESS0((↓Z)　　IN13	
RYnE,others	ADDRESS0(+W)　　IN14	
RYnF,others	ADDRESS0(−W)　　IN15	
RY(n+7)8	初始化数据处理结束标志	当主站上电、硬件复位或者测试模式操作之后,检测到来自从站的初始化数据处理请求,并在初始化数据处理结束之后,此标志被置为 ON
RY(n+7)9	初始化数据设置请求标志	当主站向从站发出初始化数据设置或者变更的请求时,将此标志置为 ON 在测试模式操作之后必须再次把此标志置为 ON 并进行数据设置
RY(n+7)A	错误复位请求标志	当此标志被主站置为 ON 时,错误状态标志(RX(n+7)A 被置为 OFF
[a] others 表示机器人 2、机器人 3、机器人 4 的信号与机器人 1 的信号相同。		
注：n 由设定的站号决定。		

5.10.3 **RWr/RWw**

a) 机器人 RWr/RWw 定义见表 75。

表 75　机器人 RWr/RWw 定义

从站→主站			主站→从站		
地址	描述	缺省值	地址	描述	缺省值
RWrn	机器人 1　ZONE(BP),超限方向	—	RWwn	机器人 1 超限,点动切换	—
RWrn+1	机器人 2　ZONE(BP),超限方向	—	RWwn+1	机器人 2 超限,点动切换	—
RWrn+2	机器人 3　ZONE(BP),超限方向	—	RWwn+2	机器人 3 超限,点动切换	—
RWrn+3	机器人 4　ZONE(BP),超限方向	—	RWwn+3	机器人 4 超限,点动切换	—
RWrn+4	响应	—	RWwn+4	命令	—
RWrn+5	未使用	—	RWwn+5	号码	—
RWrn+6	S 码,R/L	—	RWwn+6	S 码,R/L	—
RWrn+7	M 数据,F 码	—	RWwn+7	M 数据,F 码	—
RWrn+8	W 轴位置数据	—	RWwn+8	W 轴位置数据	—
RWrn+9		—	RWwn+9		—
RWrn+A	Z 轴位置数据	—	RWwn+A	Z 轴位置数据	—
RWrn+B		—	RWwn+B		—
RWrn+C	Y(C)轴位置数据	—	RWwn+C	Y(C)轴位置数据	—
RWrn+D		—	RWwn+D		—

表 75（续）

从站→主站			主站→从站		
地址	描述	缺省值	地址	描述	缺省值
RWrn+E	X(R)轴位置数据/SG 数据	—	RWwn+E	X(R)轴位置数据/SG 数据	—
RWrn+F		—	RWwn+F		—
注：n 由设定的站号决定。					

b) 机器人 RWr/RWw 信号说明见表 76。

表 76 机器人 RWr/RWw 信号说明

地址	信号名	描 述
RWrn	机器人 1 ZONE(BP)，超限方向	位 0：扩展 BP/ZONE 输出 1 位 1：扩展 BP/ZONE 输出 2 位 2：扩展 BP/ZONE 输出 3 位 3：扩展 BP/ZONE 输出 4 位 4：扩展 BP/ZONE 输出 5 位 5：扩展 BP/ZONE 输出 6 位 6：扩展 BP/ZONE 输出 7 位 7：扩展 BP/ZONE 输出 8 位 8：X 轴 超限方向 0=ORIGIN，1=OVER 位 9：Y 轴 超限方向 0=ORIGIN，1=OVER 位 10：Z 轴 超限方向 0=ORIGIN，1=OVER 位 11：W 轴 超限方向 0=ORIGIN，1=OVER 位 12：R 轴 超限方向 0=ORIGIN，1=OVER 位 13：C 轴 超限方向 0=ORIGIN，1=OVER 位 14，15： 保留
RWrn+1	机器人 2 ZONE(BP)，超限方向	
RWrn+2	机器人 3 ZONE(BP)，超限方向	
RWrn+3	机器人 4 ZONE(BP)，超限方向	
RWrn+4	响应	位 0：表示可否接受命令(1：可以 0：不可以) 位 1：表示命令处理是否结束(1：结束 0：未结束) 位 2：出错 位 3～7：保留 位 8～15：错误代码 ADDRESS ERROR(30H) COMMAND ERROR(61H) UNKNOWN_COMMAND(62H)
RWrn+6	S 码，R/L	位 0～7：S 码：0～99(BIN) 位 8～15：R/L L=0，R=1
RWrn+7	M 数据，F 码	位 0～7：M 数据 0～99(BIN) 位 8～15：F 码 0～99(BIN)
RWrn+8	W 轴位置数据	采用刻度因子来设置位置数据 刻度因子随操作范围而变化： 小于 1 m 10 000 大于或等于 1 m 而小于 10 m(标准) 1 000 大于或等于 10 m 而小于 100 m 100 大于或等于 100 m 10
RWrn+9		
RWrn+A	Z 轴位置数据	
RWrn+B		
RWrn+C	Y(C)轴位置数据	
RWrn+D		
RWrn+E	X(R)轴位置数据/SG 数据	
RWrn+F		

表 76（续）

<table>
<tr><th>地址</th><th>信号名</th><th>描　述</th></tr>
<tr><td>RWwn</td><td>机器人 1 超限,点动切换</td><td rowspan="4">位 0～7:超限
在点位控制(PTP)期间:对于每一地址 F 代码的比率
在点动期间:对于点动速度的比率
位 8～11:坐标系(在点动期间)
0＝基坐标
1＝工具坐标 1
2＝工具坐标 2
3＝工具坐标 3
位 12～14:未使用
位 15:点动切换
0＝旋转
1＝线性</td></tr>
<tr><td>RWwn＋1</td><td>机器人 2 超限,点动切换</td></tr>
<tr><td>RWwn＋2</td><td>机器人 3 超限,点动切换</td></tr>
<tr><td>RWwn＋3</td><td>机器人 4 超限,点动切换</td></tr>
<tr><td>RWwn＋4</td><td>命令</td><td>位 0～7:代码
位 8～11:机器人选择
1＝机器人 1
2＝机器人 2
3＝机器人 3
4＝机器人 4
位 12～14:未使用
位 15:选通</td></tr>
<tr><td>RWwn＋5</td><td>号码</td><td>地址
SG 码
坐标系</td></tr>
<tr><td>RWwn＋6</td><td>S 码,R/L</td><td>位 0～7:S 码
位 8～15:R/L　L＝0,R＝1</td></tr>
<tr><td>RWwn＋7</td><td>M 数据,F 码</td><td>位 0～7:M 数据＝0～99(BIN)
位 8～15:F 码＝0～99(BIN)</td></tr>
<tr><td>RWwn＋8</td><td rowspan="2">W 轴位置数据</td><td rowspan="8">采用刻度因子来设置位置数据

刻度因子随操作范围而变化:
小于 1 m　10 000
大于或等于 1 m 而小于 10 m(标准)　1 000
大于或等于 10 m 而小于 100 m　100
大于或等于 100 m　10</td></tr>
<tr><td>RWwn＋9</td></tr>
<tr><td>RWwn＋A</td><td rowspan="2">Z 轴位置数据</td></tr>
<tr><td>RWwn＋B</td></tr>
<tr><td>RWwn＋C</td><td rowspan="2">Y(C)轴位置数据</td></tr>
<tr><td>RWwn＋D</td></tr>
<tr><td>RWwn＋E</td><td rowspan="2">X(R)轴位置数据/SG 数据</td></tr>
<tr><td>RWwn＋F</td></tr>
<tr><td colspan="3">注：n 由设定的站号决定。</td></tr>
</table>

5.10.4　使用机器人控制模块控制 1 台机器人

占用逻辑站数:2。

5.10.5 RX/RY［由占用站数决定］

a) 机器人 RX/RY［由占用站数决定］定义见表 77。

表 77 机器人 RX/RY 定义(控制 1 台机器人)

从站→主站		主站→从站	
软元件号	信号名	软元件号	信号名
RXn0	运行准备	RYn0	运行准备完成(伺服 ON)
RXn1	异常	RYn1	启动
RXn2	未使用	RYn2	复位
RXn3	AUTO 模式	RYn3	紧急停止
RXn4	自动运行中	RYn4	步序复位
RXn5	紧急停止	RYn5	停止
RXn6	步序复位	RYn6	远程自动
RXn7	原点位置	RYn7	焊接开始
RXn8	条件 1	RYn8	焊接复位
RXn9	条件 2	RYn9	焊接结束
RXnA	条件 3	RYnA	焊接异常
RXnB	条件 4	RYnB	计数
RXnC	异常	RYnC	块 No. 1
RXnD	异常复位	RYnD	块 No. 2
RXnE	计数复位	RYnE	块 No. 4
RXnF	焊接设备外部连接	RYnF	块 No. 8
RX(n+1)0	异常 No. 1	RY(n+1)0	块 No. 10
RX(n+1)1	异常 No. 2	RY(n+1)1	块 No. 20
RX(n+1)2	异常 No. 4	RY(n+1)2	块 No. 40
RX(n+1)3	异常 No. 8	RY(n+1)3	块 No. 80
RX(n+1)4	异常 No. 16	RY(n+1)4	块 No. 100
RX(n+1)5	异常 No. 32	RY(n+1)5	块 No. 200
RX(n+1)6	异常 No. 64	RY(n+1)6	块 No. 400
RX(n+1)7	异常 No. 128	RY(n+1)7	块 No. 800
RX(n+1)8	OUT101	RY(n+1)8	IN101
RX(n+1)9	OUT102	RY(n+1)9	IN102
RX(n+1)A	OUT103	RY(n+1)A	IN103
RX(n+1)B	OUT104	RY(n+1)B	IN104
RX(n+1)C	OUT105	RY(n+1)C	IN105
RX(n+1)D	OUT106	RY(n+1)D	IN106
RX(n+1)E	OUT107	RY(n+1)E	IN107
RX(n+1)F	OUT108	RY(n+1)F	IN108

表 77（续）

从站→主站		主站→从站	
软元件号	信号名	软元件号	信号名
RX(n+2)0	OUT109	RY(n+2)0	IN109
RX(n+2)1	OUT110	RY(n+2)1	IN110
RX(n+2)2	OUT111	RY(n+2)2	IN111
RX(n+2)3	OUT112	RY(n+2)3	IN112
RX(n+2)4	OUT113	RY(n+2)4	IN113
RX(n+2)5	OUT114	RY(n+2)5	IN114
RX(n+2)6	OUT115	RY(n+2)6	IN115
RX(n+2)7	OUT116	RY(n+2)7	IN116
RX(n+2)8	OUT117	RY(n+2)8	IN117
RX(n+2)9	OUT118	RY(n+2)9	IN118
RX(n+2)A	OUT119	RY(n+2)A	IN119
RX(n+2)B	OUT120	RY(n+2)B	IN120
RX(n+2)C	OUT121	RY(n+2)C	IN121
RX(n+2)D	OUT122	RY(n+2)D	IN122
RX(n+2)E	OUT123	RY(n+2)E	IN123
RX(n+2)F	OUT124	RY(n+2)F	IN124
RX(n+3)0	保留	RY(n+3)0	保留
RX(n+3)1		RY(n+3)1	
RX(n+3)2		RY(n+3)2	
RX(n+3)3		RY(n+3)3	
RX(n+3)4		RY(n+3)4	
RX(n+3)5		RY(n+3)5	
RX(n+3)6		RY(n+3)6	
RX(n+3)7		RY(n+3)7	
RX(n+3)8	初始化数据处理请求标志	RY(n+3)8	初始化数据处理结束标志
RX(n+3)9	初始化数据设置结束标志	RY(n+3)9	初始化数据设置请求标志
RX(n+3)A	错误状态标志	RY(n+3)A	错误复位请求标志
RX(n+3)B	远程 READY	RY(n+3)B	保留
RX(n+3)C	保留	RY(n+3)C	
RX(n+3)D		RY(n+3)D	
RX(n+3)E		RY(n+3)E	
RX(n+3)F		RY(n+3)F	
注：n 由设定的站号决定。			

b） 机器人 RX/RY 信号说明见表 78。

表 78 机器人 RX/RY 信号说明(控制 1 台机器人)

软元件号	信号名	描　　述
RXn0	运行准备	机器人控制器运行时置为 ON
RXn1	异常	机器人控制器为异常时置为 ON
RXn2	未使用	—
RXn3	AUTO 模式	AUTO 模式时置为 ON
RXn4	自动运行中	机器人控制器自动运行时置为 ON
RXn5	紧急停止	机器人控制器紧急停止时置为 ON
RXn6	步序复位	在 No.001 步时(在启动块内)置为 ON
RXn7	原点位置	所有轴当前位置处于参数设定的原点位置数据的±1 mm 内时置为 ON
RXn8	条件 1	使用 4 位组合,设置动作条件
RXn9	条件 2	
RXnA	条件 3	
RXnB	条件 4	
RXnC	异常	当异常时置为 ON
RXnD	异常复位	异常复位输出到机器人控制器
RXnE	计数复位	计数复位输出到机器人控制器
RXnF	焊接设备外部连接	当使用 CC-Link 对焊接设备的定时器进行输入输出的连接时置为 ON
RX(n+1)0 ≀ RX(n+1)7	异常 No.1～异常 No 128	用单字节二进制数输出机器人控制器的错误代码
RX(n+1)8 ≀ RX(n+2)F	OUT101～OUT124	通过执行 OUT ON 或 OUT OFF 命令,使对应于 OUT101～OUT124 的 OUT 输出置为 ON 或 OFF
RX(n+3)8	初始化数据处理请求标志	从站上电、硬件复位或者测试模式操作之后,此标志被置为 ON,以请求初始化数据处理 初始化数据处理结束(初始化数据处理结束标志 RY(n+3)8 置为 ON)后此标志被置为 OFF
RX(n+3)9	初始化数据设置结束标志	当主站向从站发送初始化数据设置请求(RY(n+3)9 为 ON),且初始化数据设定结束后,此标志被置为 ON 如果初始化数据请求标志在初始化数据设置结束之后被置为 OFF,则初始化数据设置结束标志也被置为 OFF
RX(n+3)A	错误状态标志	从站发生除了 WDT 出错之外的错误时,此标志被置为 ON
RX(n+3)B	远程 READY	从站上电、硬件复位或者测试模式操作之后,当初始化数据设置结束并且处于 READY 状态时,此标志被置为 ON 此标志被用作与主站进行读/写操作时的互锁 在测试模式下此标志被置为 OFF
RYn0	运行准备启动(伺服 ON)	机器人控制器运行时置为 ON
RYn1	启动	机器人控制器启动时置为 ON

表 78（续）

软元件号	信号名	描　　述
RYn2	复位	机器人控制器异常复位时置为 ON
RYn3	紧急停止	机器人控制器紧急停止时置为 ON
RYn4	步序复位	在 AUTO 模式期间的停止状态下，当步骤设置为 1 时，该信号设置为 1
RYn5	停止	机器人控制器停止时置为 ON
RYn6	远程自动	通过 CC-Link 进行操作时置为 ON(外部启动有效)
RYn7	焊接开始	焊接设备运行时置为 ON
RYn8	焊接复位	焊接设备异常复位时置为 ON
RYn9	焊接结束	焊接设备的焊接结束输出
RYnA	焊接异常	焊接设备的焊接异常输出
RYnB	计数到	焊接设备的计数到输出
RYnC ≀ RY(n+1)7	块 No. 1～块 No. 800	使用 3 位 BCD 码选择自动操作的块号
RY(n+1)8 ≀ RY(n+2)F	IN101～IN124	根据对应 IN 号的输入状态，IN 命令和条件 JUMP 命令的执行发生改变
RY(n+3)8	初始化数据处理结束标志	当主站上电、硬件复位或者测试模式操作之后，检测到来自从站的初始化数据处理请求，并在初始化数据处理结束之后，此标志被置为 ON
RY(n+3)9	初始化数据设置请求标志	当主站向从站发出初始化数据设置或者变更的请求时，将此标志置为 ON 在测试模式操作之后必须再次把此标志置为 ON 并进行数据设置
RY(n+3)A	错误复位请求标志	当此标志被主站置为 ON 时，错误状态标志(RX(n+3)A)被置为 OFF
注：n 由设定的站号决定。		

5.10.6 RWr/RWw

机器人 RWr/RWw 信号说明见表 79。

表 79　机器人 RWr/RWw 信号说明(控制 1 台机器人)

从站→主站			主站→从站		
地址	描述	缺省值	地址	描述	缺省值
RWrn	未使用	—	RWwn	未使用	—
RWrn+1			RWwn+1		
RWrn+2			RWwn+2		
RWrn+3			RWwn+3		
RWrn+4			RWwn+4		
RWrn+5			RWwn+5		
RWrn+6			RWwn+6		
RWrn+7			RWwn+7		
注：n 由设定的站号决定。					

5.11 温度控制器

占用逻辑站数：1(1CH 和 2CH)；4(8CH 和 16CH)。

5.11.1 RX/RY(1CH 和 2CH)[由占用站数决定]

RX/RY(1CH 和 2CH)[由占用逻辑站数决定]定义见表 80。

表 80 温度控制器 RX/RY 定义(1CH 和 2CH)

从站→主站		主站→从站		
软元件号	信号名	软元件号	信号名	
RXn0	CH.1 第 1 报警状态	RYn0	显示用[扩展]号设置	b0
RXn1	CH.1 第 2 报警状态	RYn1		b1
RXn2	CH.1 检测元件断线状态(TC/RTD 断线状态)	RYn2		b2
RXn3	CH.1 加热元件断线报警状态	RYn3		b3
RXn4	CH.1 PID/自整定(AT)切换	RYn4		b4
RXn5	CH.2 第 1 报警状态	RYn5		b5
RXn6	CH.2 第 2 报警状态	RYn6	设置用[扩展]号设置	b0
RXn7	CH.2 检测元件断线状态(TC/RTD 断线状态)	RYn7		b1
RXn8	CH.2 加热元件断线报警状态	RYn8		b2
RXn9	CH.2 PID/自整定(AT)切换	RYn9		b3
RXnA	未使用	RYnA		b4
RXnB		RYnB		b5
RXnC	扩展显示结束	RYnC	扩展显示标志	
RXnD	扩展设置结束	RYnD	扩展设置标志	
RXnE	未使用	RYnE	未使用	
RXnF	硬件错误标志	RYnF	RUN/STOP	
RX(n+1)0	保留	RY(n+1)0	保留	
RX(n+1)1		RY(n+1)1		
RX(n+1)2		RY(n+1)2		
RX(n+1)3		RY(n+1)3		
RX(n+1)4		RY(n+1)4		
RX(n+1)5		RY(n+1)5		
RX(n+1)6		RY(n+1)6		
RX(n+1)7		RY(n+1)7		
RX(n+1)8	初始化数据处理请求标志	RY(n+1)8	初始化数据处理结束标志	
RX(n+1)9	初始化数据设置结束标志	RY(n+1)9	初始化数据设置请求标志	
RX(n+1)A	错误状态标志	RY(n+1)A	错误复位请求标志	
RX(n+1)B	远程 READY	RY(n+1)B	保留	
RX(n+1)C	保留	RY(n+1)C		
RX(n+1)D		RY(n+1)D		
RX(n+1)E		RY(n+1)E		
RX(n+1)F		RY(n+1)F		

注：n 由设定的站号决定。
在使用 1CH 时，CH.2 的数据项无效。

5.11.2 (8CH 和 16CH)[由占用逻辑站数决定]

a) 温度控制器 RX/RY(8CH 和 16CH)[由占用逻辑站数决定]定义见表 81。

表 81 温度控制器 RX/RY 定义(8CH 和 16CH)

<table>
<tr><th colspan="2">从站→主站</th><th colspan="3">主站→从站</th></tr>
<tr><th>软元件号</th><th>信号名</th><th>软元件号</th><th colspan="2">信号名</th></tr>
<tr><td>RXn0</td><td>CH.1 第 1 报警状态</td><td>RYn0</td><td rowspan="6">显示用[扩展]号设置</td><td>b0</td></tr>
<tr><td>RXn1</td><td>CH.1 第 2 报警状态</td><td>RYn1</td><td>b1</td></tr>
<tr><td>RXn2</td><td>CH.1 检测元件断线状态(TC/RTD 断线状态)</td><td>RYn2</td><td>b2</td></tr>
<tr><td>RXn3</td><td>CH.1 加热元件断线报警状态</td><td>RYn3</td><td>b3</td></tr>
<tr><td>RXn4</td><td>CH.1 PID/自整定(AT)切换</td><td>RYn4</td><td>b4</td></tr>
<tr><td>RXn5</td><td>CH.2 第 1 报警状态</td><td>RYn5</td><td>b5</td></tr>
<tr><td>RXn6</td><td>CH.2 第 2 报警状态</td><td>RYn6</td><td rowspan="6">设置用[扩展]号设置</td><td>b0</td></tr>
<tr><td>RXn7</td><td>CH.2 检测元件断线状态(TC/RTD 断线状态)</td><td>RYn7</td><td>b1</td></tr>
<tr><td>RXn8</td><td>CH.2 加热元件断线报警状态</td><td>RYn8</td><td>b2</td></tr>
<tr><td>RXn9</td><td>CH.2 PID/自整定(AT) 切换</td><td>RYn9</td><td>b3</td></tr>
<tr><td>RXnA</td><td rowspan="2">未使用</td><td>RYnA</td><td>b4</td></tr>
<tr><td>RXnB</td><td>RYnB</td><td>b5</td></tr>
<tr><td>RXnC</td><td>扩展显示结束</td><td>RYnC</td><td colspan="2">扩展显示结束</td></tr>
<tr><td>RXnD</td><td>扩展设置结束</td><td>RYnD</td><td colspan="2">扩展设置结束</td></tr>
<tr><td>RXnE</td><td>未使用</td><td>RYnE</td><td colspan="2">未使用</td></tr>
<tr><td>RXnF</td><td>硬件错误标志</td><td>RYnF</td><td colspan="2">控制 开始/停止</td></tr>
<tr><td>RX(n+1)0</td><td rowspan="16">未使用</td><td>RY(n+1)0</td><td colspan="2" rowspan="16">未使用</td></tr>
<tr><td>RX(n+1)1</td><td>RY(n+1)1</td></tr>
<tr><td>RX(n+1)2</td><td>RY(n+1)2</td></tr>
<tr><td>RX(n+1)3</td><td>RY(n+1)3</td></tr>
<tr><td>RX(n+1)4</td><td>RY(n+1)4</td></tr>
<tr><td>RX(n+1)5</td><td>RY(n+1)5</td></tr>
<tr><td>RX(n+1)6</td><td>RY(n+1)6</td></tr>
<tr><td>RX(n+1)7</td><td>RY(n+1)7</td></tr>
<tr><td>RX(n+1)8</td><td>RY(n+1)8</td></tr>
<tr><td>RX(n+1)9</td><td>RY(n+1)9</td></tr>
<tr><td>RX(n+1)A</td><td>RY(n+1)A</td></tr>
<tr><td>RX(n+1)B</td><td>RY(n+1)B</td></tr>
<tr><td>RX(n+1)C</td><td>RY(n+1)C</td></tr>
<tr><td>RX(n+1)D</td><td>RY(n+1)D</td></tr>
<tr><td>RX(n+1)E</td><td>RY(n+1)E</td></tr>
<tr><td>RX(n+1)F</td><td>RY(n+1)F</td></tr>
</table>

表 81（续）

从站→主站		主站→从站	
软元件号	信号名	软元件号	信号名
RX(n+2)0	CH.3　第1报警状态	RY(n+2)0	未使用
RX(n+2)1	CH.3　第2报警状态	RY(n+2)1	
RX(n+2)2	CH.3　检测元件断线状态(TC/RTD断线状态)	RY(n+2)2	
RX(n+2)3	CH.3　加热元件断线报警状态	RY(n+2)3	
RX(n+2)4	CH.3　PID/自整定(AT)切换	RY(n+2)4	
RX(n+2)5	CH.4　第1报警状态	RY(n+2)5	
RX(n+2)6	CH.4　第2报警状态	RY(n+2)6	
RX(n+2)7	CH.4　检测元件断线状态(TC/RTD断线状态)	RY(n+2)7	
RX(n+2)8	CH.4　加热元件断线报警状态	RY(n+2)8	
RX(n+2)9	CH.4　PID/自整定(AT)切换	RY(n+2)9	
RX(n+2)A	CH.5　第1报警状态	RY(n+2)A	
RX(n+2)B	CH.5　第2报警状态	RY(n+2)B	
RX(n+2)C	CH.5　检测元件断线状态(TC/RTD断线状态)	RY(n+2)C	
RX(n+2)D	CH.5　加热元件断线报警状态	RY(n+2)D	
RX(n+2)E	CH.5　PID/自整定(AT)切换	RY(n+2)E	
RX(n+2)F	CH.6　第1报警状态	RY(n+2)F	
RX(n+3)0	CH.6　第2报警状态	RY(n+3)0	未使用
RX(n+3)1	CH.6　检测元件断线状态(TC/RTD断线状态)	RY(n+3)1	
RX(n+3)2	CH.6　加热元件断线报警状态	RY(n+3)2	
RX(n+3)3	CH.6　PID/AT 切换	RY(n+3)3	
RX(n+3)4	CH.7　第1报警状态	RY(n+3)4	
RX(n+3)5	CH.7　第2报警状态	RY(n+3)5	
RX(n+3)6	CH.7　检测元件断线状态(TC/RTD断线状态)	RY(n+3)6	
RX(n+3)7	CH.7　加热元件断线报警状态	RY(n+3)7	
RX(n+3)8	CH.7　PID/自整定(AT)切换	RY(n+3)8	
RX(n+3)9	CH.8　第1报警状态	RY(n+3)9	
RX(n+3)A	CH.8　第2报警状态	RY(n+3)A	
RX(n+3)B	CH.8　检测元件断线状态(TC/RTD断线状态)	RY(n+3)B	
RX(n+3)C	CH.8　加热元件断线报警状态	RY(n+3)C	
RX(n+3)D	CH.8　PID/自整定(AT)切换	RY(n+3)D	
RX(n+3)E	未使用	RY(n+3)E	
RX(n+3)F		RY(n+3)F	
RX(n+4)0	CH.9　第1报警状态	RY(n+4)0	未使用
RX(n+4)1	CH.9　第2报警状态	RY(n+4)1	

表 81（续）

从站→主站		主站→从站	
软元件号	信号名	软元件号	信号名
RX(n+4)2	CH.9　检测元件断线状态(TC/RTD 断线状态)	RY(n+4)2	未使用
RX(n+4)3	CH.9　加热元件断线报警状态	RY(n+4)3	
RX(n+4)4	CH.9　PID/自整定(AT)切换	RY(n+4)4	
RX(n+4)5	CH.10　第 1 报警状态	RY(n+4)5	
RX(n+4)6	CH.10　第 2 报警状态	RY(n+4)6	
RX(n+4)7	CH.10　断线状态(TC/RTD 断线状态)	RY(n+4)7	
RX(n+4)8	CH.10　加热元件断线报警状态	RY(n+4)8	
RX(n+4)9	CH.10　PID/自整定(AT)切换	RY(n+4)9	
RX(n+4)A	CH.11　第 1 报警状态	RY(n+4)A	
RX(n+4)B	CH.11　第 2 报警状态	RY(n+4)B	
RX(n+4)C	CH.11　检测元件断线状态(TC/RTD 断线状态)	RY(n+4)C	
RX(n+4)D	CH.11　加热元件断线报警状态	RY(n+4)D	
RX(n+4)E	CH.11　PID/自整定(AT)切换	RY(n+4)E	
RX(n+4)F	CH.12　第 1 报警状态	RY(n+4)F	
RX(n+5)0	CH.12　第 2 报警状态	RY(n+5)0	未使用
RX(n+5)1	CH.12　检测元件断线状态(TC/RTD 断线状态)	RY(n+5)1	
RX(n+5)2	CH.12　加热元件断线报警状态	RY(n+5)2	
RX(n+5)3	CH.12　PID/自整定(AT)切换	RY(n+5)3	
RX(n+5)4	CH.13　第 1 报警状态	RY(n+5)4	
RX(n+5)5	CH.13　第 2 报警状态	RY(n+5)5	
RX(n+5)6	CH.13　检测元件断线状态(TC/RTD 断线状态)	RY(n+5)6	
RX(n+5)7	CH.13　加热元件断线报警状态	RY(n+5)7	
RX(n+5)8	CH.13　PID/自整定(AT)切换	RY(n+5)8	
RX(n+5)9	CH.14　第 1 报警状态	RY(n+5)9	
RX(n+5)A	CH.14　第 2 报警状态	RY(n+5)A	
RX(n+5)B	CH.14　检测元件断线状态(TC/RTD 断线状态)	RY(n+5)B	
RX(n+5)C	CH.14　加热元件断线报警状态	RY(n+5)C	
RX(n+5)D	CH.14　PID/自整定(AT)切换	RY(n+5)D	
RX(n+5)E	未使用	RY(n+5)E	
RX(n+5)F		RY(n+5)F	
RX(n+6)0	CH.15　第 1 报警状态	RY(n+6)0	未使用
RX(n+6)1	CH.15　第 2 报警状态	RY(n+6)1	
RX(n+6)2	CH.15　检测元件断线状态(TC/RTD 断线状态)	RY(n+6)2	
RX(n+6)3	CH.15　加热元件断线报警状态	RY(n+6)3	

表 81（续）

从站→主站		主站→从站	
软元件号	信号名	软元件号	信号名
RX(n+6)4	CH.15　PID/自整定(AT)切换	RY(n+6)4	未使用
RX(n+6)5	CH.16　第1报警状态	RY(n+6)5	
RX(n+6)6	CH.16　第2报警状态	RY(n+6)6	
RX(n+6)7	CH.16　检测元件断线状态(TC/RTD断线状态)	RY(n+6)7	
RX(n+6)8	CH.16　加热元件断线报警状态	RY(n+6)8	
RX(n+6)9	CH.16　PID/自整定(AT)切换	RY(n+6)9	
RX(n+6)A	未使用	RY(n+6)A	
RX(n+6)B		RY(n+6)B	
RX(n+6)C		RY(n+6)C	
RX(n+6)D		RY(n+6)D	
RX(n+6)E		RY(n+6)E	
RX(n+6)F		RY(n+6)F	
RX(n+7)0	保留	RY(n+7)0	保留
RX(n+7)1		RY(n+7)1	
RX(n+7)2		RY(n+7)2	
RX(n+7)3		RY(n+7)3	
RX(n+7)4		RY(n+7)4	
RX(n+7)5		RY(n+7)5	
RX(n+7)6		RY(n+7)6	
RX(n+7)7		RY(n+7)7	
RX(n+7)8	初始化数据处理请求标志	RY(n+7)8	初始化数据处理结束标志
RX(n+7)9	初始化数据设置结束标志	RY(n+7)9	初始化数据设置请求标志
RX(n+7)A	错误状态标志	RY(n+7)A	错误复位请求标志
RX(n+7)B	远程 READY	RY(n+7)B	保留
RX(n+7)C	保留	RY(n+7)C	
RX(n+7)D		RY(n+7)D	
RX(n+7)E		RY(n+7)E	
RX(n+7)F		RY(n+7)F	

注：n 由设定的站号决定。
使用 8CH 的情况下，CH.9～CH.16 的数据项无效。

b) 温度控制器 RX/RY 信号说明见表 82。

表 82 温度控制器 RX/RY 信号说明(8CH 和 16CH)

软元件号	信号名	描　　述
RXn0,others[a]	第 1 报警状态	OFF:报警 OFF ON:报警 ON
RXn1,others[a]	第 2 报警状态	OFF:报警 OFF ON:报警 ON
RXn2,others[a]	检测元件断线状态(TC/RTD 断线状态)	OFF:报警 OFF ON:报警 ON
RXn3,others[a]	加热元件断线报警状态	OFF:报警 OFF ON:报警 ON
RXn4,others[a]	PID/自整定(AT)切换	OFF:PID 控制 ON:自整定(AT) 控制
RXnC	扩展显示结束	当 RWr[扩展]区显示结束时,置为 ON 当扩展显示标志(RYnC)为 OFF 时,被置为 OFF
RXnD	扩展设置结束	当 RWr[扩展]区域设置结束时,置为 ON 当扩展显示标志(RYnD)为 OFF 时,被置为 OFF
RXnF	硬件错误标志	设备硬件的错误状态标志
RX(n+1)8	初始化数据处理请求标志(当占用 1 个站)	从站上电、硬件复位或者测试模式操作之后,此标志被置为 ON,以请求初始化数据处理 初始化数据处理结束(初始化数据处理标志 RY(n+1)8 或 RY(n+7)8 为 ON)后,此标志被置为 OFF
RX(n+7)8	初始化数据处理请求标志(当占用 4 个站)	
RX(n+1)9	初始化数据设置结束标志(当占用 1 个站)	当主站向从站发送初始化数据设置请求(RY(n+1)9 或 RY(n+7)9 为 ON),且在初始化数据设置结束后,此标志被置为 ON 如果初始化数据设置请求标志在初始化数据设置结束后被置为 OFF,则此标志也被置为 OFF
RX(n+7)9	初始化数据设置结束标志(当占用 4 个站)	
RX(n+1)A	错误状态标志(当占用 1 个站)	从站发生除了 WDT 出错之外的错误时,此标志被置为 ON
RX(n+7)A	错误状态标志(当占用 4 个站)	
RX(n+1)B	远程 READY(当占用 1 个站)	从站上电、硬件复位或者测试模式操作之后,当初始化数据设置结束并且处于 READY 状态时,此标志被置为 ON 此标志被用作与主站进行读/写操作时的互锁 在测试模式下此标志被置为 OFF
RX(n+7)B	远程 READY(当占用 4 个站)	
RYn0～5	用于[扩展]显示的设置数	以二进制方式显示在 RWr[扩展]区域内项目的设置
RYn6～B	用于[扩展]设置的设置数	以二进制方式设置在 RWw[扩展]区域内项目的设置
RYnC	扩展显示标志	在 RWw[扩展]区域显示时,在用于显示的[扩展]设置号指定后被置为 ON 在确认扩展显示结束(RXnC)为 ON 后被置为 OFF

表 82（续）

软元件号	信号名	描　　述
RYnD	扩展设置标志	在 RWw[扩展]区域设置时，在用于设置的[扩展]设置号指定后被置为 ON 在确认扩展显示结束(RXnC)为 ON 后被置为 OFF
RYnF	RUN/STOP	用于设备控制的 Start/Stop 状态标志
RY(n+1)8	初始化数据处理结束标志(当占用 1 个站)	当主站上电、硬件复位或者测试模式操作后，检测到来自从站的初始化数据处理请求，在初始化数据处理结束后，此标志被置为 ON
RY(n+7)8	初始化数据处理结束标志(占用当 4 个站)	
RY(n+1)9	初始化数据设置请求标志(当占用 1 个站)	当主站向从站发送初始化数据设置或者变更的请求时，将此标志置为 ON 在测试模式操作之后必须再次把此标志置为 ON 并进行数据设置
RY(n+7)9	初始化数据设置请求标志(占用当 4 个站)	
RY(n+1)A	错误复位请求标志(当占用 1 个站)	当此标志被主站置为 ON 时，错误状态标志被置为 OFF
RY(n+7)A	错误数据请求标志(当占用 4 个站)	
注：n 由设定的站号决定。		
[a] 通道 2～16 的信号与通道 1 相同。		

5.11.3　**RWr/RWw(1CH)**

温度控制器 RWr/RWw(1CH)定义见表 83。

表 83　温度控制器 **RWr/RWw** 定义(1CH)

从站→主站			主站→从站		
地址	描述	缺省值	地址	描述	缺省值
RWrn	CH.1 温度测量值(PV)	0	RWwn	CH.1　温度设定值(SV,SP)	0
RWrn+1	CH.1 输出值(MV)	0	RWwn+1	CH.1　第 1 报警	0
RWrn+2	未使用	—	RWwn+2	CH.1　第 2 报警	0
RWrn+3	用于 CH.1 的[扩展]显示	0	RWwn+3	用于 CH.1 的[扩展]设置	0
注：n 由设定的站号决定。					

5.11.4　**RWr/RWw(2CH)**

温度控制器 RWr/RWw(2CH)定义见表 84。

表 84　温度控制器 **RWr/RWw** 定义(2CH)

从站→主站			主站→从站		
地址	描述	缺省值	地址	描述	缺省值
RWrn	CH.1 温度测量值(PV)	0	RWwn	CH.1 温度设定值(SV,SP)	0
RWrn+1	CH.2 温度测量值(PV)	0	RWwn+1	CH.2 温度设定值(SV,SP)	0
RWrn+2	用于 CH.1 的[扩展]显示	0	RWwn+2	用于 CH.1 的[扩展]设置	0
RWrn+3	用于 CH.2 的[扩展]显示	0	RWwn+3	用于 CH.2 的[扩展]设置	0
注：n 由设定的站号决定。					

5.11.5　**RWr/RWw(8CH)**

温度控制器 RWr/RWw(8CH)定义见表 85。

表 85 温度控制器 RWr/RWw 定义(8CH)

从站→主站			主站→从站		
地址	描述	缺省值	地址	描述	缺省值
RWrn	CH.1 温度测量值(PV)	0	RWwn	CH.1 温度设定值(SV,SP)	0
RWrn+1	CH.2 温度测量值(PV)	0	RWwn+1	CH.2 温度设定值(SV,SP)	0
RWrn+2	CH.3 温度测量值(PV)	0	RWwn+2	CH.3 温度设定值(SV,SP)	0
RWrn+3	CH.4 温度测量值(PV)	0	RWwn+3	CH.4 温度设定值(SV,SP)	0
RWrn+4	CH.5 温度测量值(PV)	0	RWwn+4	CH.5 温度设定值(SV,SP)	0
RWrn+5	CH.6 温度测量值(PV)	0	RWwn+5	CH.6 温度设定值(SV,SP)	0
RWrn+6	CH.7 温度测量值(PV)	0	RWwn+6	CH.7 温度设定值(SV,SP)	0
RWrn+7	CH.8 温度测量值(PV)	0	RWwn+7	CH.8 温度设定值(SV,SP)	0
RWrn+8	用于 CH.1 的[扩展]显示	0	RWwn+8	用于 CH.1 的[扩展]设置	0
RWrn+9	用于 CH.2 的[扩展]显示	0	RWwn+9	用于 CH.2 的[扩展]设置	0
RWrn+A	用于 CH.3 的[扩展]显示	0	RWwn+A	用于 CH.3 的[扩展]设置	0
RWrn+B	用于 CH.4 的[扩展]显示	0	RWwn+B	用于 CH.4 的[扩展]设置	0
RWrn+C	用于 CH.5 的[扩展]显示	0	RWwn+C	用于 CH.5 的[扩展]设置	0
RWrn+D	用于 CH.6 的[扩展]显示	0	RWwn+D	用于 CH.6 的[扩展]设置	0
RWrn+E	用于 CH.7 的[扩展]显示	0	RWwn+E	用于 CH.7 的[扩展]设置	0
RWrn+F	用于 CH.8 的[扩展]显示	0	RWwn+F	用于 CH.8 的[扩展]设置	0
注：n 由设定的站号决定。					

5.11.6 **RWr/RWw(16CH)**

a) 温度控制器 RWr/RWw(16CH)定义见表 86。

表 86 温度控制器 RWr/RWw 定义(16CH)

从站→主站			主站→从站		
地址	描述	缺省值	地址	描述	缺省值
RWrn	用于 CH.1 的[扩展]显示	0	RWwn	用于 CH.1 的[扩展]设置	0
RWrn+1	用于 CH.2 的[扩展]显示	0	RWwn+1	用于 CH.2 的[扩展]设置	0
RWrn+2	用于 CH.3 的[扩展]显示	0	RWwn+2	用于 CH.3 的[扩展]设置	0
RWrn+3	用于 CH.4 的[扩展]显示	0	RWwn+3	用于 CH.4 的[扩展]设置	0
RWrn+4	用于 CH.5 的[扩展]显示	0	RWwn+4	用于 CH.5 的[扩展]设置	0
RWrn+5	用于 CH.6 的[扩展]显示	0	RWwn+5	用于 CH.6 的[扩展]设置	0
RWrn+6	用于 CH.7 的[扩展]显示	0	RWwn+6	用于 CH.7 的[扩展]设置	0
RWrn+7	用于 CH.8 的[扩展]显示	0	RWwn+7	用于 CH.8 的[扩展]设置	0
RWrn+8	用 CH.9 的于[扩展]显示	0	RWwn+8	用于 CH.9 的[扩展]设置	0
RWrn+9	用于 CH.10 的[扩展]显示	0	RWwn+9	用于 CH.10 的[扩展]设置	0
RWrn+A	用于 CH.11 的[扩展]显示	0	RWwn+A	用于 CH.11 的[扩展]设置	0
RWrn+B	用于 CH.12 的[扩展]显示	0	RWwn+B	用于 CH.12 的[扩展]设置	0
RWrn+C	用于 CH.13 的[扩展]显示	0	RWwn+C	用于 CH.13 的[扩展]设置	0
RWrn+D	用于 CH.14 的[扩展]显示	0	RWwn+D	用于 CH.14 的[扩展]设置	0
RWrn+E	用于 CH.15 的[扩展]显示	0	RWwn+E	用于 CH.15 的[扩展]设置	0
RWrn+F	用于 CH.16 的[扩展]显示	0	RWwn+F	用于 CH.16 的[扩展]设置	0
注：n 由设定的站号决定。					

b) 温度控制器[扩展]设置列表(显示/设置共用)见表 87。

表 87 温度控制器扩展设置

地址	描述	备注	地址	描述	备注
0	温度测量值(PV)	所有厂商通用	32	错误代码	各个厂商特有的功能(用作参考)
1	输出值(MV)		33	—	
2	CT(冷端温度)测量值		34	—	
3	温度设定值(SV)		35	—	
4	PID/自整定(AT)		36	—	
5	比例带(P)		37	—	
6	积分时间(I)		38	正作用/反作用选择	
7	微分时间(D)		39	第 1 报警类型	
8	PV 偏差		40	第 2 报警类型	
9	第 1 报警设置值		41	第 1 报警动作滞回	
10	第 2 报警设置值		42	第 2 报警动作滞回	
11		保留	43	—	
12			44	—	
13			45	—	
14			46	输出上限	
15			47	输出下限	
16	抗积分饱和(ARW)	各个厂商不同(示例)	48	—	
17	控制启动/停止		49	—	
18	比例周期设置		50	回路断开检测判断时间设置	
19	—		51	回路断开检测死区设置	
20	—		52		
21	—		53		
22			54		
23	滤波常数设置		55		
24	加热元件断开设置值		56		
25	—		57		
26	—		58		
27	—		59		
28	—		60		
29	—		61		
30	控制输出执行/停止		62		
31	—		63		

注：空白处为厂商未定义。

5.12 条形码阅读器

占用的逻辑站数:2,3 或 4 个。

5.12.1 RX/RY[固定为 32 点]

a) 条形码阅读器 RX/RY[固定为 32 点]定义见表 88。

表 88　条形码阅读器 RX/RY 定义

从站→主站		主站→从站	
软元件号	信号名	软元件号	信号名
RXn0	上传复位请求	RYn0	上传 BUSY
RXn1	上传最终块	RYn1	未使用
RXn2	未使用	RYn2	
RXn3		RYn3	
RXn4	块 No. 1 上传	RYn4	块 No. 1 上传结束
RXn5	块 No. 2 上传	RYn5	块 No. 2 上传结束
RXn6	块 No. 3 上传	RYn6	块 No. 3 上传结束
RXn7	块 No. 4 上传	RYn7	块 No. 4 上传结束
RXn8	下载 BUSY	RYn8	下载复位请求
RXn9	未使用	RYn9	下载最终块
RXnA		RYnA	未使用
RXnB		RYnB	
RXnC	块 No. 1 下载结束	RYnC	块 No. 1 下载
RXnD	块 No. 2 下载结束	RYnD	块 No. 2 下载
RXnE	块 No. 3 下载结束	RYnE	块 No. 3 下载
RXnF	块 No. 4 下载结束	RYnF	块 No. 4 下载
RX(n+1)0	保留	RY(n+1)0	保留
RX(n+1)1		RY(n+1)1	
RX(n+1)2		RY(n+1)2	
RX(n+1)3		RY(n+1)3	
RX(n+1)4		RY(n+1)4	
RX(n+1)5		RY(n+1)5	
RX(n+1)6		RY(n+1)6	
RX(n+1)7		RY(n+1)7	
RX(n+1)8	初始化数据处理请求标志	RY(n+1)8	初始化数据处理结束标志
RX(n+1)9	初始化数据设置结束标志	RY(n+1)9	初始化数据设置请求标志
RX(n+1)A	错误状态标志	RY(n+1)A	错误复位请求标志
RX(n+1)B	远程 READY	RY(n+1)B	保留
RX(n+1)C	保留	RY(n+1)C	
RX(n+1)D		RY(n+1)D	
RX(n+1)E		RY(n+1)E	
RX(n+1)F		RY(n+1)F	
注：n 由设定的站号决定。			

b）　条形码阅读器 RX/RY 信号说明见表 89。

表 89　条形码阅读器 RX/RY 信号说明

从远程设备站到主站的输入(RX) (远程设备站写(ON/OFF),主站读)			
RX	名称	OFF→ON	ON→OFF
RXn0	上传复位请求	需要置 RYn0 为 OFF 时(如上次出现错误,则 RYn0 被锁定为 ON,此时不能写入新数据)	当确认 RYn0(上传 BUSY)为 OFF 时
RXn1	上传最终块	当连续数据的最终块上传结束时 块 No. 1 上传结束时也会置为 ON	当最终上传块的 RXn4～7 被置为 OFF 时
RXn2	(空)	—	—
RXn3	(空)	—	—
RXn4	块 No. 1 上传	当块 No. 1 上传时(在更新 RWr 的数据后)	当确认 RYn4(块 1 上传结束)为 ON 时
RXn5	块 No. 2 上传	当块 No. 2 上传时(在更新 RWr 的数据后)	当确认 RYn5(块 2 上传结束)为 ON 时
RXn6	块 No. 3 上传	当块 No. 3 上传时(在更新 RWr 的数据后)	当确认 RYn6(块 3 上传结束)为 ON 时
RXn7	块 No. 4 上传	当块 No. 4 上传时(在更新 RWr 的数据后)	当确认 RYn7(块 4 上传结束)为 ON 时
RXn8	下载 BUSY	当确认 RYnC(块 1 下载)为 ON 时	当确认 RYn9(下载最终块)为 OFF 时
RXn9	(空)	—	—
RXnA	(空)	—	—
RXnB	(空)	—	—
RXnC	块 No. 1 下载结束	当块 No. 1 下载结束时	当确认 RYnC(块 1 下载)为 OFF 时
RXnD	块 No. 2 下载结束	当块 No. 2 下载结束时	当确认 RYnD(块 2 下载)为 OFF 时
RXnE	块 No. 3 下载结束	当块 No. 3 下载结束时	当确认 RYnE(块 3 下载)为 OFF 时
RXnF	块 No. 4 下载结束	当块 No. 4 下载结束时	当确认 RYnF(块 4 下载)为 OFF 时
RX(n+1)0～(n+1)F	系统使用		
从主站到远程设备站的输出(RY) (主站写(ON/OFF),远程设备站读)			
RY	名称	OFF→ON	ON→OFF
RYn0	上传 BUSY	当确认 RXn4(块 No. 1 上传)为 ON 时	当确认 RXn1(上传最终块)为 OFF 时
RYn1	(空)		

表 89(续)

从主站到远程设备站的输出(RY) (主站写(ON/OFF),远程设备站读)			
RY	名称	OFF→ON	ON→OFF
RYn2	(空)		
RYn3	(空)		
RYn4	块 No.1 上传结束	当块 No.1 上传结束时	当确认 RXn4(块 No.1 上传)为 OFF 时
RYn5	块 No.2 上传结束	当块 No.2 上传结束时	当确认 RXn5(块 No.2 上传)为 OFF 时
RYn6	块 No.3 上传结束	当块 No.3 上传结束时	当确认 RXn6(块 No.3 上传)为 OFF 时
RYn7	块 No.4 上传结束	当块 No.4 上传结束时	当确认 RXn7(块 No.4 上传)为 OFF 时
RYn8	下载复位请求	需要置 RYn8 为 OFF 时(如上次出现错误,则 RYn8 被锁定为 ON,此时不能写入新数据)	当确认 RXn8(下载 BUSY)为 OFF 时
RYn9	下载最终块	当连续数据的最终块下载结束时 块 No.1 下载结束时也会置为 ON	当最终下载块的 RYnC～F 置为 OFF 时
RYnA	(空)		
RYnB	(空)		
RYnC	块 No.1 下载	当下载块 No.1 时(在更新 RWw 的数据后)	当确认 RXnC(块 No.1 下载结束)为 ON 时
RYnD	块 No.2 下载	当下载块 No.2 时(在更新 RWw 的数据后)	当确认 RXD(块 No.2 下载结束)为 ON 时
RYnE	块 No.3 下载	当下载块 No.3 时(在更新 RWw 的数据后)	当确认 RXE(块 No.3 下载结束)为 ON 时
RYnF	块 No.4 下载	当下载块 No.4 时(在更新 RWw 的数据后)	当确认 RXF(块 No.4 下载结束)为 ON 时
Ry(n+1)0～(n+1)F	系统使用		

在内存映射中,有如下定义:

——上传:从远程设备站发送数据给主站。

——下载:从主站发送数据给远程设备站。

对于 RXn 和 RYn,上传指 n 值从 0～7,而下载指 n 值从 8～F。

5.12.2 **RWr/RWw**

条形码阅读器 RWr/RWw 定义见表 90。

表 90 条形码阅读器 RWr/RWw 定义

从站→主站			主站→从站		
地址	描述	缺省值	地址	描述	缺省值
RWrn	数据缓存	—	RWwn	数据缓存	—
RWrn+1			RWwn+1		
RWrn+2			RWwn+2		
RWrn+3			RWwn+3		
RWrn+4			RWwn+4		
RWrn+5			RWwn+5		
RWrn+6			RWwn+6		
RWrn+7	当占用 2 个逻辑站时		RWwn+7	当占用 2 个逻辑站时	
RWrn+8			RWwn+8		—
RWrn+9			RWwn+9		
RWrn+A			RWwn+A		
RWrn+B	当占用 3 个逻辑站时		RWwn+B	当占用 3 个逻辑站时	
RWrn+C			RWwn+C		
RWrn+D			RWwn+D		
RWrn+E			RWwn+E		
RWrn+F	当占用 4 个逻辑站时		RWwn+F	当占用 4 个逻辑站时	
注：n 由设定的站号决定。					

b) 条形码阅读器 RWr/RWw 详细说明见表 91。

表 91 条形码阅读器 RWr 说明

从远程设备站到主站输入(RWr)(远程设备站写,主站读)			
RWr	名称	初次写入数据时序	数据更新允许时序
RWrn ~ RWrn+7	数据缓存区(16 字符)	当 RYn0(上传 BUSY)为 OFF 时	当对应于前面的块 RXn(n=4~7)被置为 OFF 时

当占用 3 个逻辑站时，数据缓存区是 RWrn~RWrn+B(24 字符)，当占用 4 个逻辑站时，数据缓存区是 RWrn~RWrn+F(32 字符)。

表 92 条形码阅读器 RWw 说明

从远程设备站到主站输出(RWw)(主站写,远程设备站读)			
RWw	名称	初次写入数据时序	数据更新允许时序
RWwn ~ RWwn+7	数据缓存区(16 字符)	当 RXn8(下载 BUSY)为 OFF 时	当对应于前面的块 RYn(n=C~F)被置为 OFF 时

当占用 3 个逻辑站时，数据缓存区是 RWw0~RWwB(24 字符)，当占用 4 个逻辑站时，数据缓存区是 RWwn~RWwn+F(32 字符)。

主站的处理概述：

a) 上传时

主站保留足以存储所有连续数据的数据存储区，额外再加两个字。将此区域清零后连续存储每个块。

在收到最终块后，将收到的包括最终块的结束代码为止的所有数据作为单个数据项进行处理，这意味着单个连续数据处理的结束。

下一段数据的首寄存器数值可由以下公式计算：

(前一数据的首寄存器数值)+(前一数据的字符数/2)+2

当需要4个或以上的块时，所设计的程序应该能在处理完块4后，返回到块1，除了内存限制外，不限制连续的数据字符的最大数量。

在处理结束后，数据存储区清零。

对于RX和RY，使用0～7。

b) 下载时

对于RX和RY，使用8～F。RX和RY的使用与上传时相反。

在使用数据缓冲区时，用RWw代替上传时的RWr。

在分配主站内部寄存器给上传和下载时，须注意数据大小，以避免重叠。

5.13 称重指示器

占用的逻辑站数：4个。

5.13.1 RX/RY[由占用逻辑站数决定]

a) 称重指示器RX/RY[由占用逻辑站数决定]定义见表93。

表93 称重指示器RX/RY定义

<table>
<tr><th colspan="2">从站→主站</th><th colspan="2">主站→从站</th></tr>
<tr><th>软元件号</th><th>信号名</th><th>软元件号</th><th>信号名</th></tr>
<tr><td>RXn0</td><td>测量设定写响应</td><td>RYn0</td><td>测量设定写请求</td></tr>
<tr><td>RXn1</td><td>未使用</td><td>RYn1</td><td>未使用</td></tr>
<tr><td>RXn2</td><td>通用命令响应</td><td>RYn2</td><td>通用命令请求</td></tr>
<tr><td>RXn3</td><td>写/读选择响应</td><td>RYn3</td><td>写/读选择</td></tr>
<tr><td>RXn4</td><td>操作模式切换响应</td><td>RYn4</td><td>操作模式切换请求</td></tr>
<tr><td>RXn5</td><td>未使用</td><td>RYn5</td><td rowspan="11">未使用</td></tr>
<tr><td>RXn6</td><td>CPU 正常运行</td><td>RYn6</td></tr>
<tr><td>RXn7</td><td>未使用</td><td>RYn7</td></tr>
<tr><td>RXn8</td><td>十进制小数点位置 0</td><td>RYn8</td></tr>
<tr><td>RXn9</td><td>十进制小数点位置 1</td><td>RYn9</td></tr>
<tr><td>RXnA</td><td>十进制小数点位置 2</td><td>RYnA</td></tr>
<tr><td>RXnB</td><td rowspan="5">未使用</td><td>RYnB</td></tr>
<tr><td>RXnC</td><td>RYnC</td></tr>
<tr><td>RXnD</td><td>RYnD</td></tr>
<tr><td>RXnE</td><td>RYnE</td></tr>
<tr><td>RXnF</td><td>RYnF</td></tr>
<tr><td>RX(n+1)0</td><td>接近零</td><td>RY(n+1)0</td><td>调零内存(总量为零)</td></tr>
</table>

表 93（续）

从站→主站		主站→从站	
软元件号	信号名	软元件号	信号名
RX(n+1)1	大提前量设定/满投料	RY(n+1)1	调零内存复位
RX(n+1)2	小提前量设定/中投料	RY(n+1)2	去皮内存(净重)
RX(n+1)3	目标重量设定/小投料	RY(n+1)3	去皮内存复位
RX(n+1)4	过量	RY(n+1)4	保持
RX(n+1)5	适量(正确量)	RY(n+1)5	显示切换
RX(n+1)6	不足	RY(n+1)6	显示切换
RX(n+1)7	稳定	RY(n+1)7	未使用
RX(n+1)8	称量结束	RY(n+1)8	累计称量值(累加计算命令)
RX(n+1)9	超重(比较)	RY(n+1)9	总清除(累计清除)
RX(n+1)A	保持	RY(n+1)A	顺控(错误)复位
RX(n+1)B	料斗上限	RY(n+1)B	未使用
RX(n+1)C	料斗下限	RY(n+1)C	
RX(n+1)D	排料	RY(n+1)D	
RX(n+1)E	顺控错误	RY(n+1)E	
RX(n+1)F	重量异常	RY(n+1)F	
RX(n+2)0	用户特定区域	RY(n+2)0	用户特定区域
～		～	
RX(n+6)F		RY(n+6)F	
RX(n+7)0	保留	RY(n+7)0	保留
RX(n+7)1		RY(n+7)1	
RX(n+7)2		RY(n+7)2	
RX(n+7)3		RY(n+7)3	
RX(n+7)4		RY(n+7)4	
RX(n+7)5		RY(n+7)5	
RX(n+7)6		RY(n+7)6	
RX(n+7)7		RY(n+7)7	
RX(n+7)8	初始化数据处理请求标志	RY(n+7)8	初始化数据处理结束标志
RX(n+7)9	初始化数据设置结束标志	RY(n+7)9	初始化数据设置请求标志
RX(n+7)A	错误状态标志	RY(n+7)A	错误复位请求标志
RX(n+7)B	远程 READY	RY(n+7)B	保留
RX(n+7)C	保留	RY(n+7)C	
RX(n+7)D		RY(n+7)D	
RX(n+7)E		RY(n+7)E	
RX(n+7)F		RY(n+7)F	
注：n 由设定的站号决定。			

b) 称重指示器 RX/RY 信号说明见表 94。

表 94　称重指示器 RX/RY 信号说明

软元件号	信号名	描　　述
RXn0	测量设定值写响应	当测量设定写结束时置为 ON，在测量设定值写请求被确认为 OFF 时置为 OFF
RXn2	通用命令响应	当通用命令结束时置为 ON，在通用命令请求被确认为 OFF 时，置为 OFF
RXn3	写/读选择响应	当通用命令响应时置为 ON 时，返回与读/写选择同样的信号
RXn4	操作模式切换响应	当操作模式切换结束时置为 ON，在操作模式切换请求被确认为 OFF 时，置为 OFF
RXn6	CPU 正常运行	正常操作期间，以 0.5 s～1 s 为间隔重复 ON/OFF
RXn8	十进制小数点位置 0	用 3 位二进制表示十进制重量值的小数点位置
RXn9	十进制小数点位置 1	
RXnA	十进制小数点位置 2	
RX(n+1)0	接近零	当重量值超过近“0”设置值时置为 ON
RX(n+1)1	大提前量设定/满投料	当重量值等于或低于差值时，置为 ON 差值＝目标重量－大提前量设定/满投料
RX(n+1)2	中提前量设定/中投料	当重量值等于或低于差值时，置为 ON 差值＝目标重量－中提前量设定/中投料
RX(n+1)3	目标量设定/小投料	当重量值等于或低于差值时，置为 ON 差值＝目标重量－目标量设定/小投料
RX(n+1)4	过量	当重量值过量时，置为 ON 过量＝目标重量＋过量设定值
RX(n+1)5	适量(正确量)	当重量值既没有过重也没有过轻时，置为 ON
RX(n+1)6	不足	当重量值没有达到差值时，置为 ON 差值＝目标重量－不足设定值
RX(n+1)7	稳定	当重量值稳定时置为 ON
RX(n+1)8	称量结束	当称量结束时置为 ON
RX(n+1)9	超重(比较)	当重量值超出最大值(最大称重量＋9 个刻度)
RX(n+1)A	保持	当重量值保持稳定时置为 ON
RX(n+1)B	料斗上限	当重量值超出上限设定值时置为 ON
RX(n+1)C	料斗下限	当重量值低于下限设定值时置为 ON
RX(n+1)D	排料	顺控模式排料门信号
RX(n+1)E	顺控错误	当产生一个顺控错误时置为 ON
RX(n+1)F	重量异常	当产生一个重量错误时置为 ON

表 94（续）

软元件号	信号名	描　述
RX(n+7)8	初始化数据处理请求标志	当从站上电、硬件复位或者测试模式操作之后，此标志被置为 ON，来请求初始化数据处理 当初始化数据处理结束(初始化数据处理结束标志 RY(n+7)8 置为 ON)此标志被置为 OFF
RX(n+7)9	初始化数据设置结束标志	当主站向从站发送初始化数据设置请求(RY(n+7)9 置为 ON)，且初始化数据设置结束后，此标志位置为 ON 如果初始化数据请求标志在初始化数据设置结束之后置为 OFF，则此标志也被置为 OFF
RX(n+7)A	错误状态标志	从站发生除了 WDT 出错之外的错误时，此标志被置为 ON
RX(n+7)B	远程 READY	从站上电、硬件复位或者测试模式操作之后，当初始化数据设置结束，并且处于 READY 状态时此标志置为 ON 此标志被作为与主站进行读写操作时的互锁 在测试模式下，此标志被置为 OFF
RYn0	测量设定值写请求	当测量设定值写入时置为 ON；在确认测量设定值写响应后置为 OFF 该信号产生一个写 RWwn～RWwn+B 的值的请求
RYn2	通用命令请求	当写通用命令时置为 ON，在确认通用命令响应后置为 OFF。该信号产生一个写 RWwn+C～RWwn+E 的值的请求
RYn3	写/读选择	选择通用命令写或读。ON 为读，OFF 为写
RYn4	操作模式切换请求	当切换操作模式时置为 ON 在确认切换操作模式响应后被置为 OFF
RY(n+1)0	调零内存(总量为零)	设置总重为 0
RY(n+1)1	调零内存复位	将调零内存复位
RY(n+1)2	去皮内存(净重)	去皮
RY(n+1)3	去皮内存复位	解除去皮重
RY(n+1)4	保持	保持重量值
RY(n+1)8	累计称量值(累加计算命令)	累加重量值
RY(n+1)9	总清除(累计清除)	总重量值(累计值)清零
RY(n+1)A	顺控(错误)复位	复位测量顺控错误
RY(n+7)8	初始化数据处理结束标志	当主站上电、硬件复位或者测试模式操作后，检测到来自从站的初始化数据请求，在初始化数据处理结束之后，此标志置为 ON
RY(n+7)9	初始化数据设置请求标志	当主站向从站发送初始化数据设定或者变更请求时，此标志置为 ON 在测试模式操作之后必须再次把此标志置为 ON 并进行数据设置
RY(n+7)A	错误复位请求标志	当此标志被主站置为 ON，错误状态标志(RX(n+7)A)被置为 OFF，并且 RWr 的错误代码(地址 RWrn+6)被清零(0000H)
注：n 由设定的站号决定。		

5.13.2 RWr/RWw

称重指示器 RWr/RWw 定义见表 95。

表 95 称重指示器 RWr/RWw 定义

<table>
<tr><td></td><td colspan="2">从站→主站</td><td></td><td></td><td colspan="2">主站→从站</td><td></td></tr>
<tr><td>地址</td><td colspan="2">描述</td><td>缺省值</td><td>地址</td><td colspan="2">描述</td><td>缺省值</td></tr>
<tr><td>RWrn</td><td colspan="2" rowspan="2">净重</td><td></td><td>RWwn</td><td colspan="2">定量</td><td></td></tr>
<tr><td>RWrn+1</td><td></td><td>RWwn+1</td><td>标牌码 8 位</td><td>24 位</td><td></td></tr>
<tr><td>RWrn+2</td><td colspan="2" rowspan="2">总重量</td><td></td><td>RWwn+2</td><td colspan="2" rowspan="2">大提前量设定/满投料</td><td></td></tr>
<tr><td>RWrn+3</td><td></td><td>RWwn+3</td><td></td></tr>
<tr><td>RWrn+4</td><td colspan="2" rowspan="2">测量结果(累计重量)</td><td></td><td>RWwn+4</td><td colspan="2">中提前量设定/中投料</td><td></td></tr>
<tr><td>RWrn+5</td><td></td><td>RWwn+5</td><td colspan="2">补差量(flying load)</td><td></td></tr>
<tr><td>RWrn+6</td><td colspan="2">错误代码</td><td></td><td>RWwn+6</td><td colspan="2">过量</td><td></td></tr>
<tr><td>RWrn+7</td><td colspan="2">错误辅助码</td><td></td><td>RWwn+7</td><td colspan="2">不足</td><td></td></tr>
<tr><td>RWrn+8</td><td rowspan="4"></td><td>标牌码 8 位</td><td rowspan="4">—</td><td>RWwn+8</td><td colspan="2" rowspan="2">上限</td><td></td></tr>
<tr><td>RWrn+9</td><td rowspan="3"></td><td>RWwn+9</td><td></td></tr>
<tr><td>RWrn+A</td><td>RWwn+A</td><td colspan="2" rowspan="2">下限</td><td></td></tr>
<tr><td>RWrn+B</td><td>RWwn+B</td><td></td></tr>
<tr><td>RWrn+C</td><td colspan="2" rowspan="2">通用数据区域</td><td></td><td>RWwn+C</td><td colspan="2" rowspan="2">通用数据区域</td><td></td></tr>
<tr><td>RWrn+D</td><td></td><td>RWwn+D</td><td></td></tr>
<tr><td>RWrn+E</td><td colspan="2">命令号(响应)</td><td></td><td>RWwn+E</td><td colspan="2">命令号</td><td></td></tr>
<tr><td>RWrn+F</td><td colspan="2">操作模式(响应)</td><td></td><td>RWwn+F</td><td colspan="2">操作模式</td><td></td></tr>
<tr><td colspan="8">注：n 由设定的站号决定。</td></tr>
</table>

5.14 电磁阀

占用的逻辑站数：1。

5.14.1 RX/RY[由占用逻辑站数决定]

a) 电磁阀 RX/RY[由占用逻辑站数决定]定义见 96 表。

表 96 电磁阀 RX/RY 定义

从站→主站		主站→从站	
软元件号	信号名	软元件号	信号名
RXn0	诊断位 1	RYn0	主阀块输出 00
RXn1	诊断位 2	RYn1	主阀块输出 01
RXn2	诊断位 3	RYn2	主阀块输出 02
RXn3	诊断位 4	RYn3	主阀组输出 03
RXn4	诊断位 5	RYn4	主阀组输出 04
RXn5	诊断位 6	RYn5	主阀组输出 05
RXn6	未使用	RYn6	主阀组输出 06
RXn7	诊断位 7	RYn7	主阀组输出 07

表 96（续）

从站→主站		主站→从站	
软元件号	信号名	软元件号	信号名
RXn8	未使用	RYn8	主阀组输出 08
RXn9		RYn9	主阀组输出 09
RXnA		RYnA	主阀组输出 10
RXnB		RYnB	主阀组输出 11
RXnC		RYnC	主阀组输出 12
RXnD		RYnD	主阀组输出 13
RXnE		RYnE	主阀组输出 14
RXnF		RYnF	主阀组输出 15
RX(n+1)0	保留	RY(n+1)0	保留
RX(n+1)1		RY(n+1)1	
RX(n+1)2		RY(n+1)2	
RX(n+1)3		RY(n+1)3	
RX(n+1)4		RY(n+1)4	
RX(n+1)5		RY(n+1)5	
RX(n+1)6		RY(n+1)6	
RX(n+1)7		RY(n+1)7	
RX(n+1)8		RY(n+1)8	保留
RX(n+1)9		RY(n+1)9	
RX(n+1)A		RY(n+1)A	
RX(n+1)B	远程 READY	RY(n+1)B	
RX(n+1)C	保留	RY(n+1)C	
RX(n+1)D		RY(n+1)D	
RX(n+1)E		RY(n+1)E	
RX(n+1)F		RY(n+1)F	
注：n 由设定的站号决定。			

b) 电磁阀 RX/RY 信号说明见表 97。

表 97 电磁阀 RX/RY 信号说明

软元件号	信号名	描　　述
RXn0	诊断位 1	当扩展阀组或扩展输出模块未被安装或未被检测出时置为 ON
RXn1	诊断位 2	当输入模块未被安装或未被检测出时置为 ON
RXn2	诊断位 3	当输出模块的输出短路或过载时置为 ON
RXn3	诊断位 4	当输出模块的电源未被检测出时置为 ON
RXn4	诊断位 5	当输入模块的电源未被检测出时或传感器用电源短路时置为 ON
RXn5	诊断位 6	当扩展阀组的电源电压低于 20.4V 时置为 ON

表 97（续）

软元件号	信号名	描　　述
RXn7	诊断位 7	当主阀组的电源电压低于 20.4V 时置为 ON
RX(n+1)B	远程 READY	在从站上电、硬件复位后，进入 READY 状态时置为 ON
RYn0	主阀功能块输出	将主阀组输出按照输出号从小到大的顺序连续分配给 RYn0 到 RYnF
≀		
RYnF		
注：n 由设定的站号决定。		

5.14.2 RWr/RWw

电磁阀 RWr/RWw 定义见表 98。

表 98　电磁阀 RWr/RWw 定义

从站→主站			主站→从站		
地址	描述	缺省值	地址	描述	缺省值
RWrn	扩展输入模块用 16 点输入	—	RWwn	扩展阀组用的 16 点输出或扩展输出模块用的 16 点输出	—
RWrn+1		—	RWwn+1		—
RWrn+2	未使用	—	RWwn+2	未使用	—
RWrn+3		—	RWwn+3		—
注：n 由设定的站号决定。					

5.15 UNI-WIRE 网关

占用逻辑站数：4。

5.15.1 RX/RY［由占用逻辑站数决定］

a） UNI-WIRE 网关 RX/RY 定义见表 99。

表 99　UNI-WIRE 网关 RX/RY 定义

从站→主站		主站→从站	
软元件号	信号名	软元件号	信号名
RXn0	UNI-WIRE 输入 0	RYn0	UNI-WIRE 输出 128
RXn1	UNI-WIRE 输入 1	RYn1	UNI-WIRE 输出 129
RXn2	UNI-WIRE 输入 2	RYn2	UNI-WIRE 输出 130
RXn3	UNI-WIRE 输入 3	RYn3	UNI-WIRE 输出 131
RXn4	UNI-WIRE 输入 4	RYn4	UNI-WIRE 输出 132
RXn5	UNI-WIRE 输入 5	RYn5	UNI-WIRE 输出 133
RXn6	UNI-WIRE 输入 6	RYn6	UNI-WIRE 输出 134
RXn7	UNI-WIRE 输入 7	RYn7	UNI-WIRE 输出 135
RXn8	UNI-WIRE 输入 8	RYn8	UNI-WIRE 输出 136
RXn9	UNI-WIRE 输入 9	RYn9	UNI-WIRE 输出 137
RXnA	UNI-WIRE 输入 10	RYnA	UNI-WIRE 输出 138
RXnB	UNI-WIRE 输入 11	RYnB	UNI-WIRE 输出 139

表 99（续）

从站→主站		主站→从站	
软元件号	信号名	软元件号	信号名
RXnC	UNI-WIRE 输入 12	RYnC	UNI-WIRE 输出 140
RXnD	UNI-WIRE 输入 13	RYnD	UNI-WIRE 输出 141
RXnE	UNI-WIRE 输入 14	RYnE	UNI-WIRE 输出 142
RXnF ~ RX(n+6)E	UNI-WIRE 输入 15 UNI-WIRE 输入 110	RYnF ~ RY(n+6)E	UNI-WIRE 输出 143 UNI-WIRE 输出 238
RX(n+6)F	UNI-WIRE 输入 111	RY(n+6)F	UNI-WIRE 输出 239
RX(n+7)0	保留	RY(n+7)0	保留
RX(n+7)1		RY(n+7)1	
RX(n+7)2		RY(n+7)2	
RX(n+7)3		RY(n+7)3	
RX(n+7)4		RY(n+7)4	
RX(n+7)5		RY(n+7)5	
RX(n+7)6		RY(n+7)6	
RX(n+7)7		RY(n+7)7	
RX(n+7)8		RY(n+7)8	
RX(n+7)9		RY(n+7)9	
RX(n+7)A	错误状态标志	RY(n+7)A	错误复位请求标志
RX(n+7)B	远程 READY	RY(n+7)B	保留
RX(n+7)C	保留	RY(n+7)C	
RX(n+7)D		RY(n+7)D	
RX(n+7)E		RY(n+7)E	
RX(n+7)F		RY(n+7)F	
注：n 由设定的站号决定。			

b) UNI-WIRE 网关 RX/RY 信号说明见表 100。

表 100 UNI-WIRE 网关 RX/RY 信号说明

软元件号	信号名	描述
RXn0 ~ RX(n+6)F	UNI-WIRE 输入	从最小地址开始按顺序分配(112 点)
RX(n+7)A	错误状态标志	当从站发生了 WDT 错误以外的错误时置为 ON 当错误复位请求标志置为 ON 时，此标志置为 OFF
RX(n+7)B	远程 READY	在从站上电或硬件复位后，进入 READY 状态时，被置为 ON
RYn0 ~ RY(n+6)F	UNI-WIRE 输出	从最小地址开始按顺序分配(112 位)
RY(n+7)A	错误复位请求标志	当此标志被主站置为 ON 时，错误状态标志(RX(m+7)A)置为 OFF
注：n 由设定的站号决定。		

5.15.2 RWr/RWw

UNI-WIRE 网关 RWr/RWw 定义见表 101。

表 101 UNI-WIRE 网关 RWr/RWw 定义

从站→主站			主站→从站		
地址	描述	缺省值	地址	描述	缺省值
RWrn	异常标志		RWwn	未使用	—
RWrn+1	异常 ID 的个数		RWwn+1		
RWrn+2	异常 ID1		RWwn+2		
RWrn+3	异常 ID2		RWwn+3		
RWrn+4	异常 ID3		RWwn+4		
RWrn+5	异常 ID4		RWwn+5		
RWrn+6	异常 ID5		RWwn+6		
RWrn+7	异常 ID6		RWwn+7		
RWrn+8	异常 ID7		RWwn+8		
RWrn+9	异常 ID8		RWwn+9		
RWrn+A	异常 ID9		RWwn+A		
RWrn+B	异常 ID10		RWwn+B		
RWrn+C	异常 ID11		RWwn+C		
RWrn+D	异常 ID12		RWwn+D		
RWrn+E	异常 ID13		RWwn+E		
RWrn+F	异常 ID14		RWwn+F		
注：n 由设定的站号决定。					

关于 UNI-WIRE 的错误信息：

在远程寄存器 RWrn～RWrn+F 中存有错误信息。

当错误发生时，对应远程寄存器 RWrn 的位变为 ON。

当错误状态被解除时，位 0 和位 2 变为“0”，不被保持。

位 1 被保持，直到断电或错误复位。

当错误复位请求标志为 ON 时，位 1 变为“0”。同时异常 ID 的个数置为 0(应该排除诱发异常的因素)。

错误信息见表 102。

表 102 UNI-WIRE 网关错误信息

位 0	D-G 之间短路
位 1	连接断开(终端故障或者断电)
位 2	D-24 V 之间短路
位 3～15	保留

异常 ID 的个数以二进制形式存储在远程寄存器 RWrn+1 中。

异常 ID 以二进制形式存储在远程寄存器 RWrn+2～RWrn+F 中。

5.16 AnyWireBus 网关

占用逻辑站数：4。

5.16.1 RX/RY[由占用逻辑站数决定]

a) AnyWireBus 网关 RX/RY[由占用逻辑站数决定]定义见表 103。

表 103 AnyWireBus 网关 RX/RY 定义

从站→主站			主站→从站		
软元件号	信号名		软元件号	信号名	
	Full triplex	Full fourfold		Full triplex	Full fourfold
RXn0	Bit-Bus 输入 0	Bit-Bus 输入 0	RYn0	Bit-Bus 输出 128	Bit-Bus 输出 0
RXn1	Bit-Bus 输入 1	Bit-Bus 输入 1	RYn1	Bit-Bus 输出 129	Bit-Bus 输出 1
RXn2	Bit-Bus 输入 2	Bit-Bus 输入 2	RYn2	Bit-Bus 输出 130	Bit-Bus 输出 2
RXn3	Bit-Bus 输入 3	Bit-Bus 输入 3	RYn3	Bit-Bus 输出 131	Bit-Bus 输出 3
RXn4	Bit-Bus 输入 4	Bit-Bus 输入 4	RYn4	Bit-Bus 输出 132	Bit-Bus 输出 4
RXn5	Bit-Bus 输入 5	Bit-Bus 输入 5	RYn5	Bit-Bus 输出 133	Bit-Bus 输出 5
RXn6	Bit-Bus 输入 6	Bit-Bus 输入 6	RYn6	Bit-Bus 输出 134	Bit-Bus 输出 6
RXn7	Bit-Bus 输入 7	Bit-Bus 输入 7	RYn7	Bit-Bus 输出 135	Bit-Bus 输出 7
RXn8	Bit-Bus 输入 8	Bit-Bus 输入 8	RYn8	Bit-Bus 输出 136	Bit-Bus 输出 8
RXn9	Bit-Bus 输入 9	Bit-Bus 输入 9	RYn9	Bit-Bus 输出 137	Bit-Bus 输出 9
RXnA	Bit-Bus 输入 10	Bit-Bus 输入 10	RYnA	Bit-Bus 输出 138	Bit-Bus 输出 10
RXnB	Bit-Bus 输入 11	Bit-Bus 输入 11	RYnB	Bit-Bus 输出 139	Bit-Bus 输出 11
RXnC	Bit-Bus 输入 12	Bit-Bus 输入 12	RYnC	Bit-Bus 输出 140	Bit-Bus 输出 12
RXnD	Bit-Bus 输入 13	Bit-Bus 输入 13	RYnD	Bit-Bus 输出 141	Bit-Bus 输出 13
RxnE	Bit-Bus 输入 14	Bit-Bus 输入 14	RYnE	Bit-Bus 输出 142	Bit-Bus 输出 14
RXnF	Bit-Bus 输入 15	Bit-Bus 输入 15	RYnF	Bit-Bus 输出 143	Bit-Bus 输出 15
≀			≀		
RX(n+6)E	Bit-Bus 输入 110	Bit-Bus 输入 110	RY(n+6)E	Bit-Bus 输出 238	Bit-Bus 输出 110
RX(n+6)F	Bit-Bus 输入 111	Bit-Bus 输入 111	RY(n+6)F	Bit-Bus 输出 239	Bit-Bus 输出 111
RX(n+7)0	保留		RY(n+7)0	保留	
RX(n+7)1			RY(n+7)1		
RX(n+7)2			RY(n+7)2		
RX(n+7)3			RY(n+7)3		
RX(n+7)4			RY(n+7)4		
RX(n+7)5			RY(n+7)5		
RX(n+7)6			RY(n+7)6		
RX(n+7)7			RY(n+7)7		
RX(n+7)8			RY(n+7)8		
RX(n+7)9			RY(n+7)9		
RX(n+7)A	错误状态标志		RY(n+7)A	错误复位请求标志	
RX(n+7)B	远程 READY		RY(n+7)B	保留	
RX(n+7)C	保留		RY(n+7)C		
RX(n+7)D			RY(n+7)D		
RX(n+7)E			RY(n+7)E		
RX(n+7)F			RY(n+7)F		
注：n 由设定的站号决定。					

b) AnyWireBus 网关 RX/RY 信号说明见表 104。

表 104 AnyWireBus 网关 RX/RY 信号说明

软元件号	信号名称	描述
RXn0 ≀ RX(n+6)F	Bit-Bus 输入	从最小地址开始按顺序分配(112 点)
RX(n+7)A	错误状态标志	当从站发生了 WDT 错误以外的错误时置为 ON 当错误复位请求标志置为 ON 时,此标志置为 OFF
RX(n+7)B	远程 READY	从站上电或硬件复位后,当进入 READY 状态时置为 ON
RYn0 ≀ RY(n+6)F	Bit-Bus 输出	从最小地址开始按顺序分配(112 位)
RY(n+7)A	错误复位请求标志	当此标志被主站置为 ON 时,错误状态标志(RX(m+7)A)置为 OFF
注:n 由设定的站号决定。		

5.16.2 **RWr/RWw**

AnyWireBus 网关 RWr/RWw 定义见表 105。

表 105 AnyWireBus 网关 RWr/RWw 定义

从站→主站			主站→从站		
地址	描述	缺省值	地址	描述	缺省值
RWrn	Word-Bus 输入 0	—	RWwn	Word-Bus 输出 0	—
RWrn+1	Word-Bus 输入 1	—	RWwn+1	Word-Bus 输出 1	—
RWrn+2	Word-Bus 输入 2	—	RWwn+2	Word-Bus 输出 2	—
RWrn+3	Word-Bus 输入 3	—	RWwn+3	Word-Bus 输出 3	—
RWrn+4	Word-Bus 输入 4	—	RWwn+4	Word-Bus 输出 4	—
RWrn+5	Word-Bus 输入 5	—	RWwn+5	Word-Bus 输出 5	—
RWrn+6	Word-Bus 输入 6	—	RWwn+6	Word-Bus 输出 6	—
RWrn+7	Word-Bus 输入 7	—	RWwn+7	Word-Bus 输出 7	—
RWrn+8	Word-Bus 输入 8	—	RWwn+8	Word-Bus 输出 8	—
RWrn+9	Word-Bus 输入 9	—	RWwn+9	Word-Bus 输出 9	—
RWrn+A	Word-Bus 输入 10	—	RWwn+A	Word-Bus 输出 10	—
RWrn+B	Word-Bus 输入 11	—	RWwn+B	Word-Bus 输出 11	—
RWrn+C	Word-Bus 输入 12	—	RWwn+C	Word-Bus 输出 12	—
RWrn+D	Word-Bus 输入 13	—	RWwn+D	Word-Bus 输出 13	—
RWrn+E	Word-Bus 输入 14	—	RWwn+E	Word-Bus 输出 14	—
RWrn+F	Word-Bus 输入 15	—	RWwn+F	Word-Bus 输出 15	—
注:n 由设定的站号决定。					

5.17 质量流量控制器控制设备

占用逻辑站数:1 或 2。

5.17.1 **RX/RY(当占1个逻辑站时)[固定为32点]**

a) 质量流量控制器控制设备RX/RY(当占1个逻辑站时)定义[固定为32点]见表106。

表106 质量流量控制器(MFC)控制设备RX/RY定义(占1个逻辑站)

从站→主站		主站→从站	
软元件号	信号名	软元件号	信号名
RXn0	MFC模块状态标志(报警1状态标志)	RYn0	MFC模块设置标志(气体1 ON请求标志)
RXn1	MFC模块状态标志(报警2状态标志)	RYn1	MFC模块设置标志(气体1清洗ON请求标志)
RXn2	未使用	RYn2	MFC模块设置标志(气体2 ON请求标志)
RXn3		RYn3	MFC模块设置标志(气体2清洗ON请求标志)
RXn4		RYn4	A/D,D/A增益设置标志(CH.1 0～5 V/0～10 V切换标志)
RXn5		RYn5	A/D,D/A增益设置标志(CH.2 0～5 V/0～10 V切换标志)
RXn6		RYn6	未使用
RXn7		RYn7	
RXn8	CH.1 A/D转换结束标志	RYn8	CH.1 D/A输出允许标志
RXn9	CH.2 A/D转换结束标志	RYn9	CH.2 D/A输出允许标志
RXnA	未使用	RYnA	未使用
RXnB		RYnB	
RXnC		RYnC	
RXnD		RYnD	
RXnE		RYnE	
RXnF		RYnF	
RX(n+1)0		RY(n+1)0	
RX(n+1)1		RY(n+1)1	
RX(n+1)2		RY(n+1)2	
RX(n+1)3	保留	RY(n+1)3	保留
RX(n+1)4		RY(n+1)4	
RX(n+1)5		RY(n+1)5	
RX(n+1)6		RY(n+1)6	
RX(n+1)7		RY(n+1)7	
RX(n+1)8	初始化数据处理请求标志	RY(n+1)8	初始化数据处理结束标志
RX(n+1)9	初始化数据设置结束标志	RY(n+1)9	初始化数据设置请求标志
RX(n+1)A	错误状态标志	RY(n+1)A	错误复位请求标志
RX(n+1)B	远程READY	RY(n+1)B	保留
RX(n+1)C	保留	RY(n+1)C	
RX(n+1)D		RY(n+1)D	
RX(n+1)E		RY(n+1)E	
RX(n+1)F		RY(n+1)F	
注：n由设定的站号决定。			

b) 质量流控制器控制设备 RX/RY 信号说明见表 107。

表 107 质量流量控制器控制设备 RX/RY 信号说明(占 1 个逻辑站)

软元件号	信号名	描 述
RXn0～1	MFC 模块状态标志	监视 MFC 模块工作状态(只有报警)
RXn8～9	A/D 转换结束标志	上电或者复位之后,各通道的 A/D 转换结束后,此 A/D 转换结束标志位被置为 ON 此标志仅在 A/D 转换禁止/允许变更时被处理一次 ● 当 A/D 转换禁止变为允许后 该通道对应的转换结束标志被置为 ON ● 当 A/D 转换允许变为禁止后 该通道对应的转换结束标志被置为 OFF
RX(n+1)8	初始化数据处理请求标志	当从站上电、硬件复位或者测试模式操作之后,此标志被置为 ON,来请求一个初始化数据处理 当初始化数据处理结束后(初始化数据处理结束标志 RY(n+1)8 置为 ON),此标志被置为 OFF
RX(n+1)9	初始化数据设置结束标志	当主站向从站发送初始化数据设置请求(RY(n+1)9 置为 ON),且初始化数据设定结束后,此标志置为 ON 如果初始化数据请求标志在初始化数据设置结束之后置为 OFF,则此标志也被置为 OFF
RX(n+1)A	错误状态标志	从站发生了除 WDT 之外的错误时,此标志被置为 ON
RX(n+1)B	远程 READY	从站上电、硬件复位或者测试模式操作之后,当初始化数据设置结束,并且所有 A/D 转换允许通道都转换结束,此标志置为 ON 当所有的通道的 A/D 转换都被禁止的时候,此标志不会置为 ON 此标志被作为与主站进行读写操作时的互锁 在测试模式下,此标志被置为 OFF
RYn0～3	MFC 模块设置标志	设置 MFC 模块控制信号 设置完全打开/关闭阀门/控制流量
RYn4～5	A/D,D/A 增益设置标志	设置了 MFC 模块中模拟量输入/输出信号的增益 在每通道将 A/D 和 D/A 设置为 0 V～5 V、0 V～10 V ON:0 V～10 V,OFF:0 V～5 V
RYn8～9	D/A 输出允许标志	当 D/A 输出允许标志被置为 ON 时,允许 D/A 输出 当其被置为 OFF 时禁止 D/A 输出
RY(n+1)8	初始化数据处理结束标志	当主站上电、硬件复位或者测试模式操作之后,检测到来自从站的初始化数据请求,且初始化数据处理结束之后,此标志置为 ON
RY(n+1)9	初始化数据设置请求标志	当主站向从站发送初始化数据设置或变更请求时,置为 ON
RY(n+1)A	错误复位请求标志	当此标志被主站置为 ON,错误状态标志(RX(n+1)A)被置为 OFF,并且 RWr/RWw 错误代码(地址 RWrn)被清空(0000H)
注:n 由设定的站号决定。		

5.17.2 RX/RY(当占用两个逻辑站时)[固定为 32 点]

a) 质量流量控制器控制设备 RX/RY(当占用 2 个逻辑站时)定义[固定为 32 点]见表 108。

表 108　质量流量控制器控制设备 RX/RY 定义(占 2 个逻辑站)

从站→主站		主站→从站	
软元件号	信号名	软元件号	信号名
RXn0	MFC1 CH.1 A/D 转换结束标志	RYn0	未使用
RXn1	MFC2 CH.1 A/D 转换结束标志	RYn1	
RXn2	MFC1 CH.2 A/D 转换结束标志	RYn2	
RXn3	MFC2 CH.2 A/D 转换结束标志	RYn3	
RXn4	MFC1 完全打开状态标志	RYn4	MFC1 完全打开请求标志
RXn5	MFC1 控制状态标志	RYn5	MFC1 控制请求标志
RXn6	MFC1 完全关闭状态标志	RYn6	MFC1 完全关闭请求标志
RXn7	MFC1 发生错误	RYn7	MFC2 完全打开请求标志
RXn8	MFC2 完全打开状态标志	RYn8	MFC2 控制请求标志
RXn9	MFC2 控制状态标志	RYn9	MFC2 完全关闭请求标志
RXnA	MFC2 完全关闭状态标志	RYnA	未使用
RXnB	MFC2 发生错误	RYnB	
RXnC	未使用	RYnC	
RXnD		RYnD	
RXnE		RYnE	
RXnF		RYnF	
RX(n+1)0	保留	RY(n+1)0	保留
RX(n+1)1		RY(n+1)1	
RX(n+1)2		RY(n+1)2	
RX(n+1)3		RY(n+1)3	
RX(n+1)4		RY(n+1)4	
RX(n+1)5		RY(n+1)5	
RX(n+1)6		RY(n+1)6	
RX(n+1)7		RY(n+1)7	
RX(n+1)8	初始化数据处理请求标志	RY(n+1)8	初始化数据处理结束标志
RX(n+1)9	初始化数据设置结束标志	RY(n+1)9	初始化数据设置请求标志
RX(n+1)A	错误状态标志	RY(n+1)A	错误复位请求标志
RX(n+1)B	远程 READY	RY(n+1)B	保留
RX(n+1)C	保留	RY(n+1)C	
RX(n+1)D		RY(n+1)D	
RX(n+1)E		RY(n+1)E	
RX(n+1)F		RY(n+1)F	
注：n 由设定的站号决定。			

b)　质量流量控制器控制设备 RX/RY 信号说明见表 109。

表 109 质量流量控制器控制设备 RX/RY 信号说明(占 2 个逻辑站)

软元件号	信号名	描　　述
RXn0～3	CH.1 与 CH.2,A/D 转换结束标志	上电或者复位之后,各通道的 A/D 转换结束后,此标志位被置为 ON 此标志仅在 A/D 转换禁止/允许变更时被处理一次 ● 当 A/D 转换禁止变为允许后 该通道对应的转换结束标志被置为 ON ● 当 A/D 转换允许变为禁止后 该通道对应的转换结束标志被置为 OFF
RXn4	MFC1 完全打开状态标志	当+15 V(打开)加载到阀门强制输出端时,置为 ON
RXn5	MFC1 控制状态标志	当 0 V 加载到阀门强制输出端时,置为 ON
RXn6	MFC1 完全关闭状态标志	当−15 V(关闭)加载到阀门强制输出端时,置为 ON
RXn7	MFC1 发生错误	当 MFC 流量输出与 D/A 设置值相差很大时,置为 ON
RXn8	MFC2 完全打开状态标志	与 MFC1 相同
RXn9	MFC2 控制状态标志	
RXnA	MFC2 完全关闭状态标志	
RXnB	MFC2 发生错误	
RX(n+1)8	初始化数据处理请求标志	当从站上电、硬件复位或者测试模式操作之后,此标志被置为 ON,来请求一个初始化数据设置 当初始化数据处理结束后(初始化数据处理结束标志 RY(n+1)8 置为 ON),此标志被置为 OFF
RX(n+1)9	初始化数据设置结束标志	当主站向从站发送初始化数据设置请求(RY(n+1)9 置为 ON),且初始化数据设置结束后,此标志置为 ON 在初始化数据设置结束之后,如果初始化数据请求标志被置为 OFF,则此标志也被置为 OFF
RX(n+1)A	错误状态标志	从站发生了除 WDT 之外的错误时,此标志被置为 ON
RX(n+1)B	远程 READY	从站上电、硬件复位或者测试模式操作之后,当初始化数据设置结束,并且所有 A/D 转换允许通道都转换结束,此标志置为 ON 所有的通道的 A/D 转换都被禁止的时候,此标志不会置为 ON 此标志被作为与主站进行读写操作时的互锁
RYn4	MFC1 完全打开请求标志	当为 ON 时,强制阀门打开
RYn5	MFC1 控制请求标志	当为 ON 时,通过 D/A 控制阀门
RYn6	MFC1 完全关闭请求标志	当为 ON 时,强制阀门关闭
RYn7	MFC2 完全打开请求标志	与 MFC1 相同
RYn8	MFC2 控制请求标志	
RYn9	MFC2 完全关闭请求标志	
RY(n+1)8	初始化数据处理结束标志	当主站上电、硬件复位或者测试模式操作之后,检测到来自从站的初始化数据请求,且初始化数据处理结束之后,此标志置为 ON
RY(n+1)9	初始化数据设置请求标志	当主站向从站发送初始化数据设置或改变的请求时,置为 ON
RY(n+1)A	错误复位请求标志	当此标志被主站置为 ON,错误状态标志(RX(n+1)A)被置为 OFF,并且 RWr/RWw 错误代码(地址 RWrn+4)被清空(0000H)
注:n 由设定的站号决定。		

5.17.3 RWr/RWw(占用1个逻辑站时)

a) 质量流量控制器控制设备RWr/RWw(占用1个逻辑站时)定义见表110。

表110 质量流量控制器控制设备RWr/RWw定义(占1个逻辑站)

从站→主站			主站→从站		
地址	描述	缺省值	地址	描述	缺省值
RWrn	错误代码	0	RWwn	CH.1 D/A设定值	0
RWrn+1	CH.1 A/D输出值(MFC流量)	0	RWwn+1	CH.2 D/A设定值	0
RWrn+2	CH.2 A/D输出值(MFC阀门)	0	RWwn+2	D/A转换允许/禁止规定	0
RWrn+3	未使用	—	RWwn+3	A/D转换允许/禁止规定	0
注：n由设定的站号决定。					

b) 质量流量控制器控制设备RWr/RWw信号说明见表111。

表111 质量流量控制器控制设备RWr/RWw信号说明(占1个逻辑站)

地址	信号名	描述
RWrn	错误代码	● 当错误发生时,存储错误代码 ● 一旦错误代码被存储,即使设置值返回到允许范围内时,也不能被复位 ● 将RY(n+1)A置为ON,来复位错误代码
RWrn+1 ~ RWrn+2	A/D输出值	用一个12位的二进制数来表示 b15 b14 b13 b12 b11 b10 b9 b8 b7 b6 b5 b4 b3 b2 b1 b0 — — — — (b11~b0) 忽略（b15~b12） 数据部分（12位）（b11~b0）
RWwn ~ RWwn+1	D/A设定值	● 为了执行来自主站的D/A转换数字值 ● 在以下情况下,各通道的数字值设置为0 上电后,当远程READY为ON时 主站复位后,当远程READY为ON时 ● 可设置的数字值为一个二进制16位数,处于数字分辨率允许的范围内0~4 095(12 bit) b15 b14 b13 b12 b11 b10 b9 b8 b7 b6 b5 b4 b3 b2 b1 b0 — — — — (b11~b0) 忽略（b15~b12） 数字部分（12位）（b11~b0）
RWwn+2	D/A转换允许/禁止规定	设置D/A输出值是否被允许输出到外部 b15 b14 b13 b12 b11 b10 b9 b8 b7 b6 b5 b4 b3 b2 b1 b0 — — — — — — — — — — — — — — CH2 CH1 忽略（b15~b2） 1：允许 0：禁止
RWwn+3	A/D转换允许/禁止规定	设置A/D每个通道是否允许进行转换 b15 b14 b13 b12 b11 b10 b9 b8 b7 b6 b5 b4 b3 b2 b1 b0 — — — — — — — — — — — — — — CH2 CH1 忽略（b15~b2） 1：允许 0：禁止
注：n由设定的站号决定。		

5.17.4 RWr/RWw(当占 2 个逻辑站时)

a) 质量流量控制器控制设备 RWr/RWw(当占 2 个逻辑站时)定义见表 112。

表 112 质量流量控制器控制设备 RWr/RWw 定义(占 2 个逻辑站)

从站→主站			主站→从站		
地址	描述	缺省值	地址	描述	缺省值
RWrn	CH. 1 A/D 输出值(MFC1 流量)	0	RWwn	CH. 1 D/A 设置(MFC1)	0
RWrn+1	CH. 2 A/D 输出值(MFC2 流量)		RWwn+1	CH. 2 D/A 设置(MFC2)	0
RWrn+2	CH. 1 A/D 输出值(MFC1 阀门)		RWwn+2	未使用	—
RWrn+3	CH. 2 A/D 输出值(MFC2 阀门)		RWwn+3	未使用	—
RWrn+4	错误代码	0	RWwn+4	未使用	—
RWrn+5	未使用	—	RWwn+5		
RWrn+6			RWwn+6		
RWrn+7			RWwn+7		
注:n 由设定的站号决定。					

b) 质量流量控制器控制设备 RWr/RWw(占 2 个逻辑站)信号说明见表 113。

表 113 质量流量控制器控制设备 RWr/RWw 信号说明(占 2 个逻辑站)

地址	信号名	描 述
RWrn ~ RWrn+3	A/D 值	用一个 12 位的二进制数来表示 b15 b14 b13 b12 b11 b10 b9 b8 b7 b6 b5 b4 b3 b2 b1 b0 — — — — 固定为0 数据部分(12 bit)
RWrn+4	错误代码	● 当错误发生时,错误代码以 16 位的二进制数表示 ● 当发生多个错误时,第一个错误代码被存储而其他错误代码被丢弃 ● 将错误复位请求 RY(n+1)A 置为 ON,来复位错误代码
RWwn ~ RWwn+1	D/A 设定值	● 为了执行来自主站的 D/A 转换数字值 ● 在以下情况,数字值设置为 0 在上电后,当远程 READY 为 ON 时 在主站复位后,当远程 READY 为 ON 时 ● 可设置的数字值为 16 位二进制数,处于数字分辨率允许的范围内 0~4 095(12 bits) b15 b14 b13 b12 b11 b10 b9 b8 b7 b6 b5 b4 b3 b2 b1 b0 — — — — 忽略 数字部分(12位)
注:n 由设定的站号决定。		

c) 质量流量控制器控制设备错误代码见表 114。

表 114 质量流量控制器控制设备错误代码

代码号	名称	描述
0001H	WDT 错误	当由于干扰使程序发生故障时,使用 WDT 功能重新开始,此时报错
0002H	通信错误	当通信数据异常时
0003H	超时	在启动后,当通信数据丢失时(断路等)
0004H	波特率错误	当波特率超出设置的范围或在上电后波特率发生改变
0005H	站号错误	当站号超出设置的范围或在上电后站号发生改变
0006H	占用逻辑站数错误	当设置的占用逻辑站数异常时
0010H	MFC1 D/A 设定值错误	当设定值超出 D/A 值的范围(0～4 095)时该错误发生。此时输出值被锁定为 4 095
0011H	MFC1 流量误差错误	当 D/A 输出值与 MFC 流量差别超过一定范围时该错误发生,此时 MFC1 发生错误(RXn7)为 ON
0020H	MFC2 D/A 设定值错误	当设定值超出 D/A 值的范围(0～4 095)时该错误发生,此时输出值被锁定为 4 095
0021H	MFC2 流量误差错误	当 D/A 值和 MFC 流量超过一定范围时该错误发生,此时 MFC2 发生异常(RXnB)为 ON

5.18 伺服系统

占用逻辑站数:1 站或 2 站。

5.18.1 RX/RY(占用 1 个逻辑站时)[取决于占用逻辑站数]

伺服系统 RX/RY 信号说明见表 115。

表 115 伺服系统 RX/RY 信号说明(占用 1 个逻辑站)

从站→主站			主站→从站		
软元件号	信号名		软元件号	信号名	
RXn0	准备(RD)	对所有制造厂通用	RYn0	伺服 ON 命令	对所有制造厂通用
RXn1	到位		RYn1	正转启动	
RXn2	到位命令		RYn2	反转启动	
RXn3	原点复位结束		RYn3	接近点(DOG)	
RXn4	转矩限制		RYn4	正转行程极限	
RXn5	未使用		RYn5	反转行程极限	
RXn6	电磁制动互锁	制造厂自定义(参考例)	RYn6	选择自动/手动	制造厂自定义(参考例)
RXn7	暂停		RYn7	暂停/重启	
RXn8	监视中		RYn8	监视执行请求	
RXn9	指令代码执行结束		RYn9	指令代码执行请求	
RXnA	报警		RYnA	定位点数据表号选择位 0	
RXnB	电池报警		RYnB	定位点数据表号选择位 1	
RXnC	移动结束		RYnC	定位点数据表号选择位 2	
RXnD	动态制动互锁		RYnD	定位点数据表号选择位 3	
RXnE	位置范围		RYnE	定位点数据表号选择位 4	
RXnF	未使用		RYnF	未使用	

表 115（续）

从站→主站		主站→从站	
软元件号	信号名	软元件号	信号名
RX(n+1)0		RY(n+1)0	
RX(n+1)1		RY(n+1)1	
RX(n+1)2		RY(n+1)2	
RX(n+1)3		RY(n+1)3	
RX(n+1)4		RY(n+1)4	
RX(n+1)5	保留	RY(n+1)5	保留
RX(n+1)6		RY(n+1)6	
RX(n+1)7		RY(n+1)7	
RX(n+1)8		RY(n+1)8	
RX(n+1)9		RY(n+1)9	
RX(n+1)A	错误状态标志	RY(n+1)A	错误复位请求标志
RX(n+1)B	远程 READY	RY(n+1)B	
RX(n+1)C		RY(n+1)C	
RX(n+1)D	保留	RY(n+1)D	保留
RX(n+1)E		RY(n+1)E	
RX(n+1)F		RY(n+1)F	
注：n 由设定的站号决定。			

5.18.2　**RX/RY（当占用 2 个逻辑站时）［取决于占用逻辑站数］**

伺服系统 RX/RY 信号说明（占用 2 个逻辑站）说明见表 116。

表 116　伺服系统 RX/RY 信号说明（占用 2 个逻辑站）

从站→主站			主站→从站		
软元件号	信号名		软元件号	信号名	
RXn0	准备	对所有制造厂通用	RYn0	伺服命令 ON	对所有制造厂通用
RXn1	到位		RYn1	正转启动	
RXn2	到位命令		RYn2	反转启动	
RXn3	原点复位结束		RYn3	接近点(DOG)	
RXn4	转矩限制		RYn4	正转行程极限	
RXn5	未使用		RYn5	反转行程极限	
RXn6	电磁制动互锁	由制造厂指定(参考例)	RYn6	选择自动/手动	由制造厂指定(参考例)
RXn7	暂停		RYn7	暂停/重启	
RXn8	监视中		RYn8	监视执行请求	
RXn9	指令代码执行结束		RYn9	指令代码执行请求	
RXnA	报警		RYnA	定位点数据表号选择位 0	
RXnB	电池报警		RYnB	定位点数据表号选择位 1	

表 116（续）

从站→主站			主站→从站		
软元件号	信号名		软元件号	信号名	
RXnC	移动结束	由制造厂指定(参考例)	RYnC	定位点数据表号选择位 2	由制造厂指定(参考例)
RXnD	动态制动互锁		RYnD	定位点数据表号选择位 3	
RXnE	位置范围		RYnE	定位点数据表号选择位 4	
RXnF	未使用		RYnF	未使用	
RX(n+1)0			RY(n+1)0		
~			~		
RX(n+1)F			RY(n+1)F		
RX(n+2)0	定位命令执行结束		RY(n+2)0	定位命令请求	
RX(n+2)1	速度命令执行结束		RY(n+2)1	速度命令请求	
RX(n+2)2	定位点数据表号选择位 0		RY(n+2)2	保留	
RX(n+2)3	定位点数据表号选择位 1		RY(n+2)3		
RX(n+2)4	定位点数据表号选择位 2		RY(n+2)4		
RX(n+2)5	定位点数据表号选择位 3		RY(n+2)5		
RX(n+2)6	定位点数据表号选择位 4		RY(n+2)6	内部转矩限制选择	
RX(n+2)7	未使用		RY(n+2)7	比例控制	
RX(n+2)8			RY(n+2)8	增益切换	
RX(n+2)9			RY(n+2)9	保留	
RX(n+2)A			RY(n+2)A	定位点数据表/直接指定切换选择	
RX(n+2)B			RY(n+2)B	绝对值/增量值选择	
RX(n+2)C			RY(n+2)C	未使用	
RX(n+2)D			RY(n+2)D		
RX(n+2)E			RY(n+2)E		
RX(n+2)F			RY(n+2)F		
RX(n+3)0	保留		RY(n+3)0	保留	
RX(n+3)1			RY(n+3)1		
RX(n+3)2			RY(n+3)2		
RX(n+3)3			RY(n+3)3		
RX(n+3)4			RY(n+3)4		
RX(n+3)5			RY(n+3)5		
RX(n+3)6			RY(n+3)6		
RX(n+3)7			RY(n+3)7		
RX(n+3)8			RY(n+3)8		
RX(n+3)9			RY(n+3)9		

表 116（续）

从站→主站		主站→从站	
软元件号	信号名	软元件号	信号名
RX(n+3)A	错误状态标志	RY(n+3)A	错误复位请求标志
RX(n+3)B	远程 READY	RY(n+3)B	保留
RX(n+3)C	保留	RY(n+3)C	
RX(n+3)D		RY(n+3)D	
RX(n+3)E		RY(n+3)E	
RX(n+3)F		RY(n+3)F	
注：n 由设定的站号决定。			

伺服 RX/RY 信号说明见表 117。

表 117　伺服 RX/RY 信号说明

输入信号		信号名 （缩写）	描　　述
占用 1 个逻辑站时	占用 2 个逻辑站时		
RXn0	RXn0	READY(RD)	在伺服 ON 启动后当伺服放大器处于运行准备好状态时，此信号置 ON
RXn1	RXn1	到位(INP)	当累积出错脉冲值小于由参数中设置的到位范围时，该信号置 ON
RXn2	RXn2	到位命令(CPO)	当执行命令后，离到位的距离在参数设置的范围内时，该信号置 ON
RXn3	RXn3	原点复位结束(ZP)	原点复位结束后该信号为 ON
RXn4	RXn4	转矩限制(TLC)	当转矩达到伺服马达转矩限制时，该信号为 ON
RXn6	RXn6	电磁制动互锁(MBR)	通常该信号为 ON 当电磁制动互锁时，该信号为 OFF
RXn7	RXn7	暂停(PUS)	从操作被暂停信号暂停时(减速开始时)，直到操作重新启动，被置为 ON
RXn8	RXn8	监视中(MOF)	参照监视器输出执行请求
RXn9	RXn9	命令代码执行结束(COF)	参照指令代码执行请求
RXnA	RXnA	警告(WNG)	通常该信号为 ON，在伺服发生报警时为 OFF
RXnB	RXnB	电池警告(BWNG)	在绝对定位系统中，当与电池相关的报警发生时置 ON
RXnC	RXnC	移动结束(MEND)	在到位信号和到位命令信号为 ON 时，此信号置为 ON
RXnD	RXnD	动态制动互锁(DBR)	动态制动互锁信号
RXnE	RXnE	位置范围(POT)	当实际当前位置在参数设置指定的范围内，此信号置为 ON，当原点复位未结束或基本电路电源未接通时，此信号不会被置为 ON
	RX(n+2)0	位置命令执行结束(PSF)	参照定位命令请求

表 117（续）

<table>
<tr><th colspan="2">输入信号</th><th rowspan="2">信号名
（缩写）</th><th rowspan="2">描　　述</th></tr>
<tr><th>占用 1 个逻辑站时</th><th>占用 2 个逻辑站时</th></tr>
<tr><td></td><td>RX(n+2)1</td><td>速度命令执行结束(SPF)</td><td>参照速度命令请求</td></tr>
<tr><td></td><td>RX(n+2)2</td><td>定位点数据表号选择位 0(PT0)</td><td rowspan="5">在定位结束后输出定位点数据表号
<table>
<tr><th>RX (n+2)6</th><th>RX (n+2)5</th><th>RX (n+2)4</th><th>RX (n+2)3</th><th>RX (n+2)2</th><th>输出定位点数据表号</th></tr>
<tr><td>OFF</td><td>OFF</td><td>OFF</td><td>OFF</td><td>OFF</td><td>0</td></tr>
<tr><td>OFF</td><td>OFF</td><td>OFF</td><td>OFF</td><td>ON</td><td>1</td></tr>
<tr><td>OFF</td><td>OFF</td><td>OFF</td><td>ON</td><td>OFF</td><td>2</td></tr>
<tr><td>OFF</td><td>OFF</td><td>OFF</td><td>ON</td><td>ON</td><td>3</td></tr>
<tr><td>OFF</td><td>OFF</td><td>ON</td><td>OFF</td><td>OFF</td><td>4</td></tr>
<tr><td></td><td></td><td></td><td></td><td></td><td></td></tr>
<tr><td>ON</td><td>ON</td><td>ON</td><td>OFF</td><td>ON</td><td>29</td></tr>
<tr><td>ON</td><td>ON</td><td>ON</td><td>ON</td><td>OFF</td><td>30</td></tr>
<tr><td>ON</td><td>ON</td><td>ON</td><td>ON</td><td>ON</td><td>31</td></tr>
</table></td></tr>
<tr><td></td><td>RX(n+2)3</td><td>定位点数据表号选择位 1(PT1)</td></tr>
<tr><td></td><td>RX(n+2)4</td><td>定位点数据表号选择位 2(PT2)</td></tr>
<tr><td></td><td>RX(n+2)5</td><td>定位点数据表号选择位 3(PT3)</td></tr>
<tr><td></td><td>RX(n+2)6</td><td>定位点数据表号选择位 4(PT4)</td></tr>
<tr><td>RX(n+1)A</td><td>RX(n+3)A</td><td>错误状态标志(ALM)</td><td>通常该信号为 OFF，在伺服报警发生时，置 ON 当选择了外接动态制动时，在强制停止时也为 ON(用报警代码返回报警内容)</td></tr>
<tr><td>RX(n+1)B</td><td>RX(n+3)B</td><td>远程 READY</td><td>通常该信号为 ON，在伺服报警发生或复位时为 OFF</td></tr>
<tr><td>RYn0</td><td>RYn0</td><td>伺服 ON 命令(SON)</td><td>OFF：无效
ON：运行准备(base ON)</td></tr>
<tr><td>RYn1</td><td>RYn1</td><td>正转启动(ST1)</td><td>● 手动时
OFF：停止命令　　ON：开始正转
● 自动时
脉冲上升沿：开始正转
● 在原点复位期间由 OFF 置 ON：原点复位开始</td></tr>
<tr><td>RYn2</td><td>RYn2</td><td>反转启动(ST2)</td><td>● 手动时
OFF：停止命令　　ON：反转开始
● 自动时
脉冲上升沿：自动操作开始(对于 ABS 定位时无效)
● 在返回原点复位期间由 OFF 置 ON：开始原点复位</td></tr>
<tr><td>RYn3</td><td>RYn3</td><td>接近点(DOG)</td><td>OFF：有效
ON：无效</td></tr>
<tr><td>RYn4</td><td>RYn4</td><td>正转行程极限(LSP)</td><td>OFF：在行程范围外
ON：在行程范围内</td></tr>
<tr><td>RYn5</td><td>RYn5</td><td>反转行程极限(LSN)</td><td>OFF：在行程范围外
ON：在行程范围内</td></tr>
<tr><td>RYn6</td><td>RYn6</td><td>自动/手动选择(MD0)</td><td>OFF：手动
ON：自动</td></tr>
</table>

表 117（续）

<table>
<tr><th colspan="2">输入信号</th><th rowspan="2">信号名
（缩写）</th><th rowspan="2">描　　述</th></tr>
<tr><th>占用 1 个
逻辑站时</th><th>占用 2 个
逻辑站时</th></tr>
<tr><td>RYn7</td><td>RYn7</td><td>暂停/再启动(STP)</td><td>在运行期间从 OFF 到 ON:暂停
在暂停期间从 OFF 到 ON:运行重启动</td></tr>
<tr><td>RYn8</td><td>RYn8</td><td>监视执行请求(MOR)</td><td>当监视器输出执行请求(RYn8)为 ON 时,在远程寄存器 RWrn/RWrn＋1 和 RWrn＋5/RWrn＋6 中设置监视值,监视中(RXn8)为 ON;在返回代码(RWrn＋2)中设置正常或错误代码;
该位(RYn8)为 ON 时,监视值总会刷新</td></tr>
<tr><td>RYn9</td><td>RYn9</td><td>指令代码执行请求(COR)</td><td>当指令输出执行请求(RYn9)为 ON 时,执行对应远程寄存器 RWr2 中设置的指令代码的处理。在指令代码执行结束后,指令代码执行结束(RXn9)为 ON,此时往返回代码 RWrn＋2 中置入正常/错误代码</td></tr>
<tr><td>RYnA</td><td>RYnA</td><td>定位点数据表号选择位 0(DI0)</td><td rowspan="5">通过 5 位二进制值可对 31 点定位点数据表号进行选择
<table>
<tr><th>定位点数据表号</th><th>RYnE</th><th>RYnD</th><th>RYnC</th><th>RYnB</th><th>RYnA</th></tr>
<tr><td>0</td><td>OFF</td><td>OFF</td><td>OFF</td><td>OFF</td><td>OFF</td></tr>
<tr><td>1</td><td>OFF</td><td>OFF</td><td>OFF</td><td>OFF</td><td>ON</td></tr>
<tr><td>2</td><td>OFF</td><td>OFF</td><td>OFF</td><td>ON</td><td>OFF</td></tr>
<tr><td>3</td><td>OFF</td><td>OFF</td><td>OFF</td><td>ON</td><td>ON</td></tr>
<tr><td>4</td><td>OFF</td><td>OFF</td><td>ON</td><td>OFF</td><td>OFF</td></tr>
<tr><td>:</td><td></td><td></td><td></td><td></td><td></td></tr>
<tr><td>29</td><td>ON</td><td>ON</td><td>ON</td><td>OFF</td><td>ON</td></tr>
<tr><td>30</td><td>ON</td><td>ON</td><td>ON</td><td>ON</td><td>OFF</td></tr>
<tr><td>31</td><td>ON</td><td>ON</td><td>ON</td><td>ON</td><td>ON</td></tr>
</table></td></tr>
<tr><td>RYnB</td><td>RYnB</td><td>定位点数据表号选择位 1(DI1)</td></tr>
<tr><td>RYnC</td><td>RYnC</td><td>定位点数据表号选择位 2(DI2)</td></tr>
<tr><td>RYnD</td><td>RYnD</td><td>定位点数据表号选择位 3(DI3)</td></tr>
<tr><td>RYnE</td><td>RYnE</td><td>定位点数据表号选择位 4(DI4)</td></tr>
<tr><td></td><td>RY(n＋2)0</td><td>位置命令执行请求(PSR)</td><td>当 RWwn＋4 内设置定位点数据表号,且此标志为 ON 时,该命令被执行。在命令结束后,定位命令执行结束(RX(n＋2)0)为 ON
当不使用定位点数据表号时,设置定位命令数据
当 RWwn＋4 中设置定位命令数据的低 16 位,在 RWwn＋5 中设置定位命令数据的高 16 位。且当此标志为 ON,该命令被执行。在该执行结束后,定位命令执行结束(RX(n＋2)0)置为 ON
用参数设置来选择定位点数据表号和定位命令数据
在下一个自动运行时数据设置有效</td></tr>
<tr><td></td><td>RY(n＋2)1</td><td>速度控制请求(SPR)</td><td>当 RWwn＋6 内设置定位点数据表号,且此标志为 ON 时,该命令被执行。在命令结束后,速度命令执行结束(RX(n＋2)1)为 ON
当不使用定位点数据表号时,设置速度命令数据
当在 RWwn＋6 内设置速度命令数据,且此标志为 ON,该命令被执行。该命令被结束后,速度命令执行结束(RX(n＋2)0)置 ON
由参数设置来选择定位点数据表号和速度命令数据
在下一个自动运行,数据设置有效</td></tr>
</table>

表 117（续）

输入信号		信号名（缩写）	描述
占用 1 个逻辑站时	占用 2 个逻辑站时		
	RY(n+2)6	内部转矩限制选择(TL1)	OFF:用内部转矩限制 1 的设置值予以限制 ON:用内部转矩极限 2 的设置值予以限制
	RY(n+2)7	比例控制(PC)	OFF:速度放大器为比例积分方式 ON:速度放大器为比例方式
	RY(n+2)8	增益切换(CDP)	在增益切换选择已设置为参数 No. 68(CDP)的输入信号时，如果此信号为 ON，此增益切换有效
	RY(n+2)A	定位点数据表/定位命令切换选择(CSL)	OFF:定位点数据表 ON:定位命令
	RY(n+2)B	绝对值/增量值(INC)选择	选择位置命令时，选择绝对值或增量值 OFF:绝对值 ON:增量值
RY(n+1)A	RY(n+3)A	错误复位请求标志(RES)	OFF:无效 ON:复位
注：n 由设定的站号决定。			

5.18.3 **RWr/RWw(当占用 1 个逻辑站时)**

伺服 RWr/RWw 说明见表 118。

表 118 伺服 RWr/RWw(占用 1 个逻辑站)

从站→主站			主站→从站		
地址	描述	缺省值	地址	描述	缺省值
RWrn	监视 1 数据	—	RWwn	监视 1	—
RWrn+1	监视 2 数据	—	RWwn+1	监视 2	—
RWrn+2	返回代码	—	RWwn+2	指令代码	—
RWrn+3	读数据	—	RWwn+3	写数据	—
注：n 由设定的站号决定。					

5.18.4 **RWr/RWw(当占用 2 个逻辑站时)**

RWr/RWw(当占用 2 个逻辑站时)信号说明见表 119。

表 119 伺服 RWr/RWw 信号说明(占用 2 个逻辑站)

从站→主站			主站→从站		
地址	描述	缺省值	地址	描述	缺省值
RWrn	监视 1 数据低 16 位	—	RWwn	监视 1	—
RWrn+1	监视 1 数据高 16 位	—	RWwn+1	监视 2	—
RWrn+2	返回代码	—	RWwn+2	指令代码	—

表 119（续）

从站→主站			主站→从站		
地址	描述	缺省值	地址	描述	缺省值
RWrn+3	读数据	—	RWwn+3	写数据	—
RWrn+4	未使用	—	RWwn+4	位置命令数据低 16 位/定位点数据	—
RWrn+5	监视 2 数据低 16 位	—	RWwn+5	位置命令数据高 16 位	—
RWrn+6	监视 2 数据高 16 位	—	RWwn+6	速度命令数据/定位点数据表号	—
RWrn+7	未使用	—	RWwn+7	未使用	—
注：n 由设定的站号决定。					

伺服 RWr/RWw 信号说明见表 120。

表 120　伺服 RWr/RWw 信号说明

地址		信号名	描　　述
占用 1 个逻辑站时	占用 2 个逻辑站时		
RWrn	—	监视 1 数据	由 RWwn 监视代码 1 所设置的监视状态数据被置入
RWrn+1	—	监视 2 数据	在 RWwn+1 监视代码 2 所设置的监视状态数据被置入
RWrn+2	—	返回代码	若 RWwn+1～RWwn+3 中的代码设置正常，被设为"0000"
RWrn+3	—	读数据	若正常响应，置入对应指令代码的指令的返回数据
—	RWrn	监视 1 数据低 16 位	在 RWwn 监视代码 1 所设置的监视状态数据的低 16 位被置入
—	RWrn+1	监视 1 数据高 16 位	在 RWwn 监视代码 1 所设置的监视状态数据的高 16 位被置入
—	RWrn+2	返回代码	当 RWwn～RWwn+6 代码正常设置时，它被设为"0000"
—	RWrn+3	读数据	如果正常响应，置入对应指令代码的指令的返回数据
—	RWrn+5	监视 2 数据低 16 位	在 RWwn+1 监视代码 2 所设置的监视状态数据的低 16 位被置入
—	RWrn+6	监视 2 数据高 16 位	在 RWwn+1 监视代码 2 所设置的监视状态数据的高 16 位被置入
RWwn	RWwn	监视代码 1	伺服状态表示数据请求 1）　当占用 1 个逻辑站时 当在 RWwn 中设置监视项中的代码、且 RYn8 为"1"(ON)时，数据被置入 RWrn 2）　当占用 2 个逻辑站时 当在 RWwn 中设置监视项中的代码、且 RYn8 为"1"(ON)时，数据被置入 RWrn 若请求用 32 位数据来表示，当设置了低 16 位代码号、且 RYn8 置为 1 后，在 RWrn 设置低 16 位，在 RWrn+1 设置高 16 位

表 120（续）

<table>
<tr><th colspan="2">地址</th><th rowspan="2">信号名</th><th rowspan="2">描　　述</th></tr>
<tr><th>占用 1 个逻辑站时</th><th>占用 2 个逻辑站时</th></tr>
<tr><td>RWwn＋1</td><td>RWwn＋1</td><td>监视代码 2</td><td>伺服状态数据请求
1）　当占用 1 个逻辑站时
当在 RWwn＋1 中设置了监视项中的代码、且 RYn8 为“1”(ON)时，RWrn＋1 中置入数据
2）　当占用 2 个逻辑站时
当在 RWwn＋1 中设置监视项中的代码、且 RYn8 为“1”(ON)时，RWrn＋5 中置入数据
如果请求用 32 位数据来表示，则设置了低 16 位代码号、且 RYn8 置为 1 后，在 RWrn＋5 设置低 16 位，在 RWrn＋6 设置高 16 位</td></tr>
<tr><td>RWwn＋2</td><td>RWwn＋2</td><td>指令代码</td><td>设置指令代码以读取参数数据、定位点数据表数据或参考报警数据等
当在 RWwn＋2 中设置指令代码且置 RYn9 为“1”(ON)，该命令被执行
当该命令结束时，RXn9 为“1”(ON)</td></tr>
<tr><td>RWwn＋3</td><td>RWwn＋3</td><td>写数据</td><td>置入以上指令指定的数据(在需要时)
在设置完成以上命令代码后，将 RYn9 置为 ON
当不需要写入数据时，置为“0”</td></tr>
<tr><td></td><td>RWwn＋4</td><td>定位命令数据低 16 位/定位点数据表号</td><td rowspan="2">在占用 2 个逻辑站的自动运行模式时，设置定位点数据表号
当在 RWwn＋4 设置了定位点数据表号、且置 RY(n＋2)0 为“1”，该命令执行。当该命令结束时，RX(n＋2)0 为“1”(ON)。
在不使用定位点数据表时，设置位置命令数据
当在 RWwn＋4 设置了数据的低 16 位，在 RWwn＋5 设置数据的高 16 位，且将 RY(n＋2)0 置为“1”(ON)，该命令被执行。在命令执行结束后，RX(n＋2)0 被置为“1”(ON)
由参数数据选择设置定位点数据表号和定位命令数据</td></tr>
<tr><td></td><td>RWwn＋5</td><td>定位命令数据高 16 位</td></tr>
<tr><td></td><td>RWwn＋6</td><td>速度命令数据/定位点数据表号</td><td>在占用 2 个逻辑站的自动运行模式时，设置所执行的定位点数据表号
当在 RWwn＋6 设置了定位点数据表号、并置 RY(n＋2)1 为“1”，该命令执行。当该命令结束时，RX(n＋2)1 为“1”(ON)
在不使用定位点数据表号时，设置速度命令数据
当在 RWwn＋6 设置了速度命令数据，将 RY(n＋2)1 置为“1”(ON)时，该命令被执行。在命令执行结束后，RX(n＋2)1 被置为“1”(ON)
由参数数据选择设置定位点数据表号和速度命令数据</td></tr>
<tr><td colspan="4">注：n 由设定的站号决定。</td></tr>
</table>

伺服监视代码说明见表 121。

表 121 伺服监视代码说明

代码号		描述	单位
当占用1个逻辑站时	当占用2个逻辑站时		
0000H	0000H	无监视(监视值恒为0)	—
0001H	0001H	当前位置,低16位	$\times 10^{STM}$[mm] (STM:单位放大倍率) 0　1 X 1　10 X 2　100 X 3　1 000 X
0002H		当前位置,高16位	
0003H	0003H	命令定位,低16位	
0004H		命令定位,高16位	
0005H	0005H	命令执行后剩余距离,低16位	
0006H		命令执行后剩余距离,高16位	
0007H	0007H	保留	—
0008H	0008H	定位点数据表号	号
0009H	0009H	保留	—
000AH	000AH	反馈脉冲累积值,低16位	脉冲
000BH		反馈脉冲累积值,高16位	脉冲
000CH	000CH	保留	—
000DH	000DH	保留	—
000EH	000EH	累积出错脉冲值低16位	脉冲
000FH		累积出错脉冲值高16位	脉冲
0010H	0010H	转矩限制指令电压	×0.01 V
0011H	0011H	再生制动负荷率	%
0012H	0012H	有效负荷率	%
0013H	0013H	峰值负荷率	%
0014H	0014H	瞬时转矩	%
0015H	0015H	ABS计数器	rev
0016H	0016H	电机速度,低16位	0.1 r/min
0017H		电机速度,高16位	0.1 r/min
0018H	0018H	母线电压	V
0019H	0019H	ABS位置读数,低16位	脉冲
001AH		ABS位置读数,中16位	脉冲
001BH	001BH	ABS位置读数,高16位	脉冲
001CH	001CH	在一转位置内,低16位	脉冲
001DH		在一转位置内,高16位	脉冲
001EH	001EH	保留	—
～	～		
002FH	002FH		

伺服指令代码读指令代码说明见表122。

表 122　伺服读指令代码说明

项目	代码号	描　　述	备注
读操作模式	0000H	读当前操作模式 □ □ □ □ └── 操作模式 0000：CC-Link运行模式 0001：测试操作模式	—
读放大系数	0002H	读参数中的定位点数据表数据的放大倍数 □ □ □ □ └── 行程放大倍数 0300：×1 000 0200：×100 0100：×10 0000：×1	—
读当前报警(警告)	0010H	读当前发生的报警号 □ □ □ □ └── AL-○○ 例如当 AL25 发生时，读数为 0025	—
读在报警历史记录 0～5 中的报警号	0020H～0025H	读最近已发生的最新的 6 个报警号 例如在已产生 3 种报警的情况时 指令代码 0020:0016(AL16)……最新报警 指令代码 0021:0025(AL25) 指令代码 0022:0052(AL52)……最早报警 指令代码 0023:0000(空)	—
读在报警历史记录 0～5 中的报警发生时间	0030H～0035H	当报警产生时，读最近 6 个时间标记的警报 指令代码 0030:读入指令代码 0020 的报警时间标记 指令代码 0031:读入指令代码 0021 的报警时间标记 指令代码 0032:读入指令代码 0022 的报警时间标记 ⋮	—
读输入信号状态 0	0040H	读输入信号的 OFF/ON 状态(0 或 1) 当参数设置为外部信号有效时读外部 DI 状态 bitF ………… bit0 (16 位) <定位> bit0：SON　bit4：LSP　bit8：MOR　bitC：DI2 bit1：ST1　bit5：LSN　bit9：COR　bitD：DI3 bit2：ST2　bit6：MD0　bitA：DI0　bitE：DI4 bit3：DOG　bit7：STP　bitB：DI1　bitF：	—

表 122（续）

项目	代码号	描　　述	备注
读输入信号状态 1	0041H	读输入信号的 OFF/ON 信息(0 或 1) bitF　　　　bit0 ＜定位＞ bit0： PSR　bit4：　　　bit8： CDP　bitC： bit1： SPR　bit5：　　　bit9：　　　bitD： bit2：　　　bit6： TL1　bitA： CSL　bitE： bit3：　　　bit7： PC　bitB： INC　bitF：	—
读输入信号状态 2	0042H	读系统区的输入信号 OFF/ON 信息(0 或 1) bitF　　　　bit0 ＜定位＞ bit0：　　　bit4：　　　bit8：　　　bitC： bit1：　　　bit5：　　　bit9：　　　bitD： bit2：　　　bit6：　　　bitA： RES　bitE： bit3：　　　bit7：　　　bitB：　　　bitF：	—
读输出信号状态 0	0050H	读输出信号的 OFF/ON 信息(0 或 1) bitF　　　　bit0 ＜定位＞ bit0： RD　bit4： TLC　bit8： MOF　bitC： MEND bit1： INP　bit5：　　　bit9： COF　bitD： DBR bit2： CPO　bit6： MBR　bitA： WNG　bitE： POT bit3： ZP　bit7： PUS　bitB： BWNG　bitF：	—
读输出信号状态 1	0051H	读输出信号的 OFF/ON 信息(0 或 1) bitF　　　　bit0 ＜定位＞ bit0： PSF　bit4： PT2　bit8：　　　bitC： bit1： SPF　bit5： PT3　bit9：　　　bitD： bit2： PT0　bit6： PT4　bitA：　　　bitE： bit3： PT1　bit7：　　　bitB：　　　bitF：	—

表 122(续)

项目	代码号	描　　述	备注
读输出信号状态 2	0052H	读系统区的输出信号 OFF/ON 信息(0 或 1) bitF　　　　bit0 □□□□□□□□□□□□□□□□ <定位> bit0:　bit4:　bit8:　bitC: bit1:　bit5:　bit9:　bitD: bit2:　bit6:　bitA:　ALM　bitE: bit3:　bit7:　bitB:　CRD　bitF:	—
读上电时间	0081H	读从出厂开始的累计上电时间(小时)	—
读上电次数	0082H	读从出厂开始的累计上电次数(次数)	—
读负荷转动惯量比例	00A0H	读负荷转动惯量预测值(倍数)	—
读 1 转内的位置数据(CYC0)低 16 位	00B0H	读 ABS 原点位置的循环计数器值,低 16 位(脉冲)	—
读 1 转内的位置数据(CYC0),高 16 位	00B1H	读 ABS 原点位置的循环计数器值高 16 位(脉冲)	—
读多转旋转数据(ABS0)	00B2H	读 ABS 原点位置的多转计数值(转)	—
读错误参数号/定位点数据表号	00C0H	读有错误的参数或定位点数据表号 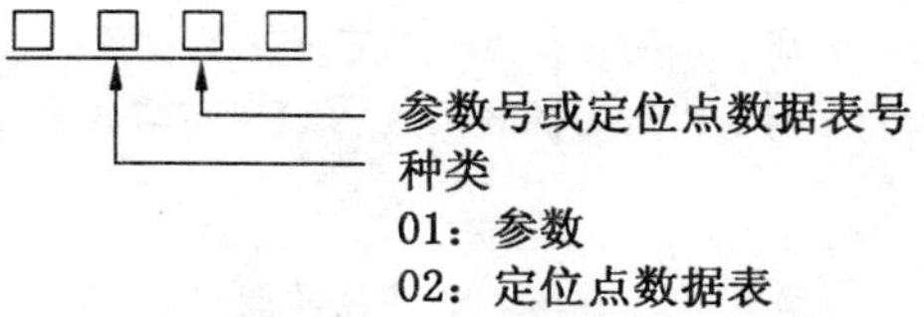 □□□□ 参数号或定位点数据表号 种类 01：参数 02：定位点数据表 例如:定位点数据表号 09 中有错误时:0209	—
读参数设置 No.00～124	0200H～027CH	读参数 No.00～124 的设置值	—
读参数设置 No.00～124 的数据格式	0300H～037CH	读参数 No.00～124 的设置值的数据格式 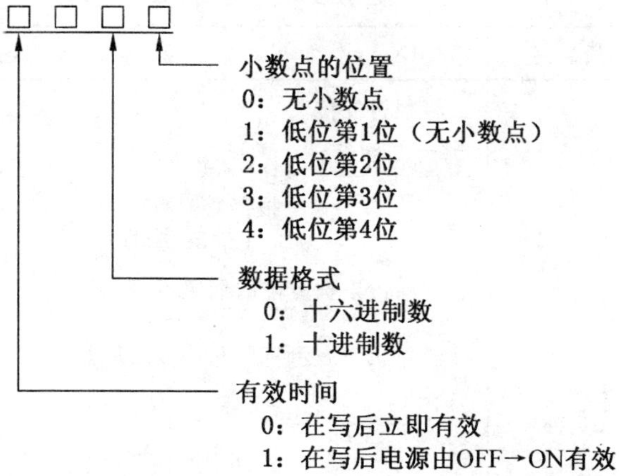 □□□□ 小数点的位置 0：无小数点 1：低位第1位(无小数点) 2：低位第2位 3：低位第3位 4：低位第4位 数据格式 0：十六进制数 1：十进制数 有效时间 0：在写后立即有效 1：在写后电源由OFF→ON有效 指令代码的低 2 位数(03○○)与转换成十进制数的参数号相同	—

表 122（续）

项目	代码号	描　　述	备注
读定位点数据表(No. 00～31)目标位置	0400H～041FH 0500H～051FH	读定位点数据表(No.00～31)目标位置 在要求的定位点数据表号中所设置的目标位置被返回 指令代码的低 2 位数(04○○,05○○)与转换成十进制数的定位点数据表号相同 读 0400～041F 中的低 16 位和 0500～051F 中的高 16 位 例如:指令代码 0413:定位点数据表号 19 低 16 位数据 指令代码 0513:定位点数据表号 19 高 16 位数据	—
读定位点数据表(No. 00～31)电机转速	0600H～061FH	读定位点数据表(No.00～31)电机转速 在需要的速度点号中所设置的电机转数被返回 指令代码的低两位数字(06○○)与转换成十进制数的定位点数据表号相同	—
读定位点数据表(No.00～31)加速时间常数	0700H～071FH	读定位点数据表(No.00～31)加速时间常数 在要求的定位点数据表号中所设置的加速时间常数被返回 命令代码的低两位数(07○○)与转换成十进制数的定位点数据表号相同	—
读定位点数据表(No.00～31)减速时间常数	0800H～081FH	读定位点数据表(No.00～31)减速时间常数 在要求的定位点数据表号中所设置的减速时间常数被返回 指令代码的低两位数(08○○)与转换成十进制数的定位点数据表号相同	—
读定位点数据表的停顿时间(No. 00～31)	0900H～091FH	读定位点数据表的停留时间(No.00～31) 在要求的定位点数据表号中所设置的减速时间被返回 指令代码的低两位数(09○○)与转换成十进制数的定位点数据表号相同	—
读定位点数据表的辅助功能(No. 00～31)	0A00H～0A1FH	读定位点数据表的辅助功能(No.00～31) 在要求的定位点数据表号中所设置的辅助功能被返回 指令代码的低两位数(0A○○)与转换成十进制数的定位点数据表号相同	—

伺服写命令代码见表 123。

表 123　伺服写命令代码

项目	代码号	描　　述	备注
复位报警命令	8010H	将报警复位 □□□□ 报警复位命令 1EA5：执行 解除可以被复位的伺服报警	—
复位脉冲值累计显示数据清除命令	8101H	清除状态表示复位脉冲值累计监视 □□□□ 清除当前位置监视命令 1EA5：执行	—

表 123（续）

项目	代码号	描　　述	备注
写参数 No. 00～124 到 RAM 的命令	8200H～827CH	写参数 No. 00～124 到 RAM。当断电时设置值被清除 □□□□ 参数数据：在转换成十六进制后，设置十进制值 指令代码号的低二位数字(82○○)与转换成十进制的参数号相对应 当试图写入参数中被锁定的区或写入值超出设置范围时，返回错误代码	—
写参数 No. 00～124 到 E^2PROM 的命令	8300H～837CH	写参数 No. 00～No. 124 到 E^2PROM 因为它是写到 E^2PROM，所以当断电时这些值被存储 □□□□ 参数数据：在转换成十六进制后，设置十进制值 命令代码号的低二位数字(83○○)与转换成十进制的参数号相对应 当试图写入参数中被锁定的区或写入值超出设置范围时，返回错误代码	—
写定位点数据表目标位置到 RAM	8400H～841FH 8500H～851FH	写定位点数据表目标位置到 RAM。当断电时，这些值被清除 □□□□ 目标位置数据：以十六进制设置 指令代码的低二位(84○○，85○○)与转换成十进制的定位点数据表号相对应 先设置目标位置数据的高 16 位，再设置低 16 位 写低 16 位数据到 8400～841F 和高 16 位到 8500～851F 例：指令代码 8413：定位点数据表号 NO. 19 的目标位置低 16 位 指令代码 8513：定位点数据表号 NO. 19 的目标位置高 16 位 注：当改变目标位置数据，高位数据和低位数据区都必须改变，因为它们是同一个设置。首先设置低 16 位，再设置高 16 位 当低 16 位数据被设置，高 16 位数据被清除。因此如果先设置高 16 位数据，在设置低位数据时，高位数据就会被清除。因此必须先设置低 16 位数据，再设置高 16 位数据	—
写定位点数据表电机转速到 RAM	8600H～861FH	写定位点数据表 No. 00～31 的电机转速值到 RAM。当断电时，这些设置值被清除 □□□□ 电动机转速数据：以十六进制设置 指令代码号的低二位数(86○○)与转换成十进制的定位点数据表号相同	—
写定位点数据表加速时间常数到 RAM	8700H～871FH	写定位点数据表 No. 00～31 的加速度时间常数到 RAM。当断电时，这些设置值被清除 □□□□ 加速时间常数：以十六进制设置 指令代码号的低二位数(87○○)与转换成十进制的定位点数据表号相同	—

表 123（续）

项目	代码号	描　　述	备注
写定位点数据表减速时间常数到 RAM	8800H～ 881FH	写定位点数据表 No. 00～31 的电机转速值到 RAM。当断电时，该设置值被清除 □□□□ └── 减速时间常数：以十六进制设置 指令代码号的低二位数(88○○)与转换成十进制的定位点数据表号相对应	—
写定位点数据表停顿时间到 RAM	8900H～ 891FH	写定位点数据表 No. 00～31 的停顿时间到 RAM。当断电时，该设置值被清除 □□□□ └── 停顿时间数据：以十六进制设置 指令代码号的低二位数(89○○)与转换成十进制的定位点数据表号相同	—
写定位点数据表辅助功能到 RAM	8A00H～ 8A1FH	写定位点数据表 No. 00～31 的辅助功能到 RAM。当断电时，该设置值被清除 □□□□ └── 辅助功能数据：以十六进制设置 指令代码号的低二位数(8A○○)与转换成十进制的定位点数据表号相同	—
写定位点数据表目标位置到 E²PROM	8B00H～ 8B1FH 8C00H～ 8C1FH	写定位点数据表目标位置到 E²PROM。当断电时，这些值被保持，因为它们被写入 E²PROM □□□□ └── 目标位置数据：以十六进制设置 指令代码的低二位(8B○○,8C○○)与转换成十进制的定位点数据表号相对应 写低 16 位数据到 8B00～8B1F 和高 16 位到 8C00～8C1F 例：指令代码 8B13：定位点数据表号 NO. 19 的目标位置低 16 位 指令代码 8C13：定位点数据表号 NO. 19 的目标位置高 16 位 注：当改变目标位置数据，高位数据和低位数据区都必须改变，因为它们是同一个设置。首先设置低 16 位，再设置高 16 位 当低 16 位数据被设置，高 16 位数据被清除。因此如果先设置高 16 位数据，在设置低位数据时，低位数据就会被清除。因此必须先设置低 16 位数据，再设置高 16 位数据	—
写定位点数据表电机转速到 E²PROM	8D00H～ 8D1FH	写定位点数据表 No. 00～31 的电机转速到 E²PROM，因为该数据被写到 E²PROM，所以当电源断电时，该数据被保持 □□□□ └── 电机转速：以十六进制设置 指令代码号的低二位数字(8D○○)与转换成十进制的定位点数据表号相对应	—

表 123（续）

项目	代码号	描　　述	备注
写定位点数据表加速时间常数到 E^2PROM	8E00H～8E1FH	写定位点数据表 No. 00～31 的加速时间常数到 E^2PROM。因为该数据被写到 E^2PROM，所以当电源断电时，该数据被保持 □□□□ 加速时间常数：以十六进制设置 指令代码号的低二位数字(8E○○)与转换成十进制的定位点数据表号相同	—
写定位点数据表减速时间常数到 E^2PROM	8F00H～8F1FH	写定位点数据表 No. 00～No. 31 的减速时间常数到 E^2PROM，因为该数据被写到 E^2PROM，所以当电源断电时，该数据被保持 □□□□ 减速时间常数：以十六进制设置 指令代码号的低二位数字(8F○○)与转换成十进制的定位点数据表号相对应	—
写定位点数据表停顿时间到 E^2PROM	9000H～901FH	写定位点数据表 No. 00～No. 31 的滞留时间到 E^2PROM。因为该数据被写到 E^2PROM，所以当电源断电时，该数据被保持 □□□□ 停顿时间：以十六进制设置 指令代码号的低二位数字(90○○)与转换成十进制的定位点数据表号相对应	—
写定位点数据表辅助功能到 E^2PROM	9100H～911FH	写定位点数据表 No. 00～No. 31 的辅助功能到 E^2PROM。因为该数据被写到 E^2PROM，所以当电源断电时，该数据被保持 □□□□ 辅助功能：以十六进制设置 指令代码号的低二位数字(91○○)与转换成十进制的定位点数据表号相对应	—

伺服返回代码见表 124。

表 124　伺服返回代码

代码号	描　　述
0000H	正常响应(无错误)
0001H	代码错误
0002H	参数选择错误
0003H	写范围错误

5.19　AnyBus 接口

“AnyBus 接口”的基本行规如下：

当 AnyBus 接口嵌入其他产品时，需要符合其他产品的行规。

占用逻辑站数：1，2，3，或 4。

5.19.1　RX/RY[由占用的逻辑站数决定]

Anybus 接口 RX/RY[由占用的逻辑站数决定]定义见表 125。

表 125　AnyBus 接口 RX/RY 定义

从站→主站		主站→从站	
软元件号	信号名	软元件号	信号名
RXm0	用户区	RYm0	用户区
RXm1		RYm1	
RXm2		RYm2	
RXm3		RYm3	
RXm4		RYm4	
RXm5		RYm5	
RXm6		RYm6	
RXm7		RYm7	
RXm8		RYm8	
RXm9		RYm9	
RXmA		RYmA	
RXmB		RYmB	
RXmC		RYmC	
RXmD		RYmD	
RXmE		RYmE	
RXmF		RYmF	
~		~	
RX(m+n)0	保留	RY(m+n)0	保留
RX(m+n)1		RY(m+n)1	
RX(m+n)2		RY(m+n)2	
RX(m+n)3		RY(m+n)3	
RX(m+n)4		RY(m+n)4	
RX(m+n)5		RY(m+n)5	
RX(m+n)6		RY(m+n)6	
RX(m+n)7		RY(m+n)7	
RX(m+n)8	初始化数据处理请求标志	RY(m+n)8	初始化数据处理结束标志
RX(m+n)9	初始化数据设置结束标志	RY(m+n)9	初始化数据设置请求标志
RX(m+n)A	错误状态标志	RY(m+n)A	错误复位请求标志
RX(m+n)B	远程 READY	RY(m+n)B	保留
RX(m+n)C	保留	RY(m+n)C	
RX(m+n)D		RY(m+n)D	
RX(m+n)E		RY(m+n)E	
RX(m+n)F		RY(m+n)F	

表 125（续）

从站→主站		主站→从站	
软元件号	信号名	软元件号	信号名
注：m 由设定的站号决定。 n 由占用的逻辑站数而定： 占用 1 个逻辑站：1； 占用 2 个逻辑站：3； 占用 3 个逻辑站：5； 占用 4 个逻辑站：7。			

AnyBus 接口 RX/RY 信号说明见表 126。

表 126　AnyBus 接口 RX/RY 信号说明

软元件号	信号名	描　　述
RX(m+n)8	初始化数据处理请求标志	在从站上电、硬件复位或者测试模式操作之后，此标志被置为 ON，来请求初始化数据处理 当初始化数据处理结束(初始化数据处理结束标志 RY(m+n)8 置为 ON)此标志被置为 OFF
RX(m+n)9	初始化数据设置结束标志	当主站向从站发送初始化数据设置请求(RY(m+n)9)且初始化数据设置完成后，此标志被置为 ON 当初始化数据设置请求标志在初始化数据设置完成后被置为 OFF，此标志也被置为 OFF
RX(m+n)A	错误状态标志	从站发生了除 WDT 之外的错误时，此标志被置为 ON 当错误复位请求标志被置为 ON 时，此标志被置为 OFF
RX(m+n)B	远程 READY	从站上电、硬件复位，或者测试操作之后，在初始化数据设置结束，硬件进入远程 READY 状态时，此标志位被置为 ON 此标志被作为对主站进行读/写操作时的互锁 在测试模式下，此标志被置为 OFF
RY(m+n)8	初始化数据处理结束标志	当主站上电、硬件复位或者测试模式操作后，检测到来自从站得初始化数据设置请求，在初始化数据处理结束后，此标志被置为 ON
RY(m+n)9	初始化数据设置请求标志	当主站向从站发出初始化数据设置或者变更的请求时，将此标志置为 ON 在测试模式操作之后必须再次把初始化设置请求标志置为 ON，并进行数据设置
RY(m+n)A	错误复位请求标志	当此标志被主站置为 ON 时，错误状态标志(RX(m+n)A)被置为 OFF
注：m 由设定的站号决定。 n 由占用的逻辑站数而定： 占用 1 个逻辑站：1； 占用 2 个逻辑站：3； 占用 3 个逻辑站：5； 占用 4 个逻辑站：7。		

5.19.2 RWr/RWw

RWr/RWw 信号说明见表 127。

表 127 Anybus 接口 RWr/RWw 信号说明

从站→主站			主站→从站		
地址	描述	缺省值	地址	描述	缺省值
RWrm	用户读取区		RWwm	用户写入区	
RWrm+1			RWwm+1		
RWrm+2			RWwm+2		
RWrm+3	当占用 1 个逻辑站时,4 字		RWwm+3	当占用 1 个逻辑站时,4 字	
RWrm+4			RWwm+4		
RWrm+5			RWwm+5		
RWrm+6			RWwm+6		
RWrm+7	当占用 2 个逻辑站时,8 字	0	RWwm+7	当占用 2 个逻辑站时,8 字	0
RWrm+8			RWwm+8		
RWrm+9			RWwm+9		
RWrm+A			RWwm+A		
RWrm+B	当占用 3 个逻辑站时,12 字		RWwm+B	当占用 3 个逻辑站时,12 字	
RWrm+C			RWwm+C		
RWrm+D			RWwm+D		
RWrm+E			RWwm+E		
RWrm+F	当占用 4 个逻辑站时,16 字		RWwm+F	当占用 4 个逻辑站时,16 字	
注：m 由设定的站号决定。					

5.20 电离真空计

占用逻辑站数:1 或 2。

5.20.1 RX/RY[由占用逻辑站数决定]

RX/RY[由占用逻辑站数决定]信号说明见表 128。

表 128 电力真空计 RX/RY[由占用逻辑站数决定]信号说明

从站→主站		主站→从站	
软元件号	信号名	软元件号	信号名
RXm0	灯丝 ON/OFF 状态	RYm0	灯丝 ON/OFF 请求
RXm1	排气 ON/OFF 状态	RYm1	排气 ON/OFF 请求
RXm2	由每个厂商定义的区域	RYm2	由每个厂商定义的区域
RXm3		RYm3	
RXm4		RYm4	
RXm5		RYm5	
RXm6	B-A 报警状态	RYm6	

表 128（续）

从站→主站		主站→从站	
软元件号	信号名	软元件号	信号名
RXm7	由每个厂商定义的区域	RYm7	由每个厂商定义的区域
RXm8		RYm8	
RXm9		RYm9	
RXmA		RYmA	
RXmB		RYmB	
RXmC		RYmC	
RXmD		RYmD	
RXmE		RYmE	
RXmF		RYmF	
～		～	
RX(m+n−1)F		RY(m+n−1)F	
RX(m+n)0	保留	RY(m+n)0	保留
RX(m+n)1		RY(m+n)1	
RX(m+n)2		RY(m+n)2	
RX(m+n)3		RY(m+n)3	
RX(m+n)4		RY(m+n)4	
RX(m+n)5		RY(m+n)5	
RX(m+n)6		RY(m+n)6	
RX(m+n)7		RY(m+n)7	
RX(m+n)8		RY(m+n)8	
RX(m+n)9		RY(m+n)9	
RX(m+n)A		RY(m+n)A	
RX(m+n)B	远程 READY	RY(m+n)B	
RX(m+n)C	保留	RY(m+n)C	
RX(m+n)D		RY(m+n)D	
RX(m+n)E		RY(m+n)E	
RX(m+n)F		RY(m+n)F	

注：m 由设定的站号决定。
n 由占用的逻辑站数而定：
占用 1 个逻辑站：1；
占用 2 个逻辑站：3。

电离真空计 RX/RY 信号说明见表 129。

表 129 电离真空计 RX/RY 信号说明

信号	信号名	描述
RXm0	灯丝 ON/OFF 状态	OFF:灯丝 OFF ON:灯丝 ON
RXm1	排气 ON/OFF 状态	OFF:排气 OFF ON:排气 ON
RXm6	B-A 报警状态	OFF:正常时 ON:B-A 超限或灯丝出现错误
RX(m+n)B	远程 READY	在从站上电或硬件复位后,当初始化数据设置结束,且进入 READY 状态时,被置为 ON;此标志被用作与主站进行读/写操作时的互锁
RYm0	灯丝 ON/OFF 请求	OFF:灯丝 OFF ON:灯丝 ON
RYm1	排气 ON/OFF 请求	OFF:排气 OFF ON:排气 ON
注:m 由设定的站号决定。 n 由占用的逻辑站数确定: 占用 1 个逻辑站:1; 占用 2 个逻辑站:3。		

5.20.2 RWr/RWw

RWr/RWw 信号说明见表 130。

表 130 电离真空计 RWr/RWw 信号说明

从站→主站			主站→从站		
地址	描述	缺省值	地址	描述	缺省值
RWrm	B-A 压力值(参照以下注释)	—	RWwm	每个厂商自定定区域	
RWrm+1	每个厂商自定义区域		RWwm+1		
RWrm+2			RWwm+2		
RWrm+3	当占用 1 个逻辑站时		RWwm+3	当占用 1 个逻辑站时	
RWrm+4			RWwm+4		
RWrm+5			RWwm+5		
RWrm+6			RWwm+6		
RWrm+7	当占用 2 个逻辑站时		RWwm+7	当占用 2 个逻辑站时	
注:m 由设定的站号决定。					

B-A 压力值是由以下 4 位 BCD 数据表示,见表 131。

表 131 B-A 压力值表示方法

位	15～12 (最高 4 位)	11～8 (高 4 位)	7～4 (低 4 位)	3～0 (最低 4 位)
数据内容	基数整数部分 0～9	基数小数部分 0～9	指数符号 0:正 F:负	指数部分 0～9
注:当灯丝被置为 OFF 时,压力值输出为 FFFFh。若显示方式被设为 3 位基数,数据也只用 2 位数显示。 例:压力值为 3.6×10^{-5} Pa 的数据显示为 36F5H。				

5.21 CNC

占用逻辑站数:1,2,3,或 4。

5.21.1 RX/RY[由占用逻辑站数决定]

RX/RY 信号列表见表 132。

表 132 CNC RX/RY 信号列表

从站→主站		主站→从站	
软元件号	信号名	软元件号	信号名
RXm0	用户区	RYm0	用户区
RXm1		RYm1	
RXm2		RYm2	
RXm3		RYm3	
RXm4		RYm4	
RXm5		RYm5	
RXm6		RYm6	
RXm7		RYm7	
RXm8		RYm8	
RXm9		RYm9	
RXmA		RYmA	
RXmB		RYmB	
RXmC		RYmC	
RXmD		RYmD	
RXmE		RYmE	
RXmF		RYmF	
～		～	
RX(m+n)0	保留	RY(m+n)0	保留
RX(m+n)1		RY(m+n)1	
RX(m+n)2		RY(m+n)2	
RX(m+n)3		RY(m+n)3	
RX(m+n)4		RY(m+n)4	
RX(m+n)5		RY(m+n)5	
RX(m+n)6		RY(m+n)6	
RX(m+n)7		RY(m+n)7	
RX(m+n)8	初始化数据处理请求标志	RY(m+n)8	初始化数据处理结束标志
RX(m+n)9	初始化数据设置结束标志	RY(m+n)9	初始化数据设置请求标志
RX(m+n)A	错误状态标志	RY(m+n)A	错误复位请求标志
RX(m+n)B	远程 READY	RY(m+n)B	保留
RX(m+n)C	保留	RY(m+n)C	
RX(m+n)D		RY(m+n)D	
RX(m+n)E		RY(m+n)E	
RX(m+n)F		RY(m+n)F	

表 132（续）

从站→主站		主站→从站	
软元件号	信号名	软元件号	信号名
注：m 由设定的站号决定。 n 由占用的逻辑站数而定： 占用 1 个逻辑站：1； 占用 2 个逻辑站：3； 占用 3 个逻辑站：5； 占用 4 个逻辑站：7。			

RX/RY 信号描述见表 133。

表 133 CNCRX/RY 信号描述

软元件号	信号名	描　　述
RX(m+n)8	初始化数据处理请求标志	当从站上电、硬件复位或者测试模式操作之后，此标志被置为 ON，来请求一个初始化数据处理 当初始化数据处理结束(初始化数据处理结束标志 RY(m+n)8 置为 ON)，此标志被置为 OFF
RX(m+n)9	初始化数据设置结束标志	当主站向从站发送初始化数据设置请求(RY(m+n)9 置为 ON)，且初始化数据设定结束后此标志置为 ON 如果初始化数据请求标志在初始化数据设置结束之后置为 OFF，则此标志也被置为 OFF
RX(m+n)A	错误状态标志	从站发生了除 WDT 之外的错误时，此标志被置为 ON 当错误复位请求标志被置为 ON 时，此标志被置为 OFF
RX(m+n)B	远程 READY	从站上电、硬件复位或者测试模式操作之后，当初始化数据设置结束，且进入 READY 状态时，此标志置为 ON 此标志被作为与主站进行读写操作时的互锁 在测试模式下，此标志被置为 OFF
RY(m+n)8	初始化数据处理结束标志	主站上电、硬件复位或者测试模式操作之后，检测到来自从站的初始化数据处理请求，并在初始化数据处理完成后此标志置为 ON
RY(m+n)9	初始化数据设置请求标志	当主站向从站发出初始化数据设置或变更的请求时，此标志被置为 ON 在测试模式操作后，必须再次将此标志置为 ON，并进行数据设置
RY(m+n)A	错误复位请求标志	当此标志被置为 ON，错误状态标志(RX(m+n)A)被置为 OFF
注：m 由设定的站号决定。 n 由占用的逻辑站数而定： 占用 1 个逻辑站：1； 占用 2 个逻辑站：3； 占用 3 个逻辑站：5； 占用 4 个逻辑站：7。		

5.21.2 **RWr/RWw**

RWr/RWw 信号列表见表 134。

表 134 CNC RWr/RWw 信号列表

从站→主站			主站→从站		
地址	描述	缺省值	地址	描述	缺省值
RWrm	用户读取区域	—	RWwm	用户写入区域	—
RWrm+1			RWwm+1		
RWrm+2			RWwm+2		
RWrm+3	当占用 1 个逻辑站时,4 字		RWwm+3	当占用 1 个逻辑站时,4 字	
RWrm+4		—	RWwm+4		—
RWrm+5			RWwm+5		
RWrm+6			RWwm+6		
RWrm+7	当占用 2 个逻辑站时,8 字		RWwm+7	当占用 2 个逻辑站时,8 字	
RWrm+8		—	RWwm+8		—
RWrm+9			RWwm+9		
RWrm+A			RWwm+A		
RWrm+B	当占用 3 个逻辑站时,12 字		RWwm+B	当占用 3 个逻辑站时,12 字	
RWrm+C		—	RWwm+C		—
RWrm+D			RWwm+D		
RWrm+E			RWwm+E		
RWrm+F	当占用 4 个逻辑站时,16 字		RWwm+F	当占用 4 个逻辑站时,16 字	
注：m 由设定的站号决定。